天线技术手册

(第8册)

Handbook of Antenna Technologies

[新加坡]陈志宁 主编

[美　国]刘兑现　[日本]中野久松
[新加坡]卿显明　[德国]托马斯·兹维克 编

崔万照　张生俊　董士伟　总主译
董亚洲　杨士成　胡伟东　张　凯　译

国防工业出版社

·北京·

著作权合同登记　图字:军-2019-036 号

图书在版编目(CIP)数据

天线技术手册.8/(新加坡)陈志宁(Zhi Ning Chen)主编;董亚洲等译.—北京:国防工业出版社,2023.10

书名原文:Handbook of Antenna Technologies

ISBN 978-7-118-12411-8

Ⅰ.①天…　Ⅱ.①陈…　②董…　Ⅲ.①天线-手册　Ⅳ.①TN86-62

中国国家版本馆 CIP 数据核字(2023)第 203890 号

First published in English under the title

Handbook of Antenna Technologies

Edited by Zhi Ning Chen, Duixian Liu, Hisamatsu Nakano, Xianming Qing and Thomas Zwick

※

国防工业出版社出版发行

(北京市海淀区紫竹院南路 23 号　邮政编码 100048)

北京龙世杰印刷有限公司印刷

新华书店经售

*

开本 710×1000　1/16　插页 11　印张 32½　字数 562 千字

2023 年 10 月第 1 版第 1 次印刷　印数 1—1500 册　定价 278.00 元

(本书如有印装错误,我社负责调换)

国防书店:(010)88540777　　书店传真:(010)88540776

发行业务:(010)88540717　　发行传真:(010)88540762

《天线技术手册》
编审指导委员会

《天线技术手册》
翻译工作委员会

中 文 版 序

天线不仅是所有无线系统不可或缺的单元,更是扮演着增强系统性能、扩展系统功能角色的部件甚至子系统。自 1887 年,德国物理学家海因里希·赫兹(Heinrich Hertz)首次使用我们现在所熟知的电容端加载偶极子天线来证明无线电波的存在,天线理论与技术已经得到巨大的发展。特别是自 21 世纪起,借助计算机科学和大规模集成电路的巨大发展,各种无线系统已经广泛地渗透到各个行业及我们的日常生活中,风斯在下,天线技术也有了长足的进步。

在我 2012 年加入新加坡国立大学后不久, 施普林格亚洲分部的 Yeung Siu Wai Stephen 博士就来到我的办公室,热情地邀请我编撰一部天线方面的手册。当时,我是非常犹豫的。因为作为一门历史悠久的技术,行业里已经有了许多优秀的经典手册,而且一直都有新的手册问世。如何能够呈现出一本另具特色的手册是一个挑战。另外,我没有编辑手册的经验,想象中那一定是一个浩大的工程,耗时费力。在足足犹豫和思考了半年之后,我才答应试着准备一个写作计划,准备全面、深入地介绍天线理论、技术与应用方面的最新进展。特别是,我提出了所有章节中要包括该类技术的原创介绍,让学生们和年轻的研究员通过此手册更好地掌握天线技术发展的来龙去脉,既学到创新的思路也可以避免“再发明”“再创造”。同时,我也要求出版社能够让读者按章节下载,减轻读者的经济负担,更大程度地普及天线技术。出版社非常配合,完全同意我的想法。于是,我决定开始这项工程,挑战自己。

我的出版计划得到了天线界三位专家(Tatsuo Itoh、Ahmed Kishk、Wong Kin-Lu)的一致认可和鼓励。记得 Itoh 教授在他的评估反馈中说:这对谁都将是一个前所未有的挑战。但是,我对它非常有信心。面对着自己草拟出的 100 个章节专题,既有兴奋,更有压力。于是,我决定邀请学界中的几位朋友,一起努力。不奇怪,一些同仁看到这个宏大计划后婉拒了。在我的力邀之下,刘兑现(美国),中野久松(日本),卿显明(新加坡)及托马斯·兹维克(德国)4 位好友加入了编辑团队。在我们的共同努力下,140 余位专家和学者直接贡献了本手册的 76 个章节共计 3500 页。多年的老师老友周永祖教授欣然为书作序,欣慰、褒奖与鼓励溢于文字之间。

《天线技术手册》于 2016 年 9 月由施普林格出版社出版发行了。看着厚厚的 4 卷手册,回想着编辑过程中的各种经历,感慨万分。4 位编辑朋友,都非常专业及时地审读了所负责的书稿,对整个手册的编辑工作出谋划策,为手册的按时出版付出了巨大的努力。Nakano 教授作为蜚声天线界的学者,婉拒了我邀请他作为共同主编的邀请。他说一个主编正好,并对我的主编工作给予了极大的支持。在工作即将大功告成之际,我主动和出版社力争,打破常规,坚持将所有编辑的姓名印在手册的封面上。期间,所有作者也都辛勤地工作,把自己最新的成果奉献给读者。一些作者克服了各种各样的困难,按时交稿。也有几个章节的作者们,在我协调章节内容时,积极配合,大篇幅地调整了自己的原书稿。特别遗憾的是,好友 Hui Hon Tat 博士在他提交第一稿后两个月内就辞世了。从时间上推测,他是在入院后完成的初稿。为了告慰他,我接手了那篇手稿后续的全部工作,完成了他的遗愿。

《天线技术手册》英文版共分为 4 卷,涵盖了天线理论、设计和应用。天线形式从基本的偶极子天线延伸至近来的超材料天线;工作频段从很低的 VHF 频段向上达至太赫兹频段;加工工艺包括了从简单的印制电路板到先进的 LTCC 和 MEMS 等。应用包括了通信、雷达、遥感、探测、成像等;应用平台包含了陆基平台、飞机、舰船和卫星等。全套手册实现了理论、技术与应用的立体全覆盖。我坚信这部汇聚当今天线技术发展的最新成果与大量的当代天线界专家智慧的巨作(至少从重量和页数上看),一定会惠及天线教育、技术与研究。期待《天线技术手册》成为当前天线理论和技术发展历程的重要记录。

《天线技术手册》英文版出版后,已经获得了令人鼓舞的反响。截止于 2019 年底,施普林格出版社的下载量已超 45 万次,在线读者达 2000 多人。陆续收到的积极反馈,令我和其他作者备感欣慰。尤其是中国空间技术研究院西安分院、空间微波技术重点实验室、试验物理与计算数学重点实验室等单位的同仁们,他们在研究工作中已充分利用了《天线技术手册》,并称多受启迪。所以,当崔万照博士代表分院提出希望能有机会将这部书翻译为中文版,以便更多更好地服务中文读者时,我完全没有犹豫,尽管这对我完全没有任何经济利益。能够有机会把手册更好地推广到中国这个巨大的天线技术群体中，从而更大地体现此书的价值，为国内天线技术发展贡献绵薄之力，也是我们编辑及作者的荣耀。我本人也从事过翻译工作，深知这项工作的巨大挑战。“信达雅”是翻译工作的“三难”（严复语），尤其是翻译一本技术专著。在几个学术单位的大力支持下，一个朝气蓬勃的翻译团队很快就成军了！在过去两年里，我一直与团队的各位学者交流互动。我非常欣赏他们认真的工作态度与热情无私的投入，我为中国天线界的未来感到无比欣慰。终于，这部二次创作的《天线技术手册》以新的光彩面世了。

我也要特别感谢国防工业出版社，在这部译著策划过程中，国防工业出版社迅速和施普林格出版社确定了版权转让，装备科技译著出版基金给予了全额资助。

最后，我要再次感谢所有原著的作者们和编辑们，感谢他们的奉献与分享。我坚信他们的聪明才智，经过中文这一桥梁，必将使更多的人受惠。

“天真线实”，这是我向东南大学赠送原著时的留言。“天真”，保持着孩子似的对未知好奇的科学素养；“线实”，坚持着工匠般的对挑战执着的工程精神。

陳志寧

于新加坡国立大学

2020 年 2 月 6 日

译　者　序

《天线技术手册》是新加坡国立大学陈志宁教授联合上百位知名学者，集多年心血撰写而成的重要学术巨著，于 2016 年由施普林格出版社出版，并在国际天线理论与工程界引起巨大反响。中国空间技术研究院西安分院和空间微波技术重点实验室的研究人员较早接触到这部书，并在工作中加以应用，产生了显著的促进作用。为使这部手册更好地为国内天线界学者和工程师所用，在手册编审指导委员会的领导下，翻译工作委员会经过两年的努力完成了译校工作。

《天线技术手册》英文版共分 4 卷，为使这套书的利用更有针对性，我们将中文版分为 8 册。在内容上，《天线技术手册》中文版保持了原版的风貌，充分表现原作者的思想。这套中文版的《天线技术手册》必将成为天线技术研究者重要的案头参考书。

《天线技术手册》（第 8 册）由 8 章构成，是英文原著第 4 卷的后半部分，内容主要涉及有关系统应用的天线技术以及与天线相关的技术和制造工艺问题，包括无线通信中的可重构天线、微波无线能量传输中的天线、手持设备天线、相控阵馈源在反射面天线中的应用、传输线、间隙波导、阻抗匹配与巴伦、先进天线制造技术（MEMS/LTCC/LCP/打印）等内容。

“无线通信中的可重构天线”一章的原作者为澳大利亚悉尼科技大学的郭英杰教授和秦培元博士，通过介绍不同种类的可重构天线的基本概念及其实际的实现技术，给出了可重构天线的技术发展最新水平和未来研究方向。

“微波无线能量传输中的天线”一章的原作者为上海大学杨雪霞教授，主要叙述了微波无线能量传输系统中的发射和接收天线设计以及微波无线能量传输系统分析。

“手持设备天线”一章的原作者为法国尼斯大学索菲亚安提波利斯分校的Cyril Luxey 和 Aykut Cihangir,给出了无线蜂窝通信移动电话中所使用天线技术的总体概述,以及未来蜂窝通信标准的预测和第五代移动通信中天线设计可能面对的挑战。

“相控阵馈源在反射面天线中的应用”一章的原作者为澳大利亚 CSIRO 数字产品公司的 Stuart G. Hay 和 Antengenuity 公司的 Trevor S. Bird,介绍了反射面相控阵馈电理论,并将灵敏度的定义扩展到相控阵领域,定义了相控阵式干涉仪的测量速度,并根据波束数量和间距确定测量速度的条件,给出了相控阵馈源在卫星通信、雷达及射电天文学等多个领域中的应用。

“传输线”一章的原作者为德克萨斯农工大学的 Cam Nguyen,主要介绍了传输线理论,包括传输线方程和特性阻抗、传播常数、相速度、有效相对介电常数、色散、损耗、失真、阻抗、反射系数等重要传输线参数。传输线是设计与天线相关的射频电路和基于传输线天线的基础。

“间隙波导”一章的原作者为瑞典查尔姆斯理工大学的 A.U. Zaman 和 P.S. Kildal,介绍了间隙波导于 2008 年被提出之前的研发历史背景,以及之后它的不同结构形式。除了介绍间隙波导,本章还介绍了最近几年基于间隙波导的天线结构。

“阻抗匹配和巴伦”一章的原作者为伊朗科学与技术大学的 H. Oraizi,主要阐述了用于接收和发射天线输入端的阻抗变换和巴伦结构,以及微波和高频电路设计优化中的阻抗匹配变换。

“天线先进制造工艺(MEMS/LTCC/LCP/打印)”一章的原作者为美国佐治亚理工大学的 Bijan K. Tehrani、Jo Bito、Jimmy G. Hester、Wenjing Su 等,介绍了适用于先进天线结构的 4 种现代制作工艺,包括现已存在的技术和正在涌现的技术,如 MEMS、LTCC、LCP 及喷墨打印/3D 打印。

“无线通信中的可重构天线”“微波无线能量传输中的天线”和“手持设备天线”3 章的译者是中国空间技术研究院西安分院的董亚洲高工,“相控阵馈源在反射面天线中的应用”一章的译者是北京理工大学的胡伟东教授,“传输线”一章的译者是中国空间技术研究院西安分院的张凯博士,“间隙波导”“阻抗匹配和巴伦”和“先进天线制造工艺(MEMS/LTCC/LCP/打印)”3 章的译者是中国空间技术研究院西安分院的杨士成博士。本册由董亚洲统稿。本册的编译工作得到国家自然科学基金项目(项目号 61801374 和 51777168)的支持。感谢各位译者的辛勤工作,感谢本套译著翻译指导委员会崔万照研究员和董士伟研究员以及原著主编陈志宁教授在百忙之中的指导与帮助。

本册翻译组

英 文 版 序

非常高兴为这部重要的天线手册作序。正值1865年麦克斯韦方程提出150周年之际,出版这套天线手册是很有意义的。尽管天线技术已经发展约一百年了,其重要性至今仍然存在。1886年,海因里希·赫兹(Heinrich Hertz)所做的关键实验证明了无线信号传输的可能性。而1895年,古格列尔莫·马可尼(Guglielmo Marconi)的工作则强调了无线通信的重要性。他随后利用简单的天线在地表上传输无线电信号,所用天线是安装在大地表面的四分之一波长偶极子,接收机很长,是靠风力升起的一串电线,也就是风筝。另一方面,尼古拉·特斯拉(Nicola Tesla)早在1891年就在研究利用感应线圈进行无线能量传输。

通信、遥感和雷达技术已经推动了天线技术的突飞猛进。一些最著名的例子包括1926年发明的八木宇田天线、喇叭天线、天线阵列、反射天线和贴片天线。贴片或微带天线是由George Deschamps于1953年提出的,后来经由许多科研人员发展,包括Yuen Tse Lo。此外,Paul Mayes从事宽带天线的研究,例如从八木宇田天线变形而来的对数周期阵列天线。Deschamps、Lo和Mayes都是我之前的亲密同事。最近,天线技术的重要性因手机行业的需求而愈加显著,要求天线的体积越来越小,且要持续小型化。

计算机技术的出现为用于天线结构建模的数值方法注入了发展活力。稳健、高效和快速的数值方法可以处理一些问题,其发展催生了诸多商业化软件来仿真天线性能。天线可以先在计算机上虚拟地建立原型,并在实际制造之前对其性能进行优化。这样的流程大大降低了成本,也为在不产生过高成本的情况下进行工程设计提供了机会。

目前已有许多商业化仿真软件套件可用,这极大简化了天线设计。此外,这些软件套件还可以释放天线工程师的创造力,扩大他们的设计空间。数值方法在商业软件套件中找到用武之地,这些方法为有限元法、矩量法和快速多极算法。更多算法还将出现在商业软件中:概念研究到商业应用之间的滞后时间一般需要 10 年到 20 年。除了计算机硬件性能的提高外,快速求解器的出现也推动着天线设计中计算电磁学的发展,这些快速求解器包括快速多极求解器、分层矩阵求解器和减秩矩阵求解器等。

天线设计也是波物理和电路物理的交叉产生的一个有趣领域。通过匹配网络的设计可将能量馈入天线,这需要利用电路设计方面的丰富知识。但是,能量在天线之间传输的方式是基于波物理的,因此天线孔径、增益、辐射方向图和极化等概念对天线至关重要。因此,低频电磁波和高频电磁波同样重要。实际上,对于许多反射面天线,波是准光学范畴,那么可以使用高频近似方法进行分析。另一方面,与电路物理的接口需要开展多尺度分析,这是计算电磁学研究的一个热门领域。

由于纳米制造技术的迅速发展,现在可以光波长的尺度实现纳米结构,这在光学领域刺激了纳米天线的发展。到了光学范畴,往往需要再次回顾或重新使用微波领域中的许多天线概念,这种模式已经用于自发和受激发射,以及 Purcell 因子增强。同样,光学也是一个需要新思想的领域。

我也很高兴看到,在新加坡国立大学陈志宁教授的领导下组织了本书这些章节。自从 1994 年我第一次访问中国,就认识了陈教授,那时他还是个年轻的中国人。我出生在海外,第一次中国之行充满了幻想与现实之间的冲突,但是陈教授作为一个直率的年轻人,以其强烈的好奇心给我留下了深刻的印象。自从我在马来西亚长大以来,包括新加坡在内的环太平洋地区的经济增长也触动了我的心弦,当初马来西亚和新加坡还属于一个国家。我多次访问新加坡,其间很高兴地了解到陈教授在新加坡国立大学(NUS)和资信与通信研究院(I^2R)开展的创新研究。这套手册正值新加坡建国 50 周年(SG50)之际出版,也有着特殊的意义。

周永祖
伊利诺伊大学香槟分校
2015 年 10 月 10 日

英文版前言

距离詹姆斯·克拉克·麦克斯韦(1831-1879)发表以最初形式的麦克斯韦方程组为重点内容的《电磁场的动力学理论》[①]已经过去了一个半世纪。麦克斯韦方程组在数学上描述了光和电磁波以光速在空间中的传播。毋庸置疑,麦克斯韦方程组是继艾萨克·牛顿的运动定律和万有引力定律之后最重要的物理学突破。麦克斯韦的贡献已经影响且仍在继续影响物理学世界和我们的日常生活。麦克斯韦被认为是电磁场理论领域的创始人。谨以《天线技术手册》一书的出版,向麦克斯韦方程组诞生150周年致敬。

随着VLSI(超大规模集成电路)和计算机科学的进步,无线技术已经快速渗透到我们日常生活的各个方面;在日常活动中几乎每个人都拥有不止一部无线设备,如手机、笔记本电脑、非接触智能卡、智能手表等。天线作为辐射和感应电磁波或电磁场的关键部件,无疑已经在所有的无线系统中都扮演了不可替代的独特角色。因此,这些新兴的无线应用也聚焦在天线技术上,尤其是最近30年间,推动天线技术向着高性能、小型化、可嵌入集成发展。

当前国际上天线技术的最新特点是电性能可调控,或者说天线已经从无源部件发展成为集成有信号处理单元的智能化的子系统。波束形成、MIMO、大规模(Massive)MIMO、多波束天线系统等技术已经广泛应用在先进移动通信、雷达及成像系统中。天线技术和功能越来越复杂,对于天线的设计和优化必须系统地考虑。为了达到所期望的系统性能,天线需要紧密地联合射频通道、射频前端甚至信号处理单元进行综合设计,MIMO系统就是一个天线综合设计的典范。同样,天线技术的突破性发展也强烈地依赖于新材料和新制造工艺的进步。如同现存的PCB和LTCC工艺,最近兴起的基于增材工艺的3D打印技术掀起了天线设计和制造的新纪元。遗憾的是在材料方面天线可用的材料种类并不

① “A Dynamical Theory of the Electromagnetic Field”,原文Electrodynamic有误。——译者注

多,但是最近电磁超材料(基于常规材料的人工电磁结构)这一新奇物理概念的提出为新型天线设计技术打开了一扇新窗口。

我清晰地记得,在我的硕士学位答辩中,一位评审老师问我是否准备好在天线工程这个困难与枯燥的领域内开展学术研究。30 年过去了,我很赞同他当时的观点,一个优秀的天线工程师不仅要精通工程方面的知识,同样需要关注其他领域的知识,例如数学、物理、机械甚至材料学。然而,对于他所提到的呆板的工程法则,我却认为天线设计可以是一种有趣且具有活力的工作。当你将天线设计看作是一门艺术工作时,其中就包含了对于特定的天线性能、形状、尺寸以及方向的变化。尤其是当天线与无线通信系统的其他部分相融合时(这里的融合并不是传统的集成),天线技术将进入一个全新且充满启迪的新时代。对于天线技术而言,应借助不落窠臼的思维方式来激励技术上的挑战。

为了忠实地反映天线技术的最新进展和正在出现的技术挑战,我们邀请了享誉全球的 140 位专家合著《天线技术手册》,该手册包含 76 个章节共 3500 页。然而,最初只是因为不知道如何在许多其他有关天线(一个非常经典的领域)的手册之外制作一本独特的手册,因此当来自施普林格亚洲分部的 Yeung Siu Wai Stephen 博士找到我时,我对启动这个巨大项目犹豫不决。为了让读者充分认识和获益于《天线技术手册》,我围绕三个主要目标构建了本手册。首先,作为教学指导工具书,较适合的目标读者将是初级研究人员、工程师、研究生。为了帮助读者避免可能的迷惑,所有的章节都将为读者提供有关具体主题足够的历史背景信息。其次,除了基础和经典天线技术,与电磁主题相关的最先进技术也将被纳入手册,进一步加强读者对于现代天线技术的认识。最后,除了传统的纸质印刷品,读者也可逐章下载电子文件。我希望本手册将为天线技术的从业者(新手或专家)提供翔实且更新的参考指南。

如果没有这个强大的编写团队的帮助,其中包来自括美国 IBM 沃森研究中心的刘兑现博士,来自日本 Hosei 大学的中野久松教授,来自新加坡信息通信研究中心的卿显明博士与来自德国 Karlsruhe 技术中心的托马斯·兹维克教授,我们不可能在一年内完成这个巨大的编撰工作。通过艰苦的工作,我们选择并决定了 90 个标题,并且联系了相关的作者,复审了初稿,并与作者们商讨了每一章的修改等,这是一个非常花费时间的任务。我们要衷心地感谢 Barbara Wolf 女士,尤其也要感谢 Saskia Ellis 女士,她对该书在施普林格出版社成功出版提供了大力支持与专业指导。我们对所有作者致以最诚挚的感谢,他们花费宝贵的时间通过竭诚合作,为本手册做出了优秀贡献。

所有编委包括刘兑现博士、中野久松教授、卿显明博士和托马斯·兹维克教授,都要对各自家庭的巨大支持和理解表示感谢,具体来说,刘兑现博士向其妻子黄霜女士致谢,卿显明博士向其妻子杨晓勤女士致谢,中野久松教授分别向来自日本 Hosei 大学的 Junji Yamauchi 教授和 Hiroaki Mimaki 讲师致谢,感谢他们对该项工作的热情帮助。

这套手册涵盖了与天线工程相关的很宽范围的主题。

第 1 部分　理论:综述和介绍简要论述了天线相关的电磁学基础和非传统天线领域的最新主题,比如纳米天线和超材料。

第 2 部分　设计:单元和阵列更新了传统天线技术的最新进展,先进的技术因其高性能而适用于特定的应用,为保持完整性,也论及重要的天线测量装置和方法。

第 3 部分　应用:系统及天线相关问题,作为天线技术的重要部分,阐述了特殊无线系统中天线的原创设计理念。

陈志宁
新加坡国立大学
2015 年 10 月 10 日

总 目 录

第1册

第1部分 理论:概述与基本原理——引论和基本原理

第2册

第2部分 理论:概述与基本原理——天线领域新主题及重点问题

第3册

第3部分　设计:单元与阵列——介绍及天线基本形式

第4册

第4部分　设计:单元与阵列——高性能天线

第 5 册

第 6 册

第 7 册

第 8 册

第 7 部分　应用:天线相关的系统与问题——天线相关的特殊问题

本 册 目 录

第 7 部分 天线应用:天线相关的系统与问题——天线相关的特殊问题

第69章 无线通信中的可重构天线

Yingjie Jay Guo,Pei-Yuan Qin

摘要

下一代无线通信和传感系统要求射频前端具有自适应感知能力,可重构天线由于其具有动态改变辐射特性的能力而将在下一代无线通信和传感系统中成为不可或缺的重要组成部分。与传统性能固定的天线相比,可重构天线对天线研究设计人员提出了新的挑战,如在保持辐射方向图等特性的同时需要天线的工作频率可调谐。近20年来,可重构天线技术在学术界和工业界都取得了实质性的进展。本章阐述不同种类可重构天线的基本概念及其实现技术,介绍了可重构天线技术发展的最新进展,详述了可重构天线单元和阵列技术,并简要提出了一些可重构天线未来的研究方向。

关键词

可重构天线;频率可重构天线;极化可重构天线;方向图可重构天线;漏波天

Y. J. Guo(✉) · P. -Y. Qin

悉尼科技大学,澳大利亚

e-mail: jay. guo@ uts. edu. au; pyqin1983@ hotmail. com

线;移相器;阵列

69.1 引言

随着各种无线通信系统迅速增加,有限的电磁频谱变得越来越拥挤。为了应对这个挑战,未来的无线通信系统不仅需要具备认知功能,而且需要具有可重构能力。未来无线通信系统将是智能化的,可基于信道感知和信号质量评估得到的反馈选择最合适的通信策略,包括工作频率、主波束方向和调制方案等。为了达到上述灵活性,需要具有自适应辐射特性的可重构天线(reconfigurable antenna,RA)来替代针对特定应用设计的传统天线。可重构天线可以用来抑制干扰、节省能源、提高安全性以及减轻由多径衰落引起的信号质量恶化。

可重构的典型天线参数包括频率、极化、辐射方向图及以上参数的组合。基于重构的机制将可重构天线分为三大类,即利用电子器件(如PIN二极管、变容二极管及射频微机电系统(RF-MEMS))的可重构天线、利用机械结构变化的可重构天线以及利用材料变化的可重构天线。尽管可重构天线是一个较为新颖的话题,但目前已经出版了专著(Bernhard,2005; Bernhard and Volakis,2007)以及多篇论文(Christodoulou et al. ,2012)。本章给出了利用电学方法实现可重构天线的最新研究进展。关于利用机械结构变化实现可重构天线,对频率可重构天线感兴趣的读者可参考(Tawk et al. ,2011 和 Bernhard et al. ,2001)的出版物,对极化可重构天线感兴趣的读者可参考 Barrera,Huff(2014)的出版物,对方向图可重构天线感兴趣的读者可参考 Rodrigo 等(2012)和 Sievenpiper 等(2002)出版物。

本章的其余内容按下列各部分组织。“频率可重构天线”“极化可重构天线”“方向图可重构天线”及“复合可重构天线”等各节分别总结了频率、极化、方向图可重构天线及频率极化复合可重构天线的设计。“可重构移相器及其在波束形成天线中的应用”一节介绍了基于可重构缺陷地微带结构的新型移相器及其在波束扫描天线阵列中的应用。“可重构漏波天线”一节阐述了可重构漏波天线的设计。最后的总结部分对本章进行了小结并指出了未来研究的方向。

69.2　频率可重构天线

频率可重构天线可在整个频率调谐范围内保持极化和辐射方向图的稳定性的同时改变天线工作频率。目前,当一个无线设备需要处理某个宽频段内不同频率的多种业务时,频率可重构天线是一种惯用的技术。例如,智能手机或笔记本电脑可能需要支持多种标准,如无线局域网(wireless local area network,WLAN)、全球互操作微波接入(Worldwide Interoperability for Microwave Access,WiMAX)、蓝牙、全球定位系统(Global Positioning System,GPS)以及 3G 和 4G 移动通信等。为了达到这个目的,天线需要覆盖多个频带。从天线的角度来看,多频带、宽带和频率可重构天线是需要多频段工作的系统中可选的 3 种候选技术途径。但是如果这些工作频带中仅有一部分频率要求随时处于工作状态,则频率可重构天线是最合适的选择。与多频带和宽带天线相比,频率可重构天线的优点是可抑制非工作频带内的噪声,因此可大大降低前端电路对于滤波器的要求。此外,与多频带天线和宽带天线相比,频率可重构天线更加紧凑。

根据所用的天线基本单元,可将频率可重构天线分为微带天线、偶极子天线、平面倒 F 天线(PIFA)及缝隙天线等。另外,频率可重构天线也可以分为两大类,即频率连续调节和频率离散调节。后面的介绍将基于这种分类法。

69.2.1　频率连续调节可重构天线

变容二极管通常用来实现连续频率可调。该领域最初的工作采用在贴片天线辐射边上加载变容二极管的方法来实现频率捷变(Bhartia and Bahl,1982;Waterhouse and Shuley,1994)。通过改变变容二极管的偏置电压,贴片的有效电尺寸会发生变化,因此可产生 1.1~1.2 的频率调谐比。Hum 等提出一种差分馈电的频率捷变微带贴片天线(Hum and Xiong,2010),如图 69.1 所示。通过在微带贴片上加载 3 对变容二极管,该天线可以实现 2 倍的频率调谐比。同样微带缝隙天线可实现性能优良的频率可重构天线设计。通过使用变容二极管可以改变缝隙的长度,实现天线的频率调谐。一般而言,频率可重构缝隙天线可以实现更宽的调谐范围,如 3.52 倍调谐比(Li et al.,2010a),但是通常需要付出低增益和低效率的代价。

由于高增益、宽阻抗带宽以及易于和基于微带的单片微波集成电路

图 69.1 差分馈电的频率捷变微带贴片天线

(MMIC)集成等优点,频率可重构印刷准八木偶极子天线得到了极大的关注(Deal et al. ,2000)。与固定频率响应的宽带印刷偶极子天线相比,频率可重构设计不仅提供了频率选择性,而且可以减轻共站址的干扰和堵塞导致的负面影响。频率可重构的机理是通过变容二极管或开关改变偶极子天线臂的电长度。Cai et al. (2012)给出了一个用于认知无线电应用的频率可重构高增益准八木偶极子天线,工作在 478~741MHz 频带。该天线主要由两大部分构成:一个由变容二极管加载的印刷八木天线和一个与金属空腔结合以提供机械支撑的金属角反射器,如图 69.2 所示。在尺寸为 745mm×360mm 的 Roger RO3035 印制电路板(PCB)两面刻蚀形成天线的金属面。基板厚度为 1.524mm,介电常数为 3.55。上层金属层由一个激励偶极子单元、4 个寄生引向器、一个宽带微带—共面带线(CPS)转换和电阻偏置线组成。底层为截断的微带地,作为天线的反射器单元。两个变容二极管位于激励偶极子和各引向器的各个臂上。随着激励偶极子的变容二极管电容值变化导致偶极子的有效电长度发生变化,从而改变了天线的谐振频率。同时引向器的变容二极管也进行了调整使增益最大化,且实现各个工作频率上可接受的阻抗匹配。仿真和测试的频率调谐范围均达到了 478~741MHz,如图 69.3 所示。为了对位于未接地基板上激励和引向单元中嵌入的二极管进行偏置,采用了一个低成本且有效的电阻偏置电路,将窄长(1mm 宽)的金属带线截断成多个短段,各金属线段之间的空隙通过高阻值的表面安装电阻桥接,偏置电路的电阻特性可有效地阻断高频电流。

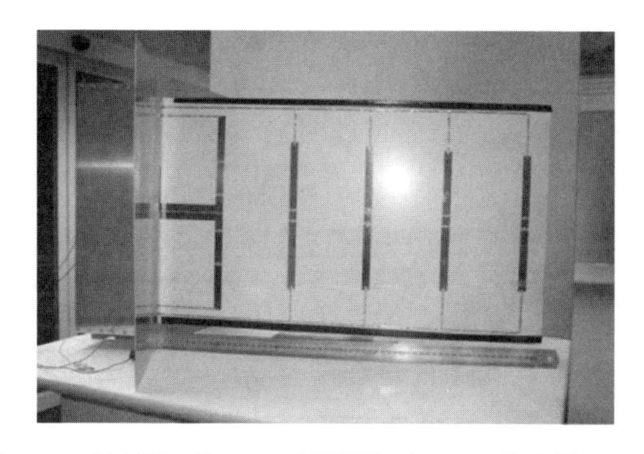

图69.2 频率可重构UHF天线照片(与60cm长金属尺对比)

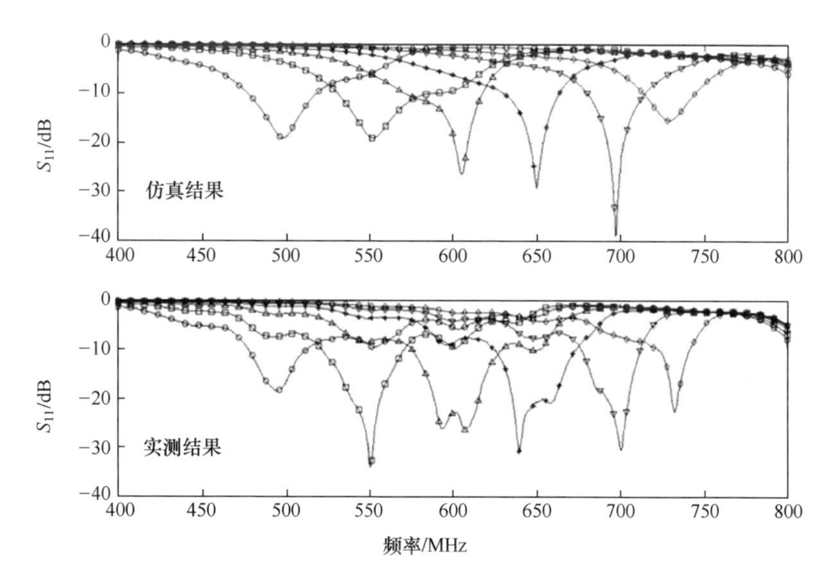

图69.3 6个可调子频带的反射系数仿真和测试值

69.2.2 频率离散调节可重构天线

PIN二极管和MEMS开关通常用来实现离散的频率调节。一个典型的例子为Genovesi等(2014)提出的紧凑型频率捷变微带贴片天线,该天线由中央贴片通过PIN二极管连接4个各自独立的工作在特定频率的外围元件构成,可工作在0.8~3.0GHz的宽频带中的$2^4=16$种不同的状态。

此外,Qin 等(2010b)给出了一个频率可重构的折叠偶极子准八木天线,该天线印制在 RO4003 基板(厚度为 0.813mm,介电常数为 3.55)的两面,天线的结构见图 69.4,基板的上层由微带馈线、宽带微带—CPS 巴伦、CPS 馈电的折叠偶极子激励单元以及一个偶极子寄生引向单元组成;基板的底层为截断的微带地,作为天线的反射单元;寄生引向器和反射器单元引导天线的辐射朝向端射方向,折叠偶极子激励单元印制了 6 个 0.5mm 宽的缝隙,6 个 PIN 二极管通过导

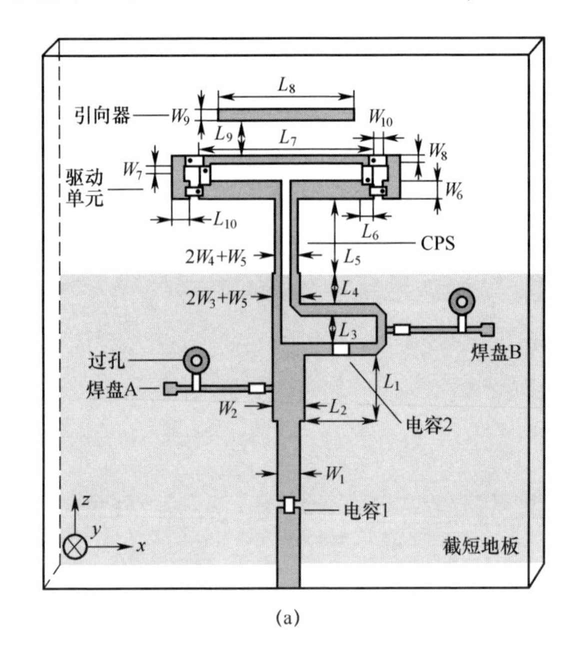

(a)

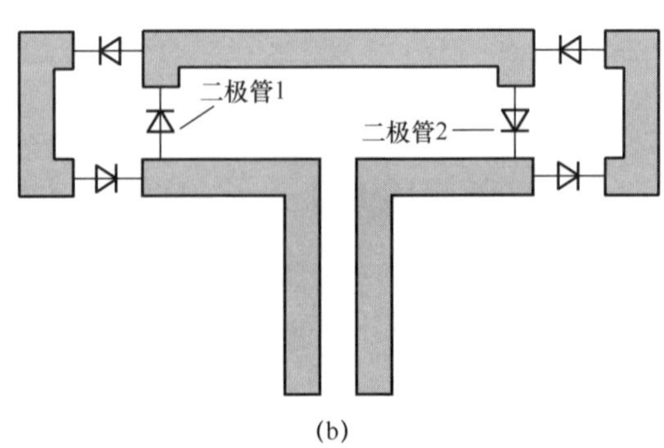

(b)

图 69.4　天线结构

(a)可重构准八木折叠偶极子天线结构;(b)折叠偶极子中 PIN 二极管的分布。

电银胶安装在这些缝隙上,折叠偶极子单元的长度可以通过二极管不同状态的开关切换来改变。当二极管 1 和二极管 2 导通而其他二极管关闭时,折叠偶极子的长度为 L_7。在这种情况下折叠偶极子的长度短,天线谐振在较高工作频率(记为状态Ⅰ)。改变直流电压的极性使二极管 1 和二极管 2 关闭而其他二极管导通,这种情况下折叠偶极子的长度增加 $L_7+2W_{10}+2L_{10}$,天线谐振在较低的频率(记为状态Ⅱ)。图 69.5 给出了状态Ⅰ和状态Ⅱ时天线反射系数与频率关系的仿真与测试结果:从状态Ⅱ变为状态Ⅰ,谐振频率从 5.95GHz 提高至 7.2GHz,其频率比为 1.21。直流偏置电压通过巴伦的金属面、CPS 和折叠偶极子附加到二极管两端。值得注意的是,通过采用折叠偶极子形成了一个闭环的直流电路,因此不需要在折叠偶极子上再附加额外的偏置线,这样有助于在整个频率调谐范围内保持天线辐射方向图的稳定。

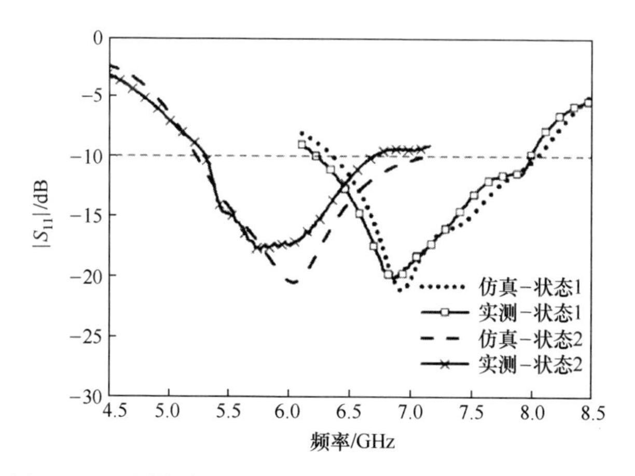

图 69.5　不同状态时天线输入反射系数的仿真与测试结果

69.3　极化可重构天线

极化可重构天线的实现方式可以是改变线极化的角度、左旋圆极化(LHCP)和右旋圆极化(RHCP)切换或者是线极化和圆极化之间的切换。这样可以实现极化分集来减轻多径传播环境中的信号衰落,而且极化分集还可以用来增加多输入多输出(MIMO)系统的容量(Qin et al.,2010a、2010b)。实现可重构天线极化捷变的主要挑战是在极化变化的同时确保天线的输入阻抗特性不能发生大的变化。因此,设计一个可以在线极化和圆极化状态切换的极化可重构天线是一大挑战,很难同时实现两种极化状态的良好阻抗匹配。主要原因是圆极化(CP)通常由两种退化的正交线极化模式产生,其输入阻抗与产生一种线极化(LP)谐振模式时有很大的不同。而且更为困难的是,设计双频带或多频带极化可重构天线,因为频率响应和极化特性之间的相互影响比单频带天线更强。换句话说,即在双频带或多频带改变极化状态的同时,保持频率响应的稳定性更为困难。本节将介绍实现线极化与圆极化切换和多频带极化可重构天线的新型技术。

69.3.1 单频带极化可重构天线

目前已有学者提出了一些引人关注的可在圆极化和线极化状态之间进行切换的极化可重构天线。Sung 等(2004)提出在切角方形贴片上使用4个PIN二极管在较小的阻抗带宽内(2.5%)产生了线极化和圆极化辐射。Dorsey 和 Zaghloul(2009)设计了一个利用4个PIN二极管微调的方形环缝隙天线,可工作在圆极化和线极化状态,但是作者并未引入物理上的偏置和控制电路。Chen 和 Row(2008)提出了一个环形缝隙耦合的微带圆贴片天线(图69.6),可以在2.2%的阻抗带宽内实现线极化和圆极化的切换,该天线制作在两个通过泡沫板隔开的单层FR4基板上,但由于其体积较大很难集成在紧凑的无线设备中。

另一个单频带极化可重构天线例子是微带U形槽贴片天线,可以在圆极化和线极化之间切换(Qin et al.,2010c),其结构如图69.7所示。该天线印制在3.175mm厚的RT/duroid 5880基板(介电常数为2.2)上的矩形贴片中刻蚀了U形槽。值得注意的是,在天线原型设计中,另一个更窄的缝隙刻蚀在U形槽的上方,将贴片分为两部分确保直流信号隔离。3个30pF的电容安装在窄缝隙上来保证射频信号的连续。贴片靠外的部分通过短路销钉和电感直流接地,电感同时可以阻断射频信号,直流偏置和射频信号通过同轴探针和偏置电源同时馈入。U形槽中的梁式引线PIN二极管作为开关元件,U形槽的臂长可以通过二极管的不同状态切换来改变。当左边的二极管导通而右边的二极管截止时,射频电流可以通过U形槽的左臂,此时U形槽的左臂比右臂短,不对称的U形槽可以在贴片中激励起两个正交模。通过调节PIN二极管的位置,可以使两种模式在给定的频率上具有相同的幅度和90°相位差,从而使天线产生合适轴比的圆极化辐射。当 U 形槽的左臂比右臂长时,天线为左旋圆极化;当 U 形槽的右臂比左臂长时,天线为右旋圆极化。当二极管同时导通或截止时,U 形槽为对称结构,将产生线极化辐射,此时电场的极化方向与图 69.7 中的 y 轴平行。

(a)

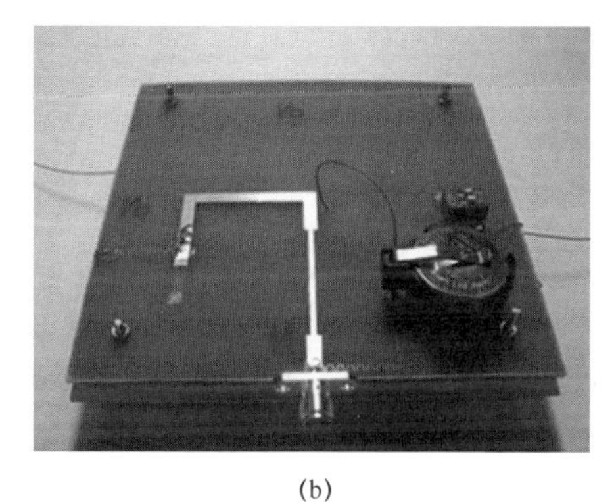

(b)

图 69.6　圆形贴片极化可重构天线

(a)顶层;(b)底层。

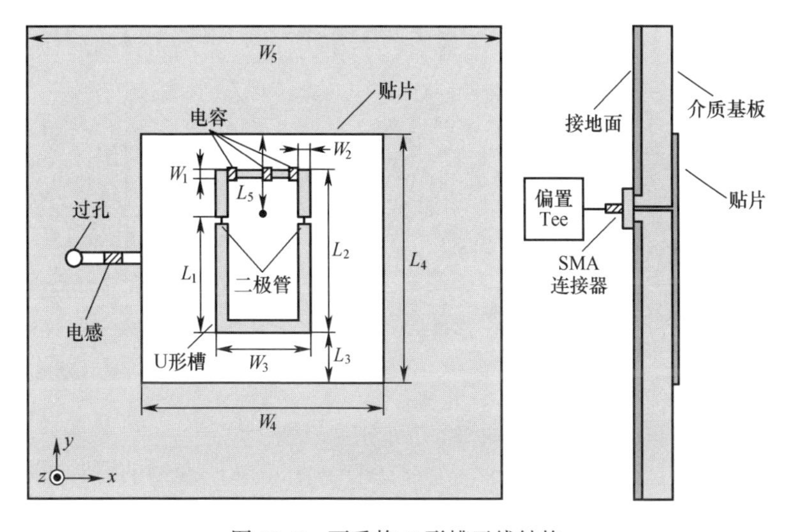

图 69.7　可重构 U 形槽天线结构

圆极化和线极化模式输入反射系数与频率关系的仿真与测试结果如图

69.8(a)所示,圆极化模式视轴方向的轴比仿真与测试结果如图69.8(b)所示。从实验结果可以看出,线极化和圆极化模式的阻抗带宽分别为6.1%和13.5%,中心频率几乎都在5.9GHz,可以覆盖整个无线局域网(WLAN)工作频段(5.725~5.85GHz),测试得到视轴方向的3dB轴比带宽为5.7~5.86GHz(2.8%)。

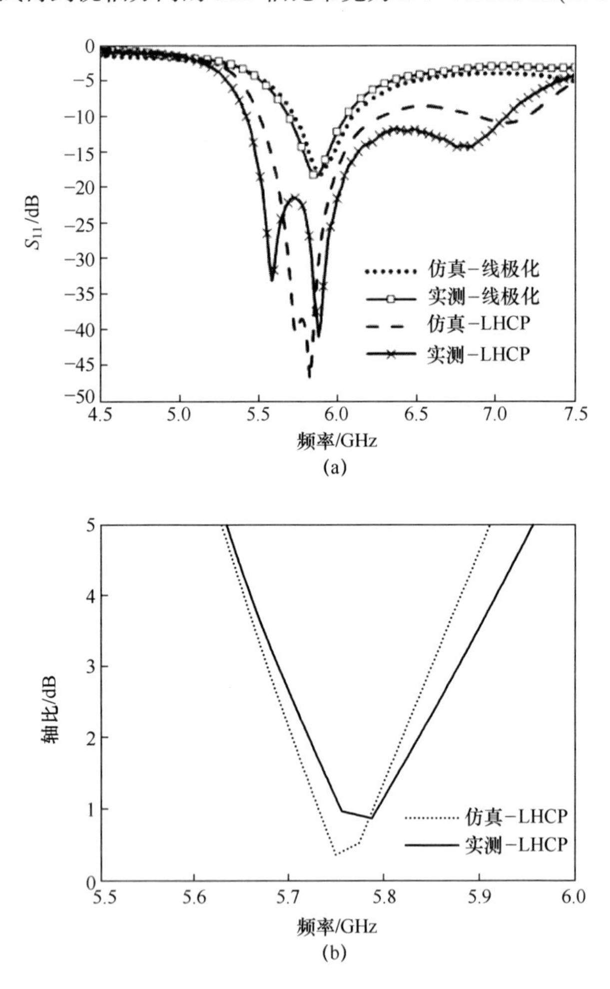

图69.8 仿真与测试结果

(a)线极化和圆极化状态的输入反射系数;(b)圆极化模式轴比。

69.3.2 双频带极化可重构天线

最近针对WLAN系统应用开发了多种单频带极化可重构天线。Hsu等利用压电转换器设计了一个极化可重构微带天线(Hsu and Chang,2007),在5.8GHz时可通过改变两个压电转换器的偏置电压来获得右旋圆极化或左旋圆极化。Khidre等(2013)报道了E形贴片天线,具有在2.4GHz辐射右旋圆极化或左旋圆极化波的能力。Li等报道了一个采用了共面波导—槽线转换的微带方形缝隙天线(Li et al.,2010b),工作在2.4GHz可在水平极化和垂直极化之间切换。对于上述几篇论文中的天线设计来说,天线仅可以在WLAN标准中的一个频带上对极化特性进行重构。由于当今的WLAN设备双频带工作十分常见,因此迫切需要能同时工作在2.4GHz和5.8GHz频带的极化可重构天线。为了满足这种需求,Qin等提出了单口面馈电的极化可重构天线,该天线在2.4GHz和5.8GHz频带可在水平极化、垂直极化和45°线极化之间切换(Qin et al.,2013a)。

双频带极化可重构天线结构如彩图69.9所示。天线由图69.9(a)和图69.9(b)分别所示的两层介质基板组成,天线结构的侧视图如图69.9(c)所示。第一层介质基板为4.75mm厚的RT/Duriod 5880基板(介电常数为2.2)。印制在介质上层的方形贴片中插入了4个短路支柱,第一层介质的下面未进行金属化。选择微带贴片中的TM_{10}和TM_{30}模式,使得天线分别工作在2.4GHz和5.8GHz频带上。一般来说,TM_{30}模的谐振频率是TM_{10}模谐振频率的3倍。为了使两个模式的频率比满足WLAN双频(2.4GHz和5.8GHz)的要求,在TM_{30}模电场的零点处插入了短路柱。短路柱对TM_{10}模谐振频率影响明显,而对TM_{30}模的谐振频率影响很小。通过插入短路柱方法减小了TM_{10}模和TM_{30}模之间的频率间隔。第二层介质是1.524mm厚的RO4003C基板(介电常数为3.55),上、下两面均进行了金属化。在顶层是经过改进的H形馈电口面,由普通的H形缝隙和在地板中心刻蚀的小方形缝隙组成(图69.9(b)),贴片与微带馈线通过该口面耦合,改进的H形馈电口面的尺寸通过优化使得在双频带的每个极化状态下都能达到良好的阻抗匹配。50Ω微带馈线(图69.9(b)中的蓝色虚线所示)印制在该层的下面。

由于微带馈线方向沿贴片的对角线方向,因而对于TM_{10}和TM_{30}模都能在相同的谐振频率上同时激励起x方向和y方向极化的模式。通过金属化通孔将贴片α边的中点与地相连,因为α边是y方向极化模式的辐射边,所以y方向极化模式的谐振频率可在不影响x方向极化模式的情况下进行改变。类似地,通

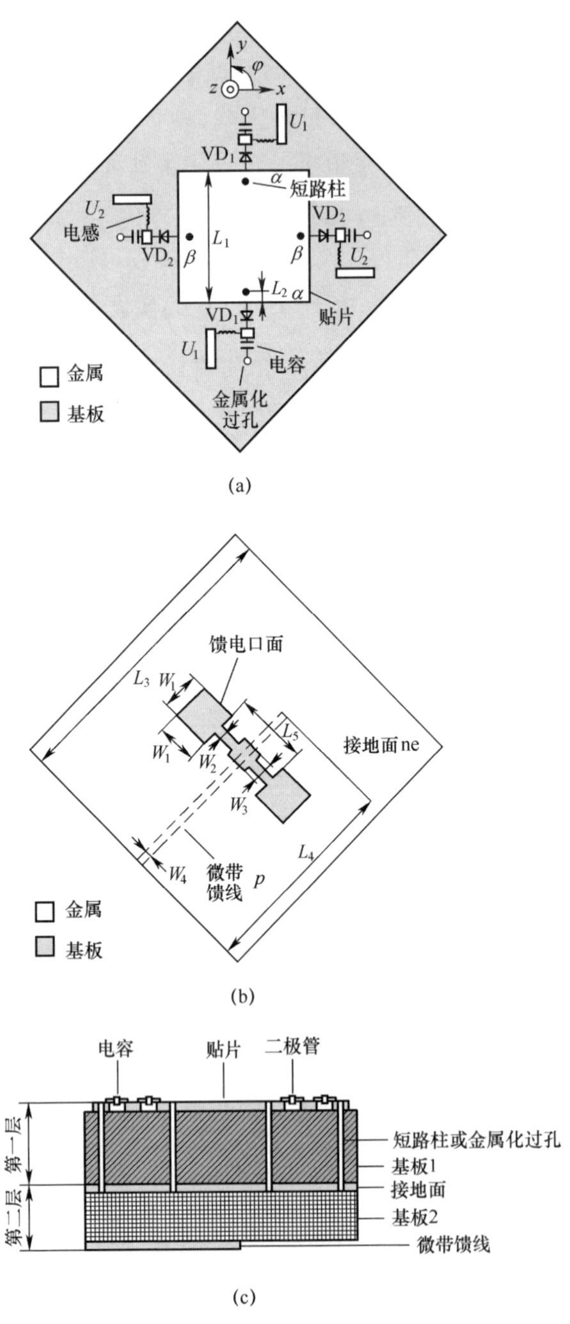

图 69.9　双频带极化可重构天线结构(彩图见书末)

(a)第一层;(b)第二层;(c)侧视图。

过将贴片 β 边的中点与地短接，x 方向极化模式的谐振频率可在不影响 y 方向极化模式的情况下进行改变。因此，单个模式（x 或 y 方向极化）的选择可通过偏移另外一个模式的谐振频率使之远离目标频带来实现。该天线在通孔和贴片边的中点之间安装了 PIN 二极管，因此可控制贴片边与地板之间的连接。基于图 69.9(a)所示的 PIN 二极管方向和分布来说，当 PIN 二极管 VD_1 导通而 VD_2 截止时，贴片边 α 与地短路。在这种情况下，y 方向极化模式的频率偏移至比 x 方向极化模式高的频率处，x 方向极化模式选择为天线的工作模式（状态 Ⅰ）。当 PIN 二极管 VD_1 截止而 VD_2 导通时，y 方向极化模式选择为天线的工作模式（状态Ⅱ）。当所有二极管都截止时，天线辐射与馈线平行的 45°线极化波（状态Ⅲ）。当所有二极管都导通时，天线的输入反射系数将升高至 WLAN 无法应用的地步。

图 69.10 至图 69.12 分别给出了状态Ⅰ、Ⅱ、Ⅲ情况下输入反射系数与频率关系的仿真和测试结果。可以看出，对于状态Ⅰ和状态Ⅱ都具有在 2.4GHz 和 5.8GHz 的双频带，正如上文讨论的那样，极化可重构的机理是通过偏移某一模式的谐振频率将 x 方向和 y 方向极化模式分离，因此在图 69.10 和图 69.11 中可以看到在 2.7GHz 出现了不需要的模式。另外，上述 3 种极化状态还存在由馈电口面导致的 3.8GHz 附近的寄生谐振。在实际应用时可在无线通信系统中利用滤波器抑制所不需要频带的干扰信号。

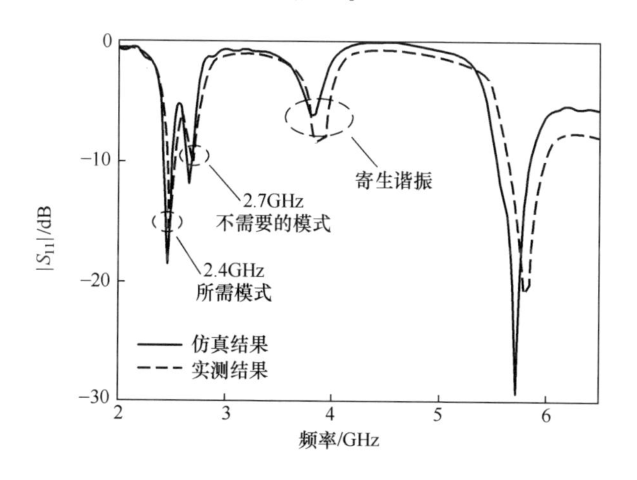

图 69.10　状态Ⅰ(x 方向极化)时输入反射系数仿真与测试结果

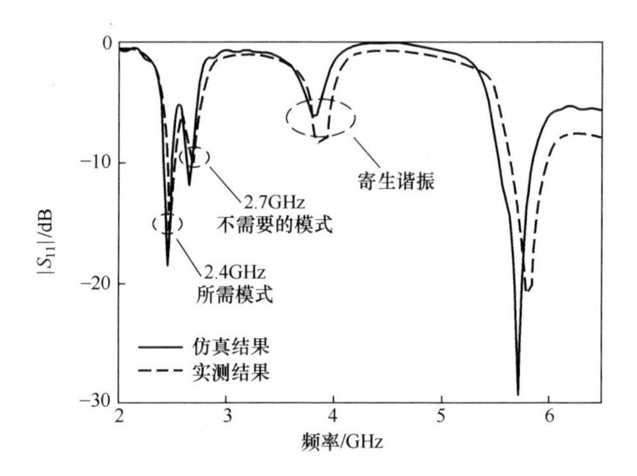

图 69.11　状态Ⅱ(y 方向极化)时输入反射系数仿真与测试结果

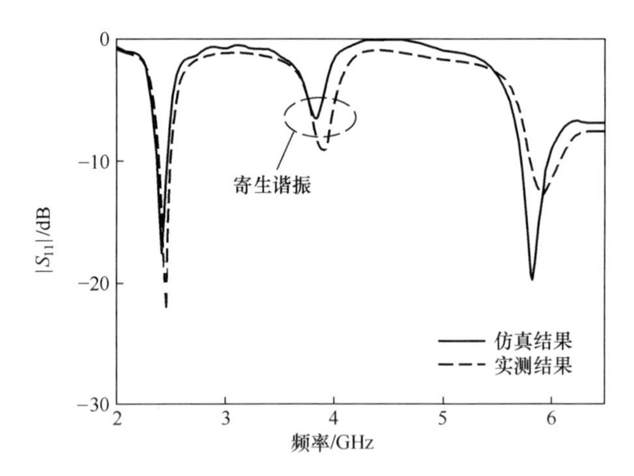

图 69.12　状态Ⅲ(45°方向线极化)时输入反射系数仿真与测试结果

69.4　方向图可重构天线

方向图可重构天线具有改变主波束形状或提供主波束扫描的能力,还可以改变零点位置来抑制干扰、将信号指向目标用户以节约能源以及控制主波束提供大范围覆盖的潜力。而且方向图可重构天线还可提供方向图分集,这在多输入多输出(MIMO)系统中可用来提高系统容量或提升链路质量。

在天线的不同形式辐射方向图情况下,天线的频率特性应当保持几乎不变。由于天线结构上的电流直接决定了天线的辐射方向图,因而辐射方向图的可重构特性通常通过控制电流分布来实现。但是电流分布同样对天线的频率响应影响很大,因此在工作频率改变不大的情况下实现天线辐射方向图的可重构很具有挑战性。目前已有一些方法来应对这种挑战,其中之一是利用特殊的天线结构,如反射面天线或寄生耦合天线,这种情况下输入馈电端口几乎独立于天线结构的可重构部分,可保证频率特性近乎稳定;另一种方法是通过一些额外的结构或匹配电路补偿天线输入阻抗的变化。

69.4.1　主波束形状可重构天线

典型的例子是一个宽带圆形贴片天线利用双L探针馈电实现在视轴辐射和锥状波束辐射方向图之间切换(Yang and Luk,2006),分别通过两种馈电方式激励视轴辐射的TM_{11}模和锥状波束辐射的TM_{01}模。在贴片上增加4个短路柱降低锥状波束模式的谐振频率,从而增大两种模式的工作频率的重叠部分。为了实现辐射方向图的可重构,需要由开关组成的集成匹配网络。Wu等(2008),Li等(2011)给出了具有可调共面波导(CPW)—槽线转换馈电的宽带蝶形方向图可重构天线。通过PIN二极管对馈电模式在CPW模式和左边槽线(LS)、右边槽线(RS)模式之间进行切换实现可重构。CPW馈电可产生几乎全向的辐射方向图,LS模式和RS模式可产生两种方向相反的端射方向图。

另一个例子是辐射方向图可重构的U形槽天线(Qin et al.,2012),见图69.13。在厚度为3.175mm的RT/Duroid 5880基板(介电常数为2.2)上的尺寸为$L_1 \times L_1$的方形贴片中插入一个U形槽,贴片的每条边都通过PIN二极管与两个短路柱连接,二极管的方向分布见图69.13。由于所有的PIN二极管都安装在地和中心贴片之间,因此只需要一个与SMA接头连接的偏置T形结(bias tee)来控制PIN二极管。当通过同轴探针加入偏置电压时,A组、B组二极管由于其方向相反导致偏置状态也相反。当直流电压为0时,所有的二极管均为截止状态。此时天线工作在普通的贴片天线模式下,辐射方向图为视轴辐射(状态I)。当直流电压为负时,B组二极管导通,其他二极管截止。此时,天线与4个短路柱相连可被视为单极子贴片天线,辐射出锥状波束,最大功率电平在zy

面(状态Ⅱ)。将直流电压的极性由负变为正,则 A 组二极管导通,其他二极管截止。此时,可获得类似的锥状波束辐射方向图,最大功率电平在 *zx* 面(状态Ⅲ)。贴片的每一边上连接两个短路柱确保在所有的工作状态实现良好的阻抗匹配。

5.3GHz 时仿真和测试得到的 *zx* 和 *zy* 面归一化辐射方向图分别如图 69.14 和图 69.15 所示。对于状态Ⅰ,由图 69.14(a)和图 69.15(a)可见最大交叉极化电平为-20dB;对于状态Ⅱ,由图 69.14(b)和图 69.15(b)可见对称的锥状波束辐射方向图,最大功率电平在 *zy* 平面 44°(仰角);对于状态Ⅲ,由图 69.14(c)和图 69.15(c)可见非对称的锥状波束辐射方向图,最大功率电平在 *zx* 面 45°(仰角)。由图 69.14(c)可见锥状波束方向图并不对称,锥状波束的左右两边最大

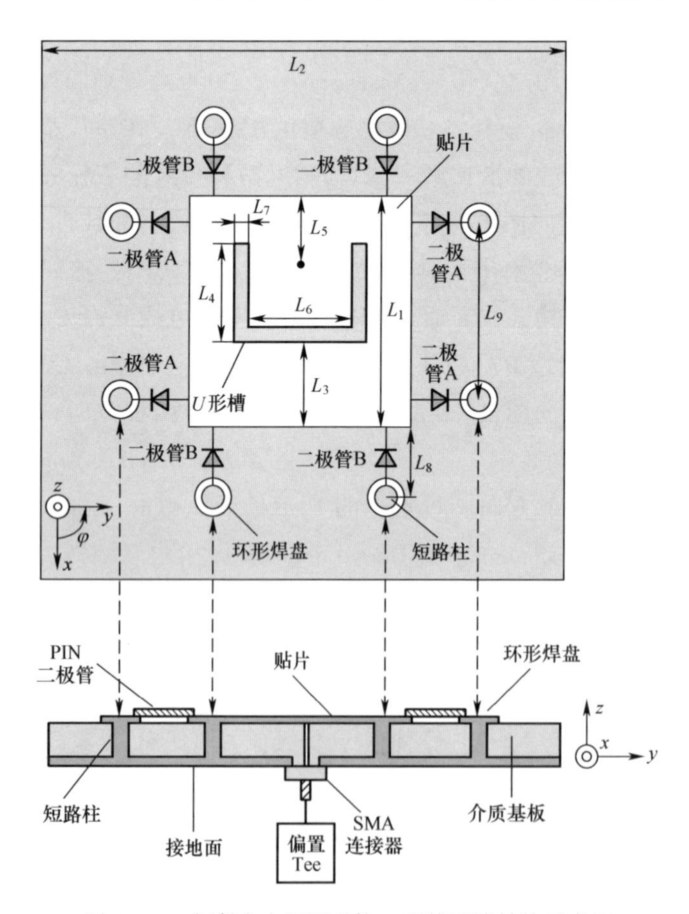

图 69.13 辐射方向图可重构 U 形槽天线结构示意图

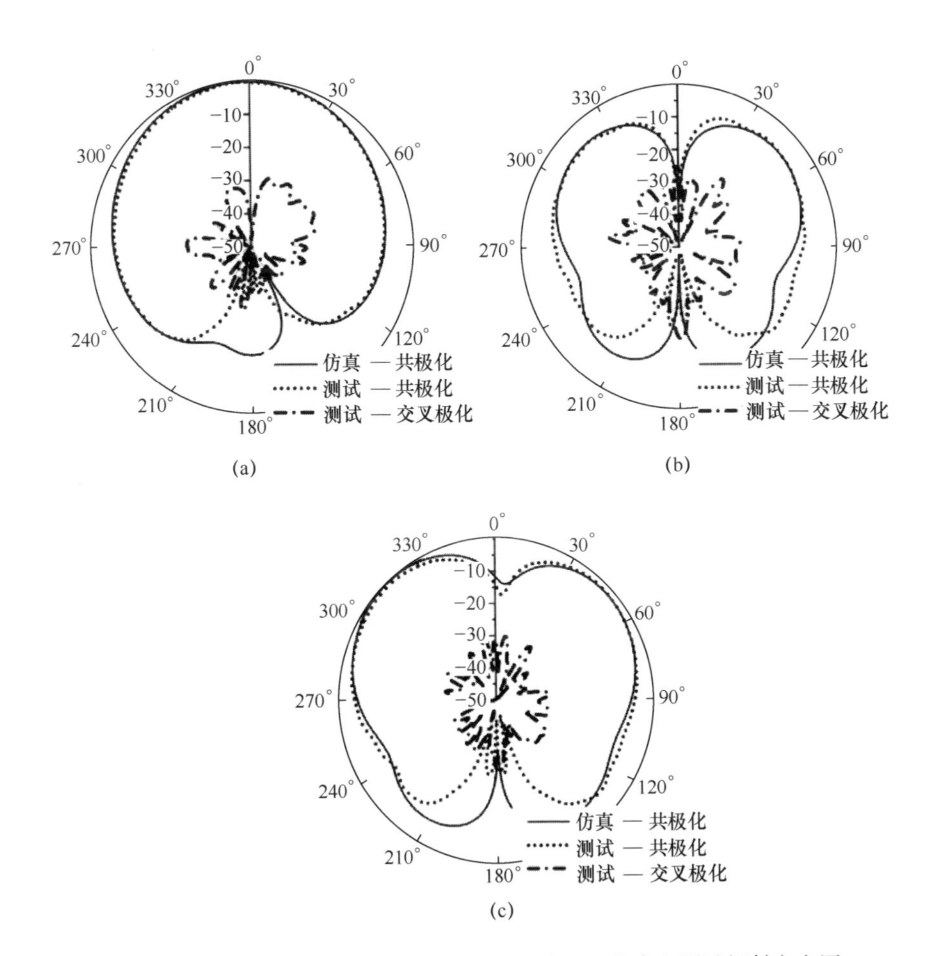

图69.14　主波束形状可重构天线5.3GHz时 zx 面仿真和测试辐射方向图

(a)状态Ⅰ;(b)状态Ⅱ;(c)状态Ⅲ。

功率电平相差1dB,这是由于馈电探针的位置引起的。仿真结果表明,如果馈电探针位于贴片的中心,图69.14(c)中左右两边最大功率电平的差异将会变小。但是在这种情况下两种模式的重叠阻抗带宽将变小,这可以看作天线在良好的重叠阻抗带宽和辐射方向图之间的折衷选择。

69.4.2　主波束扫描可重构天线

目前已有多种天线利用电子开关(如PIN二极管,在辐射器中激活其中一个或几个PIN二极管)控制主波束指向预先设定的方向。Lai等提出了一

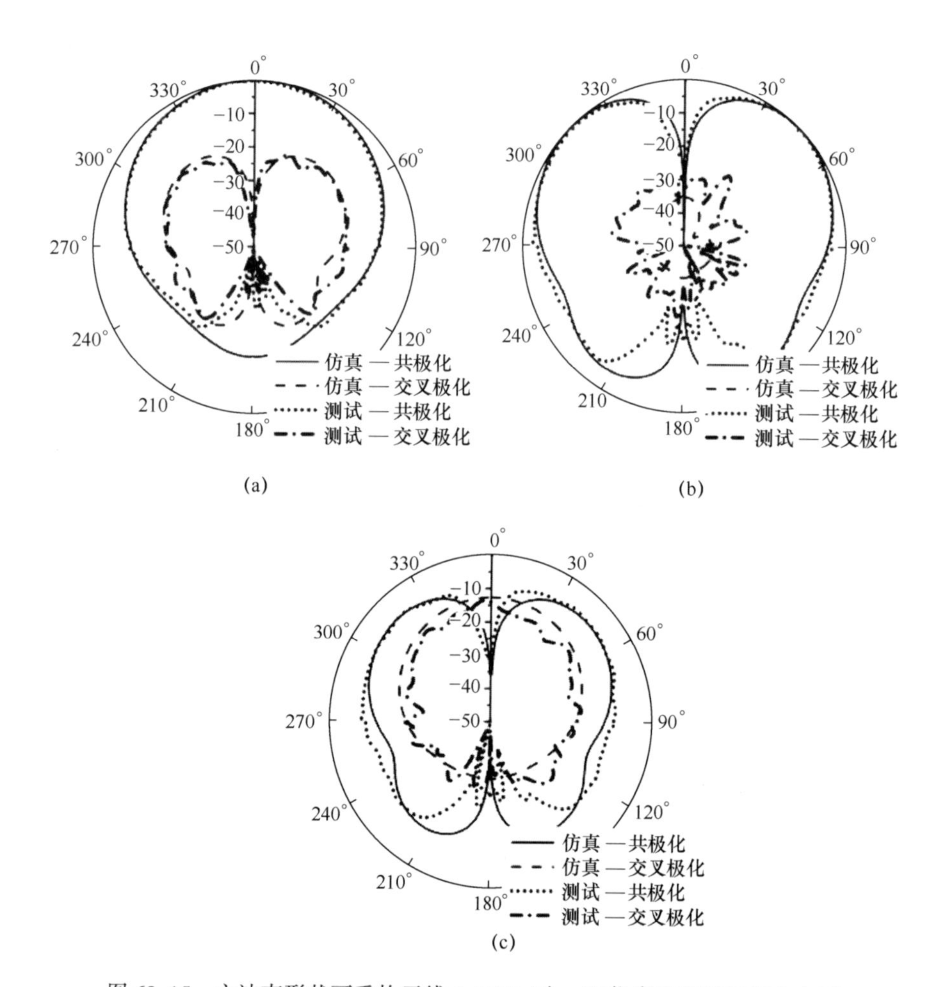

图 69.15 主波束形状可重构天线 5.3GHz 时 *zy* 面仿真和测试辐射方向图
(a)状态Ⅰ;(b)状态Ⅱ;(c)状态Ⅲ。

种四单元 L 形天线阵列可以在方位面上实现 360°波束扫描,增益为-0.5~2.1dBi(Lai et al.,2008)。该天线的结构见图 69.16,由 4 个分别朝向 0°、90°、180°和 270°的 L 形 $\lambda/4$ 缝隙天线单元组成,最大辐射方向在缝隙的开口端方向附近。通过控制 PIN 二极管使其中一个或多个 L 形缝隙天线工作,可以实现几种方向图的切换。同样,采用螺旋形结构,通过改变螺旋的长度可以改变主波束的方向。Jung 等(2006)、Huff 等(2003)、Nair 和 Ammann(2007)分别报道了矩形单臂螺旋天线可使主波束指向 5、4、3 个方向,其增益分别为3~6dBi、4dBi和1.1~4.6dBi。此外,还有基于八木宇田天线阵列等类型的波束扫描天线。通常这类天线具有一个激励单元和集成开关的寄生单元,通过控制开关,可以改变寄生单元的作用使其作为引向或反射器,从而改变主波束方向。激励单元可以是微带偶极子(Zhang et al.,2004),也可以是微带贴片(Yang et al.,2007;Donelli et al.,2007)或者线天线(Lim and Ling,2007)。尽管辐射方向图波束指向可重构天线有很多优点,但这些天线由于其较低的实际增益而导致应用受限。

论文Qin等(2013b)提出了一种高增益波束切换辐射方向图可重构准八木偶极子天线,可以使E面主波束方向指向20°、-20°或0°,实际增益为7.5~10dBi。该天线刻蚀在1.27mm厚的Rogers 6010基板(介电常数为10.9)上,如图69.17所示。基板的上层由微带馈线、阻抗变换器、宽带微带-共面带线(CPS)巴伦、CPS馈电的偶极子激励器和两条倾斜的引向带组成,如彩图69.17(a)所示;基板底层为截短接地板,作为反射器。通常八木宇田天线的最大增益设计需要不同长度和间隔的引向器。为了简化天线设计复杂度,使各引向条带的长度相同,相邻两条带的间距也一样。

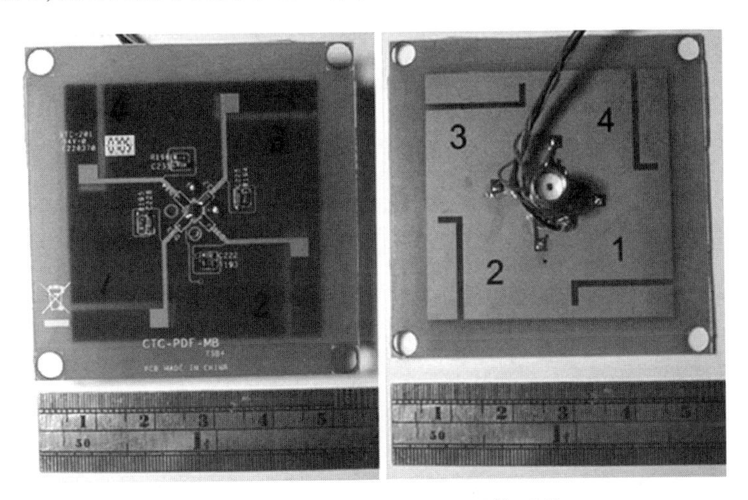

图69.16　L形缝隙方向图可重构天线

微带-CPS巴伦用来引入偶极子两臂上电流的相位差,巴伦的详细设计见图69.17(b),可以看出巴伦关于直线AA'对称,因此只展示了AA'线以上的巴伦结构。巴伦的右边可分为长度分别为L_1、L_2、L_3的三部分,巴伦的左边可分为长

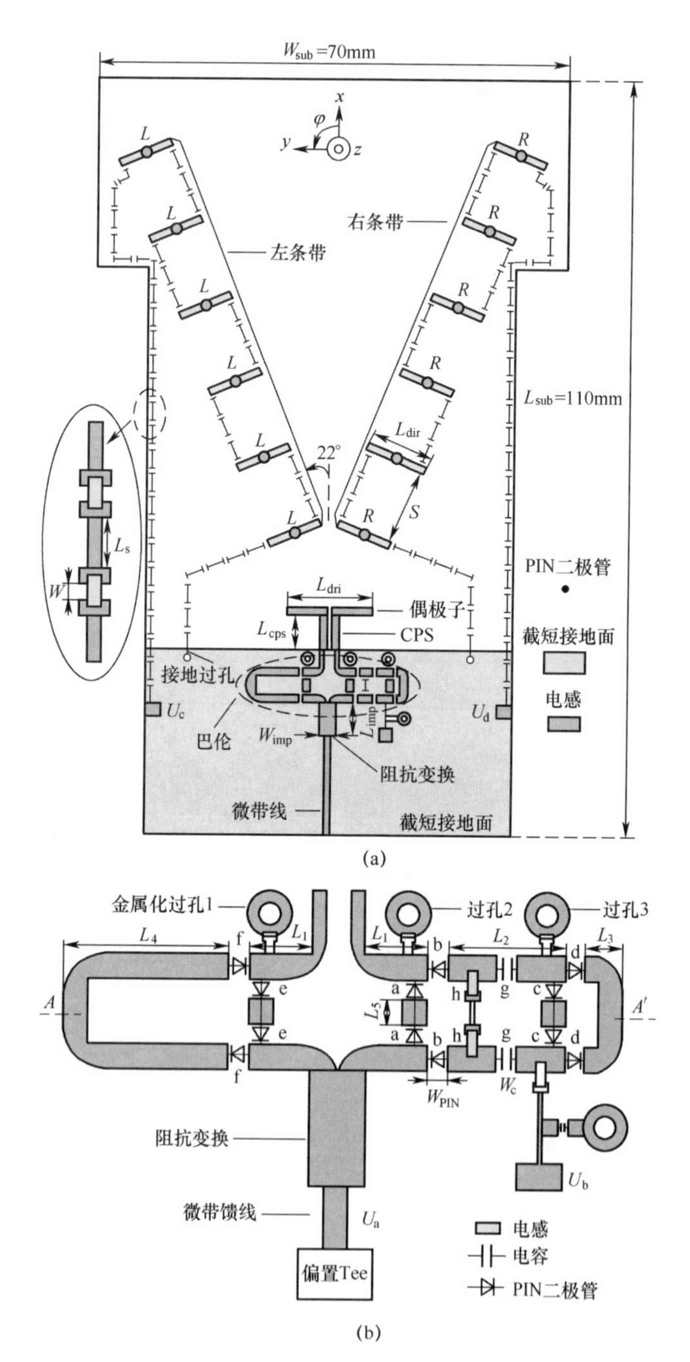

图 69.17　主波束扫描可重构天线的结构

(a)整体结构;(b)巴伦。

度为 L_1 和 L_4 的两部分。每部分之间的缝隙通过 PIN 二极管连接，安装 PIN 二极管的缝隙宽度为 W_{PIN}。此外，巴伦右边的长度为 L_2 的第二部分通过一个用于偏置的电容分隔为两个更小的部分，间距为 W_c。

通常准八木偶极子天线的引向器放置在水平方向（与激励偶极子平行）以使最大增益波束方向指向 $\varphi=0°$。但是发现当波束指向偏离端射方向时，开始水平放置的引向器将减小波束扫描范围和天线增益，这是因为引向器不再与倾斜的波束指向平行。为了增大波束扫描范围并保持天线增益，在激励单元前面放置了两排倾斜排列的金属条带，每排各 6 条如图 69.17(a) 所示。在一定程度上引向条带的倾斜角决定了最大扫描范围。该倾斜角与所需的天线波束倾角接近。此外，每个条带上都刻蚀有较小的缝隙，将其分割为两个更短的部分，并用 PIN 二极管连接。当 PIN 二极管导通时两个短条带连接在一块形成引向器；当 PIN 二极管截止时，两个短条带断开，不产生引向器的作用，且对远场辐射方向图仅有很小的影响。在这种情况下 PIN 二极管可以用来针对特定的主波束方向选择合适的引向器。特别是，当 PIN 二极管组 L 导通，R 截止时，则左边的条带列作为引向器，使得波束偏向端射方向的左边。类似地，当 PIN 二极管组 R 导通，L 截止时，波束偏向右边；当两边的 PIN 二极管都导通时，两排引向条带使得波束保持在端射方向。

通过选择巴伦 PIN 二极管的不同状态，巴伦左、右边部分的电流路径的长度会发生变化，从而引起偶极子两臂上电流的相位变化。根据图 69.17(b) 中的 PIN 二极管分布，天线可工作在 3 种状态。对于状态Ⅰ，二极管 e、b、c 和两排引向条带上的二极管（L 和 R）导通时，其余二极管截止，最大波束指向 $\varphi=0°$ 方向（端射方向）；对于状态Ⅱ，二极管 e、b、d 及二极管组 L 导通，其余二极管截止，E 面（xy 面）的最大波束指向 $\varphi=20°$ 方向；对于状态Ⅲ，二极管 f、a 和二极管组 R 导通，其他二极管截止，最大波束指向 $\varphi=-20°$ 方向。彩图 69.18 给出了 5.2GHz 时仿真和测试的远场辐射方向图。从图中可见，测试方向图在状态Ⅰ时的主波束指向端射方向，而在状态Ⅱ和状态Ⅲ时分别指向 19° 和 -20° 方向。

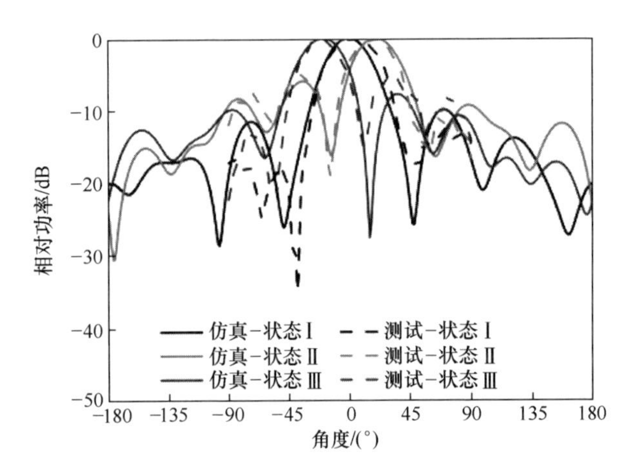

图 69.18　5.2GHz 时天线的仿真与测试 E 面归一化辐射方向图(彩图见书末)

69.5　复合可重构天线

复合可重构天线能够独立地改变工作频率、极化特性和辐射方向图,是可重构天线设计的最终目标。由于复合可重构天线与单天线特性可重构天线相比可实现更高的灵活性和分集特性,因此可为无线通信系统带来很多好处。最近 Nikolaou 等(2006)实现了天线工作频率和辐射方向图复合可重构,其结构如图 69.19 所示。通过在特定位置缝隙上加载 PIN 二极管(图 69.19(a))可以改变辐射方向图的零点方向;而且通过重构图 69.19(b)所示的匹配网络可以调谐天线的工作频率。

此外,Qin 等(2011)提出了一种单馈频率与极化复合可重构微带贴片天线,最大频率调谐比为 1.67,可辐射 3 种线极化方式(水平、垂直和 45°线极化)中的任意一种,对于每种极化均可独立在一个宽频带上调谐,其天线结构如图 69.20 所示。方形基板和贴片的长度分别为 70mm 和 34mm,馈点位于距离贴片底边 9mm 的对角线上,贴片每条边的中心通过一个 PIN 二极管连接到短路柱上,每条边上的 PIN 二极管边上还有两个变容二极管(对于 20~2V 的电压,具有 0.1~1.0pF 结电容调节范围)。

沿对角线馈电的与地板无任何连接的方形贴片天线将产生 x 向或 y 方向

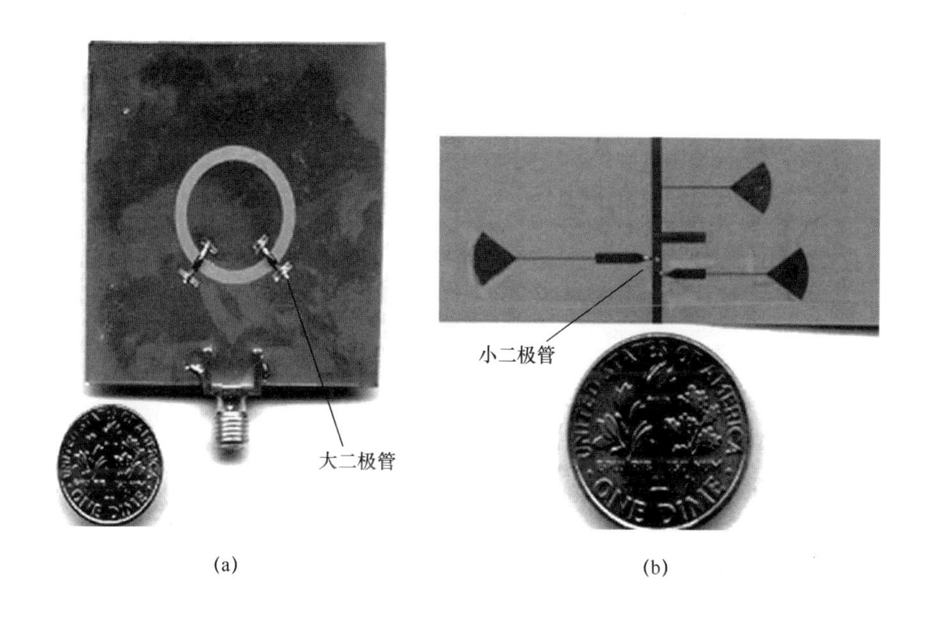

图 69.19　复合可重构天线结构

(a)环状缝隙天线的正面;(b)环状缝隙天线的背面(阻抗匹配网络)。

的模式,谐振频率相同。通过在 α 边中点附加短路柱(图 69.20),可增大 y 方向模式的谐振频率而不影响 x 方向的模式,这是因为对于 y 方向模式来说,α 边是辐射边。通过附加可视为电感的短路柱,可增大 y 方向模式的谐振频率,因为其辐射边为 β 边,故 x 方向模式不受影响。同理,通过在 β 边中点附加短路柱,可增大 x 方向模式的谐振频率而不影响 y 方向模式。因此,可通过改变不需要模式的谐振频率,使其偏离所需要模式的频率来选择一个单一模式(x 向或 y 方向)。对于每种模式,辐射边上的两个变容二极管可用于改变谐振频率。

Ho 和 Rebeiz(2014)提出了一种全极化分集和频率捷变性的天线,在馈电网络中集成了 MEMS 开关来实现 4 种极化状态(垂直、水平、左旋圆极化和右旋圆极化)的控制,超突变结可调谐硅二极管用于每种极化方式下调节天线的中心频率,对于线极化和圆极化,频率调节范围分别为 0.9 ~ 1.55GHz 和 1.1~1.5GHz。

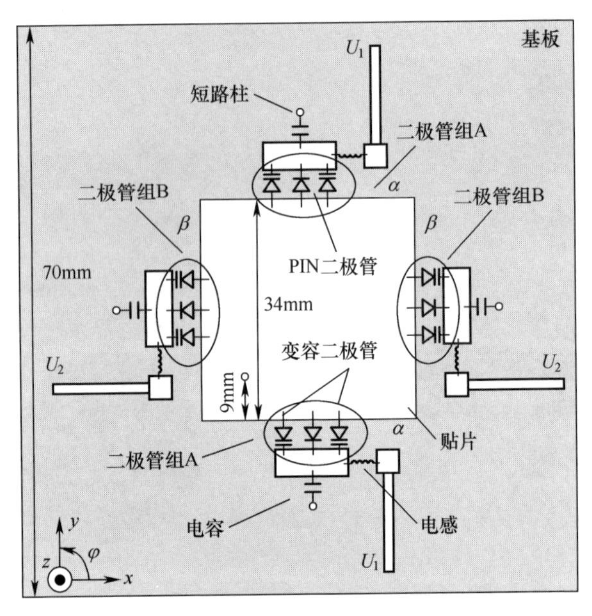

图69.20 频率与极化复合可重构微带贴片天线结构

69.6 可重构移相器及其在波束形成天线中的应用

69.6.1 基于可重构缺陷地微带结构(RDMS)的移相器设计

相控阵天线由于其可实现高增益的模拟波束形成而广泛应用于卫星通信、雷达系统及其他军事应用中(Parker and Zimmermann,2002)。通常相控阵需要大量的移相器,因此其成本、尺寸及集成技术都是重要的关注点(Hansen,1998)。相控阵中最常用的移相器是二极管移相器(White,1974;Davis,1975)和铁氧体移相器(Whicker,1973)。二极管移相器具有切换速度快、质量轻及成本低的优点,但其插入损耗高,而铁氧体移相器与二极管移相器相比,其体积大、质量重及切换功率大。

最近有学者提出了基于缺陷地结构(DGS)的移相器(Patil et al. ,2012;Han et al. ,2005; Shafai et al. ,2004),大多采用了多层结构和微机电系统(MEMS)。由于MEMS成本高、加工复杂,且难以与微带系统集成,从而大大限制了其应用范围。作为DGS的对偶结构,缺陷微带结构(DMS)同样可以实现移相。论文

(Ye et al.,2012)报道了在馈电网络的微带线上刻蚀了C形缝隙用于相位校准。但是每条缝隙在12.5GHz仅能实现3°的固定相位延迟。为了得到可控的相移，Can等提出了基于可重构缺陷微带结构(RDMS)的紧凑型移相器，并将其用于相控阵天线中(Ding et al.,2014;Ding et al.,2015)。

图69.21给出了用于移相器设计的基于50Ω微带线的RDMS单元结构，图中所示一个尺寸为$W_{slot} \times L_{slot}$的矩形缝隙刻蚀在微带线上形成缺陷结构，在缝隙区域的边缘安装PIN二极管进行结构的重构形成RDMS单元。电容和用于电容安装的金属柱位于缝隙的中间，提供射频信号的连续传导以及直流的隔离。RDMS单元有两种工作状态，即二极管全导通和二极管全截止状态：在二极管全导通状态下，二极管和电容都允许电流以很小的损耗通过，数值仿真发现RDMS单元类似于均匀的微带线一样工作；在二极管全截止状态，通过二极管的电流被阻断形成了一个不同的电流分布，见图69.21(b)。值得注意的是，在二极管全截止状态，电流路径比全导通状态更长，因此产生了相移，移相值与两种状态下电流路径的电长度之差成正比，即受W_{slot}和L_{slot}影响。这里给出了尺寸为$\{W_{slot}, L_{slot}\} = \{2mm, 3.3mm\}$的RDMS单元制作实例。图69.22(a)~(c)分别给出了实际制作的RDMS单元照片、插入损耗实测值和移相实测值，根据实测结果可知，该RDMS单元可在5.2GHz产生20°的移相，插入损耗为1.1dB。

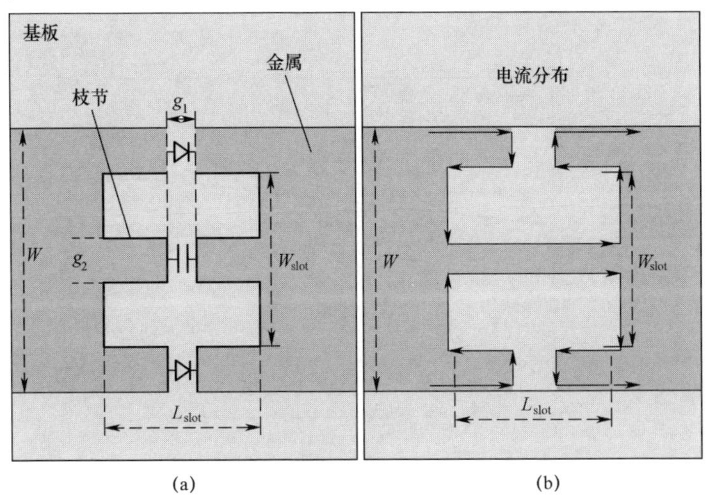

图69.21　基于50Ω微带线的RDMS单元结构

(a)RDMS单元结构;(b)全截止状态电流分布。

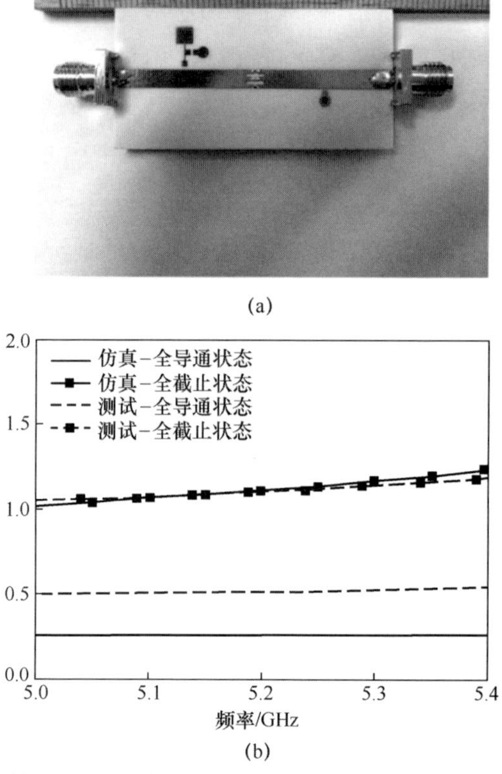

(b)

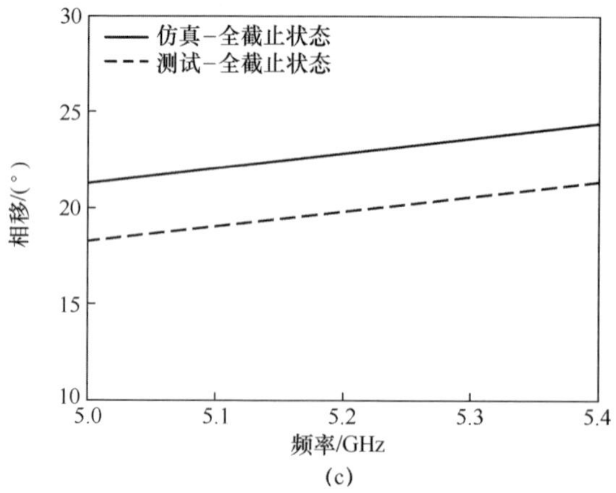

(c)

图 69.22 实际制作的 RDMS 单元照片、插入损耗实测值和移相实测值

(a)1-RDMS 移相器照片;(b)插入损耗的仿真和实测值比较曲线;(c)移相值的仿真与实测值比较曲线。

更大的移相值可通过级联多个上述RDMS单元实现。图69.23(a)给出了一个2-RDMS移相器,级联了两个RDMS单元,可实现40°移相。图69.23(b)进一步给出了4个RDMS单元级联的移相器,通过两路偏置电压控制,可在5.2GHz实现44°和88°移相。

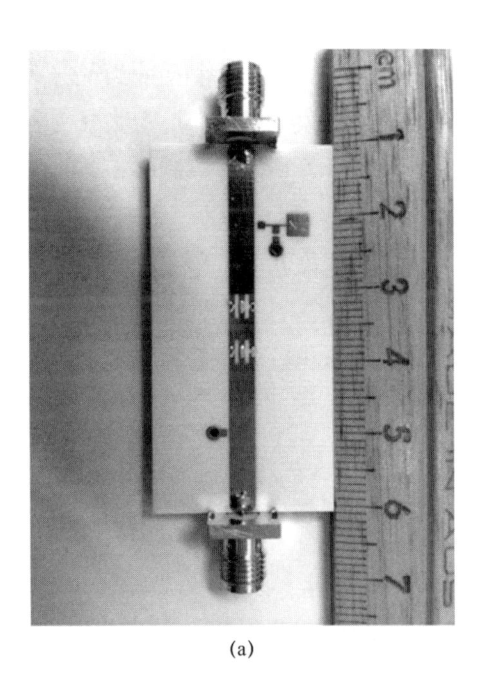

(a)

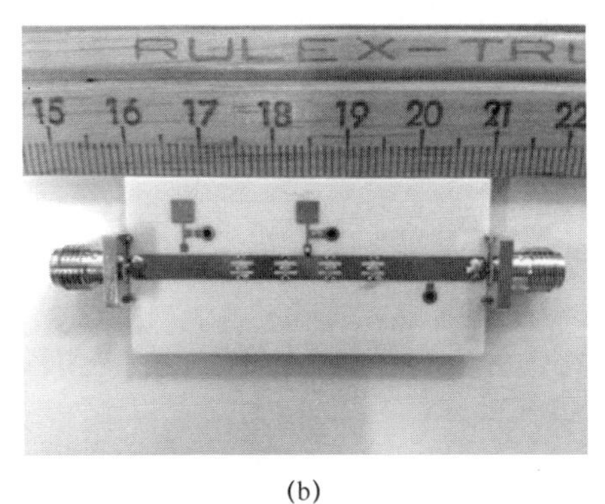

(b)

图69.23　移相器实物

(a)2-RDMS移相器;(b)4-RDMS移相器。

69.6.2 四单元相控阵中的应用

上述移相器已在四单元相控阵馈电网络中得到应用(图 69.24)。该阵列设计为可将 H 面主波束分别指向 0°、-15°和 15°。设计中采用了 3 个威尔金森功分器进行功率分配,在馈电网络中集成了 8 个移相器,在 5.2GHz 可实现天线单元间 50°的步进式相移。每个移相器由两个尺寸为 $W_{slot}=2mm$ 和 $L_{slot}=3.6mm$ 的 RDMS 单元组成。对于第一级功分器来说,两路分支各有两个移相器,第二级功分器的四路分支上各有一个移相器。控制移相器的两路偏置直流电压分别标示为 U_1 和 U_2。该相控阵有 4 种不同的工作状态:当电压 U_1 和 U_2 分别为“+,+”“-,-”“+,-”“-,+”时,相控阵可工作在“全导通”“全截止”“右导通左截止”和“右截止左导通”状态。在全导通和全截止状态,阵列单元同相,因此波束并不倾斜。在左导通右截止状态和左截止右导通状态,阵列单元的相位分别为超前或滞后 50°,因此可实现波束指向-15°和 15°方向。阵列的远场方向图测试结果可见图 69.25。

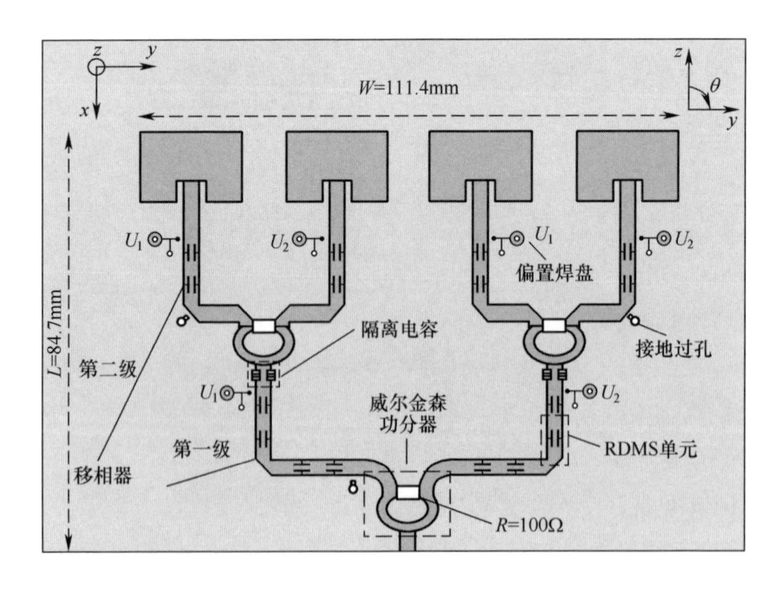

图 69.24 四单元相控阵原型

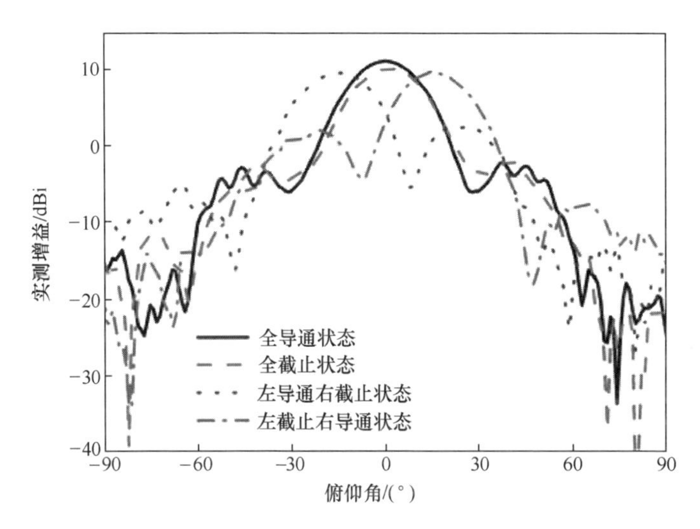

图69.25　相控阵远场方向图测试结果

69.7　可重构漏波天线

69.7.1　简介

漏波天线可被视为逐渐向自由空间泄漏能量的传输线，如图69.26所示，其辐射能量的方向θ由漏波沿传输线的相位常数β决定(Goldstone and Oliner, 1959)，波束宽度由漏波孔径的长度决定，漏波孔径以泄漏率α被可控的激励(Goldstone and Oliner,1959)。

漏波天线概念的提出已有近几十年(Horn et al.,1980)，与反射面和透镜天线相比，不需要凸出的馈点，因而剖面很低；与阵列天线相比，它不需要馈电网络，而馈电网络在大阵列时的损耗很大。漏波天线的相位常数通常为工作频率的函数，因而实际上可用工作频率扫描来控制波束指向。

最近10年见证了无线通信业的快速增长以及众多无线通信系统标准的产生。无线通信系统通常工作在无线电频谱管理部门所规定的频带上。因此，漏波天线固有的频率扫描特性使其应用受限。鉴于此，研究方向图可重构(波束控制)漏波天线的需求十分强烈，可以用于开发利用复杂的传播信道。而且漏波天线的带宽相对较窄，通常为几个百分点。但是由于无线通信系统通常不同时需要具有那么宽的带宽,因此频率可重构(可调谐)漏波天线可作为很多应用的候选技术。

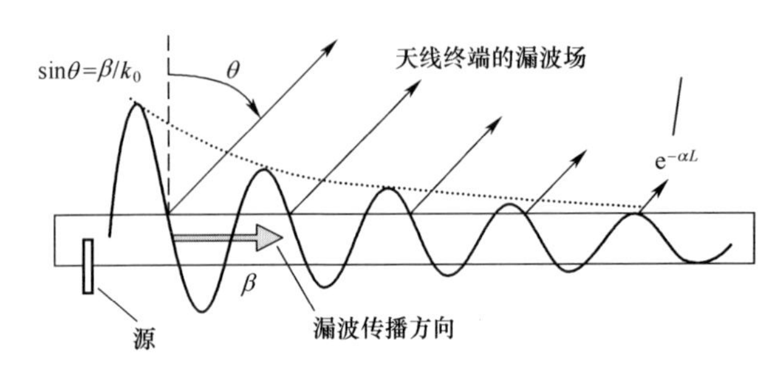

图 69.26　漏波天线示意图

漏波天线的频率相关性限制了其在现代通信系统中的应用,这是因为现代通信系统通常要求固定的工作频率以获得更有效的信道化。过去曾花费大量努力研究与频率无关的漏波天线。Horn 等(1980)利用 PIN 二极管作为开关从电学上控制导波波长从而改变辐射角度,但是该方法仅有两个离散的辐射角度,这是因为二极管仅有两种状态,即偏置和未偏置。Maheri 等(1988)报道了一种构造在铁氧体基板结构上的磁性扫描漏波天线,其辐射角度可由调节直流磁场来控制。Huang 等(2000)将 PIN 二极管作为开关来控制天线的周期结构,其可重构性被限为两种离散的辐射角度。

Sievenpiper(2005)采用一种称为纹理表面的高阻抗表面来设计漏波天线,从后往前的扫描范围可达$-50°\sim50°$。变容二极管嵌入在天线结构中,使得可以对反射相位和表面波特性进行电控。这种可调的纹理表面采用扩展切口天线馈电将能量耦合至漏波带,形成电控漏波天线。网纹表面由小型蘑菇状凸起的方形金属板构成的周期性单元组成,各单元通过垂直的金属探针连接在公共地上。金属探针可以有选择地连接或伸出地板来附加控制电压,方形金属板通过变容二极管彼此互连。通过利用该表面几何结构所提供的多个自由度,可以分别独立地控制表面波辐射的幅度和相位,因此该天线可编程且在整个扫描范围内都具有较大的有效口径。

同时具有负介电常数和负磁导率的左手材料由 Veselago(1968)从理论上提出,并由 Shelby 等(2001)进行了实验研究。左手材料的传播常数为负,表现为相位超前,而右手材料的传播常数为正,表现为相位滞后。将左手和右手材料的结构结合起来的复合左右手(CRLH)结构,可用来实现前向和后向扫描,这种概念首先通过传输线结构引入(Liu et al. ,2002)。论文(Lim et al. ,2005)提出了一种基于超材料的结合了变容二极管的电控传输线结构,可作为漏波天线,辐射角度及波束宽度可调。该结构本质上是一种 CRLH 微带线结构,结合了变容二极管可在固定频率进行电压控制。在固定频率进行角度扫描时,通过调整加载到变容二极管上的统一的偏置电压来调制结构的电容值实现的。波束宽度的调谐是通过变容二极管上的偏置电压不一致使结构非均匀化实现的。根据上述概念设计了一个 30 单元的漏波天线结构,为了优化阻抗匹配和最大化调谐范围,同时采用了串联和并联变容二极管。通过将偏置电压在 0~21V 内进行调节,该天线原型样机在 3. 33GHz 时可在+50°~-49°波束连续扫描,最大边射增益可达 18dBi,但是增益随扫描角的变化较大。此外,该天线还具有将半功率波束宽度可调至均匀偏置时波束宽度的 200%进行调节。

在法布里—珀罗结构中采用可调的部分反射表面和高阻抗表面被证明是另外一种可有效实现漏波天线频率和方向图可重构特性的技术途径。在后续的章节中将对最近的研究进展进行系统的总结。

69. 7. 2　频率可重构法布里-珀罗天线

法布里-珀罗漏波天线具有低剖面、结构简单及高定向性等优点,在包含低定向性馈源天线的地板面上约半波长处放置部分反射表面(partially reflective surface,PRS)构成(Trentini,1956;Feresidis,Vardaxoglou,2001;Feresidis et al. ,2005;Wang et al. ,2006;Weily et al. ,2008)。PRS 通常为介质基板上的偶极子、贴片或缝隙组成的周期性阵列。如果将地板用高阻抗表面(high impedance surface, HIS)代替,则天线的剖面尺寸可以大大减小(Feresidis et al. ,2005;Wang et al. ,2006)。法布里-珀罗漏波天线的一大显著缺点是其工作带宽窄,这是由于法布里-珀罗腔的高 Q 值造成的。但是通过天线工作频率可重构来拓展其应用,如通过在腔体下表面上使用可调 HIS,HIS 中的每个单元通过加载在一对变容二极管的电压进行调节(Hum et al. ,2005;Hum et al. ,2007)。

图 69. 27 给出了法布里-珀罗漏波天线的结构示意图,由 PRS、可调 HIS 及叠层贴片馈电天线组成(Weily et al. ,2008),其工作频率设计为在 5. 2~5. 775GHz 内可调,可应用于 WLAN 中。参照图 69. 28,腔体的高度 L_r 可用工作频率对应的波

长 λ_0、PRS 和可调 HIS 的反射相位 φ_1 和 φ_2 表示为(Wang et al. ,2006)

$$L_r = \left(\frac{\varphi_1 + \varphi_2}{\pi}\right)\frac{\lambda_0}{4} + \frac{\lambda_0}{2} \tag{69.1}$$

式中:φ_2 为变容二极管调谐电压的函数,用于改变天线的工作频率。增大调谐电压可使天线的谐振频率升高,而降低电压则降低谐振频率。在这个实例中 PRS 由分布在 0. 8mm 厚的 FR4($\varepsilon_r = 4.4$, $\tan\delta = 0.018$)基板上的 18mm×18mm 方形金属贴片组成,金属贴片在 x 和 y 方向均以 20mm 为周期分布。在 1. 524mm 厚的 Rogers RO4230 基板($\varepsilon_r = 3.0$, $\tan\delta = 0.023$)上共有 48 个可调 HIS 单元。贴片的尺寸为 14mm×17mm,中间有 1mm 宽的间隙用于安装变容二极管对,所有基板的横向尺寸均为 240mm×240mm。选择探针馈电的叠层贴片天线作为馈源的原因是:通过仿真发现在 HIS 表面调谐时,它比单个贴片天线的匹配更好。

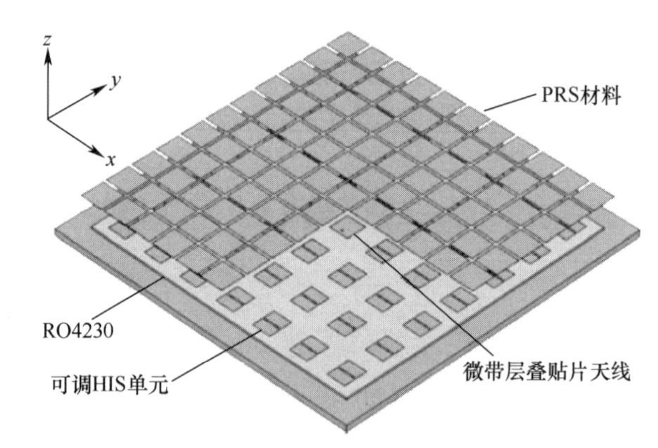

图 69. 27　频率可重构法布里-珀罗漏波天线示意图

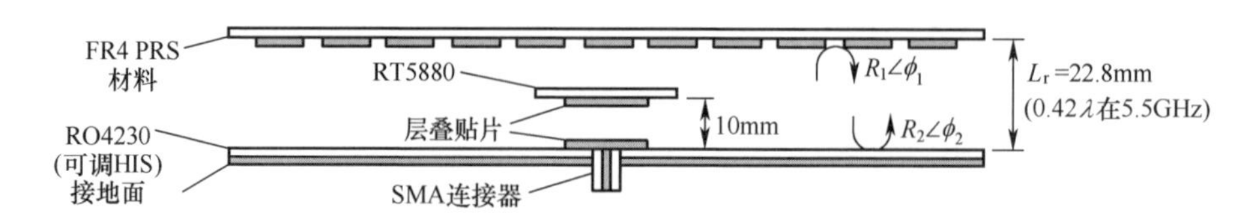

图 69. 28　频率可重构法布里-珀罗漏波天线结构图及 PRS 和 HIS 的反射系数

图 69. 29 形象地介绍了天线可调 HIS 单元,其中包括由 0. 5mm 宽的高阻抗线、2. 2pF 旁路电容及过孔组成的偏置网络。可调 HIS 单元基于(Hum et al. ,

2005)提出的可重构反射阵列中的设计并对其进行了改进,包括分立元件偏置网络,使得可同时对一整列可调 HIS 单元进行偏置,该天线原型照片见图69.30。使用了多个尼龙垫片把 PRS 放置在可调 HIS 上的适当位置,同时把耦合贴片放置在激励贴片上适当位置。天线后面的低损耗(偏置 T 形结)bias tee 用于提供对可调 HIS 单元的偏置,即对天线的工作频率进行可重构。天线使用的变容二极管同样由制造商保证其一致性,使得器件之间的差异尽可能小。6 种偏置电压情况下方向性与频率关系的测试结果见图 69.31,即对应于 6 种具有不同的结电容的变容二极管。从图 69.31 所示的测试结果可以清楚地看出,天线工作频率在 5.2～5.95GHz 之间可调。天线反射系数的测试结果如彩图 69.32 所示,对应 6 种偏置电压与图 69.31 所示的定向性的峰值一致。

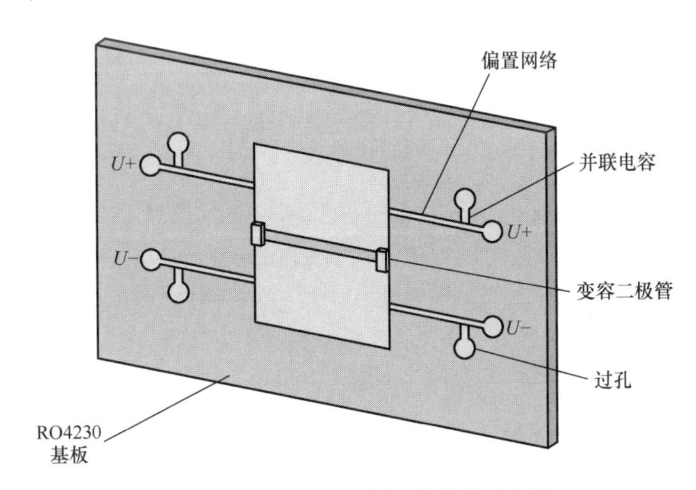

图 69.29　可调 HIS 单元的结构示意图

图 69.30　频率可重构法布里-珀罗漏波天线原型

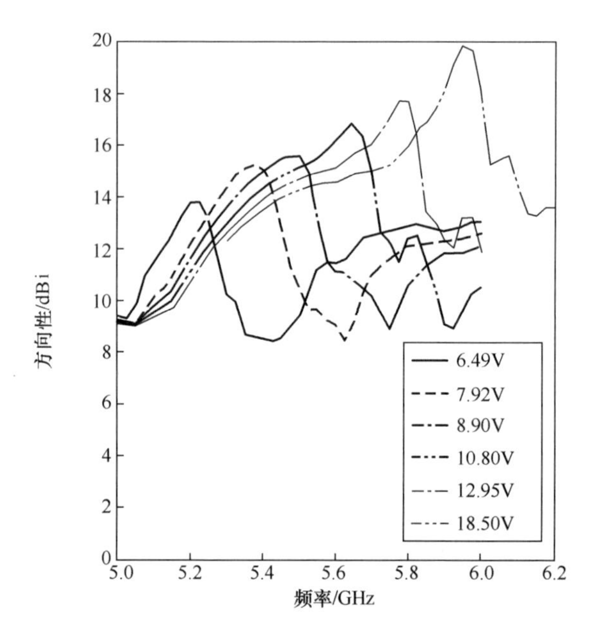

图 69.31　频率可重构法布里-珀罗漏波天线不同偏置电压的定向性与频率关系的测试结果

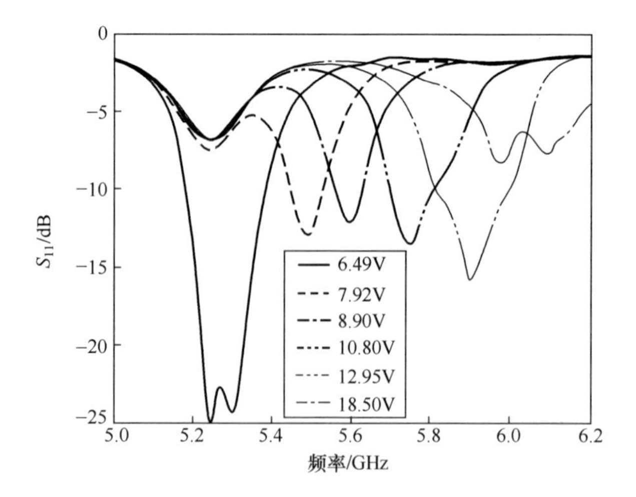

图 69.32　频率可重构法布里-珀罗漏波天线不同偏置电压的反射系数测试结果（彩图见书末）

69.7.3　方向图可重构漏波天线

正如前文所说,漏波天线的缺点是辐射波束随工作频率变化其扫描相应变化。对于许多要求在固定频带波束扫描的应用来说这是无法接受的。对于一维漏波天线来说,该问题可以通过漏波传输线边界条件的电可重构来解决。采用有源器件如变容二极管或MEMS,改变漏波模式复传播常数,由此可得所需要的扫描波束控制。采用法布里-珀罗结构,已有一系列技术用于固定频带漏波天线的波束扫描。

1. 半空间扫描一维法布里-珀罗漏波天线

首先设计一维半空间扫描漏波天线(彩图69.33(a)),受论文(García-Vigueras et al.,2011)提出的无源一维法布里-珀罗漏波天线设计启发,其中法布里-珀罗腔由顶层的部分反射表面(PRS)和底层的高阻抗表面(HIS)组成,可通过谐振贴片的物理尺寸设计来控制漏波模式的漏波率(α)和相位常数(β)。在这种情况下,将García-Vigueras等提出的无源HIS用底层加载有变容二极管的可调高阻抗表面(HIS)(Guzmán-Quirós et al.,2012a)替代,可实现固定工作频率下主波束在前半象限的电扫描(Guzmán-Quirós et al.,2012a)。漏波天线的β可作为由HIS贴片上加载的变容二极管引入的可调结电容(C_j)的函数进行电控(图69.33(a))(Weily et al.,2008;Hum et al.,2005;Hum et al.,2007),C_j可通过附加到二极管上的直流偏置电压(U_R)进行调节。

C_j对漏波模式色散的控制见彩图69.33(b),在5.5GHz频点归一化相位(β/k_0)和泄漏率(α/k_0)均为C_j的函数,其中k_0为自由空间波数。漏波模式相位常数在扫描区间$C_j=[0\text{pF}, 0.27\text{pF}]$内随$C_j$的增大而增加。由于$\beta/k_0$与主波束辐射方向$\theta_{RAD}$存在$\sin(\theta_{RAD})\approx\beta/k_0$的关系(Goldstone and Oliner,1959),可得通过U_R电控的正半空间$\theta_{RAD}=+9°$到$\theta_{RAD}=+34°$的扇形波束扫描,实验验证辐射方向图结果见彩图69.33(c)。

2. 全空间扫描一维法布里-珀罗漏波天线

对称馈电一维法布里-珀罗漏波天线结构见彩图69.34(a),其设计的目的是将之前一维法布里-珀罗漏波天线的半空间扫描范围扩展至全空间扫描,这样利用低调节电压U_R时法布里-珀罗腔中电磁带隙(EBG)的特性来实现Guzmán-Quirós等(2012b)提出的HIS。由彩图69.34(b)可见,EBG区域扩展

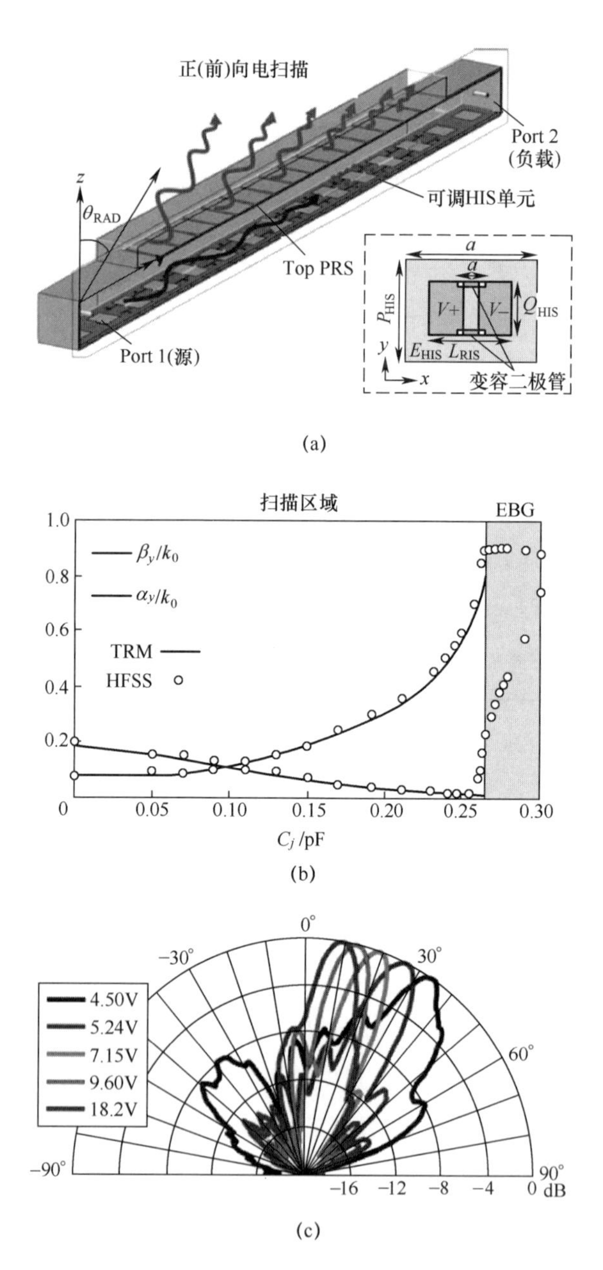

图 69.33 半空间扫描一维法布里-珀罗漏波天线(彩图见书末)

(a)半空间扫描一维法布里-珀罗漏波天线示意图;(b)C_j与色散曲线的关系;

(c)不同 U_R情况下 5.5GHz 方向图(H 面)测试结果。

到了 C_j扫描区域 C_j=[0.27pF, 0.3pF]之外,沿法布里-珀罗波导传播的漏波模式在该区域截止。中心同轴探针馈电将天线分为两个对称的漏波传输线 LWA_{LEFT}和 LWA_{RIGHT},分别由 U_L和 U_R控制偏置。因此,由中心同轴馈电产生两个方向相反的漏波将产生两个辐射方向图,其主波束指向角度可基于一维法布里-珀罗漏波天线的色散分别独立控制(Guzmán-Quirós et al. ,2012a)。

利用 HIS 加载的法布里—珀罗腔的扫描和 EBG 特性,基于 HIS 的电控调节,该漏波天线将电控调整为传播/辐射能量或作为反射器。因此,对称馈电的一维法布里-珀罗漏波天线可以电控调节工作在 3 种不同的体制。

(1) 后向扫描体制($\theta_{RAD}<0°$)。LWA_{LEFT} 被调节为扫描区域内($C_{jL}<$ 0.27pF),而 LWA_{RIGHT}固定在 EBG 区域(C_{jR}=0.3pF),输入信号被导入漏波天线的左边(没有能量进入右边),可进行扫描负角度波束。

(2) 前向扫描体制($\theta_{RAD}>0°$)。这是与后向扫描体制对称的模式。LWA_{LEFT}工作在 EBG 区域(C_{jL}=0.3pF)而 LWA_{RIGHT}调节在扫描区域,可扫描正角度波束(C_{jR}<0.27pF)。

(3) 宽边辐射($\theta_{RAD}=0°$)。视轴方向的辐射可通过激励两个相反方向的漏波获得。出于此目的,LWA_{LEFT}和 LWA_{RIGHT}同时调节在扫描区域里相同的工作点,工作点在分裂条件 $\beta=\alpha$ 或其之下(在这个例子为 $C_{jR}=C_{jL}$=0.1pF),因此天线两边产生的场共同形成了 $\theta_{RAD}=0°$方向的单波束辐射。

为了更好地观察物理特性,图 69.34(b)给出了法布里-珀罗腔内的电场分布,不难发现输入能量是如何根据变容二极管的调节电压变化而导向天线的右边或左边。最后图 69.34(c)给出了原型天线的辐射方向图的测试结果,验证了 5.5GHz 时在-25°~+25°的全空间电控扫描。

3. 全空间扫描二维法布里-珀罗漏波天线

前文所述的 EBG 路径选择和扫描的思路可以将一维法布里-珀罗漏波天线扩展至二维法布里-珀罗漏波天线,因此可实现不需要相控阵的二维(方位角和俯仰角)电控扫描(Debogovic, Perruisseau-Carrier, 2014)。为了证明这种思路,顶层采用二维 PRS、底层采用二维可调 HIS 设计了一个二维法布里-珀罗天线。变容二极管分别安装在 4 个独立偏置的方位角扇区(SA~SD,见彩图 69.35(a)中的结构)。在这种情况下,x 轴方向的水平偶极子在二维法布里-珀罗腔的中心激励起柱面漏波模式(图 69.35(a))。柱面漏波模式在 SA 和 SC 扇区(x 轴)为 TM 极化,而在 SB 和 SD 扇区(y 轴)为 TE 极化,在其他方向为 TE/TM 混合漏波模式(Ip and Jackson,1990)。正如一维的情况一样,漏波模式可以通过调节其中任一扇区为扫描区域而其他扇区为 EBG 区域,从而使其导向给定的扇区。

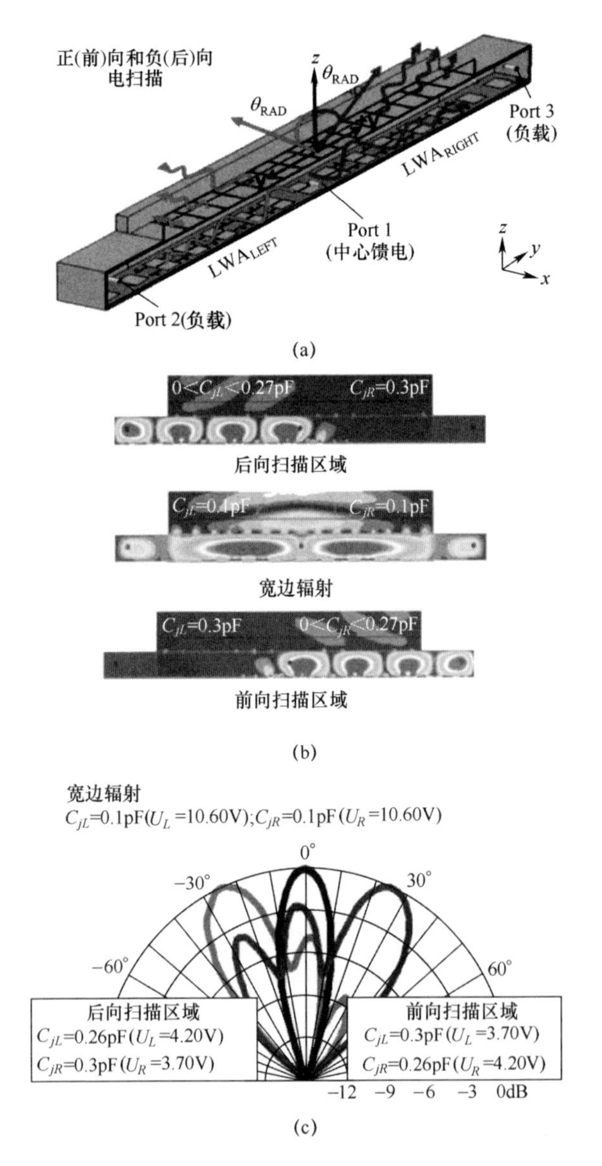

图 69.34 全空间扫描一维法布里-珀罗漏波天线(彩图见书末)

(a)全空间扫描一维法布里-珀罗漏波天线结构;(b)沿一维法布里-珀罗漏波天线结构的电场分布;(c)不同工作体制下归一化辐射方向图(H 面)测试结果(5.5GHz)。

因此,可实现由4个扇区定义的离散方位角(ϕ_{RAD})上进行俯仰面扫描(θ_{RAD})的笔状波束。最终可得到基于波的传播方向而定义的4个辐射区域。

(1) 沿±x轴方向传播的TM漏波模式辐射。SA或SC扇区工作(调节在扫描区域)而其他扇区则不工作(调节在EBG区域)。

(2) 沿±y轴方向传播的TE漏波模式辐射。SB或SD扇区工作,其他扇区不工作。

(3) 沿倾斜方向传播的TE/TM混合漏波模式辐射。两个相邻扇区工作(SA&SB、SB&SC、SC&SD、SD&SA),其他两个调节在EBG区域。

(4) 侧射。当所有扇区都使能,且调节到分裂条件或其以下时可得到指向性最优化的笔状波束朝向视轴方向(Lovat et al.,2006)。

4种不同的扇区构造见彩图69.35(b)和彩图69.35(c),还给出了二维法布里-珀罗腔内部的近场仿真结果及对应的辐射方向图。从图69.35(b)所示的导波场可以看出天线口径照射是如何通过改变各方位上的扇区激励而改变的。不同的口径照射综合产生了笔状辐射波束可指向离散的方位角ϕ_{RAD}=[0°,45°,90°,135°,180°,225°,270°,315°],这在图69.35(c)所示的不同扇区组合的方向图笔状波束的位置中得到了验证。此外,对于任何固定不变的方位角ϕ_{RAD},通过在扫描范围内对使能扇区进行适当调节,可得到范围为θ_{RAD}=[5°,25°]的俯仰角扫描。最后侧射的情况可在4个扇区都调节在分裂条件或其之下时得到,所产生的柱面漏波模式覆盖了所有扇区(图69.35(b)),使得笔状波束指向视轴方向(图69.35(c))。这些结果可以证明该天线实现了连续的俯仰角扫描和离散的方位角扫描,这其中离不开对TE、TM及混合TE/TM柱面漏波模式色散特性的精确控制。

4. 可重构一维基片集成波导(SIW)漏波天线

可重构漏波天线同样可以在基片集成波导(substrate integrated waveguide,SIW)中实现,由于其具有平面特性、低成本、低损耗、易于和平面电路集成以及激励结构简单等优点(Xu and Wu,2005),近10年来许多学者提出了一些基于CRLH微带漏波传输线的可重构漏波天线(Liu et al.,2002;Lim et al.,2005),用来得到电控波束指向控制(Liu et al.,2002)甚至波束成形(Lim et al.,2005)。本节给出了两种工作在ISM频段(5.5GHz)的天线结构。第一种是采用SIW技术的一维可重构天线(一维SIW漏波天线),是基于文献(Martínez-Ros et al.,2012a)

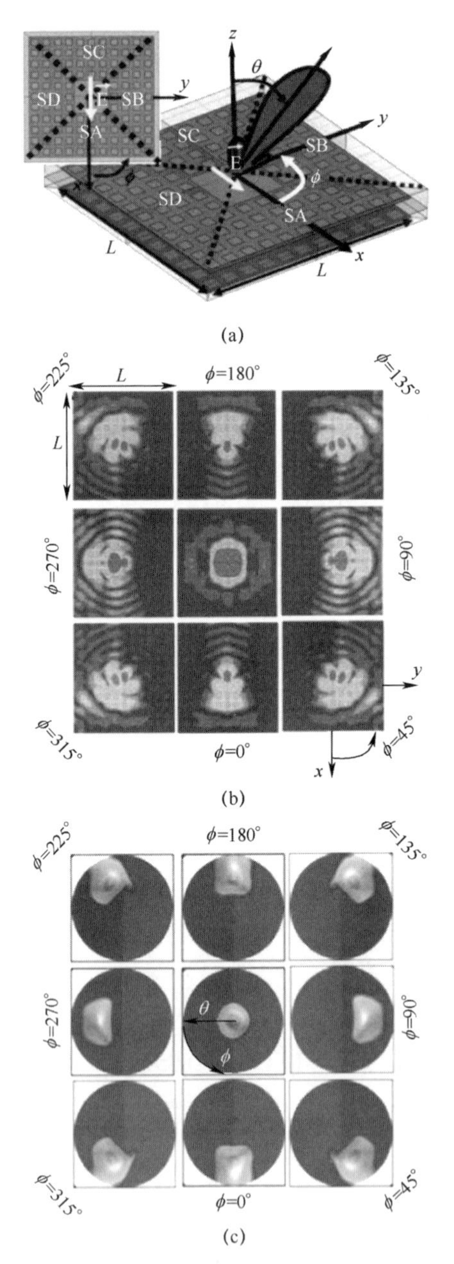

图 69.35　全空间电扫描二维法布里-珀罗漏波天线中 EBG 路径选择原理的扩展(彩图见书末)

(a)可调二维法布里-珀罗天线的 HFSS 三维模型($A=5.4\lambda_0\times5.4\lambda_0$);

(b)几种不同扇区构造的二维法布里-珀罗腔内部近场;

(c)不同扇区构造 U-V 坐标系下的辐射方向图(θ 角范围为[0°,45°])。

提出的不可重构的静态设计改进而来。该设计将其改进为通过两条控制线路可提供辐射方向图的全部特性可重构(辐射角度和波束宽度)。尤其值得注意的是,这是首次经过验证的扫描角度和波束宽度同时电可重构的天线,而且没有采用复杂的超材料单元结构(Lim et al. ,2005)。第二种结构是源于 Martínez-Ros et al. ,2012b)提出的 SIW 漏波天线径向阵列,在二维漏波天线中引入了电可重构结构,同时可实现俯仰角电扫和方位角分区(即 69. 7. 3 节所述的二维法布里-珀罗漏波天线)以及笔状波束的电控波束形状控制。

全可重构一维 SIW 漏波天线结构见彩图 69. 36。该天线由具有中间地板的双层结构组成。顶层支撑的 SIW 上加载了基于基片集成波导的可调 PRS 和可调 HIS。PRS 和 HIS 均为法布里-珀罗面的 SIW 形式,由特定间距的周期性金属柱阵列形成(图 69. 36 中称为 PRS 柱和 HIS 柱)。HIS 所需的理想电导体(PEC)面由稠密的通孔组成,与 HIS 柱相距特定的距离 D。每个金属柱通过通孔与加载在微带短截线上的变容二极管连接,微带短截线刻蚀在第二层电路上(控制层)。特氟龙基板的介电常数 $\varepsilon_r=2.2$,辐射层厚度 $h_1=3.17\text{mm}$,控制层厚度 $h_2=0.127\text{mm}$。

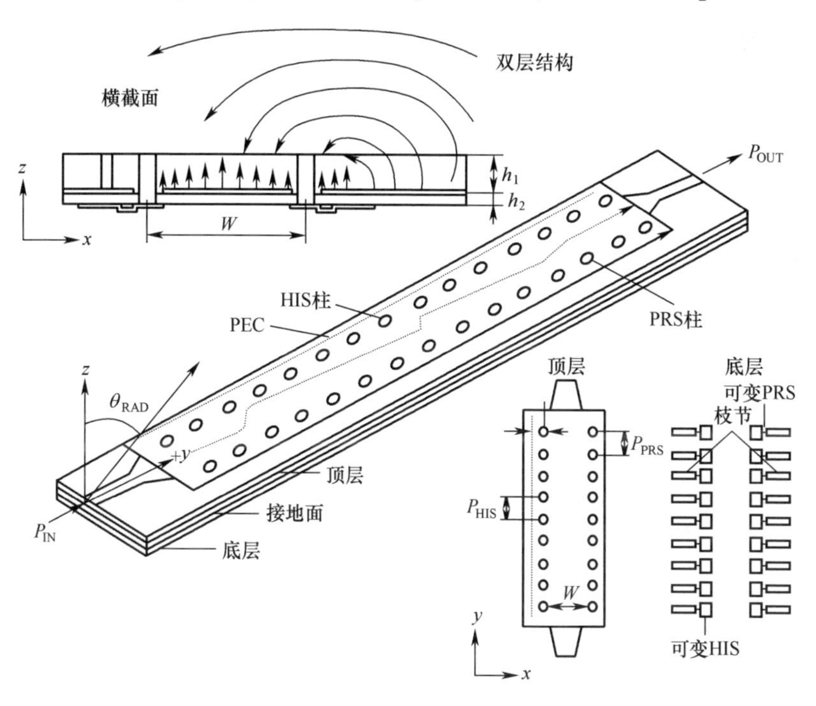

图 69. 36　全可重构一维 SIW 漏波天线(3D 模型、横截面及前后视图)(彩图见书末)

相距距离 W 的 PRS 和 HIS 形成了类似于 69.7.3 节天线中的空气填充法布里—珀罗腔,但是这里采用的基片集成技术。值得注意的是,这种一维 SIW 漏波天线的辐射机理与之前的一维法布里-珀罗漏波天线十分相似;法布里-珀罗天线在 PRS-HIS 腔内谐振,因此根据所定义的坐标系,谐振沿 z 轴产生,而在一维 SIW 漏波天线中,这种谐振沿 x 轴产生。此外,在这种情况下 PRS 同样为可调结构,因此可以对与半功率波束宽度和方向性有关的漏波模式的泄漏率(α)进行电控(Goldstone and Oliner,1959)。另一方面,可调 HIS 通过改变漏波模式的相位常数(β)来控制扫描角,正如前文的法布里-珀罗天线一样。基于 SIW 的 PRS 和 HIS 各自独立偏置,则可分别对扇形扫描波束的辐射角度和波束宽度进行电控。

为了验证该想法,在 5.5GHz 对一维 SIW 漏波天线进行了仿真。天线的长度为 $L_A=3\lambda_0$,终端连接短路负载用来评估来自反射波瓣的泄漏率的变化。对天线进行可重构的调节参数为 HIS 和 PRS 电路中引入的变容二极管的结电容值 $C_{j\mathrm{HIS}}$和 $C_{j\mathrm{PRS}}$。6 种不同配置的 5.5GHz 处的仿真辐射方向图见图 69.37。各种配置下的扫描角度值(θ_{RAD})、归一化衰减常数(α/k_0)以及相应的-3dB 波束宽度($\Delta\theta$)见表 69.1。可见,通过适当的调节两个独立的可调参数 $C_{j\mathrm{HIS}}$和 $C_{j\mathrm{PRS}}$,可以同时控制扫描角度和波束宽度。特别是状态 1 和状态 2 在波束扫描 $\theta_{\mathrm{RAD}}=15°$时具有不同的波束宽度 $\Delta\theta=11°$和 $\Delta\theta=36°$,如图 69.37(a)所示的辐射方向图。对于其他扫描角度即状态 3、4 和 5、6 时的 $\theta_{\mathrm{RAD}}=24°$和 $\theta_{\mathrm{RAD}}=34°$,同样重复出现了窄波束和宽波束的波束综合。通过比较主瓣和镜像反射波瓣电平,在每种状态下评估了归一化泄漏率(Goldstone and Oliner,1959)。正如所预测的那样,窄波束对应低泄漏率,而泄漏率的增加将产生更宽的波束。对于所有的扫描角度 α/k_0都具有一个数量级的变化。仿真结果初步验证了所提出的可调一维 SIW 漏波天线可以在 5.5GHz 灵活的对扫描角度和方向性进行电调。后续研究将给出该天线对于不同 $C_{j\mathrm{HIS}}$和 $C_{j\mathrm{PRS}}$时的色散曲线以及完整原型天线的优化设计与研制。

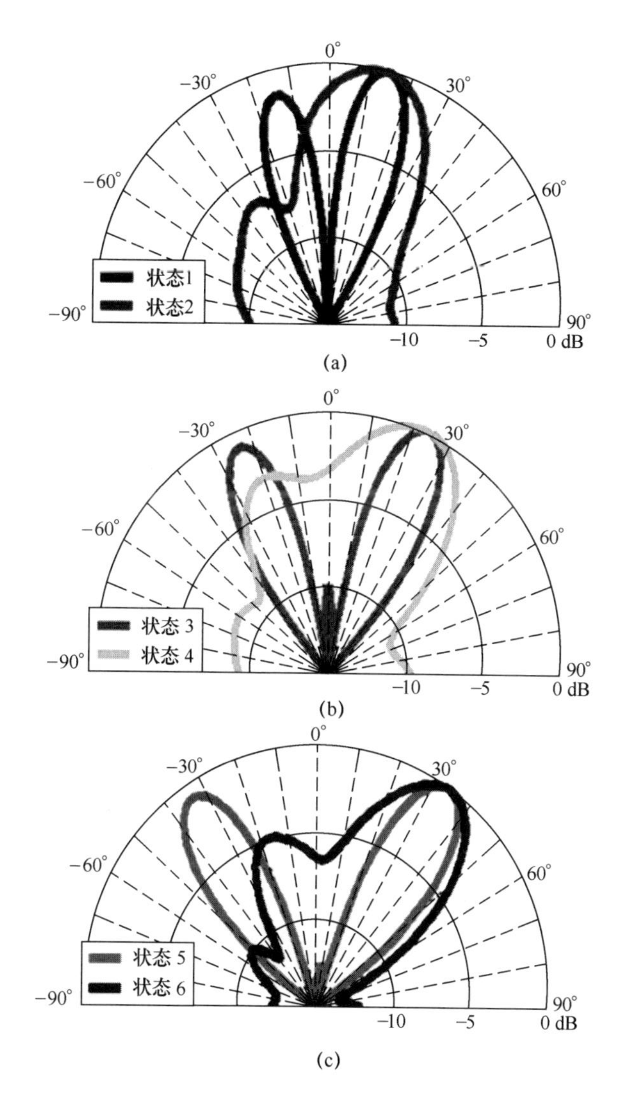

图 69.37　在 5.5GHz 处不同 $C_{j\mathrm{HIS}}$ 和 $C_{j\mathrm{PRS}}$
配置下的辐射方向图仿真结果(以 dB 表示的归一化方向图)
(a)状态 1、2;(b)状态 3、4;(c)状态 5、6。

表 69.1　不同 $C_{j\mathrm{HIS}}$ 和 $C_{j\mathrm{PRS}}$ 组合的结果

状态号	$C_{j\mathrm{HIS}}$/pF	$C_{j\mathrm{PRS}}$/pF	θ_{RAD}/(°)	α/k_0	$\Delta\theta$/(°)
1	0.45	0.2	15	0.0036	11

(续)

状态号	C_{jHIS}/pF	C_{jPRS}/pF	θ_{RAD}/(°)	α/k_0	$\Delta\theta$/(°)
2	0.2	0.6	13	0.0360	36
3	0.5	0.2	24	0.0017	13
4	0.23	0.6	24	0.0120	39
5	0.6	0.2	34	0.0009	16
6	0.25	0.6	35	0.0070	30

69.8 小结

最近10年,关于可重构天线(RA)的研究取得了大量成果,一些固有的挑战包括双频段极化可重构天线设计以及高增益波束控制方向图可重构天线设计等已经得到了成功解决。此外,本章还介绍了新型的可重构技术实现了低成本、低损耗的移相器及可重构漏波天线。基于可重构缺陷微带结构(RDMS)的移相器已被证明可以实现紧凑型相控天线阵列并用于波束形成应用。可重构漏波天线可以解决传统漏波天线存在的阻抗带宽窄和波束扫描受频率影响的问题,使得漏波天线更有希望适用于当今的无线通信系统。

未来的研究工作是天线三大特性全可重构的天线设计,这样的可重构天线可以给许多无线通信系统带来相当大的益处。但是天线频率响应和辐射特性的强相关性使得独立控制工作频率、极化和辐射方向图成为一项极其困难的挑战。因此,需要采用新的技术来解决这些强相关性以实现天线的全可重构。未来工作的另外一个重要方向是整个射频前端的可重构,与物理层的信号处理一样。众所周知,天线仅是整个收发机子系统的一部分,如果可重构天线应用在无线通信系统中,系统的其他部分也需要参数可重构以使来自天线的可重构捷变特性可以用于分集。如果在这两方面取得了重要进展,可重构天线将在下一代通信系统性能提升方面占据十分重要的地位。

参考文献

Barrera JD, Huff GH (2014) A fluidic loading mechanism in a polarization reconfigurable antenna with a comparison to solid state approaches. IEEE Trans Antennas Propag 62:4008-4014

Bernhard JT (2005) Reconfigurable antennas. Wiley, New York

Bernhard JT, Volakis JL (2007) Antenna engineering handbook, 4thedn. McGraw - Hill, New York

Bernhard JT, Kiely E, Washington G (2001) A smart mechanically-actuated two-layer electromagnetically coupled microstrip antenna with variable frequency, bandwidth, and antenna gain. IEEE Trans Antennas Propag 49:597-601

Bhartia P, Bahl IJ (1982) Frequency agile microstrip antennas. Microw J :67-70

Cai Y, Guo YJ, Bird TS (2012) A frequency reconfigurable printed yagi-Uda dipole antenna for-cognitive radio applications. IEEE Trans Antennas Propag 60:2905-2912

Chen RH, Row JS (2008) Single-fed microstrip patch antenna with switchable polarization. IEEE Trans Antennas Propag 56:922-926

Christodoulou CG, Tawk Y, Lane SA, Erwin SR (2012) Reconfigurable antennas for wireless and space applications. Proc IEEE 100:2250-2261

Davis ME (1975) Integrated diode phase-shifter elements for an X-band phased-array antenna. IEEE Trans Microw Theory Tech 23:1080-1084

Deal WR, Kaneda N, Sor J, Qian Y, Itoh T (2000) A new quasi-Yagi antenna for planar active antenna arrays. IEEE Trans Microw Theory Tech 48:910-918

Debogovic T, Perruisseau-Carrier J (2014) Array-fed partially reflective surface antenna withindependent scanning and beamwidth dynamic control. IEEE Trans Antennas Propag 62:446-449

Ding C, Guo YJ, Qin PY, Bird TS, Yang Y (2014) A defected microstrip structure (DMS) based phase shifter and its application to beamforming antennas. IEEE Trans Antennas Propag 62:641-651

Ding C, Guo YJ, Qin PY, and Yang Y (2015) A compact phase shifter employing reconfigurable defected microstrip structure (RDMS) for phased array antennas. IEEE Trans. Antennas Propag

Donelli M, Azaro R, Fimognari L, Massa A (2007) A planar electronically reconfigurable Wi-Fi band antenna based on a parasitic microstrip structure. IEEE Antennas Wirel Propag Lett 6:623-626

Dorsey WM, Zaghloul AI (2009) Perturbed square-ring slot antenna with reconfigurable polarization. IEEE Antennas Wirel Propag Lett 8:603-606

Feresidis AP, Vardaxoglou JC (2001) High gain planar antenna using optimized partially reflective surfaces. IEE Proc Microw Antennas Propag 148:345-350

Feresidis AP, Goussetis G, Wang S, Vardaxoglou JC (2005) Artificial magnetic conductor surfaces and their application to low-profile high-gain planar antennas. IEEE Trans Antennas Propag 53:209-215

García-Vigueras M, Gómez-Tornero JL, Goussetis G, Weily AR, Guo YJ (2011) 1D-leaky wave antenna employing parallel-plate waveguide loaded with PRS and HIS. IEEE Trans Antennas Propag 59:3687-3694

Genovesi S, Candia AD, Monorchio A (2014) Compact and low profile frequency agile antenna for multistandard wireless communication systems. IEEE Trans Antennas Propag 62:1019-1026

Goldstone L, Oliner AA (1959) Leaky-wave antennas I: rectangular waveguides. IRE Trans Antennas Propag 7:307-319

Guzmán-Quirós R, Gómez-Tornero JL, Weily AR, Guo YJ (2012a) Electronically steerable 1D Fabry-Perot leaky-wave antenna employing tunable high impedance surface. IEEE Trans Antennas Propag 60:5046-5055

Guzmán-Quirós R, Gómez-Tornero JL, Weily AR, Guo YJ (2012b) Electronic full-space scanning with 1D Fabry-Pérot LWA using electromagnetic band gap. IEEE Antennas Wirel Propag Lett 11:1426-1429

Han SM, Kim CS, Ahn D, Itoh T (2005) Phase shifter with high phase shifts using defected ground structures. Electron Lett 41:196-197

Hansen RC (1998) Phased array antennas. Wiley, New York

Ho KM, Rebeiz GM (2014) A 0.9-1.5 GHz microstrip antenna with full polarization diversity and frequency agility. IEEE Trans. Antennas Propag 62:2398-2406

Horn RE, Jacobs H, Freibergs E, Klohn KL (1980) Electronic modulated beam steerable silicon waveguide array antenna. IEEE Trans Microw Theory Tech 28:647-653

Hsu SH, Chang K (2007) A novel reconfigurable microstrip antenna with switchable circular polarization. IEEE Antennas Wirel Propag Lett 6:160-162

Huang L, Chiao J, Lisio P (2000) An electronically switchable leaky wave antenna. IEEE Trans Antennas Propag 48:1769-1772

Huff GH, Feng J, Zhang S, Bernhard JT (2003) A novel radiation pattern and frequency reconfigurable single turn square spiral microstrip antenna. IEEE Microw Wirel Compon Lett 13:57-59

Hum SV, Xiong HY (2010) Analysis and design of a differentially-fed frequency agile microstrip patch antenna. IEEE Trans Antennas Propag 58:3122-3130

Hum SV, Okoniewski M, Davies RJ (2005) Realizing an electronically tunable reflectarray using varactor diode-tuned elements. IEEE Microw Wirel Compon Lett 15:422-424

Hum SV,Okoniewski M, Davies RJ (2007) Modeling and design of electronically tunable reflectarrays. IEEE Trans Antennas Propag 55:2200-2210

Ip A, Jackson DR (1990) Radiation from cylindrical leaky waves. IEEE Trans Antennas Propag 38:482-488

Jung CW, Lee M, Li GP,Flaviis FD (2006) Reconfigurable scan-beam single-arm spiral antenna integrated with RF-MEMS switches. IEEE Trans Antennas Propag 54:455-463

Khidre A, Lee KF, Yang F, Elsherbeni AZ (2013) Circular polarization reconfigurable wideband E-shaped patch antenna for wireless applications. IEEE Trans Antennas Propag 61:960-964

Lai MI, Wu TY, Wang JC, Wang CH,Jeng S (2008) Compact switched-beam antenna employing a four-element slot antenna array for digital home applications. IEEE Trans Antennas Propag 56:2929-2936

Li H,Xiong J, Yu Y, He S (2010a) A simple compact reconfigurable slot antenna with a very wide tuning range. IEEE Trans Antennas Propag 58:3725-3728

Li Y, Zhang Z, Chen W,Feng Z (2010b) Polarization reconfigurable slot antenna with a novel compact CPW-to-Slotline transition for WLAN application. IEEE Antennas Wirel Propag Lett 9:252-255

Li Y, Zhang Z,Zheng J, Feng Z, Iskander MF (2011) Experimental analysis of a wideband pattern diversity antenna with compact reconfigurable CPW-to-slotline transition feed. IEEE Trans Antennas Propag 59:4222-4228

Lim S, Ling H (2007) Design of electrically small pattern reconfigurableYagi antenna. Electron Lett 43:1326-1327

Lim S,Caloz C, Itoh T (2005) Metamaterial-based electronically controlled transmission-line structure as a novel leaky-wave antenna with tunable radiation angle and beamwidth. IEEE Trans Microw Theory Tech 53:161-173

Liu L,Caloz C, Itoh T (2002) Dominant mode leaky-wave antenna with backfire-to-endfire scanning capability. Electron Lett 38:1414-1416

Lovat G, Burghignoli P, Jackson DR (2006) Fundamental properties and optimization of broadside radiation from uniform leaky-wave antennas. IEEE Trans Antennas Propag 54:1442-1452

Maheri H, Tsutsumi M, Kumagi N (1988) Experimental studies of magnetically scannable leaky-wave antennas having a corrugated ferrite slab/dielectric layer structure. IEEE Trans Antennas Propag 36:911-917

Martínez-Ros AJ, Gómez-Tornero JL, Goussetis G (2012a) Planar leaky-wave antenna with flexible control of the complex propagation constant. IEEE Trans Antennas Propag 60:1625-1630

Martínez-Ros AJ, Gómez-Tornero JL, and Goussetis G (2012b) Broadside radiation from radial arrays of substrate integrated leaky-wave antennas. In: Proceedings of the 6th European conference on antennas and propagation (EUCAP), pp 252-254

Nair SVS, Ammann MJ (2007) Reconfigurable antenna with elevation and azimuth beam switching. IEEE Antennas Wirel Propag Lett 9:367-370

Nikolaou S et al (2006) Pattern and frequency reconfigurable annular slot antenna using PIN diodes. IEEE Trans Antennas Propag 54:439-448

Parker D, Zimmermann DC (2002) Phased arrays - part I: theory and architecture. IEEE Trans Microw Theory Tech 50:688-698

Patil P, Khot UP, Bhujade S (2012) DGS based microstrip phase shifters. In: International conference on sensing technology, pp 723-728

Qin PY, Guo YJ, Liang CH (2010a) Effect of antenna polarization diversity on MIMO system capacity. IEEE Antennas Wirel Propag Lett 9:1092-1095

Qin PY, Weily AR, Guo YJ, Bird TS, Liang CH (2010b) Frequency reconfigurable quasi-Yagi folded dipole antenna. IEEE Trans Antennas Propag 58:2742-2747

Qin PY, Weily AR, Guo YJ, Liang CH (2010c) Polarization reconfigurable U-slot patch antenna. IEEE Trans Antennas Propag 58:3383-3388

Qin PY, Guo YJ, Cai Y, Dutkiewicz E, Liang CH (2011) A reconfigurable antenna with frequency and polarization agility. IEEE Antennas Wirel Propag Lett 10:1373-1376

Qin PY, Guo YJ, Weily AR, Liang CH (2012) A pattern reconfigurable U-slot antenna and its applications in MIMO systems. IEEE Trans Antennas Propag 60:516-528

Qin PY, Guo YJ, Ding C (2013a) A dual-band polarization reconfigurable antenna for WLAN systems. IEEE Trans Antennas Propag 61:5706-5713

Qin PY, Guo YJ, Ding C (2013b) A beaming steering pattern reconfigurable antenna. IEEE Trans Antennas Propag 61:4891-4899

Rodrigo D, Jofre L, Cetiner BA (2012) Circular beam-steering reconfigurable antenna with liquid metal parasitic. IEEE Trans Antennas Propag 60:1796-1802

Shafai C, Sharma SK, Shafai L, Chrusch DD (2004) Microstrip phase shifter using ground-plane reconfiguration. IEEE Trans Microw Theory Tech 52:144-153

Shelby RA, Smith DR, Shultz S (2001) Experimental verification of a negative index of refraction.

Science 292:77–79

Sievenpiper DF (2005) Forward and backward leaky wave radiation with large effective aperture from an electronically tunable textured surface. IEEE Trans Microw Theory Tech 53:236–247

Sievenpiper D, Schaffner J, Lee JJ, Livingston S (2002) A steerable leaky-wave antenna using a tunable impedance ground plane. IEEE Antennas Wirel Propag Lett 1:179–182

Sung YJ, Jang TU, Kim YS (2004) A reconfigurablemicrostrip antenna for switchable polarization. IEEE Microw Wirel Compon Lett 14:534–536

Tawk Y, Costantine J, Avery K, Christodoulou CG (2011) Implementation of a cognitive radio front-end using rotatable controlled reconfigurable antennas. IEEE Trans Antennas Propag 59: 1773–1778

Trentini GV (1956) Partially reflecting sheet arrays. IEEE Trans Antennas Propag 4:666–671

Veselago VG (1968) (Russian text 1967)) The electrodynamics of substances with simultaneously negative values of ε and μ. Sov Phys Usp 10:509–514

Wang S, Feresidis AP, Goussetis G, Vardaxoglou JC (2006) High-gain subwavelength resonant cavity antenna based on metamaterial ground planes. IEE Proc Microw Antennas Propag 153: 1–6

Waterhouse R, Shuley N (1994) Full characterisation of varactor-loaded, probe-fed, rectangular, microstrip patch antennas. IEE Proc Microw Antennas Propag 141:367–373

Weily AR, Bird TS, Guo YJ (2008) A reconfigurable high gain partially reflecting surface antenna. IEEE Trans Antennas Propag 56:3382–3389

Whicker LR (1973) Review of ferrite phase shifter technology. IEEE MTT-S Int. Microwave Symp. Dig. 95–97

White JF (1974) Diode phase shifters for array antennas. IEEE TransMicrow Theory Tech 22: 658–674

Wu SJ, Ma TG (2008) A wideband slotted bow-tie antenna with reconfigurable CPW-to-slotline transition for pattern diversity. IEEE Trans Antennas Propag 56:327–334

Xu F, Wu K (2005) Guided-wave and leakage characteristics of substrate integrated waveguide. IEEE Trans Microw Theory Tech 53:66–73

Yang SLS, Luk KM (2006) Design a wide-band L-probe patch antenna for pattern reconfigurable or diversity applications. IEEE Trans Antennas Propag 54:433–438

Yang XS, Wang BZ, Wu W, Xiao S (2007) Yagi patch antenna with dual-band and pattern reconfigurable characteristics. IEEE Antennas Wirel Propag Lett 6:168–171

Ye S, Wang XL, Wang WZ, Jin RH, Geng JP, Bird TS, Guo YJ (2012) High gain planar antenna arrays for mobile satellite communications. IEEE Antennas Propag Mag 54:256-268

Zhang S, Huff GH, Feng J, Bernhard JT (2004) A pattern reconfigurable microstrip parasitic array. IEEE Trans Antennas Propag 52:2773-2776

第 70 章
微波无线能量传输中的天线

摘要

本章主要叙述了微波无线能量传输(microwave wireless power transmission,MPT)系统中的发射和接收天线设计。在简要介绍了 MPT 的历史之后,本章首先描述了 MPT 系统的组成及工作频段选择。在分析了接收天线的特殊考虑之后给出了几种具有不同结构和性能的接收整流天线及阵列设计。为了达到最高的 DC-DC(直流到直流)系统效率,对考虑了接收整流天线情况时发射天线口面的电平分布进行了研究。基于上述讨论,对 C 频段微波无线能量传输系统进行了分析,最后对本章进行了总结。

关键词

微波无线能量传输(MPT);整流天线;天线;整流电路;转换效率;口面电平分布;优化

杨雪霞(✉)
上海大学通信与信息工程学院,中国
e-mail:xxyang@ staff. shu. edu. cn;xuexiay@ hotmail. com

70.1 引言

在几种无线能量传输技术(wireless power transmission,WPT)中,微波能量传输(microwave power transmission,MPT)技术由于可应用于远距离高功率传输而受到了关注。已经在直升飞机供能、远距离区域供能以及空间太阳能电站等无线能量传输等系统中得到了应用建议。现在WPT技术的应用已拓展到多个领域,如便携式设备和汽车充电、无线传感器供能、遥测及射频识别(RFID)、微波驱动的智能材料驱动器以及环境微波能量回收等。随着无线通信、雷达和射电天文等技术的发展,微波源和发射天线技术也得到了很好的发展,可应用于MPT系统中。但是由接收天线和整流电路组成的整流天线,对于MPT系统来说是特有的。在简要介绍MPT技术的发展历史和工作原理之后,本章将重点放在了MPT系统中的接收整流天线设计以及发射天线上。

“70.1 引言”一节简述了MPT技术的发展历史。“70.2 MPT技术与系统”一节描述了MPT系统的组成及工作频率选择。接收天线应当设计为易于和整流电路集成且能最大化接收微波能量,这将在“70.3 接收整流天线设计”一节中详细论述。“70.4 发射天线设计与BCE(波束收集效率)”一节给出考虑了接收整流天线的发射天线设计,用以提高系统效率。最后在“70.5 C频段MPT系统效率评估”一节中给出了几种MPT系统设计,在“70.6 小结”中给出了本章的总结。

70.1.1 无线能量传输及其应用发展简史

1887年海因里希·赫兹利用金属线圈开展的间隙电火花实验证明了自由空间的电磁波传播。经过120余年的发展,电磁波拓展了在多种通信系统中的应用,包括电报、广播、电视、雷达、射电天文、卫星导航以及所有的移动通信系统。尽管如此,早在1899年尼古拉·特斯拉就建议采用电磁波来传输电能,并对该理念进行了验证探索。据报道,在1899年进行了采用谐振频率为150kHz的特斯拉线圈传输电能的实验。不幸的是并没有详细的数据被记录下来。第二个著名的WPT实验是H. V. Noble在西屋电气实验室(Westinghouse Laboratory)进行的,并在1933—1934年的芝加哥世界博览会上进行了展示。通过100MHz

的电磁波传输了几百瓦的电能。发射和接收天线均为偶极子天线,传输距离为 25ft(1ft=30.48cm)。

直到 20 世纪 50 年代微波无线能量传输技术才重新得到关注,这是因为关键微波部件的出现及成熟,如产生微波的速调管和磁控管以及可高效整流的半导体二极管。第二次世界大战期间得到快速发展的雷达系统中的高频微波源、相控阵和高增益天线技术使得利用窄波束传播电磁波成为可能。

第一个 MPT 技术应用为 1959 年雷声公司(Raytheon Company)推出的微波供电平台。该微波供电平台可以在高空长航时工作,用于通信中继、环境监测、空间探测、遥感等。尽管该微波平台并未实际开发,它却激活了从 20 世纪 60 年代开始的 MPT 研究工作。第一个实验室中的 MPT 实验由 Brown 博士在 1963 年实施(Brown,1964),微波发射功率达 400W,7.4m 以外的接收端得到了 104W 的直流功率。同时还报道了微波能量驱动的直升飞机在 10ft 的高度飞行了 10h(Brown,1984)。在 20 世纪 90 年代和 21 世纪早期,微波供电平台的概念在许多计划中都开展了研究,如加拿大的 SHARP 计划(East,1992);日本的 MILIX、MILAX 和 EHTER 计划(Shinohara,2011;Fujino et al.,1996;Shinohara et al.,1998);韩国的 KERI 计划(Youn et al.,1999);以及美国的 SERT 计划(Strassner et al.,2003)等。为了验证这些计划,在地面点对点或地面对空间传输进行了一些 MPT 实验。

空间太阳能卫星(solar power satellite,SPS)的概念由 Peter Glaser 博士于 1968 年提出,是第二个重要的 MPT 技术应用(Glaser,1992),作为一种绿色能源直到现在和未来都将拥有永恒的价值。SPS 是一个能量转换站,将利用微波波束在大气中低损耗的特点将太阳能发送至地球,不论昼夜都可工作。这其中包含了 3 个步骤。首先,SPS 收集太阳能并利用光电转换器将其转化为直流能量。其次,利用微波源将直流能量转换为微波能量,并利用 SPS 上的天线将其发射至地球。再次,地球上由接收天线和整流电路组成的整流天线阵列接收微波能量并将其转化回直流能量。DC-DC 的转换效率是研究者和用户最为关注的主要参数。作为关键技术的一种,SPS 的概念大大激发了 MPT 的研究。一些相关领域也得到了深入研究,如微波波束对鸟类、对作物生长的土壤以及对电离层的影响等。2007 年 DARPA 提出了分离式航天器的概念,是微波供电平台和 SPS 的良好结合。分离式航天器是一种由多个模块组成的卫星系统,其中一个模块从 SPS 接收能量并利用 MPT 技术给其他模块供能。

MPT技术同样可应用于无人飞行器供能以及远距离区域的电能传输(Celeste et al.,2004)。微波波束的强度和指向易于控制在安全标准的要求之内。现在微波无线能量传输又发展出了低功率情况下的应用,如嵌入在混凝土大桥或人体中的无线传感器、射频识别(RFID)、环境微波能量回收(Zoya et al.,2014)等。

值得注意的是,20世纪50年代中期发展起来的平面印刷技术使得MPT更具实用性,这是因为接收电磁波并将其转换为直流的整流天线可以做得很薄且能与直流需求端共形。

从21世纪初开始,消费类电子产品发展迅速。对电子产品进行无线充电引人关注。一些主流公司已经展示了无尾电视和无线充电手机设备,尽管这些并未在市场上广泛普及。2008年无线充电联盟(Wireless Power Consortium)推出了近场感应无线充电标准,称为Qi。Qi标准在此之后不断更新(2014)。这种近场磁感应方式仅能在1cm的范围内进行无线充电(图70.1)。2007年提出建议可采用强耦合磁场谐振在稍远的距离上无线传输更多的能量(Kurs et al.,2007)。MIT在2m的传输距离上实现了60W的能量收集,效率可达40%(图70.2)。

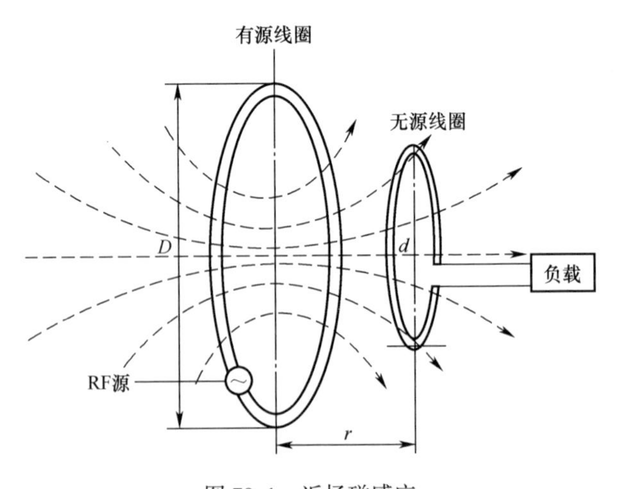

图70.1　近场磁感应

根据不同的工作原理可将无线能量传输技术分为三类,即磁感应、磁谐振和基于辐射波束的MPT。通常磁感应和磁谐振基于近场理论,而MPT系统应当基于远场理论设计。本章将重点放在MPT系统的发射和接收天线的设计方面。

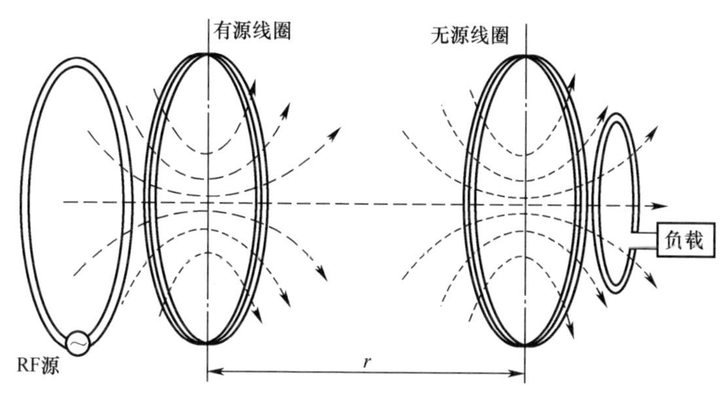

图 70.2　强耦合磁谐振

70.1.2　基于辐射波束的 MPT

众所周知,X 频段以下的微波在大气中的衰减很小。微波波束的强度和方向可通过发射和接收天线控制,如图 70.3 所示。因此,这是一种在数百公里量级的远距离上传输能量的可行方式。

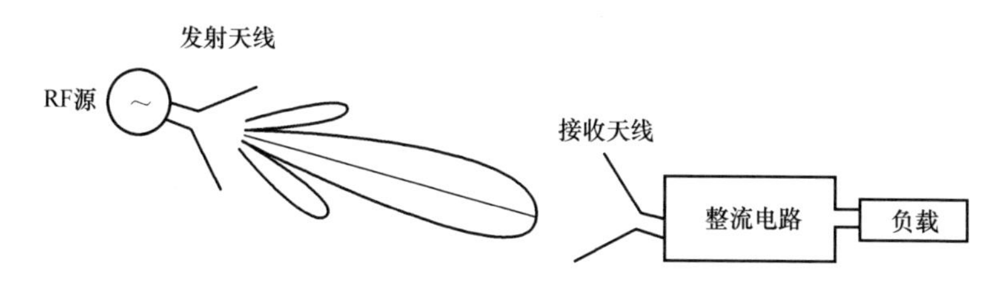

图 70.3　基于辐射波束的 MPT

70.2　MPT 技术与系统

MPT 技术最初在高功率和远距离应用中提出,如微波供能的高空飞艇、无人汽车、SPS 以及远距离电能供给等。目前已开发出 MPT 在低功率密度条件的应用,环境电磁波能量回收和便携电子设备的充电。这意味着其功率密度必须满足人类、动物以及植物生存环境的安全标准(IEEE Std,2006)。

70.2.1 系统组成与效率

MPT系统由发射端和接收端组成,如图70.4所示。由发射端发出的微波能量经过距离为R的传播之后,在接收端接收并整流。发射端由微波源和发射天线或阵列组成。微波可从直流电源或交流电源激励。接收端具有接收天线和整流电路,称为整流天线。

DC-DC(或AC-DC)效率是MPT系统的关键指标,主要受多个因素影响。发射端包括两个因素,即微波源的直流到微波效率η_g和发射天线效率η_t。微波传播效率用η_p表示,其中需要考虑大气中的衰减。接收端具有两个因素,即微波捕获效率η和整流天线的微波—直流转换效率η_r。因此,MPT系统的总体效率可表示为

$$\eta_{\text{sys}} = \eta_g \eta_t \eta_p \eta_c \eta_r \tag{70.1}$$

为了设计具有高DC-DC效率的MPT系统,发射和接收天线口面必须进行联合优化,详见"7.4 发射天线设计与BCE"一节,其中将研究微波波束捕获效率(BCE),即η_c。式(70.1)中的5个效率因子都与工作频率相关。

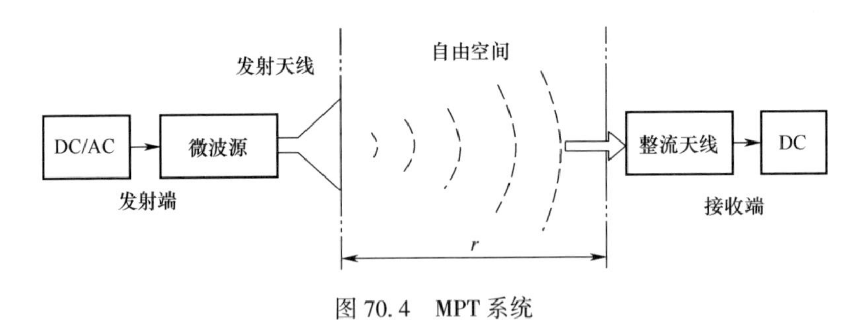

图70.4 MPT系统

70.2.2 MPT的工作频率

MPT技术的研究和应用主要集中在ISM(industrial、scientific, and medical,工业、科学与医疗)的L(915MHz)、S(2.45GHz)和C(5.8GHz)频段。随着微波器件的进步,毫米波也被应用于MPT技术,如K(24.125GHz)、E(61.25GHz)和W频段。工作频率主要由应用环境所决定。

对于穿过大气的远距离无线能量传输,如从地面对无人车或近空间航空器

供能、地面两点之间能量传输以及空间对地面能量传输(SPS)等,必须考虑大气中的损耗,因此应当采用 L、S 和 C 频段。对于空间应用,其中并没有大气损耗,更适合采用毫米波,这是因为毫米波源、发射天线和整流天线更为紧凑和轻量化。毫米波器件的轻小型化对于空间应用的实际载荷限制来说十分重要。在分离式卫星中建议采用毫米波 MPT 技术。

微波源的效率 η_g 与工作频率有关。一般来说,低频率微波源技术较为成熟,效率 η_g 也较高。传播效率 η_p 主要受大气中的氧气和水蒸气衰减影响而降低。通常在低于 10GHz 的频带上路径损耗很小,可以忽略不计。但是当频率升高时,必须考虑这些损耗。氧分子在 60GHz 和 118.75GHz 处谐振,而水分子在 22.24GHz 和 183.31GHz 及 325.5GHz 处谐振,这将导致严重的衰减。在这些吸收频率之间存在的大气窗口,如 35GHz、94GHz、140GHz 和 220GHz 可以用于 MPT。

整流天线通常附在直流能量需求端的表面,因此更倾向于采用平面印刷工艺。根据目前的 PCB 工艺水平,微波频段的印制整流天线是可接受的,而在毫米波频段则损耗较大,微波—直流的转换效率也较低。

随着雷达、无线及卫星通信技术的发展,产生了多种多样的高功率微波天线和微波源,可应用于 MPT 系统。本章的重点主要包括两方面:一是高微波—直流转换效率,即 η_r 的接收整流天线和阵列设计;二是针对高微波捕获效率 BEC 的发射和接收天线口面优化。

70.3　接收整流天线设计

整流天线是接收天线与整流电路的集成,如图 70.5 所示。整流电路由整流二极管、输入匹配网络、带通或低通滤波器、直通滤波器及负载构成。整流天线单元的研究显示,当肖特基二极管接收到 100mW 的输入功率时,微波—直流转换效率可达 80%以上(Strassner et al.,2003)。整流天线单元在工作频率不超过 X 频段时,其微波——直流转换效率通常在 75%左右(Strassner et al.,2003;Yang et al.,2008)。整流天线阵列的微波—直流效率的降低主要是由于电路的传输线损耗、天线的馈线损耗以及各整流天线单元上不均匀的功率密度分布所致(Shinohara et al.,1998)。

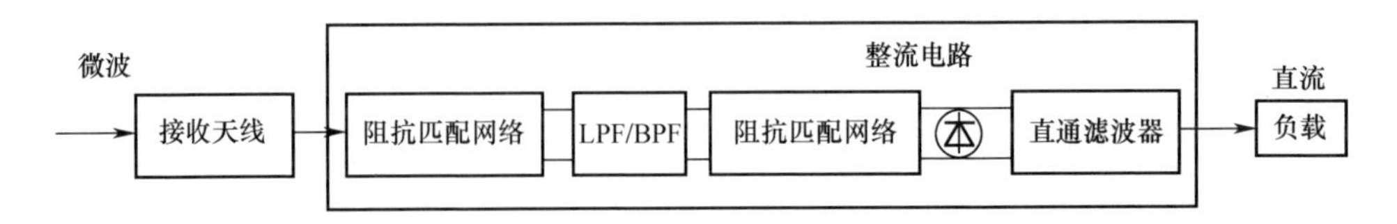

图 70.5　整流天线组成框图

天线需要能够接收到足够的微波能量来保持整流电路具有持续的较高的微波—直流转换效率。因此,设计整流天线的接收天线时必须考虑一些因素,包括高增益、易于和整流电路集成、收发天线间的极化校准等。

70.3.1　整流天线微波—直流转换效率评估

微波—直流转换效率是整流天线中最受关注的参数。假设加在负载 R_L 上的直流电压为 U_{dc},则微波—直流转换效率可由式(70.2)计算得到即

$$\eta_r = \frac{P_{dc}}{P_{in}} = \frac{U_{dc}^2}{R_L P_{in}} \tag{70.2}$$

式中:P_{dc}和 P_{in}分别为输出直流功率和入射微波功率。入射微波功率可以用弗里斯传输公式计算得到,即

$$P_{in} = \left(\frac{\lambda}{4\pi r}\right)^2 P_t G_t G_r \tag{70.3}$$

式中:P_t和 G_t为发射功率和发射天线增益;G_r为接收天线增益;λ 为自由空间中心频率处的电磁波波长。图 70.6 给出了整流天线效率测试系统。发射功率 P_t 可通过功率计监测定向耦合器耦合的小功率微波信号得到。

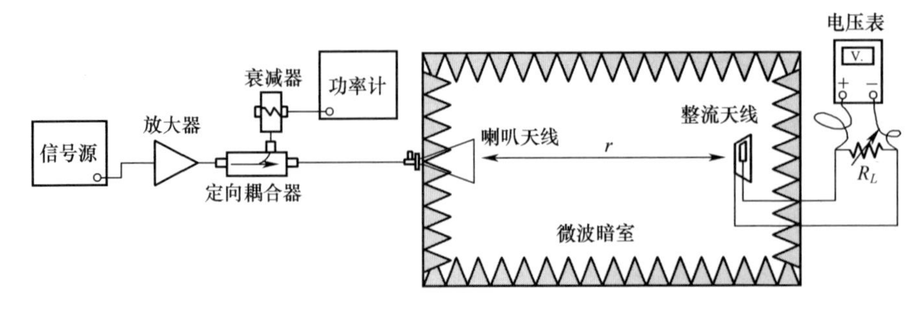

图 70.6　整流天线微波—直流转换效率测试系统

70.3.2　接收天线设计考虑

整流天线系统中最常用的天线为平面天线，可以与整流电路以最小的损耗集成，还可与电子设备共形。

为了满足整流天线对于高微波直流转换效率和工程应用的需求，对于特定应用的接收天线的选择需要基于以下几点考虑，即高增益、与整流电路的匹配和集成、必要的带宽及极化状态。

1. 高增益

接收天线对于高增益需求主要基于两点。首先，出于安全性考虑功率密度受限，高增益天线易于得到足够的输入微波功率，使整流电路可以保持高微波—直流转换效率。其次，高增益天线可以减少在给定区域内的整流天线单元数目。平面印刷天线易于保持低剖面且易于和直流功率需求端共形。

2. 与整流电路的匹配和集成

接收天线和整流电路之间的阻抗匹配是传输最大功率至整流二极管的必要条件。为了减小阻抗匹配网络中的能量损失，接收天线的馈线需要与整流电路的传输线形式一致。通常使用的平面传输线有 CPS（共面带线）、微带线、CPW（共面波导）等。通常为了简化设计过程，天线和电路的输入阻抗均为 50Ω。但是如果在不用 LPF/BPF 的情况下将天线的输入阻抗设计为与二极管输入阻抗一致，将使整流天线更为紧凑。本节将介绍 3 种不同平面传输线的设计实例，包括 CPS、微带线和 CPW。

3. 带宽

从理论上来说，MPT 可工作在点频。考虑到设计和制造误差以及接收天线和整流电路的频率一致性误差，具备一定的带宽是必要的。对于环境电磁能量收集来说，覆盖微波频带的宽带或多频带接收天线是必需的。

4. 极化

众所周知，线极化天线仅能接收圆极化波的一半功率；反之亦然。因此，对于点对点的能量传输应用，线极化工作的接收和发射天线之间的极化对准是十分重要的，而对于圆极化波来说仅需要旋向一致即可。对于一点对多点或相反的 MPT 应用来说，当发射微波为线极化或相同旋向的圆极化波时，圆极化整流天线可以在任意极化方向接收恒定的电磁波。

5. 其他考虑

图70.9所示的LPF/BPF的作用是限制非线性二极管产生的高次谐波再次辐射出去,因为谐波的再辐射将降低整流天线效率。具有谐波抑制的接收天线可不需要LPF/BPF,从而使整流天线小型化。

对于WSN(无线传感器网络)和RFID应用来说,电子设备通常同时传输数据和获得能量。双极化接收天线可将一种极化方式用于通信,另一种极化方式用于MPT。与之类似,双频带天线同样是另外一种选择。

70.3.3 整流天线设计实例

1. CPS圆极化整流天线

Strassner博士和Chang教授提出了一种CPS圆极化整流天线,其突出优点是接收天线的高增益以及天线和电路的宽带特性(Strassner et al., 2003)。将具有反射面的双菱形环作为接收天线,增益可达10.7dB,2∶1 VSWR带宽可达10%。整流电路包括一个CPS带阻滤波器,谐波再辐射的抑制可达20dB。整流二极管为未封装的MA4E1317肖特基二极管,其等效电路见图70.7。等效电路参数如下:串联电阻$R_s=4\Omega$,零偏结电容$C_{j0}=0.02\text{pF}$,内置开启电压$U_{bi}=0.7\text{V}$,击穿电压$U_B=7\text{V}$。输入功率为100mW,负载为250Ω时,测得微波—直流转换效率接近80%。

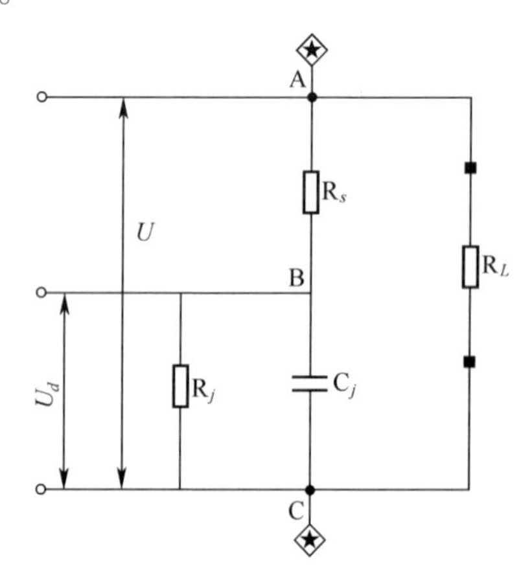

图70.7 未封装的肖特基二极管等效电路

还研究了另一种类似的整流天线,如图70.8所示,其中的低通滤波器

(LPF)用于限制高次谐波。基于 Strassner 和 Chang 推导的公式，MA4E1317 二极管的输入阻抗为 172Ω。天线的输入阻抗和 CPS 传输线的特征阻抗可设计为 172Ω，以省去整流电路中的阻抗匹配网络。整流天线刻蚀在相对介电常数为 2.55、厚度为 0.8mm 的基板上。CPS 的线宽为 0.6mm，缝隙宽度为 0.4mm。

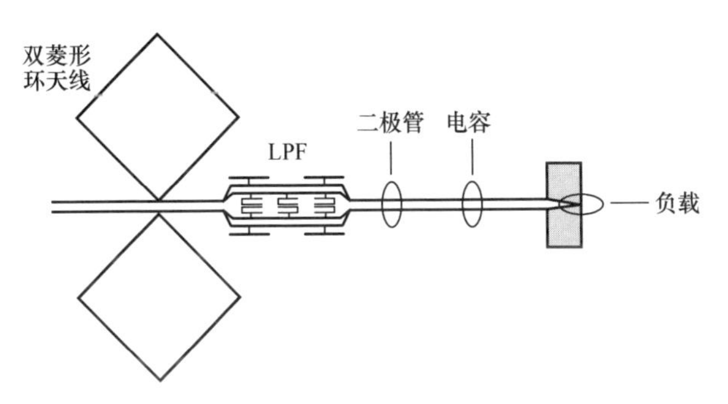

图 70.8　CPS 圆极化整流天线

LPF 的结构和 S 参数如图 70.9(a)和(b)所示。其主要尺寸为 $L_1=5.6$mm，$L_2=3.7$mm，$L_3=3.5$mm，$L_4=4.3$mm。$|S_{21}|$ 参数在 5.8GHz、11.6GHz 和 17.4GHz 时分别为 −0.008dB、−29.45dB 和 −22.9dB。高次谐波得到了有效的抑制。

双菱形环天线设计工作在 5.8GHz，反射面距离 $0.21\lambda_0$。实测增益为 10dB，输入阻抗为 170Ω。天线和 LPF 利用 Designer 软件进行联合仿真，$|S_{11}|$ 的频率响应见图 70.10。$|S_{11}|$ 参数在基频 5.8GHz 和二次、三次谐波处分别为 −28.8、−1.05 和 −1.02dB，说明高次谐波被成功抑制。图 70.8 所示的二极管和电容之间的间距为 9.5mm，优化得到的负载为 250Ω。在暗室中进行了实验验证。在 5.95GHz、100mW 输入功率的情况下，微波—直流转换最高效率达 74%。中心频率的偏移导致效率下降。

2. 无需 LPF/BPF 的圆极化整流天线

如果接收天线具有谐波抑制功能则可以将 LBF(或 BRF)省去。Itoh 等人提出了一种扇形角 240°的扇形天线，插入馈电点距离边缘 30°，可有效抑制二次和三次谐波的辐射(Park et al.，2004)。Gao 等人设计了微带馈线下具有 DGS(缺陷地结构)的圆极化贴片天线用于避免谐波辐射(Gao et al.，2010)。其结构、仿真及测试性能见图 70.11。仿真软件为 HFSS(Ansoft，2011)。

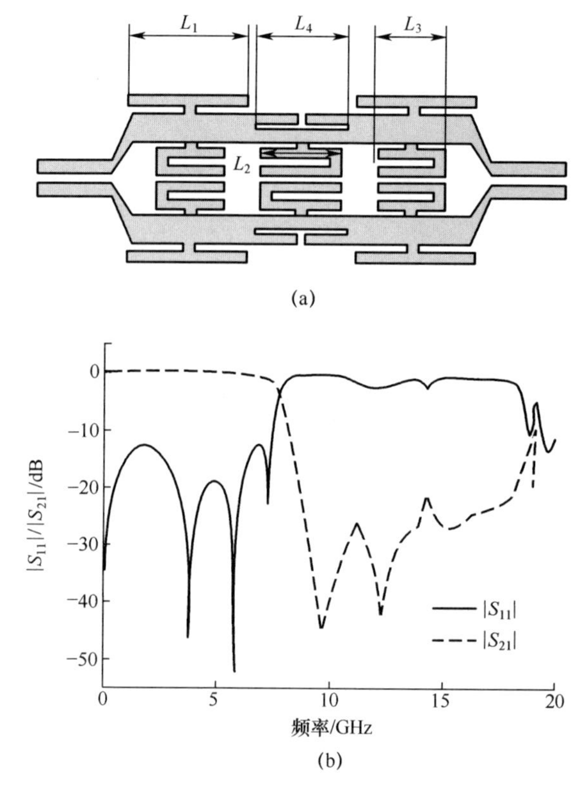

图 70.9　LPF 结构和 S 参数响应

(a) LPF 结构;(b) $|S_{11}|$ 和 $|S_{21}|$ 的频率响应。

切角方形贴片可以辐射圆极化波,微带线下的地板上的双哑铃状 DGS 结构可抑制谐波。该天线刻蚀在厚度为 1.5mm,相对介电常数 ε_r 为 2.55,损耗角正切 $\tan\delta$ 为 0.002 的基板上。从图 70.11(b)可见,高次谐波明显的被有效抑制了。5.8GHz 处的反射系数为 -30dB,11.6GHz 处的反射系数为 -3dB。由图 70.11(c)可见,测试得到主波束方向上最小 AR 为 1.0dB,AR 小于 3dB 的带宽为 60MHz(5.78~5.84GHz)。5.8GHz 工作频率上增益实测值为 6.5dB。

整流电路示意图见图 70.12。电路中使用的二极管同样为 MA4E1317,基板与图 70.8 所示的整流天线相同。经 ADS 软件仿真(Agilent,2005),二极管的输入阻抗为(230+j18)Ω。输入阻抗匹配网络由两段 λ/4 微带线和对工作频率敏感的开路枝节组成,因此二极管产生的高次谐波效应很弱。输出匹配网络由芯

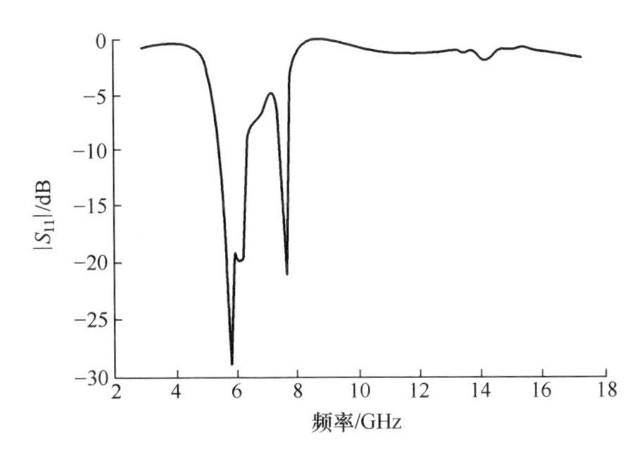

图 70.10　集成了 LPF 的天线 $|S_{11}|$ 与频率关系的仿真数据

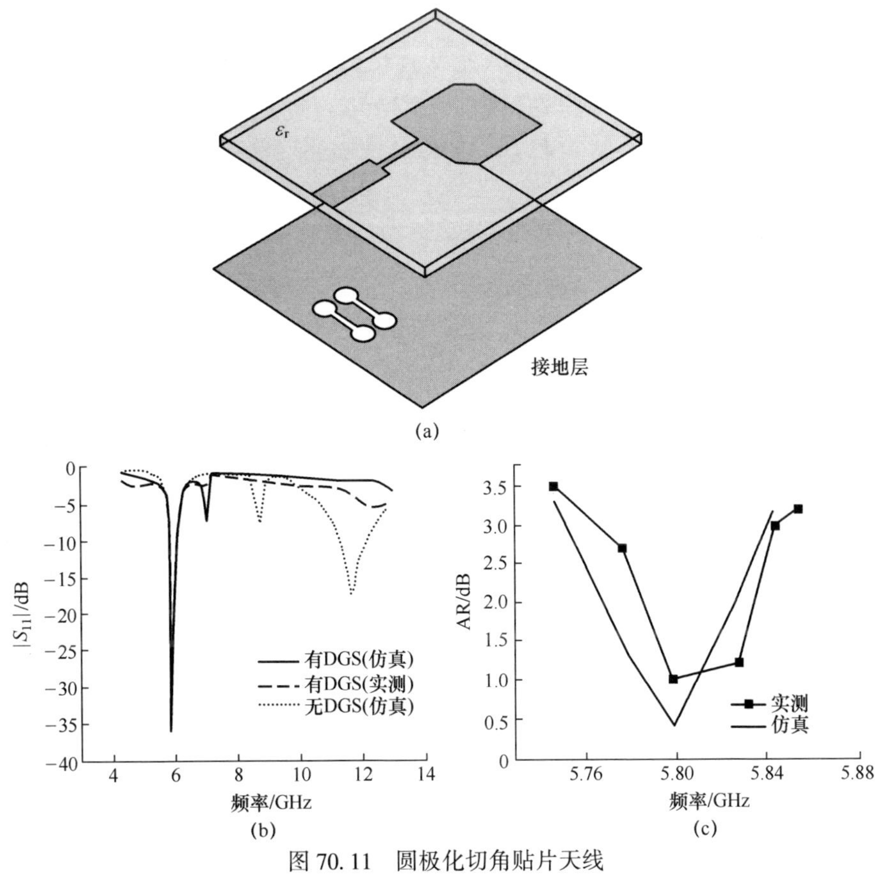

图 70.11　圆极化切角贴片天线

(a)天线结构;(b)仿真与测试 S_{11} 与频率关系;(c)仿真与测试 AR 与频率关系。

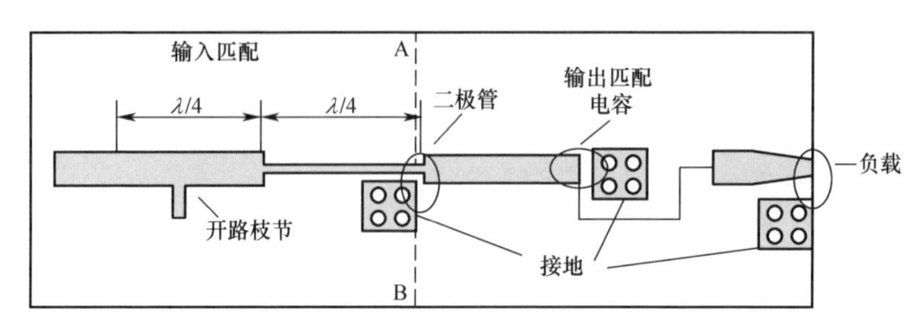

图 70.12　整流电路示意图

片电容和 λ/4 微带线组成,可平滑直流电压同时对谐波能量再利用。直流功率由电阻性负载收集。整流电路仿真得到在 5.8GHz 处输入功率为 100mW 负载为 320Ω 时,最高微波-直流转换效率为 81.4%。

接收天线和整流电路通过 SMA 接头连接,见图 70.13(a)。整流天线整体的 RF-DC 转换效率与频率的关系见图 70.13(b)。获得了 4.34V 的直流电压,5.86GHz 处负载为 298Ω 时可得最高转换效率为 68.4%,与整流电路的性能指标精确一致。在实际应用中可将天线和整流电路直接集成在一层基板上,从而省去 SMA 接头。没有了 SMA 接头的损耗,效率还可进一步提高。

3. 具有数据通信功能的整流天线

通常电子设备在从电磁波中获取能量的同时也同样需要发射和接收信息。一般的方案是设计两副天线,一副用于通信,另一副作为整流天线。但是采用具有通信功能的整流天线将获得两大优势:一是射频前端可以更加紧凑,这对于大多数电子设备来说都是一个紧要的需求;二是当设计天线用于整流天线和通信时可同时考虑及优化电磁兼容问题。Huang 等(2011)设计一种用于生物遥测通信的三频带可植入式天线,其中数据遥测工作在 402MHz,无线能量传输工作在 433MHz,唤醒控制器工作在 2.45GHz。尽管整流电路在 433MHz 的微波—直流转换效率高达 86%,但整流天线的整体效率却非常低,这是由于天线接收功率容量很低,由此显示出整流天线中阻抗匹配的重要性。下面的例子给出了一种具有通信能力的整流天线设计(Yang et al.,2013)。

(1) 双极化天线设计。

接收天线为缝隙耦合馈电的双极化方形贴片天线,见彩图 70.14(a)。该天线具有两层介质基板,厚度分别为 h_1 和 h_2。方形贴片位于上层基板的顶层,微

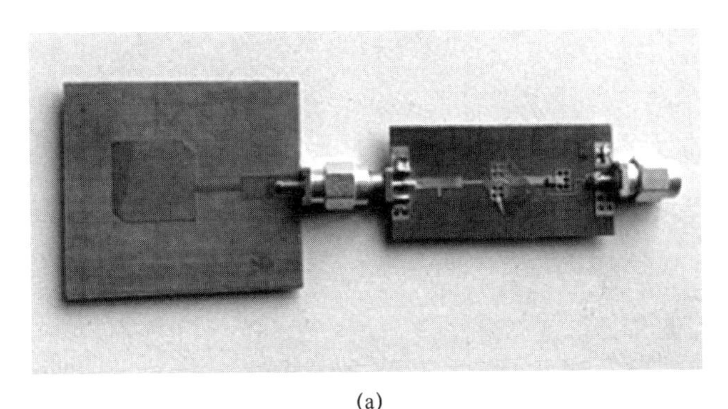

(a)

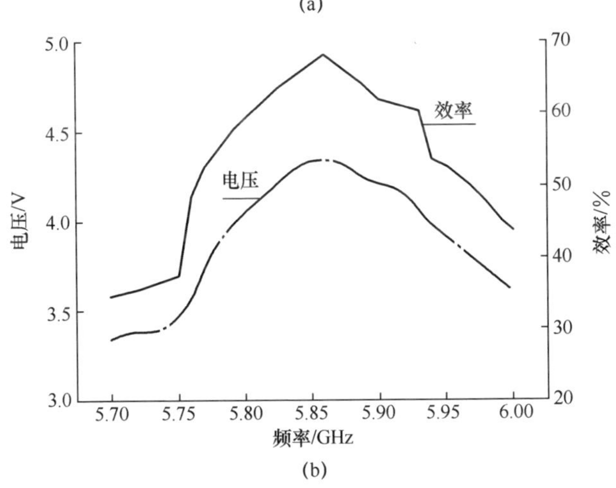

(b)

图 70.13　整流天线图片及效率测试结果

(a)整流天线实物;(b)电压及微波—直流效率与频率关系。

带馈线位于下层基板的底层。两个垂直的 H 形缝隙位于两层基板之间的理想导体层上,可改善两个馈电端口之间的隔离。两个垂直的馈电端口 V 和 H 分别激励垂直和水平极化波,分别用于供能和数据通信。

工作频率f_0主要由方形贴片的边长决定,并受到缝隙位置的些许影响。这种双层基板和缝隙耦合馈电天线与单层基板天线相比具有更高的增益和更好的谐波抑制特性,因此整流电路中的滤波器可以省去,从而使得整流天线更为紧凑。详细结构设计参数及基板特性见 Yang 等(2013)的论文。

V 端口以 $|S_{11}|$ 形式表示的反射系数和 H 端口以 $|S_{22}|$ 表示的反射系数及以 $|S_{21}|$ 表示的两端口之间的隔离度的仿真和实测数据见彩图 70.14(b)。对

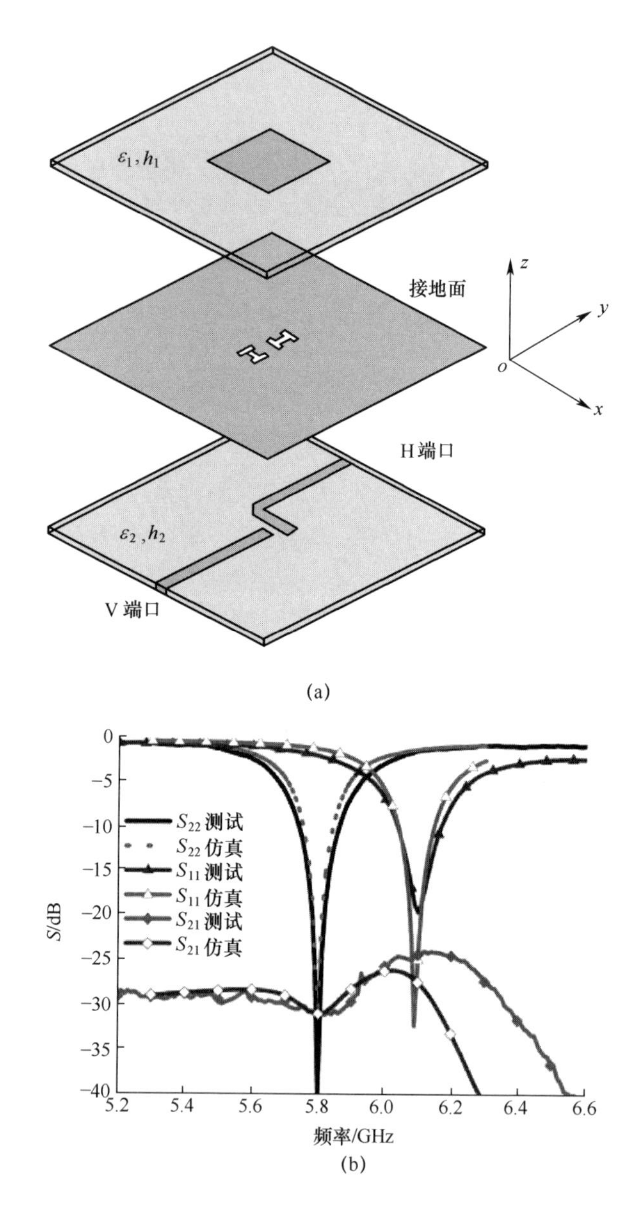

图 70.14　接收天线的结构及其 S 参数与频率的关系(彩图见书末)

(a)接收天线透视图;(b) $|S_{11}|$、$|S_{22}|$ 和 $|S_{21}|$ 与频率的关系。

于两种极化状态,测试所得 $|S_{11}|$ 最低值分别为 5.8GHz 时的−30dB 和 6.1GHz 时的−18dB,这主要是由于不同的馈电位置和结构导致的。隔离度 $|S_{21}|$ 在较

宽的频带内均优于25dB。V 端口工作在 5.8GHz 作为能量转换，而工作在 6.1GHz 的 H 端口则用于通信系统。宽带仿真结果显示二次谐波 11.6GHz 处的反射系数小于 2dB。这种特性主要得益于天线的对称结构及缝隙耦合馈电结构，因此对于整流天线不再需要额外的 LPF/BPF。用于通信的 H 端口和用于整流电路的 V 端口在它们各自的谐振频率处最大增益分别为 7.6dBi 和 7.2dBi。

（2）整流电路设计。

整流电路的输入匹配网络和直通滤波器采用微带线设计，见图 70.15，所用的基板与接收天线相同。微带线开路枝节 2 和短路枝节 3 用于抵消二极管输入阻抗 Z_{in}的虚部，而微带线 1 为 $\lambda/4$ 阻抗变换器将阻抗匹配至输入端口的特性阻抗 50Ω。3 个不同尺寸的扇形枝节用作直通滤波器来平滑直流输出功率。

电路中使用的二极管为封装形式的肖特基二极管 HSMS2860。除了图 70.7 所列出的参数以外，等效电路中还包括了寄生电感 L_p和寄生电容 L_c。等效电路参数见表 70.1。根据 ADS 的仿真结果，当输入功率为 10mW 时二极管的输入阻抗 Z_{in}为(22-j55)Ω，负载阻抗为 1200Ω 时在 5.8GHz 处可获得最大的微波—直流效率。微带线 1、2、3 将二极管输入阻抗匹配至 50Ω。

在工作频率 5.8GHz 和二次谐波 11.6GHz 处的反射系数仿真值分别为 -40.13dB和-0.13dB。因此，输入端口在工作频率处匹配良好，而高次谐波被有效抑制。直通滤波器在基波、二次、三次谐波处的 $|S_{21}|$ 仿真值分别为 50dB、25dB 和 30dB，表示基波和高次谐波都被成功抑制。

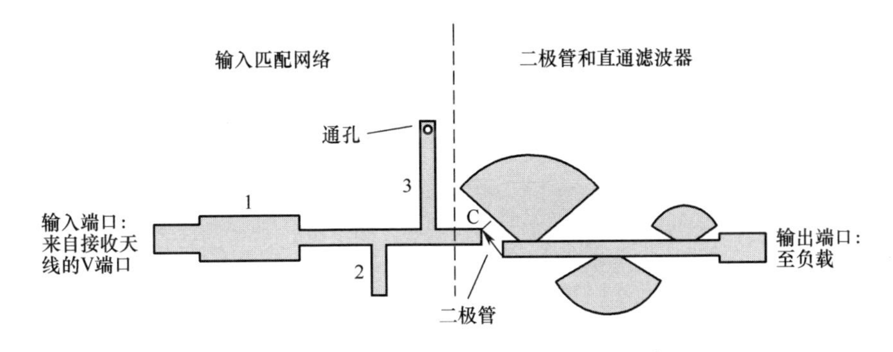

图 70.15　整流电路结构

表70.1 封装肖特基二极管HSMS2860等效参数

开启电压 U_f	击穿电压 U_B	寄生电感 L_p	寄生电容 C_p	结电阻 R_s	结电容 C_{j0}
0.3V	7V	0.5nH	0.08pF	6Ω	0.18pF

图70.16给出了整个整流电路的微波—直流转换效率的仿真和实验结果。仿真结果显示,在5.8GHz当负载为1200Ω输入功率为10mW时,整流电路可达最高效率81%。实验结果显示工作频率为5.78GHz时达最高效率。当输入功率分别为20mW、25mW和35mW,负载分别为1200Ω、900Ω和600Ω时,最高转换效率分别为68.7%、69.3%和69.9%。仿真和实验结果之间的差异主要由以下几点因素导致,如加工制造误差、ADS二极管模型误差及测试误差。

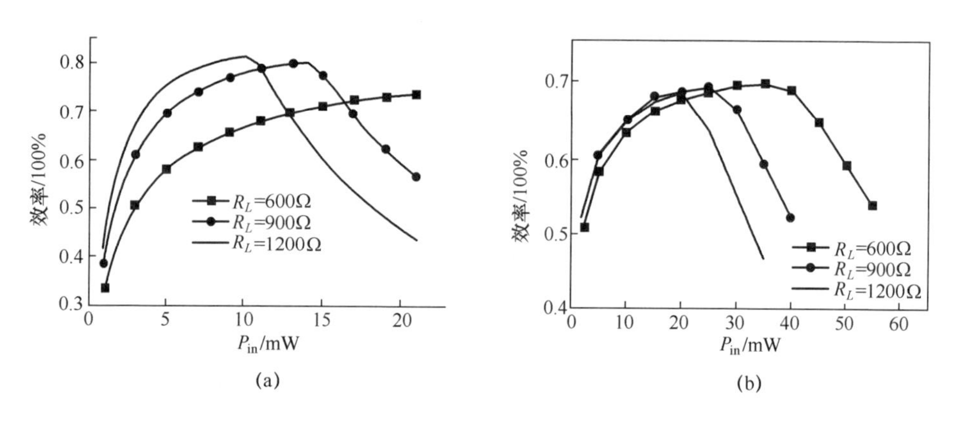

图70.16 整流电路效率与输入功率的关系

(a)5.8GHz处ADS仿真结果;(b)5.78GHz处实测结果。

在下面整流天线的测试中将采用上述测试所得的条件,即900Ω的负载和5.78GHz的工作频率。

(3) 整流天线性能。

天线和整流电路都是频率相关的,因此微弱的不匹配也将导致很大的损耗。采用HFSS和ADS对接收天线和整流电路进行联合仿真对于高微波—直流转换效率设计来说是十分重要的。为了研究整流天线的性能,用ADS进行了联合仿真。天线输入阻抗特性与频率的关系可以通过统一格式的S1P文件嵌入到整流电路的输入端口中。整流天线、接收天线和整流天线的 $|S_{11}|$ 与频率关系的

仿真结果见图70.17。比较虚线表示的整流电路数据和点画线表示的接收天线数据，可知整流电路具有比接收天线更宽的带宽。从图 70.17 可见，在 5.8GHz 处接收天线、整流电路和整流天线的反射系数分别为 -28.1dB、-40.2dB 和 -27.7dB。因此，可以认为阻抗匹配接近理想，天线接收到的功率可等同于二极管的输入功率。天线的带宽比电路的窄，因此整流天线的带宽主要由天线决定。

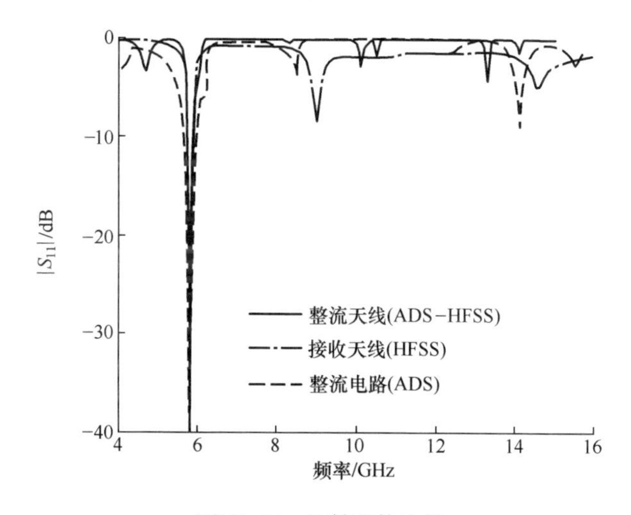

图 70.17　反射系数比较

接收天线和整流电路通过特性阻抗为 50Ω 的 SMA 接头连接，见图 70.18。微波—直流转换效率测试系统见图 70.6。发射喇叭天线增益为 15.6dBi，尺寸为 13.5cm×10cm。整流天线固定在距离喇叭天线 80cm 处，处于远场区域。接收天线的实测增益为 7.0dBi，可用于计算整流电路接收到的射频功率。

(a)

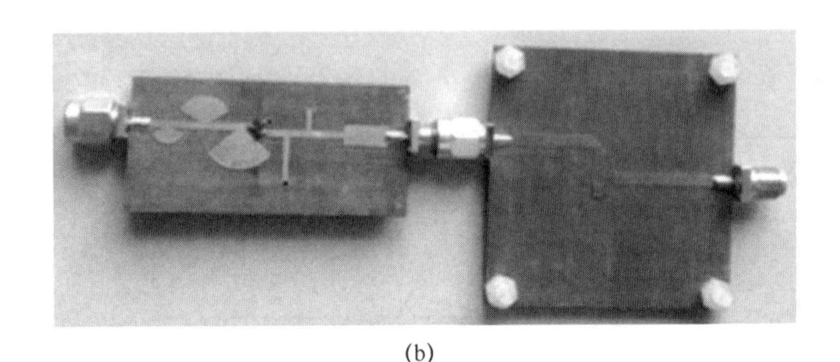

(b)

图 70.18　整流天线实物

(a)正视图;(b)后视图。

工作频率为 5.78GHz 时不同负载下的输出电压和转换效率如图 70.19 所示。具有更大负载的整流天线可在接收功率相对较低时得到最高的输出电压和转换效率。不同负载的整流天线输出电压可接近 4.5V,为二极管的击穿电压。当接收功率为 25mW、负载为 900Ω 时得到最高转换效率为 63%。

(4) 通信性能。

为了研究 H 端口的通信性能,在 HFSS 软件中对图 70.20 所示的整流天线模型进行了仿真。反射系数 $|S_{11}|$ 几乎没有变化,因此这里不再重复提供。通信端口的增益方向图略有退化,见图 70.21。但是交叉极化依然保持在很低的水平,在主辐射方向接近-20dB。增益从所期望的 7.6dBi 降到了 7.2dBi,这主要是由于整流电路的影响。

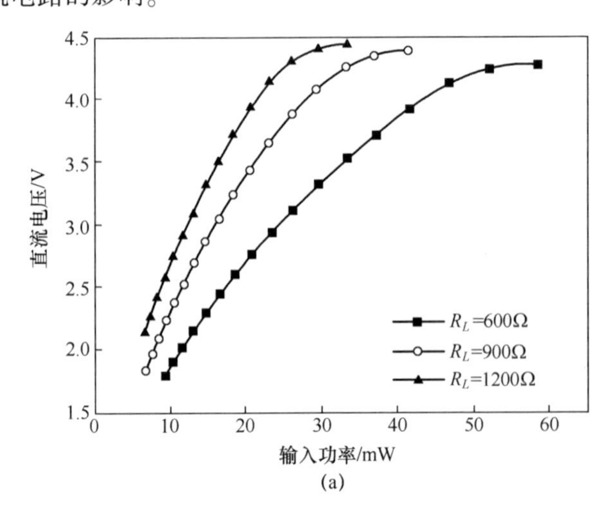

(a)

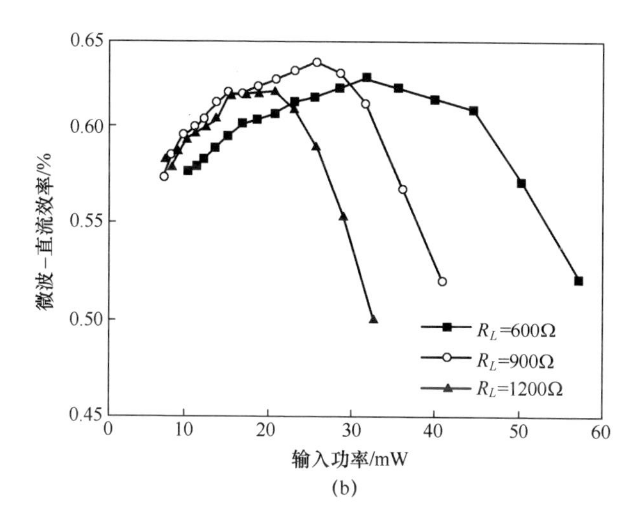

(b)

图 70.19　整流天线在 5.78GHz 处输出电压、
转换效率与输入功率关系的测试结果
(a)输出电压与输入功率的关系;(b)微波—直流转换效率。

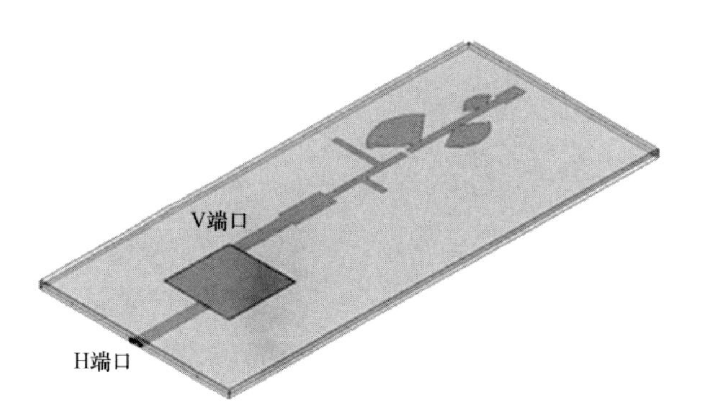

图 70.20　HFSS 中的整流天线模型

当天线与整流电路连接后,通信端口 H 的反射系数测试值几乎没有变化,与图 70.14(b)中的 $|S_{11}|$ 实测曲线类似。图 70.22 为 H 端口连接和未连接电路时的方向图实测结果。与图 70.21 所示的仿真结果比较,尽管 H 面方向图在 120°方向出现了明显的副瓣,但 E 面方向图特性良好,在主辐射方向交叉极化为 -15dB。实测最大增益为 7.0dBi。

紧凑的尺寸、简易的制造以及符合安全标准是该整流天线的主要优点。

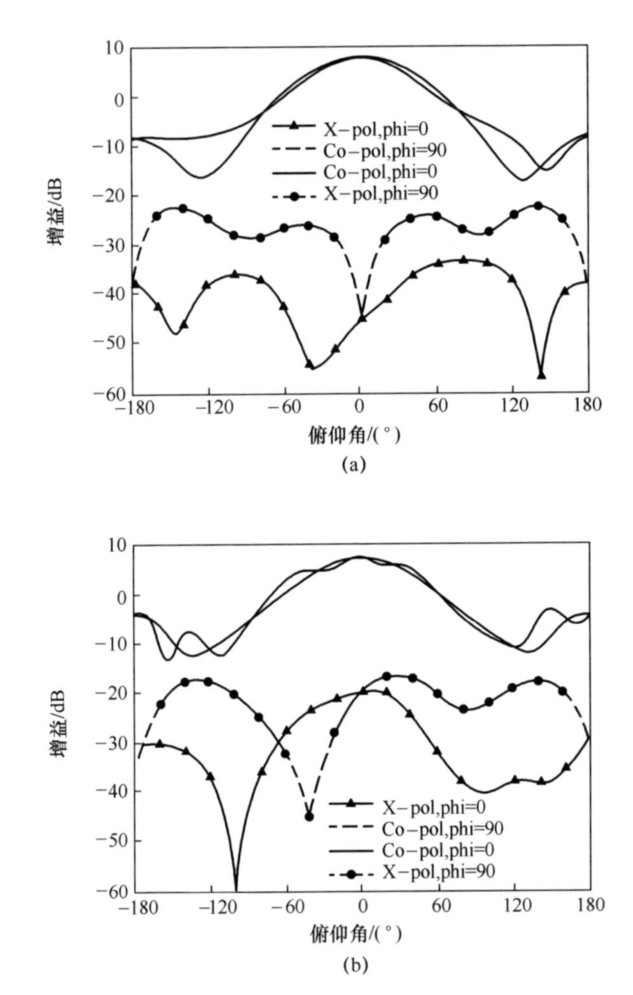

图 70.21 连接和未连接整流电路时方向图对比的 HFSS 仿真结果

——— E 面/共极化,- - - H 面/共极化,—▲— E 面/交叉极化,-·●·- H 面/交叉极化

(a)未连接整流电路;(b)连接整流电路。

4. 宽带 CPW 整流天线

CPW 传输线具有易于和有源无源器件集成、电路密度高、色散低、辐射损耗低、不需要接地通孔等优点,特别适合设计整流电路。具有接地面的共面波导(grounded coplanar waveguide, GCPW),是 CPW 的一种改进,在基板背面具有额外的接地面。结合 CPW 和 GCPW 传输线设计了一种宽带 CPW 整流天线(Nie et al. ,2015),见图 70.23。

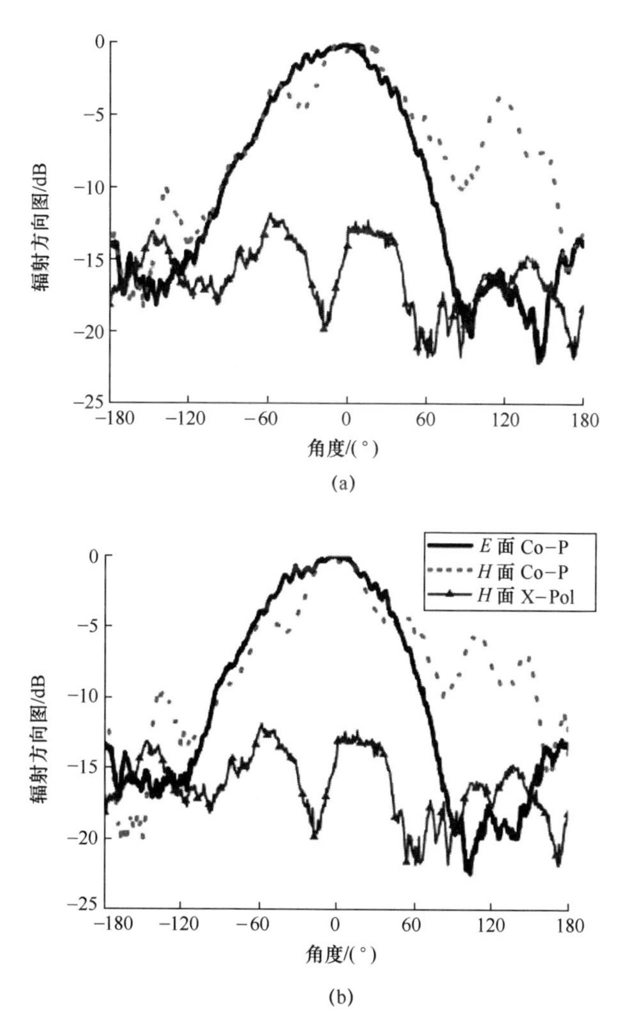

图 70.22　连接和未连接整流电路时增益方向图实测结果

——— E 面/共极化，- - - H 面/共极化，-●- H 面/交叉极化

(a)未连接整流电路；(b)连接整流电路。

整流电路由电容、肖特基二极管对、直通滤波器组成，这些器件在 GCPW 传输线基板的正面并联或串联连接。GCPW 传输线的特性阻抗为 50Ω。2.45GHz 处输入功率为 15dBm 时，由 ADS 仿真得到的二极管输入阻抗 Z_{in} 为(64.2+9.8j)Ω。通过设计输入和输出阻抗匹配网络，使得 Z_{in} 在整流电路的输入端口与 50Ω 匹配。输入阻抗匹配网络通过 GCPW 的 L_3 和 L_4 部分实现。输出阻抗匹

配网络由电容对 C_1 和 C_2 以及 GCPW 的 L_5 部分组成。

为了直接与 GCPW 整流电路匹配,该天线通过长度为 L_2 的 CPW 馈电,其开始部分为 GCPW 结构,见图 70.23(b)。为了使天线的边射波束指向一个方向以增加天线的增益,在天线的背后距离 $D=0.18\lambda_0$ 的位置处放置了一个反射面。

当缝隙的长度 L_1 为 $0.408\lambda_0$ 时,中心频率为 2.45GHz。通过精心调节 CPW 枝节的长度 L_1,使得天线的输入阻抗与 50Ω 匹配良好。由图 70.24(a)可见,$|S_{11}|$ 的仿真和实测数据在 2.45GHz 均优于 -30dB。实测 -10dB 带宽大于 28.6%(从 2.0 到 2.7GHz)。在较宽的带宽上获得了良好的阻抗匹配。由图 70.24(b)可见,中心频率 2.45GHz 处实测峰值增益为 10dBi,而仿真数据为 10.3dBi。在 2.0~2.5GHz 的带宽内实测增益稳定在 9.4~10dBi 之间。

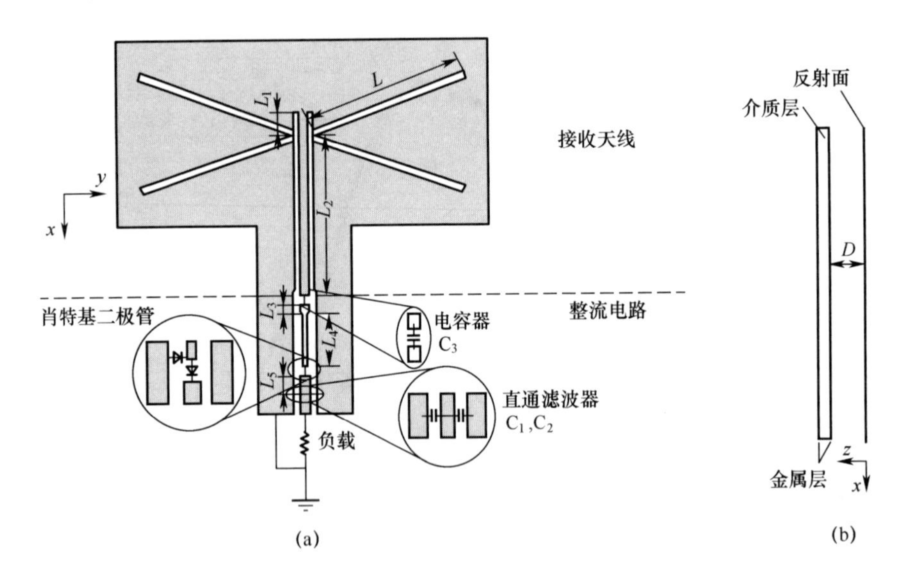

图 70.23 CPW 整流天线结构

(a)俯视图;(b)侧视图。

彩图 70.25 给出了 2.45GHz 处 E 面和 H 面仿真和实测增益方向图。半功率波束宽度(HPBW)约为 60°,可缓解对整流天线波束对准的要求。

整流天线的实测转换效率如图 70.26 所示。从图 70.26(a)可见,在负载均为 900Ω 时整流天线和整流电路的峰值转换效率均为 62%,这表明接收天线和整流电路之间阻抗匹配良好。从图 70.26(b)可见,输入功率为 13dBm 时,效率

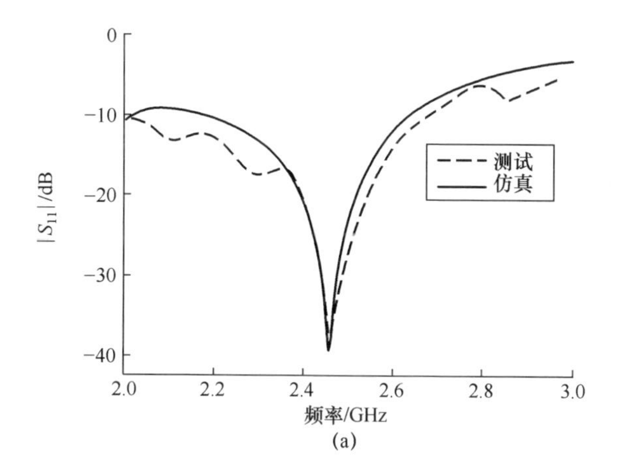

(a)

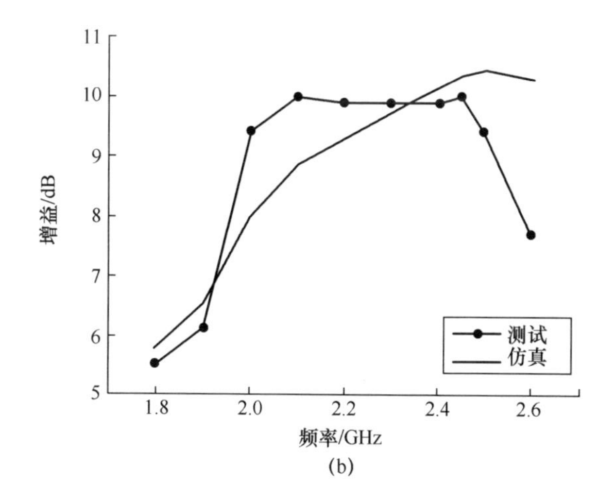

(b)

图 70.24 天线 $|S_{11}|$ 和增益与频率关系的仿真和实测结果

(a) $|S_{11}|$；(b)增益。

高于50%的带宽为2.2~2.6GHz(16.3%)。这种宽带特性得益于天线和整流电路较宽的工作带宽。

该CPW整流天线具有较宽的工作带宽。接收天线具有高增益和宽半功率波束宽度,可缓解严格的方向对准要求。整流电路基于GCPW传输线,可避免使用接地通孔,且易于连接安装二极管和电容。

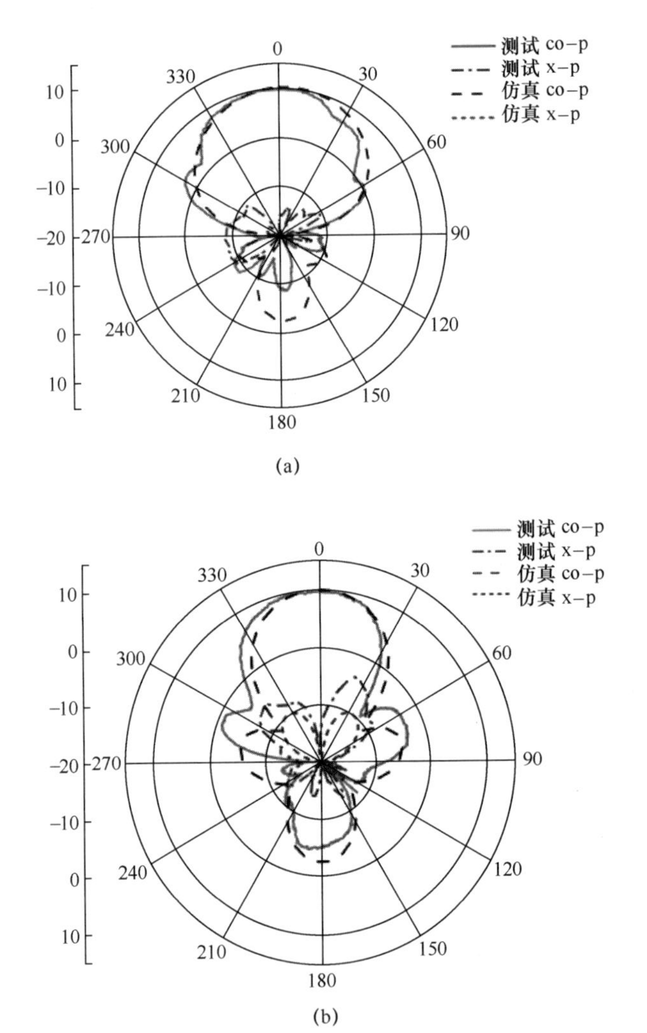

图 70.25　天线在 2.45GHz 处增益方向图仿真与实测数据(彩图在书末)

(a)E 面(xoz 面);(b)H 面(yoz 面)。

70.3.4　整流天线阵列

单个肖特基二极管的功率容量有限,因此对于大多数应用来说为了获得更高的直流输出功率,整流天线设计是必需的。一个整流天线单元可等效为串联连接的电压源 E 和负载 R_L。R_L与二极管的输入功率有关,是根据获得最高微波—

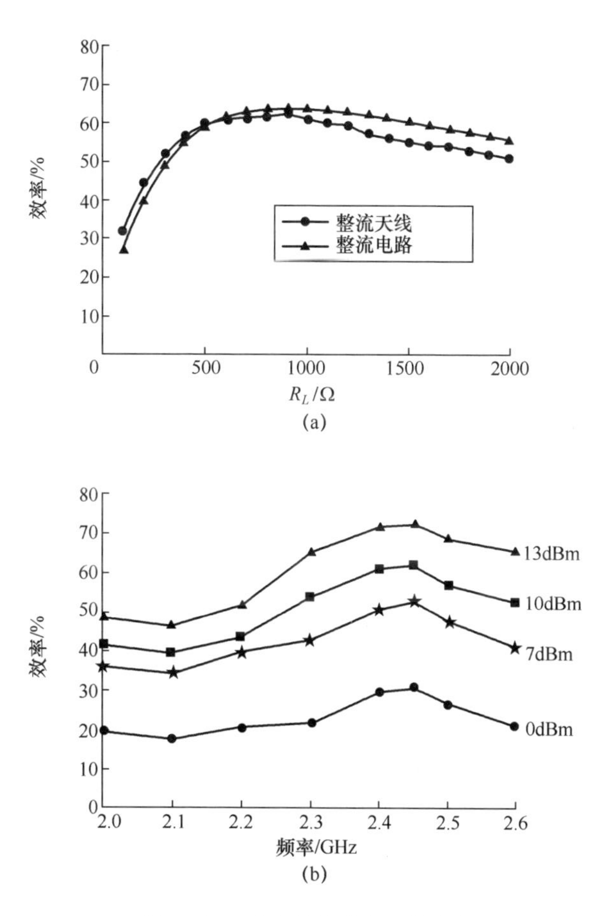

图 70.26　整流天线效率实测数据

(a)效率与负载的关系;(b)效率与频率的关系。

直流转换效率的目标而优化得到的负载。整流天线阵列有 3 种连接方式,即串联、并联和串/并混合连接。

"具有数据通信功能的整流天线"部分中的整流天线单元将用于研究整流天线阵列的工作原理。电路中所用的肖特基二极管同样为封装肖特基二极管 HSMS2860,其等效电路参数如表 70.1 所列。

1. 整流天线阵列的并联连接

图 70.27 示意性地给出了 n 个整流天线单元的并联连接,直流输出功率为 nE^2/R_L。基于等效电路原理,这种并联连接可以简化为电压源 E 和电阻 R_L/n

的串联连接,其等效负载 R_p 和等效电流 I_p 分别为

$$R_p = \frac{R_L}{n} \tag{70.4}$$

$$I_p = \frac{nE}{R_L} \tag{70.5}$$

通过 ADS 软件对两单元并联阵列进行了仿真。直流输出功率和微波—直流转换效率与负载的关系见图 70.28。显然,当负载低于 600Ω 时,输出电流是单元输出电流的两倍。当负载电阻更大时,输出电压将达到 3.2V 的饱和状态。单个单元和两单元阵列的最优化负载分别为 1200Ω 和 600Ω,满足式(70.4)和式(70.5)表示的等效模型。单个单元和两单元阵列的最高微波—直流转换效率均为 81%左右。

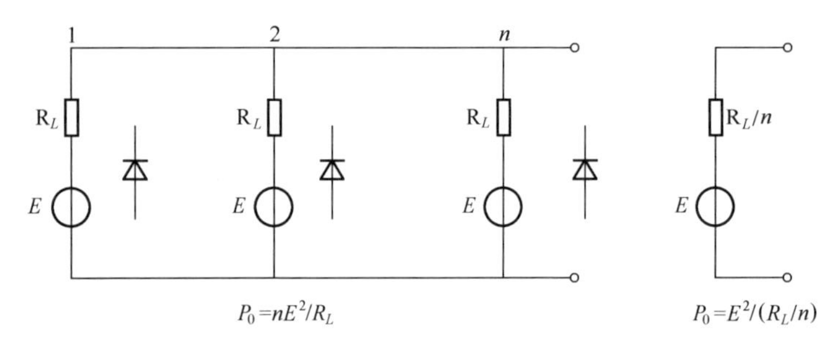

图 70.27 n 个整流天线单元的并联连接等效电路模型及其简化模型

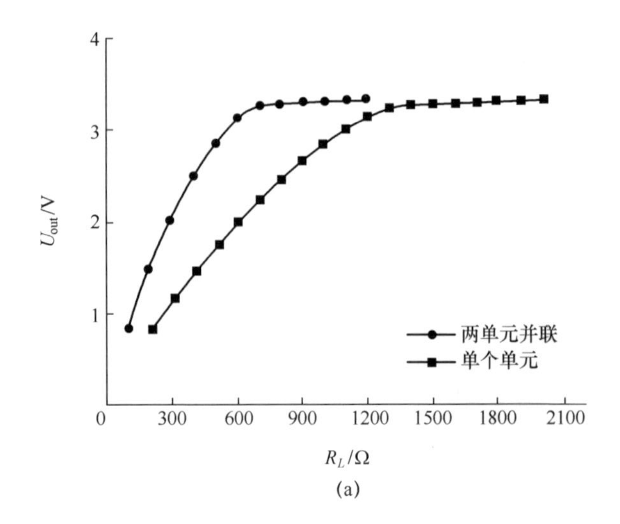

(a)

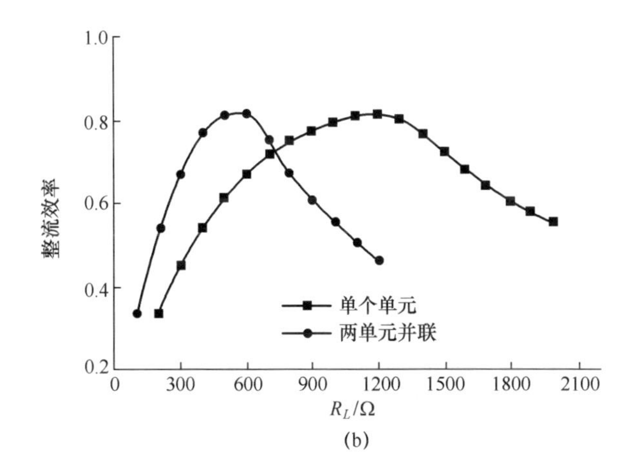

图70.28 单个单元和两单元整流天线阵列输出电压和效率的ADS仿真结果

(a)输出电压与负载的关系;(b)微波—直流转换效率与负载的关系。

图70.29给出了两单元整流天线阵列的图片、输出电压实测结果、微波—直流转换效率与负载的关系以及这些结果与单个单元结果的对比。这些结果曲线趋势符合式(70.4)和式(70.5)。两单元整流天线阵列的最高微波—直流转换效率约为60%,低于单个单元65%的效率。仿真和实测结果之间的差异已经在70.3.3.(2)节进行了分析。

2. 整流天线阵列的串联连接

n个整流天线单元的串联连接及相应的简化等效电路见图70.30。直流输出功率同样为nE^2/r。等效负载R_S及等效电压U_S为

$$R_S = nR_L \tag{70.6}$$

$$U_S = nE \tag{70.7}$$

两单元串联阵列的图片及输出电压和微波—直流转换效率的测试结果见图70.31,同时还给出了单个单元的测试结果作为对比。当负载小于500Ω时,二极管并未饱和,因此单个单元和阵列的负载中的电流相同。单个单元和串联阵列的优化负载分别为800Ω和1600Ω,相应的微波—直流转换效率分别为64.3%和62.1%。由此可验证式(70.6)和式(70.7)。

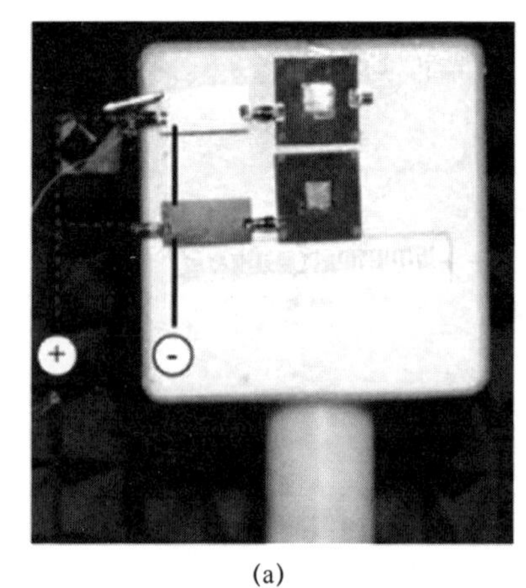

(a)

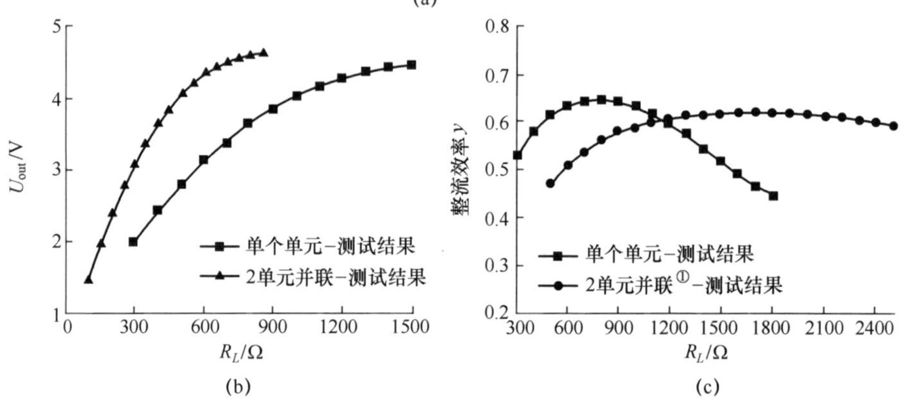

(b) (c)

图 70.29　两单元并联阵列及其输出电压和效率实测结果

(a)并联阵列图片;(b)输出电压与负载的关系;(c)微波—直流转换效率与负载的关系。

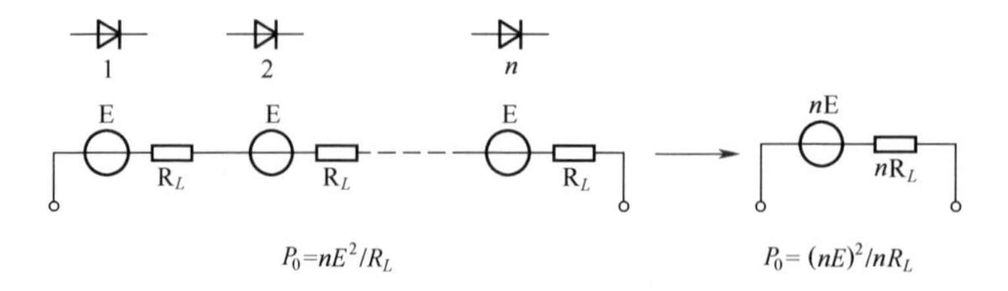

图 70.30　n 个整流天线单元串联连接的等效电路模型及其简化模型

① 原文为串联,译者更改。

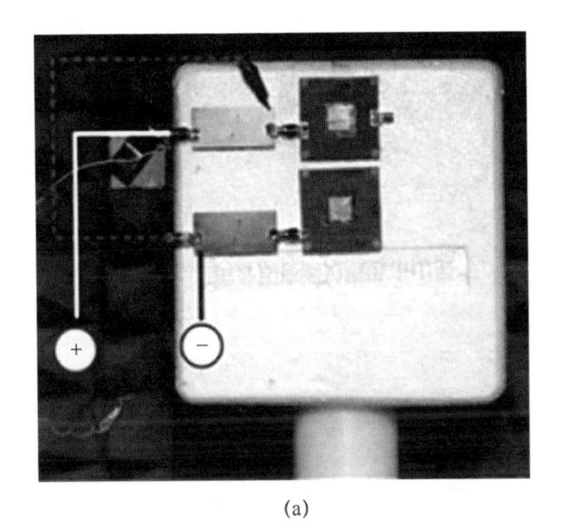

(a)

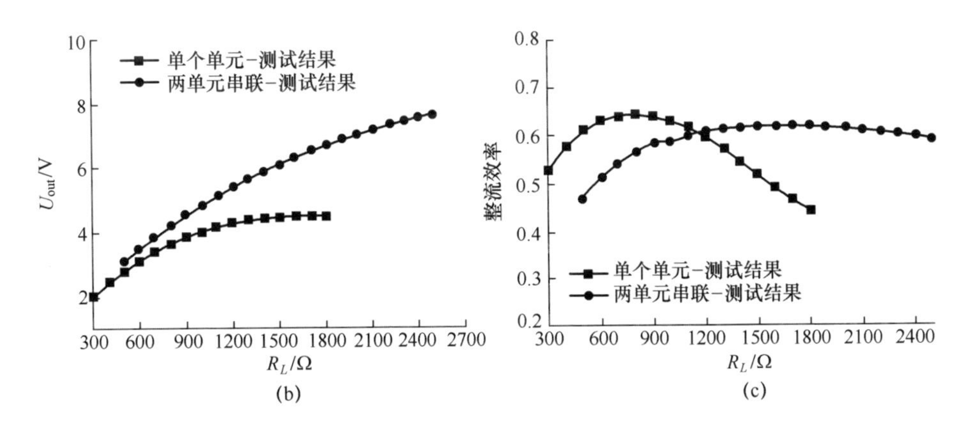

(b)　　(c)

图 70.31　两单元串联阵列的图片及输出电压和效率的实测结果

(a)串联阵列图片;(b)输出电压与负载的关系;(c)微波—直流转换效率与负载的关系。

因此可得出以下结论:当整流天线单元可等效为电压源 E 和负载 R_L 的串联连接时,阵列设计符合一般的串联和并联电路理论。串联阵列的最优化负载是单个单元的 n 倍,而在二极管未饱和时电流与单个单元相同。并联阵列的最优化负载是单个单元的 $1/n$,输出电压与单个单元相同。同时两单元之间的最小间距必须满足天线阵列的设计原理。两整流天线单元间的间距过小将降低天线的接收效率,而过大的间距将增大整流天线阵列不必要的面积。

3. 整流天线阵列的串/并联混合连接

通常对于实际应用来说负载是给定的,因此在整流天线单元优化之后需要进行阵列设计来获得最大的微波—直流转换效率。两种类型的六单元整流天线阵列见图70.32。图70.32(a)所示为3个单元串联之后再并联连接中的两个分支,其负载为$3R_L/2$。图70.32(b)为两个单元串联之后再并联连接中的3个分支,其负载为$2R_L/3$。这两种阵列具有相同的直流输出功率$P=6E^2/R_L$和不同的优化负载。

因此,如果一个阵列具有n个并联分支而每个分支具有n个串联单元,则该阵列的优化负载与单个单元的优化负载R_L相同。

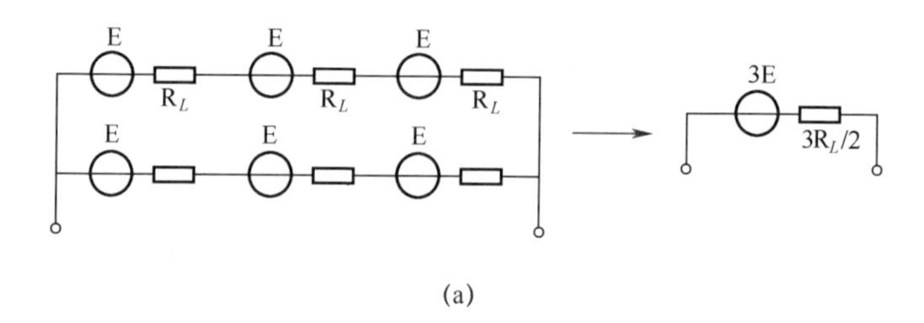

(a)

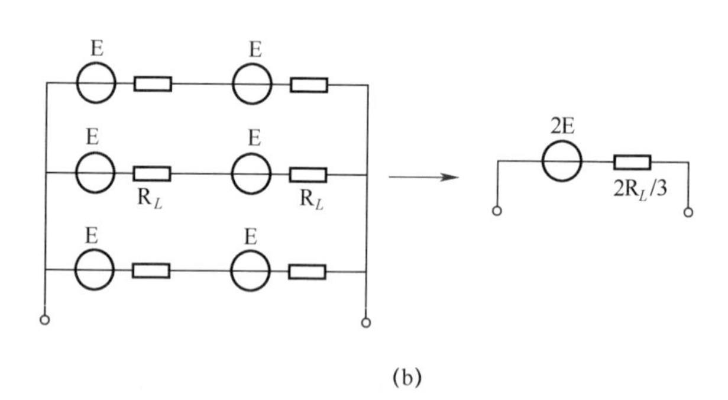

(b)

图70.32 两种具有不同负载和相同直流输出功率的六单元阵列等效模型

(a)具有3个串联单元的两路并联分支;(b)具有两个串联单元的三路并联分支。

图70.33所示的一种圆极化整流天线单元用于阵列的设计。近似方形的贴片天线通过缝隙馈电作为圆极化接收天线。整流电路与天线的微带馈线在同一层。这种双层结构不但使整流天线的尺寸最小化而且可以降低电路对天线的影响。为了使整流天线阵列更为紧凑,多个微带线进行了折叠弯曲,因此整流电路恰好位于天线的下方。

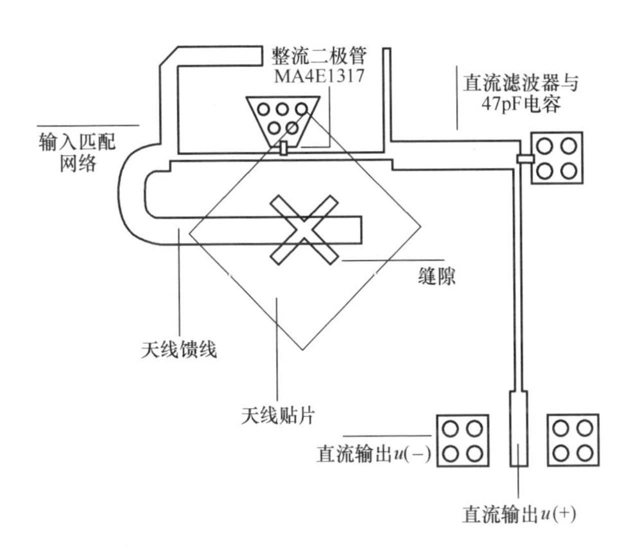

图 70.33　圆极化整流天线单元

该整流天线工作在 C 频段。在不同的输入微波功率下,微波—直流转换效率与负载关系的测试结果如图 70.34 所示。从图 70.34(a)可见,当输入功率为 85mW,优化负载为 250Ω 时可获得最高微波—直流转换效率为 63%。从图 70.35b 可见,45°方向的微波—直流转换效率仅比 0°方向低 8%,显示出了较好的圆极化性能。

图 70.35 给出了一个 3×3 单元的整流天线阵列,其中 3 个分支并联,每个分支中具有 3 个串联连接的单元。输出直流电压和微波—直流转换效率与负载关系的测试结果见图 70.36,其中还给出了单个单元的结果作为对比。当每个整流天线单元的输入微波功率 P_{in} 均为 81.1mW 时,阵列的微波—直流转换效率的最高测试值为 63%,阵列的最优化负载与单个单元相同,均为 250Ω,见图 70.36(a)。中心频率为 6.04GHz,最高效率的方向为 45°。由图 70.36b 可见,阵列的输出直流电压大约为单个单元的 9 倍。负载为 250Ω,接收口面为 12cm×10cm 时,输出直流功率约为 461mW。

整流天线单元和 3×3 单元的整流天线阵列的实测最高效率均发生在 6.04GHz,而设计的中心频率为 5.8GHz,这是效率降低的主要原因。另一个原因是实验中的输入微波功率为 84.9mW。当输入微波功率增大到约 100mW,直到输出电压达到二极管击穿电压 4.5V,微波—直流效率还能得到一定的提高。

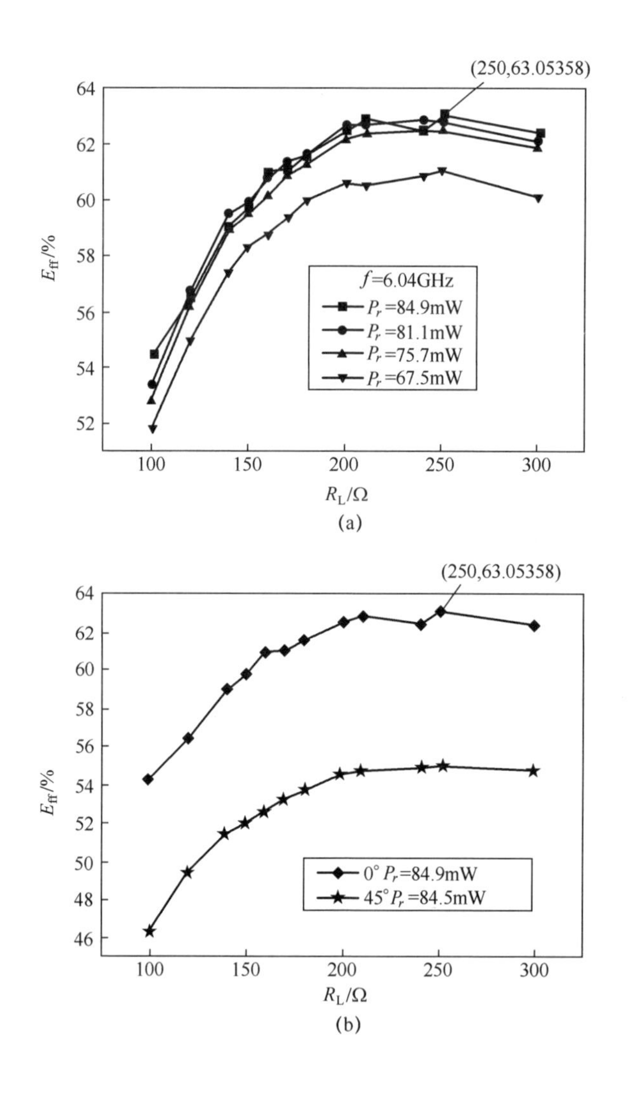

图 70. 34　整流天线单元微波—直流转换效率与负载关系的实测结果

(a)不同的输入微波功率;(b)不同的接收方向。

因此通过精心的设计,该子阵的微波—直流转换效率有望可提高至 75%。考虑到整流天线阵列的损耗,对于大型阵列来说,微波—直流转换效率可达 65%。在 100mW 输入微波功率和 65%转换效率的前提下,整流天线阵列尺寸为 12cm×10cm 时有望获得 585mW 的直流功率。

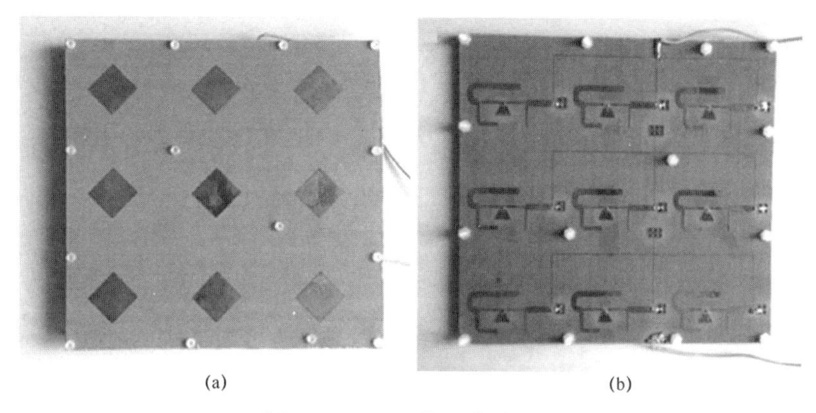

图 70. 35　3×3 单元阵列图片

(a)正视图;(b)背视图。

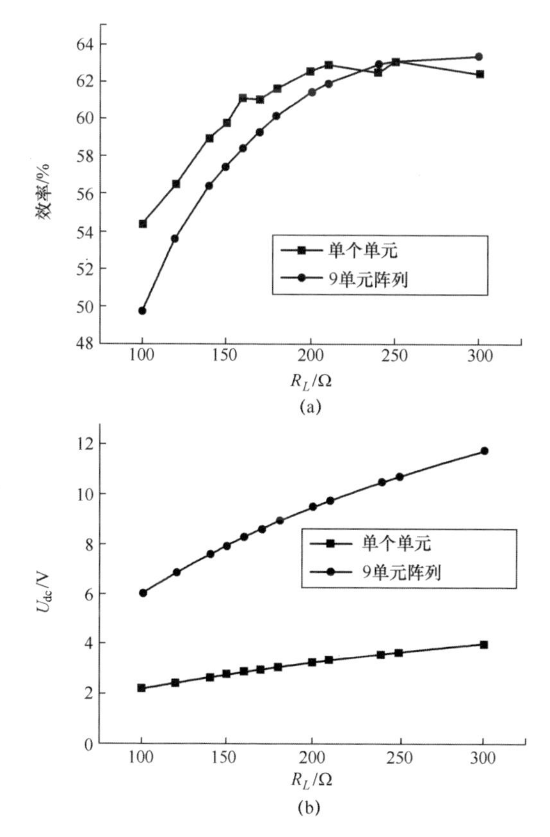

图 70. 36　3×3 阵列和单个单元微波—直流转换效率、直流电压与负载关系的实测结果

(a)微波—直流转换效率;(b)直流电压。

70.4 发射天线设计与BCE(波束收集效率)

点对点MPT系统最为关注的指标是直流—直流效率。早在1964年Degenford等研究了发射天线口径的高斯函数电平分布,并在反射波束波导中进行了实验验证,获得了接近100%的波束截获效率(beam capture efficiency,BCE)。但是反射波束波导传播路径模型不适用于远距离微波传输应用。10dB高斯幅度渐变波束被证明是将能量从发射口径传输至接收整流天线阵列的最有效途径(Murao,2000)。发射和接收口径中心的高电平容易损坏中心的微波器件,因此10dB高斯渐变波束一些实际应用有所限制。Zepeda等(2003)研究了一些类型的截断渐变波束。2013年Oliveri等研究了通过利用特征值方法进行最大BCE优化。得出的结论是对于任意形状的发射和接收口径来说,只要口径足够大就可以获得近乎100%的BCE。通常发射天线和接收整流天线为方形口径,易于制造和固定。在发射天线各个单元都能有效工作的前提下,发射和接收天线为圆形口径时在较低的预算时也可截获到更多的微波波束(Zhou et al.,2014)。

本节主要讨论MPT系统获得最佳BCE的两种方案:一种是发射口径的方形、截断方形以及圆形拓扑模型;另一种是发射口径的不同电平分布。

70.4.1 发射天线拓扑模型

发射天线口径面由N个辐射单元组成,如图70.37所示,记为$0,1,2\cdots,N-1$。第n个单元位于$(x_n,y_n)(n=0,1,2,\cdots,N-1)$,具有归一化的加权值$w_n$。考虑到发射天线的方向性,位于远场区域的接收整流天线应当为圆形口径。发射端和接收端之间的距离为r,整流天线口径的接收角度为θ_0。

发射口径中的每个单元都可以等效为一个方形的惠更斯单元,具有相同的幅度E_n和相同的相位角。在辐射场中的电场强度为

$$E=\frac{C_0}{r}f_e\sum_{n=0}^{N-1}w_n\mathrm{e}^{\mathrm{j}k(ux_n+vy_n)} \tag{70.8}$$

式中:参数u和v分别为$u=\sin\theta\cos\varphi$,$v=\sin\theta\sin\varphi$;f_e为惠更斯单元的归一化方向图;C_0为系数,如以下两式所示,即

$$f_e = \frac{1+\cos\theta}{2}\operatorname{sinc}\left(\frac{kau}{2}\right)\operatorname{sinc}\left(\frac{kbv}{2}\right) \tag{70.9}$$

$$C_0 = \frac{\mathrm{j}k}{2\pi}\mathrm{e}^{-\mathrm{j}kr}E_n ab \tag{70.10}$$

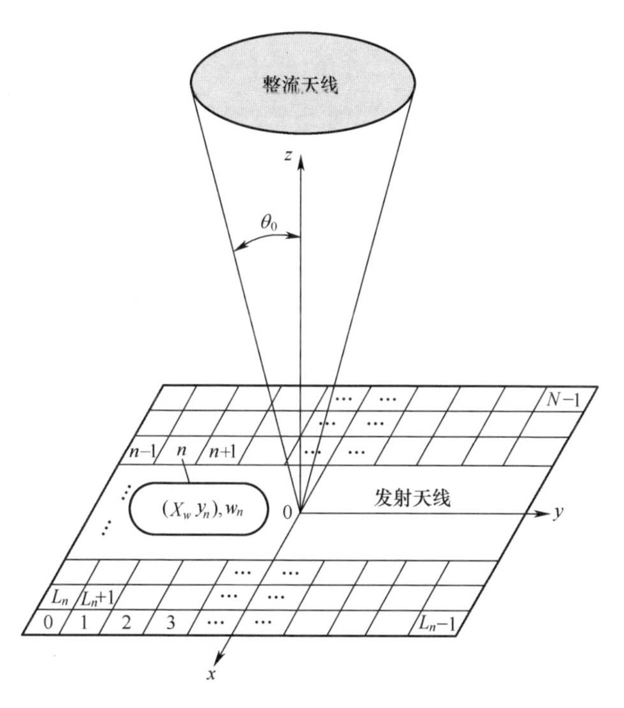

图 70.37　MPT 系统的发射和接收口面

假设电平分布是中心对称的，辐射场 E 可由下式计算得到，即

$$E = \frac{C_0}{R}f_e\left[\sum_{\substack{x_n>0\\ y_n>0}}4w_n\cos(kux_n) + \sum_{\substack{x_n=0\\ y_n\geqslant 0}}2w_n\cos(kvy_n) + \sum_{\substack{x_n\geqslant 0\\ y_n=0}}2w_n\cos(kux_n) + w_n = y_n = 0\right] \tag{70.11}$$

辐射场中的功率密度为

$$S = \frac{|C_0|^2}{2\eta R^2}f_e^2\left|\sum_{n=0}^{N-1}w_n\mathrm{e}^{\mathrm{j}k(ux_n+vy_n)}\right|^2 \tag{70.12}$$

总的发射功率为功率密度 S 从 $\theta=0$ 到 $\theta=\pi$ 的积分，接收功率为 S 从 $\theta=0$ 到 $\theta=\theta_0$ 的积分。因此，波束截获效率可由下式计算得到，即

$$\mathrm{BCE}=\frac{P_r}{P_t}=\frac{\int_0^{2\pi}\int_0^{\theta_0}f_e^2\left|\sum_{n=0}^{N-1}w_n\mathrm{e}^{\mathrm{j}k(ux_n+vy_n)}\right|^2\sin\theta\mathrm{d}\theta\mathrm{d}\phi}{\int_0^{2\pi}\int_0^{\pi}f_e^2\left|\sum_{n=0}^{N-1}w_n\mathrm{e}^{\mathrm{j}k(ux_n+vy_n)}\right|^2\sin\theta\mathrm{d}\theta\mathrm{d}\phi}\tag{70.13}$$

图70.38(a)给出的发射天线方形口径模型(SQ)是最常用的一种,其单元总数为N,行数和列数均为L_n,第一列的单元数为N_1。截断方形(TSQ)和圆形拓扑(CR)模型具有与SQ模型相同的L_n,分别见图70.38(b)和图70.38(c)。这3种拓扑模型的行或列数L_n是相同的,而总单元数N是不同的。

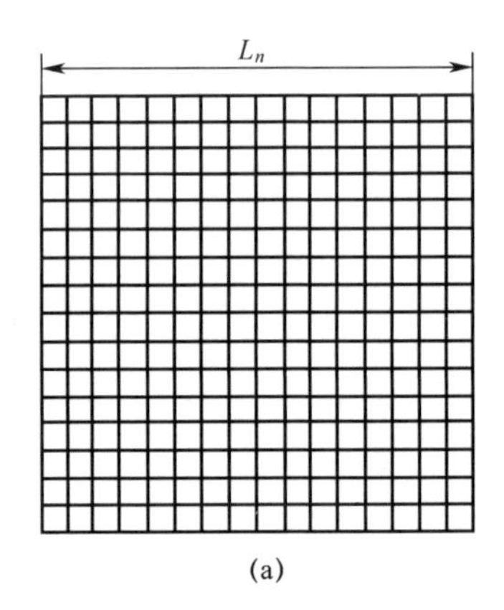

(a)

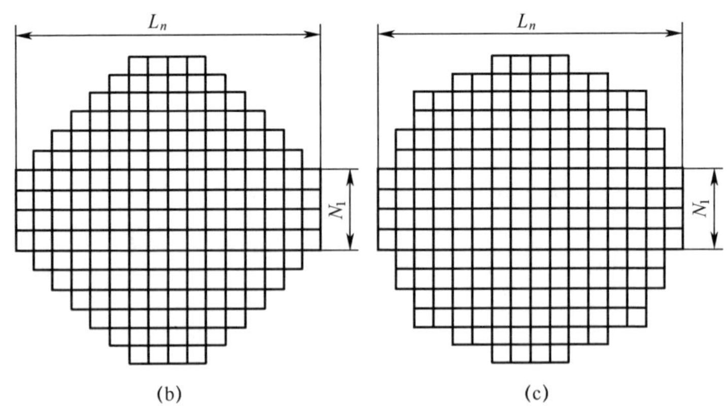

(b) (c)

图70.38 3种典型的拓扑模型示例

(a)SQ;(b)TSQ;(c)CR。

假设式(70.10)中的单个单元口径a为$\lambda/2$,发射天线口径以波长λ进行归一化,满足10dB高斯渐变分布的各单元加权值可计算为

$$w_n = e^{-1.1513\rho_n^2} \tag{70.14}$$

$$\rho_n = \begin{cases} \dfrac{4\sqrt{(|x_n| - 0.25)^2 + (|y_n| - 0.25)^2}}{L_n}, \text{当 } L_n \text{ 为偶数时} \\ \dfrac{4\sqrt{x_n^2 + y_n^2}}{L_n}, \text{当 } L_n \text{ 为奇数时} \end{cases} \tag{70.15}$$

对于远距离MPT系统来说，将整流天线的接收角θ_0设为0.03，下面对3种拓扑模型进行比较。

图70.39给出了3种模型的单元数目N和BCE与列数L_n的关系。当L_n为80时，SQ、TSQ和CR模型的BCE分别为96.9%、88.6%、93.8%，对应的单元总数分别为6400、3436和4372。与SQ模型相比，CR模型可以节省31.7%的发射单元而仅损失3.1%的BCE。

图70.40给出了3种模型的发射功率P_t和BCE与单元总数N的关系。值得注意的是，实际的发射功率P_t是图70.41中的值与因子$|C_0|^2/2\eta$的乘积。

如果总的发射单元数目相同，则这3种模型的BCE值非常接近。当$N<4500$时，CR和SQ模型的BCE比TSQ模型高。TSQ和CR模型的发射功率明显高于SQ模型。

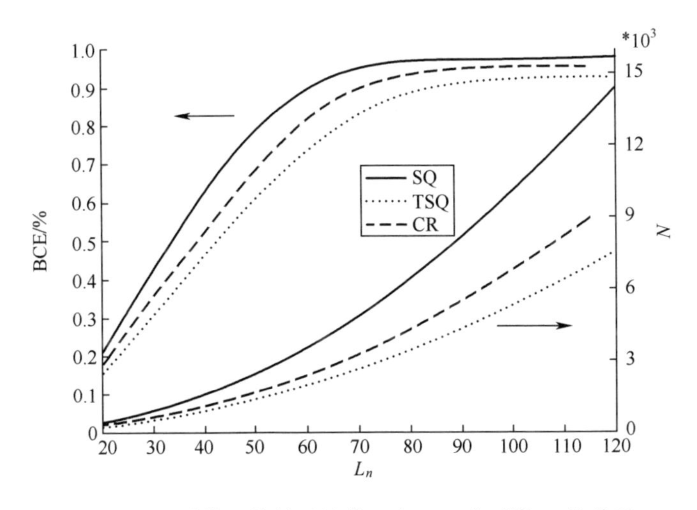

图70.39　3种模型的单元总数N和BCE与列数L_n的关系

从以上的分析可以得出以下结论。对于相同的列数L_n，CR和TSQ模型与

SQ 模型相比可以节约更多的阵列单元,而只损失很小的 BCE。对于相同的单元总数 N,当 N 小于一定数值时 CR 和 TSQ 模型与 SQ 模型相比可以得到更高的 BCE 并传输更多的能量。对于任意数目的单元总数 N,CR 模型的 BCE 都比另外两种模型高些。因此,CR 拓扑模型对于任意规模的 MPT 系统来说,其发射天线口径效率都更高一点。

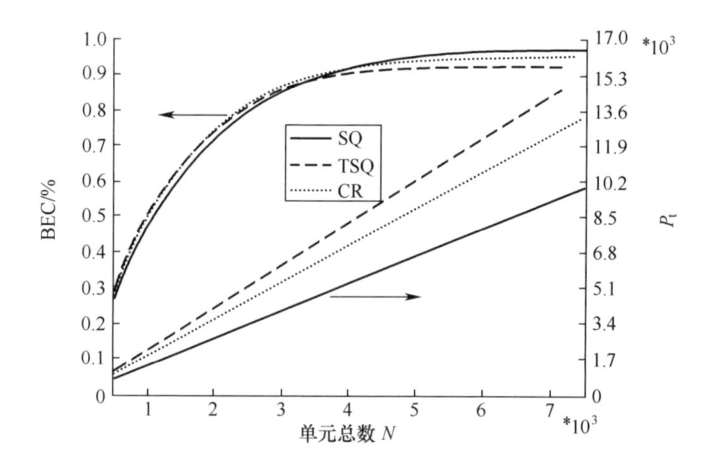

图 70.40　3 种模型的发射功率 P_t和 BCE 与单元总数 N 的关系

70.4.2　发射天线口面电平分布

考虑到 BCE 和所有发射单元的使用效率之间的折衷,MPT 系统通常具有圆形的发射口径和接收口径,见图 70.41。传输距离为 R,发射口径和接收口径分别为 R_t和 R_r。整流天线口径的接收角度为 θ_0。

10dB 高斯脉冲口径分布经验证具有较高的 BCE,但是其中心的高功率密度使得微波器件容易损坏。将研究分割圆(split circle,SC)截断渐变函数分布的 BCE 和旁瓣电平,并与式(70.14)和式(70.15)描述的 10dB 高斯分布进行对比。SC 函数表达式为

$$f(x)=\begin{cases}\sqrt{1-(x-0.4)^2} & ,x>0\\ \sqrt{1-(x+0.4)^2} & ,x<0\end{cases}\qquad(70.16)$$

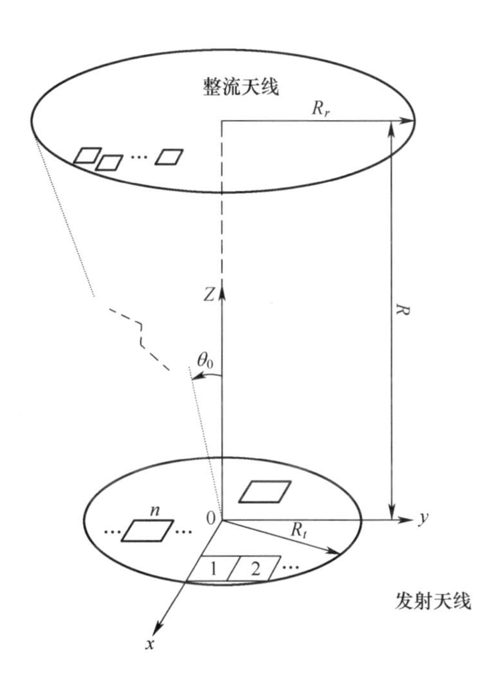

图70.41　MPT系统的发射口面和接收口面

10dB高斯脉冲和SC截断渐变函数的曲线见图70.42。类似于10dB高斯脉冲的处理方法，采用图70.38中的CR拓扑模型，发射口径按SC函数分布时各单元的加权值可按下式计算，即：

$$w_n = \sqrt{1 - [a(\rho_n - b)]^2} \tag{70.17}$$

其中 $a=1, b=0.4$，

$$\rho_n = \begin{cases} \dfrac{4\sqrt{(|x_n| - 0.25)^2 + (|y_n| - 0.25)^2}}{L_n}, & \text{当} L_n \text{为偶数时} \\ \dfrac{4\sqrt{x_n^2 + y_n^2}}{L_n}, & \text{当} L_n \text{为奇数时} \end{cases}$$

对于远距离MPT系统，将整流天线的接收角 θ_0 设为0.03，图70.43给出了SC电平分布时单元总数 N 和微波波束截获效率BCE与列数 L_n 的关系。从中可以看出，随着 L_n 数目的增加，BCE快速升高直到 L_n 大于60，而单元总数 N 则仍持续增加。考虑到MPT系统的成本,可将 L_n 设为 74。在这种情况下,单元总数为 3748,BCE 为 85.2%。

当 $L_n=74$、$N_1=4$ 时的加权系数分布见图 70.44,可见从 0.8 到 1.0 的相对恒定的分布。图 70.45 给出了发射天线辐射场中的功率密度分布,可见第一副瓣比主瓣低-25dB,85.2%的功率可被接收角为 $\theta_0=0.03$ 的接收口径捕获。

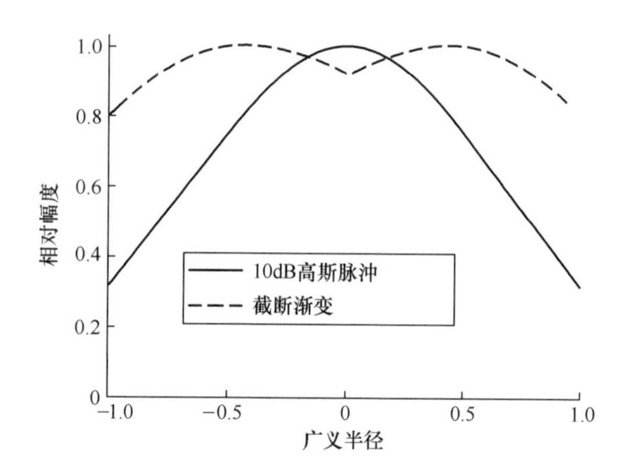

图 70.42 10dB 高斯脉冲和截断渐变曲线

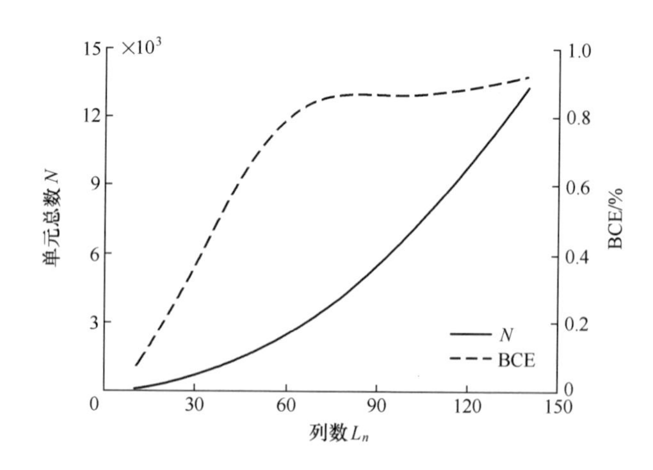

图 70.43 SC 电平分布的单元总数 N 和 BEC 与列数 L_n 的关系

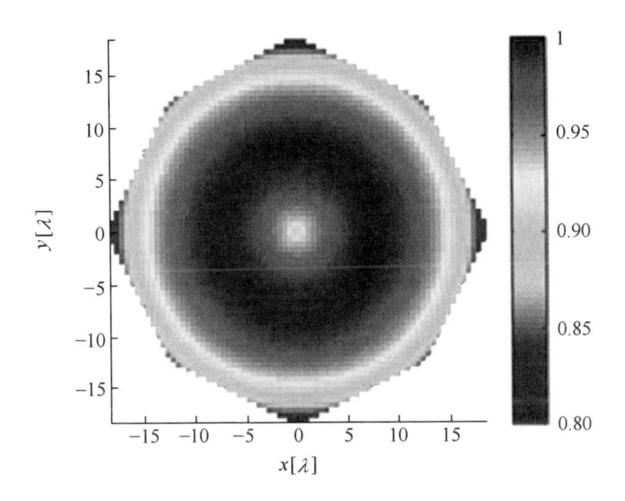

图 70.44　$L_n=74$、$N_1=4$ 时的模型加权系数

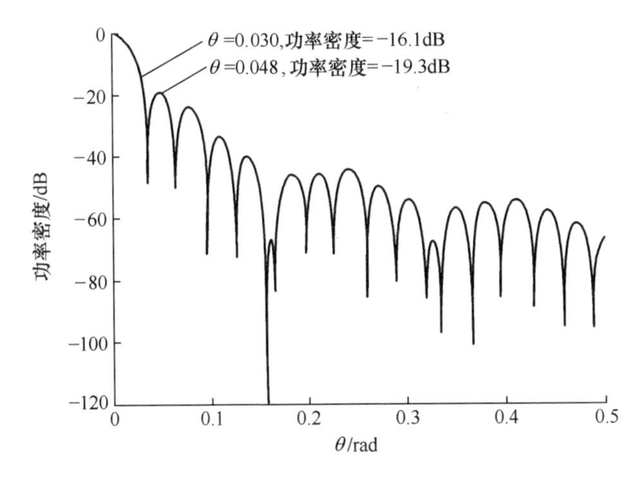

图 70.45　发射天线辐射场中的功率密度分布

70.5　C 频段 MPT 系统效率估算

对于图 70.4 所示的 MPT 系统,可用的微波源主要包括磁控管、速调管及固态功率放大器。磁控管具有较高的功率容量和直流—微波转换效率 η_g,在 S/C/X 频段其效率可达 70%~80%。

假设微波源可采用在5.8GHz直流-微波转换效率η_g为80%的磁控管。抛物面天线或波导缝隙阵列天线具有较高的发射效率η_t,约80%,可作为发射天线单元。为了达到所需的电平分布需组成大型阵列时,要考虑微波源和发射天线的阵列损耗,因此对于η_t和η_g都可估算为70%。

在前文中,微波能量的截获效率BCE可优化至85.2%。在"整流天线阵列的串/并混合连接"部分,基于3×3单元整流天线阵列的实验及结果的合理分析,当接收口径为12cm×10cm时可获得585mW的直流功率,因此工作在5.8GHz的大型整流天线阵列的微波-直流转换效率可估算为65%。根据式(70.1),直流-直流系统效率可估算为27%。

由图70.38(c)可知当列数L_n为74时,5.8GHz发射口面的直径为1.91m。在远场140m处接收角度为0.03rad时,接收口面的直径为8.4m。在接收整流天线阵列口径上大约可获得2700W的直流功率。

值得注意的是,上述结果是基于并不精确的估算得来,而不是基于严格的计算。远场140m处的功率密度可能并不均匀,显然这将降低微波-直流转换效率。大型整流天线阵列的整流电路损耗也可能很高。因此,发射天线和接收整流天线阵列的优化方法是未来需要进一步研究的关键问题。

70.6 小结

远距离微波无线能量传输技术是一项非常具有挑战性的技术。在目前的技术水平下,发射机直流—微波转换效率和发射天线的效率均为70%左右,波束截获效率为85.2%,整流天线阵列的微波—直流转换效率约为65%,总的直流—直流系统效率可能达到27%。为了进一步提升MPT效率,必须突破一些关键技术。首先,需要针对整流电路的微波—直流转换效率优化而专门开发肖特基整流二极管。二极管需要具有更低的串联阻抗R_S、更低的零偏结电容C_{j0}以及更高的击穿电压U_B。对于低功率密度应用来说还需要更低的内嵌开启电压U_{bi}。其次,波束截获效率可通过优化发射口面的电平分布来提升。第三,为了在优化的电平分布情况下保持微波源70%的直流—微波转换效率和发射天线阵列70%的发射效率,发射机的设计也是一个颇具挑战性的课题。

交叉参考：

▶第 54 章　无线充电系统天线

▶第 23 章　圆极化天线

▶第 18 章　微带贴片天线

▶第 40 章　毫米波天线与阵列

参考文献

Ansoft High Frequency Structure Simulator（HFSS）（2011）Ver. 12. Ansoft Corp.

Brown WC（1964）Experiments in the transportation of energy by microwave beam. IRE Int Conv Rec 12(2):8-17

Brown WC（1984）The history of power transmission by radio waves. IEEE Trans MTT 32(9):1230-1242

Celeste A, Jeanty P, Pignolet G（2004）Case study in Reunion island. Acta Astronaut 54(4):253-258

Degenford JE, Sirkis MD et al（1964）The reflecting beam waveguide. IEEE Trans MTT 12(4):445-453

East T（1992）A self-steering array for the SHARP microwave-powered aircraft. IEEE Trans Antennas Propag 40(12):1565-1567

Fujino Y, Fujita M et al（1996）A dual polarization patch rectenna for high power application. IEEE Antennas Propag Soc Int Symp Dig 3:1560-1563

Gao Y, Yang XX et al（2010）A circularly polarized rectenna with low profile for wireless power transmission. Prog Electromagn Res Lett 13:41-49

Glaser PE（1992）An overview of the solar power satellite option. IEEE Trans MTT 40(6):1230-1238

Huang FJ, Lee CM et al（2011）Rectenna application of miniaturized implantable antenna design fortriple-band biotelemetry communication. IEEE Trans Antennas Propag 59(7):2646-2653

IEEE standard for safety levels with respect to human exposure to radio frequency electromagnetic fields, 3 kHz to 300 GHz（2006）IEEE Std C95. 1-2005（Revision of IEEE Std C95. 1-1991):20_30

Kurs A, Karalis A, Moffatt R et al（2007）Wireless power transfer via strongly coupled magnetic resonances. Science 317(83):83-86

Murao Y (2000) An investigation on the design of a transmission antenna and a rectenna with arrayed apertures for microwave power transmission. Electron Commun Jpn, Part 1 83(2):1-9

Nie MJ, Yang XX et al (2015) A compact 2.45-GHz broadband rectenna using grounded coplanar waveguide. IEEE Antennas Wirel Propag Lett 14:986-989

Oliveri G, Poli L, Massa A (2013) Maximum efficiency beam synthesis of radiating planar arrays for wireless power transmission. IEEE Trans Antennas Propag 61(5):2490-2499

Park J-Y, Han S-M et al (2004) A rectenna design with harmonic-rejecting circular-sector antenna. IEEE Antennas Wirel Propag Lett 3:52-54

Shinohara N (2011) Power without wires. IEEE Microw Mag 12(7):S64-S73

Shinohara N, Matsumoto H (1998) Experimental study of large rectenna array for microwave energy transmission. IEEE Trans MTT 46(3):261-268

Strassner B, Chang K (2003) Highly efficient c-band circularly polarized rectifying antenna array for wireless microwave power transmission. IEEE Trans Antennas Propag 51(6):1347-1356

System description, wireless power transfer, vol. I: low power, part 1: interface definition (2012)

The advanced design system (ADS) (2005) Agilent Corp.

Yang XX, Xu JS et al (2008) X-band circularly polarized rectennas for microwave power transmission applications. J Electron 25(3):389-393

Yang XX, Jiang C et al (2013) A novel compact printed rectenna for data communication systems. IEEE Trans Antennas Propag 61(5):2532-2539

Youn DG, Park YH et al (1999) A study on the fundamental transmission experiment for wireless power transmission system. In: Proceedings of the IEEE Region 10 conference in Cheju Island, vol. 2, pp 1419_1422

Zepeda P (2003) Modeling and design of compact microwave components and systems for wireless communications and power transmission. Ph. D. dissertation, Texas A&M University

Zhou H-W, Yang X-X (2014) Aperture optimization of transmitting antennas for microwave power transmission systems. IEEE AP-S Digest 1357-1358

Zoya P, Sean K, Steven D et al (2014) Scalable RF energy harvesting. IEEE Trans MTT 62(4):1046-1056

第71章
手持设备天线

Cyril Luxey Aykut Cihangir

摘要

本章概述了无线蜂窝通信手持设备(移动终端)天线进展。结合蜂窝通信标准的发展,介绍了手持移动终端设备广泛使用的常用天线类型,其中一些天线为商用产品的实例。本章主要介绍解决小尺寸天线如何实现更大带宽的天线设计技术;还关注了可调谐、可重构天线,指出了它们与无源天线相比的优缺点;同时给出了量化移动电话天线性能最重要的指标。书中采用已发表文章的仿真、测试结果和数据支持本章的观点。最后探讨了未来蜂窝通信标准预测及第五代移动通信天线设计人员可能面临的挑战。

关键词

移动电话、手持移动终端、天线、PIFA、多频段、匹配网络、可重构、SAR、LTE、4G、蜂窝通信、无线通信

C. Luxey(✉) · A. Cihangir

尼斯大学索菲亚安提波利斯分校,电子技术实验室,法国

Email:cyril. luxey@ unice. fr; acihangir06@ gmail. com

71.1 引言

本章重点介绍手持设备使用的天线技术。众所周知,用于通信系统的电子手持设备种类繁多,本章将仅限于移动电话(书中也称为手持移动终端设备),目的在于为读者呈现移动电话所使用的天线技术。

首先,总结了从第一代模拟系统到第四代蜂窝通信标准。考虑到通信标准的演变,从外置天线开始讨论终端天线的变化和改进,以及向内置天线转变的变化趋势,阐述了内置天线面临的挑战。还给出了一些商用移动电话常见的天线类型及商业移动电话天线实例。其次,介绍宽带天线及其小型化技术,着重介绍匹配网络,还将介绍一些可调/可重构天线拓扑技术,并将其优缺点与传统无源原型天线进行比较。第三,阐述天线与用户之间的相互作用,包括用户对天线性能的影响以及用户头部的辐射危害风险。第四,介绍采用多馈源天线的可行性以及其与单馈天线的优缺点对比。最后,讨论移动电话天线测试中可能出现的一些问题,并解释商用产品天线测量的一些重要指标以及介绍一些常见的天线制造技术,在本章的最后将进行总结。应当指出的是,MIMO 和分集天线配置不在本章的讨论范围之内,因为这两类技术将在其他的专门章节中进行讨论。用于移动电话的多天线系统将仅被称为多馈源天线,可在不同频段工作,并不是 MIMO 系统的配置。

71.2 蜂窝通信的发展

无线通信技术由于其在导航、语音通信、紧急通信、空中交通等方面的广泛应用成为现代生活方方面面不可或缺的一部分。从消费者的角度来看,最常见的无线通信方式可能是蜂窝移动通信,其开始是使用户能够自由地以无线方式进行语音通话而后衍生了高速互联网接入、视频通话、视频/音频流媒体等多种应用。

典型蜂窝通信网络将服务区划分为多个小区,每个小区至少有一个发射机(基站)为小区的用户服务。用户可在不同小区间移动,小区间的切换可自动处理,对用户而言是透明的。一般来说,蜂窝通信系统由 Toh(2011)所述的核心、边缘和接入子系统三层组成。核心层是处理语音呼叫的层,进行流量控制和用户认证,并跟踪用量/费用;边缘层是核心层和接入子层之间的空中接口;接入子层(也称 Node B 或基站)负责建立基站和用户手机之间的无线链路,并监控链路参数。

无线蜂窝通信需要双向链路,这意味着用户需要接收和发送信息。从用户到基站的信息传输称为"上行链路";反之则称为"下行链路"。为了实现双向通信,必须采用双工方案以便在时域或频域实现双工工作。在时分双工(time division duplexing,TDD)中,用户在相同的频带上分配的不同时隙发射和接收信息。而在频分双工(frequency division duplexing,FDD)中,发射和接收功能分别使用上行链路和下行链路的不同载波频率。为了使一个基站可服务多个用户,还需要采用如频分多址或时分多址等多址方案。

也如 Akyildiz(2010)、Jaloun 和 Guennoun(2010)及 Kumar(2010)所述,自 1979 年东京引入第一代(1G)蜂窝移动通信技术,欧洲和美国分别在 1981 年和 1982 年跟进以来(图 71.1),蜂窝移动通信经历了几次改进。1G 蜂窝网络完全是模拟的,只能通过频率调制传输语音。欧洲使用 450MHz 和 900MHz 频率,而美国 AMPS(advanced mobile phone system,先进移动电话系统)使用的频率为 850MHz,其带宽为 40MHz,每个用户分配一个特定载波频率即 FDMA。第一代系统的主要缺点是不同国家之间蜂窝网络缺乏互操作性,致使一个移动终端只能在特定的国家使用。

大约 10 年后,芬兰启动了第二代(2G)蜂窝移动通信系统。最常见的 2G 技术是全球移动通信系统(global system for mobile communications,GSM 全世界通用),cdma One(主要在美国使用)、iDen(主要在美国使用)和 PDC(主要在日本使用)采用 TDMA 或 CDMA 调制处理多用户问题。这些技术中 GSM 最常用且市场份额很高。2G 蜂窝移动通信系统与 1G 相比,最大区别在于调制方案,如 GSM 中使用的完全数字化的高斯最小移频键控(gaussian minimum shift keying,GMSK),由此获得了更高的频谱效率和更好的服务质量。除语音外,2G 蜂窝移动通信系统还允许用户使用短消息服务(SMS)接收/发送短信,这属于低速数据传输。通过新引入的用户识别模块(SIM)卡,使全球漫游也成为可能,可以在不同国家使用相同的电话号码。GSM 采用 FDD 双工方案,同时采用 TDMA 和 FDMA 用于多个用户接入,8 个用户共享相同的时间帧;分配给每个用户的信道带宽为 25kHz。基于 GSM 技术有两个主要演进方案可为用户提供更高的数据速率,其中通用分组无线业务(general packet radio service,GPRS)是一种被称为 2.5G 的技术,可将最大数据速率提高到 150kb/s。采用 GPRS 技术,基于电路交换的数据传输已变革为基于数据包的数据传输。为了进一步提高数据速率,引入了被称为 2.75G 的数据速率增强 GSM 演进(enhanced data rate for GSM evolution,EDGE)技术,可在最佳条件下达到 384kb/s 的数据速率,数据速率提高的主要原因之一是使用 8-PSK(替代 GMSK)作为数字调制技术。

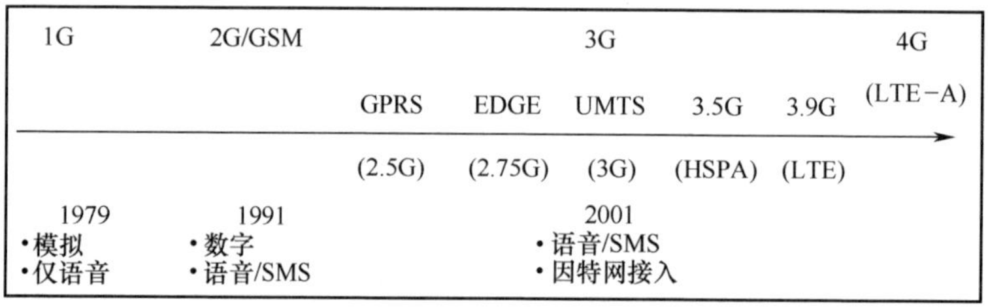

1G　2G/GSM　3G　4G
GPRS　EDGE　UMTS　3.5G　3.9G　(LTE-A)
(2.5G)　(2.75G)　(3G)　(HSPA)　(LTE)
1979　•模拟　•仅语音
1991　•数字　•语音/SMS
2001　•语音/SMS　•因特网接入

图 71.1　蜂窝通信技术的发展演进

第三代(3G)蜂窝通信的要求由第三代合作伙伴计划(3rd generation partnership project,3GPP)组织在 2000 年发布的 IMT-2000 项目中的版本 99(Release 99)确定。2001 年日本首先部署了 3G,紧随其后的是 2002 年的韩国以及 2003 年的欧洲和美国。3G 主要有两种主导技术,包括欧洲使用的 UMTS(也称为W-CDMA)和美国使用的 CDMA2000。3G 技术的主要目标是向用户提供高数据速率,从而支持视频通话、高质量视频/音频流和高速互联网,这也有利于具有触摸屏的智能手机的推出。除了之前使用的 1990~2170 MHz 现有频段外,还为 3G 通信分配了新的频段。W-CDMA 技术将用户的最大带宽增加到 5MHz,而 CDMA2000 采用一个或多个 1.25MHz 可用信道。随着 HSPA(high-speed packet access,高速分组接入)的推出,3G 技术完成了进一步改进(称为 3.5G)可将数据速率提高到 14.4Mb/s,而采用 HSPA+技术数据速率还能进一步提高(21Mb/s,双载波模式下为 42Mb/s,双载波+ 2×2MIMO 模式下为 84Mb/s)。

随着 4G 技术的进步,3GPP 在 2008 年底发布了版本 8(Release 8),并提出了首个 LTE(long-term evolution,长期演进)规范。LTE 技术的目标峰值数据速率是全 IP 网络中的下行链路可达 100Mb/s。由于 LTE 标准无法达到国际电信联盟严格定义的4G所需的数据速率级别,LTE通常被称为3.9G。在这项技术中,下行链路可采用多种调制技术(如QPSK、16QAM、64QAM),具体取决于信道条件。利用正交频分复用(orthogonal frequency-division multiplexing,OFDM)波形改善城市多径环境下的链路性能,并将最大信道带宽提高到20MHz。多输入多输出(multiple-input-multiple-output,MIMO)技术提出了采用最多4个发射天线和4个接收天线可达到100Mb/s的最高数据速率。TDD和FDD双工方案都可以用作双工方式。表71.1和表71.2分别给出了FDD和TDD LTE的频带、可使用区域和可用信道带宽。可以看出,LTE在低频带698~824MHz之间以及在高频带2.5~2.69GHz之间引入了两个新的频带(除了现有的UMTS频带)。

表71.1　LTE FDD频带

LTE频带	区域	下行链路频率/MHz	上行链路频率/MHz	带宽/MHz
1	所有	2110~2170	1920~1980	5、10、15、20
2	NAR	1930~1990	1850~1910	1.4、3、5、10、15、20
3	所有	1805~1880	1710~1785	1.4、3、5、10、15、20
4	NAR	2110~2155	1710~1755	1.4、3、5、10、15、20
5	NAR	869~894	824~849	1.4、3、5、10、15、20
6	APAC	875~885	830~840	5、10
7	EMEA	2620~2690	2500~2570	5、10、15、20
8	所有	925~960	880~915	1.4、3、5、10
9	APAC	1845~1880	1750~1785	5、10、15、20
10	NAR	2110~2170	1710~1770	5、10、15、20
11	日本	1476~1496	1428~1448	5、10
12	NAR	729~746	699~716	1.4、3、5、10
13	NAR	746~756	777~787	5、10
14	NAR	758~768	788~798	5、10
17	NAR	734~746	704~716	5、10
18	日本	860~875	815~830	5、10、15
19	日本	875~890	830~845	5、10、15
20	EMEA	791~821	832~862	5、10、15、20

(续)

LTE 频带	区域	下行链路频率/MHz	上行链路频率/MHz	带宽/MHz
21	日本	1496~1511	1448~1463	5、10、15
22		3510~3590	3410~3490	5、10、15、20
23	NAR	2180~2200	2000~2020	1.4、3、5、10、15、20
24	NAR	1525~1559	1626.5~1660.5	5、10
25	NAR	1930~1995	1850~1915	1.4、3、5、10、15、20
26	NAR	859~894	814~849	1.4、3、5、10、15
27	NAR	852~869	807~824	1.4、3、5、10
28	APAC	758~803	703~748	3、5、10、15、20
29	NAR	717~728	—	3、5、10
30	NAR	2350~2360	2305~2315	5、10
31	CALA	462.5~467.5	452.5~457.5	1.4、3、5

注:NAR North American Region 北美区域。
EMEA Europe Middle East and Africa 欧洲、中东和非洲。
APAC Asia and Pacific 亚太地区。
CALA Central Latin America 中拉丁美洲

表 71.2 LTE TDD 频带

LTE 频带	区域	频率/MHz	带宽/MHz
33		1900~1920	5、10、15、20
34	EMEA	2010~2025	5、10、15
35	NAR	1850~1910	1.4、3、5、10、15、20
36	NAR	1930~1990	1.4、3、5、10、15、20
37	NAR	1910~1930	5、10、15、20
38	中国	2570~2620	5、10、15、20
39	中国	1880~1920	5、10、15、20
40	中国	2300~2400	5、10、15、20
41	所有	2496~2690	5、10、15、20
42		3400~3600	5、10、15、20

（续）

LTE 频带	区域	频率/MHz	带宽/MHz
43		3600~3800	5、10、15、20
44	APAC	703~803	3、5、10、15、20
注：NAR Notrth American Region 北美区域。 EMEA Lurope Middle East and Africa 欧洲、中东和非洲。 APAC Asia and Pacific 亚太地区			

为了满足 4G 蜂窝通信的要求，3GPP 于 2011 年初发布了版本 10（Release 10），并命名为 LTE-A（LTE advanced），这是“真正的”4G 技术。针对缓慢移动的低移动性用户最高数据速率目标为 1Gb/s，针对高移动性用户（如在汽车中）最高数据速率目标为 100Mb/s。对于 MIMO 的利用则增加到 8 个发射天线和 8 个接收天线。如前所述，对于较高的载波频率，最大单信道带宽高达 20MHz；对于较低的载波频率，最高单信道带宽高达 10MHz。采用多个 20MHz 的信道可使可用信道带宽增加到 100MHz，这称为载波聚合（carrier aggregation，CA）。如图 71.2 所示，可能存在不同的 CA 场景。当两个相邻的信道被分配给单个用户时，称为连续带内 CA，而如果两个信道在相同的频带中是分离的，则被称为不连续带内 CA。同样根据运营商拥有的频率许可，可以为一个用户分配一个频带的信道，同时还可为其分配另一个频带内的信道，这种情况称为带间 CA。

自 2G 以来，移动蜂窝通信的发展过程中不断有新的频段加入到现有频段中（图 71.3），如 UMTS 技术将 1.71~1.99GHz 频带引入 2G 频段。类似地，LTE 增加了两个新的频带，即 698~824MHz 和 2.5~2.69GHz。从天线设计的角度来看，因为它们增大了在有限空间内（主要是降低高度）实现更宽频带天线的设计挑战，这些新增加的频段成为了一个关键方面。移动通信有可能采用 CA 技术，这对于天线来说也非常重要，可能需要同时覆盖两个或更多频带，这对频带切换可重构天线拓扑来说难以实现。最后，还应在设计阶段考虑到 MIMO 场景，以便在具备一定的隔离情况下可将多个天线放置在有限的空间内。

在本章的其他章节中，698~960MHz 和 1.71~2.69GHz 频带称为 4G 通信频带，前者称为低频段（low-band，LB），后者称为高频段（high-band，HB）。综上所述，698~824MHz 频带称为低 LTE 频带，824~960MHz 频带称为 GSM 频带，1.71~1.99GHz 频带称为 DCS/PCS 频带，1.99~2.17GHz 频带称为 UMTS 频带，

2.5~2.69GHz 频带称为高 LTE 频带。

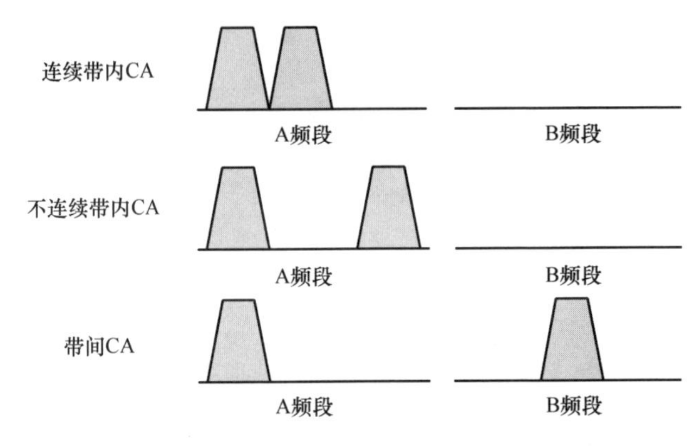

图 71.2　不同的载波聚合场景

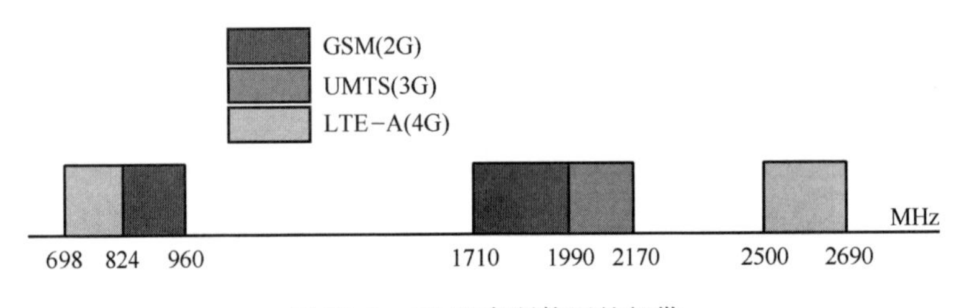

图 71.3　2G 以来所使用的频带

71.3　移动电话天线的发展

35 年来,蜂窝通信标准的发展对终端天线以及其他移动电话组件影响很大。手机天线的发展通常由两大力量推动。首先是用户需求,主要由美学和人体工程学问题组成。自从第一款内置天线手机型号发布后不久,内置天线移动电话便在市场上占据统治地位。采用内置天线的移动电话具有更美观的外观和更小的尺寸,也更易携带,因此无需考虑其对天线性能的不利影响,首先必须满足用户的需求。天线发展的第二大动力当然是新一代标准产生的新增频段,频段上的必要性对有限空间内天线的带宽提出了更高的要求,由此产生了多种不同的天线设计方法和不同的天线布局。

71.3.1　外置天线

1G 移动通信系统和 2G 移动通信系统的移动电话有放置在手持设备顶部角落的外置天线,这种天线的一些实例如图 71.4 所示。最常用的外置天线类型是鞭状(单极子)天线和螺旋天线,其中有一些天线设计是这两种类型合理配置的组合。

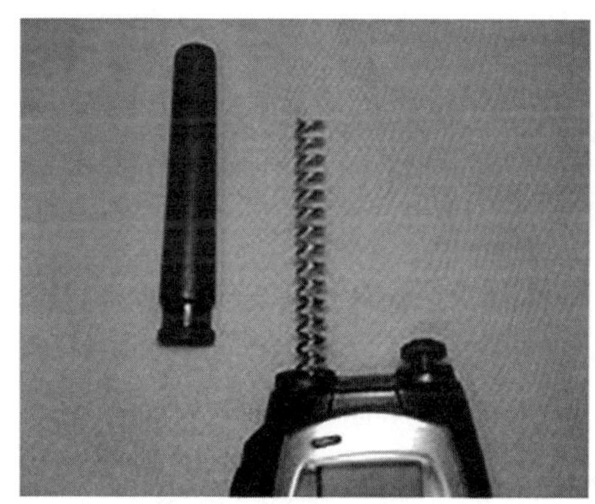

图 71.4　移动电话外置天线实例

1. 鞭状天线

鞭状天线是 1G 移动终端最常见的天线类型,其天线长度约为所在工作频率电磁波波长的 1/4。馈电与偶极子类似,PCB 接地层连接到馈源的一极,而天线则从另一极馈电。鞭状天线是一种非常高效的辐射器,特别是当移动电话的金属底板长度接近 $\lambda/4$ 时,在具有鞭状天线的同时还可形成一个全结构的偶极子天线。为了便于使用,鞭状天线不用时可缩回到手机内,由于环境的变化这显然会影响天线性能。

2. 螺旋天线

与鞭状天线相比,螺旋天线不仅可以用较短的天线单元实现相同频带的覆盖,而且可以缩小安装天线设备的总体尺寸,因此螺旋天线得以在许多商用移动电话中得到应用。在常规模式下(物理尺寸小于一个波长),螺旋天线具有类似于单极子单元的辐射方向图,主波束在横向方向上,而零点在法线(主轴)方向上。正如 Ying(2000)、Nevermann 和 Pan(2002)所述,螺旋天线可在双频段工作。Ying(2000)通过利用螺旋天线的总长度产生低频谐振,并采用不均匀的直径或旋角产生高频谐振的方法来实现多频带工作的性能。Haapala 和 Vainikainen(1996)提出了另一种获得多频带响应的替代方案,在移动终端的两个顶角使用了两个螺旋天线,其中一个天线调谐在 DCS/PCS 频段(1.7~2GHz),另一个调谐在 UMTS 频段(2~2.2GHz)。

3. 鞭状天线和螺旋天线的结合

常见的移动终端外置天线通常是鞭状天线和螺旋天线的组合,从而实现多频带覆盖。Saldell(1997)介绍了一种将鞭状天线放置在螺旋天线垂直轴上的天线组合:螺旋天线位于设备顶角处,鞭状天线穿过中心轴线,并且不处于通话模式时天线可缩回。同样,可将两个不同半径的螺旋天线共轴放置,可实现双频段响应(Haapala and Vainikainen,1996)。

尽管外置天线使终端设备更大,但其通常具有较高的效率和宽带的匹配。外置天线一个主要的缺点是由于天线的高效率以及辐射单元和用户的距离更近导致其比吸收率(specific absorption rate,SAR)较高。随着内置天线手机的推出,外置天线逐渐消失,并被主流商用移动电话所淘汰。

71.3.2 内置天线

随着市场向内置天线移动终端发展,放置天线的空间限制开始成为天线设计主要关注点之一。为了适应更新的标准,还要求在有限的空间内实现宽带更宽的天线。2000 年左右开始尽可能缩小手机尺寸的市场趋势导致空间限制变得更具挑战性。随着智能手机的出现和流行,设备尺寸开始增大,为天线预留的空间也相应增加。然而,随着目前智能手机向着更大触摸屏和更薄尺寸的发展,需要再次在高度上而不是整体尺寸上缩小天线。目前这对天线设计提出了挑战(图 71.5),尤其在低频 LTE 频段需要设计电小天线。

1. 电小天线设计挑战

与所在工作频率的自由空间波长相比,2G 移动电话或智能手机分配给天线的空间通常都较小。式(71.1)是定义电小天线的一般公式:

$$\frac{2\pi r}{\lambda} \ll 1 \tag{71.1}$$

式中:r 为可包围该天线的最小球体半径。考虑到分配给工作在 900MHz($\lambda_0 =$

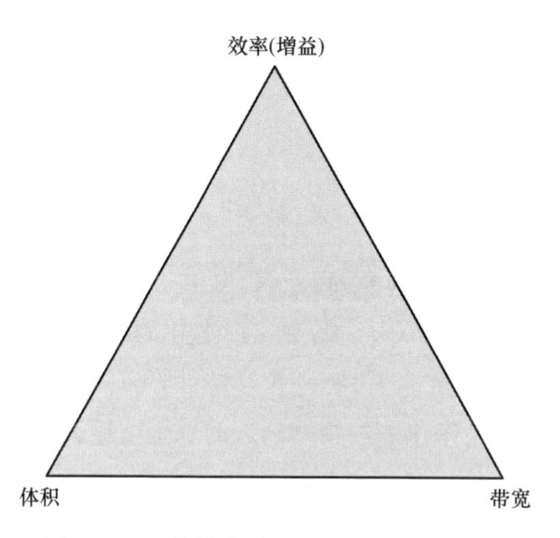

图 71.5 天线效率、体积和带宽之间的折衷

333mm)频带天线的最大球形空间直径为 60mm($r=30$mm),上述不等式成立。因此在典型的移动电话中以 GSM 频率工作的天线可以认为是电小尺寸的。众所周知,对于任何天线效率(或增益)、体积和带宽的乘积是一个常数,这基本上意味着如果偏重于上述性能中的一个,则需要牺牲另外两个性能作为代价。比如如果增大天线带宽,则需要接受较低的效率或增大天线体积。在电小天线情况下,由于天线体积有限,因此需要找到带宽和效率的最佳平衡条件。电小天线的主要缺点是辐射效率低以及输入阻抗的实部较小,这使得宽带输入匹配(与前端模块或更一般地与虚拟的 50Ω 信号源匹配)困难,导致天线窄带工作。Chu(1948)、Wheeler(1947)、Collin,Rothschild(1964)、Hansen(1981)、McLean(1996)、Yaghijan ,Best(2005)已经指出了电小天线及其基本特性与限制。

电小天线最重要的性能指标之一是品质因数 Q,其数值定义为天线所激发的近场所存储能量的 2π 倍与天线所辐射的能量和每个周期所损耗能量之和的比值。品质因数与带宽成反比,因此应当最小化 Q 以使天线匹配的带宽最大化。对于只有一种模式(横电场或横磁场模式)辐射的线极化天线,可获得的最小品质因数(也称为 Chu 极限)可由式(71.2)给出,即

$$Q=\frac{1}{(ka)^3}+\frac{1}{(ka)} \tag{71.2}$$

式中:k 为波数;a 为包围天线的最小球体半径。应当强调的是,Q 值是一个在实

际工作中很有希望接近理论下限的值,即使对于复杂的天线结构,也是如此。Yaghijan和 Best(2005)提出了采用天线输入阻抗计算任意频率上 Q 因子的公式,即:

$$Q(\omega)=\frac{\omega}{2R(\omega)}\sqrt{[R'(\omega)]^2+\left[X'(\omega)+\frac{|X(\omega)|}{\omega}\right]^2} \tag{71.3}$$

式中:ω 为角频率点;$R(\omega)$ 和 $X(\omega)$ 分别为角频率 ω 下输入阻抗的实部和虚部,$R'(\omega)$ 和 $X'(\omega)$ 分别为 $R(\omega)$ 和 $X(\omega)$ 对频率的一阶导数。式(71.3)在某些假设的前提下给出了一种非常快速、可靠的计算方法,而且不需要计算天线存储和辐射的能量,故对工作在谐振频率附近的单个谐振天线十分有效。

Holopainen(2011)提出利用 Q 因子值,由式(71.4)计算得到频率带宽,其中 S 为 VSWR 最大目标值,T 为 Pues 和 Capelle(1989)给出的耦合系数。

$$\mathrm{FBW}=\frac{1}{Q}\sqrt{\frac{(TS-1)(S-T)}{S}} \tag{71.4}$$

对于 $T=1$,式(71.4)可简化为

$$\mathrm{BW}_{cc}=\frac{1}{Q}\frac{(S-1)}{\sqrt{S}} \tag{71.5}$$

$T=1$ 时计算的带宽是临界耦合下的情况,中心频率处天线的输入阻抗恰好与 50Ω 匹配,故反射系数极小。因此,这种情况下的带宽是指在中心频率附近反射系数低于预定义的阈值(对于移动终端天线一般为-6dB)的频率间隔。为了更好地说明这种情况,在彩图 71.6 所示的史密斯圆图中用红色曲线绘制了一个临界耦合天线的输入阻抗(从 0.6GHz 到 1.1GHz),并在其右侧给出了以 dB 形式表示的反射系数。可以看出对于临界耦合情况,天线在单个频率点处具有非常低的反射系数,阻抗曲线在该频率下穿过史密斯圆图的中心。如果选择 6dB 作为限制,则天线的带宽为 100MHz(在 740~840MHz 之间)。获得更大宽带天线的另一种耦合方案是最佳过耦合情况,其中天线以略差的反射系数(仍低于阈值)匹配,但具有更宽的带宽。彩图 71.6 中的蓝色曲线表示最佳过耦合情况,其中-6dB 反射系数带宽增加到 320MHz(尽管反射系数没有临界耦合情况下那么低)。Antoniades,Eleftheriades(2010)以及 Selvanayagam,Eleftheriades(2010)分别介绍了利用匹配网络获得最佳过耦合天线的例子。

考虑到典型的新款智能手机 4G-LTE 频率覆盖范围,天线应能覆盖 700~

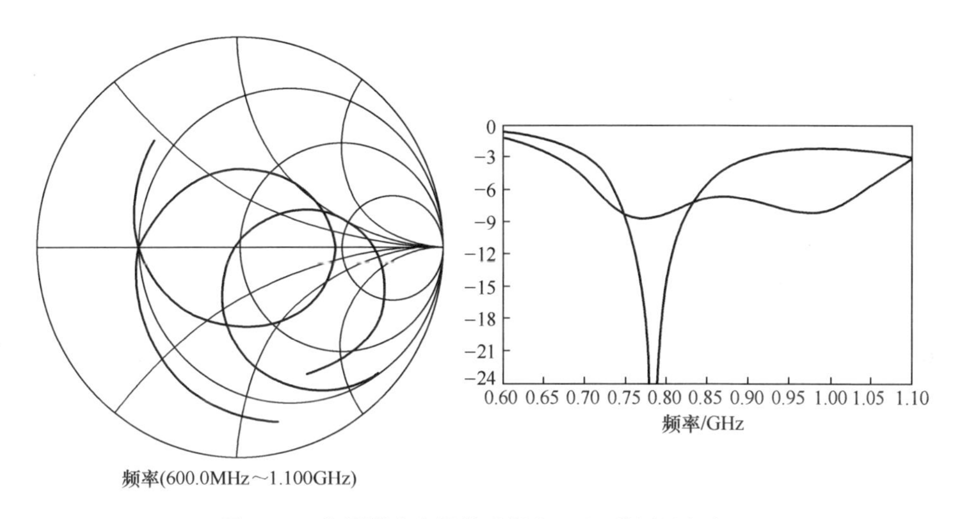

图 71.6　临界耦合和最佳过耦合匹配(彩图见书末)

960MHz 和 1.7~2.7GHz 这两个频段,且外形一般应小于 60mm×15mm×5mm。显然天线在低频段(LB)尤其是 700MHz 左右将表现为电小天线。因此,仅使用集成在该轮廓中的电小辐射结构实现低频段所需的 30%带宽几乎是不可能的。Vainikainen 等(2000、2002、2004)和 Villanen 等(2006)都指出器件的接地面在 LB 天线性能中扮演着重要角色,而对高频段天线则影响较小。实际上在 900MHz 无论使用何种天线类型,90%的辐射都来自于接地面(Villanen et al., 2006)。从低频段移动终端天线的偶极子型辐射方向图形状可以很明显地看出这种现象,对于几乎所有的天线类型也都是如此。因此在低频段,天线的实际主要作用是激励起系统接地面上的电流,进一步形成低频段中总辐射的主要部分。由于接地面(厚矩形导体)尺寸较大,不再是电小结构,在低频段可获得低 Q 特性和厚偶极子型辐射方向图。如果接地面被强耦合激励,则总的天线-接地面辐射结构具有较低的 Q 因子。因此,天线元件实际上不是低频段中的天线,而是接地面的耦合单元,得到的低 Q 因子可在激励较强的频率范围内实现更宽的带宽。如果耦合单元可以有效地激励接地面的谐振模式,则在接地面 $\lambda_0/2$ 谐振模式对应的频率周围,可能观察到高频的激励和更高的带宽。目前移动终端典型接地面的长度在 100~130mm 之间,大约相当于低频段的 $\lambda_0/2$。因此,在特定的低频段频率处,可以激励起很强的一阶波形模式(Holopainen, 2010),如图

71.7所示,具体由天线耦合单元的方向和类型决定,这种激励可以极大地增大天线带宽,从而实现低频段30%带宽的覆盖。值得注意的是,为了得到所需的输入阻抗,需要匹配网络进行匹配。

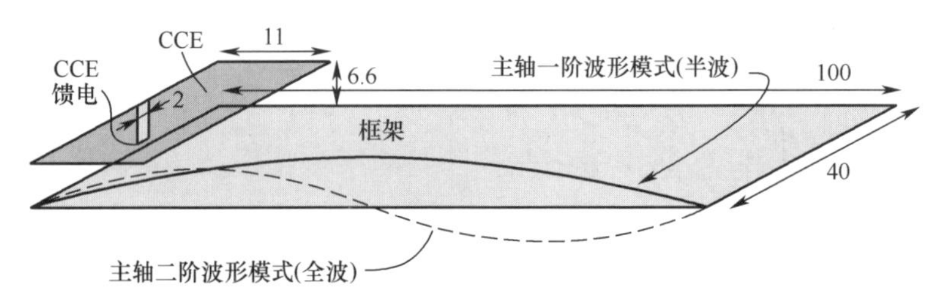

图71.7　典型的手机接地面一阶和二阶波形模式

例如,Andujar等(2011)对一个100mm×40mm的接地面特征模进行了分析,如图71.8所示,该接地面的一阶波形模式产生在1.25GHz附近,而在892MHz电流分布在接地面的长边上较强,在短边上较弱,这为设计高效耦合单元提供了指导。

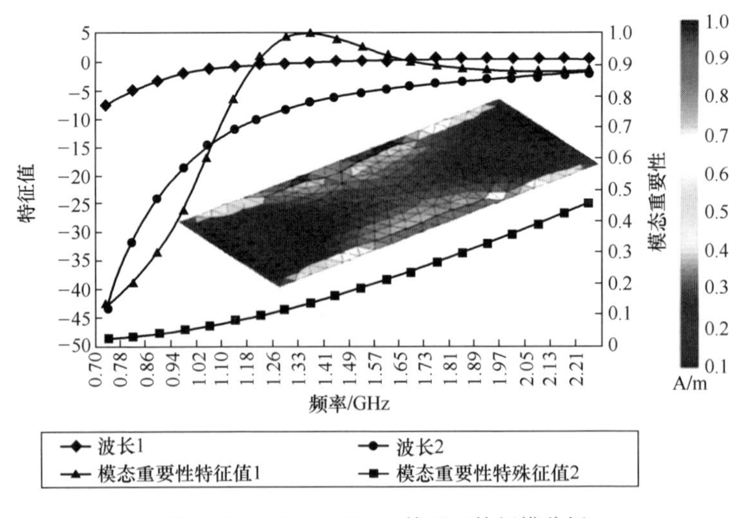

图71.8　100mm×40mm接地面特征模分析

Holopainen(2008)针对工作在900MHz的位于移动电话接地面上的平面倒F(planar inverted-F,PIFA)也给出了类似的模式(图71.9),接地面上感应的电流集中在长边上,并形成了一阶波形模式。

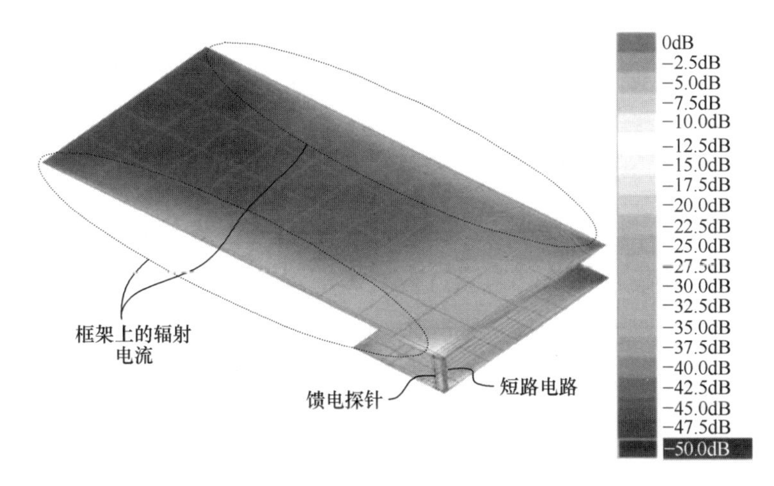

图71.9　Holopainen (2008)提出的PIFA天线接地面上的电流分布

2. 移动终端中常用的天线类型

1）平面倒F天线(PIFA)

PIFA天线一直是移动电话市场中最常用的内置天线之一。PIFA天线是接地面上的λ/4贴片天线,通常在靠近其馈电点处具有一个或多个感性接地连接。接地连接作为并联电感,消除特定频率PIFA元件和接地层之间的高电容,这样的结构使其谐振形成窄带天线而成为一个缺点。另外,PIFA天线制作简单、轮廓较低且成本较低。PIFA天线另一个主要优点是可以通过调节短路枝节与馈电点的距离以及短路销钉的厚度进行简易的匹配(如果较窄的带宽足够使用)。

移动电话中PIFA天线的匹配带宽会自然地在低频段(LB)增加(而不是窄带),这是因为PIFA天线同时作为耦合单元激励接地面的电流。因此,PIFA接地面组合的带宽在很大程度上取决于天线的体积(及高度)和接地面的长度。彩图71.10给出了3~10mm天线高度对PIFA天线带宽的影响(在每个高度值上都调谐到相同的谐振频率)。反射系数低于-6dB的带宽在高度3mm时为75MHz,在高度10mm时达到175MHz。

PIFA天线可以采用多种技术实现多频带工作,举例如下:

① 在天线单元上刻蚀槽缝,形成不同长度的电流路径;

② 增加谐振条带;

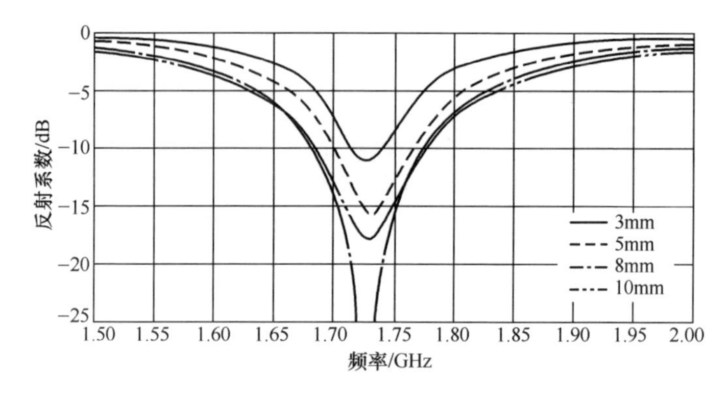

图 71.10　PIFA 天线的高度对于天线带宽的影响(彩图见书末)

③ 利用寄生元件,接地或浮空均可;

④ 增加多个接地条带。

例如,Korva(2007)给出了通过刻蚀槽缝实现多个辐射条带的 PIFA 天线设计,该天线设计还使用了寄生条带(与接地面连接)来获得多频带特性。Bhatti(2008)提出了另一种带有 3 个缝隙和两个接地条带的 PIFA 天线,可以覆盖 880~980MHz 和 1.88~3GHz 频段。Ciais(2004)提出的天线利用上述技术的组合实现了多频带和宽带覆盖(见图 71.11)。

由于移动终端为天线预留的区域有越来越小的发展趋势,在保证天线性能的损失十分微小甚至可忽略的情况下将天线尺寸最小化也是非常重要的。为了在 PIFA 天线中实现这一点,可采用刻蚀槽缝(或弯折主条带)、电容加载等技术。例如,Zaid(1998)提出的天线,虽然它不完全是 PIFA 天线,但是通过刻蚀缝隙形成了较长的电流路径而缩小了尺寸。Guo(2003)以及 Rowell 和 Murch(1997)采用了电容加载技术,其中 PIFA 天线的主体部分向下延伸到接近接地面以产生强电容。采用这种方式可以在不增加天线尺寸的情况下减小天线的谐振频率,付出的代价是带宽变窄。

为了拓展移动终端中 PIFA 天线的工作带宽,可以利用实现多频带天线技术(如前文所述)。另一种拓展带宽的常用方法是在接地面上刻蚀槽缝,通过这种方式可将接地面的波形模式移到较低的频带。槽缝的长度、宽度和位置可以调整至使接地面的波形模式为感兴趣的频率,实际上这种方法降低了 Q 因子并拓展了特定频率下的带宽。Zhang 和 Zhao(2009)针对多频带 PIFA 天线开展了槽缝参数的研究。Villanueva 等(2013)、Cabedo 等(2009)和 Zhang(2013a、b)也提出了 PIFA 天线接地面上刻蚀不同的槽缝来实现宽带和多频带性能。由于实际制造原因,接地面上开槽的天线在工业上并不流行。例如,移动终端触摸屏或电池这样的重要组件可能需要适应接地面上的槽缝,也可能会完全改变天线的性能。

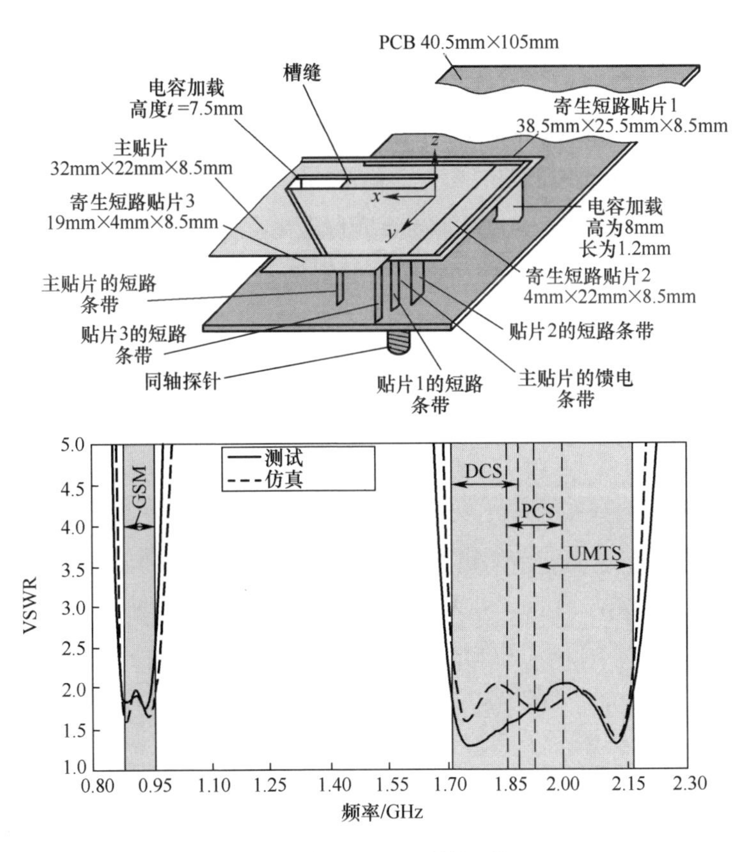

图 71.11　多频带 PIFA 天线设计及其对应的 VSWR 特性(© [2004] IEEE,(Ciais et al. ,2004)

2) 单极子类天线

商用移动电话中另一种最常用的天线类型是单极子类天线。本节使用的名词"单极子"表示在单极子单元下面距离接地面存在间隙区域,并且天线的驱动条带不具有直接的接地连接。具有接地连接从而形成环路的设计同样也是可能的,这样,馈电端口的一极连接到条带,另一极连接到接地面以激励天线。在 3G 和 4G 新增频段之后,因为与 PIFA 天线相比可提供更宽的带宽,这种天线开始广受欢迎。单极子类天线的缺点之一是由于天线没有屏蔽接地层,所以具有较高的SAR(与PIFA天线相比)。底角放置的天线SAR低于顶角放置的单极子天线,而顶角放置的情况下SAR可能会超过规定的阈值,因此将天线放置在设备底角可能有助于使这类天线更为常用。

为了使单极子结构小型化,最常用和最简单的方法是弯折,将谐振移至相同天线体积内的较低频率(以降低带宽为代价)。因此,这种类型天线的带宽拓展可以使用多个谐振臂或插入电容激励的寄生元件来实现。例如,Wong,Chen(2010)认为天线单元由两条通过电感连接在一起的金属条带形成,以实现GSM和DCS/PCS/UMTS频段的双频覆盖。Liu(2010)采用多个谐振臂与接地面上缝隙的结合以实现GSM/DCS/PCS/UMTS频段覆盖。文献中常用单极子激励的寄生元件(接地或浮空)来实现移动终端中的宽带工作。对于这种类型的天线,主要方法是通过较短的馈电条带容性激励连接到接地面的较长金属条带。低频率的覆盖一般通过寄生元件的激励,而高频段则由单极子和寄生元件的高次谐振来覆盖。Lin和Wong(2007)在接地面上刻蚀缝隙形成两个寄生条带由单极子激励。Chu和Wong(2012)、Yang等(2011)将单极子激励条带用于激励连接到接地面一边的较长寄生元件。如Chen等(2012)和Chiu等(2010)所述,寄生条带也可以连接在接地面的两条边上(形成一个环路),将环路结构弯折以增加其电长度降低谐振频率。Chen和Wong(2010、2011)、Chu和Wong(2011)、Lee和Wong(2010)提出了带有寄生元件的单极子天线,还考虑了天线介质外壳的影响(图71.12)。Cihangir等(2013)采用较短的接地面利用寄生元件覆盖低LTE/GSM频段(700~960MHz)(图71.13)。

3. 电容性耦合单元

前文中提到了系统接地面对移动终端天线辐射和匹配特性的作用。电容性耦合单元(capacitive coupling,CE)本质上是非谐振结构,其设计和放置的目的是以系统的方式激励接地面的波形模式(Vainikainen et al.,2002; Villanen et al.,2006;Holopainen et al.,2010),这样天线系统具有较低的Q因子,因此拥有比较大的带宽潜力,特别是接近接地面谐振频率附近。CE的馈电机制类似于没有电感性接触(或接地回路)的单极子天线与PCB接地面之间的馈电连接。由于这些结构本质上是非谐振的,虽然初始匹配较差,但是可以匹配网络(MN)将天线调谐到所期望的频带。

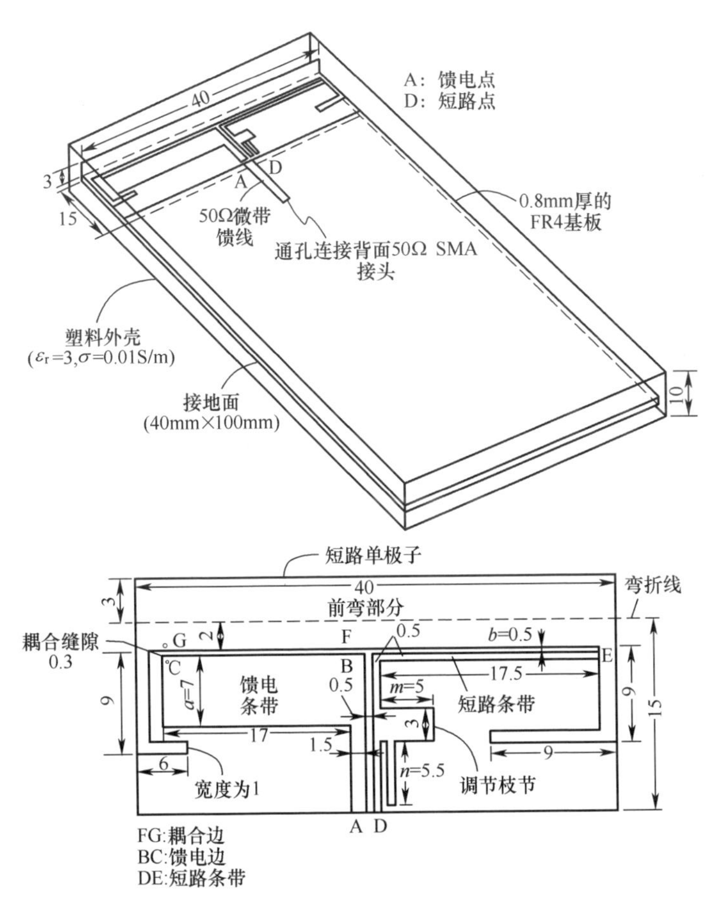

图 71.12　覆盖 4G 频段具有寄生单元的单极子天线(Chen and Wong,2010)

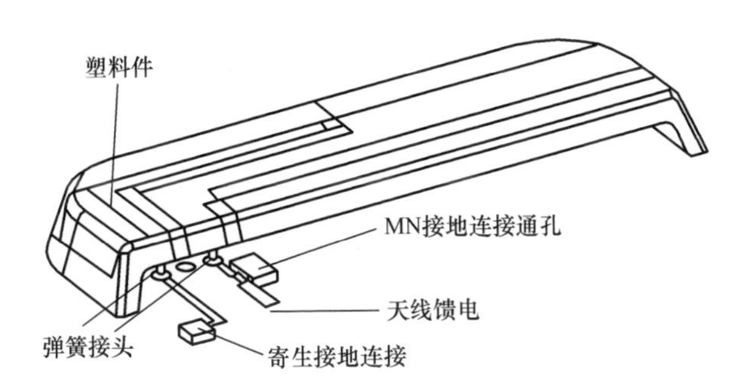

图 71.13　覆盖低 LTE 频段的单极子天线(Cihangir et al. ,2013)

Holopainen(2011)发表的论文给出了典型的CE结构及其无匹配网络的输入阻抗和响应的Q因子(图71.14)。值得注意的是,CE位于接地面上方,这在最近的文献中并不常见。后续发表的论文表明在CE之下留有离地间隙可产生较低的Q因子和较大的带宽潜力(BP)。CE馈电类似于没有任何接地连接的单极子天线,特别是较低频率时,通过边缘和拐角处的电容性耦合来激发接地面的表面电流。从图71.14中可以看出,接地面的一阶波形模式产生在1.17GHz,与其他频率相比此时其阻抗的变化率(该频率附近)较慢。这也可以从Q因子中观察到,其局部最小值在1.17GHz左右,尤其在低频率处有益,低频时CE天线单元自身是电小尺寸的。因此,受益于接地面上的电流,辐射效率和带宽特性都可得到提升。

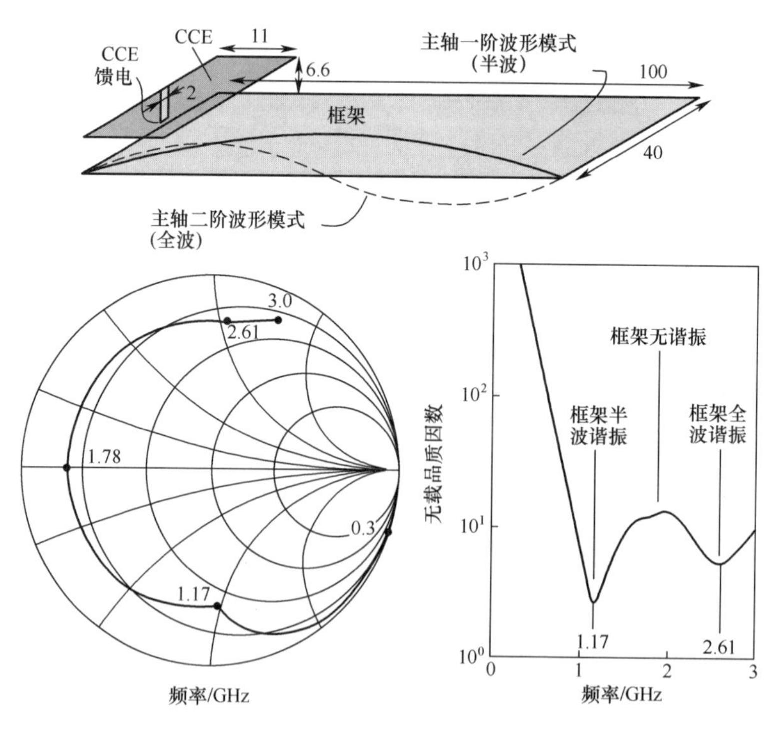

图71.14 Holopainen(2011)提出的电容性耦合天线及其性能

许多学者已经提出了多种用于移动终端的采用电容性CE的天线。Villanen(2007a)提出,两个电容性CE位于PCB短边的两个拐角处(图71.15),其中一个覆盖GSM频段(824~960MHz),另一个覆盖DCS/PCS频段(1.71~

1.99GHz)。针对每个 CE 的馈电设计匹配网络,并特别注意使各个分支相对于另一个分支表现为开路,两支路最后连接到一个馈源。Andujar(2011)采用了类似的方案,用两个 CE,而 MN 支路利用陷波滤波器连接在一起。

Valkonen(2012)提出了 3 种不同尺寸和位置的 CE,用于研究用户的手部对匹配和效率的影响,天线连接到单一馈源的两分支 MN(9 个带有电感器和电容器的 SMD 元件)能够覆盖低 LTE 频段(700~960MHz)和 DCS/PCS/UMTS 频段(1.7~2.2GHz)(图 71.16)。

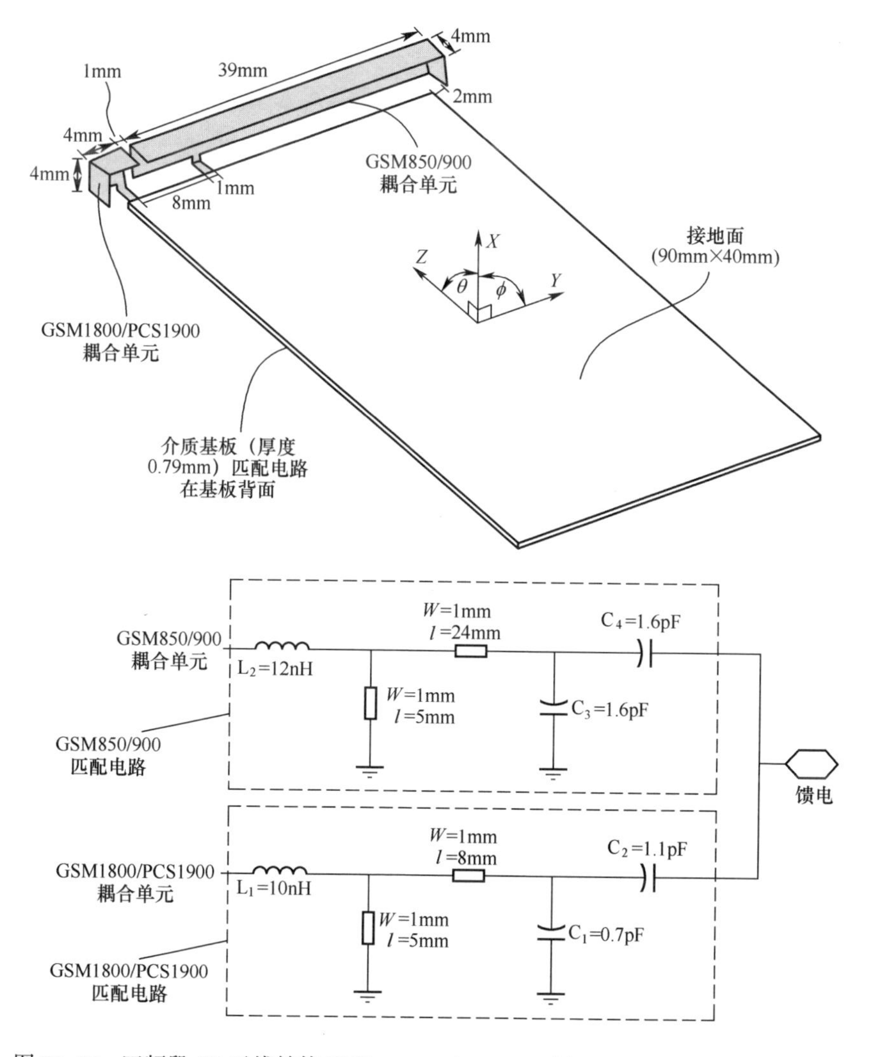

图 71.15　四频段 CE 天线结构(Villanen et al.,2007a,经 John Wiley and Sons 许可)

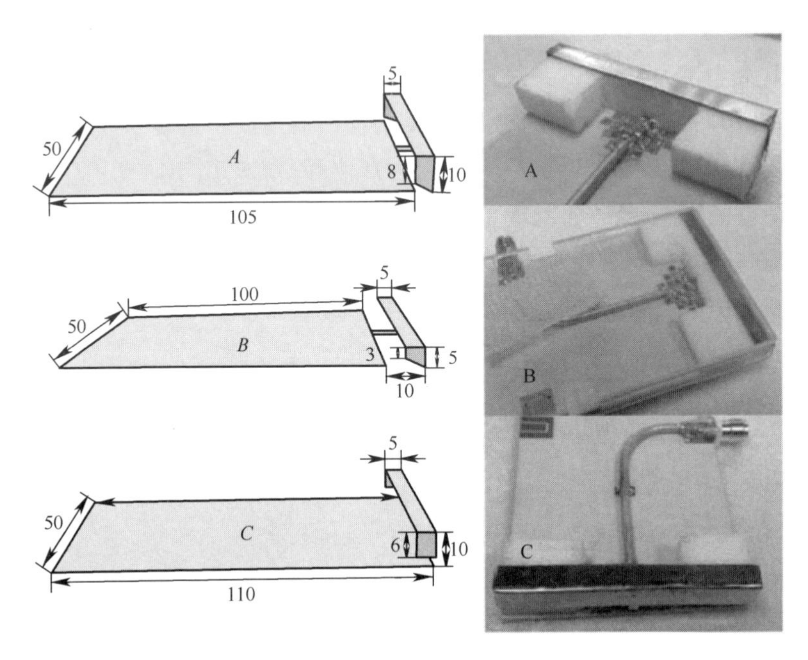

图 71.16 用于用户影响研究的 CE 结构(Valkonen et al. ,2012)

Valkonen(2013a)提出了一种利用 CE(和接地面)形成的天线系统用于覆盖 LTE 频带(700~960MHz 和 1.7~2.7GHz),该天线类似一种双馈结构,其中低频段馈电采用辐射单元作为 CE,而高频段馈电在激励区域有偏移,同样也利用辐射单元的谐振特性(图 71.17),引入两支路 MN(8 个集总组件)将这两路馈电组合在一起,其中每个支路在另一支路的工作频率下表现为开路。

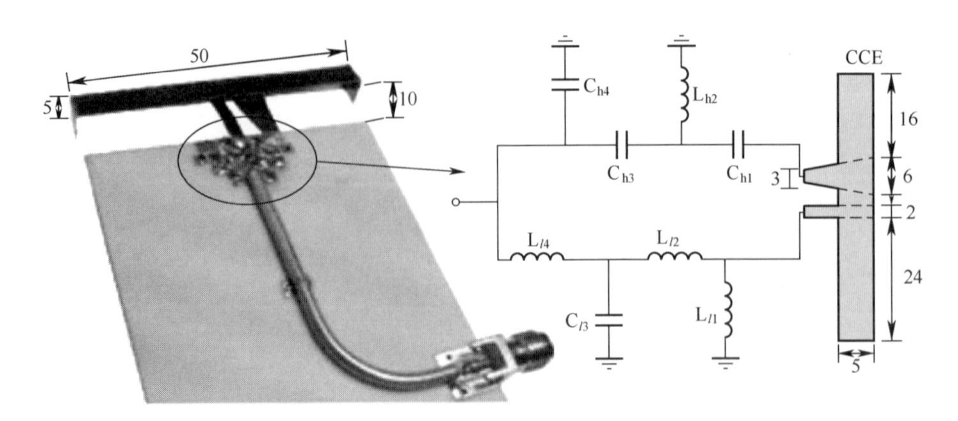

图 71.17 用于 LTE 频段的 CE 天线系统(Valkonen et al. ,2013a)

Cihangir(2014)提出了另一种利用 CE 来覆盖 LTE 频带的设计方法，该设计为非谐振 CE 与谐振单极子天线的结合。天线为双馈结构，其中一路馈源负责低频段(700~960MHz)覆盖，另一路覆盖高频段(1.7~2.7GHz)。低频段馈源与 CE 连接，CE 通过去除内部金属区域形成中空，从而更加节省空间。在耦合单元的馈电处有 4 个集总元件组成的匹配网络。覆盖高频的单极子可以位于该可用空间内(中空的 CE)而不会扰乱原结构。在该研究中单极子天线印制在基板上以获得机械稳定性，这两个频带的同时覆盖是在馈源之间合理隔离的情况下实现的，而且匹配网络的元件数量相当少(图 71.18)。

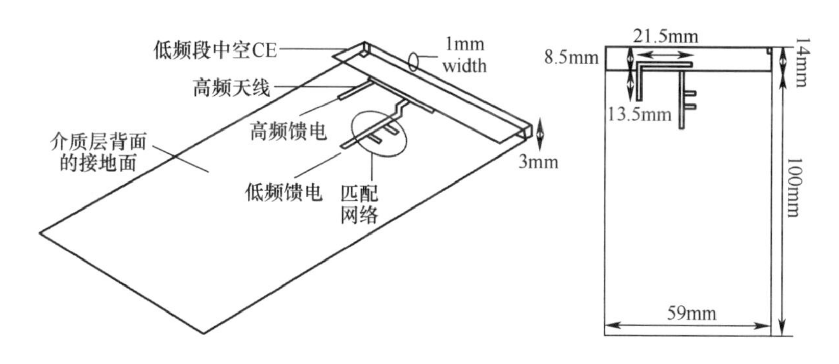

图 71.18　覆盖 LTE 频段的双馈 CE 天线结构(Cihangir et al. ,2014)

CE 型天线的主要优势在于极好的潜在带宽特性以及可轻松实现最终的宽带天线。然而由于馈电处必须匹配网络(MN)，因此就成本而言与其他天线类型相比是其劣势。如果多频带天线的设计目标是单馈电天线，则缺点更为严重。应特别注意 MN 的设计，以便能够将它们组合成单一馈电。此外，在这种情况下 MN 中的 SMD 元件总数将会很多，这将增加元件中的功率损耗，增高整个系统的成本以及 MN 的复杂性，考虑到集总元件的容差值(电感或电容)可能会产生意外的测试结果。

71.4　商用天线实例

自移动电话推出以来，其尺寸、形状和功能都发生了重大变化。移动终端所期望的功能一直处于不断增多的态势。就尺寸而言，在智能手机发布之前，总体目标是缩小尺寸以便于移动。这反馈到天线设计人员便是在更小的空间中设计宽带天线的挑战。随着智能手机概念的出现,大尺寸触摸屏成为了设备功能的主要组成部分,由于触摸屏覆盖了设备的大部分区域,手持终端的尺寸或多或少得到了增加,但是为天线预留的空间并没有增加(图71.19)。以上这些限制使天线设计人员需要开发新技术和寻找新结构,从而在有限的体积内实现带宽更宽的天线。Ying(2005、2012)、Rowell和Lam(2012)对移动电话天线的演变发展进行了全面综述。本节将介绍一些集成在商用电话中的天线实例以及有关最常见设备规格(外形因素)的一些信息。

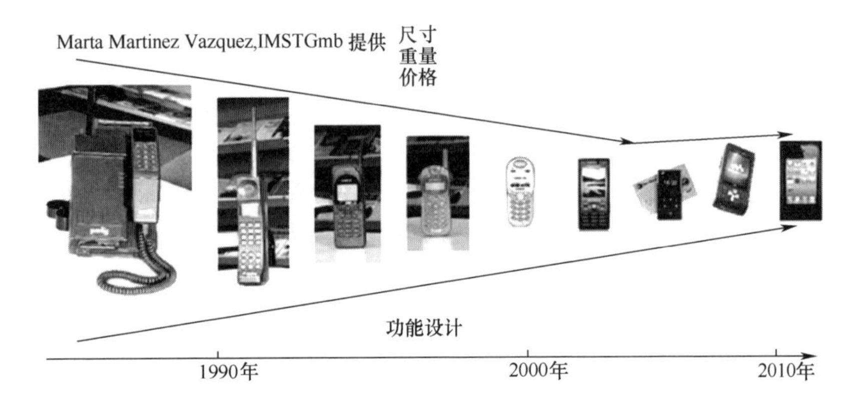

图71.19 移动电话尺寸和功能变化

71.4.1 移动电话规格(外形因素)

商用移动电话主要有3种广泛使用的规格,即直板式、翻盖式和滑盖式,如图71.20所示。

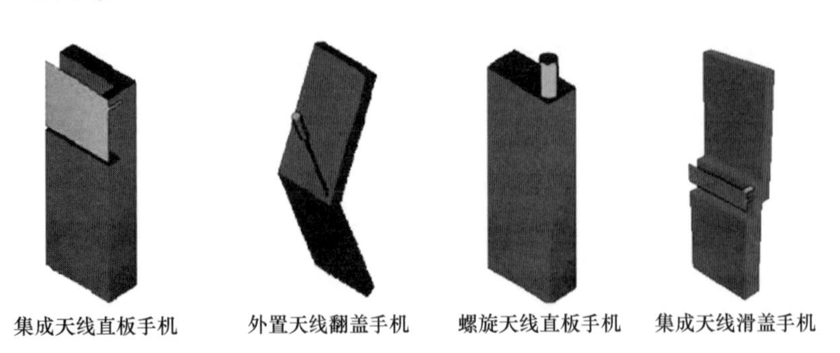

图71.20 不同规格移动电话的CAD模型

(1) 在直板式规格中,设备由没有任何活动部件的长方体构成。设备的键盘和屏幕(或只有触摸屏)通常位于同一面上,如图 71.21 所示。由于主要组件(如电池、屏幕、键盘等)的布局稳定不变,与其他两种规格相比,直板式移动电话的天线设计更直接。

图 71.21　直板式移动电话

(2) 对于翻盖式移动电话,设备由两部分结构通过铰链连接而成(图 71.22),这种结构可以通过完整的矩形接地面进行近似的建模。当设备处于关闭状态时,总尺寸缩小一半,使其更符合人体工程学。键盘和屏幕通常位于两个不同的部分,并且在电话未打开时不可见。这种移动电话的天线设计更为棘手,因为主要部件相对于天线的方向可能会发生变化,具体取决于移动电话处于打开还是关闭状态,而且相对于工作波长,处于关闭状态的机壳有效长度非常短,甚至在这种折叠状态下 PCB 的 Q 因子也不低,在 LTE 低频段无法得到足够的带宽。Villanen(2007b)研究了翻盖式移动电话的天线性能,结果表明当手机关闭折叠时其辐射效率显著降低。实际上在这种情况下,接地面的两个部分(特别是在较低频率处)激励的电流反向,并且在物理上互相非常接近,更易于互相抵消而不会在远场中产生辐射,这会影响天线的输入阻抗,如前所述会降低带宽。在上述论述的同一研究中还提出了一种可重构的匹配网络拓扑结构,该拓扑结构将在两个匹配网络方案之间切换,其中一种方案匹配处于关闭折叠状态时的天线,另一种匹配处于打开状态的天线。

Alcatel OT−835　　Samsung E700　　Motorola V−220

图 71.22　不同的翻盖式移动电话

(3) 滑盖式的实例如图 71.23 所示。这种设备也由两部分结构组成,但这

Samsung B3410　　Philips 960　　LG A200

图 71.23　不同的滑盖式移动电话

些结构可以在导轨上滑动。通常前面承载屏幕,后面承载键盘。因为天线环境会随着设备的两种状态变化而不同,移动电话的天线设计非常麻烦。最重要的影响可能是接地面的长度及其可激励的波形模式,这取决于移动设备的结构状态。显而易见,对于翻盖式移动电话天线设计中存在的问题,尤其是在考虑合盖关闭状态时,在滑盖式移动电话中几乎同样存在。

71.4.2　商用移动电话天线实例

第一代模拟移动电话曾采用外置天线放在顶角处,首次在市场发布的早期型号采用了鞭状天线,其长度约为工作频率的 $\lambda/4$,如图 71.24(a)所示的移动电话。后续部分型号采用了可伸缩的单极子天线,更符合人体工程学(图 71.24(b))。

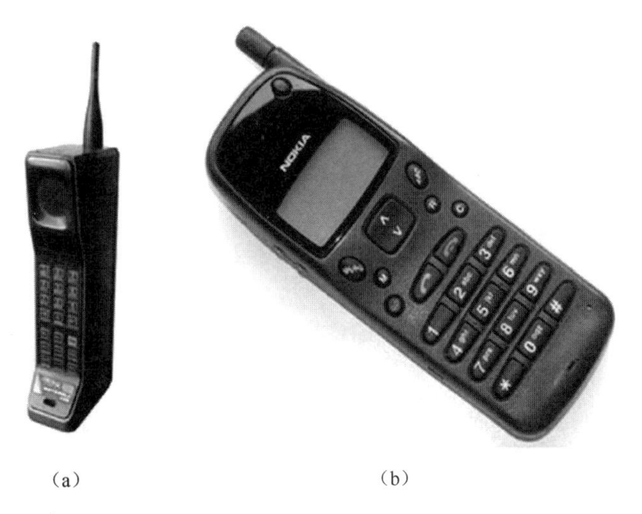

(a)　　　　　　(b)

图 71.24　1G 移动电话及其天线实物

(a) Motorola 8500X;(b) Nokia 232。

2G 开始后的早期移动电话中也曾继续使用外置天线,由较长的鞭状天线转向可伸缩的天线。在需要双频段工作时可以采用不同的设计技术,如将可伸缩鞭状天线放置在螺旋天线的中心或使用具有不同上升角的螺旋天线。从鞭状天线转向螺旋天线使得天线长度大大缩短,这也使设备外形尺寸得以缩小(图 71.25)。

图71.25　外置天线示例

第一台配有内置天线的商用移动电话是1996年发布的Hagenuk Global Handy,该移动电话中的天线见图71.26,同时还给出了CAD模型(Rowell and Lam,2012),该天线工作在GSM900频带,是一种刻蚀在射频屏蔽壳中的缝隙天线。

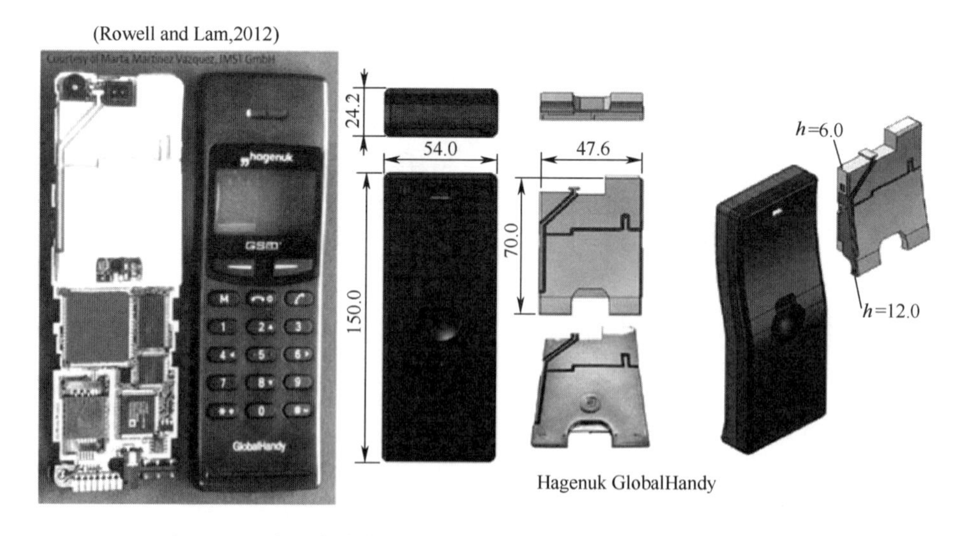

图71.26　移动终端中的第一代内置天线(Rowell and Lam ,2012)

出于人体工学和美学的原因,内置天线迅速广受欢迎,许多制造商在新移动电话中转向内置天线。图71.27给出了同一厂家连续3年发布的三款移动电话及天线样式。

图 71.27　同一厂家 3 年内产品由外置天线转向内置天线示例

上述两种移动电话中内置天线的细节如图 71.28 所示。左侧的天线单频带工作,采用缝隙结构增加电长度实现小型化;右侧天线是位于设备顶部的双频天线,采用缝隙结构得到两部分贴片结构以实现双频带工作。

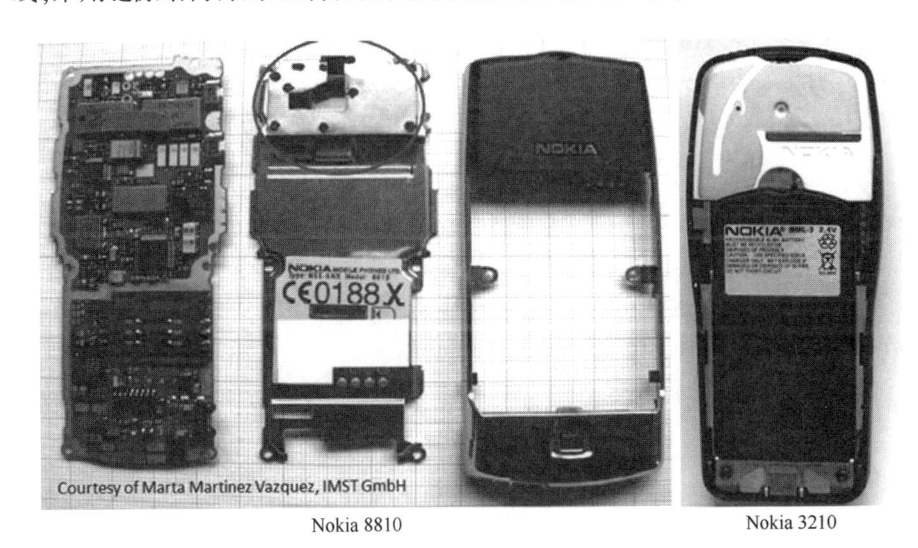

图 71.28　两种移动电话中的内置天线细节

2G/3G 移动电话中最常见的天线类型之一是 PIFA 天线,图 71.29 给出了 PIFA 天线的两个实例(Rowell and Lam,2012)。左侧的天线由两部分组成,较大的部分覆盖 GSM/DCS/PCS 频段,而较小的部分覆盖 UMTS 频段。天线单元上利用缝隙来改变电流路径实现小型化和多频带覆盖。右侧的天线是三频带天线(GSM/DCS/PCS),其中采用了由主 PIFA 天线电容激励的寄生单元。

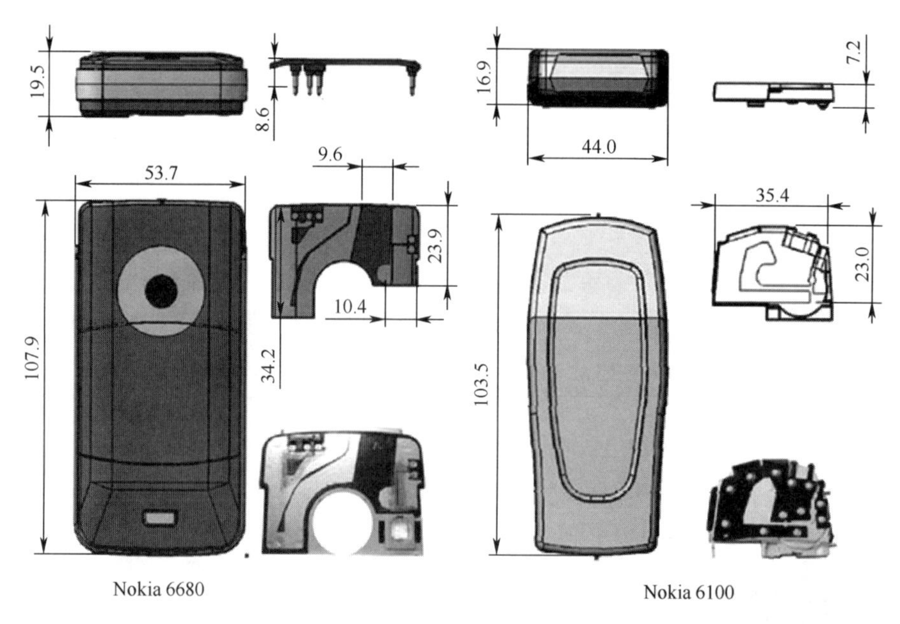

图 71.29 商用移动电话 PIFA 天线实例([2012] IEEE, 经许可后重印(Rowell and Lam,2012))

图 71.30 给出了另外两种移动电话及其天线,这些天线下面并没有接地面,使得它们的工作原理类似于单极子天线;在左侧的模型中,天线位于滑盖式设备的底部,而右侧的翻盖式移动电话模型中天线则放置在设备中间(靠近转轴)。

在 iPhone 4 GS 中,手机外壳(金属框架)的金属部分被用作天线与 PCB 之间的耦合单元(CE)以及天线辐射结构。为此将金属框架分为两部分,较长的部分形成 GSM/UMTS 天线,较短的部分形成蓝牙/WiFi/GPS 天线。这款天线很快就显现出了对用户手部非常敏感的问题(iPhone 天线门事件),当手指放在分隔两个金属框架部分的区域时(图 71.31),接收信号强度将大大降低。

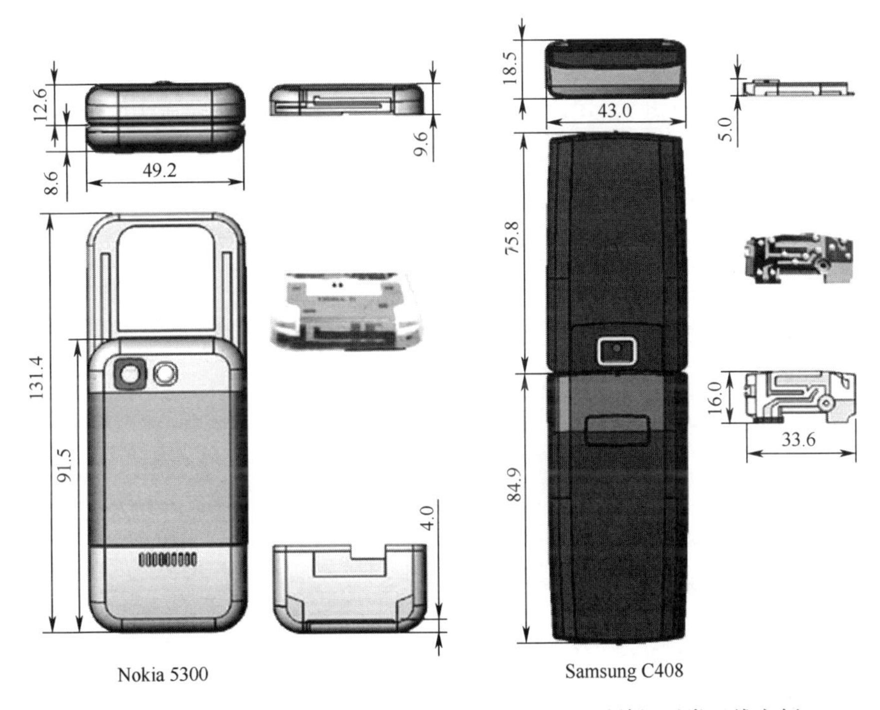

图 71.30　Rowell,Lam(2012)提出的商用移动电话单极子类天线实例

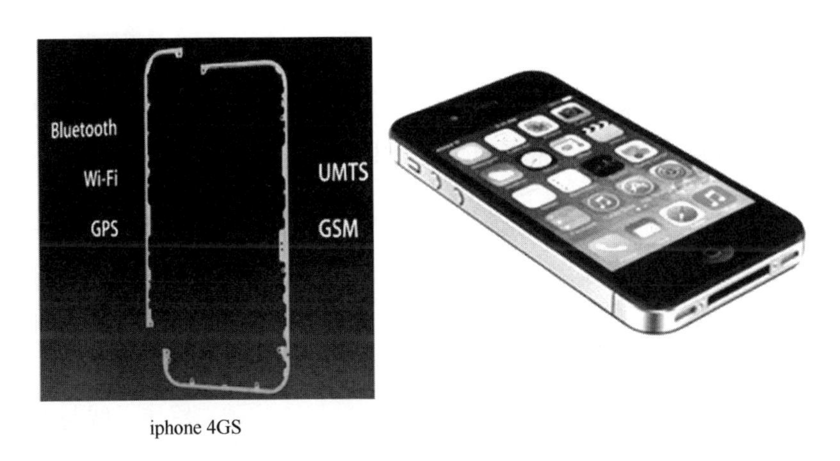

图 71.31　智能手机(iPhone 4S)耦合单元类天线

在图 71.32 中给出了三星 Galaxy SII 中使用的天线,覆盖 GSM/UMTS 频段的主天线位于设备底部,因为与放置在顶部的天线相比其位置更远离用户(组

织),这种布局通常会显著降低SAR。针对蓝牙/WiFi的副天线也位于底部,而仅工作在接收模式下的GPS天线位于设备顶部,恰好处于相机的正上方。

图71.32 三星Galaxy SII中的天线

71.5 天线馈电与匹配方法

本节首先讨论了两种天线馈电方法的优、缺点,然后简要介绍了寄生单元的研究进展。本节还介绍了最常见的天线匹配方法匹配网络的使用,给出了用于不同输入阻抗的基本拓扑结构。

71.5.1 天线馈电方法

1. 感性馈电

在此馈电方案中,能量通过前端模块(FEM)输出端与天线之间的直接金属(电流)接触耦合至主辐射单元,具体实例可以是任何形式的带状线、弯折线或弹簧针。

弹簧针是常见的感性接触。由于移动电话天线通常在系统PCB板上具有一定的高度(而不是直接印制在PCB上)以获得更好的带宽,因此必须向或从FEM传输信号能量,弹簧针通过加载弹簧的探针可确保良好的连接(图71.33)。

图 71.33　不同种类的弹簧针实物

弯折线也是移动电话天线通常采用的感性馈电方法,可使天线单元小型化并仍能获得相同的工作(谐振)频率。为了验证这一点,对直接印制在 FR4 基板上的单极子单元进行仿真,如图 71.34 所示。单极子天线(没有弯折)的谐振

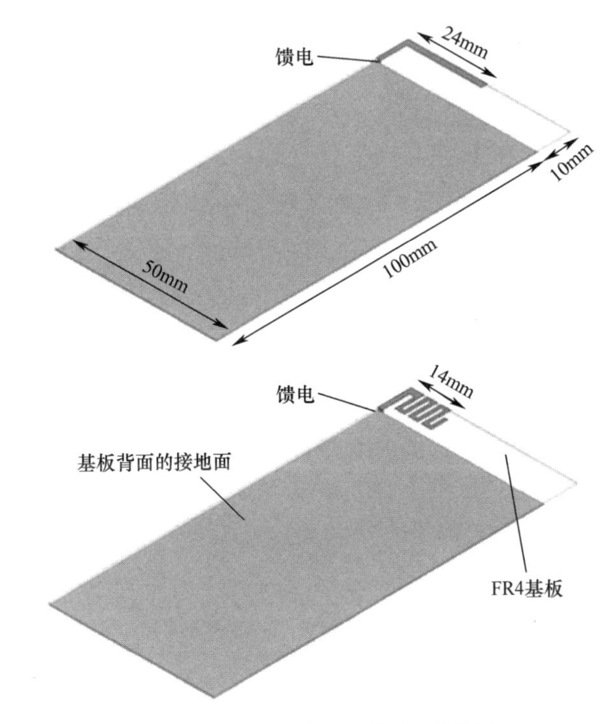

图 71.34　利用弯折线馈电(结构图)

(这里定义为具有最小反射系数的频率)出现在1.8GHz(图71.35),单极子长度为24mm(PCB为100mm×50mm)。而采用弯折线时,14mm长的单极子单元便可以得到相同的谐振频率,从而实现了缩短约50%的长度,其主要缺点是天线输入阻抗的实部较低(如史密斯圆图所示),导致与无弯折时比有弯折其反射系数和带宽性能差。

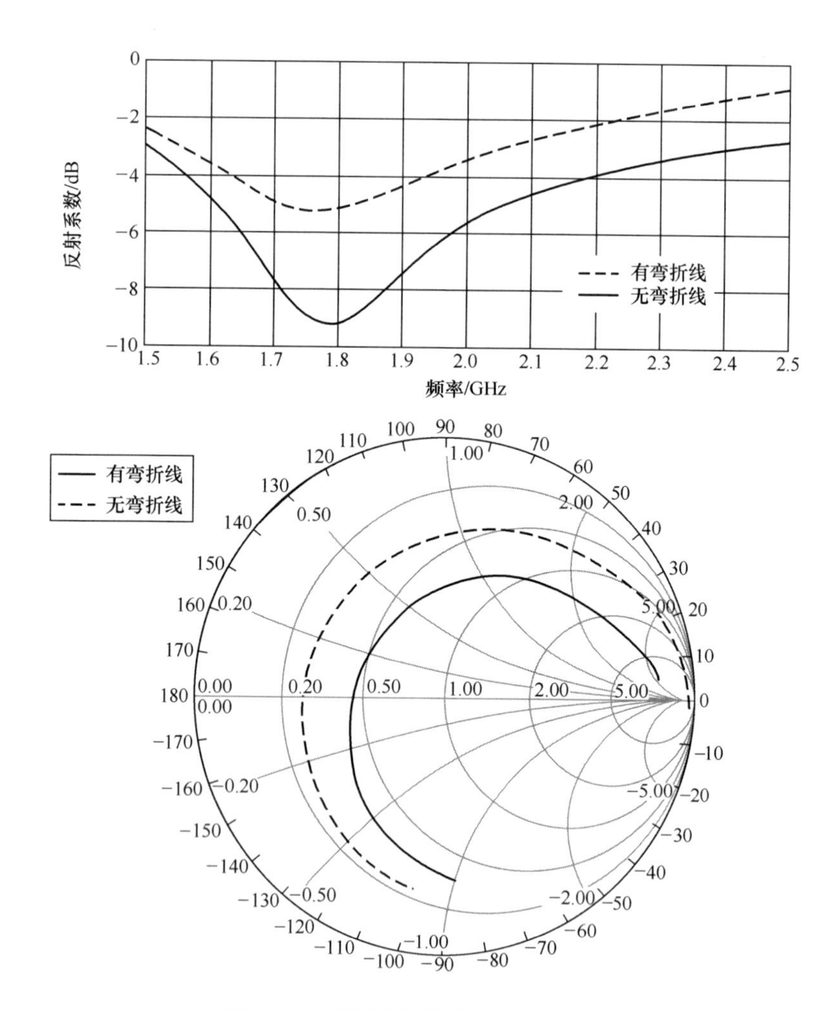

图71.35 利用弯折线馈电(反射系数)

2. 容性馈电

在容性馈电方案中,主辐射单元通过另一个驱动单元容性激励(没有直接的金属接触)。驱动单元一般较短,可能在整个天线中产生一些较高频率的谐振。利用图 71.36 所示的模型对感性激励和容性激励进行比较,印制在 FR4 基板上的单极子天线长度为 24mm,由感性激励馈电(图 71.36(a))。将该天线与容性激励的单极子天线相比,容性激励的单极子天线一端连接到地平面(图 71.36(b))。为了激励接地的单极子天线,在靠近另一端的地方采用了较短的馈电线,该馈线保持开路,最终形成的天线总长度为 20mm。

以上两个天线的输入阻抗(1.5~3GHz)如图 71.37 所示,可以看出在史密斯圆图中容性馈电结构形成了一个环形。对于这两种馈电方法,下面给出了使用商业软件计算的反射系数低于-6dB 的带宽特性。对于这种天线布局,容性激励在 2.3GHz 附近的带宽大约是感性激励的两倍,且具有更小的轮廓。

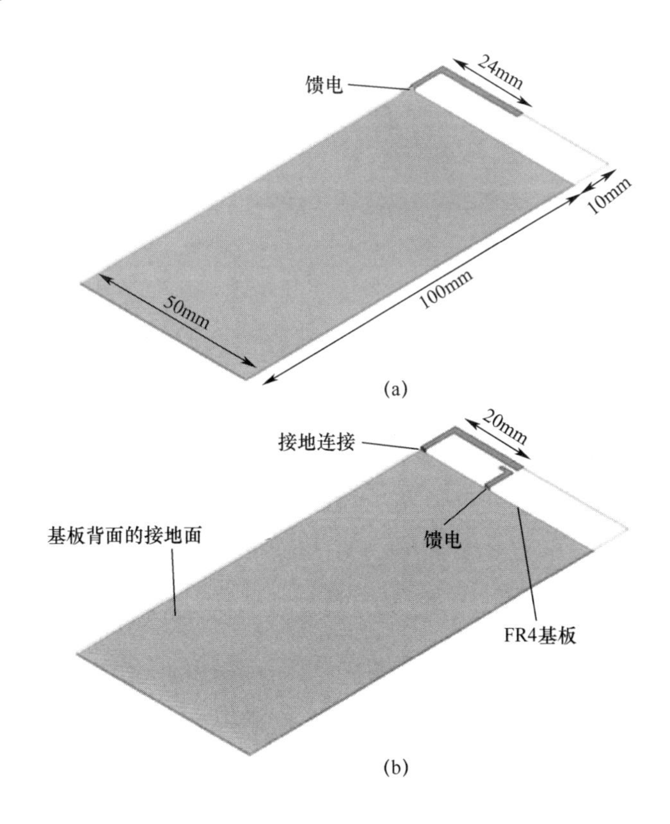

图 71.36　容性馈电(结构图)

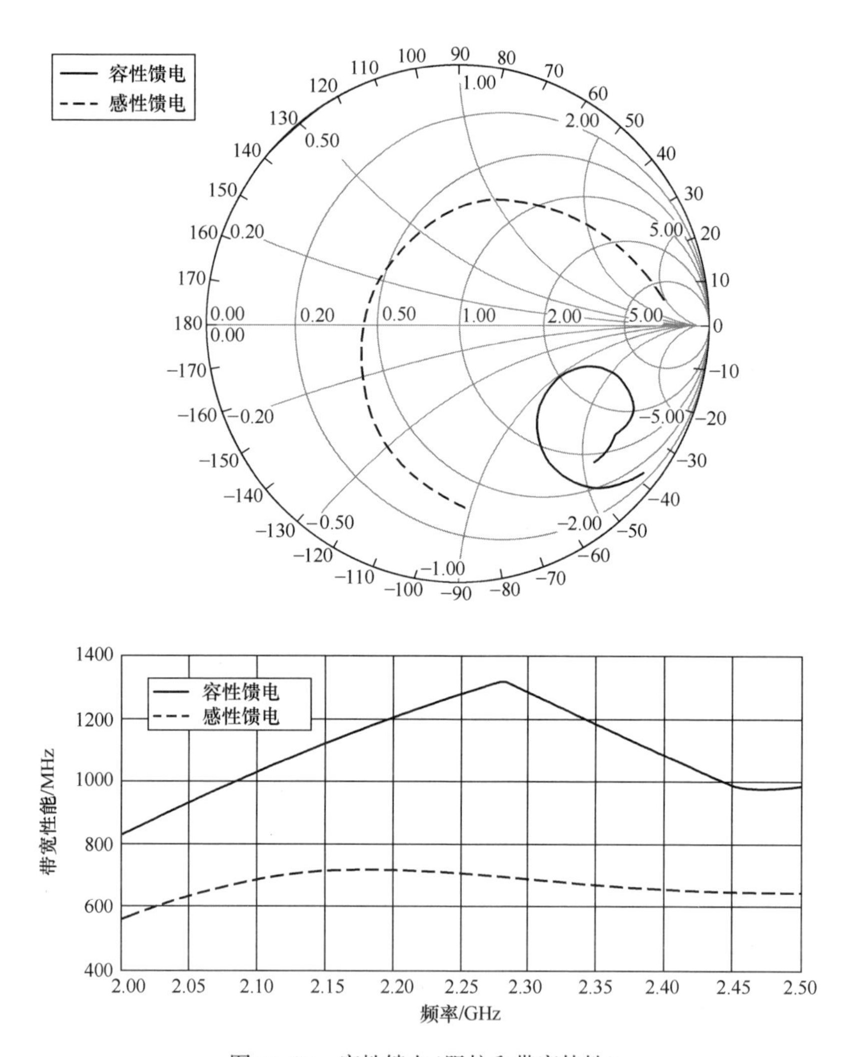

图 71.37　容性馈电(阻抗和带宽特性)

71.5.2　利用寄生单元提升带宽潜力

因为天线是电小的尤其在较低频率下,利用寄生单元拓展匹配带宽是移动终端天线设计中的常见技术。本章已经介绍了一些来自文献和商用移动电话中的含有寄生单元以增大带宽的天线实例,在本节不再重复。这里将通过一个例子来讨论寄生单元对带宽的影响。

Cihangir(2013)提出了一种在低LTE/GSM频段(700~960MHz)工作的天线设计,其设计挑战是设备中采用了较短的接地面(75mm)。较长的接地面(如100mm)的一阶波形模式在1.1GHz左右;如果长度为75mm,该谐振频率将移至1.4GHz左右。考虑到接地面波形模式对较低频段天线带宽的作用,在这个较短接地面上产生的带宽在700~960MHz之间将非常窄。出于这个原因,将寄生单元与单极子激励条带结合使用,天线模型如图71.38所示。天线放置在塑料件上,由两条条带组成。第一条是连接天线馈线的激励条带,该条带一端容性激励连接到接地面的较长寄生条,弹簧针位于塑料件下连接天线和PCB。

天线的仿真结果见图71.39。由结果可见,在没有寄生条带的情况下不存在新的谐振频率,而在引入寄生条带的情况下750MHz附近产生了新的谐振。在史密斯圆图中观察输入阻抗可见在,存在寄生条带的情况下形成一个回路,这将显著增大输入阻抗的实部。为了调节天线性能,可以改变一些设计参数,如增大寄生条带的长度将降低由其产生的谐振频率。另一个可调参数是条带之间的耦合距离以及/或两条带的位置(影响耦合强度),这将改变史密斯圆图中环路的形状,进而影响带宽。

在图71.40中可见有、无寄生单元时带宽的仿真结果。为了覆盖目标频段(700~960MHz),在830MHz(该频段中心频率)时需要接近260MHz的带宽。在没有寄生单元的情况下,该频率处的带宽小于50MHz。随着寄生单元的引入,带宽显著增加,可达200MHz以上。

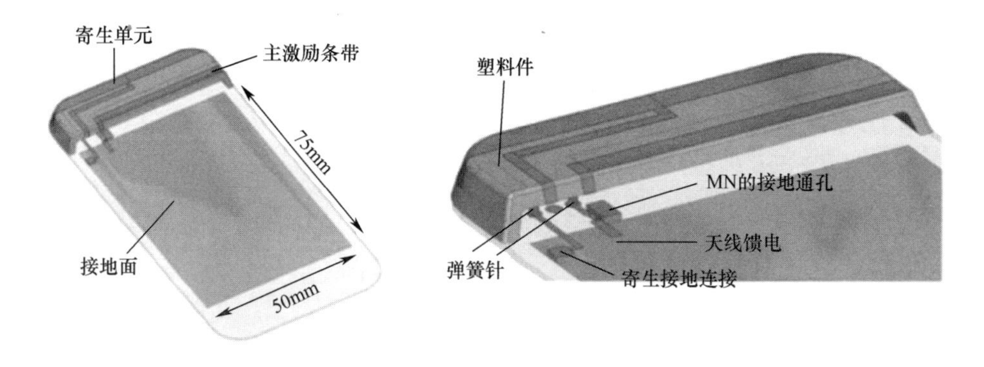

图71.38　采用了寄生单元的低LTE/GSM频段天线(Cihangir et al.,2013)

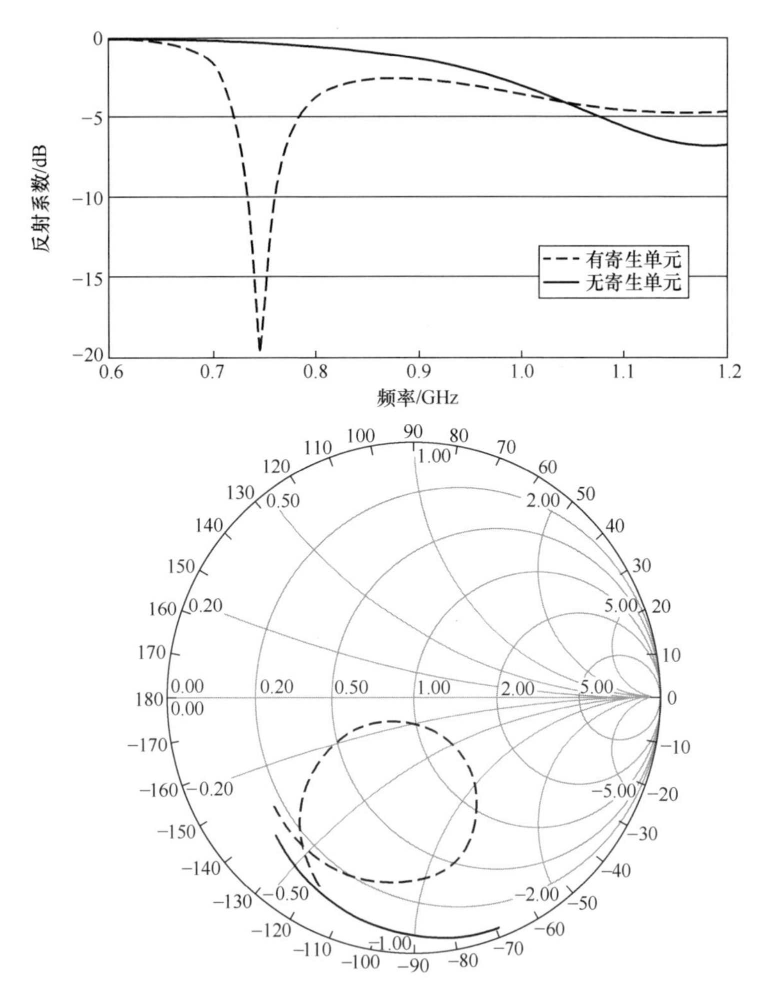

图 71.39　寄生单元对天线输入阻抗影响的仿真结果(Cihangir et al. ,2013)

71.5.3　匹配网络在阻抗匹配中的应用

由于可用空间的限制,移动终端天线必须减小尺寸,同时由于需要更宽带宽的天线便出现了匹配网络的应用,这些匹配网络(MN)可位于天线输入端,也可以随天线分布,如位于金属条带中心的电感可增加其电长度并降低谐振频率。MN可以包含无耗元件和有耗元件,但是有耗元件的存在会对天线效率产生负面影响,因此有耗元件并不是广泛适用的。由于这个原因,MN通常由集总的电

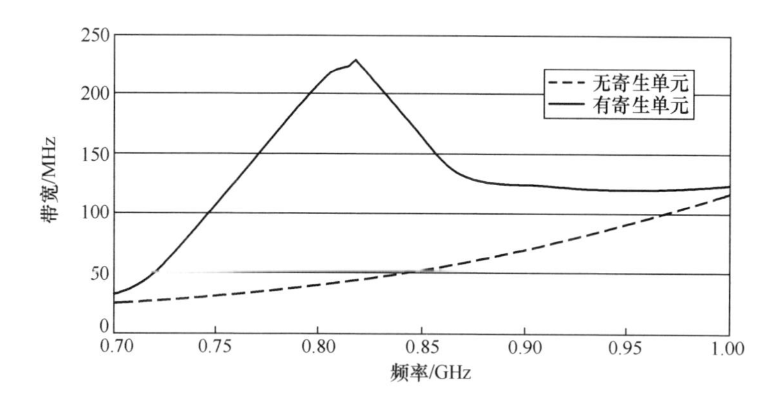

图71.40　寄生单元对带宽影响的仿真结果(Cihangir et al. ,2013)

感器和电容器组成。图71.41显示,当在天线馈电处使用并联/串联电感器/电容器时,史密斯圆图中的输入阻抗位置将如何变化。箭头1显示当天线输入端的串联电容值降低时,阻抗如何在史密斯圆图中移动。作为对比,增加串联电感的电感值会使阻抗沿箭头2的方向移动。应该注意的是,串联连接的元件将阻抗移动到史密斯圆图中的"恒定阻抗圆"上。箭头3表示并联电感的电感值减小时的阻抗特性,箭头4表示并联电容的电容值增加时的变化。当使用并联元件时,阻抗变化发生在"恒定导纳圆"上。

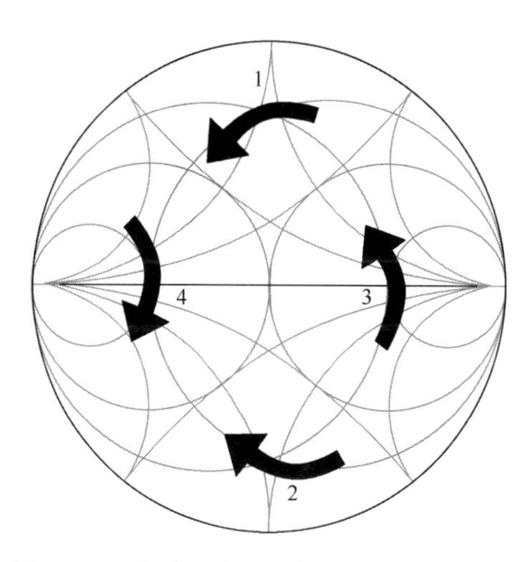

图71.41　集总电感和电容对天线阻抗的影响

最简单的MN拓扑结构之一是L型,位于天线的输入端,由两个集总元件组成,其中一个串联,另一个并联。图71.42给出了8种可能的L型MN结构;不同的拓扑结构可用于将任何输入阻抗匹配到史密斯圆图中心,以获得良好的匹配和较低的反射系数。但是需要采用特定的拓扑结构来匹配图71.43所示的史密斯圆图特定区域中的阻抗。

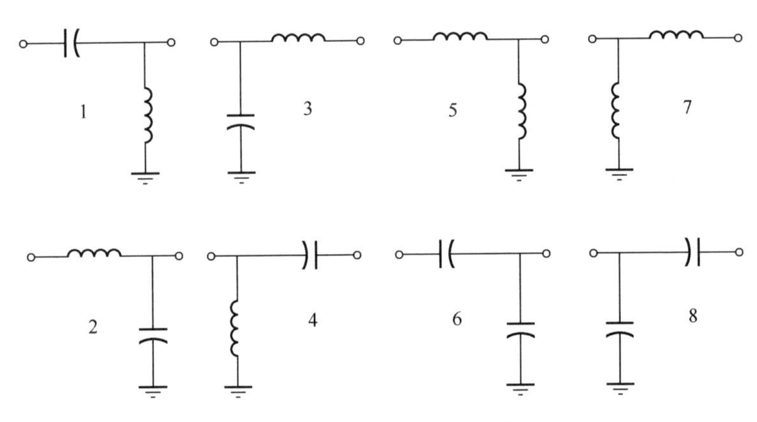

图71.42　L型MN拓扑结构

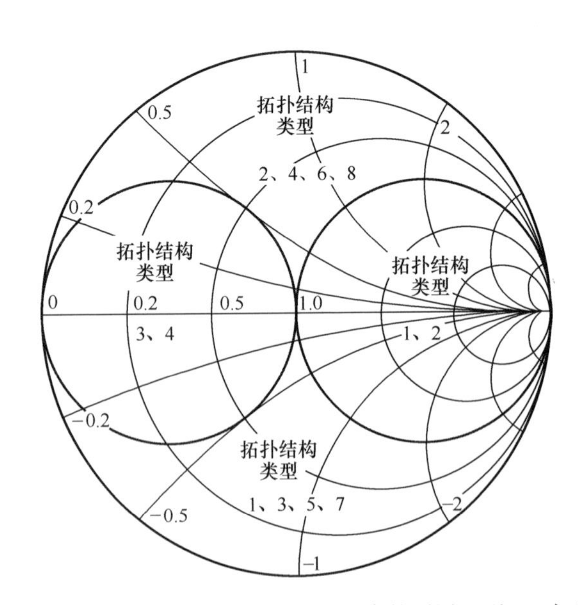

图71.43　史密斯圆图中的特定区域及对应的可用L型MN拓扑结构

为了进一步说明这个问题,采用两种不同的MN拓扑结构来匹配图71.44和图71.45中的相同天线。红色曲线表示在没有任何MN的情况下1.7~

2.2GHz 之间的天线阻抗。由于初始阻抗位于史密斯圆图的下半圆，因此可以使用拓扑结构 1、3、5 和 7 来匹配该天线（图 71.43）。在图 71.44 中采用了拓扑结构 3，首先利用串联电感使阻抗在恒定阻抗圆（黑色曲线）上沿顺时针方向移动，然后利用并联电容使阻抗在恒定导纳圆上沿顺时针方向移动。

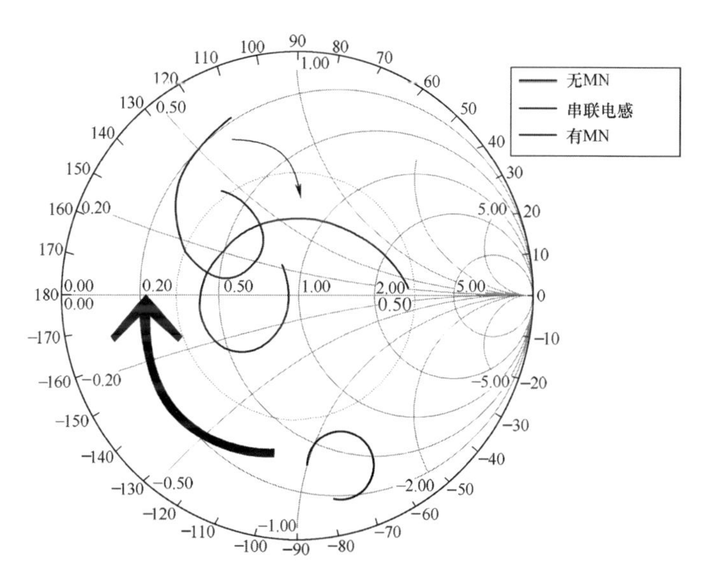

图 71.44　采用拓扑结构 3 匹配天线

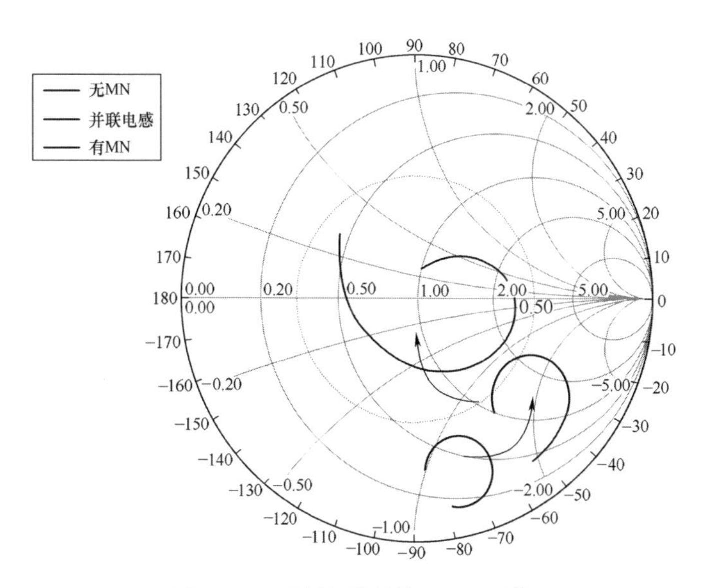

图 71.45　采用拓扑结构 5 匹配天线

在图71.45中利用拓扑结构5匹配相同的天线。首先利用并联电感使初始天线阻抗沿恒定导纳圆沿逆时针方向移动,然后利用串联电感,使阻抗在恒定阻抗圆上沿顺时针方向移动来匹配天线。图71.46给出了这3种情况下的反射系数(无MN、拓扑结构3、拓扑结构5)对比。

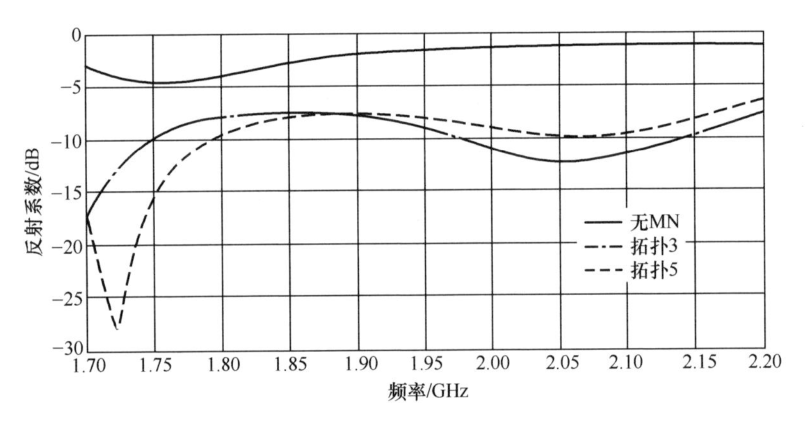

图71.46　不同MN拓扑结构的反射系数

71.6　移动终端中的可调/可重构天线

天线的可调谐性或可重构性可用于多种用途,如改变辐射方向、极化、波束宽度甚至工作频率。对于移动电话天线而言,实现可接受的匹配水平(如自由空间中的−6dB)本身就是一项巨大的挑战,但如果要求低于−10dB的阻抗匹配,则需要利用已经提出的可调/可重构拓扑结构来解决更大带宽的匹配问题,并降低反射系数。

各种可调元件都可用于可重构天线。工作在RF频段的开关(如HEMT、PIN二极管或MEMS)主要用于在预定的频段中匹配天线。另外,通常利用可调元件(BST电容、MEMS可变电容、变容二极管)实现连续的窄带匹配,通过改变元件值可以在目标频率中扫描。

Valkonen等(2007、2010)提出,天线馈源处采用由多个支路组成的匹配网络(MN),利用MEMS开关改变给天线馈电的有效MN支路。例如,Valkonen等(2010)利用耦合单元CE放置在PCB边缘,并通过图70.47所示的MN激励。

根据两个开关的位置,两路 MN 支路中的一个激励天线,可将天线调谐到较低的 GSM 频段或较高的 DCS/PCS 频段。

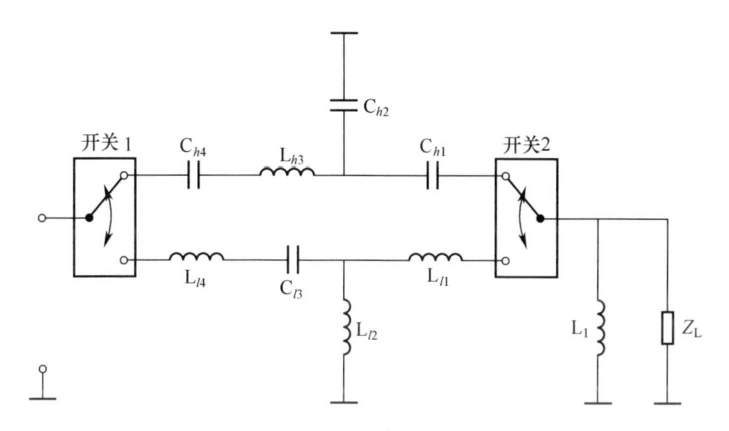

图 71.47 采用开关的可调天线的 MN 及天线拓扑结构(Valkonen et al. ,2010)

Yamagajo 和 Koga(2011)再次在天线馈电处利用了具有开关的 MN。不具有 MN 的天线可覆盖高于 2GHz 的频率范围,但在低于 2GHz 时匹配较差。该 MN 包含 3 个连接到不同并联电感的开关。根据开关的开关状态,可改变 MN 的整体并联电感值,并将天线工作频率在 640MHz ~ 5.85GHz 之间调谐(图 71.48)。

Mak 等(2007)以及 Park 和 Sung(2012)将可调元件随天线分布,而不是放置在馈电处。例如,Mak 等(2007)对两种不同的拓扑结构进行了研究,分别称为"可切换馈电设计"和"可切换接地设计"。在可切换馈电设计中,天线的馈电可从开槽条带的一端或另一端进行,天线的反射系数有两种状态,两种状态之间

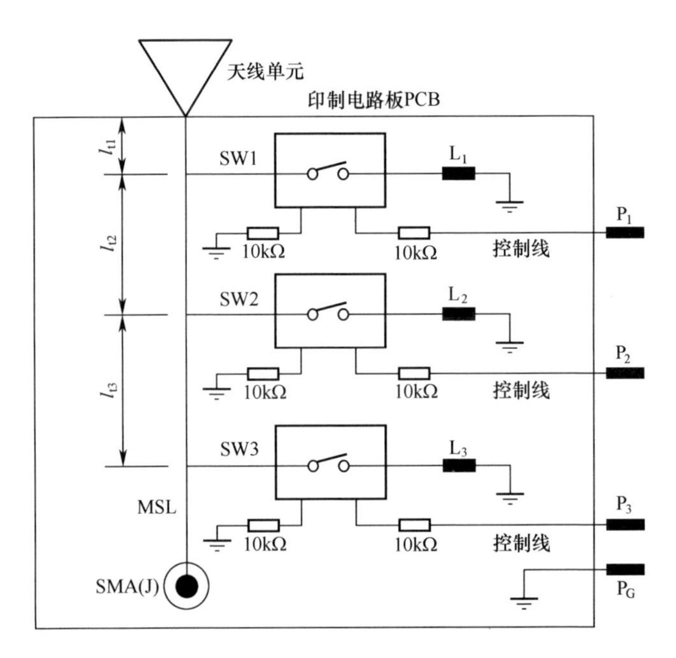

图 71.48　由可切换并联电感组成的 MN
([2011] IEEE. 经许可后重印(Yamagajo and Koga,2011))

的差异在 2GHz 附近的较高频带中更大。在同一天线的可切换接地设计情况下,根据开关的状态在金属条带的一端馈电,另一端可短接到接地面(形成环路)或保持开路。

Park 和 Sung(2012)在 PIFA 天线的馈电点和接地点之间使用了两个 PIN 二极管。根据 PIN 二极管的直流工作模式,天线可工作在 PIFA 天线模式或环形天线模式下,以覆盖低频 GSM 或 DCS/PCS/UMTS 频段。除了这些频率可切换天线外,还可以利用可调元件连续匹配瞬时窄带间隔以适应更宽的频带。Hu 等(2010)采用了两个耦合元件及其各自的匹配网络(图 71.49)。每个 MN 由两个集总电感和一个可变电容组成。通过在 0.2~8pF 之间改变电容值,第一个耦合单元 CE 可在 450~1360MHz 之间调谐,另一个可在 1660~2750MHz 之间调谐。

Boyle 和 Steeneken(2007)以及 Ramachandran 等(2013)在 PIFA 天线的接地连接处利用了 MEMS 可调电容实现可调特性。彩图 71.50 给出了 Ramachandran 等(2013)根据可调电容器的不同电容值绘制的天线反射系数。

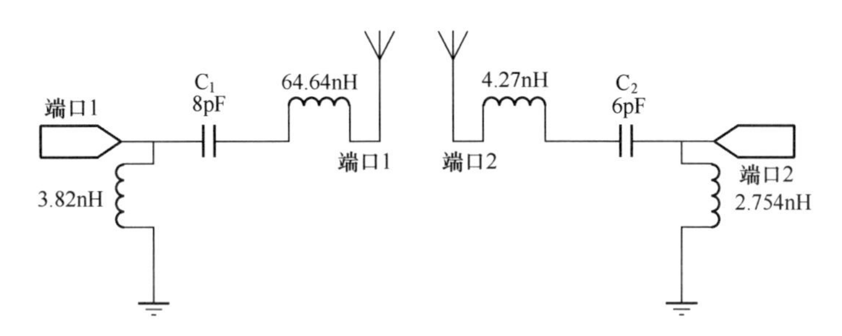

图71.49　具有可变电容的可调MN(Hu et al.,2010)

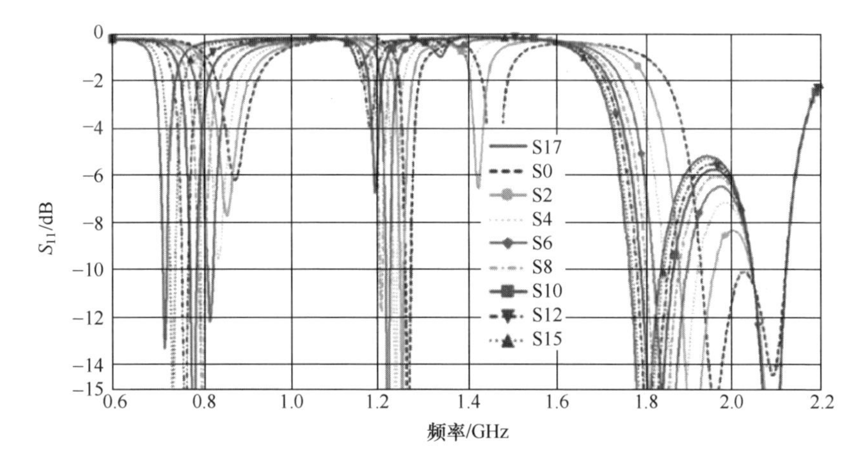

图71.50　不同电容值时的反射系数([2013] IEEE. 经许可后重印(Ramachandran et al.,2013))
(彩图见书末)

Manteuffel和Arnold(2008)同时采用了开关和可调元件,可在低至FM广播(100 MHz)、DVB-H、GSM以及高至UMTS频率的宽频段内,与一个简易的耦合单元CE实现更好的匹配。不同的MN用于不同的频带,并且这些子MN中还包含可调元件,这使得可在感兴趣的子频带中得到更好的匹配。彩图71.51给出了该天线在100MHz~2.2GHz之间的总体效率。

与无源天线相比,可调天线的优点是可利用更为简单的天线实现更宽的频率覆盖范围。可调谐MN也可以使天线小型化,同时得到可接受的反射系数以及足够高的总体效率。可调天线的另一个主要优势是通过动态调整可调MN中的元件值,可在一定程度上补偿失谐效应(类似用户手部覆盖移动电话产生的

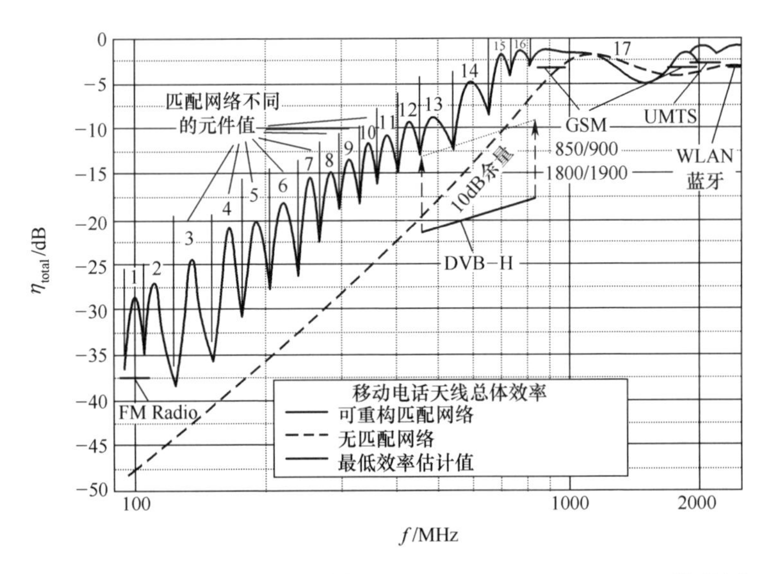

图 71.51 不同 MN 状态下的总体效率(Manteuffel and Arnold,2008)(彩图见书末)

效应)。然而与无源天线结构相比,可调/可重构天线也具有一些缺点。首先也是最重要的是来自可调元件的损耗,将降低天线的总体效率。此外,还可能需要实时监控(闭环系统)以跟踪天线和可调谐部件的操作,这增加了移动电话天线部件的复杂性和成本。

71.7 移动终端中的天线-用户相互作用

移动电话天线与用户之间的相互作用可以分为两种,即用户对天线的影响以及天线对用户的影响。

71.7.1 用户对于天线的影响

移动电话天线中,用户与天线之间相互作用最强的场景是通话状态。在通话状态,天线由用户的手握住并靠近用户的脸颊,因此用户对天线的影响主要是天线受制于用户的手和头部。

实际上,需要注意的是用户对天线的两种影响。首先,由于手和头部的介电加载引起的失谐,这是因为这些组织的介电常数高。其次,是手和头部对辐射的吸收,因为这些组织都有损耗特性。第一个效应可以从天线的反射系数中观察到,而第二种效应可导致总效率的降低。

1. 用户导致的天线失谐

用户的手和头部导致天线产生失谐的原因是由于介电加载使天线结构的谐振频率移至较低的频率。Cihangir(2014)用双馈天线进行测试,验证了用户手部的影响,3 种状态(自由空间、手持位于 PCB 顶端的天线(面对食指)、手持位于 PCB 底部的天线(面向手掌))的 S 参数测试结果如彩图 71.52 所示。在手持-顶端天线状态时,较低和较高频段都观察到了朝向低频的谐振偏移,但偏移并不严重,没有产生显著的频带失谐。当手持位于 PCB 底部的天线时,谐振偏移更大,使得天线在 830MHz~1.9GHz 左右失谐。当天线位于 PCB 底部时失谐更为严重,这是因为在此状态时天线完全被有损耗的手掌覆盖。而当天线位于 PCB 顶端时,天线仅面向食指并未被完全覆盖。

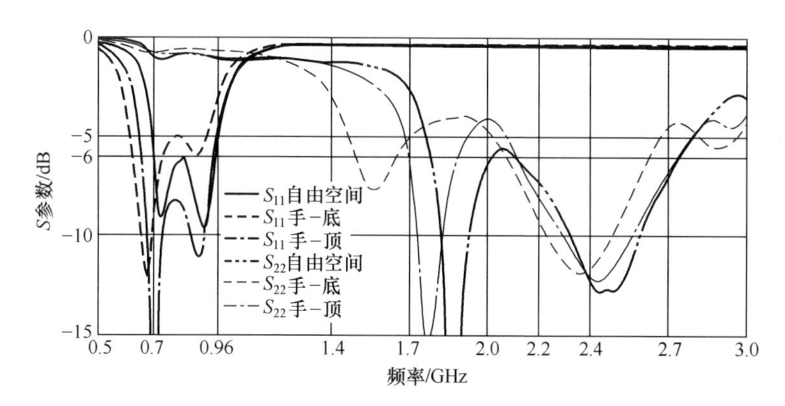

图 71.52 用户对双馈天线 S 参数影响的测试结果(Cihangir,2014)(彩图见书末)

Cihangir(2014)开展了另一项关于用户对天线影响的研究,采用了单馈天线和 4 种状态配置,分别为自由空间、具有介质外壳、手持、手和头部。在所有这些状态中,天线都位于 PCB 底部面向手掌,彩图 71.53 给出了这项研究的测试结果。在此也可观察到与之前一样的特性,谐振频率随着外壳、手和头部的存在而移至较低的频率。该天线低频带的失谐更加严重,而高频失谐则不太明显。

2. 用户导致的总体效率降低

如上所述,用户对天线的第二个主要影响是天线总体效率的降低。由于失谐(导致更高的回波损耗)以及手和头部的吸收(这将降低辐射效率),总体效率

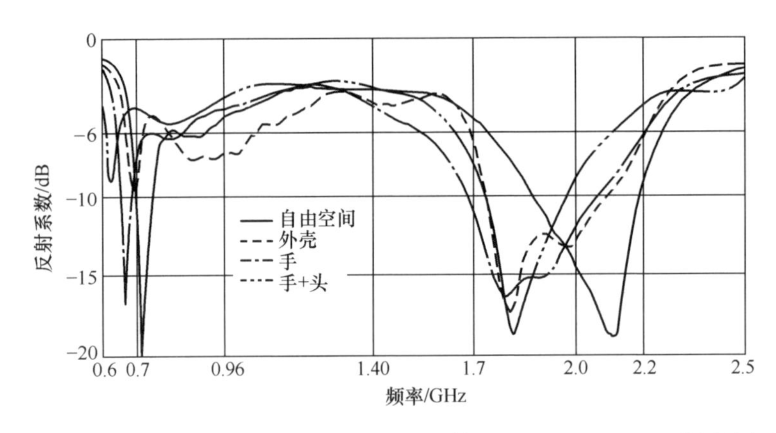

图 71.53 用户对单馈天线 S 参数影响的测试结果(Cihangir,2014)(彩图见书末)

将会降低。前文所述的两种天线的总效率测试结果分别如彩图 71.54 和彩图 71.55 所示。双馈天线在“顶部天线”和“底部天线”状态,在低频带效率大约分别下降到-6dB 和-8dB。与低频带相比,高频带的效率受到的影响较小。如比较自由空间(FS)和手持顶部天线(H-top)状态可见手持时效率显著下降,尽管图 71.52 所示反射系数并不差,这表明辐射效率的降低主要由手部的有耗特性所导致。正如所料,天线位于底部时的总体效率是所有状态中最低的。

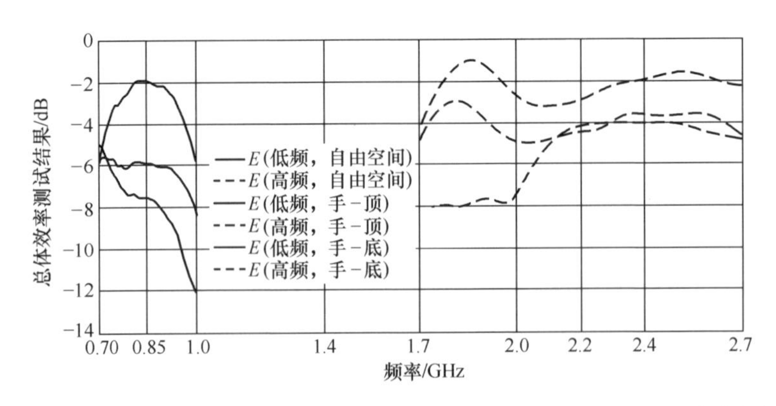

图 71.54 用户对双馈天线总体效率影响的测试结果(Cihangir,2014)(彩图见书末)

图 71.55 给出了单馈天线总效率测试结果,从图中可以得出类似的结论:手持时的天线效率在低频时约为-9dB,高频时约为-5dB。正如所预期的那样,同时存在头部的影响时效率将进一步降低。

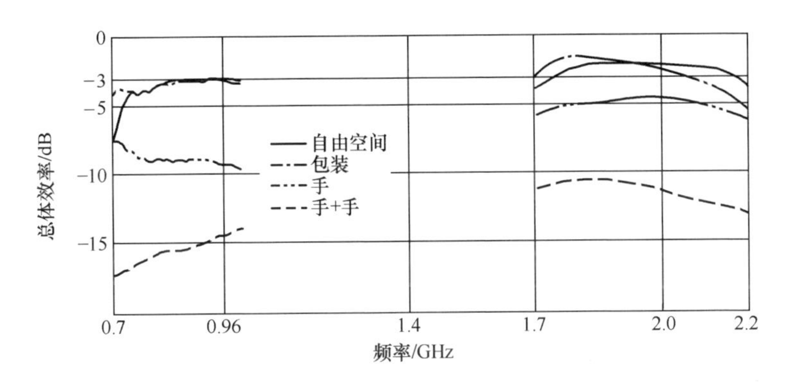

图71.55　用户对单馈天线总体效率影响的测试结果(Cihangir,2014)(彩图见书末)

在文献的许多研究中还进行了用户对天线参数影响的研究。在Ilvonen等(2012)的论文中,提出了一种屏蔽结构可将手部和天线之间的相互影响最小化。当天线位于PCB顶部且存在手和头部的影响时,效率测量值在低频段为-10dB而在高频段为-7.5dB。Valkonen等(2012、2013b)提出了旨在防止位于PCB顶部的天线发生失谐的天线结构,与自由空间情况相比,天线在手持时的效率下降大约为7dB。Pelosi等(2009)研究了用户对窄带PIFA天线的影响,在手和头部的影响下,900MHz时效率下降11dB,1800MHz时效率下降8.5dB。

71.7.2　天线对于用户的影响(比吸收率)

众所周知,电磁辐射会对人体造成严重的健康风险。对于电磁频谱中的更高频的部分(如紫外线、X射线、γ射线),电磁波带有足够的能量来电离人体组织中的原子或分子,因此它们被称为电离辐射。然而对于手机使用的微波频率的电磁波则为非电离类型。因此,其主要影响仅限于可能由于暴露于辐射使得人体组织过度加热而导致损伤的热效应。

比吸收率(specific absorption rate,SAR)是计算人体吸收射频功率的度量,也是公认的可量化移动终端对于用户潜在风险的指标,其单位是(W/kg),可以通过式(71.6)计算,即

$$\mathrm{SAR}=\int\frac{\sigma(r)\mid E(r)\mid^2}{\rho(r)}\mathrm{d}r \tag{71.6}$$

式中:σ为组织的电导率;$E(r)$为电场幅度;ρ为质量密度,积分在待测SAR的体积上进行。

移动电话天线的SAR取决于频率和极化等电磁波特性、组织的形状和电特性等人体性质、天线和人体组织之间的距离以及列在最后但并非最不重要的天线概念(结构类型)。

SAR可以定义为全身SAR或局部SAR。对于移动电话来说,在通话模式下与天线有着密切相互作用的唯一部分是头部,因此头部的局部SAR可用于表征移动电话性能。目前有两种标准设定了两种阈值,IEEE 2003定义了美国的阈值,IEC 2005定义了欧洲的阈值。美国的阈值限定了1g人体组织平均最大局部SAR为1.6W/kg。欧洲的限制没有美国的限制严格,在10g人体组织上平均值为2W/kg。由此可知,符合美国SAR限制的手机自然总是能够满足欧洲的SAR限制,超过这些阈值限制的任何手机都不允许在市场上发布。

在SAR的仿真和测量中可定义不同的通话位置,如不同的人体面颊位置或倾斜位置。当移动电话处于通话模式后,对1g(或10g)人体组织进行平均,SAR值即为头部所见的最大值。

71.8 多馈天线系统

目前许多移动电话都使用单馈天线覆盖通信所需的所有频段。单馈天线通过单刀多掷(SPMT)开关连接到不同通信标准的前端上,根据瞬时使用的通信标准,相应地改变天线开关位置,将信号由天线传输到射频前端或从射频前端传输到天线。随着先进LTE(LTE-advanced)技术的引入,需要在两个不同的频带上接收和发送数据以实现带间载波聚合。例如,运营商可以选择向用户提供聚合LTE频带-4(1.71~2.15GHz)和LTE频带-12(698~746MHz)的带间载波聚合场景,这意味着天线应能够在这两个不同的频带同时工作,将RF信号发送或接收至这两个频带的前端。因为SPMT开关将使系统在瞬时仅在单个频带发送或接收,故前文所述的拓扑结构是不可能的。为了克服这个问题,应该使用具有在一瞬间启用两个或多个输入输出逻辑的开关。另一种替代方案是在天线前使用双工器,以将载波聚合信号的较高和较低频率部分分别引导至相应的前端,但这种方案将增加射频前端的损耗。

另一种方法是使用多馈天线系统。多馈天线系统的拓扑结构由两个或更多天线单元组成,其相应的馈电覆盖更窄(与单馈相比)的不同频带。通过这种方式解决了单馈天线的约束限制，并且可以使用更为简单的开关，其主要缺点是不同端口天线之间的隔离度最大化挑战，因为隔离度不够高时端口之间的耦合将降低天线的总效率。

Ikonen 等(2012)提出了这种用于移动终端的多馈天线，如图 71.56 所示。采用了 3 个单极子天线，分别覆盖 700～960MHz、1.7～2.2GHz、2.5～2.7GHz 频段，在每个天线的馈源处都具有匹配网络，其 S 参数如图 71.57 所示。

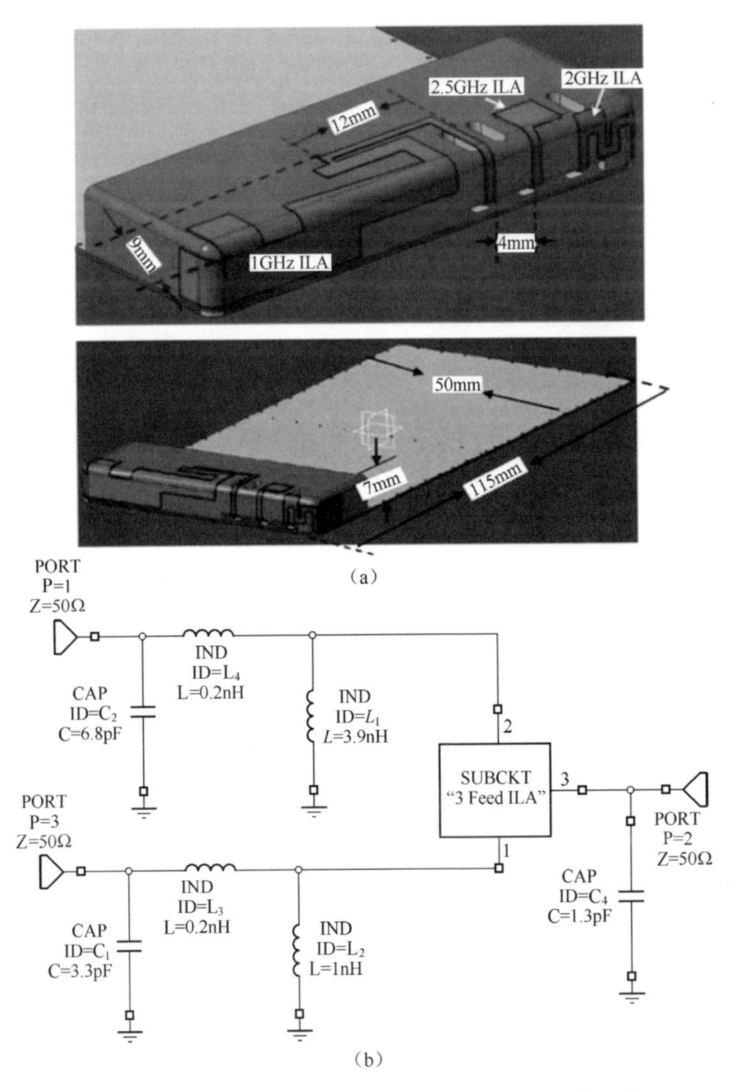

图 71.56　Ikonen 等(2012)提出的三单元多馈天线系统

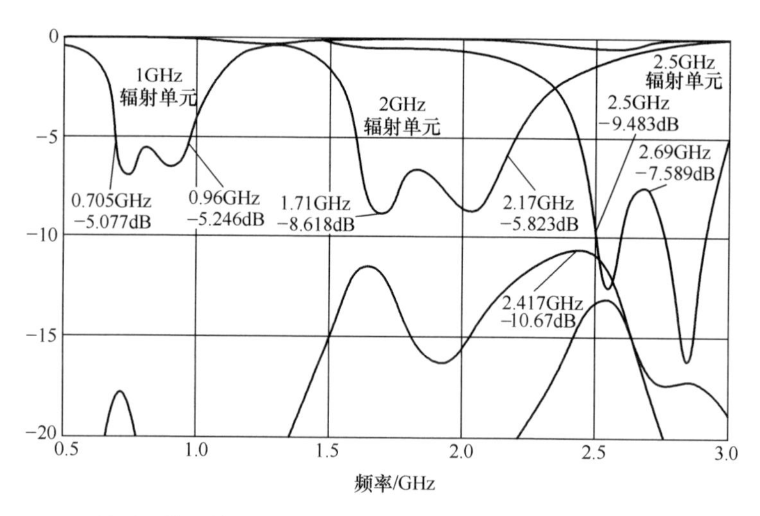

图 71.57　三单元天线系统(图 71.56)的 S 参数(Ikonen et al. ,2012)(彩图见书末)

Cihangir(2014)采用了类似的方案实现移动终端中的多 LTE 频带覆盖,仅采用了两个天线单元双馈配置,一个天线覆盖 700~960MHz(图 71.58 中较大的天线),另一个覆盖 1.7~2.7GHz(图 71.58 中较小的天线)。在低频天线馈电处的匹配网络具有低通拓扑结构,类似的高频天线馈电处的匹配网络具有高通拓扑结构,这有利于实现两个天线之间更高的隔离度,尽管它们在物理上的距离非常近。如彩图 71.59 所示,可以以低于-6dB 的反射系数覆盖目标频段,整个目标频段的隔离度高于 23dB。

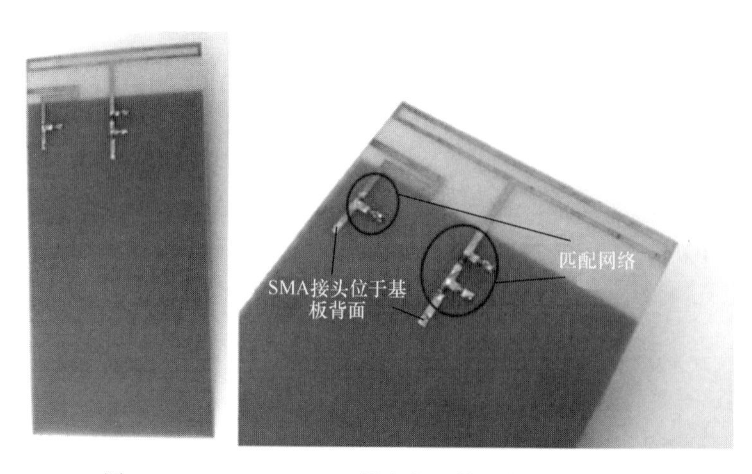

图 71.58　Cihangir(2014)提出的两单元多馈天线系统

从天线设计的角度来看,采用多馈天线的主要优势是解决了对带宽的要求。多馈天线系统中的单个天线单元只覆盖一小部分频带,而不是以单个天线针对双频带或三频带性能进行设计(这表示需要更宽的频率覆盖范围),这将缓解天线设计的难度,有助于实现小型化并降低匹配网络的复杂性,从而减小随之而来的损耗。当然,多馈天线系统的主要缺点是需要在多个天线单元之间实现可接受的隔离度,尤其是在较低的频率下,各天线同时放置的位置设计会使天线设计复杂化,并且在馈电处需要带阻匹配网络,这也将使 MN 的设计复杂化。

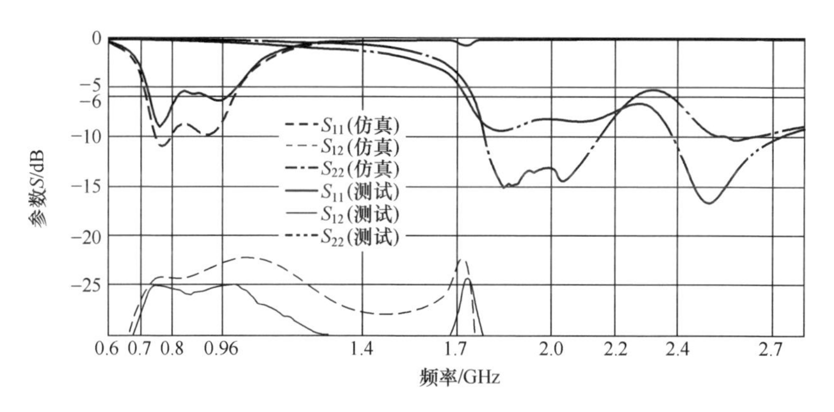

图 71.59　Cihangir(2014)提出的两单元多馈天线系统的 S 参数(彩图见书末)

71.9　手持设备天线测试

本节主要包括一些前面章节中未涉及的与移动终端天线测量相关的主题。首先讨论了馈电电缆对 S 参数和天线效率测量的影响,然后介绍了惠勒帽(Wheeler cap)方法,这是一种简单、有效的测量天线效率的方法。最后,给出了总辐射功率(total radiated power,TRP)和总全向灵敏度(total isotropic sensitivity,TIS)的定义以及如何测量的基本信息。

71.9.1　馈电电缆对测试的影响

在大多数移动电话天线建模和仿真的电磁仿真工具中,天线馈电都建模为馈电点和接地面之间的电压差。但是在制造的天线原型中通常将 SMA 连接器集成到原型中,并通过连接器的内导体对天线馈电,SMA 的外导体连接到 PCB 的接地面。仿真和测试的馈电方式的差异将会导致仿真和测试得到的反射系数、效率和方向图有一些差异。Liu 等(2012)和 Chen 等(2005)也作过介绍。

引起仿真和测试差异的主要原因是同轴电缆外导体的外表面上的电流,可以用图 71.60 中的偶极子天线来解释。对于馈电电缆的内导体,电流除了流向偶极子臂之外无处可去,但是在外导体上电流可以在内侧或外侧流动。对于移动终端天线来说,流向外导体外侧的所不希望存在的电流可以通过两种方式激励,首先是 PCB 接地面上激励电流可流过电缆的外侧。另一种可能是天线辐射的电磁场在没有直接连接情况下可激励电缆上产生表面电流。

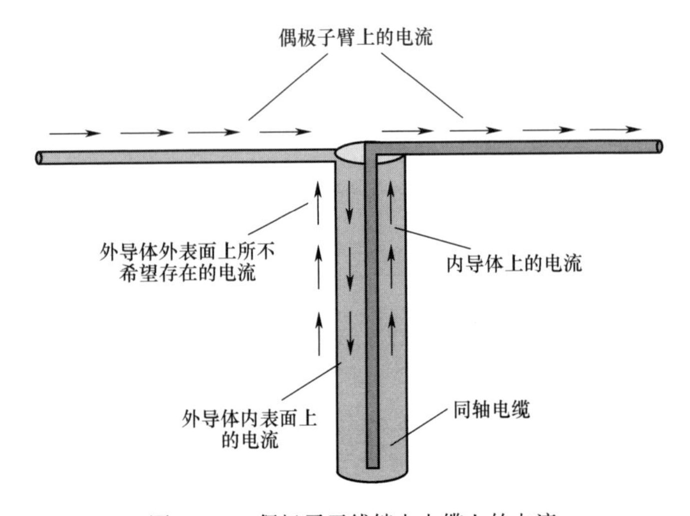

图 71.60 偶极子天线馈电电缆上的电流

电流的存在可能会大大改变天线的输入阻抗,而且导致测量反射系数时与电缆长度相关的误差,还将影响天线的辐射方向图(和总效率),产生正常情况下并不存在的波动和零点,大致与所测量的天线概念类型有关,并且在进行测试之前很难预测所不希望的电流是否会被强烈地激励出来。一个较好的检测电缆外部是否有大量电流流过的办法是在 VNA 测量过程中沿着馈电电缆移动手指,并检查移动过程中反射系数是否受到强烈的影响。

另外还有一些减轻这种问题影响的方法。第一种解决方案是在外导体的外表面上使用 $\lambda/4$ 套筒巴伦,巴伦的末端与外导体短接,由于 $\lambda/4$ 的长度在电缆末端表现为开路,但是由于巴伦的电长度随频率变化,因此该技术仅能在有限的带宽内阻断电流;另一种选择是使用EMI抑制材料或在电缆外部放置铁氧体材料,而铁氧体的工作频率高达1GHz,但在更高频段将不再有效。这两种解决方案(EMI抑制和铁氧体材料)都会降低天线的效率,因为这种情况下在近场中存在有耗材料。

71.9.2　惠勒帽法

惠勒帽法是测量天线总体效率最简单、迅速的一种方法(Wheeler,1947),该方法将待测天线放置在金属帽(可以是球形或圆柱形)内,对在自由空间中和在金属帽内的天线反射系数进行测试。如果包围天线的金属帽与接地面连接良好,则应该将来自天线的所有辐射都反射回去,从而增大反射系数。图71.61所示为简单电路形式表示的辐射和损耗原理。电阻R_{loss}代表天线谐振时使其效率降低的辐射损耗,R_{rad}是天线的辐射电阻。

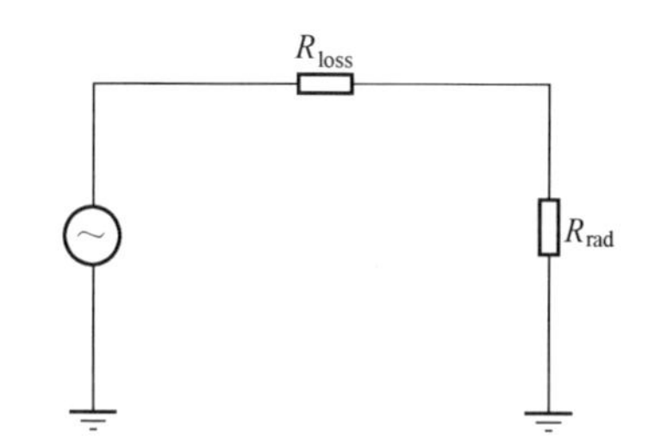

图71.61　惠勒帽法中天线辐射的损耗原理

天线效率(辐射效率)可由式(71.7)得到,即

$$\eta = \frac{R_{rad}}{R_{rad} + R_{loss}} \tag{71.7}$$

当用金属帽包围天线进行反射系数测量时,所有的辐射都会反射回来,因此$R_{rad}=0$。根据由测量值计算得到的R_{loss}和由自由空间反射系数计算得到的R_{rad},可计算得到天线效率而不需要任何微波暗室或其他复杂设备,但是这种方法只能给出关于总效率的信息,而不能确定天线的辐射方向图。这只能在天线的原型研制阶段才能实现。还有几种方法可以从这两种测量中提取辐射效率。McKinzie(1997)提出的方法是一种非常准确和可靠的方法。

71.9.3 TRP/TIS

当移动电话工作时,TRP 和 TIS 是用于评估移动电话辐射特性的两个指标。实际上,制造商需要移动电话推向市场前评估其性能与标准规定值的符合性。TRP 与移动电话发射性能有关,而 TIS 与接收性能有关。

当发射机、天线、功率放大器及其互连处于商用电话的最终定型状态时,TRP 是对其辐射功率的量度。TRP 测量为有源测量,其中所有的电话组件应以最终配置的状态运行,由电池供电。为了计算 TRP,需要在整个球面上测量等效全向辐射功率(effective isotropic sensitivity,EIRP)。EIRP 基本上为以全向天线发射时,到达与被测设备相同场强的等效输入功率。为了计算得到 TRP,在所有方向上测量得到的经时间平均 EIRP 并在整个球面上进行积分。

TIS 在基本意义上可以解释为接收机在三维球面上的平均灵敏度,它是等效全向灵敏度(effective isotropic sensitivity,EIS)在整个测量球面上的积分。EIS 针对来自特定方向的具有特定极化的信号进行测量,定义了可以低于预定义阈值 BER(误码率)解调数据的最小功率电平。移动电话应放置在微波暗室中以获得无干扰的测试环境:移动电话中使用测试 SIM 卡并连接到基站仿真器上,暗室天线的功率输出不断降低直到不满足 BER 阈值为止。另外,还需要宽带测试天线、定位装置、基站仿真器和头部模型。

71.10 天线制造技术

本节简要讨论移动电话天线制造技术。出于成本方面的考虑,天线制造技术发展非常迅速,因此对每种天线制造技术都进行论述确实十分困难。

71.10.1 金属冲压

金属冲压是最简单也是成本最低的移动电话天线制造技术,通过冲压在一片金属上形成所需的形状,然后通过胶合等方法将冲压好的金属集成在塑料件上。由于存在不少可能的误差来源,如金属片在塑料件上的位置以及金属片的制造公差等,金属冲压并没有为设计者提供很大的设计自由度。

71.10.2　模塑互连器件

模塑互连器件(molded interconnect device,MID)是一种能够选择性的金属化塑料部件的工艺,可以集成电气和机械部件实现紧密封装的组件。

一种常见的MID技术是二次成型,与单次成型不同,二次成型采用两种塑料材料模制在一起,使用两种树脂,其中一种是不可涂覆的,另一种是可涂覆的。将掺杂有催化剂的可镀材料模制成不可涂覆材料,这种可镀材料的形状同时限定了计划制造的金属化形状,然后利用化学镀金实现金属线。

实现MID结构的另一种技术是激光直接成型(laser direct structuring,LDS),提供了极大的设计自由度,可以有效利用可用空间。掺杂有金属添加剂的热塑性材料根据其上预制的金属形状由激光照射,形成了一个微观粗糙的表面,形成金属化步骤中的核,然后将这种激光活化材料放入化学镀金铜浴中得到最终的形式。采用MID,在金属化形状方面得到了很高的自由度。利用LDS技术制造的天线可见图71.62。也可以选择一些可以回流焊接的热塑性材料,可实现MN在塑料件中的直接集成。

图71.62　利用LDS技术实现的天线(Cihangir,2014)

71.11　未来发展方向与开放性问题

本章主要讨论了手持移动终端天线。

首先总结了关于蜂窝移动通信标准及其随时间演进发展过程。移动通信标准的发展,天线设计人员不得不面对一些新的挑战。随着每一代新标准的发布,天线需要在更宽的频段工作,通常所能占用的空间也更小。

与移动通信标准发展并行的是移动终端天线也经历了一些变化,如71.2节所述。早期通信标准中最初的天线是外置天线,通常是鞭状、螺旋或两者的组合。随着市场上内置天线的出现,从外置天线到内置天线的转换十分迅速。考虑到这种变化,学者们研究了不同的天线类型,并将其用于商用产品(“71.4 商用天线实例”一节给出了一些示例),每种天线与其他类型相比都各有其优、缺点。

由于内置天线需要在更小的尺寸上实现更大的带宽,因此出现了一些新技术使天线更加宽带化和小型化。“71.5 天线馈电与匹配方法”一节介绍了其中一些方法, 讨论了不同的天线馈电方法以及匹配网络的使用。

在工业界和学术界中有源/可重构天线也被用作移动终端天线,这种天线在馈电处有一些可调组件或开关,这些可调组件也可以分布在天线上。在“71.6 移动终端中的可调/可重构天线”一节中讨论了一些实例及其相对于无源天线的优、缺点。

“71.7 移动终端中的天线—用户相互作用”一节专门论述了用户与手持设备天线之间的相互影响。这种相互影响有两种方式。用户通过介电加载使天线反射系数失谐,并通过吸收能量降低了总效率来影响天线。天线也对用户产生影响,在用户头部附近发射电磁场,可由SAR对其影响进行量化。

用于移动终端的天线拓扑结构可以是单馈或多馈设计。“71.8 多馈天线系统”一节中提到了一些多馈天线系统的设计概念及其与单馈天线相比的优、缺点。

“71.9 手持设备天线测试”一节中讨论了本章之前未讨论的移动终端天线测试中的一些定义和问题。反射系数和效率测量的主要问题之一是实际情况中不存在的馈电电缆的影响,因为实际使用中天线直接由收发机的微带线馈电。本节中简要介绍了测量效率最简单的方法——惠勒帽方法。关于TRP/TIS的定义也在本节中进行了解释。

本章以“71.10 天线制造技术”一节作为结尾,介绍了移动终端天线中常用的天线制造方法。

交叉参考：

▶第 32 章分集天线和 MIMO

▶第 75 章阻抗匹配与巴伦

▶第 49 章小天线辐射效率测量

▶第 29 章小天线

▶第 44 章宽带磁电偶极子天线

参考文献

Akyildiz IF, Gutierrez-Estevez DM, Reyes EC (2010) The evolution to 4G cellular systems: LTE-advanced. Elsevier Phys Commun 3:217-244

Andujar A, Anguera J, Puente C (2011) Ground plane boosters as a compact antenna technology for wireless handheld devices. IEEE Trans Antennas Propag 59(5):1668-1677

Antoniades MA, Eleftheriades GV (2010) A multiband monopole antenna using a double-tuned wheeler matching network. In: Proceedings of the 4th European conference on antennas and propagation (EuCAP) 2010, Barcelona

Bhatti RA, Shin YS, Nguyen N, Park S (2008) Design of a novel multiband planar inverted-Fan-tenna for mobile terminals. In: International workshop on antenna technology: small antennas and novel metamaterials (iWAT 2008), Chiba

Boyle K, Steeneken P (2007) A five-band reconfigurable PIFA for mobile phones. IEEE Trans Antennas Propag 55(11):3300-3309

Cabedo A, Anguera J, Picher C, Ribo M, Puente C (2009) Multiband handset antenna combining a PIFA, slots, and ground plane modes. IEEE Trans Antennas Propag 57(9):2526-2533

Chen S, Wong K (2010) Small-size 11-band LTE/WWAN/WLAN internal mobile phone antenna. Microw Opt Technol Lett 52(11):2603-2608

Chen S, Wong K (2011) Wideband monopole antenna coupled with a chip-inductor-loaded short-edstrip for LTE/WWAN mobile handset. Microw Opt Technol Lett 53(6):1293-1298

Chen Z, Yang N, Guo Y, Chia M (2005) An investigation into measurement of handset antennas. IEEE Trans Instrum Meas 54(3):1100-1110

Chen W, Lee B, Liu Y (2012) A printed coupled-fed loop antenna with two chip inductors for the 4G mobile applications. Microw Opt Technol Lett 54(9):2157-2163

Chiu C, Chang C, Chi Y (2010) A meandered loop antenna for LTE/WWAN operations in a smart phone. Prog Electromagn Res C 16:147–160

Chu LJ (1948) Physical limitations of omnidirectional antennas. J Appl Phys 19(12):1163–1175

Chu F, Wong K (2011) On-board small-size printed LTE/WWAN mobile handset antenna closely integrated with system ground plane. Microw Opt Technol Lett 53(6):1336–1343

Chu F, Wong K (2012) Internal coupled-fed loop antenna integrated with notched ground plane for wireless wide area network operation in the mobile handset. Microw Opt Technol Lett 54(3):599–605

Ciais P, Staraj R, Kossiavas G, Luxey C (2004) Design of an internal quad-band antenna for mobilephones. IEEE Microwave Wireless Compon Lett 14(4):148–150

Cihangir A (2014) Antenna designs using matching circuits for 4G communicating devices. Dissertation, University of Nice-Sophia Antipolis

Cihangir A, Ferrero F, Luxey C, Jacquemod G, Brachat P (2013) A bandwidth-enhanced antenna in LDS technology for LTE700 and GSM850/900 standards. In: Proceedings of the 7th European conference on antennas and propagation (EuCAP), Chalmers, pp 2786–2789

Cihangir A, Ferrero F, Jacquemod G, Brachat P, Luxey C(2014) Integration of resonant and non-resonant antennas for coverage of 4G LTE bands in handheld terminals. In: Forum for Electromagnetic Research Methods and Application Technologies (FERMAT), 3(5). http://www.e-fermat.org/files/articles/1537fbf7ab0bf7.pdf. Last accessed 21 Apr 2015 Collin RE, Rothschild S (1964) Evaluation of antenna Q. IEEE Trans Antennas Propag 12(1):23–27

Guo Y, Ang I, Chia M (2003) Compact internal multiband antennas for mobile handsets. IEEE Antennas Wirel Propag Lett 2:143–146

Haapala P, Vainikainen P (1996) Helical antennas for multi-mode mobile phones. In: Proceedings of the 26th European microwave week, Prague, 9–12 Sept 1996

Hansen RC (1981) Fundamental limitations in antennas. Proc IEEE 69(2):170–182

Holopainen J (2008) Handheld DVB and multisystem radio antennas. Dissertation, Helsinki University of Technology. https://aaltodoc.aalto.fi/handle/123456789/44. Last accessed 21 Apr 2015

Holopainen J (2011) Compact UHF-band antennas for mobile terminals: focus on modelling, implementation, and user interaction. Dissertation, AALTO University. http://lib.tkk.fi/Diss/2011/isbn9789526040868/. Last accessed 21 Apr 2015

Holopainen J, Valkonen R, Kivekas O, Ilvonen J, Vainikainen P (2010) Broadband equivalent circuit model for capacitive coupling element-based mobile terminal antenna. IEEE Antennas Wirel Propag Lett 9:716-719

Hu ZH, Kelly J, Song C, Hall PS, Gardner P (2010) Novel wide tunable dual-band reconfigurable chassis-antenna for future mobile terminals. In: Proceedings of the 4th European conference on antennas and propagation (EuCAP), Barcelona

IEC (2005) Human exposure to radio frequency fields from hand-held and body- mounted wireless communication devices - human models, instrumentation, and procedures - part 1: procedure to determine the specific absorptionrate (SAR) for hand-held devices used in close proximity to the ear (Frequency range of 300 MHz to 3 GHz). IEC 62209-1, 2005 IEEE (2003) IEEE recommended practice for determining the peak spatial-average specific absorptionrate (SAR) in the human head from wireless devices: measurement techniques. IEEE Std 1528

Ikonen P, Ella J, Schmidhammer E, Tikka P, Ramachadran P, Annamaa P (2012) Multi-feed RF front-ends and cellular antennas for next generation smartphones. Available via. http://www.pulseelectronics.com/download/3755/indie _ technical _ article/pdf. Last accessed 02 July 2015

Ilvonen J, Valkonen R, Holopainen J, Kivekas O, Vainikainen P (2012) Reducing the interaction between user and mobile terminal antenna based on antenna shielding. In: Proceedings of the 6th European conference on antennas and propagation (EUCAP), Prague Jaloun M, Guennoun Z (2010) Wireless mobile evolution to 4G network. Wirel Sens Netw 2:309-317

Korva H (2007) Internal multiband antenna. US Patent 7,256,743, 14 Aug 2007

Kumar A, Liu Y, Sengupta J, Divya (2010) Evolution of mobile wireless communication networks: 1G to 4G. Int J Electron Commun Technol 1(1):68-72

Lee C, Wong K (2010) Planar monopole with a coupling feed and an inductive shorting strip for LTE/GSM/UMTS operation in the mobile phone. IEEE Trans Antennas Propag 58(7): 2479-2483

Lin C, Wong K (2007) Printed monopole slot antenna for internal multiband mobile phone antenna. IEEE Trans Antennas Propag 55(12):3690-3697

Liu C, Lin Y, Liang C, Pan S, Chen H (2010) Miniature internal penta-band monopole antenna for mobile phones. IEEE Trans Antennas Propag 58(3):1008-1011

Liu L, Cheung S, Weng Y, Yuk T (2012) Cable effects on measuring small planar UWB monopole antennas. In: Ultra wideband - current status and future Trends. InTech

Mak A, Rowell C, Murch R, Mak C (2007) Reconfigurable multiband antenna designs for wireless communication devices. IEEE Trans Antennas Propag 55(7):1919-1928

Manteuffel D, Arnold M (2008) Considerations for reconfigurable multi-standard antennas for mobile terminals. In: International workshop on antenna technology: small antennas and novel metamaterials (iWAT), Chiba, pp 231-234

McKinzie III, WE (1997) A modified wheeler cap method for measuring antenna efficiency. In: Proceedings of the IEEE antennas and propagation society international symposium (AP-S), Montreal

McLean JS (1996) A re-examination of the fundamental limits on the radiation Q of electrically small antennas. IEEE Trans Antennas Propag 44(5):672

Nevermann P, Pan S (2002) Multiband helical antenna. US Patent 6,501,438 B2, 31 Dec 2002

Park Y, Sung Y (2012) A reconfigurable antenna for quad-band mobile handset applications. IEEE Trans Antennas Propag 60(6):3003-3006

Pelosi M, Franek O, Pedersen G, Knudsen M (2009) User's impact on PIFA antennas in mobilephones. In: Proceedings of the IEEE 69th vehicular technology conference, Barcelona

Pues HF, Capelle AR (1989) An impedance-matching technique for increasing the bandwidth of microstrip antennas. IEEE Trans Antennas Propag 37(11):1345-1354

Ramachandran P, Annamaa P, Gaddi R, Tornatta P, Morrel L, Schepens C (2013) Reconfigurable small antenna for mobile phone using MEMS tunable capacitor. In: Loughborough antennas & propagation conference, Loughborough

Rowell C, Lam EY (2012) Mobile-phone antenna design. IEEE Antennas Propag Mag 54(4):14-34

Rowell C, Murch RD (1997) A capacitively loaded PIFA for compact mobile telephone handsets. IEEE Trans Antennas Propag 45(5):837-842

Saldell U (1997) Antenna device for portable equipment. US Patent 5,661,495, 26 Aug 1997

Selvanayagam M, Eleftheriades GV (2010) A compact printed antenna with an embedded double-tunedmetamaterial matching network. IEEE Trans Antennas Propag 58(7):2354-2361

Toh CK (2011) 4G LTE technologies: system concepts, technology, white paper. http://www.alicosystems.com/4G%20LTE%20Technologies%20System%20Concepts.pdf. Last accessed 21 Apr 2015

Vainikainen P, Ollikainen J, Kivekas O, Kelander I (2000) Performance analysis of small antennasmounted on mobile handsets. In: Proceedings of the COST 259 final workshop-mobile and human body interaction, Bergen

Vainikainen P, Ollikainen J, Kivekas O, Kelander I (2002) Resonator-based analysis of the combination of mobile handset antenna and chassis. IEEE Trans Antennas Propag 50(10):1433-1444

Vainikainen P, Ollikainen J, Kivekas O, Kelander I (2004) Modular coupling structure for a radio device and a portable radio device. FI Patent 114260, 15 Sep 2004

Valkonen R, Holopainen J, Icheln C, Vainikainen P (2007) Broadband tuning of mobile terminal antennas. In: Proceedings of the 2nd European conference on antennas and propagation (EU-CAP), Edinburgh

Valkonen R, luxey C, Holopainen J, Icheln C, Vainikainen P (2010) Frequency-reconfigurable mobile terminal antenna with MEMS switches. In: Proceedings of the 4th European conference on antennas and propagation (EuCAP), Barcelona, pp 1-5

Valkonen R, Ilvonen J, Vainikainen P (2012) Naturally non-selective handset antennas with good robustness against impedance mistuning. In: Proceedings of the 6th European conference on antennas and propagation (EUCAP), Prague, pp 796-800

Valkonen R, Ilvonen J, Icheln C, Vainikainen P (2013a) Inherently non-resonant multi-band mobile terminal antenna. IET Electron Lett 49(11):11-13

Valkonen R, Lehtovuori A, Icheln C (2013b) Dual-feed, single-CCE antenna facilitating inter-band carrier aggregation in LTE-A handsets. In: Proceedings of the 7th European conference on antennas and propagation (EuCAP), Chalmers

Villanen J, Ollikainen J, Kivekas O, Vainikainen P (2006) Coupling element based mobile terminal antenna structures. IEEE Trans Antennas Propag 54(7):2142-2153

Villanen J, Icheln C, Vainikainen P (2007a) A coupling element-based quad-band antenna structure for mobile terminals. Microw Opt Technol Lett 49(6):1277-1282

Villanen J, Mikkola M, Icheln C, Vainikainen P (2007b) Radiation characteristics of antenna structures in clamshell-type phones in wide frequency range. In: IEEE 65th vehicular technology conference, Montreal

Villanueva R, Miranda R, Mendez J, Aguilar H (2013) Ultra-wideband planar inverted-F antenna (PIFA) for mobile phone frequencies and ultra-wideband applications. Prog Electromagn Res C 43:109-120

Wheeler HA (1947) Fundamental limits of small antennas. Proc IRE 35(12):1479-1484

Wong K, Chen S (2010) Printed single-strip monopole using a chip inductor for penta-bandWWAN operation in the mobile phone. IEEE Trans Antennas Propag 58(3):1011-1014

Yaghijan AD, Best SR (2005) Impedance, bandwidth, and Q of antennas. IEEE Trans Antennas Propag 53(4):1298-1324

Yamagajo T, Koga Y (2011) Frequency reconfigurable antenna with MEMS switches for mobile terminals. In: IEEE-APS topical conference on antennas and propagation in wireless communications (APWC), Torino

Yang C, Jung Y, Jung C (2011) Octaband internal antenna for 4G mobile handset. IEEE Antennas Wirel Propag Lett 10:817-819

Ying Z (2000) Multi-band non-uniform helical antennas. US Patent 6,112,102, 29 Aug 2000

Ying Z (2005) Progress of multi-band antenna technology in mobile phone industry. In: IET conference on wideband and multi-band antennas and arrays, Birmingham

Ying Z (2012) Antennas in cellular phones for mobile communications. Proc IEEE 100(7): 2286-2296

Zaid L, Kossiavas G, Dauvignac JY, Papiernik A (1998) Very compact double C-patch antenna. IET Electron Lett 34(10):933-934

Zhang L (2013a) Quad-band internal antenna and mobile communication terminal thereof. US Patent 2013/0135155 A1, 30 may 2013

Zhang L (2013b) Penta-band internal antenna and mobile communication terminal thereof. US Patent 2013/0141298 A1, 6 Jun 2013

Zhang X, Zhao A (2009) Enhanced-bandwidth PIFA antenna with a slot on ground plane. In: PIERS proceedings, Beijing, 23 - 27 Mar 2009. https://piers.org/piersproceedings/download.php? file=cGllcnMyMDA5QmVpamluZ3wzUDNiXzEyNjgucGRmfDA4MDkyODA5NTkzNg. Last accessed 02 July 2015

第72章

相控阵馈源在反射面天线中的应用

Stuart G. Hay, Trevor S. Bird

摘要

用于反射面天线或透镜天线的阵列馈源可在波束形成时提供极大的灵活性。通过所有阵元的合成可以获得单波束,也可以用子阵列或部分阵元的组合形成多波束,或者通过调整单元的相位和幅度来控制波束。阵列馈源广泛应用于卫星通信、雷达及射电天文等多个领域。在射电天文应用中,通常阵元位置是固定的,如澳大利亚的帕克斯(Parkes)观测站及波多黎各的阿雷西博(Arecibo)观测站,都是通过逐步调整阵元的激励来产生多波束。澳大利亚平方公里阵"探路者"(ASKAP)针对固定阵列的馈源激励问题给出了完整的相控阵解决方案,结果表明,当不考虑互耦效应时,最佳激励为焦面场的复共轭。当阵列大小

S. G. Hay (✉)

CSIRO 数字产品公司,埃平,澳大利亚

e-mail: stuart. hay@ csiro. au

T. S. Bird

Antengenuity 公司, 伊斯特伍德,澳大利亚

e-mail: tsbird@ optusnet. com. au; tsbird@ ieee. org

确定后,多波束馈源的灵敏度正比于 $\sqrt{N}$,其中 N 为阵列的阵元数。本书阐述了反射面相控阵馈电理论,并将灵敏度的定义扩展到相控阵领域。定义了相控阵式干涉仪的扫描速度,并研究了根据波束数量和间距确定扫描速度的条件。固定阵列常作为射电天文望远镜的馈源,其经典应用有 Parkes 射电望远镜的 13 单元多波束馈源以及西澳大利亚 ASKAP 的相控阵棋盘式馈源。

关键词

阵列;相位;馈源;波束;固定波束;转向;互耦;灵敏度;射电望远镜;Parkes;ASKAP;扫描速度;多波束

72.1 引言

与单天线馈源比较,阵列馈源具有更高的性能和更大的灵活性,从而使反射面天线得到更广泛的应用。阵列馈源可以组合在一起工作,也可以单独工作。相控阵是将阵元激励组合在一起作为单个天线来工作的天线集合,能够通过调整信号的幅度或相位来控制波束扫描,而不需要机械地移动整个天线结构。相控阵馈源通过另一个较大的天线来实现这种灵活性,通常是图 72.1 所示的反射器或透镜,这对于聚焦波束是十分有效的。由于没有机械上的移动,而是采用电子控制使波束快速转向,相控阵馈源可用于单波束扫描、多波束扫描或自适应波束形成,可以应用于雷达和射电天文系统。有关后一种系统的说明,可参见“射电望远镜系统中的天线”一章。只需旋转聚焦处的馈源,即可控制球形反射镜的波束。然而,与抛物面天线相比,球形反射面的增益较低且旁瓣较高。对于抛物面反射镜来讲,波束转向更加复杂,实现方法比较多,可以通过从反射面顶点横向移动单个馈源在较小范围内进行控制,但是除非孔径分布具有较高的锥削度,否则增益会大大降低。可以在增益损失过大之前引入相位校正,这会将波束的扫描范围限制在视轴方向的几个波束宽度之内。距离焦平面为 d 的单馈源,横向偏移产生一个扫描角度 θ_b ,这个角度小于焦点到顶点的角度 $\theta_v = a\tan(d/f)$,两者之差称为波束偏差因子(BDF)。其关系为

$$\theta_b = \theta_v \mathrm{BDF} \tag{72.1}$$

BDF 的典型值是 0.7~0.9。当 f/D 较大时,可以近似为

$$\mathrm{BDF} \approx \left[1 + \frac{1}{32\left(\frac{f}{D}\right)^2}\right]^{-1} \tag{72.2}$$

由于偏焦导致的场分布不匹配,馈源无法在宽扫描角处降低旁瓣。

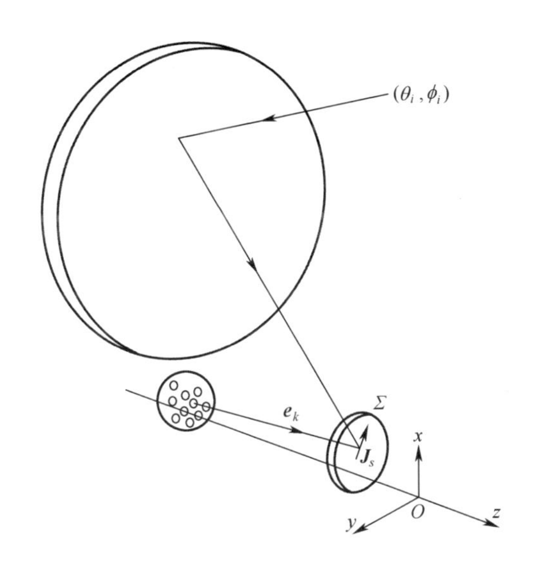

图 72.1　带有馈源阵列的反射天线(接收角度为 (θ_i,ϕ_i))

一种实现扫描波束的改进方法是使用从焦平面场得出的信息并提供合适的共轭匹配。这意味着馈源必须足够灵活,能够提供适当的激励以产生所需的场分布。对于包含足够数量的阵列单元,这是可能的。另一种方法是 Rudge 等(1986)采用反射面完成的第一次傅里叶变换、信号处理完成第二次傅里叶变换,从而产生扫描波束。变换就是在约定轨迹上的焦平面截获的电场分布,仅需要移相器来校正偏差。

相控阵作为馈源已被用于波束快速扫描,过去馈电网络的复杂度、成本和重量是使用中重点考虑的因素;近年来,将相控阵用于反射面天线的馈源,其灵活性和新的馈电方法成为评估的重点。本章将讲述在该领域的最新进展。

72.2 反射面天线的阵列馈源

如图72.1所示,当激励信号由馈源通过反射面的焦平面再到反射面时,笔形波束就会辐射出来。大多数应用采用单馈源,如偶极子、喇叭或波导。按照“反射面天线”一章所述,已经为反射面天线开发了高效的馈源及相关技术。反射面可以是单反射器,如对称抛物面或者双反射面。图72.1所示为卡塞格伦反射面天线。为了有效地照射反射面产生波束,可以在其视轴或者转向时与视轴成一定角度时,使馈源的孔径场匹配相应波束的焦平面场。当天线工作于接收模式时,可以改变入射波的方向以进行调整;当天线工作于发射模式时,可以手动调整单元或阵列的相位来实现。

72.2.1 偶极子阵列馈电的反射面天线

在“反射面天线”一章中,已经推导出位于抛物面焦点处的单个偶极子辐射的场。这里的分析是从单个半波偶极子天线扩展到阵列天线。阵列在 x 方向上具有奇数 N_x 个单元,间距为 d_x,类似地,在 y 方向上具有间隔为 d_y 的 N_y 个单元,偶极子极化方向为 x 方向。假设阵列在反射面的远场中,偶极子之间的互耦效应被忽略。那么,从第30章式(30.65)和阵列与阵元函数的方向图乘积可以得到阵列辐射的场为

$$\boldsymbol{E}_f = E_0 \frac{\mathrm{e}^{-\mathrm{j}k\boldsymbol{r}}}{r} A(\theta,\phi)[\theta\cos\theta\cos\phi - \phi\sin\phi] \tag{72.3}$$

$$\boldsymbol{H}_f = \frac{1}{\eta_0}\boldsymbol{r} \times \boldsymbol{E}_f \tag{72.4}$$

其中,

$$A(\theta,\phi) = \frac{\cos\left(\dfrac{\pi}{2}\sin\theta\right)}{\cos\theta} \sum_{m=-N_{x1}}^{N_{x1}} \sum_{n=-N_{y1}}^{N_{y1}} V_{mn}\exp[\mathrm{j}(mT_x(\theta,\phi) + nT_y(\theta,\phi))] \tag{72.5}$$

式(72.5)由半波偶极子的方向图函数与阵列因子相乘得到。E_0 为一个常数;η_0 为自由空间波阻抗,x、y 方向的相位旋转因子为

$$T_x(\theta,\phi) = kd_x\sin\theta\cos\phi$$

$$T_y(\theta,\phi) = kd_y\sin\theta\sin\phi$$

V_{mn} 为 mn 位置阵元的激励,且 $N_{x1,y1} = (N_{x,y} - 1)/2$,反射面远场式已由第 30 章的公式(4.6)和(4.7)给出,这里再重申一遍,有

$$E_\theta = -\frac{\mathrm{j}kfE_0}{\pi}\frac{\mathrm{e}^{-\mathrm{j}kr}}{r}B(\theta,\phi) \tag{72.6}$$

$$E_\phi = \frac{\mathrm{j}kfE_0}{\pi}\frac{\mathrm{e}^{-\mathrm{j}kr}}{r}C(\theta,\phi) \tag{72.7}$$

其中,

$$B(\theta,\phi) = \int_0^{2\pi}\mathrm{d}\xi\cos\xi\int_0^{\psi_c}\mathrm{d}\psi A(\psi,\xi)\exp[\mathrm{j}k\rho(\sin\theta\sin\psi\cos(\phi-\xi) - (1+\cos\theta\cos\psi))]$$
$$\times\left[\cos\theta(\cos\psi\cos\xi\cos(\phi-\xi) - \sin\xi\sin(\phi-\xi)) - \sin\theta\tan\frac{\psi}{2}\cos\phi\cos\xi\right]\tan\frac{\psi}{2} \tag{72.8}$$

$$C(\theta,\phi) = \int_0^{2\pi}\mathrm{d}\xi\sin\xi\int_0^{\psi_c}\mathrm{d}\psi A(\psi,\xi)\exp[\mathrm{j}k\rho(\sin\theta\sin\psi\cos(\phi-\xi) - (1+\cos\theta\cos\psi))]$$
$$\times[\cos\psi\cos\xi\sin(\phi-\xi) + \sin\xi\cos(\phi-\xi)]\tan\frac{\psi}{2} \tag{72.9}$$

式中:f 为焦距;$\rho = 2f/(1+\cos\theta)$ 为焦点与反射面的距离;$\psi = 2\mathrm{atan}[1/(4f/D)]$ 为反射面半锥角,D 为反射面直径。

辐射方向图由式(72.6)和式(72.7)计算得出,图 72.2 所示为直径 $D = 50\lambda$、$f/D = 0.35$ 的 3×3 半波阵子阵列方向图。

阵元间距为 $d_x = 0.55\lambda$、$d_y = 0.55\lambda$,阵列的激励已从 $f/D = 0.35$ 的抛物面焦点区域中 x 方向电场的复共轭得到。图 72.3 中的实线表示调整波束时的峰值增益的曲线,可以看出对于 3×3 阵列,增益随着扫描角度增加而减小,直到扫描角度达到 2°或者达到约 $2\lambda/D$ 的临界点时,增益迅速降低。这是由于以焦点为中心的小阵列只能匹配焦点区域的一部分。当波束在 xz 平面进行旋转时,焦点区域在该平面的范围增加。当在 x 方向上添加更多单元来进一步增加阵列尺寸时,尽管增益会损失 3dB,但可以在更宽的扫描范围内有所提升。扫描方向上有 5 个阵元,扫描范围可以达到±3°,对于 7 个阵元,扫描范围可以达到±4°。由于扫描范围为 $2\Delta\theta$,因此随着该方向上的阵元数目增加,视场的扫描范围随之

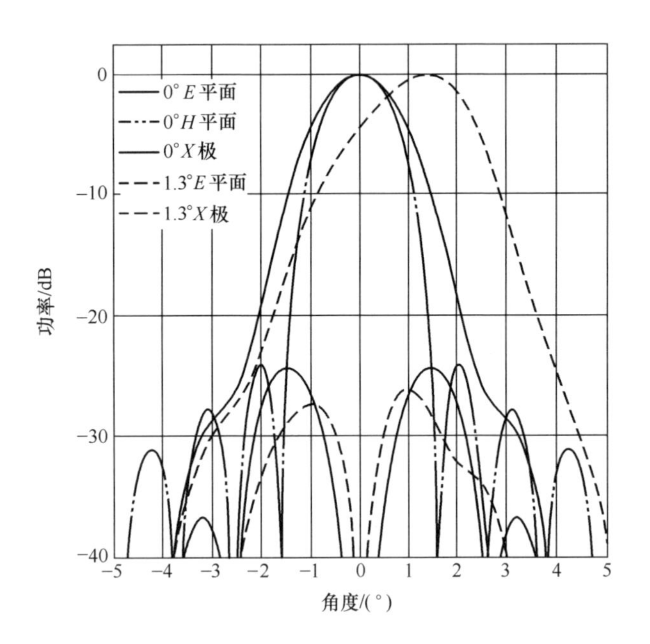

图 72.2 反射面直径 $D = 50\lambda$、$f/D = 0.35$ 的 3×3 半波阵子阵列方向图
(激励函数与焦面场分布共轭匹配)

增加。因此 3 个阵元即可匹配焦平面,并且视场扫描范围 FoV = 3°,当增加到 7 个阵元时,视场范围 FoV = 8°。

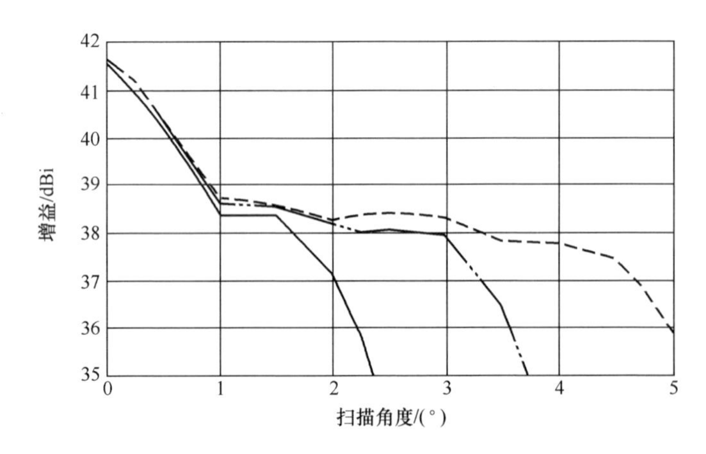

图 72.3 具有半波偶极阵列馈电的抛物面的增益与扫描角度的关系
(反射面直径 $D = 50\lambda$,$f/D = 0.35$,实线为 3×3 阵列,长虚线为 5×3 阵列,短虚线为 7×3 阵列)

扫描范围及增益取决于反射器的直径和 f/D 。例如，图 72.4 显示了在扫描范围内获得的增益是抛物面直径的函数，f/D 值分别为 0.35 和 0.45，阵列为 5×3。轴上的峰值增益和视场的典型值随着直径的增加而增加，阵列的大小只要能覆盖需要扫描的区域即可。如果阵列没有覆盖焦点区域的重要部分或者位置不正确，那么当 $f/D = 0.45$ 时，$D > 80\lambda$ 后增益就开始减小。对于更大的 f/D 值，覆盖范围比 $f/D = 0.35$ 时更大。需要强调的是，以上引用的结果仅表示实际结果随阵元类型和位置的变化而发生的情况，因为阵元间的互耦被忽略了。

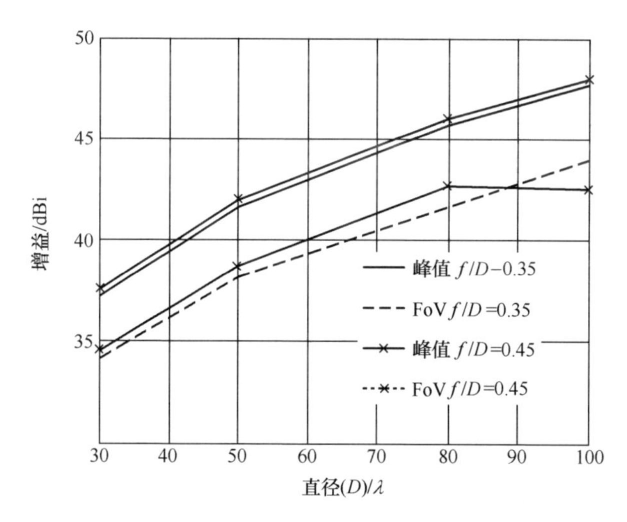

图 72.4　增益随抛物面直径（D）和 f/D 的变化曲线（抛物面馈源为 5×3 阵元偶极子阵列该馈源与对应于轴向入射（峰值）的焦面场相匹配，视场角大约两个波束宽度（FoV））

考虑互耦时，阵列扫描的性能同不考虑互耦时的情况完全不同，这取决于阵列的几何形状，尤其是考虑阵元的间距。在一些情况中，整体性能会得到改善，而其余状况下性能可能会恶化。为了保证天线性能与仿真一致，设计时需要考虑互耦。

72.2.2　馈源阵列的尺寸

阵列馈源的尺寸可以通过图 72.5 展示的几何参数估计。该图展示了阵列馈源间距为 w_x 的对称反射面在平面波在 xz 平面以角度 θ_{bx} 入射时的结果。

在该角度上，几何波束入射到阵列最外面的单元上。通过式（72.1）可以得

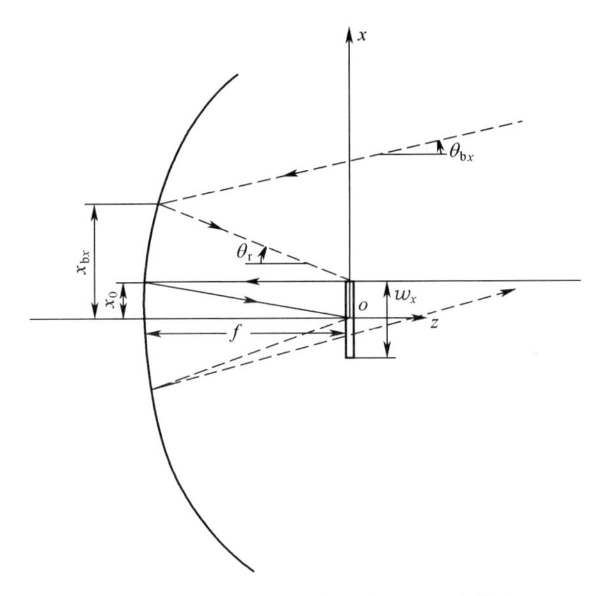

图 72.5　对称反射面阵列馈源的尺寸估计

到 x 方向上的阵元宽度为

$$w_x \approx 2f\tan\left(\theta_{bx}\left[1+\frac{1}{32\left(\frac{f}{D}\right)^2}\right]\right) \tag{72.10}$$

假设阵元的间距选择为 d_x,x 方向的阵元数目为

$$N_x = I\left[\frac{w_x}{d_x}\right] \tag{72.11}$$

式中:$I[x]$ 指对参数 x 进行取整,该方法同样适用于估计 yz 平面上阵元的最大值以及方阵的 y 方向阵元数目。

例如,当扫描角度为±2°时,为了取得最小的扫描损耗,反射面的直径 $D=100\lambda$ 且 $f/D=0.35$,那么所需要的阵列尺寸是多少呢？假设阵元间隔最小为 $d_x=0.55\lambda$,式(72.10)估计了阵列宽度为 $w_x\approx 3\lambda$,而式(72.11)估计的阵元数目为 $N_x=5$。该结果与图 72.3 的 3×3 阵列结果相比较,只有大约一半的阵元在 x 方向上。利用式(72.10)估计扫描范围约为±3°时,扫描方向上的阵元数量增加为 $N_y=7$,而图 72.5 显示事实上这时平面扫描角度能够增加到±4°,这说明式(72.10)是阵元间隔接近 0.5λ 时的一个保守估计。因而,通过仔细选择阵列阵元口径，阵元间距可以增加，其阵元数目能够比式（72.11）的所预测的数量减少。

72.2.3　馈源阵列激励

当馈源从焦点中心偏移时，天线波束如彗星轨迹扫过，在视轴方向产生增益损失。在某种程度上，可以通过调整阵列激励以匹配焦面场，从而克服此类问题。并且在具有足够的阵列单元的情况下，可以一次用几个波束完成，也可以设计高性能转向波束。为了更加严格地计算阵列的激励，设定在反射面的焦点区域具有 N 个阵元，均匀平面波从方向 $(\theta_\alpha,\varphi_\alpha)$ 入射（$\alpha=1,2,\cdots,N_b$），其中 N_b 为假定的入射到反射面上的波束数量。通过互易性，当阵列被激励时，这些方向上都会产生波束。假设在阵列的每个口径中有 M 个状态，通过波束成形网络只能访问其中的 J 个状态。因此 MN 个端口有 $L=JN$ 个有效端口。其余的状态因互相影响而间接激发。后者阵列口径的结果由入射和反射状态的散射矩阵影响，即：

$$\boldsymbol{b}=\boldsymbol{S}\boldsymbol{a}$$

其中

$$\boldsymbol{a}=\begin{bmatrix} a_1 \\ a_2 \\ \vdots \\ a_{MN} \end{bmatrix}$$

包含所有的输入，包括那些不可获得的高次模在内。

反射面天线的标准增益密度由下式给出，即：

$$\eta(\theta_\alpha,\phi_\alpha,\boldsymbol{v})=\frac{\boldsymbol{Q}\cdot\boldsymbol{Q}}{P_f} \tag{72.12}$$

其中

$$\boldsymbol{Q}=\boldsymbol{u}^{T}\boldsymbol{v}$$

$$\boldsymbol{v}=\begin{bmatrix} a_1 \\ a_2 \\ \vdots \\ a_L \end{bmatrix}$$

是 L 输入端的状态幅度向量,而

$$P_{\mathrm{f}} = \boldsymbol{v}^{\dagger}\boldsymbol{\Lambda}\boldsymbol{v}$$

是 $\boldsymbol{\Lambda} = \boldsymbol{P} - \boldsymbol{S}^{\dagger}\boldsymbol{P}\boldsymbol{S}$ 的阵列总辐射功率,有

$$\boldsymbol{P} = \begin{bmatrix} p_1 & 0 & \cdots & 0 \\ 0 & p_i & \cdots & 0 \\ \vdots & \vdots & \ddots & \vdots \\ 0 & 0 & \cdots & p_{MN} \end{bmatrix}$$

式中:p_i 为状态 i 时的权值。上标 T 表示转置,* 表示复共轭,† 表示 Hermitian 共轭。行向量为

$$\boldsymbol{u}^{\mathrm{T}} = \boldsymbol{t}^{\mathrm{T}}\boldsymbol{W} \tag{72.13}$$

它包含了互耦的结果,因为 $\boldsymbol{W}$ 是输入为 L 个端口、输出为 MN 个端口的 $MN \times L$ 矩阵,其中的阵元为

$$W_{ij} = \begin{cases} 1 + S_{ii} & i = j = 1,2,\cdots,JN \\ S_{ij} & \text{其他} \end{cases}$$

$\boldsymbol{t}$ 为与每个远场 $(\theta_{\mathrm{b}},\phi_{\mathrm{b}})$ 孔径相关的场辐射的向量,其中第 k 个阵元的接收模型为(参考图 72.1)

$$t_k(\theta_\alpha,\phi_\alpha) = \frac{1}{4\sqrt{P_{\mathrm{inc}}}}\iint_{\Sigma} \mathrm{d}S' e_k \cdot \boldsymbol{J}_s(\theta_\alpha,\phi_\alpha \mid x') \tag{72.14}$$

式中:e_k 为去掉其他端口后的第 k 个阵元的电场辐射;P_{inc} 为 $(\theta_\alpha,\phi_\alpha)$ 方向平面波的能量;$\boldsymbol{J}_s(\theta_\alpha,\phi_\alpha \mid x')$ 为反射面上离入射波最近的位置 x 的触发电流,对于端口 k,可以获得发射模式下反射面的远场辐射等效表达式。

任意方向 $(\theta_\alpha,\phi_\alpha)(\alpha = 1,2,\cdots,N_{\mathrm{b}})$ 波束的最大增益解由式(72.12)给出。这些波束可以作为顺序波束扫描的一部分或者用于单次随机搜索。每种情况都对应一个本征激励矢量 $\boldsymbol{v}_\alpha$,即

$$\boldsymbol{v}_\alpha = \boldsymbol{\Lambda}^{-1}\boldsymbol{u}_\alpha^{*} \tag{72.15}$$

式中:$\boldsymbol{v}_\alpha$ 为由式(72.15)在 $(\theta_\alpha,\phi_\alpha)$ 方向上获得的。如果互耦可以忽略不计或者为零,那么 $\boldsymbol{\Lambda}=\boldsymbol{P}$,且式(72.15)缩写为 $\boldsymbol{v}_\alpha = \boldsymbol{P}^{-1}\boldsymbol{t}_\alpha^{*}$,这相当于输入振幅是一个与焦面场分布共轭匹配的量。这是本节开头提到的,为了获得图 72.3 中的结果而采用的近似方法。

激励也可以通过数值方法来确定,如通过优化每个波束上的特定需求而不是考虑最大增益,或者通过优化包络约束旁瓣。为了应用包络约束方法,在覆盖区域中定义 N_s 个指定的点。在与远场方向 (θ_i,ϕ_i) 对应的区域的第 j 个点处,定义

$$c_{\boldsymbol{u},j} = \text{方向 } j \text{ 上的最大波束电平}$$
$$c_{L,j} = \text{方向 } j \text{ 上的最小波束电平}$$

因此,要求

$$c_{L,j} \leqslant \eta(\theta_j,\phi_j) \leqslant c_{\boldsymbol{u},j} \tag{72.16}$$

为了得出式(72.16)的解,提出了多种不同的方法。一种方法是最小 p 次方法(Bandler and Charalambous,1972),最小 p 次指标由下式定义,即

$$I = H\left[\sum_{f_i>0}\left(\frac{f_i}{H}\right)^q\right]^{1/q} \tag{72.17}$$

式中:$H = \max(f_i)$;$q = \mathrm{sgn}(H)p$。

κ 为约束的集合,有

$$\kappa = \begin{cases} \text{全部} f_i, \text{若 } H < 0 \\ \text{正值} f_i, \text{若 } H > 0 \end{cases}$$

式(72.17)的优点是,如果满足所有的约束条件,它将为零,然后可以终止优化。虽然原则上任何 $p>1$ 都是允许的,但已发现 $p=2$、4、10 可用于波束成形。如果近似解是已知的,那么可以证明更高的 p 值是有用的。根据式(72.15)或更早的搜索方法对阵列激励系数进行初始估计,通过诸如遗传算法或梯度搜索法(如准牛顿法)等多种搜索方法可以进一步使 I 最小化。

确定阵列激励的另一种方法也是基于焦平面场的知识,由 Rudge 和 Withers(1971)最早提出。这种方法利用了口径场和焦平面场之间的傅里叶变换关系。特别地,均匀的孔径分布导致了形式为 $J_1(u)/u$ 的抛物面的焦平面场分布,其中 J_1 是一阶贝塞尔函数。假设主反射面对准几何焦点的最大半锥角为 ψ。可以看出,对于离轴入射,在扫描过程中,当新焦点做离轴移动时,口径和焦点之间会保持相同的关系。

从新焦点测量的反射面孔径所对的锥角是恒定的,其值由 2ψ 给出。定义一个新的焦平面,与平分角 2ψ 的新焦点的直线垂直。馈源的自由运动路径经过新的焦点以及孔径平面的边缘,其运动轨迹沿直径为下式的圆,即

$$f\sec\psi\left[1+\left(\frac{D}{2f}\right)\right]^2 \tag{72.18}$$

一旦获得新的焦平面,无论入射角如何,焦平面与口径场都满足傅里叶变换关系。位于新焦点区域中心的第二傅里叶变换将输出一个均匀的幅度和相位,即口径场的复共轭。因此,抛物线在新的焦平面处作为离轴入射波的理想傅里叶变换器进行馈电。同时,由于第二变换器复制均匀的口径场,所以只需要移相器来重新聚焦天线。在实际操作中,第二傅里叶变换器通常用 Butler 矩阵实现。后者是一个波束成形网络,可以根据输入端口在一个平面内将天线波束转向特定方向。要创建三维扫描,可以组合两个 Butler 矩阵。图 72.6 展示了一个利用移动傅里叶变换馈源的单平面扫描仪。

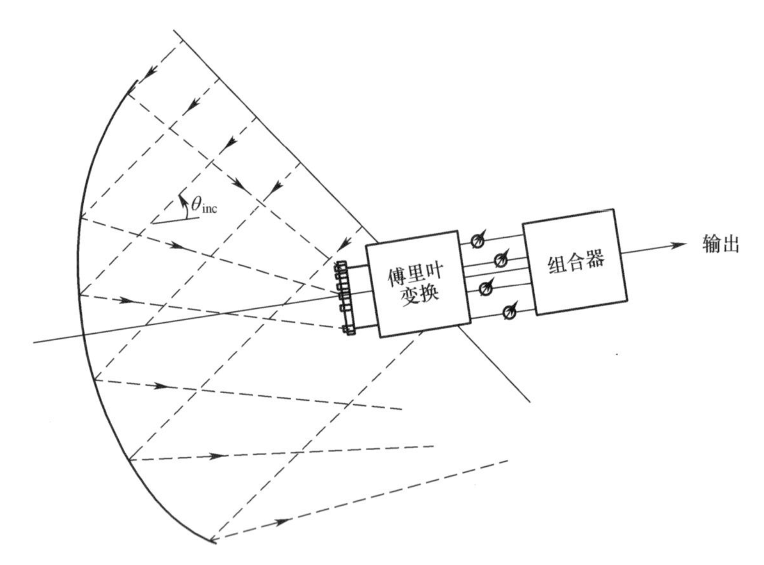

图 72.6　具有可移动傅里叶变换馈源的反射面

72.2.4　灵敏度

在射电天文学中,特别重要的是该仪器的有效灵敏度(Christiansen et al.,1969)。对于单波束来说,灵敏度的测量是最小可检测的噪声温度变化,这与传输线的损耗 η_t 和系统噪声温度的总体变化 $(\Delta T_\alpha)_{\min}$ 有关,其表达式为

$$(\Delta T_\alpha)_{\min}=\frac{1}{\eta_t}(\Delta T_\alpha)$$

$$= \alpha M \frac{T_{\text{sys}}}{(\sqrt{\Delta v \tau})\,\eta_t} \tag{72.19}$$

式中：T_{sys} 为系统噪声温度；Δv 为带宽；τ 为积分时间；αM 为与探测类型(Christiansen et al.，1969)相关的乘数，并且是从特定观测数据的经验中选择的。用单波束望远镜，只有一小部分天空被主波束占据。其余的被称为杂散因子。因此，在主波束区域，有

$$(\Delta T_b)_{\min} = \frac{1}{\eta_b}(\Delta T_\alpha)$$

式中：η_{b} 为波束效率，也是单波束的天线效率。

因此有

$$(\Delta T_b)_{\min} = \alpha M \frac{T_{\text{sys}}}{(\sqrt{\Delta v \tau})\,\eta_t \eta_b} \tag{72.20}$$

最小可检测的匹配通量密度由下式给出，即

$$k_B\,(\Delta T_b)_{\min} = A\,(\Delta S_m)_{\min}$$

式中：S_m 为通量密度 W/(m^2 · Hz)；ΔS_m 是它的变量；A 为孔径的区域；$k_B = 1.38 \times 10^{-23}$W/(Hz℃) 为玻尔兹曼常数，且有

$$(\Delta S_m)_{\min} = \alpha M \frac{k_B}{(\sqrt{\Delta v \tau})\,\eta_t} \frac{T_{\text{sys}}}{A_{\text{eff}}} \tag{72.21}$$

式中：$A_{\text{eff}} = \eta_b A$ 为有效区域。式(72.21)表明，灵敏度与 $T_{\text{sys}}/A_{\text{eff}}$ 成正比，这仅取决于天线系统。

对于具有 N 个波束的多波束望远镜，可以从天空测量中同时提取 N 个信息。如果天空测量区域是多波束的球面区域 Ω_{map}，而 Ω_b 是单波束映射的区域，扫描速度时间 $\tau = (\Omega_b/\Omega_{\text{map}})\tau_s$，其中 τ_s 是用单波束完成天空测量所花费的总时间。因此，测量灵敏度定义为

$$(\Delta SS_m)_{\min} = \sqrt{\left(\frac{\Omega_b}{\Omega_{\text{map}}}\right)}\,(\Delta S_m)_{\min}$$

如果地图或图像由 N 个波束组成，那么 $\Omega_{\text{map}} \approx N\Omega_b$ 且有

$$(\Delta SS_m)_{\min} = \sqrt{\frac{1}{N}}\,(\Delta S_m)_{\min} \tag{72.22}$$

因此，N 波束成像反射面具有 $\sqrt{N}$ 倍单波束仪器的测量灵敏度。但是，测量

时间是 $\tau \approx (1/N)\tau_s$。

72.2.5 单阵元馈电和相关波束成形网络

事实证明,馈源组对于可以建立先验方向的扫描是有用的。在这种情况下,阵列的馈源有自己的馈电网络,在计算机或自主系统控制下,馈源组或单个馈源的激励从一个波束位置到下一个波束位置能够单独加载。一种阵列中一次一个喇叭的应用已经非常成功地用在射电天文学中;另一种在卫星通信中使用的方法是波束成形网络,可将阵列分为若干子阵列,对每个子阵列分别馈电产生部分成形波束。通过组合子阵或在子阵之间切换,可以产生具有一定可重构性的整体成形波束,该可重构波束可以非常快速地变化。

在射电天文应用中,阵列中每次使用一个喇叭,有利于减少波束成形网络的损耗并保持较低的噪声温度。如果阵列间距选择正确,望远镜的相邻波束的中心间隔约为一个波束宽度。将望远镜移动半个波束宽度,使用波束交叉视场,可以在交叉点处以相对较小的增益损失填充覆盖范围。同样地,可以将馈源群中的几个喇叭组合起来,但是由于损耗以及更高的噪声温度,并不建议使用这种组合。正如“相控阵的馈源”一节所述,最近的研究已经开发了实现低损耗波束成形的馈源。

关于实现单波束的多波束馈源,澳大利亚的Parkes天文台、波多黎各的Arecibo天文台和英国的Lovell射电望远镜都使用了这种L波段和C波段的阵列。由于反射面的焦距不同,频段也各异,这些阵列中的馈电喇叭和元件的间距在每种情况下都是不同的。然而,在尽可能的情况下,已将喇叭输入直径选定为相同的,以便共享相同的低温低噪声接收机阵列。在以上提到的天文台中,反射面天线都是在主焦点馈电,因此,为了有效照射,需要宽波束阵元。Parkes和Lovell望远镜都使用了主焦点馈源,尽管后者的更深(Lovell的 f/D 是0.3,而Parkes的 $f/D = 0:41$)。用于Parkes的L波段和C波段阵列馈源的元件是阶梯圆形喇叭。在C波段,孔径直径约为 1.05λ,阵列中的阵元间距为 1.16λ。基于Arecibo多波束L波段馈源阵列,是对第一个Parkes的L波段设计的改进(Bird,1994)。阶梯圆形喇叭不适用于Lovell望远镜,因此在Lovell(Bird,1997)上采用了具有更宽波束宽度的同轴喇叭。

固定多波束馈源设计中的主要参数是输入波导直径、实现所需边缘照射的孔径几何形状、峰值交叉极化电平以及给接收机提供良好输入匹配的匹配网络。阵元的最大尺寸应该足够小,以使连续的波束之间只有大约6dB,并且在最外侧馈源边缘处的增益损失不会太大,孔径直径限制在0.8~1.2λ 。阵元之间的紧密间隔使人们无需考虑使用法兰来改善图案对称性等众所周知的技术,如寄生环或后置波纹法兰。但是从圆形或同轴孔径的特性来看,波束是非常轴对称的,并且在由 $kb \approx 1.25(a/b)^2 - 3.3(a/b) + 3.6$ 给出的频率下具有较低的交叉极化,其中 a 和 b 是内部和外部导体半径。另外,通过在波导内部使用阶梯和膜片,已经成功研制出性能优良的馈电元件。

卫星通信中的馈电元件范围广泛,从均匀分布的圆形波导阵列到渐变分布的矩形喇叭阵列均有涉及。为了使封装密度最大化,通常选择后者。而且,后者在 E 平面内产生均匀的照射场,并且随着高阶模式或电介质负载的激励,H 平面中的孔径场也可以做到几乎均匀。卫星成形波束中的单元间距可以更大,因为需要注重视场的覆盖。馈电阵列可以包含200多个阵元。相关的波束成形网络需要为每个阵元提供准确的幅度和相位,这可以通过低损耗的功率分配器和控制传输线路的长度来实现。

为了实现合成波束、反射面、阵列和波束成形网络的设计,应该有一套专用计算机程序。例如,软件应该能够以严格的方式分析阵列,同时通过数值方法或模式匹配技术来评估互耦的效果。后者有时是馈线的首选,因为它们将圆形和矩形喇叭的内部几何形状精确地模拟为一系列阶梯式波导,还可以分别包括喇叭之间的互耦效应。为了最大程度地减少无关信号到达馈源并引入噪声,阵列通常终止于大的接地平面上。通过物理衍射理论方法或矩量法可以将有限尺寸阵列的效果包含在辐射图中。

反射面的分析通常基于物理光学方法,并且与馈电阵列软件相关联以确定合成波束。波束成形网络可以使用基于数值方法(如有限元法)的技术,将反射面和馈电阵列分开设计。由于这种方法能够包括制造过程中的一部分变化,如表面缺陷、弯曲和扭曲等,因此以这种方式获得的结果是非常准确的。

72.3　相控阵馈源

相控阵馈源(PAF)已被用作快速波束扫描,或者通常在接收系统噪声温度并不重要的情况下使用。馈电网络以适当的幅度和相位加权来组合阵元,但具有显著的损耗,这对天线的整体噪声温度有影响。阵列馈源的应用范围很广泛,从阵列的单个元件产生多个波束到固定形状的波束(如从对地静止卫星),再到用于快速跟踪的具有相控阵的完全导向的波束(如用于导弹跟踪)。在所有情况下,阵元必须由波束成形网络以正确的幅度和相位激励。这些波束成形网络可以根据低损耗的要求由微带线、同轴部件或波导结构构成。

在过去的10年中,PAF得到了越来越多的关注,特别是对于射电天文学的高灵敏度接收应用(Fisher et al. ,2000)。PAF在整个连续的视场(FoV)内产生多个同步的天线波束。它们使用密集的阵列天线阵元,通常阵元间隔小于最小波长的一半。这个间隔对于接收入射场中的信息和控制波束辐射方向图是很重要的,包括偶极子、锥形槽或Vivaldi和棋盘格在内的各种类型的阵元已被使用。PAF波束通常由数字波束形成技术实现。因此,各个阵元信号经数字化并且通过在多个频率通道中独立地进行复数加权、求和而组合。这个过程能够控制反射面的照射、溢出以及诸如间隔、旁瓣和交叉极化之类的其他波束属性。阵元的紧密间隔意味着显著的相互耦合效应,这需要对阵元、前端放大器和波束成形进行协同设计。波束可以按最高灵敏度或最大信噪比来进行优化,并产生较宽的连续FoV。某些应用还需要在大于2∶1的较大频率范围内工作。射电天文学的一个显著优势是提高了测量速度。在本节中,介绍了PAF的概念,并给出了最近的PAF系统的一些实例。

72.3.1 入射场解析

用于高灵敏度接收应用的PAF的设计需要使用入射场的模型。PAF入射场既包含信号,也包含噪声分量,且取决于天线反射面的几何形状。

入射场可以由天线远端的等效电流产生的平面波谱表示。因此,入射电场为

$$\boldsymbol{E}(\boldsymbol{r}) = \frac{-\mathrm{j}k\eta_0 \mathrm{e}^{-\mathrm{j}kr'}}{4\pi r'}\int_{S'} \mathrm{d}S'[J_p(\boldsymbol{r}')\boldsymbol{p}(\boldsymbol{r}') + J_q(\boldsymbol{r}')\boldsymbol{q}(\boldsymbol{r}')]\mathrm{e}^{\mathrm{j}k\boldsymbol{r}\cdot\boldsymbol{r}'} \quad (72.23)$$

式中:$\boldsymbol{r}$为观测点的位置向量,积分区域为天线远场区的一个球面区域S';$\mathrm{d}S'$为S'上的元素;$\boldsymbol{r}'$为在S'上的点的位置向量,$\boldsymbol{r}=\boldsymbol{r}'/r$,$r'=|\boldsymbol{r}'|$;$\boldsymbol{p}$和$\boldsymbol{q}$为分别与主极化和交叉极化相对应的正交的单位矢量,且都与S'相切;J_p与J_q为相应的电流

分量。电流分量是随机变量,具有空间独立性,它们按照温度来表示,依据以下表达式,即

$$E\begin{bmatrix} J_p(r_1')\bar{J}_p(r_2') & J_p(r_1')\bar{J}_q(r_2') \\ J_q(r_1')\bar{J}_p(r_2') & J_q(r_1')\bar{J}_q(r_2') \end{bmatrix} = \delta(r_1' - r_2')\frac{8k_B}{\eta_0}\begin{bmatrix} T_{pp}(r_1') & T_{pq}(r_1') \\ T_{qp}(r_1') & T_{qq}(r_1') \end{bmatrix} \tag{72.24}$$

式中:$E(\cdot)$ 表示的是期望函数;r_1' 与 r_2' 为 S' 上的任意两个点;δ 为相对于 dS_0 的 δ 函数,而右边矩阵中的项是以开尔文为单位的等效温度。

72.3.2　PAF 灵敏度公式

图 72.7 显示了 PAF 和第一级低噪声放大器(LNA)的诺顿等效网络表示。阵列端口之间的互耦由导纳矩阵 $\boldsymbol{Y}_A$ 表示。天线上的入射场及与天线损耗有关的噪声由等效源 I_i 表示,每个等于所有端口短路时相应端口的电流。在 LNA 中产生的噪声,由包括相关导纳 Y_c 的等效源和分别具有等效电阻 R_n 和电导 G_n 的不相关电压源和电流源表示。阵列中的所有 LNA 都是通用设计,后级接收机产生以下形式的波束形成的输出,即

$$V_{\text{beam}} = \boldsymbol{w}^{\text{T}}\boldsymbol{V}^{\text{LNA}} \tag{72.25}$$

式中:$\boldsymbol{V}^{\text{LNA}}$ 和 $\boldsymbol{w}$ 分别为 LNA 输出电压相量和加权系数的列向量。

灵敏度测量与式(72.21)相关,由下式表达,即

$$\frac{A_{\text{eff}}}{T_{\text{sys}}} = \frac{k_B}{S_m}\text{SNR} \tag{72.26}$$

式中:SNR 为天线的波束形成响应的信噪比,表达式为

$$\text{SNR} = \frac{E(|V_{\text{beam}}^{\text{signal}}|^2)}{E(|V_{\text{beam}}^{\text{noise}}|^2)} \tag{72.27}$$

式中:$E(\cdot)$ 表示的是期望函数。在式(72.26)中,S_m 表示平面波入射到天线表面场的功率密度。

阵列灵敏度公式(72.26)的表达式可以从图 72.7 所示的网络得出。信噪比通常表示为

$$\text{SNR} = \frac{1}{8k_BT_0}\frac{|(\boldsymbol{I}^{\text{signal}})^{\text{T}}\boldsymbol{\Phi}|^2}{\bar{\boldsymbol{\Phi}}^{\text{T}}\boldsymbol{G}_{\text{tot}}\boldsymbol{\Phi}} \tag{72.28}$$

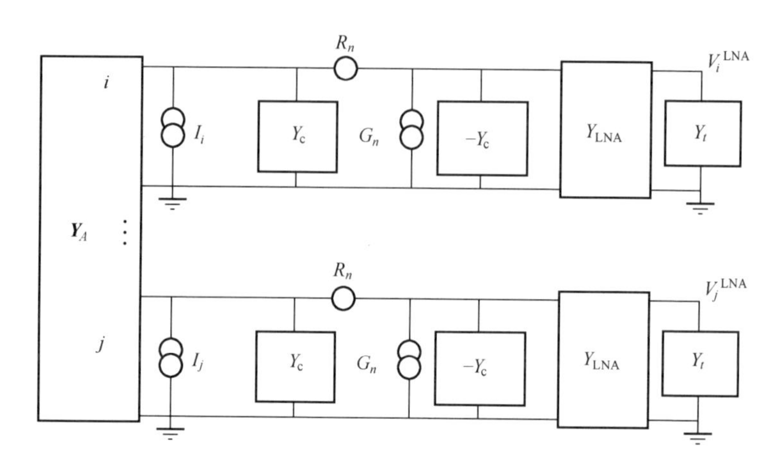

图 72.7　阵列与低噪声放大器的诺顿等效网络

式中：T_0 为天线和低噪声放大器(LNA)的热力学温度；$\boldsymbol{I}^{\rm signal}$ 为入射到天线上的信号场的短路电流矢量，短画线表示复共轭，矢量 $\boldsymbol{\Phi}$ 与波束形成器权重矢量 $\boldsymbol{w}$ 相关，表达式为

$$\boldsymbol{\Phi} = \boldsymbol{P}^{\rm T}\boldsymbol{w} \quad \boldsymbol{P} = \boldsymbol{Q}\,(\boldsymbol{Y}_A + \boldsymbol{Y}_{\rm in}\boldsymbol{U})^{-1} \tag{72.29}$$

式中：$\boldsymbol{Y}_{\rm in}$ 为输出端接的 LNA 的输入导纳；$\boldsymbol{U}$ 为单位矩阵，并且 $\boldsymbol{Q}$ 是将 LNA 输入电压映射到为波束形成而选择的 LNA 输出电压的矩阵。如果为波束成形选择所有 LNA 输出电压，则 $\boldsymbol{Q}$ 是对角矩阵。图 72.21(后文)说明了另一个重要的情况，其中 LNA 是成对的并且这些对的差分输出电压是波束形成的，在这种情况下，$\boldsymbol{Q}$ 是 $M/2 \times M$ 矩阵，其中 $M/2$ 是 LNA 对的数目。这种情况在具体应用中考虑。

式(72.28)中的矩阵 $\boldsymbol{G}_{\rm tot}$ 可以展开为

$$\boldsymbol{G}_{\rm tot} = \boldsymbol{G}_{\rm ext} + \boldsymbol{G}_{\rm loss} + \boldsymbol{G}_{\rm rec} \tag{72.30}$$

式(72.30)中这些分量分别是由于入射到天线上的外部噪声、与天线损耗有关的噪声以及由 LNA 产生的噪声。这些噪声分别可以表示为

$$(G_{\rm ext})_{i,j} = \frac{1}{T_0\eta_0}\int_{S'} {\rm d}S'(\boldsymbol{E}_{i,p} \quad \boldsymbol{E}_{i,q})\, T\begin{pmatrix}\boldsymbol{E}_{j,p}\\ \boldsymbol{E}_{j,q}\end{pmatrix} \quad T = \begin{bmatrix} T_{pp} & \overline{T}_{qp} \\ \overline{T}_{qp} & T_{qq}\end{bmatrix} \tag{72.31}$$

$$G_{\rm loss} = G_A - G_{\rm ext}\,|_{\,T = \begin{bmatrix} T_0 & 0 \\ 0 & T_0\end{bmatrix}} \tag{72.32}$$

$$G_{\mathrm{rec}}=(F_{\min}-1)G_A+N(\overline{\boldsymbol{Y}}_{\mathrm{A}}^{\mathrm{T}}-\overline{Y}_{\min}\boldsymbol{U})G_{\min}^{-1}(\boldsymbol{Y}_{\mathrm{A}}-Y_{\min}\boldsymbol{U}) \tag{72.33}$$

式中:$\boldsymbol{E}_i$ 为当端口 i 存在1V的激励时,所有其他端口短路且 $G_{\mathrm{A}}=\Re Y_{\mathrm{A}}$ 时阵列辐射的电场。式(72.31)遵循入射场表示方式,且由式(72.23)和互易定理得出。在式(72.33)中, $F_{\min}$ 是LNA的最小噪声系数,通过连接到导纳源 $Y_{\min}=G_{\min}+\mathrm{j}B_{\min}$ 和 $N=R_nG_{\min}$ 的LNA输入获得。量 $F_{\min}$ 和 N 是兰格(Lange)常数,因为它们在向LNA的输入或输出电路添加任何无损阻抗变换网络的情况下保持不变。因此,通过LNA的设计,噪声匹配导纳 $Y_{\min}$ 是可以改变的主要参数。兰格常数与以下相关,即

$$\frac{(F_{\min}-1)}{4}<N<\frac{(F_{\min}-1)}{2} \tag{72.34}$$

式(72.34)中不等式的左侧是一个普遍的结果,而对于由场效应或双极结型晶体管组成的低噪声放大器则可以得到右侧的不等式。

在式(72.28)中,可以根据互易关系来计算代表入射在天线上的信号场的短路电流矢量 $\boldsymbol{I}^{\mathrm{signal}}$

$$\boldsymbol{I}_i^{\mathrm{signal}}=\boldsymbol{p}\cdot\boldsymbol{E}_i(\boldsymbol{r}')\sqrt{2\eta_0S_m}\frac{4\pi|\boldsymbol{r}'|\exp(\mathrm{j}k|\boldsymbol{r}'|)}{-\mathrm{j}k\eta_0} \tag{72.35}$$

式(72.35)适用于从远场位置矢量 $\boldsymbol{r}'$ 入射的平面波,其中,电场极化方向与单位矢量 $\boldsymbol{p}$ 相同,功率密度为 S_m 。

72.3.3　阵列与放大器匹配

实际中最感兴趣的是通过优化波束形成系数和LNA噪声匹配导纳 $Y_{\min}$ 获得最大信噪比。使式(72.26)的导数等于0,可以得到最优值的等式,其中信噪比函数由式(72.28)给出,关于 $Y_{\min}$ 的实部和虚部以及波束形成加权向量 $\boldsymbol{w}$ 的元素。这个过程可由以下式子表示,即

$$B_{\min}=\frac{\overline{\phi}^{\mathrm{T}}B_A\phi}{\overline{\phi}^{\mathrm{T}}\boldsymbol{\phi}}\quad G_{\min}=\sqrt{\frac{\overline{\phi}^{\mathrm{T}}\overline{Y}_A^{\mathrm{T}}Y_A\boldsymbol{\phi}}{\overline{\phi}^{\mathrm{T}}\boldsymbol{\phi}}-B_{\min}^2} \tag{72.36}$$

以及

$$\boldsymbol{w}=(\overline{\boldsymbol{P}}\boldsymbol{G}_{\mathrm{tot}}\boldsymbol{P}^{\mathrm{T}})^{-1}\overline{\boldsymbol{P}}\,\overline{\boldsymbol{I}}^{\mathrm{signal}} \tag{72.37}$$

其中 $B_A=\Im Y_{\mathrm{A}}$,式(72.36)和式(72.37)在实际应用中很容易通过少量的迭代

解决。

72.3.4 PAF 波束形成空域滤波解析

为了说明相控阵阵元紧密排布具有较大互耦合时仍能够获得较高灵敏度,将阵列端口处的电流和电压相关的等式重新变换如下,即

$$\begin{cases} I_{m,n}^{x} = \sum\limits_{k,l} Y_{m-k,n-l}^{x,x} V_{k,l}^{x} + \sum\limits_{p,q} Y_{m-p,n-q}^{x,y} V_{p,q}^{y} \\ I_{m,n}^{y} = \sum\limits_{k,l} Y_{m-k,n-l}^{y,x} V_{k,l}^{x} + \sum\limits_{p,q} Y_{m-p,n-q}^{y,y} V_{p,q}^{y} \end{cases} \tag{72.38}$$

式中;$I_{m,n}^{x}$ 和 $V_{m,n}^{x}$ 分别为在 $(x,y)=(m,n)\delta/2$ 处 x 极化阵列端口的电流和电压,其中 δ 是相似极化端口的间距,(m,n) 是正负偶数或者是零。对于 y 极化端口,式(72.38)的求和遍历奇数正负整数。式(72.38)仍然适用,因为在规则的周期性阵列中,耦合导纳只是阵列端口的矢量间隔的函数。式(72.38)可化为矩阵

$$\begin{bmatrix} \hat{I}^{x}(u,v) \\ \hat{I}^{y}(u,v) \end{bmatrix} = \begin{bmatrix} \hat{Y}^{x,x}(u,v) & \hat{Y}^{x,y}(u,v) \\ \hat{Y}^{y,x}(u,v) & \hat{Y}^{y,y}(u,v) \end{bmatrix} \begin{bmatrix} \hat{V}^{x}(u,v) \\ \hat{V}^{y}(u,v) \end{bmatrix} \tag{72.39}$$

其中傅里叶变换定义为

$$\hat{I}^{x}(u,v) = \sum_{m,n} I_{m,n}^{x} \mathrm{e}^{-\mathrm{j}k(mu+nv)\delta/2} \tag{72.40}$$

在式(72.27)中定义的信噪比可以重新写为

$$\mathrm{SNR} = \frac{1}{8k_{\mathrm{B}}T_0} \frac{\left| \iint \mathrm{d}u\mathrm{d}v\ (\hat{I}^{\mathrm{signal}}(-u,-v))^{\mathrm{T}} \hat{\phi}(u,v) \right|^2}{\iint \mathrm{d}u\mathrm{d}v\ \hat{\phi}^{\dagger}(u,v)\ \hat{G}_{\mathrm{tot}}(u,v) \hat{\phi}(u,v)} \tag{72.41}$$

并类似于式(72.30),即

$$\hat{G}_{\mathrm{tot}}(u,v) = \hat{G}_{\mathrm{ext}}(u,v) + \hat{G}_{\mathrm{loss}}(u,v) + \hat{G}_{\mathrm{rec}}(u,v) \tag{72.42}$$

而 LNA 的贡献是由下式得出,即

$$\begin{aligned} \hat{G}_{\mathrm{rec}}(u,v) &= (F_{\min} - 1)[\hat{Y}(u,v) + \hat{Y}^{\dagger}(u,v)]/2 \\ &\quad + N[\hat{Y}^{\dagger}(u,v) - \overline{Y}_{\min}U]\ G_{\min}^{-1}[\hat{Y}(u,v) - Y_{\min}U] \end{aligned} \tag{72.43}$$

式中:$\hat{\boldsymbol{Y}}(u,v)$ 为式(72.43)中的 2×2 矩阵;$\boldsymbol{U}$ 为 2×2 单位矩阵。通过最佳波束成形以实现最大 SNA,可以在式(72.41)中获得频谱函数的最佳值,结果为

$$\hat{\boldsymbol{\phi}}(u,v) = \hat{\boldsymbol{G}}_{\mathrm{tot}}^{-1}(u,v)\ \overline{\hat{\boldsymbol{I}}}^{\mathrm{signal}}(-u,-v) \tag{72.44}$$

最大 SNR 由下式得出，即

$$\mathrm{SNR}=\frac{1}{8k_{\mathrm{B}}T_0}\iint \mathrm{d}u\mathrm{d}v\hat{I}^{\mathrm{signal}}(u,v)\hat{G}_{\mathrm{tot}}^{-1}(u,v)\bar{\hat{I}}^{\mathrm{signal}}(u,v) \tag{72.45}$$

式(72.39)和式(72.41)中给出的导纳函数和短路电流已经通过数值求解(图72.8)自互补阵列上感应的电流的积分式来计算。图72.9显示出了最小值的图像。

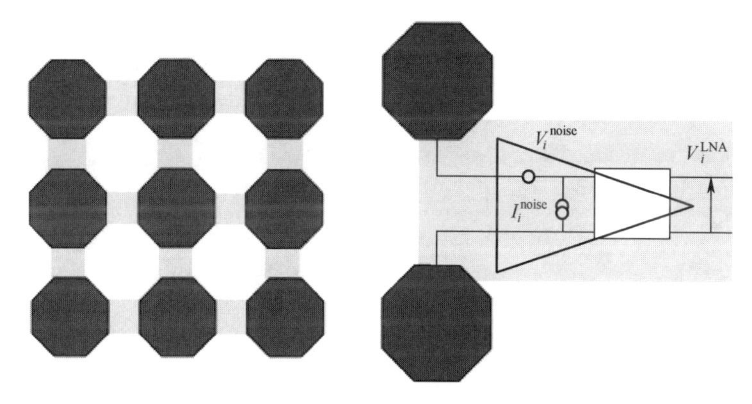

图72.8　由低噪声放大器(LNA)连接的相邻贴片角的自补充贴片阵列的示意图
(LNA产生噪声，由输入端的等效电流和电压源表示，其对信号的影响由导纳矩阵 **Y** 表示)

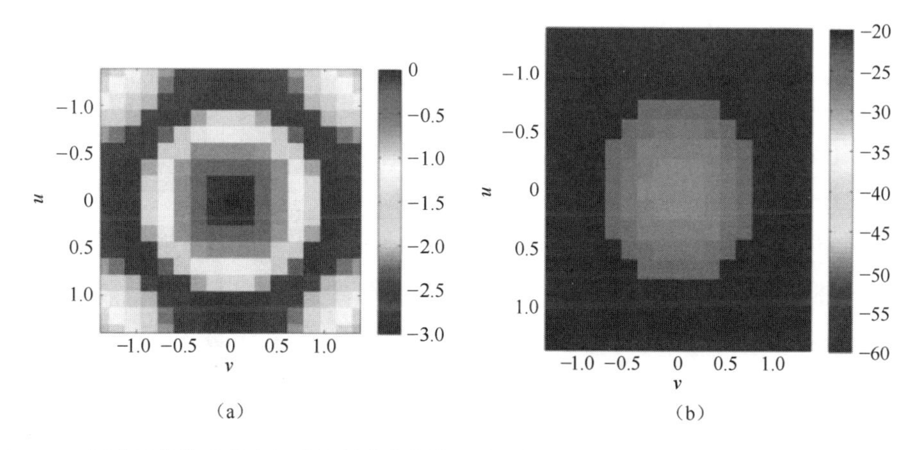

图72.9　频谱域接收机噪声矩阵的最小特征值(对于在1.2GHz处具有90mm元件间距的阵列，画出的数量是以dB为单位的幅度)
(a)频谱域接收器噪声矩阵的最小特征值(式(72.43))；
(b)由被积函数给出的最佳频谱域灵敏度分布(式(72.45))。

为了比较,图72.10给出了阵元密度为两倍的对应结果、矩阵 $\hat{\boldsymbol{G}}_{\mathrm{rec}}(u,v)$ 的特征值和式(72.45)中的相应被积量。增加密度会导致空间频谱中更多的LNA噪声。然而,附加噪声发生在信号的空间频率带宽之外,因此在上述两种情况下,只要应用精确的最佳波束成形,得到的灵敏度都很高。“澳大利亚SKA探路者(ASKAP)PAF”一节详细介绍了为澳大利亚SKA探路者(ASKAP)应用开发的连接阵列设计的详细设计实例。

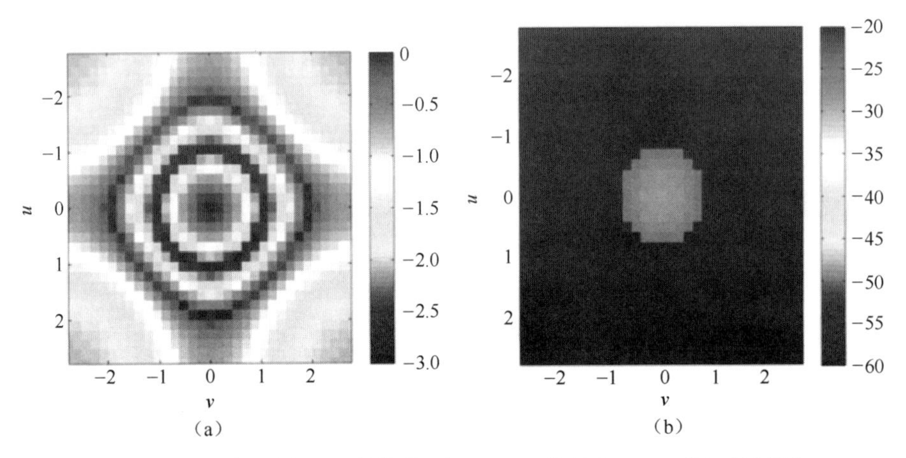

图72.10 对应于图72.9的结果(在1.2GHz处具有45mm的元件间隔)

72.3.5 PAF干涉仪的扫描速度

通过使用PAF,新一代射电望远镜如平方公里阵(SKA)的测量速度将大大提高。PAF密集的天线阵元信号经数字化并利用波束成形,从而在整个视场中产生多个同时具有高灵敏度的天线波束。在本节中,对用于ASKAP连接阵列的PAF的早期分析(Bunton et al.,2010)已经扩展到包含PAF波束相关性的最佳线性组合,同时使入射场的所有相干参数具有最大的选择性灵敏度。如图72.11所示,ASKAP望远镜可看作在每个天线中都使用PAF的干涉仪。PAF通过同时产生多个天线波束来扩展视野。由于低噪声放大器的使用,同时发生的PAF波束会具有相关的噪声,处理这个噪声的一般方法在下一节中叙述。

1. 公式以及问题定义

令 $\boldsymbol{V}^{\mathrm{a}}$ 和 $\boldsymbol{V}^{\mathrm{b}}$ 分别是包含天线a和b的PAF处的阵元电压的列向量。这些向量被视为随机变量。每个PAF产生一组具有极化信息的波束,有

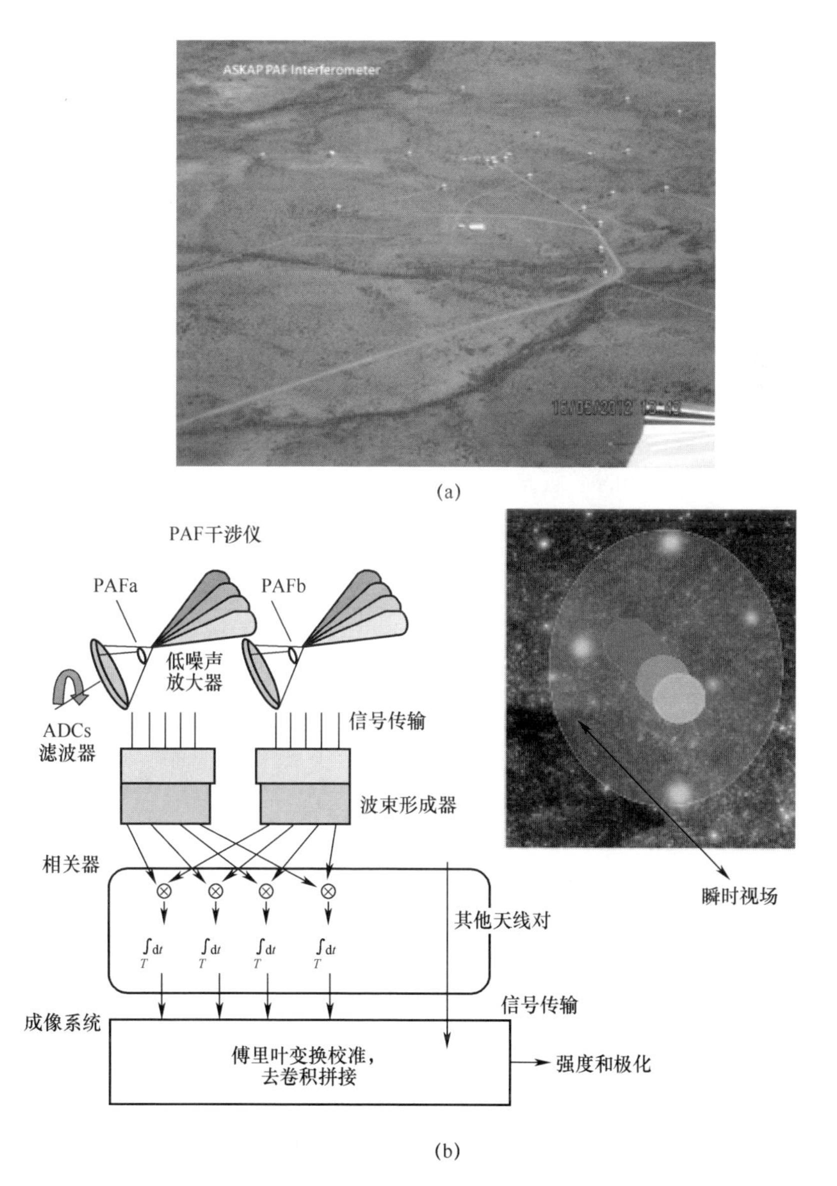

(a)

(b)

图 72.11　PAF 干涉仪射电望远镜示意图

$$\widetilde{\boldsymbol{V}}_i^{a} = \begin{pmatrix} \boldsymbol{V}_{i,1}^{a} \\ \boldsymbol{V}_{i,2}^{a} \end{pmatrix} = (\boldsymbol{w}_i^{a})^{T} \boldsymbol{V}^{a} \quad \boldsymbol{w}_i^{a} = (\boldsymbol{w}_{i,1}^{a} \quad \boldsymbol{w}_{i,2}^{a}) \tag{72.46}$$

式中：$\boldsymbol{w}_{i,1}^{a}$ 为复权重的列向量,并且 i 是波束方向的索引。假设相关器产生样本

平均值为

$$A[\widetilde{\boldsymbol{V}}_i^{\mathrm{a}}(\widetilde{\boldsymbol{V}}_i^{\mathrm{b}})^{\dagger}] = \frac{1}{M}\sum_{m=1}^{M}\widetilde{\boldsymbol{V}}_{i,m}^{\mathrm{a}}(\widetilde{\boldsymbol{V}}_{i,m}^{\mathrm{b}})^{\dagger} \tag{72.47}$$

在每个波束方向 i 上,天线 a 和 b 波束电压的 2×2 交叉乘积的 M 个时间样本,样本矢量 $\widetilde{\boldsymbol{V}}_{i,m}^{\mathrm{a}}$ 独立于样本索引 m。相关器输出等式(72.47)具有以下期望值,即

$$\begin{aligned}\hat{A}(\widetilde{\boldsymbol{V}}_i^{\mathrm{a}}(\widetilde{\boldsymbol{V}}_i^{\mathrm{b}})^{\dagger}) &= E[A(\widetilde{\boldsymbol{V}}_i^{\mathrm{a}}(\widetilde{\boldsymbol{V}}_i^{\mathrm{b}})^{\dagger})] \\ &= \int \mathrm{d}\Omega\, \boldsymbol{J}_i^{\mathrm{a}}\boldsymbol{C}(\boldsymbol{J}_i^{\mathrm{b}})^{\dagger}\exp[\mathrm{j}k(\boldsymbol{r}^{\mathrm{a}} - \boldsymbol{r}^{\mathrm{b}})\cdot(s - s_0)]\end{aligned} \tag{72.48}$$

式中:积分是对入射场的平面波分量的所有传播方向上进行积分;$\boldsymbol{s}$ 为平面波到达的方向上的单位矢量;$\boldsymbol{C}$ 为分别在正交于 p 和 q 正交于 $\boldsymbol{s}$ 的电场分量 e_1 和 e_2 的相干矩阵;$\boldsymbol{r}^{\mathrm{a}}$ 为天线 a 的位置矢量; s_0 为视场中的参考方向;$\mathrm{d}\Omega$ 为立体角的阵元。根据式(72.48)可得

$$\boldsymbol{C} = E\begin{bmatrix} e_1\bar{e}_1 & e_1\bar{e}_2 \\ e_2\bar{e}_1 & e_2\bar{e}_2 \end{bmatrix} \tag{72.49}$$

$$\boldsymbol{J}_i^{a} = \begin{bmatrix} J_{i,1,1}^{\mathrm{a}} & J_{i,1,2}^{\mathrm{a}} \\ J_{i,2,1}^{\mathrm{a}} & J_{i,2,2}^{\mathrm{a}} \end{bmatrix} = \begin{pmatrix} (\boldsymbol{w}_{i,1}^{\mathrm{a}})^{\mathrm{T}} \\ (\boldsymbol{w}_{i,2}^{\mathrm{a}})^{\mathrm{T}} \end{pmatrix}(\boldsymbol{V}_1^{\mathrm{a}} \quad \boldsymbol{V}_2^{\mathrm{a}}) \tag{72.50}$$

式中:$\boldsymbol{V}_1^{\mathrm{a}}$ 和 $\boldsymbol{V}_2^{\mathrm{a}}$ 分别为天线 a 的 PAF 上阵元电压的列向量,这些阵元电压是由从方向 $\boldsymbol{s}$ 到达的参考波在方向 p 和 q 极化的 1V/m 电场所产生的。相干矩阵 $\boldsymbol{C}$ 在式(72.49)中满足

$$\boldsymbol{C} = \boldsymbol{U}^{\dagger}\boldsymbol{C}'\boldsymbol{U} \quad \boldsymbol{U} = \begin{bmatrix} U_{1,1} & U_{1,2} \\ U_{2,1} & U_{2,2} \end{bmatrix} = \begin{bmatrix} \cos\phi & \sin\phi \\ -\sin\phi & \cos\phi \end{bmatrix} \tag{72.51}$$

式中 $\boldsymbol{C}'$ 为通过将 p 和 q 旋转任意角度 ϕ 而获得的任何其他正交方向 p' 和 q' 上的场分量的相干矩阵。

相关器输出式还包含噪声,这种噪声的主要来源是 PAF 前端放大器以及天线周围的地面和与天线损耗有关的噪声。与天文信号相比,这个噪声很大。作为估计视场中源的相干矩阵的第一步,目标是找到 $A[\widetilde{\boldsymbol{V}}_i^{\mathrm{a}}(\widetilde{\boldsymbol{V}}_i^{\mathrm{b}})^{\dagger}]$ 的线性变换,

该变换近似于点源的相干矩阵 $\boldsymbol{C}'$ 且由噪声引起的误差最小。因此，一个 2×2 的响应矩阵可由下式给出，即

$$\boldsymbol{R}^{a,b}=\begin{bmatrix} R_{1,1}^{a,b} & R_{1,2}^{a,b} \\ R_{2,1}^{a,b} & R_{2,2}^{a,b} \end{bmatrix} \tag{72.52}$$

它满足预期值的要求，即

$$\hat{\boldsymbol{R}}^{a,b}=\phi^{a,b}\boldsymbol{C}' \quad \phi^{a,b}=\exp(jk(\boldsymbol{r}^{a}-\boldsymbol{r}^{b})\cdot\boldsymbol{s}) \tag{72.53}$$

并且每个元素都是 $A[\widetilde{\boldsymbol{V}}_i^a(\widetilde{\boldsymbol{V}}_i^b)^{\dagger}]$ 的所有元素的线性组合。一般的线性变换可以表示为

$$\boldsymbol{R}^{a,b}=\sum_i \begin{bmatrix} \overline{\boldsymbol{L}}_i^{1,1}\cdot A[\widetilde{\boldsymbol{V}}_i^a(\widetilde{\boldsymbol{V}}_i^b)^{\dagger}] & \overline{\boldsymbol{L}}_i^{1,2}\cdot A[\widetilde{\boldsymbol{V}}_i^a(\widetilde{\boldsymbol{V}}_i^b)^{\dagger}] \\ \overline{\boldsymbol{L}}_i^{2,1}\cdot A[\widetilde{\boldsymbol{V}}_i^a(\widetilde{\boldsymbol{V}}_i^b)^{\dagger}] & \overline{\boldsymbol{L}}_i^{2,2}\cdot A[\widetilde{\boldsymbol{V}}_i^a(\widetilde{\boldsymbol{V}}_i^b)^{\dagger}] \end{bmatrix} \tag{72.54}$$

以及

$$\boldsymbol{L}_i^{\lambda,\mu}=\begin{bmatrix} L_{i,1,1}^{\lambda,\mu} & L_{i,1,2}^{\lambda,\mu} \\ L_{i,2,1}^{\lambda,\mu} & L_{i,2,2}^{\lambda,\mu} \end{bmatrix} \tag{72.55}$$

是 2×2 矩阵，横线表示复共轭，圆点表示所有对应元素对的乘积之和。$\boldsymbol{R}^{a,b}$元素的期望值很容易得到，即

$$\hat{\boldsymbol{R}}_{\lambda,\mu}^{a,b}=\sum_i \overline{\boldsymbol{L}}_i^{\lambda,\mu}\cdot\hat{A}[\widetilde{\boldsymbol{V}}_i^a(\widetilde{\boldsymbol{V}}_i^b)^{\dagger}] \tag{72.56}$$

使用 $\boldsymbol{X}\cdot\boldsymbol{Y}=\mathrm{Tr}(\boldsymbol{X}^t\boldsymbol{Y})=\mathrm{Tr}(\boldsymbol{Y}\boldsymbol{X}^t)$，其中 $\mathrm{Tr}(x)$ 是 x 的轨迹，该等式适用于大小相等的任何矩阵 $\boldsymbol{X}$ 和 $\boldsymbol{Y}$，$\hat{\boldsymbol{R}}^{a,b}$的元素可以写成：

$$\begin{aligned}\hat{\boldsymbol{R}}_{\lambda,\mu}^{a,b} &= \left[\sum_i (\boldsymbol{J}_i^a)^{\mathrm{T}}\overline{\boldsymbol{L}}_i^{\lambda,\mu}\overline{\boldsymbol{J}}_i^b\right]\cdot\boldsymbol{C} \\ &= \left[\sum_i (\boldsymbol{J}_i^a)^{\mathrm{T}}\overline{\boldsymbol{L}}_i^{\lambda,\mu}\overline{\boldsymbol{J}}_i^b\right]\cdot(\boldsymbol{U}^{\dagger}\boldsymbol{C}'\boldsymbol{U}) \\ &= \left\{\overline{\boldsymbol{U}}\left[\sum_i (\boldsymbol{J}_i^a)^{\mathrm{T}}\overline{\boldsymbol{L}}_i^{\lambda,\mu}\overline{\boldsymbol{J}}_i^b\right]\boldsymbol{U}^{\mathrm{T}}\right\}\boldsymbol{C}'\end{aligned} \tag{72.57}$$

乘以 $\varphi^{a,b}$ 。式(72.53)的转换要求可以由下式表示为

$$
\begin{cases}
\sum_i [(\boldsymbol{J}_i^{\mathrm{a}})^{\dagger}\boldsymbol{L}_i^{1,1}\boldsymbol{J}_i^{\mathrm{b}}] = \boldsymbol{U}^{\dagger}\begin{bmatrix}1 & 0\\0 & 0\end{bmatrix}\boldsymbol{U}\\
\sum_i [(\boldsymbol{J}_i^{\mathrm{a}})^{\dagger}\boldsymbol{L}_i^{1,2}\boldsymbol{J}_i^{\mathrm{b}}] = \boldsymbol{U}^{\dagger}\begin{bmatrix}0 & 1\\0 & 0\end{bmatrix}\boldsymbol{U}\\
\sum_i [(\boldsymbol{J}_i^{\mathrm{a}})^{\dagger}\boldsymbol{L}_i^{2,1}\boldsymbol{J}_i^{\mathrm{b}}] = \boldsymbol{U}^{\dagger}\begin{bmatrix}0 & 0\\1 & 0\end{bmatrix}\boldsymbol{U}\\
\sum_i [(\boldsymbol{J}_i^{\mathrm{a}})^{\dagger}\boldsymbol{L}_i^{2,2}\boldsymbol{J}_i^{\mathrm{b}}] = \boldsymbol{U}^{\dagger}\begin{bmatrix}0 & 0\\0 & 1\end{bmatrix}\boldsymbol{U}
\end{cases}
\tag{72.58}
$$

式(72.58)可以简要地表示为

$$
\sum_{j,\alpha,\beta} P_{(x,y),(j,\alpha,\beta)} L_{j,\alpha,\beta}^{\lambda,\mu} = Y_{(x,y)}^{\lambda,\mu} \tag{72.59}
$$

其中

$$
P_{(x,y),(j,\alpha,\beta)} = \bar{J}_{j,\alpha,x}^{\mathrm{a}} J_{j,\beta,y}^{\mathrm{b}} Y_{(x,y)}^{\lambda,\mu} = (\boldsymbol{\delta}_x)^{\mathrm{T}} \boldsymbol{U}^{\dagger} \boldsymbol{\delta}_{\lambda} (\boldsymbol{\delta}_{\mu})^{\mathrm{T}} \boldsymbol{U} \boldsymbol{\delta}_y \tag{72.60}
$$

$$
\boldsymbol{\delta}_1 = \begin{pmatrix}1\\0\end{pmatrix} \quad \boldsymbol{\delta}_2 = \begin{pmatrix}0\\1\end{pmatrix}
$$

目的是解式(72.59),并且减小由于 $\boldsymbol{R}^{\mathrm{a,b}}$ 中每个元素的噪声引起的方差变化。

2. 相干矩阵估计方差的表达形式

根据式(72.57),方差可以按照下式得到,即

$$
\boldsymbol{R}_{\lambda,\mu}^{\mathrm{a,b}} - \hat{\boldsymbol{R}}_{\lambda,\mu}^{\mathrm{a,b}} = \sum_i \bar{\boldsymbol{L}}_i^{\lambda,\mu} \cdot \{\boldsymbol{A}[\widetilde{\boldsymbol{V}}_i^{\mathrm{a}}(\widetilde{\boldsymbol{V}}_i^{\mathrm{b}})^{\dagger}] - \hat{\boldsymbol{A}}[\widetilde{\boldsymbol{V}}_i^{\mathrm{a}}(\widetilde{\boldsymbol{V}}_i^{\mathrm{b}})^{\dagger}]\} \tag{72.61}
$$

由于不同时间的样本是不相关的,所以有

$$
E\,|\boldsymbol{R}_{\lambda,\mu}^{\mathrm{a,b}} - \hat{\boldsymbol{R}}_{\lambda,\mu}^{\mathrm{a,b}}|^2 = \frac{1}{M} E\left|\sum_i \bar{\boldsymbol{L}}_i^{\lambda,\mu} \cdot \{[\widetilde{\boldsymbol{V}}_i^{\mathrm{a}}(\widetilde{\boldsymbol{V}}_i^{\mathrm{b}})^{\dagger}] - E[\widetilde{\boldsymbol{V}}_i^{\mathrm{a}}(\widetilde{\boldsymbol{V}}_i^{\mathrm{b}})^{\dagger}]\}\right| \tag{72.62}
$$

假设高斯分布随机变量,式(72.62)可以通过扩展到一个双重和,并将已知的结果应用于4个高斯随机变量的乘积(Janssen et al.,1987)的数学期望来进行简化。因此,可以得到 $\boldsymbol{R}^{\mathrm{a,b}}$ 的元素的方差,即

$$
E\,|R_{\lambda,\mu}^{\mathrm{a,b}} - \hat{R}_{\lambda,\mu}^{\mathrm{a,b}}|^2 = \frac{1}{M}\sum_{i,j}\sum_{x,y}\sum_{\alpha,\beta}[L_{i,x,y}^{\lambda,\mu} E(\overline{\widetilde{\boldsymbol{V}}}_{i,x}^{\mathrm{a}} \widetilde{\boldsymbol{V}}_{j,\alpha}^{\mathrm{a}}) E(\widetilde{\boldsymbol{V}}_{i,y}^{\mathrm{b}} \overline{\widetilde{\boldsymbol{V}}}_{j,\beta}^{\mathrm{b}}) \bar{\boldsymbol{L}}_{j,\alpha,\beta}^{\lambda,\mu}] \tag{72.63}
$$

并且

$$\begin{cases}E(\overline{\widetilde{V}}^{a}_{i,x}\widetilde{V}^{a}_{j,a}) = (\boldsymbol{w}^{a}_{i,x})^{\dagger}E(\overline{\boldsymbol{V}}^{a}(\boldsymbol{V}^{a})^{T})\boldsymbol{w}^{a}_{j,a}\\ E(\overline{\boldsymbol{V}}^{a}(\boldsymbol{V}^{a})^{T}) = 8k_{B}T_{0}\boldsymbol{G}^{a}_{tot}\end{cases} \tag{72.64}$$

式中：$\boldsymbol{G}^{a}_{tot}$为天线 a 的 PAF 的互导矩阵(Hay,2010)；T_0为天线的热力学温度。式(72.63)可简写为

$$E\ |R^{a,b}_{\lambda,\mu} - \hat{R}^{a,b}_{\lambda,\mu}|^2 = \frac{1}{M}\sum_{i,x,y}\sum_{j,\alpha,\beta}L^{\lambda,\mu}_{i,x,y}\Lambda_{(i,x,y),(j,\alpha,\beta)}\overline{L}^{\lambda,\mu}_{j,a,b} \tag{72.65}$$

其中，

$$\Lambda_{(i,x,y),(j,\alpha,\beta)} = (8k_{B}T_{0})^2 \times (\boldsymbol{w}^{a}_{i,x})^{\dagger}\boldsymbol{G}^{a}_{tot}\boldsymbol{w}^{a}_{j,\alpha} \times \overline{(\boldsymbol{w}^{b}_{i,y})^{\dagger}\boldsymbol{G}^{b}_{tot}\boldsymbol{w}^{b}_{j,\beta}} \tag{72.66}$$

互导矩阵 $\boldsymbol{G}^{a}_{tot}$可由三项加和得到，即

$$\boldsymbol{G}^{a}_{tot} = \boldsymbol{G}^{a}_{external} + \boldsymbol{G}^{a}_{loss} + \boldsymbol{G}^{a}_{receiver}$$

它们分别表示入射到天线的外部噪声、与天线损耗相关的噪声以及 PAF 中的低噪声放大器产生的噪声。阵元矩阵是通过对天线的电磁学模型和前端电子系统的详细建模获得的。

3. 最小化相干矩阵估计的方差

根据变换要求即式(72.53)，找到使方差式(72.65)最小的 $L^{\lambda,\mu}_{j,\alpha,\beta}$ 的解，由线性系统式(72.59)表达，可以导出以下形式，即

$$\begin{aligned}\overline{L}^{\lambda,\mu}_{j,\alpha,\beta} &= \sum_{r,s}H_{(r,s),(j,\alpha,\beta)}c^{\lambda,\mu}_{(r,s)}H_{(r,s),(j,\alpha,\beta)}\\ &= \sum_{i,x,y}\Lambda^{-1}_{(j,\alpha,\beta),(i,x,y)}P_{(r,s),(i,x,y)}c^{\lambda,\mu}_{(r,s)} = \sum_{(p,q)}G^{-1}_{(r,s),(p,q)}Y^{\lambda,\mu}_{(p,q)}\end{aligned} \tag{72.67}$$

其中，

$$G_{(r,s),(p,q)} = \sum_{(j,\alpha,\beta)(i,x,y)}\overline{P}_{(r,s),(j,\alpha,\beta)}\Lambda^{-1}_{(j,\alpha,\beta),(i,x,y)}P_{(p,q),(i,x,y)} \tag{72.68}$$

最小方差由下式给出，即

$$\min\quad E\ |R^{a,b}_{\lambda,\mu} - \hat{R}^{a,b}_{\lambda,\mu}|^2 = \frac{1}{M}\sum_{(r,s)(p,q)}Y^{\lambda,\mu}_{(r,s)}G^{-1}_{(r,s),(p,q)}\overline{Y}^{\lambda,\mu}_{(p,q)} \tag{72.69}$$

式(72.69)中最小方差的表示取决于等式(72.51)中源相干矩阵 $\boldsymbol{C}'$ 的定义中的正交方向 p' 和 q' 。为了定量评估这种相关性,目标是找到使所有元素 $R^{a,b}$ 的均方根(rms)标准差最小的方向 p' 和 q' ,有

$$\sigma = \sqrt{\frac{1}{4}\sum_{\lambda,\mu}\min \quad E\left|R^{a,b}_{\lambda,\mu} - \hat{R}^{a,b}_{\lambda,\mu}\right|^2} \tag{72.70}$$

从式(72.51)和式(72.60)可得

$$Y^{\lambda,\mu}_{(r,s)} = \frac{1}{2}\left[A^{\lambda,\mu}_{(r,s)} + \cos(2\phi)B^{\lambda,\mu}_{(r,s)} - \sin(2\phi)C^{\lambda,\mu}_{(r,s)}\right] \tag{72.71}$$

式中: ϕ 为参考方向 p 和 q 的 p' 和 q' 的旋转角度,系数由下式给出,即

$$\begin{cases} \boldsymbol{A}^{\lambda,\mu}_{x,y} = \begin{bmatrix} \begin{bmatrix} 1 & 0 \\ 0 & 1 \end{bmatrix}_{(x,y)} & \begin{bmatrix} 0 & 1 \\ -1 & 0 \end{bmatrix}_{(x,y)} \\ \begin{bmatrix} 0 & -1 \\ 1 & 0 \end{bmatrix}_{(x,y)} & \begin{bmatrix} 1 & 0 \\ 0 & 1 \end{bmatrix}_{(x,y)} \end{bmatrix}_{(\lambda,\mu)} \\ \boldsymbol{B}^{\lambda,\mu}_{x,y} = \begin{bmatrix} \begin{bmatrix} 1 & 0 \\ 0 & -1 \end{bmatrix}_{(x,y)} & \begin{bmatrix} 0 & 1 \\ 1 & 0 \end{bmatrix}_{(x,y)} \\ \begin{bmatrix} 0 & 1 \\ 1 & 0 \end{bmatrix}_{(x,y)} & \begin{bmatrix} -1 & 0 \\ 0 & 1 \end{bmatrix}_{(x,y)} \end{bmatrix}_{(\lambda,\mu)} \\ \boldsymbol{C}^{\lambda,\mu}_{x,y} = \begin{bmatrix} \begin{bmatrix} 0 & -1 \\ -1 & 0 \end{bmatrix}_{(x,y)} & \begin{bmatrix} 1 & 0 \\ 0 & -1 \end{bmatrix}_{(x,y)} \\ \begin{bmatrix} 1 & 0 \\ 0 & -1 \end{bmatrix}_{(x,y)} & \begin{bmatrix} 0 & 1 \\ 1 & 0 \end{bmatrix}_{(x,y)} \end{bmatrix}_{(\lambda,\mu)} \end{cases} \tag{72.72}$$

把式(72.71)和式(72.69)代入到式(72.70)中得出

$$\begin{aligned} \sigma^2 = \frac{1}{16M} * \Bigg\{ & \sum_{(\lambda,\mu),(r,s),(p,q)} \Bigg[A^{\lambda,\mu}_{r,s} G^{-1}_{(r,s),(p,q)} A^{\lambda,\mu}_{p,q} + \frac{1}{2} B^{\lambda,\mu}_{r,s} G^{-1}_{(r,s),(p,q)} B^{\lambda,\mu}_{p,q} \\ & + \frac{1}{2} C^{\lambda,\mu}_{r,s} G^{-1}_{(r,s),(p,q)} C^{\lambda,\mu}_{p,q} \Bigg] \\ & + \cos(2\phi) \sum_{(\lambda,u),(r,s),(p,q)} \left[A^{\lambda,\mu}_{r,s} G^{-1}_{(r,s),(p,q)} B^{\lambda,\mu}_{p,q} + B^{\lambda,\mu}_{r,s} G^{-1}_{(r,s),(p,q)} A^{\lambda,\mu}_{p,q} \right] \\ & - \sin(2\phi) \sum_{(\lambda,u),(r,s),(p,q)} \left[A^{\lambda,\mu}_{r,s} G^{-1}_{(r,s),(p,q)} C^{\lambda,\mu}_{p,q} + C^{\lambda,\mu}_{r,s} G^{-1}_{(r,s),(p,q)} A^{\lambda,\mu}_{p,q} \right] \end{aligned}$$

$$+\frac{1}{2}\cos(4\phi)\sum_{(\lambda,u),(r,s),(p,q)}\left[B_{r,s}^{\lambda,\mu}G_{(r,s),(p,q)}^{-1}B_{p,q}^{\lambda,\mu}-C_{r,s}^{\lambda,\mu}G_{(r,s),(p,q)}^{-1}C_{p,q}^{\lambda,\mu}\right]$$
$$-\frac{1}{2}\sin(4\phi)\sum_{(\lambda,u),(r,s),(p,q)}\left[B_{r,s}^{\lambda,\mu}G_{(r,s),(p,q)}^{-1}C_{p,q}^{\lambda,\mu}+C_{r,s}^{\lambda,\mu}G_{(r,s),(p,q)}^{-1}B_{p,q}^{\lambda,\mu}\right]\Bigg\}$$

(72.73)

运用式(72.72),式(72.73)涉及 φ 的所有项都可以消掉,然后可得出结果为

$$\sigma^2=\frac{1}{8M}\sum_{(r,s),(p,q)}\left[I_{r,s}G_{(r,s),(p,q)}^{-1}I_{p,q}+Q_{r,s}G_{(r,s),(p,q)}^{-1}Q_{p,q}+U_{r,s}G_{(r,s),(p,q)}^{-1}U_{p,q}+V_{r,s}G_{(r,s),(p,q)}^{-1}V_{p,q}\right] \tag{72.74}$$

其中

$$\begin{cases}\boldsymbol{I}=\begin{bmatrix}1&0\\0&1\end{bmatrix}\\ \boldsymbol{V}=\begin{bmatrix}0&1\\-1&0\end{bmatrix}\\ \boldsymbol{Q}=\begin{bmatrix}1&0\\0&-1\end{bmatrix}\\ \boldsymbol{U}=\begin{bmatrix}0&1\\1&0\end{bmatrix}\end{cases} \tag{72.75}$$

式(72.74)可以化简为

$$\sigma^2=\frac{1}{4M}\sum_{(r,s)}G_{(r,s),(r,s)}^{-1} \tag{72.76}$$

4. 灵敏度和扫描速度

定义天线在任意方向 Ω 的等效灵敏度为

$$S(\Omega)=\frac{k_{\mathrm{B}}}{P_{\mathrm{ref}}\sigma} \tag{72.77}$$

式中:σ 为估计的协方差矩阵中的均方根噪声,在式(72.76)中定义,而 $P_{\mathrm{ref}}=1/(2\times\eta_0)$ 是式(72.48)中定义的参考入射场的功率谱密度。将式(72.76)运用到式(72.77)中,使用一次采样 $M=1$ 来分离天线和积分效应。式(72.77)的结果与用于表示空间源的天线和相干参数的坐标系的选择无关。

为了获取最大的信噪比,在不同时间以不同的天线指向和天线波束获取的相关数据有时用来进行线性组合。这时最大灵敏度的平方表示为

$$S^2(\Omega) = \sum_{i=1,2,3,\cdots,N_p} S_i^2(\Omega) \tag{72.78}$$

式中: $S_i^2(\Omega)$ 为第 i 个点的灵敏度的平方; N_p 为总点数。由于不同时间的噪声不相关,因此得出式(72.78)。天线位置和波束的抖动会减弱天线辐射范围内的灵敏度。因此灵敏度近似为式(72.78)的均值,即

$$\begin{aligned}(S^2)_{\text{ave}} &= \frac{1}{A_{\text{survey}}}\int_{A_{\text{survey}}} \mathrm{d}\Omega \sum_{i=1,2,3,\cdots N_p} S_i^2(\Omega) \\ &\approx \frac{N_p}{A_{\text{survey}}}\int_{A_{\text{survey}}} \mathrm{d}\Omega S_{i^*}^2(\Omega)\end{aligned} \tag{72.79}$$

式中: A_{survey} 为扫描区域内的立方角; i^* 为任意一个有代表性的指向。根据式(72.78)、式(72.77)和式(72.76),式(72.79)中描述的扫描灵敏度的平方可以看出与指向点数 N_p 和每个指向点的相关性(式(72.47))中平均的时间样本数 M 的乘积 $N_p \times M$ 成正比。$N_p \times M$ 的乘积也可以表示为 $N_p \times M = \tau \times B$,其中 τ 为扫描的总时间,而 B 是波束形成通道输入给相关器的信号带宽。扫描速度正比于

$$\text{SSFoM} = (S^2)_{\max} \times \text{SSFoV} \tag{72.80}$$

其中

$$(S^2)_{\max} = \max_{\Omega} \quad S_{i^*}^2(\Omega) \tag{72.81}$$

$$\text{SSFoV} = \frac{1}{(S^2)_{\max}}\int \mathrm{d}\Omega \quad S_{i^*}^2(\Omega) \tag{72.82}$$

是扫描区域内的扫描速度。因此,扫描速度的灵敏度定义为

$$\text{SSFoM} = \int \mathrm{d}\Omega S_{i^*}^2(\Omega) \tag{72.83}$$

在式(72.80)至式(72.83)中,去除天线扫描的积分效应,只考虑通道带宽的效应,使 $M=1$, $S_{i^*}^2(\Omega)$ 便可由式(72.77)和式(72.76)计算得出。显然,扫描速度和望远镜的物理面积成正比。

从扫描速度的分析中可以得出这样一个结论,在给定波束的个数足够多时,根据最佳相关系数优化得到的视场中的每个点的灵敏度与在同一点处的双极化

单波束的灵敏度相同。图 72.12 便在 ASKAP PAF 中展示了这一结论，这一点在后续的章节中将会详细讨论。图 72.12(a)展示了双极化单波束在视场中每个点的峰值灵敏度。图 72.12(b)展示了将网格中各点的双极化波束进行相关系数最优化后的灵敏度，其中“×”代表波束的指向。波束的间隔为 $\lambda/2D$，其中 D 为反射面天线的口径。对于相关系数最优化算法，$\lambda/2D$ 的间隔已经足够获取最大的灵敏度。这一普遍的结论可以由波束辐射模式与反射面天线口径场之间的带限傅里叶变换证明。

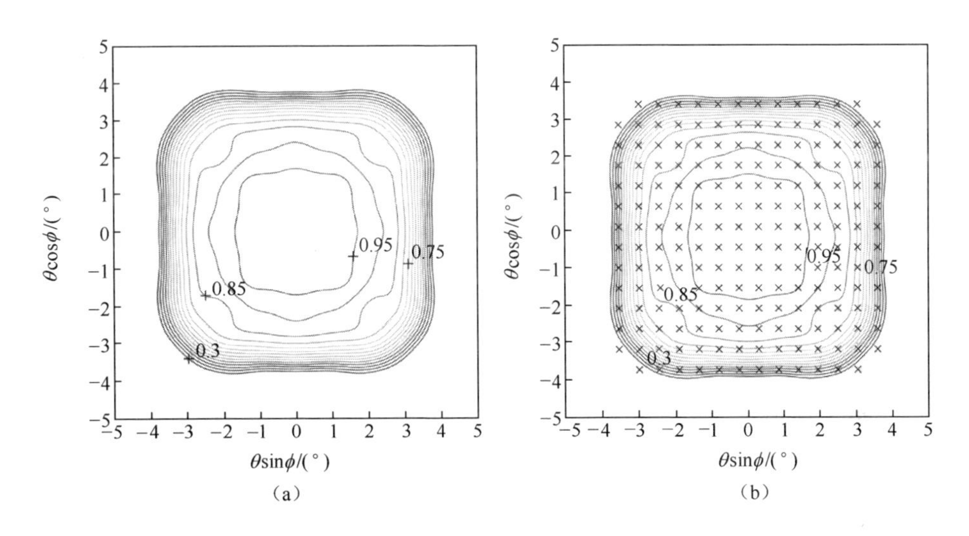

图 72.12　PAF 视场中的分辨率分布(图中等高线表示为各点灵敏度对视场中最大灵敏度归一化之后的值)

(a)双极化单波束在每个点的峰值灵敏度；(b)各网格点双极化波束经过相关系数最优化后的在波束指向为各个“×”时的灵敏度。

72.4　射电天文应用

射电天文望远镜有很多在其他应用场景中没有的特殊系统指标。若想对国际无线电天文台有一个宏观的了解，可参考“射电望远镜系统中的天线”一节。除了天线增益、输入匹配、灵敏度、噪声温度、天线极化和视场外，还有对扫描速度和图像分辨率的要求。在大部分的这些科学设备中，都有一些工作在独特频段的新技术和新组件在试验。本节概述了阵列在射电望远镜中的两种应用,并提供了独特的设计细节。

72.4.1 帕克斯射电望远镜多波束馈源的设计

位于澳大利亚中西部新南威尔士州帕克斯(Parkes)的64m天文望远镜于1964年投入使用。在早期类星体与脉冲星的探索与发现中,它做出了卓越的贡献,但是到了90年代中期,它的性能显现出一些不足。为了以21cm的波长(频率范围为1.27~1.47GHz)从银河系外观测到深空大范围的中性氢辐射,从90年代早期起就进行了多波束能力的研究。特别是为了寻找碘化氢的来源,需要对南半球进行大面积的观测。对于一个单主焦点馈源,这项工作预计需要10年的时间。然而,若采用N个单元,每个单元有两个正交线极化波束的馈源,时间会缩短到原来的$1/N$。为了确定可能的馈电尺寸,首先需要估计解析银河系外物体图像所需的uv平面中的样本间距。这就表明,理想的波束间距约为半功率波束宽度(half-power beamwidth,HPBW),为了保证这一点,馈源间距要进行合理的设计。物理上,在不使用介质加载喇叭时,这一点是很难实现的。然而,由于介质加载喇叭会造成损耗和自由空间失配,从而会导致空间噪声温度的提升和灵敏度的显著减小,因而在射电天文领域,很少使用介质加载喇叭。此外,反射面扫描增益损耗和接收机的有限个数限制了阵列的尺寸。一个替代的方案是增加扫描间隔到两倍的半功率波束宽度,同时移动反射面以照射中间的空隙来弥补扫描间隔的不足。结果是能够使用传统的喇叭并将其布置在焦点区域中,使得波束间距约为两倍的半功率波束宽度。选择圆形孔的六边形阵列是因为其有效的排布密度,并且由于接收机数量的限制,在进行了较少阵元的研究之后,该阵列中阵元的最终数目为$N=13$(Bird,1994)。人们认为由增加阵元带来的冗余值得额外的代价。对比其他横截面形状的喇叭,圆形喇叭具有良好的图案对称性和交叉极化特性,因而最终采用直径为一个波长的圆喇叭。从正交模耦合器(orthogonal mode transducers,OMT)到喇叭的输入端口一直采用圆形波导为传输结构。图72.13和图72.14展示了最终的多波束馈电系统外形。

图72.13所示的六边形馈源阵形成了一个紧凑的结构,因为OMT(在杜瓦瓶中)可以直接连接到喇叭的后方馈电口,从而提取两种线性极化。

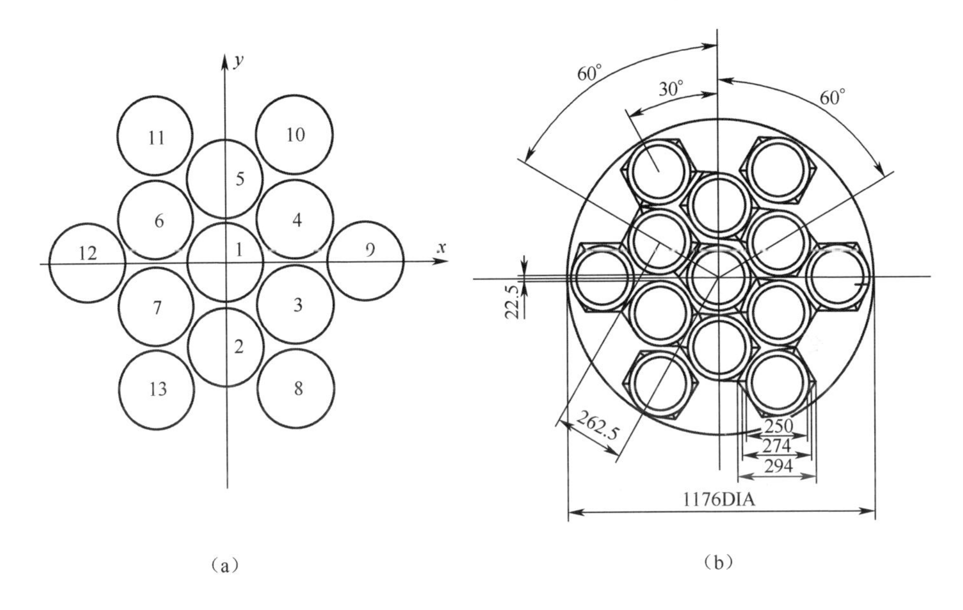

图 72.13 帕克斯天文望远镜的 13 个 L 波段多波束馈源
(a)馈源的布局;(b)俯视图的机械尺寸。

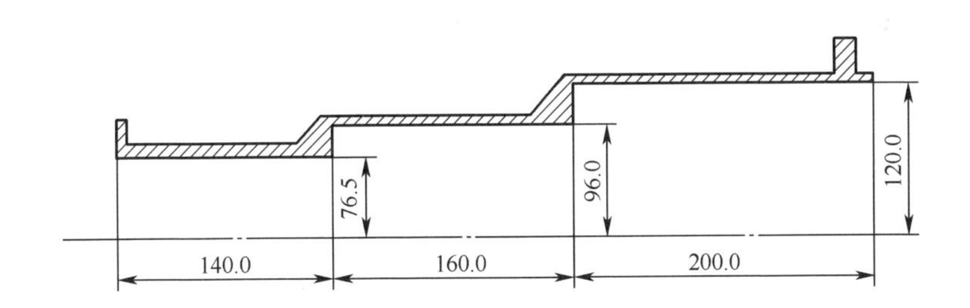

图 72.14 帕克斯望远镜的 L 波段多波束渐变馈源喇叭

1. 阶梯渐变圆喇叭设计

帕克斯天文望远镜的对称抛物反射面的几何尺寸总结在表 72.1 中。设计的原则是在预设的尺寸下获取单一馈源的最佳工作性能,然后再去匹配阵列馈源。最初,圆喇叭和角锥喇叭都可以与反射面搭配获取近似的天线增益,因此被视为合理的选择。但是,圆喇叭比角锥喇叭的溢出损耗更小,交叉极化更小,而工作模式的对称性更高。为了获取最大的天线增益,当使用圆波导给反射面天线的馈源馈电时,有一个最佳的波导尺寸。对于帕克斯望远镜的反射面来说,在圆形波导的直径为一个波长时,可以使天线的交叉极化效应和溢出损耗最小。在设计中,馈源使用渐变阶梯结构可以获得更高的天线辐射效率、更低的输入端反射系数以及更小的内部耦合效应。

表 72.1　帕克斯抛物反射面的几何尺寸

变　　量	数　　值
直径 D	64m
焦距 f	26.270m
f/D	0.41047
半角	62.69°

然而,在一个阵列中馈源直径有上限。这是由在 uv 空间中进行有效采样的波束间隔决定的。利用引言中的波束角估计,$\theta_b = \mathrm{BDF}(s/\lambda)$,其中 s 是六边形阵列第一个圆环的半径,两倍半功率波束宽度或-12dB 辐射功率对应波束角为 $\theta_b \approx 2.4\lambda/D$。结合这些估计值可以估计出六边形阵列的第一个圆环的半径为

$$s \approx \frac{2.4 \times \left(\dfrac{f}{D}\right)\lambda}{\mathrm{BDF}} \tag{72.84}$$

对于帕克斯天线的尺寸(表 72.1),由式(72.84)可以推出 $s \approx 1.17\lambda$。为了给馈源的壁厚和其他调整留有余量,最后第一个圆环半径选择 $s \approx 1.2\lambda$。由式(72.84)可以看出,间距随着反射面 f/D 的减小而减小。因此,对于英国 Jodrell Bank 的洛弗尔天文望远镜,它的 $f/D=0.3$,基于相同的波束间距,阵元间距为 $s\approx0.97\lambda$。如果给壁厚留有余量,就限制喇叭的直径为 $s\approx0.9\lambda$,这就限制了馈源的选择以及在法兰中扼流圈的使用,因此降低了辐射效率和波形的对称性。因此,洛弗尔天文望远镜选用了同轴喇叭作为多波束天线的馈源(Bird,1997)。

设计中另一个重要的尺寸为输入波导的直径。为了减小传输损耗和多模效应,在 1.27~1.47GHz 的工作频率下合理地选取波导尺寸以使除了 TE_{11} 模的其他模截止。因此,最终采用了 153mm 直径的圆形波导。

为了达到所希望的反射系数和辐射效率,使用带有模式匹配功能的软件 CIRCAR 来分析具有渐变阶梯的圆喇叭。这款软件同样可以用来分析馈源之间

的耦合(Bird,1996)。可以使用这个软件分析具有 13 个单元的六边形阵列,而且在保持所有喇叭相同的前提下对喇叭的几何尺寸进行微调仿真。经过不同参数的仿真,最终确定图 72.14 所示的两个台阶结构可以达到最好的效果。在使用单一的独立馈源时,可以达到很低的交叉极化率,但是在阵列中,会激发起较大的 TM_{01} 和 TE_{21} 模。这些模可能会导致较高的交叉极化电平,有时会与角锥喇叭一样高。然而,通过调整输出孔径和圆波导阶梯的长度,最终可以对阵列中的每个喇叭在中心频率处获得大于-35dB 的较低交叉极化隔离度。在感兴趣的频带范围内计算的反射系数和插入损耗如图 72.15 所示。包括失配和损耗(如欧

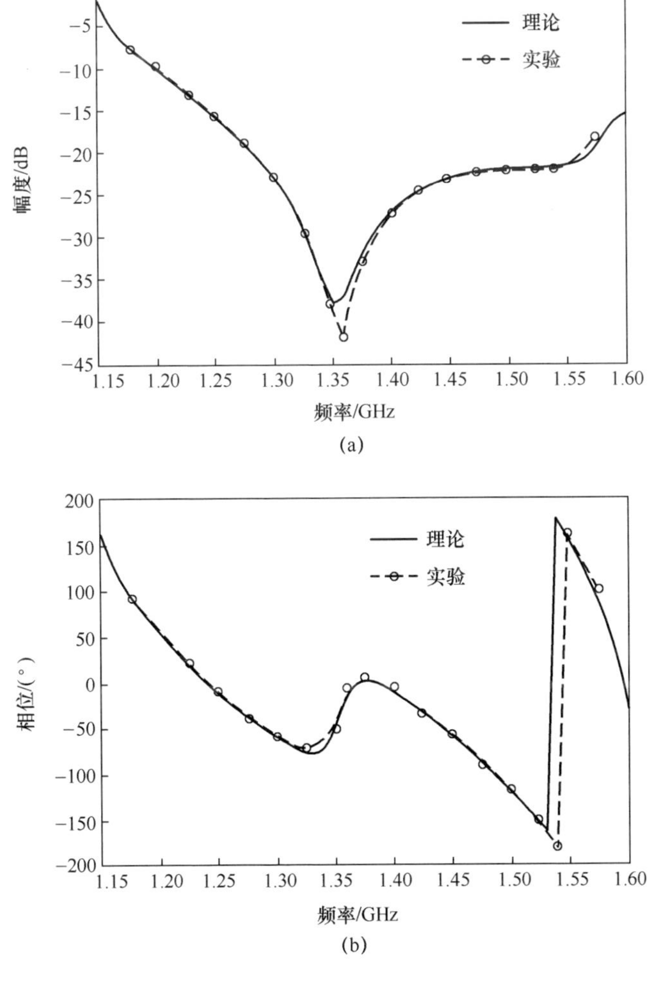

图 72.15 独立喇叭的输入反射系数

姆损耗)的参数都在中心频率处较小而在远离中心频率处较大。图72.16展示了中心喇叭在阵列中(单元1)的同极化辐射和交叉极化辐射,这些参数和失配损耗等参数在阵列和非阵列环境下只有很小的偏差。在工作频带内,尽管交叉极化电平在低频带边缘恶化到了-27dB,但保持了良好的波束对称性,仍然是可以接受的。在1.20~1.55GHz的工作频带内,无论是单一馈源独立分析还是阵列分析,都可以取得不错的效果,这可以为多波束馈源的各种分析提供便利。

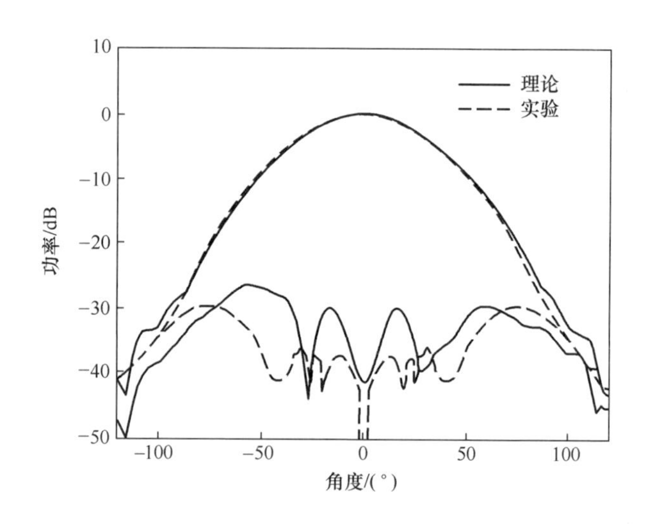

图72.16　中心喇叭的辐射模式理论和测试在1.37GHz时45°平面的同极化辐射和交叉极化辐射

2. 多波束的性能

联合CSIRO的阵列馈源仿真软件和反射面分析软件,可以对整个天线的辐射模式进行较好的分析。

馈源阵列和反射面的每个波束的辐射模式都能够分析。假设辐射源相互之间是不相关的,因此喇叭辐射的波束是不可相加的。在中心频率1.37GHz处计算的某个波束在第一个环处的同极化辐射和交叉极化辐射如图72.17所示。计算结果是由激励第一个喇叭得出,同时考虑了5m直径的反射面口径的遮挡效应。几个独立波束的参数汇总在表72.2中。其他波束的参数可以由对称性得出。在工作频带的两端,辐射效率降低。例如,在1.27GHz处第5个波束的辐射效率为69%,而在1.47GHz处辐射效率为67%。溢出效率随着频率的升高而升高,因为随着频率的升高,喇叭的辐射波束会变窄,如从低频段的 94%到高频段的 97%。

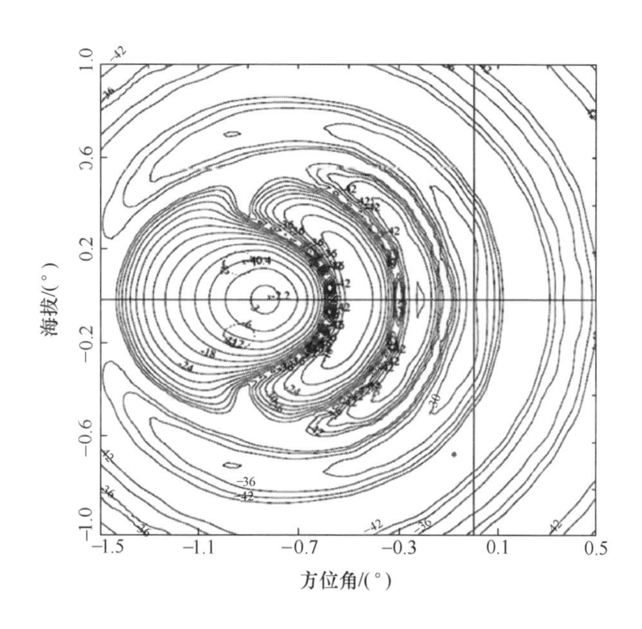

图 72.17 六边形阵列中喇叭在第二个环中的辐射波形(波束 9)
(等高线是以 3dB 间隔绘制。共极化模式的峰值为-2.23dB,辐射效率为 60%。
主瓣旁以点画线显示的交叉极化波瓣比同极化峰值低 38.2dB)

天文望远镜辐射的中心波束的计算参数和实测参数如图 72.18 所示。在计算时直径为 5m 的反射面也被考虑进去。实测参数的旁瓣和多波束一致,这就证明了多波束馈源不是引起旁瓣的原因。图 72.19 展示了放置在合理位置的完整馈源结构。表 72.2 展示了在没有考虑反射面误差,同时假设口径面均匀照射时的中心波束的辐射效率为 70.9%。这个辐射效率在频带的两端减小,在 1.27GHz 时为 68%,在 1.47GHz 时为 66%。最偏远馈源(9 号馈源)的辐射效率为 59.8%,它的旁瓣为-14dB。所有波束的辐射效率预计大于 96%,但是在低频段会有所减小,因为波束会被展宽。总之,波束间的交叉耦合在合理的范围内,由于衍射和阵列馈源相互间的耦合,其最大值为-21dB,通常其值小于-35dB,同时交叉极化隔离度大于 40dB。

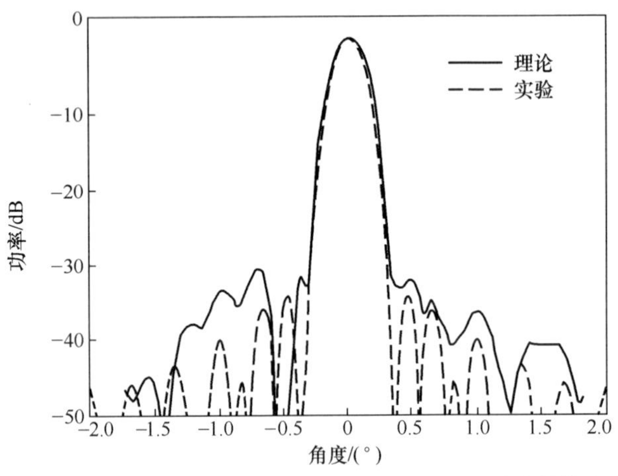

图72.18　帕克斯天文望远镜多波束阵列中心喇叭在1.37GHz时的计算和实测的波形参数

图72.19　帕克斯天文望远镜L波段的多波束馈源(澳大利亚CSIRO组织拍摄)

表72.2　反射面直径为5m、工作频率为1.37GHz时的波形参数

波束号	辐射效率/%	半功率波束宽度/(°)	X极峰值/dB	外溢/dB	波束最大值		RL馈值/dB
					u/(°)	v/(°)	
1	70.9	0.24	-40.5	-0.172	0.000	0.000	31.5
2	66.7	0.24	-39.4	-0.180	.0.000	-0.467	31.8

（续）

波束号	辐射效率/%	半功率波束宽度/(°)	X 极峰值/dB	外溢/dB	波束最大值		RL 馈值/dB
					u/(°)	v/(°)	
3	69.7	0.24	−40.0	−0.175	−0.428	−0.233	31.5
8	60.0	0.24	−37.3	−0.178	−0.428	−0.719	31.8
9	59.8	0.24	−48.2	−0.836	−0.836	0.000	32.2

72.4.2 澳大利亚平方公里阵(SKA)探路者(ASKAP)相控阵馈源

澳大利亚平方公里阵探路者(ASKAP)是一个具有 36 个天线单元的干涉天文望远镜,它由位于澳大利亚西部默奇森河天文台的 CSIRO 研制。ASKAP PAF 中的馈源相关信息展示在表 72.3 中。图 72.20 展示了为达到要求而设计的最终馈源阵列。

如图 72.21 所示,相控阵具有相似形状的自补导电结构,同时具有平行的导电平面,它可以在增强天线的方向性同时为在另一面的电路布线提供方便。双线传输线连接低噪声放大器和邻近的辐射单元。印制电路板采用了低介电常数低损耗的材料来支撑辐射单元。

解决设计问题的一个关键要素是进行严格的阵列电磁计算分析。这需要考虑到阵列中的一些细小的结构和阵元相互之间的耦合。已经提出一种准确且有效的技术手段(Hay et al.,2011)。这是特征基函数的一种拓展方法,它考虑到了连通阵元间的强电流。此方法强大的计算效率使分析阵列效应成为可能,因此可以设计出性能更好、工作频带更宽的阵列。

另一个重要的进展是阵列中双线传输线馈入低噪声放大器电流的共模和差模分析理论(Hay et al.,2008)。这一理论解释了当采用某种放大器参数时阵列中的谐振,同时可以改进阵列的放大器设计以消除谐振的影响,如图 72.21 所示。

还有一个重要进展是低噪声放大器设计和准确的实测(Shaw et al.,2012)。对低噪声放大器 3 个端口的信号和噪声特性都进行了分析,低噪声放大器具有不同的噪声匹配特性,并且其输入阻抗为 300Ω 左右。

在“相控阵馈源”一节中对测量速度的分析为优化 PAF 波束的数量和间距提供了框架。图 72.22 展示了工作于 1.3GHz 时不同波束数量和不同扫描间隔的 SSFoM 和 SSFoV。尽管在波束间隔为 $\lambda/2D$ 时性能得以最大化,其中 ASKAP 天线的口径为 $D=12\text{m}$,但是在实际使用时还是更倾向使用更大的扫描间距和更少的波束数量。这是因为波束成形的成本随着波束数量的增加而增加。对于 ASKAP PAF 系统,在成本和性能之间进行合理折衷后,使用了一个 6×6 的波束阵列。图 72.23 显示了计算出的 SSFoM 和 SSFoV 与频率的关系。每个频率上的波束间距均已优化,用以最大化 SSFoM。由于相控阵馈源物理尺寸的限制,使用 6×6 的波束阵列工作在低频频段。

表 72.3　ASKAP 望远镜的参数

参　数	数　值
天线数量	36
反射镜直径	12m
最大基线	6km
分辨率	30″
敏感度	$65\text{m}^2/\text{K}$
测量速度	$1.3\times105\text{m}^4/\text{k}^4/\text{deg}^2$
系统噪声温度	50K
孔径效率	80%
观测频率	700~1800MHz
视角	30°
处理带宽	300MHz
频谱通道数	16384
相控阵馈源	188 单元

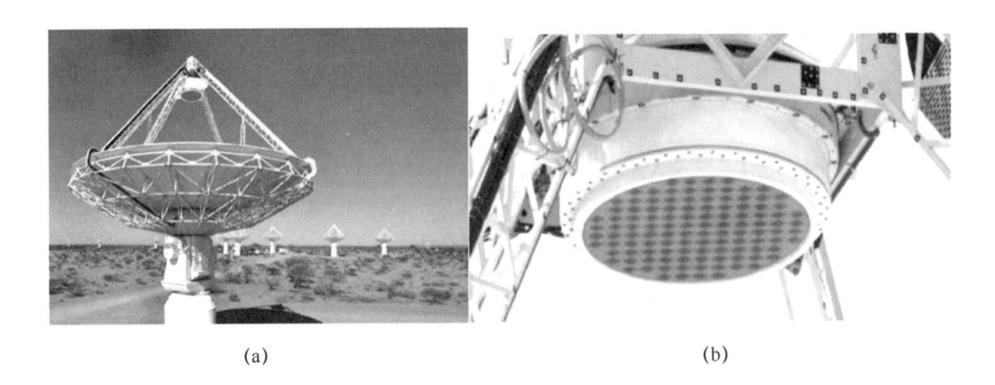

(a)　　(b)

图 72.20　ASKAP 天线(图片:澳大利亚 CSIRO 提供)

(a)反射镜;(b)棋盘式 PAF 安装在焦点。

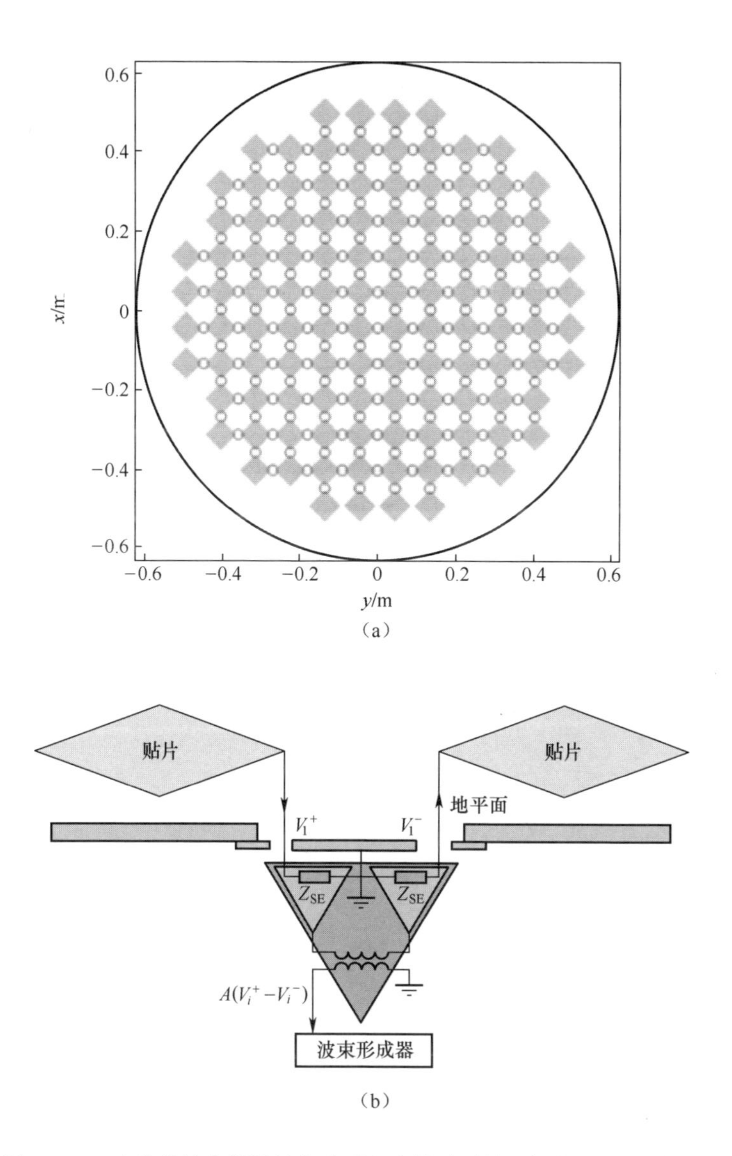

图 72.21 改进的放大器设计将阵列电流转移到另一侧的 LNA 的接地面

(a)188 单元连接阵与接地面;(b)双线传输线的示意图。

(对角线上的贴片是 80mm,相邻的贴片角之间存在 10mm 的间隙,因此阵元间距为 90mm。贴片厚 10mm,直径为 26mm,离地 65mm。将贴片连接到 LNA 的电线直径为 0.86mm)

ASKAP PAF 的开发采用 MKII 设计并进行了许多改进,如提高了灵敏度。图 72.24 展示了 MKII PAF 的 40 阵元样机。如图 72.25 所示,修改贴片设计以

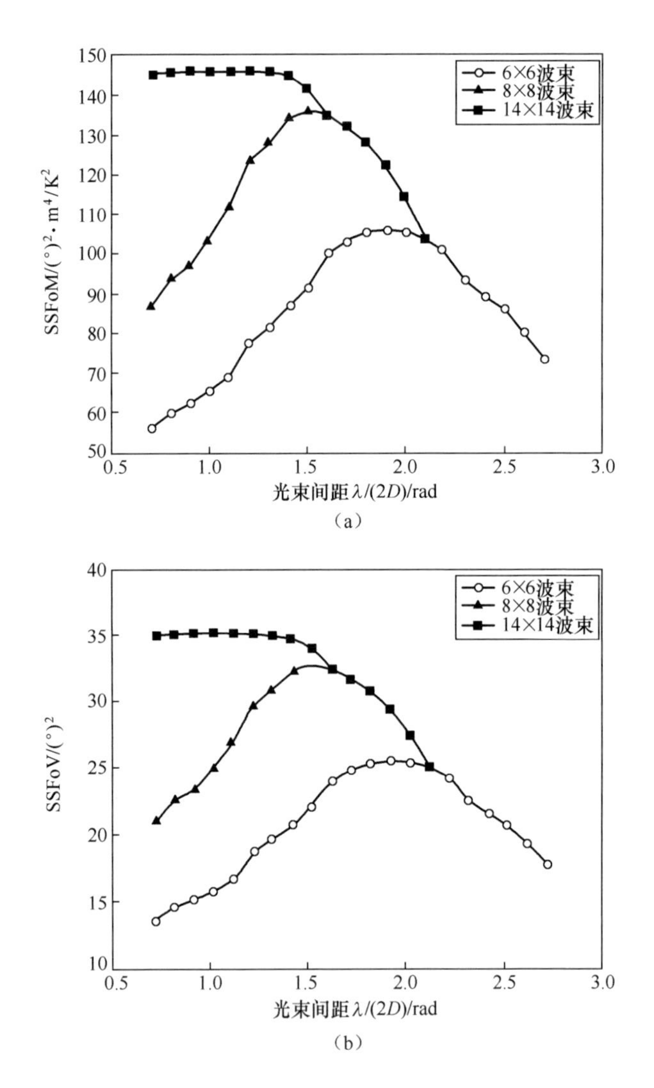

图72.22 工作在1.3GHz时的188单元ASKAP PAF的测量速度品质因数和测量速度场作为波束的数量和间距函数(LNA模型与阵列噪声匹配,最小噪声温度 T_{min} 为30K。FoV以顶点为中心,假设亮度温度分布在顶点处为5K,在顶点80°~120°的范围内从该值过渡到地面温度275K)

(a)SSFoM,式(72.83);(b)SSFoV,(式(72.82)。

改进阵列和LNA的匹配性,总体几何形状与原始PAF类似,在每条双线传输线中有间距90mm的相同元件和10mm的导线。这些贴片缩小了尺寸,并通过与

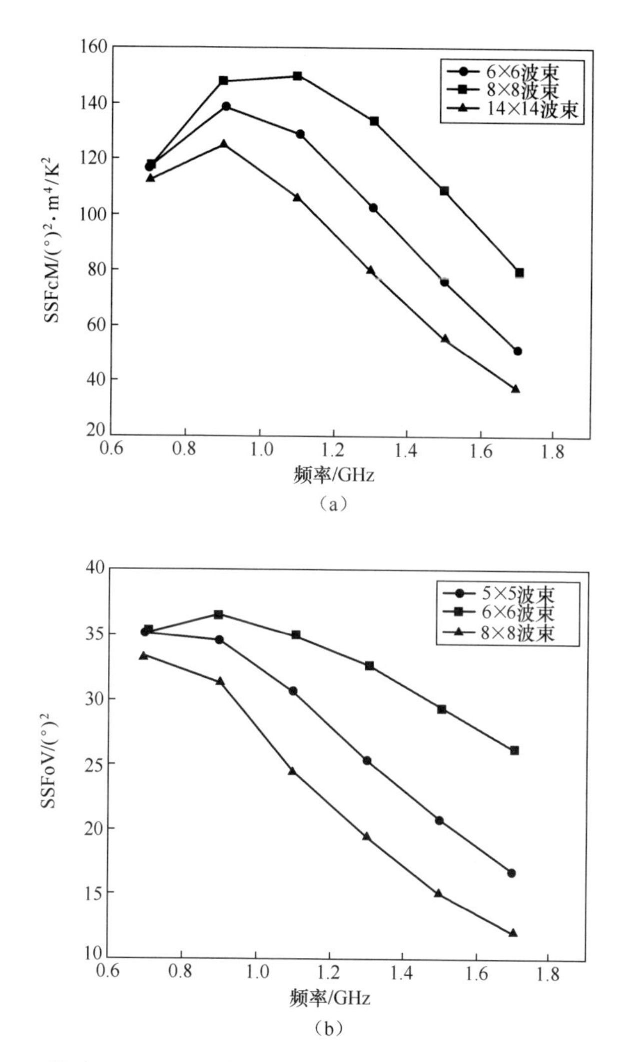

图 72.23　188 单元 ASKAP PAF 的测量速度品质因数和测量速度场作为频率的函数（LNA 模型与阵列噪声匹配，最小噪声温度 $T_{\min}$ 为 30K。FoV 以顶点为中心，假设亮度温度分布在顶点处为 5K，在顶点 80°～120°的范围内从该值过渡到地面温度 275K）

(a) SSFOKI，式(72.83)；(b) SSFOV，式(72.82)。

贴片共地的窄微带线与传输线连接。这提供了在高频时补偿接地层的电感。贴片电容器将微带连接到贴片，可以在低频处补偿接地层。双线传输线的导线直径略微增加为 1.6mm。

图 72.26 比较了 5×4 ASKAP MKII PAF 的样机测量和建模结果，给出了接

图72.24　ASKAP MKII PAF的40阵元样机
(图片由澳大利亚联邦科学与工业研究组织提供)

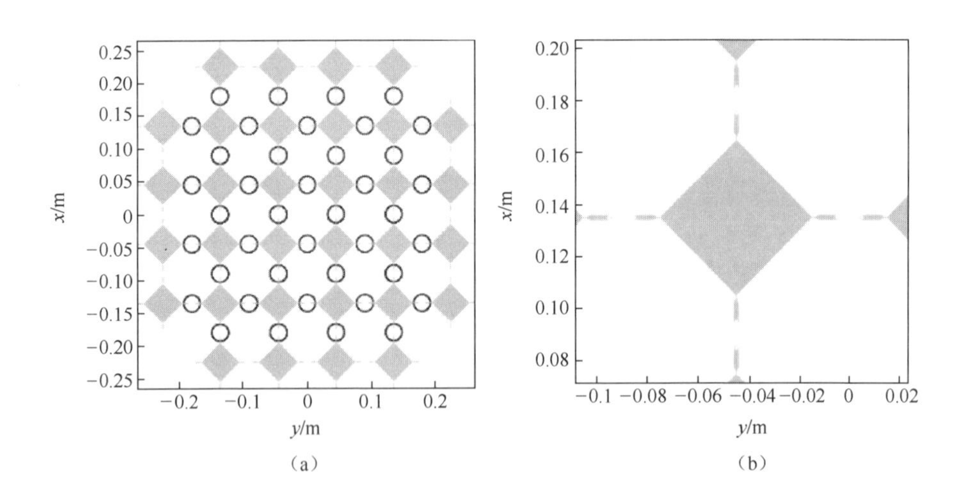

图72.25　MKII PAF样机的改进贴片几何形式

收阵列指向天顶进行测试时波束成形接收机的噪声温度。

$$T_{\text{rec}} = T_0 \frac{\overline{\boldsymbol{\phi}}^{\mathrm{T}} G_{\text{rec}} \boldsymbol{\phi}}{\overline{\boldsymbol{\phi}}^{\mathrm{T}} G_{\mathrm{A}} \boldsymbol{\phi}} \tag{72.85}$$

测量结果是根据测量的Y因子估算的,使用天空作为冷源、微波吸收器作为热源(Chippendale et al.,2014)。结果显示,在ASKAP所需的0.7~1.8GHz

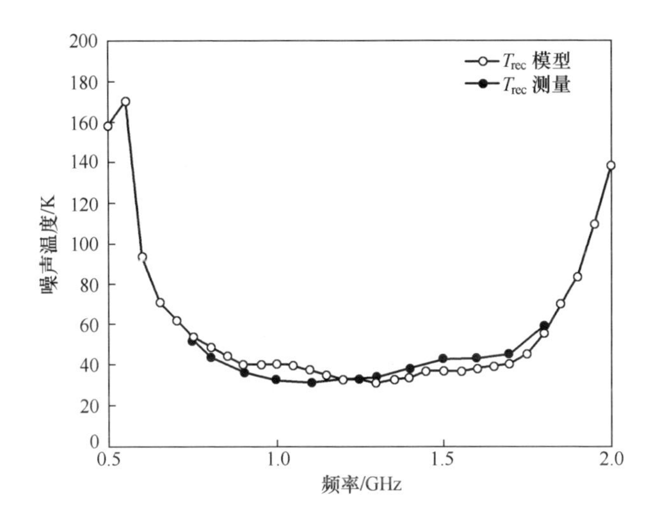

图72.26　直接从视轴方向接收波时40阵元样机 ASKAP MKII 阵列的波束成形的噪声温度

频率范围内具有良好的低噪声性能。

72.5　小结

通过技术开发和新应用,相控阵馈源领域取得了重大进展。通过先进的宽频带技术和数字波束成形技术,形成了具有灵活可控性的同时多波束能力。波束特征的可控程度比以往使用的喇叭馈电阵列或具有模拟波束成形网络的阵列有所增加。在以前的这两种系统中,波束间距受馈源的大小或模拟波束成形中信号损失的限制。利用数字波束成形技术,PAF 可以产生具有任意间隔的波束,而没有明显的信号损失。这些功能对于通信中的一系列应用具有相当重要的意义。

(1) 干扰限制系统。多用户通信系统的容量可以通过天线在每个频率同时多波束来增加,需要严格控制波束间距、大小、形状、旁瓣和交叉极化才能充分发挥这种技术的潜力。此外,尽可能更好地利用有限或昂贵的基站面积资源。例如,如图72.27所示,不同于多个反射面天线,每个反射面均由有限间隔的喇叭阵列馈源来馈电,带有相控阵馈源的单个反射面可以在整个视场内产生一组连续的多波束。

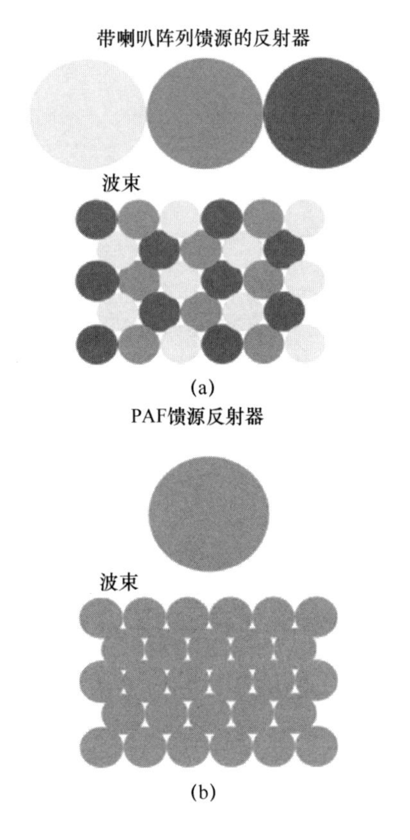

图 72.27　喇叭馈电和 PAF 馈电的反射器天线

(a)带喇叭阵列馈源的反射器和波束;(b)PAF 馈源反射器和波束。

(2) 多频带系统。大的频率范围意味着在一个接收或发射信道中容纳多个频带的能力,如卫星通信或者基站无线通信中采用的频分复用。

(3) 无线电感知系统。这些系统可以感知无线电环境,并可以充分利用有限的频谱和功率资源。这需要在很宽的频率范围内检测无线电环境,然后调整天线特性,如频率、波束极化和辐射方向图。

(4) 移动平台。人们对移动平台非常感兴趣,包括用于车辆、船舶和飞机的卫星通信系统。而且在这些系统中,天线容易受到平台扰动的影响,如铁塔在风中的晃动会对地面点对点通信系统造成影响,而阵列天线应能够校正这种影响。

(5) 空间功率合成。采用多个发射机的以相干方式进行功率合成形成大功率发射系统,这在毫米波和太赫兹频段有很大的应用价值,因为电子器件在这些频段上的功率较低,应用场景包括高通量通信。

射电天文学一直是相控阵馈源技术发展的重要驱动,包括在一定环境温度下工作的阵列和低噪声放大器进行集成而获得高灵敏度的技术要求。这方面还有待于进一步发展,如宽 FoV 将继续成为射电天文学发展的关键领域。Parkes 望远镜等各种多波束系统的应用已经很清楚地表明了这种优势。在 PAF 方面也取得了很好的进展,如 ASKAP 望远镜进一步增加了 FoV 和频率范围。ALMA 望远镜的最新发展证明天文学界对毫米波和太赫兹等更高频率具有极大兴趣,其中未来发展宽 FoV 系统具有极大可能性和挑战性。

相控阵馈源工作时具有较宽的频率范围、极高的波束成形精度和极大的灵活度,这将使通信技术取得重大进展,未来工作频率将会扩展到更高的频段,而在这些频段上电子器件集成、信号传输和阵列制造将面临重要的挑战。

交叉参考:

▶第68章　射电望远镜天线

▶第19章　反射面天线

参考文献

B andler J W, Charalambous(1972) Practical least p-th optimization of networks. IEEE Trans. Microw. Theory, Vol. MTT-20, pp. 834-840.

Bird T S(1994) A multibeam feed for the Parkes radio-telescope. In: IEEEantennas & propagation society symposium, Seattle, pp 966-969

Bird T S(1996) Modelling arrays of circular horns with choke rings. In: IEEE Antennas & Propagation Society Symposium, Baltimore, USA, pp. 226-229.

Bird T S(1997) Coaxial feed array for a short focal-length reflector. In: IEEE antennas & propagation society symposium, Montréal, pp 1618-1621

Bunton J D, Hay S G(2010) Achievable field of view of checkerboard phased array feed. In: International conference on electromagnetics in advanced applications, Sydney, pp 728-730

Chippendale A P, Hayman D B, Hay SG(2014) Measuring noise temperatures of phased array antennas for radio astronomy at CSIRO. Publications of the Astronomical Society of Australia, 31, id. e01, April 1

Christiansen W N, H bom JA(1969) Radiotelescopes. Cambridge University Press, London

Fisher JR, Bradley RF(2000) Full-sampling array feeds for radio telescopes. In: Proceedings of the SPIE, 4015, pp 308-319

Hay SG(2010) Maximum-sensitivity matching of connected-array antennas subject to Lange noise constants. Int J Microw Opt Technol 5(6):1889-1890

Hay SG, O'Sullivan JD(2008) Analysis of common-mode effects in a dual-polarized planar connected-array antenna. Radio Sci 43:RS4S06

Hay SG, O'Sullivan JD, Mittra R(2011) Connected patch array analysis using the characteristic basis function method. IEEE Trans Antennas Propag 59(3):1828-1837

Janssen PHM, Stoica P(1987) On the expectation of the product of four matrix-valued Gaussian random variables, Eindhoven University of Technology, EUT Report 87-E-178, ISBN 90-6144-176-1

Loux PC, Martin RW(1964) Efficient aberration correction with a transverse focal plane array technique. IEEE Int Conv Record(USA) 12, Part 2: 125-131

Rudge AW, Withers MJ(1971) New technique for beam steering with fixed parabolic reflectors. Proc IEE 118(7):857-863

Rudge AW, Milne K, Olver AD, Knight P(1986) The handbook of antenna design, vol 1 & 2. Peter Peregrinus, London

Shaw RD, Hay SG and Ranga Y(2012) Development of a low-noise active balun for a dualpolarized planar connected-array antenna for ASKAP. International Conference on Electromagnetics n Advanced Applications, Cape Town, pp. 438-441

第7部分

天线应用:天线相关的系统与问题——天线相关的特殊问题

第73章
传输线

Cam Nguyen

摘要

本章主要介绍传输线理论,它是设计与天线相关的射频电路和基于传输线的天线基础。本章内容包括传输线方程和特性阻抗、传播常数、相速度、有效相对介电常数、色散、损耗、失真、阻抗、反射系数等重要传输线参数,还包括一类可以只用集总元件实现的传输线综合设计,该类传输线可用于片上天线接口射频电路中。此外,本章还包括射频系统中最常用的印制电路传输线和用于印制电路天线及相关射频电路中可用多层结构实现的传输线。

关键词

传输线;横电磁波(TEM)传输线;准 TEM 传输线;TEM 模;准 TEM 模;共面波导;微带线;共面带线;槽线;带状线;多层传输线;天线;微波;毫米波;射频

C. Nguyen(✉)
电气与计算机工程系,德克萨斯农工大学,美国
e-mail:cam@ece.tamu.edu

73.1 引言

传输线作为射频系统中的重要部件,它可以工作在太赫兹电磁频谱的不同频率上。传输线的理论和设计不仅对天线实现正确功能(如天线馈电或天线接口电路)所需的具体射频电路是必要的,而且对基于传输线的行波天线(如槽线天线)等多种天线同样也是必要的。如果不考虑传输线,那么天线所需的射频电路的设计就不能最终完成或者优化到位。特别是在毫米波频段的高端等极高频率,在直接集成射频芯片和天线时,传输线都是必需的。由于片上传输线相对片上集总元件尺寸较大,将其作为片上天线的接口是不合适的。射频设计师应该借助传输线理论,正确地使用片上集总元件模拟与天线连接的传输线,从而实现特定的特性,而这些特性是集总元件无法得到的。因此,射频工程师应具备丰富的传输线知识并考虑其在天线中可能的使用方法是十分关键的。传输线理论基础在各种电磁场教材(如 Paul et al. ,1998)中都可以找到。本章将讲述传输线的基础,包括传输线方程和特性阻抗、传播常数、相速度、有效相对介电常数、色散、损耗、失真、阻抗、反射系数等重要的传输线参数。本章还讨论了传输线综合方法,它可以利用集总元件来设计传输线,这对片上天线接口十分有用。此外,还介绍了在天线和相关射频电路中的多层结构中常用的印制电路传输线。

73.2 传输线方程

像射频电路中的其他元件一样,对于电路设计来说传输线具有特定的电特性。任意传输线的特性都可以用传输线方程来描述。为了便于在不同的激励和工作条件下分析传输线,将传输线方程分为两类,即一般传输线方程和正弦稳态或时谐传输线方程。一般传输线方程适合用于任意随时间变化的激励;正弦稳态或时谐传输线方程只适用于激励为正弦波并且传输线工作在稳态的情况。特性阻抗等传输线参数是传输线本身的属性,只要激励幅度在一定限度内,特性阻抗与激励无关。

73.2.1 一般传输线方程

只有当传输线具有不少于两个导体时,它才能存在。所以,一个传输线(两个导体)通常可以用图73.1(a)所示的双平行线来表示。假设传输线是均匀的,如其几何结构,包括导体尺寸、导体间距和导体周围的介质沿着传输线长度方向或纵向(或轴向)是固定的。从电磁场理论可知,信号或波沿着线传播是由于电能和磁能的相互转化。当信号穿过线时,它自身会携带电场和磁场。我们也知道,当信号沿线传播时,由于构成线的非理想导体和介质,信号会有损耗。使用电路理论,可以将传输线的电特性表示为电感、电容和电阻的组合,其中电感表示磁能,电容表示电能,电阻表示导体损耗,其他电阻表示介质的损耗。有鉴于此,且电路理论只适合于其尺寸相对于工作波长非常小的情况,传输线可分为很多无限小元件,每个元件的长度 d_z 均远小于工作波长。每个极小元件现在可用包含串联电感 L_{dz} 、串联电阻 R_{dz} 、并联电容 C_{dz} 和并联电导 G_{dzd} 的等效电路来表征,如图73.1(b)所示。L、R、C 和 G 分别是传输线单位长度的串联电感(H/m)、串联电阻(Ω/m)、并联电容(F/m)和并联电导(S/m)。L 和 C 为考虑到存储在传输线中信号各自的磁能和电能。R 和 G 为考虑到由于传输线中使用的非理想导体和介质各自的损耗。介质引起的损耗有时也称为泄漏损耗。这一损耗与介质的有限电导率引入的并联电流相关,也称之为漏电流。这种漏电流对用于射频芯片的硅等高损耗的介质基片是很重要的。当在这些基片上实现射频电路时,漏电流的效果很明显。这不仅是因为在基片中产生的介质损耗,而且也是因为不同电路元件间的电流耦合。每个传输线都可以用其自身单位长度的 R、L、G 和 C 或它单位长度的串联阻抗 $Z = R + \mathrm{j}\omega L$ 和并联导纳 $Y = G + \mathrm{j}\omega C$ 表征。

一条有限长传输线可以看作由很多部分级联或电连接构成沿着线的连续分布的 R、L、G 和 C。因此,一条传输线可以用很多等效电路的级联来模拟,每个等效电路均为图73.1(b)所示的无限小节。这一传输线的分布式电路模型只有当假设构成传输线的邻近的节之间没有互阻抗时才成立。这意味着相邻的元件之间没有互耦。因此,若 z 为传播方向,可以假设沿着线传输的波没有纵向场分量 E_z 和 H_z 。波的电场和磁场只有 x 和 y 分量。也就是说,它们只分布于垂直于传播方向的平面上。这种波称为横电磁波(TEM)或横电磁模。实际上,这里也存在非常小的沿传输线的纵向场分量,相应的波称为准横电磁波。本节所有推导出的方程只对横电磁波或准横电磁波成立。其他具有 E_z 或 H_z 分量,或两者同时都存在的波,也可以在传输线中存在,它们称为高次波或高次模。这些模式只有在传输线的馈电点附近、线的不连续结构周围或在很高的频率点处比较

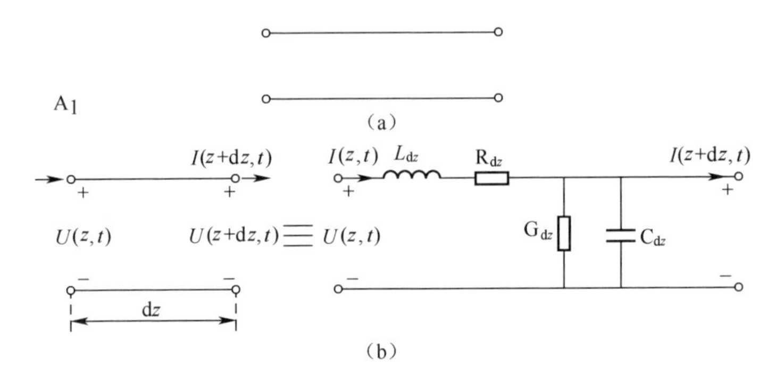

图 73.1　极小元件的表征 ($U(z,t)$、$U(z+\mathrm{d}z,t)$、$I(z,t)$、$I(z+\mathrm{d}z,t)$ 分别为输入 (z) 和输出 ($z+\mathrm{d}z$) 的瞬时电压和电流)

(a) 用两根平行导体表示的传输线;(b) 无限传输线的等效电路。

明显。对于实际中的大多数均匀传输线,TEM 或准 TEM 模是主要模式,称为传输线的主模。

对图 73.1(b)中的电路使用 Kirchhoff 电压和电流定律,经过一些推导,可得

$$\frac{\partial U(z,t)}{\partial z} + L\frac{\partial I(z,t)}{\partial t} + RI(z,t) = 0 \tag{73.1}$$

$$\frac{\partial I(z,t)}{\partial z} + C\frac{\partial U(z,t)}{\partial t} + GU(z,t) = 0 \tag{73.2}$$

$$\frac{\partial^2 U(z,t)}{\partial z^2} - LC\frac{\partial^2 U(z,t)}{\partial t^2} - (RC+LG)\frac{\partial U(z,t)}{\partial t} - RGU(z,t) = 0 \tag{73.3}$$

$$\frac{\partial^2 I(z,t)}{\partial z^2} - LC\frac{\partial^2 I(z,t)}{\partial t^2} - (RC+LG)\frac{\partial I(z,t)}{\partial t} - RGI(z,t) = 0 \tag{73.4}$$

对于无耗传输线,可令 $R=G=0$,则式(73.1)至式(73.4)变为

$$\frac{\partial U(z,t)}{\partial z} + L\frac{\partial I(z,t)}{\partial t} = 0 \tag{73.5}$$

$$\frac{\partial I(z,t)}{\partial z} + C\frac{\partial U(z,t)}{\partial t} = 0 \tag{73.6}$$

$$\frac{\partial^2 U(z,t)}{\partial z^2} - LC\frac{\partial^2 U(z,t)}{\partial t^2} = 0 \tag{73.7}$$

$$\frac{\partial^2 I(z,t)}{\partial z^2} - LC\frac{\partial^2 I(z,t)}{\partial t^2} = 0 \tag{73.8}$$

式(73.1)和式(73.2)以及式(73.5)和式(73.6)可以被分类为电报方程，式(73.3)和式(73.4)以及式(73.7)和式(73.8)称为传输线方程。式(73.3)和式(73.4)也可以看成无耗传输线的波动方程，类似于从Maxwell方程中推导出的电场和磁场的波动方程。所有这些方程对于任意传输线和任意时变的电压和电流都是通用的。当使用正弦时变函数时，上述方程可以简化。

实际的传输线是有耗的，电压和电流波或信号会随着其沿着线传播的过程不断衰减。

73.2.2 正弦稳态传输线方程

当假设电压随时间按正弦规律变化且传输线工作在稳态(没有瞬态)时，则可以推导出传输线方程的另一种形式。使用相量表示，参考 $\cos\omega t$，瞬态电压和电流可以写成

$$U(z,t) = \mathrm{Re}[U(z)\mathrm{e}^{\mathrm{j}\omega t}] \tag{73.9}$$

$$I(z,t) = \mathrm{Re}[I(z)\mathrm{e}^{\mathrm{j}\omega t}] \tag{73.10}$$

式中：$U(z)$ 和 $I(z)$ 分别为电压和电流的相量，仅仅是位置(z)的函数，Re(.)表示实部。将式(73.9)和式(73.10)代入式(73.1)至式(73.4)，则有

$$\frac{\mathrm{d}U(z)}{\mathrm{d}z} + (R + \mathrm{j}\omega L)I(z) = 0 \tag{73.11}$$

$$\frac{\mathrm{d}I(z)}{\mathrm{d}z} + (G + \mathrm{j}\omega C)U(z) = 0 \tag{73.12}$$

$$\frac{\mathrm{d}^2 U(z)}{\mathrm{d}z^2} - \gamma^2 U(z) = 0 \tag{73.13}$$

$$\frac{\mathrm{d}^2 I(z)}{\mathrm{d}z^z} - \gamma^2 I(z) = 0 \tag{73.14}$$

其中

$$\gamma = \alpha + \mathrm{j}\beta = \sqrt{(R + \mathrm{j}\omega L)(G + \mathrm{j}\omega C)} \tag{73.15}$$

稍后可以看到，γ 表示电压和电流波沿着线传播，因此也称之为传输线的传播常数。类似地，α (单位为Neper/m或Np/m)和β(单位为Radian/m)决定了传输

线单位长度的衰减和相位,分别称为衰减常数和相位常数。以 Np/m 为单位表示的 α 可以通过下式转换成以 dB/m 为单位的 α,即 α[dB/m]=8.686α[Np/m]。

考虑到正弦信号之间的等价性,式(73.11)至式(73.14)也可以通过将式(73.1)至式(73.4)中的关于 t 的偏导数 $\partial/\partial t$ 替换为 $\mathrm{j}\omega$ 得到。式(73.11)和式(73.12)称为正弦稳态或时谐电报方程,式(73.13)和式(73.14)称为正弦稳态或时谐传输线方程或频域传输线方程。传输线方程式(73.13)和式(73.14)特别适于分析工作于正弦稳态的传输线,这经常在工作于连续波的电路中遇到。还应该指出的是,所有的传输线方程可以用于任意传输线。对于无耗传输线,通过设式(73.11)至式(73.14)中 $R=G=0$,这些方程可以变为

$$\frac{\mathrm{d}I(z)}{\mathrm{d}z}+\mathrm{j}\omega CU(z)=0 \tag{73.16}$$

$$\frac{\mathrm{d}U(z)}{\mathrm{d}z}+\mathrm{j}\omega LI(z)=0 \tag{73.17}$$

$$\frac{\mathrm{d}^2U(z)}{\mathrm{d}z^2}+\beta^2U(z)=0 \tag{73.18}$$

$$\frac{\mathrm{d}^2I(z)}{\mathrm{d}z^2}+\beta^2I(z)=0 \tag{73.19}$$

式(73.13)和式(73.14)具有众所周知的解,分别为

$$U(z)=U_0^+\mathrm{e}^{-\gamma z}+U_0^-\mathrm{e}^{\gamma z}=U_0^+\mathrm{e}^{-\alpha z}\mathrm{e}^{-\mathrm{j}\beta z}+U_0^-\mathrm{e}^{\alpha z}\mathrm{e}^{\mathrm{j}\beta z}=U^+(z)+U^-(z) \tag{73.20}$$

$$I(z)=I_0^+\mathrm{e}^{-\gamma z}+I_0^-\mathrm{e}^{\gamma z}=I_0^+\mathrm{e}^{-\alpha z}\mathrm{e}^{-\mathrm{j}\beta z}+I_0^-\mathrm{e}^{\alpha z}\mathrm{e}^{\mathrm{j}\beta z}=I^+(z)+I^-(z) \tag{73.21}$$

$U^+(z)$ 和 $I^+(z)$ 通常称为前向电压和电流行波(在+z 方向),$U^-(z)$ 和 $I^-(z)$ 称为后向行波(在−z 方向)。使用式(73.9)、式(73.10)、式(73.15)、式(73.20)、式(73.21),传输线上任意位置、任意时刻总的瞬态电压和电流可以写成

$$U(z,t)=U_0^+\mathrm{e}^{-\alpha z}\cos\left[\omega\left(t-\frac{\beta}{\omega}z\right)\right]+U_0^-\mathrm{e}^{\alpha z}\cos\left[\omega\left(t+\frac{\beta}{\omega}z\right)\right] \tag{73.22}$$

$$I(z,t)=I_0^+\mathrm{e}^{-\alpha z}\cos\left[\omega\left(t-\frac{\beta}{\omega}z\right)\right]+I_0^-\mathrm{e}^{\alpha z}\cos\left[\omega\left(t+\frac{\beta}{\omega}z\right)\right] \tag{73.23}$$

式(73.22)和式(73.23)中等式右侧第一项和第二项分别为前向行波 $U^+(t-z/v)$、$I^+(t-z/v)$ 和后向行波 $U^-(t+z/v)$、$I^-(t+z/v)$。这些波的传播速度为

$v=\frac{\omega}{\beta}$ 式(73.22)和式(73.23)表明,由于前向或后向电压和电流波在任何时刻和频率沿着线传播,其幅度在特定位置 z 按照 $-\alpha|z|$ 以指数形式减小,其相位按照 βz 变化。α 和 β 决定了传输线单位长度的衰减和相位,分别称为衰减常数和相位常数。$\gamma=\alpha+\mathrm{j}\beta$ 表示沿着线传播的电压和电流波,因此称为传输线的传播常数。

线上不同位置处随时间变化的瞬态(正弦)电压 $U(z,t)$ 可以简单证明随着时间的推移电压沿着线传播。与电路理论相反,其假设电压和电流为稳态,并且沿着导体传输线为固定值,实际上为传输波,是传输线特性的函数。

73.3　传输线参数

回想一下,电子电路中的元件都是物理元件,可以用电气参数描述它们,以便它们用于电路分析和设计。例如,一个电感器可以在电气上用等效电感描述,一个电阻器可以用电阻表示等。同样,一条传输线是物理结构,也可以通过特定的电参数描述。对于电路设计和分析来说,传输线最有用的参数是特性阻抗、传播常数或者衰减和相位常数及速度。相位常数和速度直接相关,并且很多时候,可以使用“有效相对介电常数”这一参数来代替它们。正如“单位长度参数 R、L、C 和 G”一节中所述,传输线参数可以从单位长度传输线的电感、电阻、电容和电导确定。这些参数与加在传输线上的时变电压或电流无关,更一般地说,与所加的信号幅度无关。因此,考虑正弦稳态工作情况,可以推导出传输线参数的表达式。这将有助于解决过程。为了帮助使用这些表达式,考虑了 3 种情况,即有损(或一般)、无损和低损耗传输线。

73.3.1　一般传输线

对于工作在正弦稳态情况下的任意传输线,使用式(73.11),相量电流可以写成

$$I(z)=-\frac{1}{R+\mathrm{j}\omega L}\frac{\mathrm{d}U(z)}{\mathrm{d}z}\tag{73.24}$$

对式(73.20)中的电压取导数,并将其代入式(73.24),可以得到

$$I(z)=\frac{\gamma}{R+\mathrm{j}\omega L}(U_0^+\mathrm{e}^{-\gamma z}-U_0^-\mathrm{e}^{\gamma z}) \tag{73.25}$$

对比式(73.21)和式(73.25),并使用式(73.15),可以得到

$$Z_0\triangleq\frac{U_0^+}{I_0^+}=-\frac{U_0^-}{I_0^-}=\sqrt{\frac{R+\mathrm{j}\omega L}{G+\mathrm{j}\omega C}} \tag{73.26}$$

这被定义为传输线的特性阻抗(Ω)。它的倒数形式为

$$Y_0\triangleq\frac{I_0^+}{U_0^+}=-\frac{I_0^-}{U_0^-}=\sqrt{\frac{G+\mathrm{j}\omega C}{R+\mathrm{j}\omega L}} \tag{73.27}$$

称之为线的特性导纳(Ω)。注意,正如期望的一样,特性阻抗和导纳一般为复数,如式(73.26)和式(73.27)所示。值得注意的是,这些参数只是数学上定义的量,并且正如通过式(73.26)和式(73.27)的表达式所预期的那样,它们并非不能用作电路理论中遇到的正常阻抗和导纳。式(73.15)中给出了传输线的传播常数 $\gamma=\alpha+\mathrm{j}\beta$,其中 α 和 β 如“正弦稳态传输线方程”一节中所述,分别为传输线的衰减常数和相位常数。它们是通过传播常数的相应实部和虚部来获得的。应该注意的是,衰减常数是由导体损耗常数(由于非理想导体)和介质衰减常数(由于非理想介质)引起的,这将会在“传输线中介质和导体的损耗”一节中作进一步解释。由于不同传输线单位长度电阻 R、电感 L、电导 G 和电容 C 不相同,特性阻抗 Z_0 和传播常数 γ 也不相同。实际上,Z_0 和 γ (或者 α 和 β) 通常用来描述传输线的特性,以替代 R、L、G 和 C。

衰减常数的闭式表达式可以通过基于时间平均传输功率和线上单位长度功率损耗推导得到。为此目的,考虑一个无限长传输线,任意位置处的相量电压和电流可以由式(73.20)和式(73.21)写成

$$U(z)=U_0^+\mathrm{e}^{-\alpha z}\mathrm{e}^{-\mathrm{j}\beta z} \tag{73.28}$$

$$I(z)=I_0^+\mathrm{e}^{-\alpha z}\mathrm{e}^{-\mathrm{j}\beta z} \tag{73.29}$$

时间平均功率或者线上任意点平均传输功率可以表示为

$$P_T(z)=\frac{1}{2}\mathrm{Re}[U(z)I^*(z)] \tag{73.30}$$

使用式(73.28)和式(73.29),并将 $I_0^+=U_0^+/Z_0$ 替换为 $Z_0=R_0+\mathrm{j}X_0$,有

$$P_T(z)=\frac{1}{2}\mathrm{Re}\left[\frac{(U_0^+)^2}{R_0-\mathrm{j}X_0}\mathrm{e}^{-2\alpha z}\right]=\frac{(U_0^+)^2R_0}{2|Z_0|^2}\mathrm{e}^{-2\alpha z} \tag{73.31}$$

设 P_{T0} 表示 $z=0$ 处的功率流，$P_{T0}-\Delta P_T$ 为 $z=\Delta z$ 处的传输功率。单位长度的平均功率损耗可以通过功率沿着距离的不同而得到，这基本上是当波沿着线传播时平均传输功率的减小速率，因此可以从式(73.31)导出

$$P_L(z)=\lim_{\Delta z\to 0}\frac{(P_{T0}-\Delta P_T)-P_{T0}}{\Delta z}=-\frac{\mathrm{d}P_T(z)}{\mathrm{d}z}=2\alpha P_T(z) \tag{73.32}$$

进而得到

$$\alpha=\frac{P_L(z)}{2P_T(z)} \tag{73.33}$$

注意 z 为任意值，因此对于结构沿传播方向固定的均匀传输线，单位长度功率损耗本身也与 z 无关。功率损耗是由电流流经电阻 R 和电导 G 产生的，可以由图73.1(b)确定，即

$$P_L(z)=\frac{1}{2}[R\,|I(z)|^2+G\,|U(z)|^2] \tag{73.34}$$

使用式(73.28)和式(73.29)，且有 $I_0^+=U_0^+/Z_0$，式(73.34)可以变为

$$P_L(z)=\frac{(U_0^+)^2}{2\,|Z_0|^2}[R+G\,|Z_0|^2]\mathrm{e}^{-2\alpha z} \tag{73.35}$$

衰减常数现在可以从式(73.31)、式(73.33)和式(73.35)中得到，有

$$\alpha=\frac{1}{2R_0}[R+G\,|Z_0|^2] \tag{73.36}$$

当使用好的介质和导体制作传输线时，这在实际中很常见，衰减常数随频率变化率一般相对较小。在低频段，衰减常数非常小，可以忽略。然而，当传输线比较长、工作在高频或传输大功率时，由于 $\frac{1}{2}(I^2R+U^2G)$ 产生的热必须耗散时，衰减不可忽略。注意，使用式(73.36)计算衰减忽略了辐射引起的衰减。由于辐射引起的损耗可以用一个附加电阻表示，这一电阻可以定义并被包含在单位长度电阻 R 中，因此 Z_0 考虑到了辐射引起的损耗。然而，实际传输线的辐射损耗通常非常小，一般可以忽略。对于一些直接在硅等高损耗介质或在缺乏合适屏蔽的介质上实现传输的射频电路，介质引起的损耗较大，衰减常数不可忽略。由于这一衰减常数比较大，它不仅明显减小信号幅度，且会引起电路元件间互耦的加大，降低了电路的性能，并且如果考虑不充分，可能会在特定条件下引

起电路功能丧失。

速度可以通过令式(73.22)中前向行波的相位 $\omega t-\beta z$ 为常数,并对时间求微分,有

$$v=\frac{\mathrm{d}z}{\mathrm{d}t}=\frac{\omega}{\beta} \tag{73.37}$$

这一速度对应于波的固定相位,因此通常称之为沿线传播的波的相速度或简称速度。它表示沿传输线移动的波上等相位点的速度。由于所有点都以同样的速度移动,相速度描述了波沿传输线的传播速率,因此可以认为是传播的速度。在任意瞬间,相位变化 2π 弧度对应的距离定义为波长,可以推导为

$$\lambda=\frac{2\pi}{\beta}=\frac{v}{f} \tag{73.38}$$

式中:f 为频率。

73.3.2 无耗传输线

虽然所有的实际传输线都有损耗,无耗传输线有时用来进行简单和快速的电路分析和设计。这种假设通常也用于说明传输线中的一些概念而不失一般性。无耗传输线定义为具有理想导体和介质的传输线。这导致每单位长度传输线没有电阻和电导;也就是是 $R=G=0$。设式(73.26)和式(73.15)中 $R=G=0$,可以得到

$$Z_0=\sqrt{\frac{L}{C}} \tag{73.39}$$

$$\gamma=\mathrm{j}\beta=\mathrm{j}\omega\sqrt{LC} \tag{73.40}$$

从式(73.37)和式(73.40)可以得到速度为

$$v=\frac{\omega}{\beta}=\frac{1}{\sqrt{LC}} \tag{73.41}$$

73.3.3 低耗传输线

对于许多实际的传输线,与单位长度的电抗 ωL 和电纳 ωC 相比,单位长度的电阻 R 和电导 G 都非常小。在这一条件下,传输线可以看作低耗传输线,并且可以推导出特性阻抗、衰减常数和相位常数的近似公式。式(73.26)可以重

新写成：

$$Z = \sqrt{\frac{L}{C}}\left(1 + \frac{R}{\mathrm{j}\omega L}\right)^{1/2}\left(1 + \frac{G}{\mathrm{j}\omega C}\right)^{-1/2} \tag{73.42}$$

使用二项式级数：

$$(1 + x)^a = 1 + ax + \frac{a(a-1)}{2!}x^2 + \cdots + \frac{a(a-1)\cdots(a-n+1)}{n!}x^n + \cdots \tag{73.43}$$

式中：x 和 a 为实数，保留二阶项，则可以得到

$$Z \approx \sqrt{\frac{L}{C}}\left(1 + \frac{R}{\mathrm{j}2\omega L}\right)\left(1 - \frac{G}{\mathrm{j}2\omega C}\right) + \frac{1}{8}\left(\frac{R}{\omega L}\right)^2 - \frac{3}{8}\left(\frac{G}{\omega C}\right)^2 \tag{73.44}$$

展开式(73.44)，并且利用 $R \ll \omega L$ 和 $G \ll \omega C$，可以得到

$$Z \approx \sqrt{\frac{L}{C}}\left[\left(1 + \frac{1}{8}\left(\frac{R}{\omega L}\right)^2 - \frac{3}{8}\left(\frac{G}{\omega C}\right)^2 + \frac{RG}{4\omega^2 LC}\right) + \mathrm{j}\left(\frac{G}{2\omega C} - \frac{R}{2\omega L}\right)\right] \tag{73.45}$$

同样可以重写式(73.15)，并使用二项展开式(73.43)以及 $R \ll \omega L$ 和 $G \ll \omega C$ 等条件，可以得到

$$\gamma \approx \frac{1}{2}\left(R\sqrt{\frac{C}{L}} + G\sqrt{\frac{L}{C}}\right) + \mathrm{j}\omega\sqrt{LC}\left(1 + \frac{1}{8}\left(\frac{R}{\omega L}\right)^2 + \frac{1}{8}\left(\frac{G}{\omega C}\right)^2 - \frac{RG}{4\omega^2 LC}\right) \tag{73.46}$$

从而可以得到

$$\alpha \approx \frac{1}{2}\left(R\sqrt{\frac{C}{L}} + G\sqrt{\frac{L}{C}}\right) \tag{73.47}$$

$$\beta \approx \omega\sqrt{LC}\left[1 + \frac{1}{8\omega^2}\left(\frac{R}{L} - \frac{G}{C}\right)^2\right] \tag{73.48}$$

对于大部分工程设计目的，只保留二项式展开中的一阶项就足够了。在这种近似下，式(73.45)、式(73.47)和式(73.48)可简化为

$$Z \approx \sqrt{\frac{L}{C}}\left[1 + \mathrm{j}\left(\frac{G}{2\omega C} - \frac{R}{2\omega L}\right)\right] \tag{73.49}$$

$$\alpha \approx \frac{1}{2}\left(R\sqrt{\frac{C}{L}} + G\sqrt{\frac{L}{C}}\right) \tag{73.50}$$

$$\beta \approx \omega\sqrt{LC} \tag{73.51}$$

从式(73.37)中可得相速度为

$$v \approx \frac{1}{\sqrt{LC}} \tag{73.52}$$

很明显,低损耗传输线的相位常数和速度近似等于无损耗线的相位常数和速度。

此处需要说明的是,对于直接在(或在附近)硅等高损耗介质或在缺乏合适屏蔽的介质上实现传输的射频电路,该传输线不能看作低耗,上述对于低耗传输线推导的公式就不能应用。

73.4 单位长度参数 *R*、*L*、*C* 和 *G*

在73.3节中学习到对于传输线及其所有的参数都可以用单位长度串联电感 L、串联电阻 R、并联电容 C 和并联电导 G 描述。下面推导这些单位长度参数的表达式。

73.4.1 一般公式

考虑由图73.2所示的两个导体 C_1 和 C_2 构成的无限长传输线。单位长度的电感由两部分构成,一部分是由理想导体产生的,另一部分是由非理想导体的趋肤效应产生的。前一部分电感称为外部电感,后一部分称为内部电感。在静态条件下,传输线单位长度的外部电感 L_e、电容 C 和电导 G 可以用下式表示,即

$$L_e = \frac{\Psi}{I_0} \tag{73.53}$$

$$C = \frac{Q}{U_0} \tag{73.54}$$

$$G = \frac{I_G}{U_0} \tag{73.55}$$

式中:Ψ 为与电流相关的单位长度的总磁通量;I_0 为导体 C_1 上的总电流;U_0 为两个导体间的电压;Q 为导体 C_1 上单位长度的总电荷,I_G 表示流过电导 G 的电流,它是单位长度总的并联传导电流。注意 L_e、C 和 G 不是频率的函数,即假设

介电材料的介电常数、磁导率和电导率是与频率无关的。

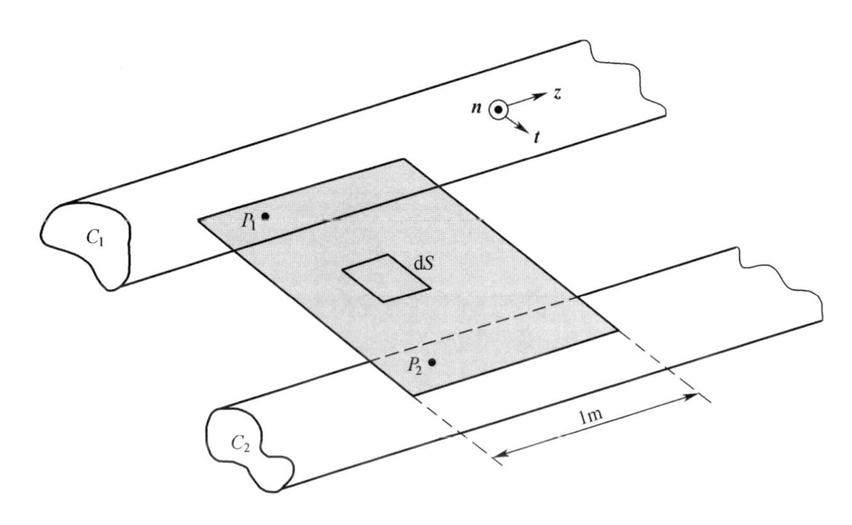

图 73.2　由两个导体 C_1 和 C_2 组成的传输线

$\boldsymbol{n}$—垂直于导体表面的单位矢量；$\boldsymbol{t}$—导体表面的切向单位矢量；z—沿长度方向的单位矢量。

假设为理想导体，则导体 C_1 上单位长度的总电荷可以用下式确定，即

$$Q = \oint_{C_1} \rho_s \mathrm{d}l = \varepsilon \oint_{C_1} E \cdot \boldsymbol{n} \mathrm{d}l \tag{73.56}$$

式中：dl 为微分长度，从边界条件有单位长度的电荷密度 $\rho_s = D_n = \varepsilon E \cdot \boldsymbol{n}$；$D_n$ 为电通量密度的法向分量；E 为电场；$\boldsymbol{n}$ 为垂直于导体表面的单位矢量；ε 为导体周围介质的介电常数。注意积分是在围绕导体 C_1 的闭式曲线上进行的。两个导体间的电压可以通过沿两个导体 C_1 和 C_2 表面任意一点间的路径对电场积分得到，即

$$U_0 = \oint_{C_1}^{C_2} E \cdot \mathrm{d}\boldsymbol{l} \tag{73.57}$$

式中：d$\boldsymbol{l}$ 为微分长度矢量。单位长度的电容可以从式(73.54)、式(73.56)和式(73.57)得到，即

$$C = \frac{Q}{U_0} = \frac{\varepsilon \oint_{C_1} E \cdot \boldsymbol{n} \mathrm{d}\boldsymbol{l}}{\oint_{C_1}^{C_2} E \cdot \mathrm{d}\boldsymbol{l}} \tag{73.58}$$

使用麦克斯韦方程中的安培定律，导体 C_1 中流过的总电流可以通过对切向磁场

H_t 沿包围导体的闭式曲线进行线积分得到,即

$$I_0 = \oint_{C_1} H_t \mathrm{d}\boldsymbol{l} \tag{73.59}$$

在理想导体 C_1 的表面,电场(E)和磁场(H)分别只有法向(n)分量和切向(t)分量。对于横电磁波,它们具有以下关系,即

$$H_t = \frac{E_n}{\eta} = \frac{\boldsymbol{E} \cdot \boldsymbol{n}}{\eta} \tag{73.60}$$

式中:$\eta = \sqrt{\mu/\varepsilon}$ 为传输线电介质的本征阻抗。将式(73.60)中的 H_t 代入式(73.59),并使用式(73.56)可得

$$I_0 = \frac{1}{\eta}\oint_{C_1} \boldsymbol{E} \cdot \boldsymbol{n}\mathrm{d}\boldsymbol{l} = \frac{Q}{\sqrt{\mu\varepsilon}} \tag{73.61}$$

使用式(73.58)和式(73.61),可以得到传输线的特性阻抗为

$$Z_0 = \frac{U_0}{I_0} = \frac{\sqrt{\mu\varepsilon}}{C} \tag{73.62}$$

也可以表达为

$$C = \frac{\sqrt{\mu\varepsilon}}{Z_0} \tag{73.63}$$

每单位长度的总磁通量是在从导体 C_1 延伸到导体 C_2 的表面区域上的磁通密度的积分获得的,该区域的纵向长度为1m,如图73.2所示。

$$\Psi = \int_S \boldsymbol{B} \cdot \mathrm{d}\boldsymbol{S} = \int_{P_1}^{P_2} \mu H \mathrm{d}\boldsymbol{l} = \frac{\mu}{\eta}\int_{P_1}^{P_2} - \boldsymbol{E} \cdot \mathrm{d}\boldsymbol{l} = \frac{\mu}{\eta} U_0 \tag{73.64}$$

式中:P_1 和 P_2 分别为导体 C_1 和 C_2 表面的任意点,P_1 和 P_2 垂直于通量线。从式(73.53)和式(73.64)可得单位长度的外部电感为

$$L_e = \frac{\Psi}{I_0} = \frac{\mu}{\eta}\frac{U_0}{I_0} = \sqrt{\mu\varepsilon}\,\frac{U_0}{I_0} \tag{73.65}$$

或者使用式(73.62),有

$$L_e = Z_0 \sqrt{\mu\varepsilon} \tag{73.66}$$

由式(73.63)和式(73.66)可以得到

$$Z_0 = \sqrt{\frac{L_e}{C}} \tag{73.67}$$

这与使用式(73.39)并对无耗传输线令 $L_e = L$ 得到的结果相同。

式(73.63)和式(73.66)同样也可以导出式(73.41)的结果,即

$$v = \frac{1}{\sqrt{L_e C}} = \frac{1}{\sqrt{\mu\varepsilon}} \tag{73.68}$$

需要再次注意的是,由于具有相同的TEM模,具有特性 ε 和 μ 的介质中的无耗传输线的速度精确等于同样介质中的均匀平面波的传播速度。

式(73.55)给出的单位长度的电导可以重新写为

$$G = \frac{I_G}{I_D}\frac{I_D}{U_0} \tag{73.69}$$

式中:I_D 为传输线中的(总)位移电流,可以表示为

$$I_D = \int_S \boldsymbol{D} \cdot d\boldsymbol{S} = j\omega\varepsilon'\int_S \boldsymbol{E} \cdot d\boldsymbol{S} \tag{73.70}$$

式中:S 为包围一个导体(如 C_1)的表面;ε' 为电介质的复介电常数 $\hat{\varepsilon} = \varepsilon' - j\varepsilon''$ 的实部,电介质复介电常数的虚部 ε'' 包括介质的损耗。注意 $\varepsilon' = \varepsilon$,其中 ε 为前文使用的介质的介电常数。流过单位长度并联电容 C 的电流可以表示为

$$I_D = j\omega C U_0 \tag{73.71}$$

总的单位长度的并联传导电流可以表示为

$$I_G = \sigma\int_S \boldsymbol{E} \cdot d\boldsymbol{S} = \omega\varepsilon''\int_S \boldsymbol{E} \cdot d\boldsymbol{S} \tag{73.72}$$

式(73.72)中用 $\omega\varepsilon''$ 代替了介质的电导率 σ。从式(73.69)到式(73.72)可以得到单位长度的电导为

$$G = \frac{\omega\varepsilon''}{\varepsilon'}C \tag{73.73}$$

式中:$\varepsilon'' = \sigma/\omega$,则有

$$\frac{G}{C} = \frac{\omega\varepsilon''}{\varepsilon'} = \frac{\sigma}{\varepsilon'} = \omega\tan\delta \tag{73.74}$$

式(73.74)中使用介质的损耗正切 $\tan\delta = \sigma/\omega\varepsilon'$,这是一个传输线单位长度并联电导 G 和电容 C 之间关系的有用关系式。对于一个给定的传输线介质,知道其中一个,就可以确定另一个。

单位长度的电阻 R 用来表示由于非理想导体引起的功率损耗,并可以从下述已知的关系式确定,即

$$P_L = \frac{1}{2} R I_0^2 \tag{73.75}$$

式中：P_L 为沿导体单位长度的总功率损耗。P_L 为两个导体上单独功率损耗之和。可以用下式给出，即

$$P_L = \frac{R_S}{2} \oint_{C_1+C_2} \boldsymbol{J}_S \cdot \boldsymbol{J}_S^* \mathrm{d}l = \frac{R_S}{2} \oint_{C_1+C_2} (\boldsymbol{n} \times \boldsymbol{H}) \cdot (\boldsymbol{n} \times \boldsymbol{H}^*) \mathrm{d}\boldsymbol{l} = \frac{R_S}{2} \oint_{C_1+C_2} |\boldsymbol{H}|^2 \mathrm{d}\boldsymbol{l} \tag{73.76}$$

式(73.76)推导中使用了

$$(\boldsymbol{n} \times \boldsymbol{H}) \cdot (\boldsymbol{n} \times \boldsymbol{H}^*) = \boldsymbol{n} \cdot \boldsymbol{H} \times (\boldsymbol{n} \times \boldsymbol{H}^*) = \boldsymbol{n} \cdot [(\boldsymbol{H} \cdot \boldsymbol{H}^*)\boldsymbol{n} - (\boldsymbol{H} \cdot \boldsymbol{n})\boldsymbol{H}^*] = |\boldsymbol{H}|^2$$

这利用了理想导体中 $\boldsymbol{n} \cdot \boldsymbol{H} = 0$。$J_S$ 为沿 z 轴的表面电流密度，$R_S = 1/\sigma_c \delta_s$ 为具有趋肤深度 $\delta_s = \sqrt{2/\omega\mu_c\sigma_c}$ 的导体的表面电阻(与频率相关)，σ_c 为导体的电导率，μ_c 为导体的磁导率(通常等于 μ_0)。磁场强度 $\boldsymbol{H}$ 取为与理想导体相同。注意积分路径应该包围两个导体，从而获得总的损耗。由式(73.59)、式(73.75)和式(73.76)，单位长度的电阻可以表示为

$$R = R_S \frac{\oint_{C_1+C_2} |\boldsymbol{H}|^2 \mathrm{d}\boldsymbol{l}}{\left(\oint_{C_1} |\boldsymbol{H}| \mathrm{d}\boldsymbol{l}\right)^2} \tag{73.77}$$

由于磁场在理想导体表面只有切向分量，因此可以使用 $|H|$ 代替 H_t。

式(73.77)表明正如预期的那样，由于导体的趋肤深度与频率相关，R 也与频率相关。当导体为非理想时，部分磁场将会穿透到导体中，从而引起导体内的电流流动。这会给传输线引入额外的电感，从而增加了线上单位长度的电感。这一额外的电感(L_i)称为“内部电感”或“趋肤效应电感”。电感中存储的磁能表示为

$$W_{L_i} = \frac{1}{4} L_i I_0^2 \tag{73.78}$$

由于导体具有有限的电导率，传输线的导体具有表面(或趋肤效应)阻抗，即

$$Z_S = R_S + \mathrm{j}\omega L_S = \frac{1}{\sigma_c \delta_S}(1 + j) \tag{73.79}$$

式中：R_S 和 L_S 分别为导体的表面电阻(或电阻率)和电感。存储在表面电感 L_S

中的磁能为

$$W_{L_s} = \frac{1}{4}L_s\oint_{C_1+C_2} |\boldsymbol{J}_S|^2\mathrm{d}\boldsymbol{l} = \frac{1}{4}L_s\oint_{C_1+C_2} |\boldsymbol{H}|^2\mathrm{d}\boldsymbol{l} \tag{73.80}$$

式中使用了理想导体中的关系式 $J_S = \boldsymbol{n} \times \boldsymbol{H}$ 。将式(73.80)中的积分替换为式(73.76)中的积分,并使用式(73.75)和式(73.80)中的关系 $R_S = \omega L_s$,可以得到

$$W_{L_s} = \frac{RI_0^2}{4\omega} \tag{73.81}$$

式(73.81)必须等于内部电感中存储的磁能。这可以表示为

$$\omega L_i = R \tag{73.82}$$

总的单位长度串联电感与频率相关,可以表示为

$$L = L_e + \frac{R}{\omega} \tag{73.83}$$

对于低损耗传输线有 $R \ll \omega L_e$,因此这一由于导体的有限电导率引入的额外电感非常小,通常可以忽略。注意,从式(73.77)和式(73.82)可知,R 随 $\sqrt{\omega}$ 增加,同时 L_i 随 $\sqrt{\omega}$ 减小。然而,由于电抗 ωL_i 与 $\sqrt{\omega}$ 成比例,因此其在高频段不能忽略。

已经可以看到,单位长度电阻 R 和内部电感 L_i 可以通过式(73.77)和式(73.82)评估。实际中,传输线使用良导体。对于这些传输线,R 和 L_i 一般比较小。因此,像特性阻抗等传输线参数可以精确确定,或者 R 和 L_i 可以近似表示。对于良导体,可以推导下述 R 和 L_i 的近似闭式表达式。

考虑图 73.3 所示的平面导体。假设电流沿导体的横截面均匀分布,其电阻可以表示为

$$R_{\mathrm{dc}} = \frac{l}{\sigma_c A} = \frac{l}{\sigma_c hW} \tag{73.84}$$

式中:A 为导体的横截面积;σ_c 为电导率,它的值从直流到红外频段几乎相同。在直流状态,趋肤深度无限大,电流将会完全分布在导体内部,也就是均匀分布于整个横截面中。因此,式(73.84)对于直流完全正确,低频段趋肤深度较大,该公式为近似表达式。在高频,趋肤深度较小,电流近似分布在从表面往导体内部几个趋肤深度的范围,此时电流在导体的整个横截面上为非均匀分布。然而,在表面下的一个趋肤深度 δ_s 内,电流变化不大,可以将电流分布近似认为是均

匀的。结果是,对应于横截面积 $\delta_s W$,高频段导体单位长度的电阻可以近似为

$$R_f = \frac{1}{\sigma_c \delta_s W} \tag{73.85}$$

在此应注意的是,电流不会在与趋肤深度相等的位置处消失,而需要到几个趋肤深度处才会减小到可忽略的值(如在 $4.6\delta_s$ 处减小到其初始值的 1%)。在确定 R_f 时应该使用这一值(对于导体或很低损耗介质)。然而由于电阻在几个趋肤深度范围内不均匀,此处不考虑这一距离(如 $4.6\delta_s$)。使用趋肤深度确定 R_f 可能会不准确。

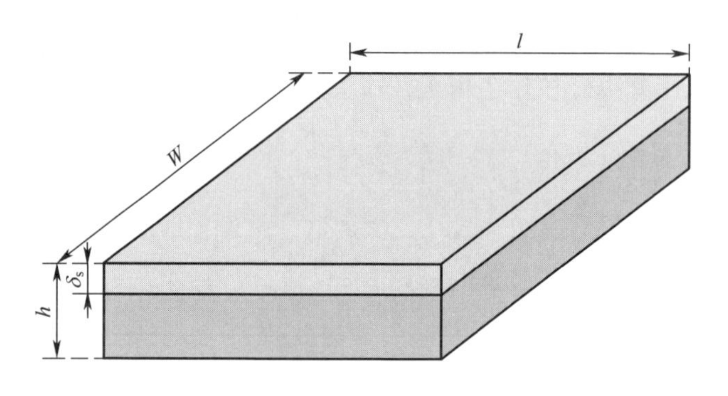

图 73.3 平面导体

对于良导体,$\delta_s = 1/\alpha \approx \sqrt{\frac{2}{\omega}\sigma_c \mu_0}$,其中 α 为衰减常数,因此对于良导体有

$$R_f = \frac{1}{W}\sqrt{\frac{\omega\mu_0}{2\sigma_c}} \tag{73.86}$$

注意到(非磁性)导体的相对磁导率 μ_r 近似等于 1。对于给定具有电导率 σ_c 的导体,可以看到随着频率的增加,趋肤深度减小,引起电阻、衰减常数和损耗增加。随着频率增加,这一现象确实可以预计到。R_f 可以用表面电阻 R_S 或 δ_s 重写为

$$R_f = \frac{R_S}{W} \tag{73.87}$$

因为导体宽度可以认为是由并联的 W 个单位宽度组成,因此这也是可以预期到的。假设为平面导体,传输线单位长度电阻现在可以写为

$$R = \frac{R_{S1}}{W_1} + \frac{R_{S2}}{W_2} \tag{73.88}$$

式中：W_1、W_2、R_{S1} 和 R_{S2} 分别为传输线中两个导体的宽度和表面电阻。

传输线单位长度的内部电感 L_i 可以通过式(73.82)和式(73.88)得到，即

$$L_i = \frac{1}{\omega}\left(\frac{R_{S1}}{W_1} + \frac{R_{S2}}{W_2}\right) \tag{73.89}$$

例如，考虑一个同轴传输线，其横截面如图 73.4(a)所示。考虑图 73.4(b)中单位长度内导体，假设电流集中在表面趋肤深度范围内，并且由于频率足够高，从而与导体半径相比趋肤深度相对较小。可以忽略导体的形状并将单位长度内导体近似为平面导体，平面导体的宽度等于周长 $2\pi a$，厚度等于趋肤深度 δ_s，如图 73.4(c)所示。类似地，单位长度半径为 b 的外导体也可以用宽度为 $2\pi b$、厚度为 δ_s 的平面导体近似表示。假设内外导体使用相同的材料，单位长度的电阻 R 和内部电感 L_i 可以分别通过式(73.88)和式(73.89)得到

$$R = \frac{R_S}{2\pi a} + \frac{R_S}{2\pi b} = \frac{(a+b)R_S}{2\pi ab} \tag{73.90}$$

$$L_i = \frac{(a+b)R_S}{2\pi\omega ab} \tag{73.91}$$

稍后可以看到，这一结果与通过更严格的分析得到的式(73.101)和式(73.102)的结果完全相同。应当注意，对于一些平面传输线，电流集中的第二导体(通常是接地平面)的宽度可以比第一导体的宽度宽得多。在这种情况下，应在计算中使用小于实际宽度的宽度数值；否则，对应于该导体的 R 和 L_i 部分将为零。例如，对于微带线，计算中使用的接地板的宽度应近似取 5 倍的线宽。图 73.5 给出了同轴线和微带线导体内电流分布的示意图。

73.4.2　简单传输线的公式

对于同轴线等简单结构的传输线，容易推导出 R、L、G 和 C 的闭式表达式。然而对于大多数实际的印制电路传输线，这些表达式如果可以推导，其过程也都非常困难。因此，经常使用如谱域方法等数值方法来得到这些参数的数值解。

作为确定简单传输线每单位长度传输线参数过程的说明，考虑图 73.4(a)所示的(有损)同轴传输线。假设为非磁性介质，两个导体间介质的相对介电常

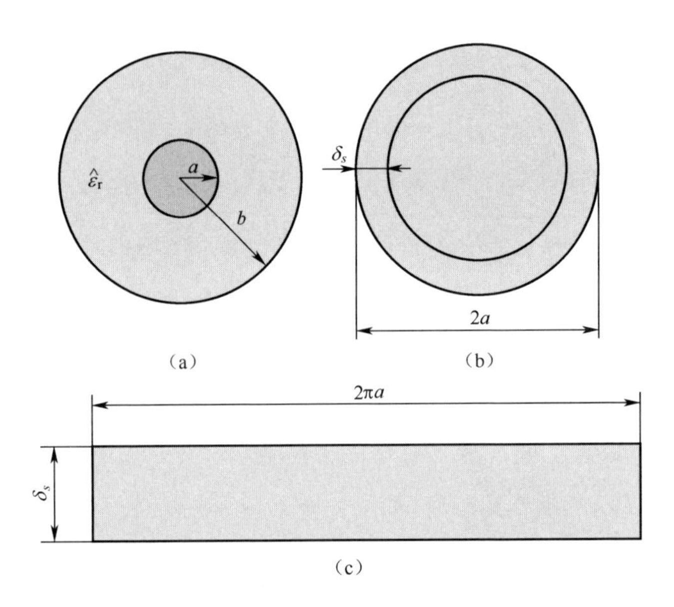

图 73.4　导体形状与趋肤深度的关系示例

(a)同轴线横截面;(b)单位长度的内导体;(c)近似平面导体。

数可以表示为 $\hat{\varepsilon} = \varepsilon' + \varepsilon''$,导体的电导率为 σ_c 。首先确定同轴线的电场和磁场。为了便于公式推导,假设导体是理想的 ($\sigma \to \infty$) ,此时无论介质是无耗还是有耗,传输线都支持 TEM 模式。需要注意的是,TEM 模仅存在于由单种介质和理想导体构成的传输线上(即围绕导体的介质是均匀的)。

对于包括同轴线的实际传输线,导体通常是良导体,因此可以假设这种情况的场分布与理想导体 TEM 模的场分布几乎相同。因此,通常采用无耗传输线的场来评估这些(低损耗)实际传输线的参数。对于 TEM 模,场分布于横截面内,因此同轴线的电场仅具有径向分量。在包围内导体的圆柱形表面上应用麦克斯韦方程中的高斯定律,可以得到内导体上每单位长度的总电荷为

$$Q = \oint_S \boldsymbol{D} \cdot \mathrm{d}\boldsymbol{S} = \varepsilon \int_0^{2\pi} E_r \boldsymbol{a}_r \cdot \boldsymbol{a}_r r \mathrm{d}\varphi = 2\pi\varepsilon r E_r \tag{73.92}$$

两个导体间的电压为

$$U_0 = -\int_b^a \boldsymbol{E} \cdot \mathrm{d}\boldsymbol{l} = \int_b^a E_r \mathrm{d}r = \frac{Q}{2\pi\varepsilon}\int_a^b \frac{\mathrm{d}r}{r} = \frac{Q}{2\pi\varepsilon}\ln\frac{b}{a} \tag{73.93}$$

式(73.93)中用式(73.92)替换 E_r ,并进行积分。从式(73.92)和式

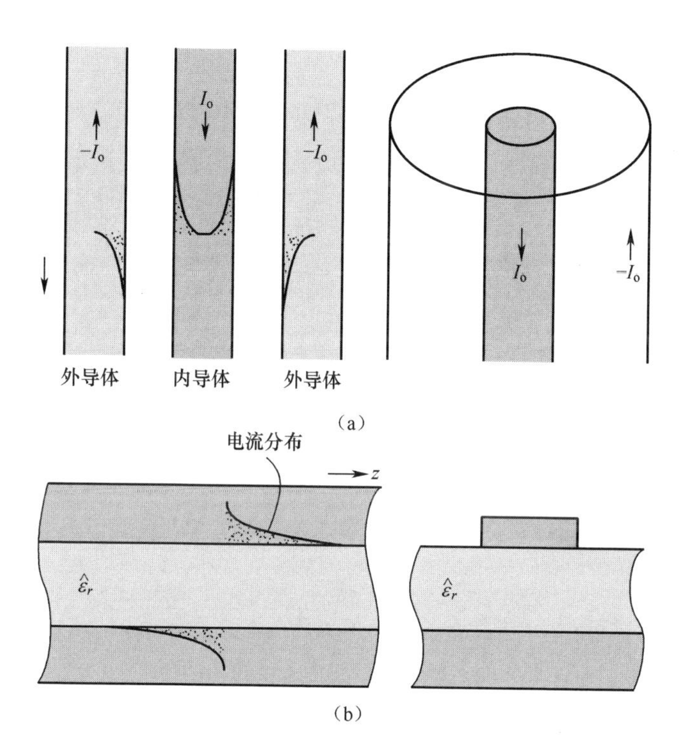

图 73.5 同轴线中和微带线中电流分布示意图

(a)同轴线;(b)微带线。

(73.93)可以得到电场为

$$E = \frac{U_0}{r\ln\left(\frac{b}{a}\right)}a_r \tag{73.94}$$

磁场可以表示为

$$\boldsymbol{H} = \frac{\boldsymbol{a}_z \cdot \boldsymbol{E}}{\eta} = \frac{U_0}{r\eta\ln\left(\frac{b}{a}\right)}\boldsymbol{a}_\varphi \tag{73.95}$$

由式(73.59)可得总电流为

$$I_0 = \oint_{C_1}\boldsymbol{H} \cdot \mathrm{d}\boldsymbol{l} = \int_0^{2\pi}\boldsymbol{H} \cdot \boldsymbol{a}_\varphi a\mathrm{d}\varphi = \frac{2\pi U_0}{\eta\ln\left(\frac{b}{a}\right)} \tag{73.96}$$

注意,围线 C_1 对应于 $r = a$ 。单位长度外部串联电感 L_e 现在可以通过将

式(73.95)中的ψ和式(73.96)中的I_0代入式(73.53)得到,即

$$L_e=\frac{\psi}{I_0}=\frac{\mu}{2\pi}\ln\left(\frac{b}{a}\right) \tag{73.97}$$

单位长度的并联电容C可以通过式(73.54)和式(73.93)得

$$C=\frac{Q}{U_0}=\frac{2\pi\varepsilon}{\ln\left(\frac{b}{a}\right)} \tag{73.98}$$

单位长度并联电导G可以通过将式(73.98)中的电容C代入式(73.73)得

$$G=\frac{2\pi\omega\varepsilon''}{\ln\left(\frac{b}{a}\right)} \tag{73.99}$$

导体上单位长度功率损耗可以通过将式(73.95)代入式(73.76)得

$$\begin{aligned}P_L&=\frac{R_S}{2}\oint_{C_1+C_2}|\boldsymbol{H}|^2\mathrm{d}l=\frac{R_S}{2}\left\{\frac{U_0^2}{a^2\eta^2\left[\ln\left(\frac{b}{a}\right)\right]^2}\int_0^{2\pi}a\mathrm{d}\varphi+\frac{U_0^2}{b^2\eta^2\left[\ln\left(\frac{b}{a}\right)\right]^2}\int_0^{2\pi}b\mathrm{d}\varphi\right\}\\&=\frac{R_S}{2}\frac{2\pi U_0^2}{\eta^2\left[\ln\left(\frac{b}{a}\right)\right]^2}\left(\frac{1}{a}+\frac{1}{b}\right)=\frac{a+b}{ab}\frac{\pi R_S U_0^2}{\left[\eta\ln\left(\frac{b}{a}\right)\right]^2}\end{aligned} \tag{73.100}$$

将式(73.100)中的P_L代入式(73.75),并求解R,并使用式(73.96),可

$$R=\frac{(a+b)R_S}{2\pi ab} \tag{73.101}$$

通过式(73.82)可得单位长度内部电感:

$$L_i=\frac{(a+b)R_S}{2\pi\omega ab} \tag{73.102}$$

注意式(73.101)和式(73.102)中的R和L_i分别与式(73.90)和式(73.91)中推导得到的结果相同。单位长度总的串联电感可以从式(73.97)和式(73.102)得

$$L=\frac{\mu}{2\pi}\ln\frac{b}{a}+\frac{(a+b)R_S}{2\pi\omega ab} \tag{73.103}$$

上述分析可用于确定其他具有简单几何形状的传输线的单位长度的参数。

73.5　传输线中介质和导体的损耗

正如"传输线参数"和"单位长度参数 R、L、C 和 G"两节中讨论的那样，传输线损耗可以通过式（73.15）精确求得，对于有耗传输线可以通过式（73.36）精确求出，对于低损耗传输线可以通过式（73.47）近似求出。这种损失归因于 3 种不同的类型，即电介质损耗、导体损耗和辐射损耗。分别考虑这 3 种类型损失是一种常见做法，结果使我们能够深入了解损耗现象，以确定每种损耗所占的比例。这些信息对于电路设计非常有用。例如，它可以帮助设计人员选择合适的传输线形式或有可能优化包括其基板和尺寸等传输线结构，以减少特定的损耗。

在实际中使用的均匀传输线的辐射损耗非常小，通常可以忽略，尤其是在低频范围。此时，传输线的衰减常数通常可以描述为

$$\alpha = \alpha_d + \alpha_c \tag{73.104}$$

式中：α_d 和 α_c 分别为介质衰减常数和导体衰减常数，它们均与频率相关。除了硅等高损耗介质（其中介质损耗为主要贡献），大多数传输线都有 $\alpha_c \gg \alpha_d$。对于均匀传输线（如带线），α_d 与线的几何结构无关，相反对于非均匀传输线（如微带线），α_d 通常是线的几何形状的函数。另外，α_c 总是几何形状的函数。由式（73.33），损耗可以写为

$$\alpha = \alpha_d + \alpha_c = \frac{P_{Ld} + P_{Lc}}{2P_T} \tag{73.105}$$

其中

$$\alpha_d = \frac{P_{Ld}}{2P_T} \tag{73.106}$$

$$\alpha_c = \frac{P_{Lc}}{2P_T} \tag{73.107}$$

式中：P_{Ld} 和 P_{Lc} 分别为由于非理想介质和导体引入的单位长度的功率损耗。实际的传输线通常损耗较小，因此它们的电场和磁场相对于无损情况下稍有改变或扰动。因此，可以采用微扰法，使用无损传输线的场近似相应的有损传输线的场，以确定 α_d 和 α_c。因为不需要这些传输线的实际场分布，因此微扰法便于分析低损耗传输线。

73.5.1 介质衰减常数

由坡印亭定理,由于非理想介质引起的传输线单位长度功率损耗可以写为

$$P_{\mathrm{Ld}}=\frac{\sigma}{2}\int_S \boldsymbol{E}\cdot\boldsymbol{E}^*\,\mathrm{d}S=\frac{\sigma}{2}\int_S |\boldsymbol{E}|^2\mathrm{d}S=\frac{\omega\varepsilon''}{2}\int_S |\boldsymbol{E}|^2\mathrm{d}S \tag{73.108}$$

式中:$\sigma=\omega\varepsilon''$为介质的电导率;$E$为电场强度。注意由于介质的电导率有限,两个导体间存在电流$J=\sigma E$。沿着线的平均功率流为

$$P_T=\frac{1}{2}\mathrm{Re}\int_S \boldsymbol{E}\times\boldsymbol{H}^*\cdot\mathrm{d}S \tag{73.109}$$

将H替换为

$$\boldsymbol{H}=\frac{a_z\times\boldsymbol{E}}{\eta} \tag{73.110}$$

式中:$\eta=\sqrt{\mu/\varepsilon}$为介质的本征阻抗。使用3个矢量$\boldsymbol{A}$、$\boldsymbol{B}$和$\boldsymbol{C}$的矢量恒等式,即

$$\boldsymbol{A}\times\boldsymbol{B}\times\boldsymbol{C}=(\boldsymbol{A}\cdot\boldsymbol{C})\boldsymbol{B}-\boldsymbol{C}(\boldsymbol{A}\cdot\boldsymbol{B}) \tag{73.111}$$

可得

$$P_T(z)=\frac{1}{2\eta}\int_S \boldsymbol{E}\cdot\boldsymbol{E}^*\,\mathrm{d}S=\frac{1}{2\eta}\int_S |\boldsymbol{E}|^2\mathrm{d}S \tag{73.112}$$

这也可以推导为

$$P_T(z)=\frac{\eta}{2}\int_S \boldsymbol{H}\cdot\boldsymbol{H}^*\,\mathrm{d}S=\frac{\eta}{2}\int_S |\boldsymbol{H}|^2\mathrm{d}S \tag{73.113}$$

这里,η假设为实数,这对于低损耗材料是一个良好的近似。介质衰减常数可以通过式(73.106)、式(73.108)和式(73.112)推导得到

$$\alpha_d=\frac{P_{Ld}}{2P_T}=\frac{\sigma\eta}{2}=\frac{\omega\varepsilon''\eta}{2} \tag{73.114}$$

对于具有复相对介电常数$\hat{\varepsilon}_r=\varepsilon'_r-\mathrm{j}\varepsilon''$的低损耗介质,$\varepsilon''\ll\varepsilon'_r$,其本征阻抗为

$$\eta=\sqrt{\frac{\mu}{\hat{\varepsilon}_r}}=\frac{\eta_0}{\sqrt{\varepsilon'_r-\mathrm{j}\varepsilon''_r}}\approx\frac{\eta_0}{\sqrt{\varepsilon'_r}} \tag{73.115}$$

式中:$\eta_0=120\pi\Omega$为空气的本征阻抗。注意到介质有$\varepsilon'_r=\varepsilon_r$。低损耗TEM传输线的介质衰减常数现在可以近似为

$$\alpha_d \approx \frac{k_0}{2}\frac{\varepsilon''_{\mathrm{r}}}{\sqrt{\varepsilon_{\mathrm{r}}}} \tag{73.116}$$

式中：$k_0 = \omega\sqrt{\varepsilon_0\mu_0}$ 为空气中的波数，ε_r 用来代替 ε'_r。

73.5.2 导体衰减常数

众所周知，当信号沿理想导体传播时，其能量不能穿透到导体中。然而，对于非理想导体，部分能量会进入到导体中，然后按照衰减函数 $e^{-2\alpha_c r}$ 进行衰减。其中 r 为与导体表面的垂直距离。流入导体的功率密度等于导体本身消耗的功率。因此，由于非理想导体而产生的单位长度的功率损耗为

$$\begin{aligned} P_{\mathrm{Lc}}(z) &= \frac{1}{2}\mathrm{Re}\int_{C_1+C_2}(\boldsymbol{E}\times\boldsymbol{H}^*)\cdot\boldsymbol{a}_r\mathrm{d}S = \frac{1}{2}\mathrm{Re}\int_{C_1+C_2}(\boldsymbol{a}_r\times\boldsymbol{E})\cdot\boldsymbol{H}^*\mathrm{d}S \\ &= \frac{1}{2}\mathrm{Re}\int_{C_1+C_2}Z_S\cdot|\boldsymbol{H}|^2\mathrm{d}S = \frac{1}{2}R_S\int_{C_1+C_2}|\boldsymbol{H}|^2\mathrm{d}S = \frac{1}{2}R_S\int_{C_1+C_2}|\boldsymbol{H}|^2\mathrm{d}l \end{aligned} \tag{73.117}$$

式中：C_1 和 C_2 为传输线的两个导体；Z_S 为表面阻抗；R_S 为式(73.79)所示导体表面电阻(或电阻率)的实部；$\boldsymbol{H}$ 为假设没有损耗的磁场，也就是说，它的幅度等于导体表面磁场的幅度。导体衰减常数可以从式(73.107)、式(73.113)、式(73.117)推导得到

$$\alpha_c = \frac{P_{Lc}}{2P_T} = \frac{R_S\int_{C_1+C_2}\boldsymbol{H}\cdot\boldsymbol{H}^*\mathrm{d}l}{2\eta_c\int_S\boldsymbol{H}\cdot\boldsymbol{H}^*\mathrm{d}S} \tag{73.118}$$

这也可以推导为

$$\alpha_c = \frac{R_S\int_{C_1+C_2}\boldsymbol{E}\cdot\boldsymbol{E}^*\mathrm{d}l}{2\eta_x\int_S\boldsymbol{E}\cdot\boldsymbol{E}^*\mathrm{d}S} \tag{73.119}$$

要特别指出的是，当信号沿传输线传播时，信号的电场、磁场及电流进入到传输线导体表面下几个趋肤深度范围内。因此，传输线中导体的厚度应至少大于工作频率下的趋肤深度，以使导体的损耗最小。如果导体厚度与趋肤深度相当，则会产生显著的导体损耗。

作为确定传输线衰减常数的例子，考虑图73.4(a)所示的内导体半径和外

导体半径分别为 a 和 b 的同轴传输线。电介质假设为有耗,相对介电常数表示为 $\hat{\varepsilon}_r = \varepsilon'_r - \mathrm{j}\varepsilon''_r$,其中 $\varepsilon'_r = \varepsilon_r$。非理想导体的有限电导率为 σ_c。使用微扰法,其假设这一传输线的场与无耗传输线的场相同,即

$$\boldsymbol{E} = \boldsymbol{a}_r \frac{U_0}{\ln\left(\frac{b}{a}\right)} \frac{1}{r} \mathrm{e}^{-\mathrm{j}\beta z} \tag{73.120}$$

$$\boldsymbol{H} = \boldsymbol{a}_r \frac{U_0}{\eta \ln\left(\frac{b}{a}\right)} \frac{1}{r} \mathrm{e}^{-\mathrm{j}\beta z} \tag{73.121}$$

式中: U_0 为内导体的电位;r 为 a 和 b 之间的半径;$\beta = k = k_0\sqrt{\varepsilon_r}$。外导体的电位假设为 0。沿同轴线的功率流可以表示为

$$P_T = \frac{1}{2}\mathrm{Re}\int_S \boldsymbol{E} \times \boldsymbol{H}^* \cdot \mathrm{d}\boldsymbol{S} = \frac{1}{2}\int_0^{2\pi}\int_a^b \boldsymbol{E} \times \boldsymbol{H}^* \cdot \boldsymbol{a}_z r\mathrm{d}r\mathrm{d}\varphi = \frac{\pi U_0^2}{\eta \ln\left(\frac{b}{a}\right)} \tag{73.122}$$

由于介质损耗产生的单位长度功率损耗为

$$P_{Ld} = \frac{\omega\varepsilon''}{2}\int_S |\boldsymbol{E}|^2 \mathrm{d}S = \frac{\omega\varepsilon''}{2}\int_0^{2\pi}\int_a^b |\boldsymbol{E}|^2 r\mathrm{d}r\mathrm{d}\varphi = \frac{\pi\omega\varepsilon'' U_0^2}{\ln\left(\frac{b}{a}\right)} \tag{73.123}$$

介质衰减常数可以从式(73.106)、式(73.122)和式(73.123)中推导得到

$$\alpha_d = \frac{k_0 \varepsilon''_r}{2\sqrt{\varepsilon_r}} \tag{73.124}$$

正如对 TEM 传输线预期的一样,式(73.124)与式(73.116)相同。

由于导体损耗引起的单位长度的功率损耗为

$$\begin{aligned} P_{LC} &= \frac{R_S}{2}\int_{C_1+C_2} |\boldsymbol{H}|^2 \mathrm{d}l = \frac{R_S}{2}\left[\int_0^{2\pi} |\boldsymbol{H}(r=a)|^2 a\mathrm{d}\varphi + \int_0^{2\pi} |\boldsymbol{H}(r=b)|^2 b\mathrm{d}\varphi\right] \\ &= \frac{R_S \pi U_0^2}{\eta^2 \ln^2\left(\frac{b}{a}\right)}\left(\frac{1}{a} + \frac{1}{b}\right) \end{aligned} \tag{73.125}$$

从式(73.107)、式(73.122)和式(73.125)可得导体衰减常数为

$$\alpha_C = \frac{R_S}{2\eta \ln\left(\frac{b}{a}\right)}\left(\frac{1}{a} + \frac{1}{b}\right) \tag{73.126}$$

这与传输线的几何结构相关。

现在可以使用式(73.104)、式(73.124)和式(73.126)得到(总)衰减常数为

$$\alpha = \frac{k_0 \varepsilon''_r}{2\sqrt{\varepsilon_r}} + \frac{R_S}{2\eta \ln\left(\frac{b}{a}\right)}\left(\frac{1}{a} + \frac{1}{b}\right) \tag{73.127}$$

73.6 传输线中色散和失真

73.6.1 色散

当沿传输线传播的波或信号(通常是TEM或准TEM)的速度与频率相关时,传输线就被称为具有色散。因为速度与频率无关,因此(理想的)无耗传输线中没有色散,如式(73.41)所示。然而任意实际的传输线都是有损耗的,并且其相位常数通常不随频率线性变化。这导致波传播速度取决于频率,从而引起色散。例如,从式(73.48)可以推导出低损耗传输线的相位常数通常是频率的非线性函数,因此合成速度与频率相关,如式(73.37)所示。对于良好的传输线,速度随频率的变化率通常相对较小,直到频率达到极高值。而且在低频段时速度变化很小。因此,窄带信号和频谱由极低频率组成的信号在工作带宽内的色散相对较小。

实际传输线中使用的介质基板通常具有随频率几乎恒定的相对介电常数,特别是在低频率区域。例如,带状线等均匀的传输线,其速度仅取决于相对介电常数(即 $v = c/\sqrt{\varepsilon_r}$),因此色散非常小。然而,实际中使用的大多数传输线都是不均匀的,如微带线等具有多于一种介质基板。不均匀传输线的速度取决于有效相对介电常数,如式(73.217)所示。假设相对介电常数与频率无关,计算结果表明通常有效相对介电常数随频率的增加而增加,并且这种变化可能很大,特别是对于高介电常数介质基板。因此,非均匀传输线的色散可能很大。由于色

散,不同频率的信号传播速度不同。由于射频电路中使用的传输线其长度通常以波长的形式来表示,其随波长 $\lambda = v/f$(即使对于给定的物理尺寸)而变化,这会受传输线的色散影响,传输线中的色散需要在宽带射频电路的设计和分析中加以考虑。色散的另一个影响是它会引起传播信号的失真,其频谱同时包含多个频率,这对于高频和高速电路至关重要。

图73.6给出了微带线的有效相对介电常数与频率的关系,这一微带线以 SiO_2 和硅作为衬底,可用于射频集成电路中。实际上随着频率的增加,相对介电常数会略微降低。然而,与有效相对介电常数随频率的增加速度相比,该降低速率相对较小。这使其与有效相对介电常数相比成为次要因素。一些传输线的有效相对介电常数从直流到某个截止频率几乎保持恒定。当工作频率超过截止频率时,有效相对介电常数会继续增大。因此,这些传输线在截止频率以下具有非常小的色散。

73.6.2 失真

射频电路中可能会用到各种波形。然而,出于讨论的目的,这里仅考虑3种波形,即连续正弦波形、周期波形和非周期波形。正弦波仅包含单一频率,因此通过线性网络可以保持其原始波形。因此,除了振幅减小外,信号失真不是很大。值得注意的是,即使对于宽带电路,每个信号仍然只有一个频率。然而如单个正弦脉冲或脉冲序列等非周期和周期信号,同时包含多个不同工作频率的信号。当这些复合信号沿传输线传播时,由于传输线的损耗和色散与频率相关,它们的幅度和相位会随频率而变化,导致信号波形失真。这种失真对于某些传输线和带宽较宽的信号可能非常重要,尤其是在非常高的频率下。因为它可以在信号沿传输线传播时基本上改变信号。因此,在传输线设计以及电路分析和设计中都需要考虑失真。例如,在超宽带(UWB)射频电路或数字电路中传播的脉冲信号,在工作频率范围内失真可能很严重。值得注意的是,超宽带频率范围为3.1~10.6GHz。通信和雷达中的超宽带电路都是基于在该频率范围内工作的脉冲信号。

诸如脉冲序列等周期性信号可以使用傅里叶级数表示为

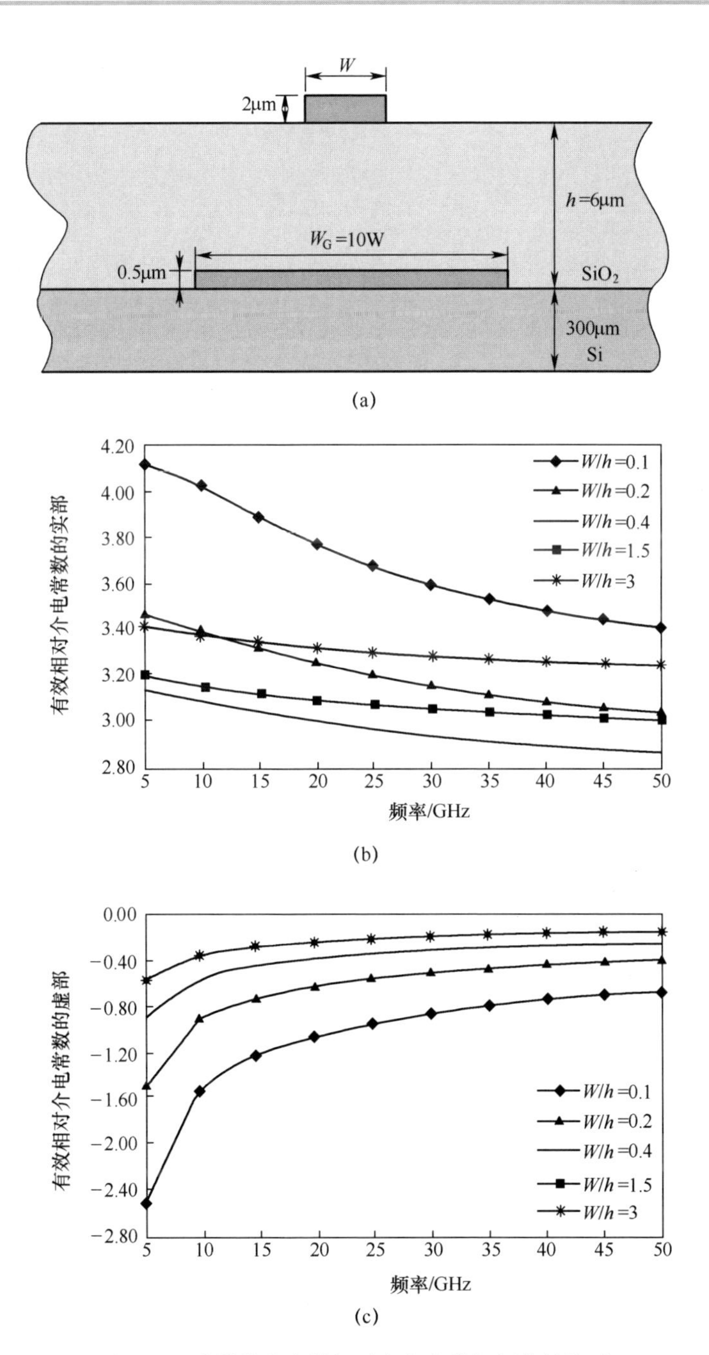

图73.6　微带线的有效相对介电常数与频率的关系

(a)微带线;(b)微带线的有效相对介电常数的实部;(c)微带线的有效相对介电常数的虚部(SiO_2 衬底的损耗 $\tan\delta = 0.0002$、$\varepsilon_r = 4.1$,Si的电阻率 $\rho = 5\Omega \cdot cm$、$\varepsilon_r = 12.5$(b)。铜导体的电导率 $\sigma = 5.8 \times 10^7 S/m$)。

$$U(t)=a_0+\sum_{n=1}^{\infty}(a_n\cos(n\omega_0 t)+b_n\sin(n\omega_0 t))=\sum_{n=-\infty}^{\infty}c_n e^{jn\omega_0 t} \tag{73.128}$$

式中：ω_0 为基频；a_0、a_n、b_n 和 c_n 为傅里叶系数。从中可以看到，信号由多个离散频率 $\omega=n\omega_0$ 正弦信号构成。非周期信号(如单脉冲)也可用式(73.128)中给出的指数傅里叶级数表示，其中周期扩展到无穷或者使用傅里叶积分表示为

$$U(t)=\frac{1}{2\pi}\int_{-\infty}^{\infty}U(\omega)e^{j\omega t}d\omega \tag{73.129}$$

式中：$U(\omega)$ 为 $U(t)$ 的傅里叶变换。这表明非周期信号还包含连续频谱中多个不同频率的正弦信号。

现在考虑一根无限长的传输线，并且假设沿着线传播的信号具有包含多个频率 f_1、f_2、…、f_n 的频谱。也就是说，信号包含同时在这些频率下工作的多个信号。由于传输线的传播常数是频率的函数，因此这些组成信号的振幅和相位常数是不同的。在任意给定时刻，线上任何位置的复合信号的(相量)电压可以用各频率分量的叠加得到，如式(73.28)所示，有

$$U(z)=\sum_{n=1}^{N}U_n(z)=\sum_{n=1}^{N}U_n(0)e^{-\alpha_n z}e^{-j\beta_n z} \tag{73.130}$$

式中：$U_n(z)$ 和 $U_n(0)$ 为频率分量 f_n 的信号在 z 和 $z=0$ 处的电压；α_n 和 β_n 分别为频率 f_n 信号的衰减常数和相位常数。由于组成信号以不同的幅度和相位到达 z，因此当它们叠加在一起时会产生失真信号。相位失真是由传输线的色散引起的，这通常导致波形扩散并改变形状，而幅度失真是由传输线的损耗引起的，这会导致幅度减小。传输线中的反射和交叉耦合会引起附加失真。图73.7给出了在(实际的)有损和色散传输线中传播信号的失真情况。

73.6.3 无失真传输线

无失真的概念最初由奥利弗·海维赛德于1887年提出。假设传输线单位长度参数 R、L、G 和 C 通过以下条件联系，即

$$\frac{R}{L}=\frac{G}{C} \tag{73.131}$$

使用式(73.15)和式(73.131)中的条件，这一传输线的传播常数可以写为

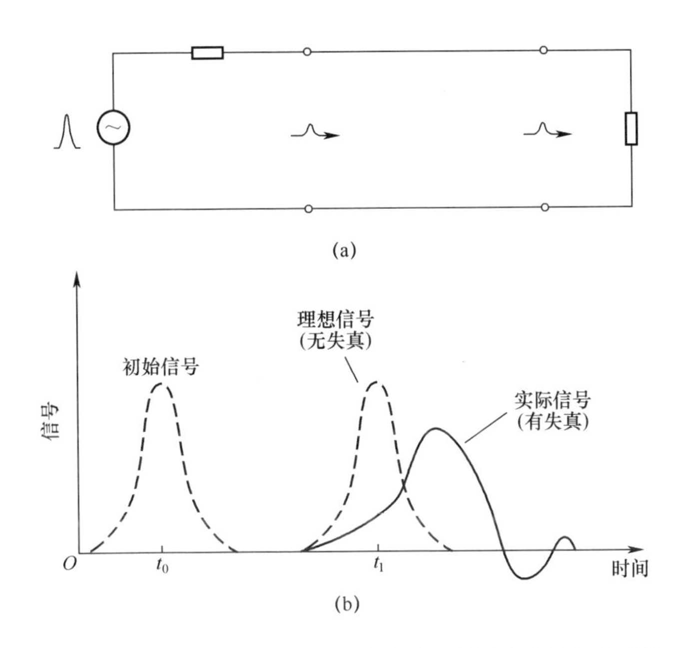

图 73.7　在(实际的)有损和色散传输线中传播信号的失真情况

(a)传输线中传播的脉冲信号;(b)信号在 t_1 时刻的失真、信号的初始时刻为 t_0。

$$\gamma = \alpha + j\beta = \sqrt{(R + j\omega L)(G + j\omega C)} = \sqrt{(R + j\omega L)\left(\frac{RC}{L} + j\omega C\right)}$$

$$= \sqrt{\frac{L}{C}}(R + j\omega L) \tag{73.132}$$

从而得到

$$\alpha = R\sqrt{\frac{C}{L}} \tag{73.133}$$

$$\beta = \omega\sqrt{LC} \tag{73.134}$$

由式(73.26)和式(73.37),并分别使用式(73.131)和式(73.134),可以得到特性阻抗和相速度为

$$Z_0 = \sqrt{\frac{R + j\omega L}{G + j\omega C}} = \sqrt{\frac{R + j\omega L}{\frac{RC}{L} + j\omega C}} = \sqrt{\frac{L}{C}} \tag{73.135}$$

$$v = \frac{\omega}{\beta} = \frac{1}{\sqrt{LC}} \tag{73.136}$$

这与无耗传输线的结果完全一样。式(73.133)和式(73.136)表明传输线具有恒定的损耗和速度与频率的关系,这意味着穿过传输线的信号波形保持其形状(幅度减小),因此不会发生(相位)失真。由此可以得出结论,任何满足式(73.131)中所述条件的传输线都是无失真的。由于 R 和 G 会影响传输线的损耗,因此只有通过调整 L 和/或 C 以满足无失真条件才能形成无失真传输。例如,沿传输线的导体周期性的放置附加串联电感,以增加每单位长度的电感,假设附加的电感均匀分布在增加电感的传输线上,如图73.8所示。由于 R、L、G 和 C 代表的传输线的长度与波长相比非常小,因此附加电感器和/或电容器放置的间隔(周期)越小,传输线的表现越好,因此可以实现更好的无失真传输。使用较小的间隔也使得增加的电感器和/或电容器的均匀分布假设更为有效。

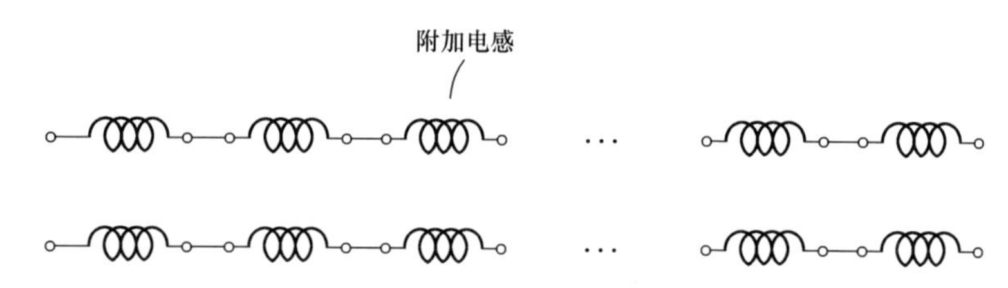

图73.8　通过周期性增加串联电感形成无失真传输

73.7　阻抗、反射系数和驻波比

73.7.1　阻抗

考虑图73.9所示的终端接负载 $Z_L \neq Z_0$ 的有限长度的传输线。为了便于推导阻抗、反射系数和驻波比(SWR)的公式,可假设传输线由稳态正弦电压源驱动。与前面讨论的传输线参数一样,这些参数也与驱动源随时间变化无关,因此这一假设是有效的。假设坐标系原点 $(z=0)$ 位于负载 Z_L 处,传输线的输入端位于 $z=-1$ 处。由传输线方程的解得到任意位置的电压包含前述的前向电压波和后向电压波。前向电压波 $U^{+}(z)=U_0^{+}\mathrm{e}^{-\gamma z}$ 也称为入射电压波,同时反向电压波 $U^{-}(z)=U_0^{-}\mathrm{e}^{\gamma z}$ 可称为反射电压波。反射电压波是由入射电压波沿有限长传输线的反射引起的。

负载处$(z=0)$的电压U_L和电流I_L可以从式(73.20)和式(73.21)推导得到

$$U_L = U_0^+ + U_0^- \tag{73.137}$$

$$I_L = I_0^+ + I_0^- \tag{73.138}$$

使用式(73.26),式(73.138)可以重写为

$$I_L = \frac{U_0^+}{Z_0} - \frac{U_0^-}{Z_0} \tag{73.139}$$

用式(73.137)除以Z_0,并加上式(73.139)所示的结果,有

$$U_0^+ = \frac{1}{2}(U_L + I_L Z_0) \tag{73.140}$$

或通过代入$U_L = Z_L I_L$,得

$$U_0^+ = \frac{1}{2}I_L(Z_L + Z_0) \tag{73.141}$$

类似地,式(73.137)除以Z_0并减去式(73.140)的结果,使用$U_L = Z_L I_L$条件,得到

$$U_0^- = \frac{1}{2}I_L(Z_L - Z_0) \tag{73.142}$$

现在将式(73.141)和式(73.142)中的U_0^+和U_0^-分别代入式(73.20),得到

$$U(z) = \frac{I_L}{2}[(Z_L + Z_0)e^{-\gamma z} + (Z_L - Z_0)e^{\gamma z}] \tag{73.143}$$

其中,

$$U^+(z) = \frac{I_L}{2}(Z_L + Z_0)e^{-\gamma z} \tag{73.144}$$

$$U^-(z) = \frac{I_L}{2}(Z_L - Z_0)e^{\gamma z} \tag{73.145}$$

类似地,传输线上任意点的电流通过将式(73.26)、式(73.141)和式(73.142)代入式(73.21)可得

$$I(z) = \frac{I_L}{2Z_0}[(Z_L + Z_0)e^{-\gamma z} - (Z_L - Z_0)e^{\gamma z}] \tag{73.146}$$

其中,

$$I^{+}(z)=\frac{I_L}{2Z_0}(Z_L+Z_0)\mathrm{e}^{-\gamma z} \tag{73.147}$$

$$I^{-}(z)=-\frac{I_L}{2Z_0}(Z_L-Z_0)\mathrm{e}^{\gamma z} \tag{73.148}$$

向负载看过去任意点 z 的阻抗可以从式(73.143)和式(73.146)得到,即

$$\begin{aligned}Z(z)&=\frac{U(z)}{I(z)}=Z_0\frac{(Z_\mathrm{L}+Z_0)\mathrm{e}^{-\gamma z}+(Z_\mathrm{L}-Z_0)\mathrm{e}^{\gamma z}}{(Z_\mathrm{L}+Z_0)\mathrm{e}^{-\gamma z}-(Z_\mathrm{L}-Z_0)\mathrm{e}^{\gamma z}}\\&=Z_0\frac{Z_\mathrm{L}(\mathrm{e}^{\gamma z}+\mathrm{e}^{-\gamma z})-Z_0(\mathrm{e}^{\gamma z}-\mathrm{e}^{-\gamma z})}{Z_\mathrm{L}(\mathrm{e}^{-\gamma z}-\mathrm{e}^{\gamma z})+Z_0(\mathrm{e}^{\gamma z}+\mathrm{e}^{-\gamma z})}\end{aligned} \tag{73.149}$$

使用三角恒等式,有

$$\cosh\gamma z=\frac{\mathrm{e}^{\gamma z}+\mathrm{e}^{-\gamma z}}{2} \tag{73.150}$$

$$\sinh\gamma z=\frac{\mathrm{e}^{\gamma z}-\mathrm{e}^{-\gamma z}}{2} \tag{73.151}$$

式(73.149)变为

$$Z(z)=Z_0\frac{Z_L\cosh\gamma z-Z_0\sinh\gamma z}{-Z_L\sinh\gamma z+Z_0\cosh\gamma z} \tag{73.152}$$

式(73.152)除以 $\cosh\gamma z$,有

$$Z(z)=Z_0\frac{Z_L-Z_0\tanh\gamma z}{Z_0-Z_L\tanh\gamma z} \tag{73.153}$$

考虑式(73.153)的倒数,向负载方向看去任意点 z 的导纳可以表示为

$$Y(z)=Y_0\frac{Y_L-Y_0\tanh\gamma z}{Y_0-Y_L\tanh\gamma z} \tag{73.154}$$

式中:$Y_0=1/Z_0$、$Y_L=1/Z_L$ 分别为传输线和负载的特性导纳。注意分别使用式(73.153)和式(73.154)计算的阻抗和导纳值仅考虑了 z 为负数的情况。特别感兴趣的是传输线输入端向负载看去的阻抗和导纳为

$$Z_\mathrm{i}=Z_0\frac{Z_L+Z_0\tanh\gamma l}{Z_0+Z_L\tanh\gamma l} \tag{73.155}$$

$$Y_\mathrm{i}=Y_0\frac{Y_L+Y_0\tanh\gamma l}{Y_0+Y_L\tanh\gamma l} \tag{73.156}$$

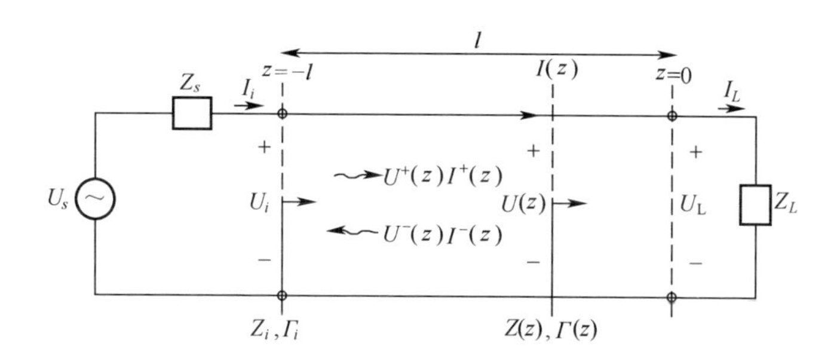

图73.9　有限长传输线

73.7.2　反射系数

电压反射系数定义为反射电压波与入射电压波的比，其可以通过式(73.144)和式(73.145)得到，即

$$\Gamma(z) \equiv \frac{U^-(z)}{U^+(z)} = \frac{Z_L - Z_0}{Z_L + Z_0} e^{2\gamma z} \tag{73.157}$$

通过使用式(73.157)，式(73.149)可以重新写为

$$Z(z) = Z_0 \frac{1 + \Gamma(z)}{1 - \Gamma(z)} \tag{73.158}$$

从这一公式可以推导得到

$$\Gamma(z) = \frac{Z(z) - Z_0}{Z(z) + Z_0} \tag{73.159}$$

在负载处($z=0$)，反射系数以及负载反射系数，可以表示为

$$\Gamma_L = |\Gamma_L| e^{j\phi_L} = \frac{U_0^-}{U_0^+} = \frac{Z_L - Z_0}{Z_L + Z_0} \tag{73.160}$$

式中：ϕ_L 为相位。联立式(73.157)和式(73.160)，可得

$$\Gamma(z) = \Gamma_L e^{2\gamma z} \tag{73.161}$$

类似地，使用式(73.26)、式(73.140)和式(73.141)，沿传输线上任意点的电流可以从式(73.21)推导得到

$$I(z) = \frac{I_L}{2Z_0}[(Z_L + Z_0)e^{-\gamma z} - (Z_L - Z_0)e^{\gamma z}] \tag{73.162}$$

从中可以得到电流反射系数 $\Gamma_I(z)$ ，即反射电流波和入射电流波之比，有

$$\Gamma_I(z) \equiv \frac{I^-(z)}{I^+(z)} = -\frac{Z_L - Z_0}{Z_L + Z_0}e^{2\gamma z} \tag{73.163}$$

比较式(73.157)和式(73.163),可以得到

$$\Gamma_I(z) = -\Gamma(z) \tag{73.164}$$

从式(73.157)和式(73.163)可以看到,无耗传输线反射系数的幅度总是一个常数,只有它的相位随位置变化。实际上,电压驻波比通常用来表示反射系数。注意反射系数没有量纲,其幅度在 0~1 之间变化。反射系数的幅度也经常表示成分贝的形式,即 $10\log|\Gamma(z)|^2$,称为反射损耗。

73.7.3 驻波比

沿着传输线上任意点的电压可以从式(73.20)得到,使用式(73.160),可得

$$U(z) = U_0^+ e^{-\alpha z}e^{-j\beta z} + U_0^- e^{\alpha z}e^{j\beta z} = U_0^+ e^{-\alpha z}e^{-j\beta z}(1 + |\Gamma_L e^{2\alpha z}e^{j(2\beta z+\phi_L)}|) \tag{73.165}$$

式(73.165)表明,尽管反射电压波增加,入射电压波的幅度和相位会随着距离负载的减小而减小,如图 73.10 所示。因此,可以预计传输线上有一些位置,入射波和反射波的幅度相等;也有一些位置,传播方向相反波的相位相等或相差 180°。在等相位处,两个波将互相叠加,而在反相位置处则相消。

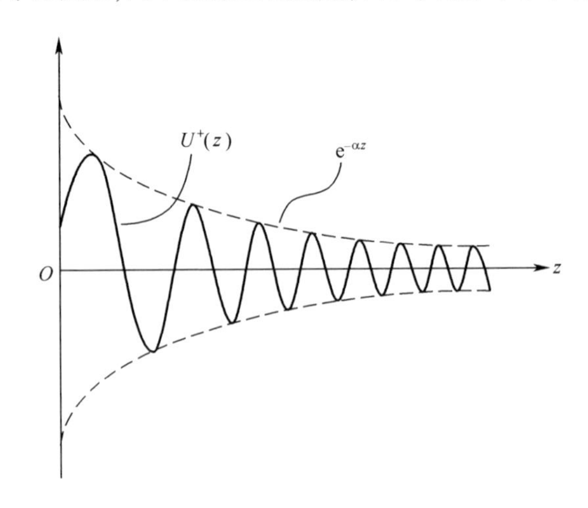

图 73.10 沿着传输线的入射波 $U^+(z)$

可以通过式(73.165)得到传输线上任意点的电压幅度,为

$$|U(z)| = |U_0^+ e^{-\alpha z}||(1 + |\Gamma_L|e^{2\alpha z}e^{j(2\beta z+\phi_L)})| \tag{73.166}$$

将 $e^{j(2\beta z+\phi_L)}$ 替换为 $\cos(2\beta z + \phi_L) + j\sin(2\beta z + \phi_L)$，并计算所得方程的幅度，有

$$\begin{aligned}|U(z)| &= |U_0^+ e^{-\alpha z}|\{[1 + |\Gamma_L|e^{2\alpha z}\cos(2\beta z + \phi_L)]^2 + |\Gamma_L^2|e^{4\alpha z}\sin^2(2\beta z + \phi_L)\}^{1/2} \\ &= |U_0^+ e^{-\alpha z}|\{(1 + |\Gamma_L|e^{2\alpha z})^2 - 2|\Gamma_L|e^{2\alpha z}[1 - \cos(2\beta z + \phi_L)]\}^{1/2}\end{aligned} \tag{73.167}$$

通过使用三角恒等式 $\cos 2x = 1 - 2\sin^2 x$，式(73.167)变为

$$|U(z)| = |U_0^+ e^{-\alpha z}|\{(1 + |\Gamma_L|e^{2\alpha z})^2 - 4|\Gamma_L|e^{2\alpha z}\sin^2(\beta z + \phi_L/2)\}^{1/2} \tag{73.168}$$

考察式(73.168)，其最大值为

$$|U(z)|_{\max} = |U_0^+ e^{-\alpha z}|(1 + |\Gamma_L e^{2\alpha z}|) \tag{73.169}$$

相当于

$$z = \frac{n\pi - \dfrac{\phi_L}{2}}{\beta} \quad n = 0,1,2,\cdots \tag{73.170}$$

其最小值为

$$|U(z)|_{\min} = |U_0^+ e^{-\alpha z}|(1 - |\Gamma_L e^{2\alpha z}|) \tag{73.171}$$

相当于

$$z = \frac{\left(n + \dfrac{1}{2}\right)\pi - \dfrac{\phi_L}{2}}{\beta} \quad n = 0,1,2,\cdots \tag{73.172}$$

这些结果表明，沿传输线的电压幅度随位置不同在最大值和最小值之间周期性波动。最大电压和最小电压分别是由于入射和反射电压波在有些位置同相叠加，在有些位置反相相消。当信号沿传输线传播时，由于传输线损耗信号幅度也随之减小，也导致不同位置处的最大值(最小值)不同。这与电路理论形成鲜明对比，电路理论表明沿导体(它是双导体传输线的一部分)的电压总是恒定的。两个连续的最大值或最小值之间的间隔是半波长，这可以分别从式(73.170)和式(73.172)确定。式(73.170)和式(73.172)还说明最大值与其相邻的最小值之间的距离为$\dfrac{\lambda}{4}$。

如式(73.165)和式(73.168)所示,由入射信号和反射信号形成的合成电压波形称为电压驻波模式。注意距离负载越远,入射电压幅度越大,在负载处幅度最小。而反射电压的幅度与不同位置处的其他幅度相比最大。负载处的入射电压和反射电压幅度不相等(除非 $Z_L=0$ 或 ∞)。因此,除非 $Z_L=0$ 或 ∞ ;否则不会在负载处产生纯驻波。如前所述,在传输线的特定位置 z_0,入射波和反射波的幅度相等。因此在该位置附近会形成驻波,如图 73.11 所示。在 $+z$ 和 $-z$ 方向远离 z_0 的位置,入射和反射波都会消失,导致驻波随着远离该位置而逐渐消失。因此,驻波是沿传输线位置的函数,它的幅度在位置 z_0 附近很大,在远离 z_0 的位置处减小。应该注意的是,除非当满足 $|U_0^+ e^{-\alpha z}| = |U_0^- e^{\alpha z}|$ 条件(如在短路无耗传输线中),通常沿着传输线不存在纯驻波。实际上,传输线上任意位置和任意时刻的波都可以认为同时具有驻波和行波状态。在实际的传输线中,损耗通常很小,沿着线产生的驻波模式其幅度几乎不变,如图 73.11(b)所示。这类似于无耗传输线的驻波模式。下面将会看到,只有在短路、开路或电抗负载的传输线中才能实现真正的驻波。

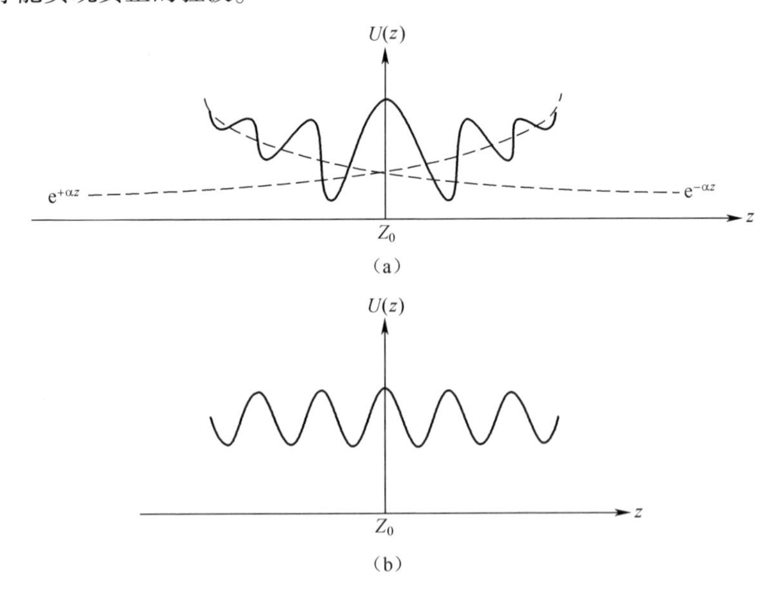

图 73.11 终端负载 $Z_L \neq Z_0$ 的高损耗和低损耗传输线上的驻波模式

(无耗线上的驻波模式与(b)图类似)

(a)高损耗;(b)低损耗。

$|U(z)|_{max}$ 和 $|U(z)|_{min}$ 之比定义为电压驻波比(VSWR),有

$$\mathrm{VSWR}=\frac{1+|\Gamma_L e^{2\alpha z}|}{1-|\Gamma_L e^{2\alpha z}|} \tag{73.173}$$

它与反射系数类似,无量纲,并且在1和无穷大之间变化。

按照相同的步骤,当电流沿传输线传播时,其也在最大值和最小值之间振荡,形成由驻波和行波组成的电流波。然而电流的最大值和最小值分别出现在电压为最小值和最大值的位置。这些最大或最小位置相互间隔半个波长。电流驻波比等于电压驻波比。在实际中,通常使用电压驻波比代替电流驻波比。

73.7.4 理想匹配和全反射

1. 理想匹配

当负载阻抗等于传输线的特性阻抗时,可以从式(73.160)和式(73.173)分别得到:

$$\Gamma_L=0 \tag{73.174}$$

和

$$\mathrm{VSWR}=1 \tag{73.175}$$

这意味着传输线没有反射,并且在负载处完全匹配。在这种情况下,所有入射电压波和电流波或入射功率都将被负载吸收。类似地,当源阻抗等于传输线特性阻抗时,传输线与源完全匹配,源位置处无反射。

从式(73.161)中可以看出,随着波远离负载,反射系数的幅度呈指数减小。当距离较大时,该幅度会减小到零。在该位置,电压驻波比也等于1。当损耗很高时,在短传输线中也会观察到这种现象。因此,当传输线的损耗较大或长度较长时,它在远离负载的位置处就没有反射。

2. 全反射

当反射系数或电压驻波比分别等于1或无穷大时,传输线中会发生全反射,具体情况如下。

1)开路传输线

当传输线终端开路($Z_L\approx\infty$)时就形成开路传输线。负载处的反射系数和电压驻波比可以从式(73.160)和式(73.173)得到,即

$$\Gamma_L=1 \tag{73.176}$$

$$\mathrm{VSWR} \approx \infty \tag{73.177}$$

式(176)表明反射和入射电压波相等,即入射电压和功率以相同的相位完全反射回来。值得注意的是,从式(73.202)可知,当传输线没有损耗($\alpha=0$)或负载($z=0$)时,电压驻波比等于无穷大。线上的电压可以用式(73.165)和式(73.176)表示,即

$$U(z)=U_0^+\mathrm{e}^{-\gamma z}(1+\Gamma_L\mathrm{e}^{2\gamma z})=U_0^+(\mathrm{e}^{-\gamma z}+\mathrm{e}^{\gamma z})=2U_0^+\cosh\gamma z \tag{73.178}$$

这明确地表示一个纯驻波。开路传输线中不存在行波。

2)短路传输线

当负载短路($Z_L=0$)时,就形成了短路传输线。从式(73.160)和式(73.173)可得负载反射系数和电压驻波比为

$$\Gamma_L=-1 \tag{73.179}$$

$$\mathrm{VSWR} \approx \infty \tag{73.180}$$

反射和入射电压幅度相等且相位相反,表明所有入射电压和功率都被反射回来。传输线为全反射。值得注意的是,从式(73.173)可知,当传输线没有损耗($\alpha=0$)或负载($z=0$)时,电压驻波比等于无穷大。沿着线的总电压可以通过式(73.165)和式(73.179)得到

$$U(z)=-2U_0^+\sinh(\gamma z) \tag{73.181}$$

其表示一个纯驻波。短路传输线中也不存在行波。

3)具有电抗负载的传输线

当传输线的终端负载为电容或电感时,负载处反射系数的幅度为

$$|\Gamma|=1 \tag{73.182}$$

反射和入射电压幅度相等,所有的入射电压和功率都被反射回来了。

73.7.5 无耗传输线

"阻抗""反射系数""驻波比"及"理想匹配和全反射"章节中所有方程的推导均适用于有耗和无耗传输线。对于无耗传输线,衰减常数$\alpha=0$,传播常数$\gamma=\mathrm{j}\beta$,其中β为相位常数。利用这些结果并注意到$\tan(\mathrm{j}\beta l)=\mathrm{j}\tan(\beta l)$,可以从式(73.153)到式(73.156)推导出下式,即

$$Z(z)=Z_0\frac{Z_L-\mathrm{j}Z_0\tan(\beta z)}{Z_0-\mathrm{j}Z_L\tan(\beta z)} \tag{73.183}$$

$$Y(z) = Y_0 \frac{Y_L - jY_0 \tan(\beta z)}{Y_0 - jY_L \tan(\beta z)} \tag{73.184}$$

$$Z_i = Z_0 \frac{Z_L + jZ_0 \tan(\beta l)}{Z_0 + jZ_L \tan(\beta l)} \tag{73.185}$$

$$Y_i = Y_0 \frac{Y_L + jY_0 \tan(\beta l)}{Y_0 + jY_L \tan(\beta l)} \tag{73.186}$$

式中：$\theta = \beta l$ 称为传输线的电长度，其与频率相关。电长度实际表示传输线的相位，常用于高频电路设计中。注意，输入阻抗 Z_i 和输入导纳 Y_i 是 βl 的周期函数，因此会沿传输线每半个波长重复状态。从式(73.157)、式(73.161)和式(73.163)可以推导出

$$\Gamma(z) = \frac{Z_L - Z_0}{Z_L + Z_0} e^{2j\beta z} \tag{73.187}$$

$$\Gamma(z) = \Gamma_L e^{2j\beta z} \tag{73.188}$$

$$\Gamma_I(z) = -\frac{Z_L - Z_0}{Z_L + Z_0} e^{2j\beta z} \tag{73.189}$$

从而有

$$|\Gamma(z)| = |\Gamma_I(z)| = |\Gamma_L| = \left|\frac{Z_L - Z_0}{Z_L + Z_0}\right| \tag{73.190}$$

式(73.173)可以写为

$$\mathrm{VSWR} = \frac{1 + |\Gamma_L|}{1 - |\Gamma_L|} \tag{73.191}$$

因此

$$|\Gamma(z)| = |\Gamma_L| = \frac{\mathrm{VSWR} - 1}{\mathrm{VSWR} + 1} \tag{73.192}$$

实际中，一般使用这些(无耗)公式。注意无耗传输线中的电压驻波比和反射系数的幅度为常数。因为入射和反射电压波在它们沿无耗传输线传播过程中其幅度保持恒定。如图73.11(b)所示，无耗传输线上的电压驻波模式与低损耗传输线的电压驻波模式类似。

终端开路无耗传输线的输入阻抗可以从式(73.185)中推导得到，令 $Z_L = \infty$ 有

$$Z_{io} = Z_0 \frac{Z_L + jZ_0\tan(\beta l)}{Z_0 + jZ_L\tan(\beta l)} \tag{73.193}$$

输入导纳为

$$Y_{io} = jY_0\tan(\beta l) \tag{73.194}$$

类似地,终端短路无耗传输线的输入阻抗和导纳可以从式(73.185)推导得到,其中令 $Z_L = 0$, 有

$$Z_{is} = jZ_0\tan(\beta l) \tag{73.195}$$

$$Y_{is} = -jY_0\cot(\beta l) \tag{73.196}$$

式(73.193)至式(73.196)表明,终端开路和终端短路无耗传输线特性根据不同的工作频率和物理长度表现为一个电感器或一个电容器。在给定频率,任意电感器或电容器理论上都可以用选定长度的传输线实现。图73.12和图73.13分别表示了终端开路和终端短路无耗传输线的电容特性和电感特性与频率和电长度的关系。

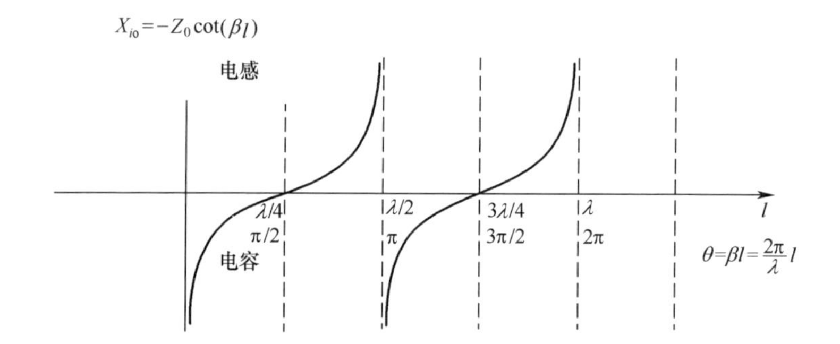

图73.12　终端开路无耗传输线阻抗特性与长度的关系

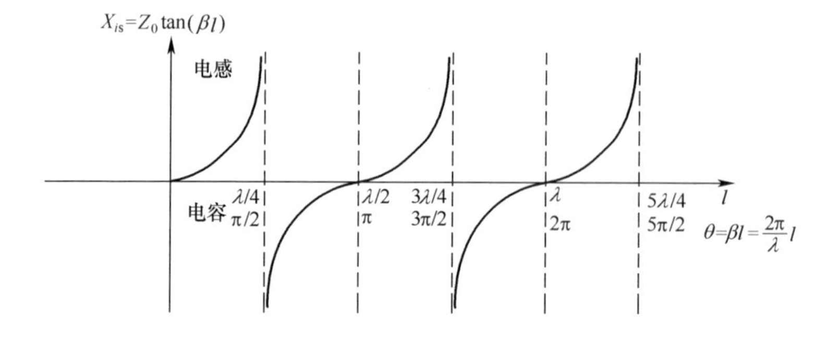

图73.13　终端短路无耗传输线阻抗特性与长度的关系

当传输线与波长相比非常短时,即 $\beta l = 2\pi l/\lambda \ll 1$。$\tan(\beta l)$ 可以近似为 βl ,其可以从式(73.193)得到

$$Z_{io} \approx -\mathrm{j}\frac{Z_0}{\beta l} \tag{73.197}$$

将式(73.39)中的 $Z_0 = \sqrt{L/C}$ 和式(73.40)中的 $\beta = \omega\sqrt{LC}$ 进行替换,可得

$$Z_{io} \approx \frac{1}{\mathrm{j}\omega(Cl)} \tag{73.198}$$

这表明一个非常短的终端开路无耗传输线表现得像要给电容,其电容值为 Cl 。注意 C 为传输线单位长度的电容。当传输线的长度与波长相比不是非常短时,无论终端开路与否,都不会表现得像电容值为 Cl 的电容。类似地,当长度相对波长很短时 ,终端短路无耗传输线可以推导出下列公式,即

$$Z_{is} \approx \mathrm{j}\omega(Ll) \tag{73.199}$$

这表明一个非常短终端短路传输线表现得像一个电感,其电感值为 Ll 。注意 L 为传输线单位长度的电感。当传输线的长度与波长相比不是非常短时,无论终端短路与否,都不会表现得像电感值为 Cl 的电感。

有两种特殊的情况值得单独提出来,分别为长度为 $\lambda/4$ 整数倍的终端开路或短路传输线。将 $l = n\lambda/4$ 代入式(73.222)和(73.224),其中 n 为正整数,可得

$$Z_{io} = 0 \quad \text{对于终端开路无耗传输} \tag{73.200}$$

$$Z_{is} = \infty \quad \text{对于终端短路无耗传输} \tag{73.201}$$

这一结果表明,终端开路或短路的整数倍的 $\lambda/4$ 传输线在其输入端分别表现为短路和开路。$\lambda/4$ 开路和短路传输线 ($l = \lambda/4$) 经常用于高频窄带电路的偏置网络中。

73.8　传输线综合

正如“传输线方程”一节中所讨论的,一个传输线可以用由许多理想子电路构成的等效电路来表示。每个子电路对应于传输线的无穷小部分,如图 73.14 所示。对于无耗传输线,如图 73.14(b)所示,$R = G = 0$,信号会无损地通过。这意味着均匀的无耗传输线可以工作在极宽的带宽范围,极限为 TEM 模或准 TEM

模的截止频率(理论上为无限带宽)。

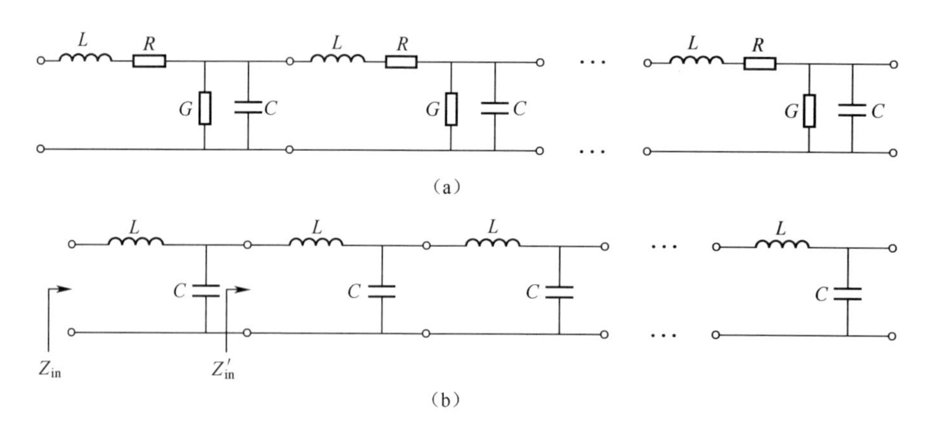

图 73.14　传输线的近似等效电路

(a)有耗;(b)无耗。

从图 73.14(b)可以看出,合成(或人工)传输线可以通过级联多个相同的 *LC* 枝节或单元形成。值得注意的是,图 73.14(a)中的 *R* 和 *G* 分别表示由导体和介质基板引起的损耗,这是不希望有的。因此,它们不能用于构造合成传输线。然而,由于分别与组成传输线的电感和电容的损耗相关,*R* 和 *G* 会隐含地包括在合成传输线中。这些损耗基本上限制了合成传输线的工作带宽。可以预计到构成合成传输段的枝节数量(N)越大,实际传输线就越相似。合成传输线可以利用传输线的特性来实现某些功能,而无须使用实际传输线或以特定方式(如微带线)配置实际传输线。这在特定情况下可能是难以和/或不便于实现的。例如,对于采用嵌入式天线的硅基片上系统,可以在威尔金森功分器等天线馈电电路中使用合成传输线代替实际传输线,以减小芯片尺寸,这对片上应用至关重要。

考虑图 73.14(b)所示的一个具有无限多枝节($N \to \infty$)的无耗合成传输线。假设电感和电容都是理想的。其特性阻抗和相速度可以用与无耗传输线同样的方式处理。也就是其分别可以从式(73.39)和式(73.41)得到

$$Z_0 = \sqrt{\frac{L}{C}} \tag{73.202}$$

$$v_p = \frac{1}{\sqrt{LC}} \tag{73.203}$$

注意,这里 L 和 C 是构成合成传输线的每个枝节的电感和电容。合成传输线的每个枝节的时延可以认为等于相应的实际传输线每单位长度的时延,可以通过下式获得,即

$$t_d = \sqrt{LC} \tag{73.204}$$

可以看出,通过适当选择 L 和 C,合成传输线可以灵活地实现特定的特性阻抗和相速度。它还可以通过合适的 L、C 和 N 实现特定的时延(小或大)。实际传输线可能需要很长的物理长度以获得较大的时延。

当枝节的电感和电容损耗较小时,可以认为相应的合成传输线具有低损耗特性,并且与实际的低损耗传输线类似,可以通过式(73.49)到式(73.52)获得其特性阻抗、衰减常数、相位常数和速度,即

$$Z_0 \approx \sqrt{\frac{L}{C}}\left[1 + \mathrm{j}\left(\frac{G}{2\omega C} - \frac{R}{2\omega L}\right)\right] \tag{73.205}$$

$$\alpha \approx \frac{1}{2}\left(R\sqrt{\frac{C}{L}} + G\sqrt{\frac{L}{C}}\right) \tag{73.206}$$

$$\beta \approx \omega\sqrt{LC} \tag{73.207}$$

$$v \approx \frac{1}{\sqrt{LC}} \tag{73.208}$$

式中:R 和 G 分别为每个单元的电感和电容中的电阻和电导损耗。

图 73.14(b)所示的无耗合成传输线类似于低通滤波器。因此,它与截止频率 ω_c 相关,截止频率 ω_c 分别定义为低于 ω_c 的通带和高于 ω_c 的阻带。由于 N 是无穷大,因此可以假设 $N-1$ 也接近无穷大。因此,输入阻抗 Z_{in} 和 Z'_{in} 将相等。如图 73.14(b)所示, Z_{in} 可以写成 L 串联和(C, Z'_{in}) 并联的组合形式,即

$$Z_{in} = \mathrm{j}\omega L + \frac{1}{\dfrac{1}{Z_{in}} + \mathrm{j}\omega C} \tag{73.209}$$

其中公式右侧的 Z'_{in} 用 Z_{in} 代替。将式(73.209)展开可得

$$Z_{in}^2 - \mathrm{j}\omega L Z_{in} - \frac{L}{C} = 0 \tag{73.210}$$

可以求得 Z_{in} 为

$$Z_{in} = \frac{1}{2}\mathrm{j}\omega L \pm \frac{1}{2}\mathrm{j}\sqrt{\frac{L}{C}}\sqrt{\omega^2 LC - 4} \tag{73.211}$$

式(73.211)表明,当 $\omega^2LC-4<0$ 时,对应于 $\omega<2/\sqrt{LC}$,Z_{in} 为复数。当信号满足条件 $\omega<2/\sqrt{LC}$ 时,其可以沿传输线传播,这表示一个通带。当 ω 接近极限0时,Z_{in} 趋近于特性阻抗 $Z_0=\sqrt{L/C}$。另外,当 $\omega^2LC-4>0$ 时,有 $\omega>2/\sqrt{LC}$,相应的 Z_{in} 为虚数。高于 $2/\sqrt{LC}$ 的频率(弧度)信号不能在传输线中传播,从而表示对应于阻带的截止频率为

$$\omega_c=\frac{2}{\sqrt{LC}} \tag{73.212}$$

对于理想(无耗)合成传输线,使用式(73.202),截止频率表示为

$$\omega_c=\frac{2}{CZ_0} \tag{73.213}$$

截止频率有效地设置了合成传输线从直流到 ω_c 的工作带宽。

因此设计合成传输线时,应使其最高工作频率低于 $\omega_c=2/\sqrt{LC}$。实际上,构成合成传输线的枝节 N 的数量总是有限的,因此实际截止频率比通过式(73.212)计算的理论值更小(实际上会小得多)。因此,为了传输线正常工作,其最高工作频率可能需要远小于 ω_c。通常截止频率应选择为最高工作频率的至少3倍。研究人员需要对所设计的合成传输线进行实际仿真,以确保其截止频率远高于预期的工作频率范围。要特别指出的是,合成传输线不是精确的传输线。它只能在特定带宽内近似一个传输线。这一带宽范围可能比较宽也可能比较窄,主要取决于使用的枝节数量以及 L 和 C 的值。

在某些应用中,如需要同时传输多个频率信号的应用,包括超宽带(UWB)信号(同时包含3.1~10.6GHz频率分量)的(时域)脉冲信号、与频率无关的速度或通带中随频率变化的线性相位响应从而避免信号失真。无耗和低损耗的合成传输线分别具有精确的和近似与频率无关的速度,如式(73.203)和式(73.208)所示。相应地,其在理论上就无信号失真或产生最小信号失真。

可以通过选择 L 和 C 来设计合成传输线,以实现符合式(73.202)的所需的特性阻抗和符合式(73.212)的所需的截止频率(或带宽)。对于宽频带,LC 应保持足够小以产生较高的截止频率。实际上,在工作带宽和特性阻抗之间存在折中(因此应对实现合成传输线的电路进行匹配)。为了实现一定的时间延迟,可以通过下式确定所需枝节的数量,即

$$N = \frac{T_d}{t_d} = \frac{T_d}{\sqrt{LC}} \tag{73.214}$$

式中：T_d 为期望的时延。

值得注意的是，合成传输线如其等效电路所示，也可以使用如肖特基二极管、MOSFET等固态器件或者集总元件和固态器件之间的组合实现。这些固态器件在线性（小信号）状态下工作，以实现电感和电容。使用固态器件可以实现合成传输线的小型化，这对于低成本射频应用很有吸引力，但是使用固态器件可能会降低电路性能，如增加噪声和降低线性度，这是不可取的，尤其是在接收机前端中。特别是对诸如功率放大器之类的大信号电路，由于其在大信号下的非线性特性，此时不应使用固态器件，除非它们就是用作所设计合成传输线中的非线性元件。

合成传输线的主要功能是在尽可能宽的带宽内，尽可能地将其期望的特性阻抗保持在规定的容差范围内。此外，在某些工作条件下，为了避免相位非线性引起的信号失真，还需要尽可能地保持线性相位响应。在实际中，用于合成传输线的电感、电容和半导体器件都有自己的寄生效应。寄生效应通常由电阻、电感和电容组成，这可能严重降低传输线的性能，特别是在高频区域。例如，寄生效应导致损耗增加和传输相位的失真更大，导致工作带宽减小。因此，在设计合成传输线时需要小心，在仿真中必须考虑其组成元素的所有寄生效应，以确保引入的衰减和失真不会破坏在工作频率范围内通过传输线信号的完整性。为了减少这些影响，考虑到与工作带宽的权衡，需要限制枝节的数量。

73.9　TEM和准TEM传输线参数

嵌入均匀介质（如带状线）中理想导体的传输线支持纯横电磁（TEM）模式或波，然而具有两种以上电介质（或嵌入非均匀介质中）的传输线（如微带线）只能支持与TEM模式类似的准TEM模式。TEM或准TEM模式是传输线中的主模，并且没有截止频率。这意味着传输线可以支持从直流到非常高频率的信号，此时会出现高次模。在电路设计中，假设传输线损耗不是很大，传输线的最重要参数可能是准TEM模式的特性阻抗和有效介电常数。对于高损耗的传输线，衰减常数也是一个重要参数。

随着工作频率的增加,传输线中可能存在包括准TEM和高次模在内的无限多个模式,特别是在不连续点附近。高次模具有截止频率,这限制了其工作频率范围,而这是不希望有的。这些模式具有轴向电场或磁场,或者两者同时存在。具有轴向电场的模式称为横磁(TM)模式,具有轴向磁场的模式称为横电(TE)模式,同时具有轴向电场和磁场的模式称为混合模式。当高次模与特定频率以上的准TEM模共存时,它将使电路性能降低。因为高次模会分走准TEM模式的一些能量,特别是会导致有源电路产生杂散响应。由于能量守恒以及传输线中传播的总能量是有限的,因此维持高次模的能量份额是不可避免的。

分析传输线有两种方法,即静态或准静态和动态或全波方法。静态或准静态方法只产生TEM或准TEM模式的传输线参数,这些参数理论上仅在直流处有效。另外,动态方法不仅可以产生TEM或准TEM模的传输线参数,也适用于高次模,这些参数都是频率的函数。

如前所述,由静态或准静态方法获得的传输线参数在直流处严格有效。然而,实际中这些结果也可用于更高的频率。大多数工程师会问的问题是他们可以在多高的频率下使用静态结果,对此没有明确的答案。有些人倾向于认为只要频率与零不同,就不能使用静态结果。另外,实际中大多数工程师可能使用高达18GHz的高频静态结果。事实上,在20世纪80年代成功设计了工作在W波段(75~110GHz)的许多毫米波电路,设计中仅使用了静态结果。然而在高频下,特别是在毫米波频段,应采用动态方法更准确地确定传输线的参数。静态结果与动态结果相比,主要区别是前者更容易计算但不太准确。

73.9.1 静态或准静态分析

静态和准静态分析得到的传输线参数与频率无关。现在可以推导出传输线静态或准静态特性阻抗和有效相对介电常数的简单公式。不失一般性,可以将无耗微带线看作具有代表性的传输线,如图73.15(a)所示。

这一传输线的特性阻抗可以表示为

$$Z_0 = \sqrt{\frac{L}{C}} \tag{73.215}$$

式中:L 和 C 分别为传输线单位长度的电感和电容。令 L_a 和 C_a 分别表示空气介质($\varepsilon_r = 1$)微带线单位长度的电感和电容,如图73.15(b)所示。考虑到单位

长度电感与周围介质无关，式(73.215)可以表示为

$$Z_0 = \sqrt{\frac{L_a}{C_a}\frac{C_a}{C}} = \frac{1}{c\sqrt{CC_a}} \tag{73.216}$$

式中：$c = 3 \times 10^8 \mathrm{m/s}$ 为空气中的光速。沿着传输线传播的准 TEM 波的相速度为

$$v_p = \frac{c}{\sqrt{\varepsilon_{\mathrm{reff}}}} \tag{73.217}$$

式中：$\varepsilon_{\mathrm{reff}}$ 为有效相对介电常数。将式(73.217)两侧平方，并使用 $L = L_a$，可以得到

$$\varepsilon_{\mathrm{reff}} = \frac{C}{C_a} \tag{73.218}$$

相应地，波长可以表示为

$$\lambda = \frac{\lambda_0}{\sqrt{\varepsilon_{\mathrm{reff}}}} \tag{73.219}$$

式中：$\lambda_0 = c/f$ 为自由空间波长。现在很明显，有电介质或无电介质的任意传输线的静态或准静态特性阻抗和有效相对介电常数可以仅根据传输线的单位长度电容确定。

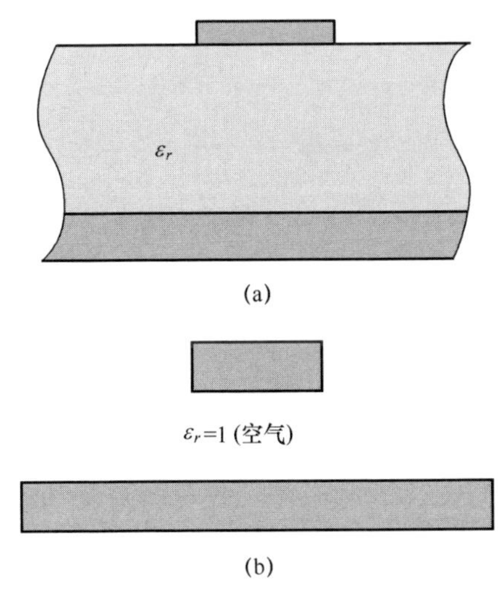

图 73.15　微带线

(a)有电介质；(b)无电介质。

73.9.2 动态分析

动态分析可以得到传输线TEM模、准TEM模和混合模下,与频率相关的特性阻抗、传播常数、衰减和有效介电常数。该方法首先求解由麦克斯韦方程导出的波动方程,该方程适用于受边界条件限制的电场和磁场。这一过程还可以得到本征方程,其特征值是传播常数 $\gamma = \alpha + j\beta$。

相位常数 β 可以用来计算有效介电常数,即

$$\varepsilon_{\text{eff}} = \left(\frac{\beta}{k_0}\right)^2 \tag{73.220}$$

式中:$k_0 = \omega\sqrt{\varepsilon_0\mu_0}$ 为自由空间波数。应该注意的是,相位常数必须满足下面的条件,即

$$\omega\sqrt{\varepsilon_0\mu_0} \leqslant \beta \leqslant \omega\sqrt{\varepsilon_0\mu_0\varepsilon_r} \tag{73.221}$$

式中:ε_r 为传输线中使用介质的最高的相对介电常数。

使用电场和磁场,可以计算(动态)特性阻抗随频率的变化关系。众所周知,TEM或准TEM模的特性阻抗是唯一的,因为模式的电压和电流是唯一定义的。然而对于混合模,特性阻抗不是唯一的。此时特性阻抗存在各种定义,常见的定义可以根据电压和电流、功率和电流以及功率和电压给出,即

$$Z_0^{UI} = \frac{U_0}{I_0} \tag{73.222}$$

$$Z_0^{PI} = \frac{2P_{\text{avg}}}{|I_0|^2} \tag{73.223}$$

$$Z_0^{PU} = \frac{|U_0|^2}{2P_{\text{avg}}} \tag{73.224}$$

式中:U_0 为穿过电感的电压;I_0 为轴向电流;P_{avg} 为穿过传输线横截面的平均功率。3种特性阻抗的关系为

$$Z_0^{UI} = \sqrt{Z_0^{PI}Z_0^{PU}} \tag{73.225}$$

需要注意的是,除了直流外,特性阻抗的不同定义会产生不同的数值结果。然而对于TEM模或准TEM模,3种不同的定义会产生同样的结果。如果 $P_{\text{avg}} = \frac{1}{2}UI^*$,3种定义的结果也相同。通常,这种条件对于传输线中的混合模不成

立。基于功率和电流以及功率和电压的定义是从双导体传输线推导出来的。对于不同定义的选择不是很清楚。一种可能的选择是根据电路中传输线的特定用途使用不同定义。对于槽线和共面波导(CPW)等包含开槽的传输线的通用定义可以基于功率和电压。例如,CPW 的特性阻抗可以从式(73.224)以电压和功率形式给出,如图 73.18 所示。

$$U_0 = \int_a^b E_x(x,h)\,\mathrm{d}x \tag{73.226}$$

$$P_{\text{avg}} = \frac{1}{2}\mathrm{Re}\int_{-\infty}^{\infty}\int_{-\infty}^{\infty}(E_x H_y^* - E_y H_x^*)\,\mathrm{d}x\mathrm{d}y \tag{73.227}$$

如图 73.22 所示,槽线的特性阻抗也可以通过式(73.224)定义,其中功率同样可以通过式(73.227)给出,电压可以表示为

$$U_0 = \int_{-W/2}^{W/2} E_x(x,h)\,\mathrm{d}x \tag{73.228}$$

对于其他没有开槽的传输线,一般采用基于电流和功率以及电压和电流的定义。对于微带线的情形,如图 73.17 所示,电流、电压和功率可以表示为

$$I_0 = \int_{-W/2}^{W/2} J_z(x,h)\,\mathrm{d}x \tag{73.229}$$

$$U_0 = -\int_0^h E_y\,\mathrm{d}y \tag{73.230}$$

$$P_{\text{avg}} = \frac{1}{2}\mathrm{Re}\int_{-\infty}^{\infty}\int_{-\infty}^{\infty}(E_x H_y^* - E_y H_x^*)\,\mathrm{d}x\mathrm{d}y \tag{73.231}$$

式中:J_z 为微带线上沿 z 方向的电流密度。

73.10　印制电路传输线

印制电路传输线在射频电路中是非常重要的,其通常配置为平面和单面结构。印制电路传输线从电子集成电路(IC)发展演变而来;反过来它们有助于推动 IC 技术的进步,如印制电路传输线可以使 IC 更紧凑、更通用、具有更好的互连和提升性能。印制电路传输线不仅实现了传递信号的最基本目标,通过进行适当的组合,它们还可以被用来设计如宽带混合结等各种射频组件。研究人员开发了各种印制电路传输线。最常用的结构是微带线、共面波导(CPW)、共面带线(CPS)、带状线和槽线,其中微带线和带状线成为众所周知的同轴传输线的

第一平面形式。图73.16给出了这些印制电路传输线。

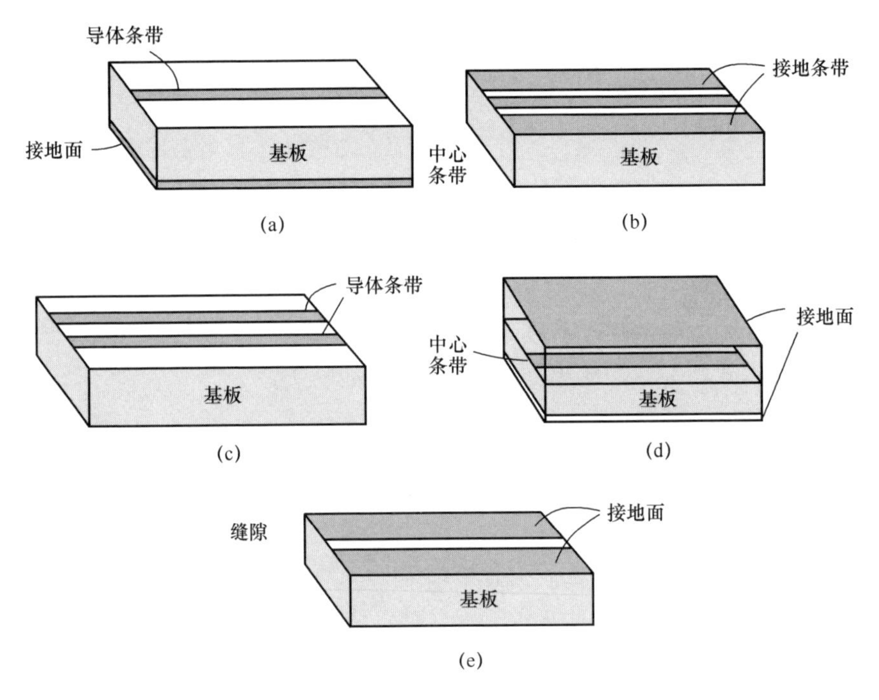

图73.16 常用的印制电路传输线

(a)微带线;(b)共面波导;(c)共面带线;(d)带状线;(e)槽线。

本节简要讨论了这些传输线以及用于计算其特性阻抗、有效介电常数和损耗的闭合公式。在所有这些方程中,均假设地平面为无限大。如果场分布没有显著改变,它们也适用于较窄的地平面。尽管可以使用各种动态方法准确地确定这些参数,但是闭合表达式允许方便且快速地对射频电路进行计算机辅助设计和分析。要特别指出的是,通常采用的印制电路传输线都只有单层电介质、单层金属和大的接地平面(假设为无限宽)。然而也可以使用多层电介质、金属和/或窄接地平面来优化传输线的性能和尺寸。这种实现方式特别适用于在如低温共烧陶瓷(LTCC)、液晶聚合物(LCP)材料或硅上的射频集成电路等多层衬底上设计射频混合集成电路,其本身就固有多个电介质层和金属层。事实上,由于减小尺寸是射频电路设计中的主要问题之一,必须采用这种实现方式。

73.10.1　微带线

Grieg 和 Englemann(1952)首次提出如图 73.17 所示的微带线。从那以后，由于其平面特性、易于使用光刻工艺加工、易于与固态器件集成、良好的散热特性和较好的机械特性而成为应用广泛的一种传输线。

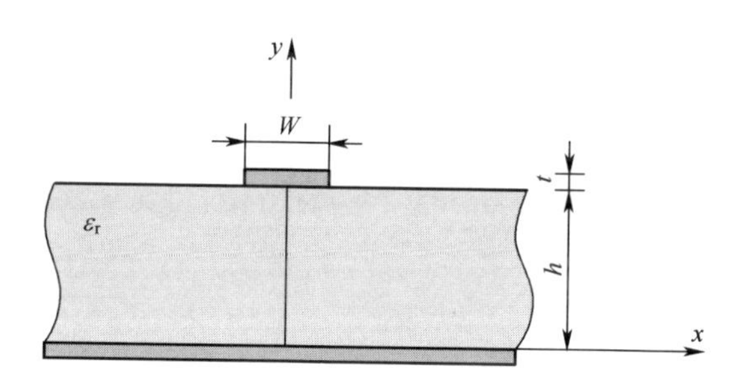

图 73.17　微带线横截面

假设线的厚度为 0($t=0$)，微带线特性阻抗和有效介电常数的闭合表达式为(Edwards,1984)

$$Z_0=\begin{cases}\dfrac{119.9}{\sqrt{2(\varepsilon_r+1)}}\left\{\ln\left[4\dfrac{h}{W}+\sqrt{16\left(\dfrac{h}{W}\right)^2+2}\right]-\dfrac{1}{2}\left(\dfrac{\varepsilon_r-1}{\varepsilon_r+1}\right)\left(\ln\dfrac{\pi}{2}+\dfrac{1}{\varepsilon_r}\ln\dfrac{4}{\pi}\right)\right\}, \\ \dfrac{W}{h}<3.3 \\ \dfrac{119.9\pi}{\sqrt{2\varepsilon_r}}\left\{\dfrac{W}{2h}+\dfrac{\ln 4}{\pi}+\dfrac{\ln\left(\dfrac{e\,\pi^2}{16}\right)}{2\pi}\dfrac{\varepsilon_r-1}{\varepsilon_r^2}\right)+\dfrac{\varepsilon_r+1}{2\pi\varepsilon_r}\left[\ln\dfrac{e\pi}{2}+\ln\left(\dfrac{W}{2h}+0.94\right)\right]^{-1}, \\ \dfrac{W}{h}>3.3\end{cases} \tag{73.232}$$

$$\varepsilon_{\text{reff}}=\begin{cases}\dfrac{\varepsilon_r+1}{2}+\dfrac{\varepsilon_r-1}{2}\left(1+10\dfrac{h}{W}\right)^{-0.555}, Z_0<(63-2\varepsilon_r)\Omega \\ \dfrac{\varepsilon_r+1}{2}\left[1-\dfrac{1}{2K}\left(\dfrac{\varepsilon_r-1}{\varepsilon_r+1}\right)\left(\ln\dfrac{\pi}{2}+\dfrac{1}{\varepsilon_r}\ln\dfrac{4}{\pi}\right)\right]^{-2}, Z_0>(63-2\varepsilon_r)\Omega\end{cases} \tag{73.233}$$

式中:e = 2.7182818 为欧拉常数;K 的表达式为

$$K = \frac{Z_0 \sqrt{2(\varepsilon_r + 1)}}{119.9} + \frac{1}{2}\left(\frac{\varepsilon_r - 1}{\varepsilon_r + 1}\right)\left(\ln \frac{\pi}{2} + \frac{1}{\varepsilon_r}\ln \frac{4}{\pi}\right) \tag{73.234}$$

通过式(73.232)和式(73.233)计算特性阻抗和有效介电常数的精度分别为±1和±0.25%。

归一化线宽(W/h)也可以通过特性阻抗和有效介电常数确定,即

$$\frac{W}{h} = \begin{cases} \dfrac{2}{\pi}[D - 1 - \ln(2D - 1)] + \dfrac{\varepsilon_r - 1}{\pi\varepsilon_r}\left[\ln(D - 1) + 0.293 - \dfrac{0.517}{\varepsilon_r}\right], \\ \qquad\qquad Z_0 < (44 - 2\varepsilon_r)\Omega \\ \left(\dfrac{e^K}{8} - \dfrac{1}{4e^K}\right)^{-1}, \qquad Z_0 > (44 - 2\varepsilon_r)\Omega \end{cases} \tag{73.235}$$

其中,

$$D = \frac{59.95\,\pi^2}{Z_0 \sqrt{\varepsilon_r}} \tag{73.236}$$

使用式(73.235)确定 W/h 的精度可达±1%。

实际微带线的线厚度为有限值 t,这可以有效增加线的宽度。考虑线的厚度 t,式(73.232)和式(73.233)可以改写成更精确的形式(Gupta et al.,1979a),即

$$Z_0 = \begin{cases} \dfrac{60}{\sqrt{\varepsilon_{\mathrm{reff}}(t)}}\ln\left[\dfrac{8h}{W_e} + 0.25\dfrac{W_e}{h}\right], & \dfrac{W}{h} \leqslant 1 \\ \dfrac{120\pi}{\sqrt{\varepsilon_{\mathrm{reff}}(t)}}\left[\dfrac{W_e}{h} + 1.393 + 0.667\ln\left(\dfrac{W_e}{h} + 1.444\right)\right]^{-1}, & \dfrac{W}{h} > 1 \end{cases} \tag{73.237}$$

$$\varepsilon_{\mathrm{reff}}(t) = \varepsilon_{\mathrm{reff}} - C \tag{73.238}$$

其中,

$$\frac{W_e}{h}=\begin{cases}\frac{W}{h}+\frac{1.25}{\pi}\frac{t}{h}\left(1+\ln\frac{4\pi W}{t}\right), & \frac{W}{h}\leqslant\frac{1}{2\pi}\\ \frac{W}{h}+\frac{1.25}{\pi}\frac{t}{h}\left(1+\ln\frac{2h}{t}\right), & \frac{W}{h}>\frac{1}{2\pi}\end{cases} \tag{73.239}$$

$$C=\frac{\varepsilon_r-1}{4.6}\frac{t/h}{\sqrt{W/h}} \tag{73.240}$$

式中：$\varepsilon_{\text{reff}}$ 为由式(73.233)得到的 $t=0$ 时的有效相对介电常数。

与频率相关的有效介电常数和特性阻抗由 Hammerstad 和 Jensen(1980)给出，即

$$\varepsilon_{\text{reff}}(f)=\varepsilon_r-\frac{\varepsilon_r-\varepsilon_{\text{reff}}(0)}{1+G\left(\frac{f}{f_{\text{p}}}\right)^2} \tag{73.241}$$

$$Z_0(f)=Z_0(0)\frac{\varepsilon_{\text{reff}}(f)-1}{\varepsilon_{\text{reff}}(0)-1}\sqrt{\frac{\varepsilon_{\text{reff}}(0)}{\varepsilon_{\text{reff}}(f)}} \tag{73.242}$$

其中，

$$f_p=\frac{Z_0(0)}{2\mu_0 h} \tag{73.243}$$

$$G=\frac{\pi^2}{12}\frac{\varepsilon_r-1}{\varepsilon_{\text{reff}}(0)}\sqrt{\frac{Z_0(0)}{60}} \tag{73.244}$$

式中：$\varepsilon_{\text{eff}}(0)$ 和 $Z_0(0)$ 为准静态有效介电常数和特性阻抗，其分别可以从式(73.233)或式(73.238)以及式(73.232)或式(73.237)得到。$\mu_0=4\pi\times10^{-7}$H/m 为自由空间磁导率。

就像对任意传输线一样，微带线的损耗是由非理想导体和介质引起的，这可以用衰减常数 $\alpha=\alpha_c+\alpha_d$ 描述。其中 α_c 和 α_d 分别为导体衰减常数和介质衰减常数。α_c (单位 dB/cm)可以通过 Pucel 等(1968a、b)给出的公式确定，即

$$\alpha_c=\begin{cases}\dfrac{8.68R_S}{2\pi Z_0 h}\left[1-\left(\dfrac{W_e}{4h}\right)^2\right]\left\{1+\dfrac{h}{W_e}+\dfrac{h}{\pi W_e}\left[\ln\left(\dfrac{4\pi W}{t}\right)+\dfrac{t}{W}\right]\right\}, \\ \qquad 0<\dfrac{W}{h}<1/2\pi \\ \dfrac{8.68R_S}{2\pi Z_0 h}\left[1-\left(\dfrac{W_e}{4h}\right)^2\right]\left\{1+\dfrac{h}{W_e}+\dfrac{h}{\pi W_e}\left[\ln\left(\dfrac{2h}{t}\right)-\dfrac{t}{h}\right]\right\}, \\ \qquad 1/2\pi<\dfrac{W}{h}<2 \\ \dfrac{8.68R_S}{Z_0 h}\left\{1+\dfrac{h}{W_e}+\dfrac{h}{\pi W_e}\left[\ln\left(\dfrac{2h}{t}\right)-\dfrac{t}{h}\right]\right\}\left[\dfrac{W_e}{h}+\dfrac{\dfrac{W_e}{\pi h}}{\dfrac{W_e}{2h}+0.94}\right] \\ \qquad \left[\dfrac{W_e}{h}+\dfrac{2}{\pi}\ln\left(\dfrac{W_e}{2h}+0.94\right)\right]^{-2}, \dfrac{W}{h}\geqslant 2\end{cases} \tag{73.245}$$

式中：$R_S=\sqrt{\omega\dfrac{\mu_0}{2\sigma}}$ 为导体的表面电阻；W_e 为考虑线的金属化厚度有限时的有效宽度，金属化厚度如式(73.268)所示。α_d 可以通过下式确定(Welch and Pratt, 1966)，即

$$\alpha_d=\frac{27.3\varepsilon_r(\varepsilon_{\mathrm{reff}}-1)\tan\delta}{\sqrt{\varepsilon_{\mathrm{reff}}}(\varepsilon_r-1)\lambda_0}\quad \mathrm{dB/m} \tag{73.246}$$

式中：$\tan\delta$ 为介质的损耗正切；λ_0 为自由空间波长。对于使用 SiO_2(应用于射频集成电路)等低损耗介质的微带线或其他任意印刷传输线，与导体损耗相比，介质损耗通常很低。然而，当这些传输线直接沉积在射频集成电路中使用的高损耗衬底(如硅)上而没有适当屏蔽高损耗衬底时，介质损耗就成为主要方面。

73.10.2 共面波导

图 73.18 给出了常规共面波导和具有导体背板的共面波导(CPW)的横截面。这一(常规的)共面波导由 Wen 于 1969 年提出。从那以后，它因其众多吸引人的功能而被广泛使用。例如，使用共面波导可以去除电路元件与地连接的

通孔、易于与固态器件集成、易于实现小型化平衡电路以及减少传输线间的串扰。共面波导有中心导电条(信号线)和两个接地导电条(地线)。两条地线必须连接在一起,以便它们与信号线一起充当双导线传输线中的单个导线;否则,由于存在三导体传输线的附加(准TM)模式,它可能在高频下引起传播问题。在实际中,它们可以通过空气桥连接在一起。空气桥最简单的等效电路模型为由串联电感、电阻和并联电容组成的网络,从而在地线处产生不同的电位。对于有导体背板的共面波导,一般通过通孔将金属背板连接到地线,以使它们保持相等的电位,从而阻止或减小其他在工作频率范围内的传输线模式和平行板波导模式的传播。然而由于通孔在电气上至少等效为一个电阻与电感的串联,其可能会引起接地导体与金属背板的电位不相等。不等电位在非常高的频率下更为明显,这导致共面波导等效为双导体传输线可能存在潜在问题。具有导体背板的共面波导增加了机械强度,并提供了实际应用中所需的散热和封装。由于可能存在平行板波导模的传播,因此与常规共面波导相比,具有导体背板的共面波导的带宽较窄。

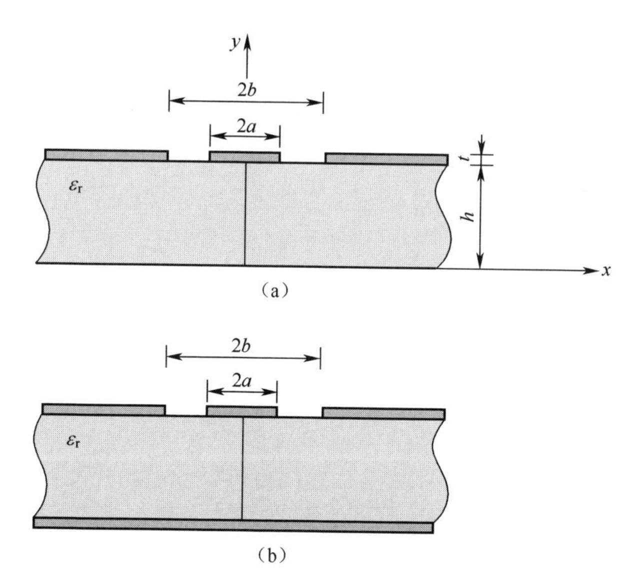

图73.18　常规共面波导和具有导体背板的共面波导(CPW)的横截面

假设共面波导导体带厚度为零、接地金属带宽度为无限大,可以使用保角映射法得到其有效相对介电常数和特性阻抗的闭合公式(Ghione and Naldi,1983、

1984)。对于常规共面波导,有效相对介电常数和特性阻抗可以通过下式给出(Ghione and Naldi,1984),即

$$\varepsilon_{\mathrm{eff}} = 1 + \frac{\varepsilon_r - 1}{2}\frac{K(k')}{K(k)}\frac{K(k_1)}{K(k'_1)} \tag{73.247}$$

$$Z_0 = \frac{30\pi}{\sqrt{\varepsilon_{\mathrm{eff}}}}\frac{K(k')}{K(k)} \tag{73.248}$$

其中,

$$k = \frac{a}{b} \tag{73.249}$$

$$k' = \sqrt{1 - k^2} \tag{73.250}$$

$$k_1 = \frac{\sinh\left(\dfrac{\pi a}{2h}\right)}{\sinh\left(\dfrac{\pi b}{2h}\right)} \tag{73.251}$$

$$k'_1 = \sqrt{1 - k_1^2} \tag{73.252}$$

K 表示第一类完全积分,它的值可以通过积分或查表确定。比值 $K(k)/K(k')$ 可以通过下式近似得到(Hilberg,1965),即

$$\frac{K(k)}{K(k')} = \begin{cases} \dfrac{\pi}{\ln\left(2\dfrac{1+\sqrt{k'}}{1-\sqrt{k'}}\right)}, 0 \leqslant k \leqslant 0.707 \\ \dfrac{1}{\pi}\ln\left(2\dfrac{1+\sqrt{k}}{1-\sqrt{k}}\right), 0.707 \leqslant k \leqslant 1 \end{cases} \tag{73.253}$$

对于导体背板的共面波导,有效介电常数和特性阻抗可以通过下式评估(Ghioneet al., 1983),即

$$\varepsilon_{\mathrm{eff}} = \frac{1 + \varepsilon_r \dfrac{K(k')}{K(k)}\dfrac{K(k_1)}{K(k'_1)}}{1 + \dfrac{K(k')}{K(k)}\dfrac{K(k_1)}{K(k'_1)}} \tag{73.254}$$

$$Z_0 = \frac{60\pi}{\sqrt{\varepsilon_{\mathrm{eff}}}}\frac{1}{\dfrac{K(k)}{K(k')} + \dfrac{K(k_1)}{K(k'_1)}} \tag{73.255}$$

其中，

$$k=\frac{a}{b} \tag{73.256}$$

$$k'=\sqrt{1-k^2} \tag{73.257}$$

$$k_1=\frac{\tanh\left(\frac{\pi a}{2h}\right)}{\tanh\left(\frac{\pi b}{2h}\right)} \tag{73.258}$$

$$k'_1=\sqrt{1-k_1^2} \tag{73.259}$$

当考虑中心导体带和接地导体带的厚度 t 时，导体带和缝隙的等效宽度分别会增加和减小。考虑到这一效应，(常规)共面波导的有效介电常数和特性阻抗可以通过下式表示(Gupta et al.，1979b)，即

$$\varepsilon_{\text{reff}}(t)=\varepsilon_{\text{reff}}-\frac{0.7(\varepsilon_{\text{reff}}-1)\frac{t}{b-a}}{\frac{K(k)}{K(k')}+0.7\frac{t}{b-a}} \tag{73.260}$$

式中，$\varepsilon_{\text{reff}}$ 为如式(73.247)所示的 $t=0$ 时的有效相对介电常数。

$$Z_0=\frac{30\pi}{\sqrt{\varepsilon_{\text{reff}}(t)}}\frac{K(k'_e)}{K(k_e)} \tag{73.261}$$

其中，

$$k_e=\frac{S_e}{S_e+2W_e} \tag{73.262}$$

$$k'_e=\sqrt{1-k_e^2} \tag{73.263}$$

$$S_e=2a+\Delta \tag{73.264}$$

$$W_e=b-a-\Delta \tag{73.265}$$

$$\Delta=\frac{1.25t}{\pi}\left[1+\ln\left(\frac{8\pi a}{t}\right)\right] \tag{73.266}$$

常规共面波导的导体衰减常数可以表示为(Gupta et al.，1981)

$$\alpha_c=\frac{4.88\times10^{-4}}{\pi}R_S\varepsilon_{\text{reff}}Z_0P\frac{b+a}{(b-a)^2}$$

$$\left\{\frac{\frac{1.25t}{\pi}\ln\left(\frac{8\pi a}{t}\right)+1+\frac{1.25t}{2\pi a}}{\left[2+\frac{2a}{b-a}-\frac{1.25t}{\pi(b-a)}\left(1+\ln\left(\frac{8\pi a}{t}\right)\right)\right]^2}\right\}\ \text{dB/m} \tag{73.267}$$

其中,

$$P=\begin{cases}\frac{k}{(1-k')k'^{\frac{3}{2}}}\left[\frac{K(k)}{K(k')}\right]^2, & 0\leqslant k\leqslant 0.707\\ \frac{1}{(1-k)\sqrt{k}}, & 0.707\leqslant k\leqslant 1\end{cases} \tag{73.268}$$

介质衰减常数的表达式与微带线相同,如式(73.246)所示。

73.10.3 共面带线

共面带线(CPS)如图73.19所示,由介质基板同一面的两个平行导体带组成。共面带线结构由于其本身具有的平衡特性,在射频电路中很有用,特别是在平衡电路中。共面带线结构易于与串联和并联固态器件连接。零导体厚度的共面带线的有效介电常数和特性阻抗可以通过保角映射法得到的闭合公式给出(Ghione et al., 1984),即:

$$\varepsilon_{\text{eff}}=1+\frac{\varepsilon_r-1}{2}\frac{K(k')}{K(k)}\frac{K(k_1)}{K(k'_1)} \tag{73.269}$$

$$Z_0=\frac{120\pi}{\sqrt{\varepsilon_{\text{eff}}}}\frac{K(k)}{K(k')} \tag{73.270}$$

其中,

$$k=\frac{a}{b} \tag{73.271}$$

$$k'=\sqrt{1-k^2} \tag{73.272}$$

$$k_1=\frac{\sinh\left(\frac{\pi a}{2h}\right)}{\sinh\left(\frac{\pi b}{2h}\right)} \tag{73.273}$$

$$k'_1=\sqrt{1-k_1^2} \tag{73.274}$$

当考虑金属带的厚度时,有效介电常数和特性阻抗可以表示为(Gupta et al., 1979b)

$$\varepsilon_{\text{reff}}(t)=\varepsilon_{\text{reff}}-\frac{0.7(\varepsilon_{\text{reff}}-1)\dfrac{t}{a}}{\dfrac{K(k')}{K(k)}+0.7\dfrac{t}{a}} \tag{73.275}$$

$$Z_0=\frac{120\pi}{\sqrt{\varepsilon_{\text{reff}}(t)}}\frac{K(k_e)}{K(k'_e)} \tag{73.276}$$

其中,

$$k_e=\frac{S_e}{S_e+2W_e} \tag{73.277}$$

$$k'_e=\sqrt{1-k_e^2} \tag{73.278}$$

$$S_e=S-\Delta \tag{73.279}$$

$$W_e=W+\Delta \tag{73.280}$$

$$\Delta=\frac{1.25t}{\pi}\left[1+\ln\left(4\pi\frac{b-a}{t}\right)\right] \tag{73.281}$$

导体损耗引入的衰减可以由 Gupta 等(1981)给出,即

$$\alpha_c=\frac{4.34}{\pi}\frac{R_S}{Z_0}P\frac{a+b}{a^2}\left\{\frac{\dfrac{1.25t}{\pi}\ln\left(4\pi\dfrac{b-a}{t}\right)+1+\dfrac{1.25t}{\pi}\dfrac{t}{b-a}}{\left\{1+\dfrac{b-a}{a}+\dfrac{1.25}{2\pi}\dfrac{t}{a}\left[1+\ln\left(4\pi\dfrac{b-a}{t}\right)\right]\right\}^2}\right\} \tag{73.282}$$

式中,P 由式(73.268)给出。介质的衰减常数由式(73.267)确定。

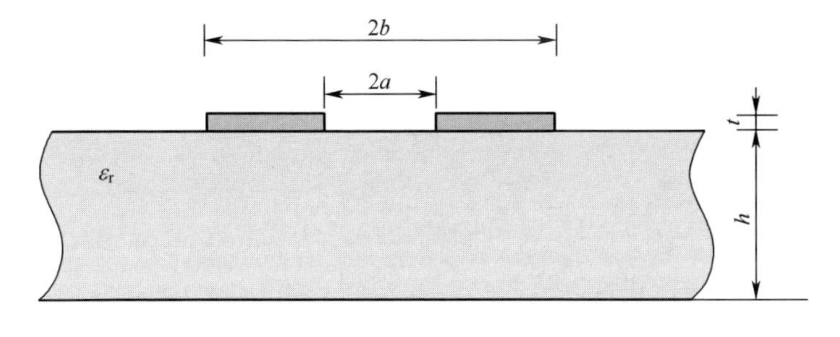

图 73.19　共面带线(CPS)的横截面

73.10.4 带状线

图 73.20 所示的带状线基本上就是印制形式的同轴线。假设为理想导体,带状线传输的主模是纯 TEM 模。由于在两个平行地板间可能在高频段激励起不希望有的平行板模,因此带状线一般来说更适合低频段使用。零厚度导体带的带状线,其特性阻抗可以通过使用保角映射法得到(Cohn,1954),即

$$Z_0 = \frac{30\pi}{\sqrt{\varepsilon_r}} \frac{K(k')}{K(k)} \tag{73.283}$$

其中,

$$k = \tanh\left(\frac{\pi W}{4a}\right) \tag{73.284}$$

$$k' = \sqrt{1 - k^2} \tag{73.285}$$

若金属导体的厚度有限,特性阻抗可以从下列公式给出(Wheeler,1987),即

$$Z_0 = \frac{30}{\sqrt{\varepsilon_r}} \ln\left\{1 + \frac{4}{\pi} \frac{2a - t}{W_e}\left[\frac{8}{\pi} \frac{2a - t}{W_e} + \sqrt{\left(\frac{8}{\pi} \frac{2a - t}{W_e}\right)^2 + 6.27}\right]\right\} \tag{73.286}$$

其中,

$$\frac{W_e}{2a - t} = \frac{W}{2a - t} + \frac{\Delta W}{2a - t} \tag{73.287}$$

$$\frac{\Delta W}{2a - t} = \frac{x}{\pi(1 - x)}\left\{1 - \frac{1}{2}\ln\left[\left(\frac{x}{2 - x}\right)^2 + \left(\frac{0.0796x}{\frac{W}{2a} + 1.1x}\right)^m\right]\right\} \tag{73.288}$$

$$m = \frac{2}{1 + \frac{2x}{3(1 - x)}} \tag{73.289}$$

$$x = \frac{t}{2a} \tag{73.290}$$

导体带的宽度同样可以从特性阻抗和相对介电常数得到。对于零厚度导体带,导体带宽度的表达式可以从式(73.283)到式(73.285)推导得到,即

$$\frac{W}{a} = \frac{4}{\pi} \tanh^{-1}\sqrt{p} \tag{73.291}$$

其中

$$p=\begin{cases}\sqrt{1-\left[\dfrac{e^{\pi q-2}}{e^{\pi q+2}}\right]^4}, & q>1\\ \left[\dfrac{e^{\frac{\pi}{q}-2}}{e^{\frac{\pi}{q}+2}}\right]^2, & 0\leqslant q\leqslant 1\end{cases} \tag{73.292}$$

$$q=\frac{Z_0\sqrt{\varepsilon_r}}{30\pi} \tag{73.293}$$

使用式(73.286)至式(73.290),可以推导出考虑导体带厚度情况下,金属带宽度的表达式为

$$\frac{W}{2a-t}=\frac{W_e}{2a-t}-\frac{\Delta W}{2a-t} \tag{73.294}$$

$$\frac{W_e}{2a-t}=\frac{8}{\pi A} \tag{73.295}$$

$$\frac{\Delta W}{2a-t}=\frac{x}{\pi(1-x)}\left\{1-\frac{1}{2}\ln\left[\left(\frac{x}{2-x}\right)^2+\left(\frac{0.0796x}{\dfrac{W_e}{2a}+1.1x}\right)^m\right]\right\} \tag{73.296}$$

$$A=\frac{2B}{C} \tag{73.297}$$

$$B=\exp\left(\frac{Z_0\sqrt{\varepsilon_r}}{30\pi}\right)-1 \tag{73.298}$$

$$C=\sqrt{4B+6.27} \tag{73.299}$$

$$m=\frac{2}{1+\dfrac{2x}{3(1-x)}} \tag{73.300}$$

$$x=\frac{t}{2a} \tag{73.301}$$

导体的衰减常数(单位 dB/m)可以表示为

$$\alpha_c=\begin{cases}\dfrac{23.4\times10^{-3}R_S\varepsilon_rZ_0A}{30\pi(2a-t)}, & Z_0<\dfrac{120}{\sqrt{\varepsilon_r}}\\ \dfrac{1.4R_SB}{2Z_0a}, & Z_0>\dfrac{120}{\sqrt{\varepsilon_r}}\end{cases} \tag{73.302}$$

其中，

$$A = 1 + \frac{2W}{2a - t} + \frac{1}{\pi}\frac{2a + t}{2a - t}\ln\left(\frac{4a - t}{t}\right) \quad (73.303)$$

$$B = 1 + \frac{2a}{0.5W + 0.7t}\left(0.5 + \frac{0.414t}{W} + \frac{1}{2\pi}\ln\left(\frac{4\pi W}{t}\right)\right) \quad (73.304)$$

介质衰减常数表示为

$$\alpha_d = \frac{27.3\sqrt{\varepsilon_r}\tan\delta}{\lambda_0} \quad \text{dB/m} \quad (73.305)$$

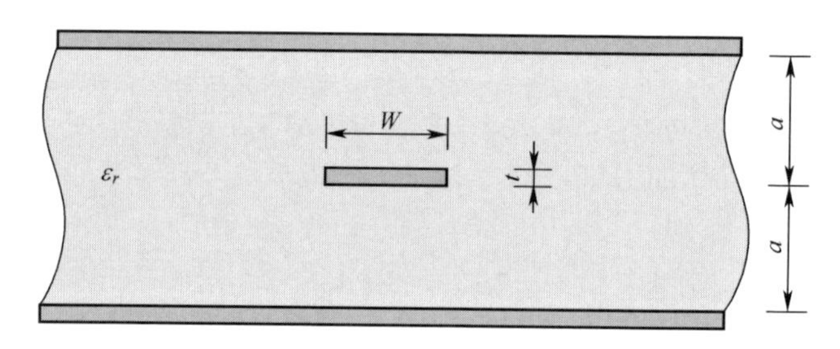

图 73.20　带状线的横截面

73.10.5　槽线

槽线的横截面如图 73.21 所示，它在射频电路中同样很有用。槽线的平衡特性对于需要平衡拓扑的电路尤其具有吸引力。应该注意的是，与常规传输线相比，形成槽的两个导电带电位相等（通常接地），并且槽线不支持 TEM 模或准 TEM 模传播。槽线上传播的模式是准 TE 模式，其与 TE 模类似。主模是准 TE_{10}模，类似于矩形波导的 TE_{10}模。然而，槽线的准 TE_{10}模没有截止频率。由于传播模式是准 TE_{10}模，当槽线与电路中其他支持 TEM 模或准 TEM 模的传输线一起使用时，需要在它们之间采用合适的过渡段将槽线的场分布变换为其他传输线的场分布。为了用作性能良好的传输线，应使用具有高介电常数的基板制造槽线以使辐射最小化。

对于采用高介电常数基片 ($9.7 \leqslant \varepsilon_r \leqslant 20$) 的槽线，其基于电压和功率定义的特性阻抗 Z_0 和波长 λ_g 可以通过对 Cohn(1969)给出的数值结果进行曲线拟合得到闭合表达式(Garg et al. , 1976)。该公式为

$$\lambda_g/\lambda_0=\begin{cases}0.923-0.195\ln\varepsilon_r+0.2\dfrac{W}{h}-\left(0.126\dfrac{W}{h}+0.02\right)\ln\left(\dfrac{h}{\lambda_0}\times10^2\right),\\ \qquad 0.02\leqslant\dfrac{W}{h}\leqslant0.2\\ 0.987-0.21\ln\varepsilon_r+\dfrac{W}{h}(0.111-0.0022\varepsilon_r)-\\ \left(0.053+0.041\dfrac{W}{h}-0.0014\varepsilon_r\right)\ln\left(\dfrac{h}{\lambda_0}\times10^2\right),0.2\leqslant\dfrac{W}{h}\leqslant1\end{cases}\tag{73.306}$$

$$Z_0=\begin{cases}72.62-15.283\ln\varepsilon_r+50\dfrac{\left(\dfrac{W}{h}-0.02\right)\left(\dfrac{W}{h}-0.1\right)}{W/h}+\\ \ln\left(\dfrac{W}{h}\times10^2\right)[19.23-3.693\ln\varepsilon_r]\\ -\left[0.139\ln\varepsilon_r-0.11+\dfrac{W}{h}(0.465\ln\varepsilon_r+1.44)\right]\\ \left(11.4-2.636\ln\varepsilon_r-\dfrac{h}{\lambda_0}\times10^2\right)^2,0.02\leqslant\dfrac{W}{h}\leqslant0.2\\ 113.19-23.257\ln\varepsilon_r+1.25\dfrac{W}{h}(114.59-22.531\ln\varepsilon_r)+\\ 20\left(\dfrac{W}{h}-0.2\right)\left(1-\dfrac{W}{h}\right)\\ -\left[0.15+0.1\ln\varepsilon_r+\dfrac{W}{h}(-0.79+0.899\ln\varepsilon_r)\right]\\ \times\left[10.25-2.171\ln\varepsilon_r+\dfrac{W}{h}(2.1-0.617\ln\varepsilon_r)-h/\lambda_0\times10^2\right]^2,\\ 0.2\leqslant\dfrac{W}{h}\leqslant1\end{cases}\tag{73.307}$$

上述公式的推导过程中假设导体为无限薄，在下列范围内公式的准确度为2%，即

$$9.7\leqslant\varepsilon_r\leqslant20\tag{73.308}$$

$$0.01 \leqslant \frac{h}{\lambda_0} \leqslant \left(\frac{h}{\lambda_0}\right)_c \tag{73.309}$$

式中：$\left(\frac{h}{\lambda_0}\right)_c$ 为槽线上 TE_{10}表面波模的截止值，其表示为

$$\left(\frac{h}{\lambda_0}\right)_c = 0.25\sqrt{\varepsilon_r - 1} \tag{73.310}$$

低介电常数介质上槽线的特性阻抗和波长的闭合表达式同样可以通过对由谱域方法求解的数值结果进行曲线拟合得到(Janaswamy et al. , 1986)。

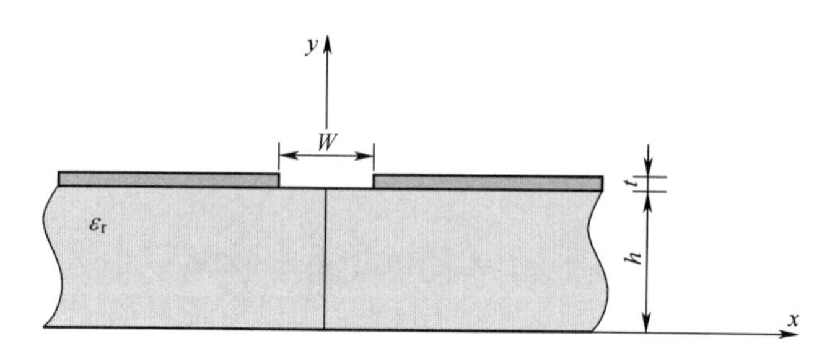

图 73.21 槽线的横截面

73.10.6 场分布

传输线的性能和在其上传播的信号，由功率 $P = 1/2\mathrm{Re}(E \times H^*)$ 控制，由传输线的电场和磁场决定。这些电场和磁场影响所有频率下的电路性能，特别是在高频下更为明显。因此，在射频电路设计中，了解射频电路中所用的印制电路传输线的场分布是非常重要和有用的。当信号沿传输线传播时，它们携带电场和磁场，并且信号可以从传输线耦合到包括传输线在内的其他电路元件。传输线与其他传输线或电路元件之间的耦合是由传输线的电场和/或磁场辐射到其他传输线或电路元件上引起的。传输线之间(或传输线和其他电路元件之间)有两种耦合：一种是由传输线之间的电场引起的电耦合；另一种是由磁场引起的磁耦合。因此，传输线的场分布有助于射频设计人员想象和理解从一条传输线到另一条传输线的耦合效应，使他们能够有效地优化电路布局，同时考虑对电路性能可能的影响。在射频集成电路中，为了减小电路尺寸，电路元件之间的距离非常近，耦合这一点变得尤为重要。场分布的另一个重要用途是在不同类型传

输线的场之间进行匹配。例如,当微带线和共面波导连接在一起时,就需要考虑场的匹配。从电路理论来看,两条互连的传输线只需要具有相同的特性阻抗即可。然而当考虑到电磁效应时,这还不够。这些特性阻抗相等的传输线还应使它们的电场和磁场彼此匹配,以尽量减少由于互连接头处场不匹配而可能产生的反射。一般来说,应在这些传输线之间使用过渡结构,以保证从一个传输线上的场变化为另一个传输线上的场。图 73.22 给出了图 73.16 所示的印制电路传

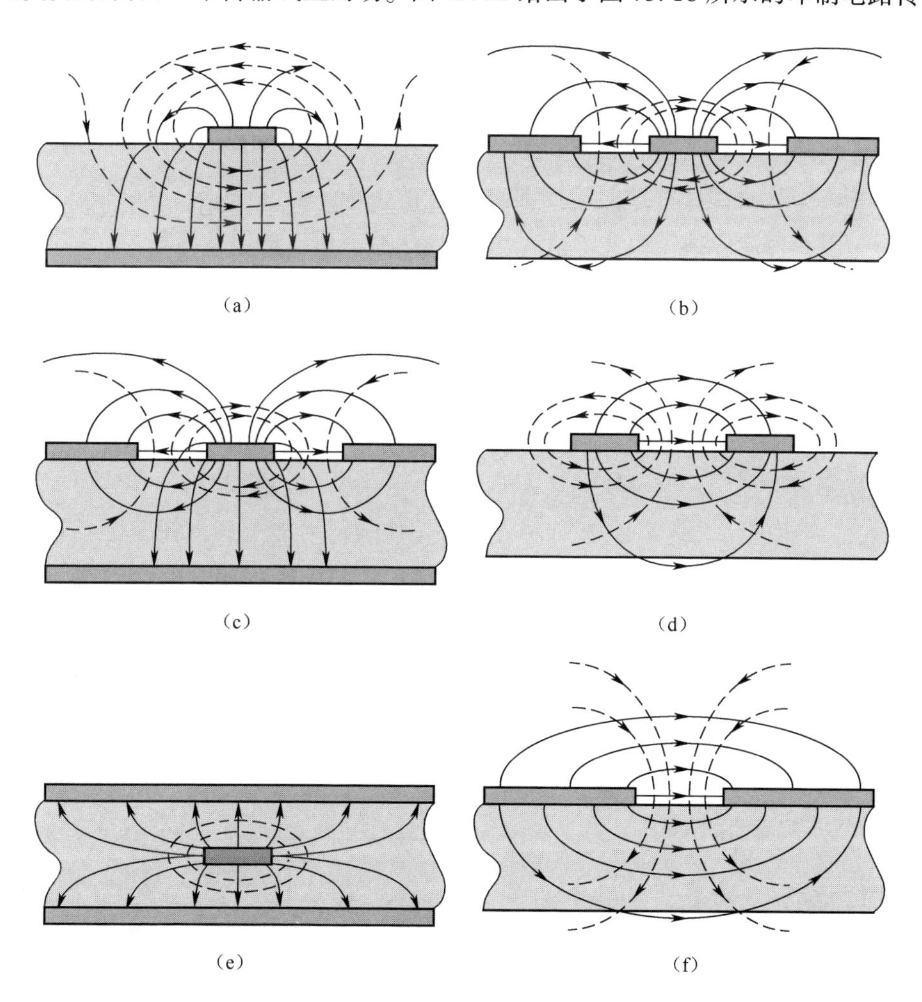

图 73.22　印制电路传输线的场分布

(a)微带线;(b)共面波导;(c)带金属背板的共面波导;(d)共面带线;(e)带状线;(f)槽线。

——电场;----- 磁场。

输线的场分布。从这些场分布中,可以看到无论接地导体带是否与中心导体带在同一平面内,其宽度都不必很大。中心导体带的宽度只需要满足可以包围从中心导体带辐射出的全部或大部分电场即可。这种场限制在高损耗基板(如硅基射频集成电路)上制造的射频电路中尤为重要。因为未被接地平面截止的电场可能进入(高损耗)基板,从而造成明显的介电损耗。

73.11 多层射频电路中的传输线

多层基板对射频电路至关重要。图73.23显示了可实现射频电路的一般多层结构的横截面,该结构由多层介质中嵌入的多个金属层组成。金属和介质层的数量及其厚度取决于制造工艺和/或预期用途。由于最厚的金属层产生的导体损耗最小,因此应首选其作为传输线。由于图73.23所示的多个导体和介质的可用性,加上空气桥和通孔的使用,可以构成用于射频电路的各种双导体和多导体印制电路传输线。这种传输线有助于实现复杂的电路,并且具有通过多层实现水平和垂直集成的能力,最终可以实现非常紧凑的高密度电路集成。此外,可以采用薄介质层通过窄线宽来进一步减小电路尺寸。在设计射频电路的传输线时,应考虑的两个基本原则,即特性阻抗范围应尽可能宽和损耗应尽可能低。图73.24至图73.28给出了一些可能用于多层射频电路的印制电路传输线,图中同时给出了各种多层传输线的电场分布。这些传输线利用了多层结构的优点,并利用构成导体带和槽之间的耦合来改善性能。使用带槽和不带槽的导体

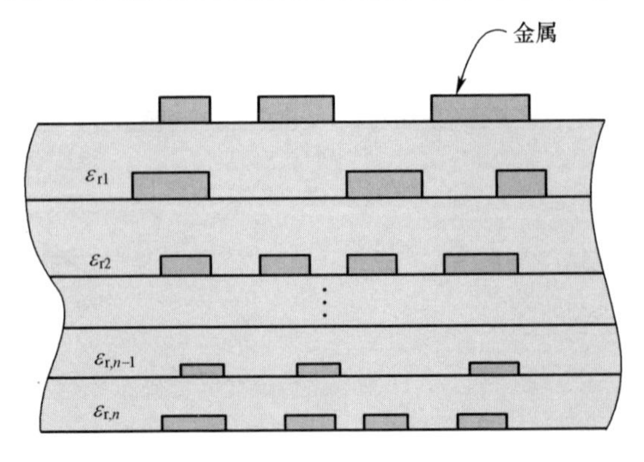

图73.23 一般用于射频电路的多层基片结构

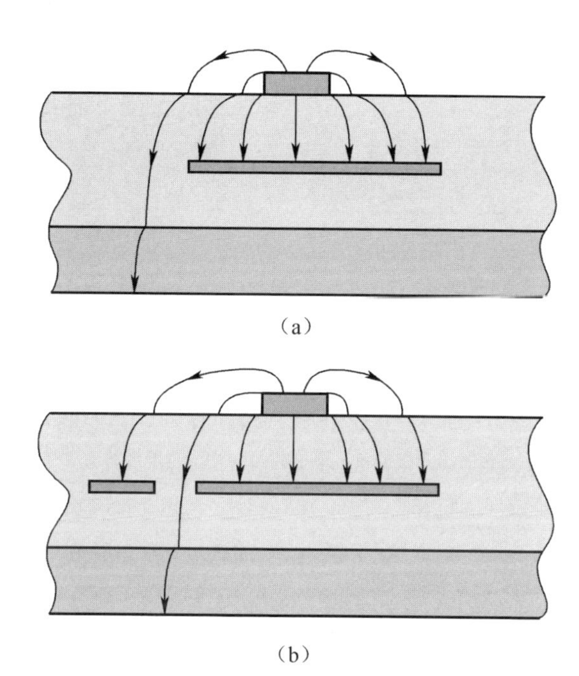

图 73.24　多层射频电路中的典型微带线

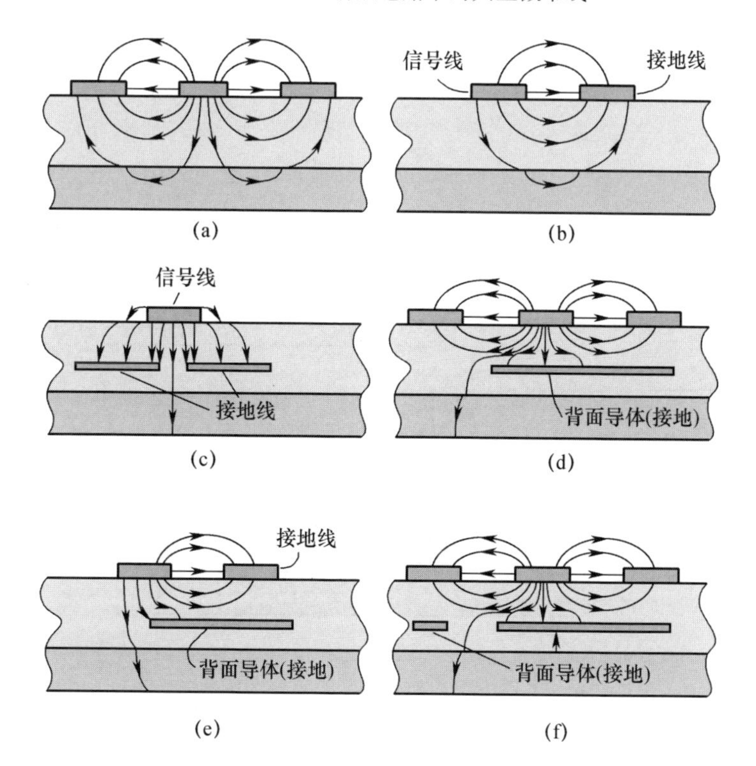

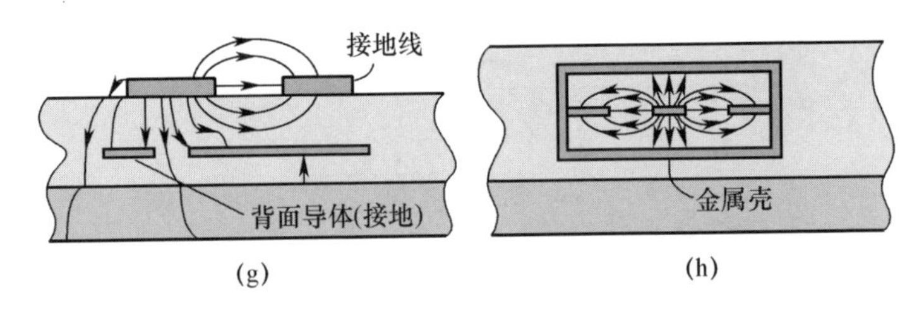

图73.25 多层射频电路中可能的共面波导传输线(背部导体和接地线可以通过通孔互连保持等电位。由槽分隔的导体背板可以通过空气桥互连保持等电位)

(a)共面波导;(b)单接地板共面波导;(c)非共面共面波导;(d)带导体背板共面波导;(e)带导体背板的单接地板共面波导;(f)导体背板开槽的共面波导;(g)导体背板开槽的单接地板共面波导;(h)屏蔽共面波导。

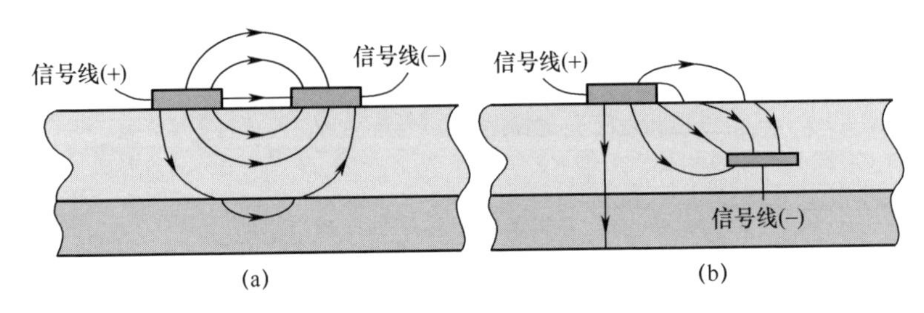

图73.26 多层射频电路中可能的共面带线

(a)共面带线;(b)非共面共面带线。

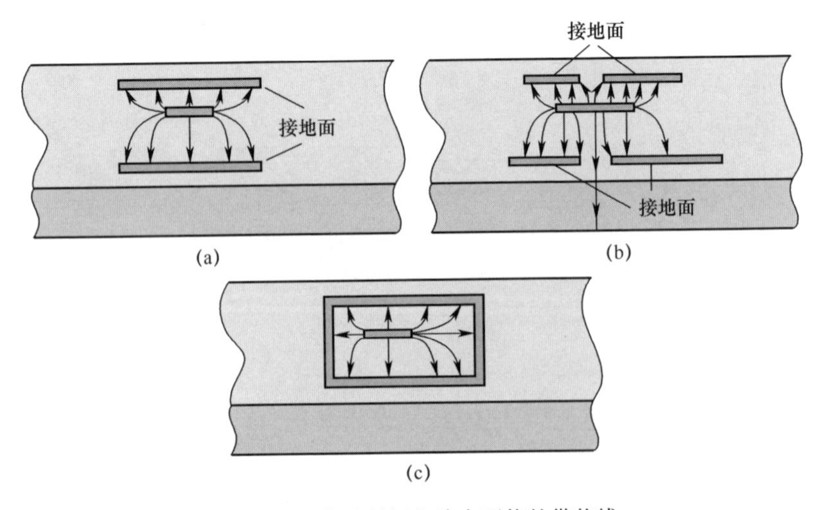

图73.27 多层射频电路中可能的带状线

(a)带状线;(b)接地板分割带状线;(c)屏蔽带状线。

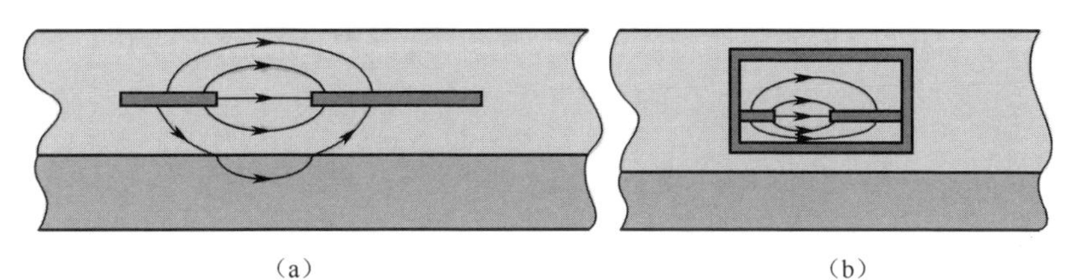

（a）　　　　　　　　　　（b）

图 73.28　多层射频电路中的槽线

(a)槽线;(b)屏蔽槽线。

背板,可以具有比常规微带线和共面波导更宽的特性阻抗范围。此外,这些多层传输线还具有其他一些吸引人的特性,如灵活性和通过恰当的元件结构布局实现复杂、高密度电路的能力。这些传输线可以用全波方法进行精确分析。各种商用电磁仿真程序也可用于精确计算传输线的参数。

73.11.1　微带线

图 73.24 给出了多层射频电路中微带线的两个例子。值得注意的是,在图 73.24 至图 73.28 中,上层介质可以由具有不同厚度、相同介电常数的多个介质层组成。这在用于射频集成电路的硅基金属氧化物半导体(CMOS)/BiCMOS 工艺中尤其常见。该工艺在硅基片(底层)上方覆盖不同厚度的多层 SiO_2 介质(顶层)。可以通过改变图 73.24(b)中底部导体上槽的位置和/或尺寸来调节特性阻抗。底部导体间通过使用空气桥将保持在大致相等的电位。顶部导体可以位于任何金属层中,通常选择具有最低导体损耗的最厚金属层。底部导体位于另一个金属层中,具体取决于所需的如特性阻抗、损耗、有效相对介电常数、色散等特性。这些微带线便于与其他元件和/或用于测量的仪器进行连接。图 73.24(a)中的底部导体和图 73.24(b)中的槽相对于顶部导体可以是对称的或不对称的。这些底部导体应该足够宽,并且槽应相对于顶部导体正确定位,以防止来自顶部导体的所有或大部分电场穿透到下面的电介质中,从而消除或减小下面介质上的其他电路和包括传输线在内的元件对这一微带传输线的影响。可能的影响包括传播到微带线中的其他电路的噪声以及微带线与其他附近的传输线和电路元件通过下面的电介质产生的耦合。由底部导体产生的每单位长度的大电容会使图 73.24(a)所示微带线的最高特性阻抗受到限制。其特性阻抗、有效相对介电常数和损耗可以使用“微带线”一节中给出的闭合表达式来近似

确定。图73.24(b)所示的微带线特别有吸引力,因为它的特性阻抗可以通过简单地改变底部导体之间槽的位置和尺寸实现在很大范围内变化。这种独特的调谐特性可用于实现比图73.24(a)所示的微带线更大的阻抗范围。当槽远离顶部导体时,槽对传输线的特性影响可忽略不计,此时特性阻抗和有效相对介电常数是恒定的。然而当槽接近顶部导体时,因为更多的电场线穿透下面的电介质,特性阻抗和有效介电常数都会改变。由于下面的电介质通过槽与顶部导体之间的相互作用增加,这些变化对于较大的槽以及槽接近顶部导体时更为剧烈。当槽位于顶部导体下方的中心位置时,进入下方电介质的电场最大,此时特性阻抗和有效相对介电常数的变化也最大。值得注意的是,设计人员总是期望实现更大的特性阻抗,从而实现更宽的阻抗范围。如果这引起更多的电场进入下面的电介质中,当该电介质损耗较高时则会产生更大的介质损耗,并因此产生有害的电路效应。因此,在使用插槽优化特性阻抗范围时需要格外注意。

73.11.2 共面波导

图73.25显示了可以在多层射频电路中实现的几种共面波导。虽然可以使用任意金属层,但是与微带线或任何其他传输线一样,信号线应使用最厚的金属层,以降低传导损耗。一般来说,通过在信号线和地线之间使用大的间隙可以获得更高的特性阻抗,因此共面波导具有比微带线更宽的特性阻抗范围。通常共面波导尺寸比微带线更大。由于电荷和电流主要沿导体带的边缘和所有接地线的内边缘分布,因此窄接地线可用于减小尺寸,而不会对传输线的特性阻抗和有效相对介电常数造成显著影响。单个接地线也可用于进一步减小尺寸。可以采用不相等的接地线来适应电路布局。对于微带线,采用厚介质和宽信号线可以获得较低的损耗。所有接地线和导线背板需要通过通孔和空气桥连接在一起,以保持大致相等的电位。当导体背板连接到地线时,也有助于提高信号线和相邻传输线之间的隔离。因为远离信号线的电场倾向于通过地线终止在导体背板上。当射频电路的尺寸限制得非常小时,会导致元件之间明显的相互作用。此时提高隔离度的共面波导确实是十分必要的。另外,当导体背板与接地线不连接时,接地线可充当耦合的桥梁,导致信号线与相邻线之间产生较强的耦合。正如后面将要讨论的,使用带槽的导体背板,只需改变槽的位置和尺寸,就可以使特性阻抗在很大范围内变化。这种独特的调谐特性与信号线和上层槽相结合,

可用于实现远比常规微带线和共面波导大的阻抗范围。

图73.25(a)给出了常规的共面波导,图73.25(b)给出了改进后具有单个接地线的共面波导,图73.25(c)给出了具有位于另一层的接地线的共面波导。从它们的电场分布可以看出,图73.25(a)和(b)中的共面波导部分地屏蔽了下面的电介质,从而更好地隔离了这些电介质、其他电路和包括这一电介质上的传输线在内的元件。与下面的电介质的隔离程度取决于共面波导信号线与这些电介质的距离。如果共面波导远离它并且信号线和接地线之间的间隙足够小以使电场更多地集中在间隙区域内,则可以完全隔离。值得注意的是,单接地线共面波导虽然在物理上与共面带线(CPS)相似,但在电气上则有所不同。共面波导中的接地线保持在零电位,而在共面带线中,该线保持在与另一条导体带相反的电位。图73.25(c)中的共面波导类似于图73.24(b)所示的微带线,并且正如其电场线所预期的,如果接地线之间的间隙很窄,则可以完全屏蔽下面的电介质和位于其附近的相应电路。因为相对于工作波长来说,特别是在射频段的较高频率下,间隙可以忽略不计。

图73.25(d)和(e)给出了具有导体背板的共面波导。根据导体背板的宽度和/或位置,可完全或部分隔离下面的电介质。对于这些共面波导,当导体背板边缘靠近槽并远离信号线时,特性阻抗和有效相对介电常数保持不变。随着导体背板边缘靠近信号线,特性阻抗和有效相对介电常数会减小。

图73.25(f)和(g)中的共面波导具有分割的导体背板,其槽和导体的尺寸和/或位置控制着与下面电介质的屏蔽程度。值得注意的是,信号与导体背板中间隙的相互作用主要取决于间隙的电尺寸。因此,在非常高的频率下,间隙可能对信号是不“透明”的,因此传输线与下面的电介质实现完全屏蔽。除了上方槽外,由导体背板形成的下方槽也可用于改变特性阻抗和有效相对介电常数。这些参数随着下方槽宽度的增加而增加。当槽宽度较小时,变化非常明显。而对于较大宽度,变化几乎难以看到。当下方槽的宽度增加时,更多的电场会穿透底层,因此传输线每单位长度的电容会减小,这是可以预计到的现象。此外,正如期望的那样,当上方槽很小时,信号线和共面接地线之间的相互作用很强,下方槽宽度变化对特性影响较小。类似于图73.24(b)所示的底部导体中开槽的微带线,当导体背板中的槽远离信号线时,特性阻抗和有效相对介电常数是恒定的。然而,随着开槽靠近信号线,特性阻抗和有效介电常数都会随之增加。对于

较大的下方开槽以及当开槽靠近信号线时,这些变化更加剧烈。当开槽位于信号线下方的中心时,特征阻抗和有效相对介电常数最大。

图 73.25(h)给出了由导电壁包围的共面波导,该导电壁使传输线完全不受下面电介质和周围元件的影响。垂直壁由彼此非常靠近的周期性栅格排列的金属通孔构成。顶部和底部金属壁之间金属层上的窄金属框架也用于将所有通孔连接在一起,以进一步限制金属通道内的场,并增强信号线和通道外部之间的电气隔离。除了通过信号线外,金属屏蔽可以防止场从共面波导的左侧、右侧、上方和下方进入和离开。如果通孔的尺寸和它们之间的距离相比工作波长非常小,则通孔栅格连同金属框架一起可以在电气上形成类似于实心金属构成的垂直导电壁,因此可以用来替换它们。类似的导电壁也可用于其他带有导体背板的共面波导,以完全屏蔽下面的电介质及其他周围元件。

73.11.3 共面带线

图 73.26(a)、(b)给出了标准的共面带线(CPS)和另一种具有分别位于两个不同金属层上的导体带的共面带线。两者均由正(+)和负(-)信号线组成,其可用于多层射频电路。最顶部的金属层或最靠近它的金属层对于导体带是更好的选择。在典型的实现方案中,导体带的宽度相等。但是不等宽度也可用于优化性能。与标准的共面波导类似,共面带线部分屏蔽了下面的电介质。共面带线与下面的电介质和电介质上电路之间的耦合取决于导体带与下面电介质的距离以及共面导体带的间隙或非共面导体带之间的位置偏移。在特定条件下,这一耦合可能非常明显,导致产生显著的不希望有的耦合效应。通常,介质损耗略微取决于导体带的宽度,而导体损耗是导体带宽度的强相关函数。共面带线具有比微带线更大的特性阻抗。与共面导体带相比,非共面导体带通常在条带之间的电场更强,这导致每单位长度的电容更大,因此特性阻抗更低。非共面导体带与下面的电介质耦合较小,并且由于下方导体带可能引入的屏蔽效果,非共面导体带对这些电介质上的电路影响较小。当下方导体带靠近上方导体带时,耦合显著减小。实际上,如果下方导体带直接位于上方导体带正下方,并且其尺寸比上方导体带大得多,则传输线可以实现完全与下面的电介质屏蔽。

73.11.4 带状线

图 73.27 给出了多层射频电路的一些可能的带状线配置,其中中心导体夹

在两个接地平面之间。上、下接地平面不必相同,中心导体带上方和下方的电介质可以具有不同的厚度,从而优化带状线的特性。特别地,图 73.27(b)中的带状线在一个或两个接地平面中开有狭缝,以实现某些应用所需的高特性阻抗。图 73.27(c)描绘了屏蔽带状线,其中垂直壁与水平壁一起使用以完全包围带状线。这些垂直壁可以使用类似图 73.25(h)所用的屏蔽共面波导的通孔阵列构成。与微带线和共面波导相比,带状线的尺寸更大、布局不方便,并且通常由于可能存在高阶平行板波导模式的传播而只能在较低频率下工作。然而,由于它本身具有与周围电介质和这些电介质上电路隔离的特性,并且通过使用合适的薄电介质和在两个接地平面之间增加足够数量的通孔,带状线也可以工作在毫米波频率范围。因此,合适配置的带状线对于多层射频电路仍然是有价值的。

73.11.5　槽线

图 73.28(a)和(b)分别给出了槽线和屏蔽槽线。屏蔽是由水平金属带和通孔栅格形成的垂直金属壁共同实现的。它限制了场并将槽线与屏蔽体外部的其他结构(包括硅基板、其他传输线和电路元件)隔离。

73.12　总结

传输线是天线中重要且不可或缺的部分,不仅对于天线本身,而且对于天线在 RF 系统中工作所需的相关 RF 电路也是如此。正确、合适的传输线结构和设计主要取决于对传输线理论的透彻了解,有助于设计具有相关馈电电路的性能最佳、尺寸最佳的天线。本章介绍了传输线的基础知识,包括传输线方程式和重要的传输线参数。本章还论述了集成传输线(对于片上天线接口可能非常有用)以及天线和相应 RF 电路必不可少的印制电路传输线。

交叉参考:

▶第 75 章　阻抗匹配和巴伦
▶第 18 章　微带贴片天线
▶第 34 章　片上天线
▶第 39 章　径向线缝隙天线
▶第 35 章　基片集成波导天线

参考文献

Cohn SB(1954) Problems in strip transmission lines. IRE Trans Microw Theory Tech 2:52-55

Cohn SB(1969) Slot line on a dielectric substrate. IEEE TransMicrow Theory Tech 17:768-778

Edwards TC(1984) Foundations formicrostrip circuit design. Wiley, New York, pp 44-45

Garg R, Gupta KC(1976) Expressions for wavelength and impedance of slotline. IEEE Trans Microw Theory Tech 24:532

Ghione G, Naldi C(1983) Arameters of coplanar waveguides with lower ground plane. Electron Lett 19:734-735

Ghione G, Naldi C(1984) Analytical formulas for coplanar lines in hybrid and monolithic MICs. Electron Lett 20:179-181

Grieg DD, Englemann HF(1952) Microstrip-a new transmission technique for the kilomegacycle range. Proc IRE 40:1644-1650

Gupta KC, Garg R, Bahl IJ(1979a) Microstrip lines and slotlines. Artech House, Dedham, pp 89-90

Gupta KC, Garg R, Bahl IJ(1979b) Microstrip lines and slotlines. Artech House, Dedham, pp 277-280

Gupta KC, Garg R, Chadha R(1981) Computer-aided design of microwave circuits. Artech House, Dedham, p 72

Hammerstad EO, Jensen O(1980) Accurate models for microstrip computer-aided design. 1980 IEEE. MTT-S digest, pp 407-409

HilbergW(1965) From approximation to exact relations for characteristic impedances. IEEE Trans Microw Theory Tech 13:29-38

Janaswamy R, Schaubert DH(1986) Characteristic impedance of a wide slotline on low-permittivity substrates. IEEE Trans Microw Theory Tech 34:900-902

Paul CR, Whites KW, Nasar SA(1998) Introduction to electromagnetic fields, 3rd edn. McGraw-Hill, New York, Chap. 7

Pucel RA, Masse DJ, Hartwig CP(1968a) Correction to losses in microstrip. IEEE Trans Microw Theory Tech 16:1064

Pucel RA, Masse DJ, Hartwig CP(1968b) Losses in microstrip. IEEE Trans Microw Theory Tech 16:342-350

Welch JD, Pratt HJ(1966) Losses inmicrostrip transmission systems for integrated microwave circuits. NEREM Rec 8:100-101

Wen CP(1969) Coplanar waveguide: a surface strip transmission line suitable for non-reciprocal gyromagnetic device application. IEEE Trans Microw Theory Tech 17:1087-1090

Wheeler HA(1978) Transmission line properties of astripline between parallel planes. IEEE Trans Microw Theory Tech 26:866-876

第 74 章
间隙波导

Ashraf UZ Zaman and Per-Simon Kildal

摘要

近年来无线通信应用朝着更高的频率(30GHz 以上)发展,现代通信技术已经实现了大规模 MIMO 和千兆速率传输。工业界的赢家将会是那些能够提供低成本硬件的公司,这就需要新的波导结构和毫米波封装技术,使之比矩形波导成本低,同时比基于 PCB 的微带和共面线损耗低,而间隙波导则是优秀的备选方案。

本章将首先介绍间隙波导于 2008 年被提出之前的研发历史背景,以及之后它的不同结构形式。我们知道,波导器件已经成功地应用在射频前端,而基于无源间隙波导的滤波器、耦合器和过渡结构也都已经成功实现,并已经实现与微波有源部件的集成。除了介绍间隙波导外,本章还将介绍最近几年所提出的基于间隙波导的天线结构。

关键字

PMC;PEC;AMC;平行板模;阻带;间隙波导;MMIC 封装;宽带间隙天线阵;

A. U. Zaman(✉) · P. S. Kildal
天线系统,信号和系统部门,查尔姆斯理工大学,瑞典
e-mail: zaman@ chalmers. se

协同馈电网络;高Q振荡器;窄带滤波器;过渡结构

74.1 引言

当下无线通信系统的频谱已经非常紧张,为了给更多无线设备开发可用频谱,人们对毫米波频段甚至更高频段的研究兴趣愈发强烈。但是同时,高频收发前端还是面临很多技术和机械加工方面的挑战,包括更低的成本、更小的尺寸、更高的集成密度、串扰消除和更低的功耗等。通常收发前端包括有源芯片和无源器件,后者包括天线和滤波器,且通常不集成在半导体基板上。射频有源器件的技术进步推动了MMIC技术的发展,导致有源组件在射频系统中仅仅占据着很小的一块地方。然而,无源器件的发展就没有那么迅速,这主要受制于生产工艺,还有器件的工作频率。在高频段,除了机械加工上的差异,电路特征尺寸已经接近波长尺寸,所以需要考虑到其他的一些封装问题,如腔体模式,在弯折处或者其他不连续处形成的辐射或者耦合,还有表面波的反馈等。在低频段,电路封装的通常做法是使用金属墙或者在基板上打孔的方法来隔离关键电路;腔体的尺寸通常小于半个波长,以避免激发出腔体模式。此外,还会使用吸波材料来抑制高Q的腔体模式。然而在毫米波频段,腔体尺寸的减小就变得十分困难了,基于GaAs的80GHz的MMIC电路的半波长只有0.52mm。因此,在高频段就需要重新考虑射频电路的设计了,包括电性能、可加工性、封装和成本。从这个角度来看,对于高频电路,新技术的发展就显得尤为重要。

在本章的"传统微波技术再思考"一节中将重新审视传统微波技术在高频段应用的关键结构,如平面微带线、金属波导等。本节还会对比平面传输线如微带、共面线和非平面传输线在价格、损耗、可加工性等方面的区别,最后引出间隙波导技术。

随后,在本章的"间隙波导工作原理和损耗分析"一节将介绍作为高频电路良好解决方案的间隙波导的发展历程。首先介绍间隙波导的原理,本节将展示周期性结构如何能够在两块平行板之间形成波导、电磁场如何能够传播、传播模式的控制等。此外,还会介绍不同间隙波导结构并比较它们的损耗。

"平行板带阻的设计及优化"一节主要介绍如何使用周期性结构实现平行板阻带设计。阻带的设计是十分重要的,因为这决定了波导器件的性能。通常是用商业仿真软件的本征模式仿真周期性结构的其中一个单元来获得阻带的性能,这种仿真通常需要扫描周期性结构中多个参数。

"一些用于分析间隙波导的方法"一节包含了两种用于预测间隙波导和脊间隙波导性能的理论。其中一种方法是在频域里使用格林函数,另一种方法是将求解问题分解到不同的区域,通过模式匹配来求解。本节通过数值分析展示了间隙波导/脊间隙波导和传统的矩形波导之间的相似之处,两者的色散特性和特征阻抗在平行板模式下都很接近,因此在最初的设计上可以直接使用矩形波导的计算方法,而无须求解复杂的间隙波导的方程,这也使得使用现有的商业软件实现间隙波导设计成为可能。

"基于间隙波导技术的低损耗天线"一节展示了采用间隙波导技术的不同天线设计,由于间隙波导的低损耗,天线可实现高效率和高增益。单层宽带间隙天线阵、双层 PCB 板间隙天线阵和由间隙波导馈电的喇叭天线阵都已经设计出来。

"间隙波导与标准传输线之间的过渡转换"一节涵盖了几种间隙波导与其他标准传输线如微带和波导的过渡结构,这些过渡结构对间隙波导至关重要。通常传输线具有标准化的截面结构和特征阻抗,为了减小间隙波导和其他传输线过渡时的波反射,阻抗变换和匹配是必不可少的。本节包含了微带到脊间隙波导的过渡以及间隙波导与传统波导之间的过渡。

"间隙波导窄带高 Q 滤波器"一节介绍了易于机械加工的窄带双工滤波器,这是实现双工通信无线传输链路的重要组件。当下,人们对滤波器有一种需求,希望它能够高 Q 值和高机械强度,且便于和诸如天线等无源器件集成,而基于间隙波导的高 Q 滤波器就可以满足这些需求。这种高 Q 滤波器由平行板结构实现,周围被周期性的金属针包围而无须侧面金属墙,这种开放结构可以方便地将双工滤波器集成在射频电路甚至天线结构中。

"微波模块的间隙波导封装解决方案"一节介绍了间隙波导封装在射频模块中的应用。大部分的微波系统都需要工作在室外,处在多样的天气条件下,因此这些系统都需要良好的屏蔽,如以特定的封装形式来缓解机械和环境所带来的压力。此外,为了满足下一代微波组件小型化、轻量化的需求,大量的电子组件需要被放置在一块狭小的区域内。对于这些如此高密度的微波模块,射频封装就变得越来越重要,尤其是在隔离和互扰抑制方面。因此,需要一种能够用于高频下的封装技术,而基于间隙波导的PMC封装就是一种良好的解决方案,在这一节会介绍基于间隙波导封装解决方案的有源及无源微波电路应用。

74.2 传统微波技术再思考

传统的矩形波导、平面传输线(如共面波导或者微带线)至今都已经被详尽地研究和描述过了,也广泛应用在了各种复杂的射频组件和电路设计中。然而在毫米波及以上频段,尤其对于天线来说,在使用这些传统技术时有很多因素是需要重新考虑的。

标准波导组件的损耗很低且通常是分段加工的,波导段之间的连接可以通过螺钉紧固、扩散压合或者深度焊接等技术。这些技术都非常昂贵、复杂且很难扩展到高频。随着波导的工作频率接近毫米波段,波导的物理尺寸大幅减小,从而在加工和组装过程中需要“钟表匠”级的精度。为了避免两个波导模块之间的间隙,实现良好的电连接,波导之间需要非常好的对准精度。此外,为了保证良好的机械连接,在金属接触面,非常高质量的金属表面处理技术也是必不可少的。在整个产品周期里,接触面必须得到有效的保护,避免腐蚀或者氧化。这些苛刻的机械要求精度非常高的金属加工技术,无形中增加了加工成本,也增加了加工周期,无疑削弱了大规模商业化的积极性。在高效微波缝隙天线阵的应用中,电连接问题是决定良好电性能的重要因素。在平面缝隙天线阵应用中,需要很多波导,这些波导之间的隔离是通过很多垂直且宽度很窄的金属墙完成的,然而金属墙和天线辐射缝层之间的电接触是很难实现的(Kimura et al. ,2001; Kirino et al. ,2012)。这些都导致时至今日波导缝隙天线阵也没有得到广泛的商业应用,只是在极少数军事领域中得到应用。

除了制造成本和组装复杂性外,文献中还报道了传统波导缝隙阵列的一些其他限制(参见“基于间隙波导技术的低损耗天线”部分)。串联馈电的单层波导缝隙阵列天线很简单,但长线效应导致了带宽比较窄(SeHyun et al. ,2006)。在单层结构中,阵元间隔需要小于一个波长(λ_0)以避免副瓣。由于空间的限制,在该结构中通常不可能为每个辐射阵元并行馈电(全馈源)(Fujii et al. ,2008; Tsugawa et al. ,1997),因此,需要复杂的多层馈电网络,Miura(2011)描述了矩形波导技术中的这种双层协同馈电网络。

另外,微带线和共面线是最具代表性的平面传输线,这些都是强大的低成本解决方案,非常适合在电路板上集成有源微波元件。特别地,CPW 由于其非常高的电路图形分辨率被广泛用于单片微波集成电路(MMIC),但是,微带线和 CPW 线的传输特性很大程度上取决于基板参数。由于介电损耗的存在,两种传输线在毫米波波段会有高插入损耗。在 Tsuji 等(1995)、Mesa 等(2000)以及 McKinzie 和 Alexopoulos(1992)报道的研究中都表明,各种印制电路传输线上存在明显的功率泄漏,这通常与介质基片中的表面波有关,从而引起严重的串扰和干扰问题(参见“微波模块的间隙波导封装解决方案”部分),特别是在顶部设计微带线的情况下,这种泄漏的起始频率远远低于预期,并成为功率损耗和串扰问题的主要来源(Mesa et al. ,2000)。类似地,CPW 的传统封装将 CPW 修改为背面有导体的 CPW (CBCPW),因此信号耦合到寄生平行板模式,从而产生功率泄漏。在低成本平面天线的情况下,微带天线馈电网络在高频下受到高阻抗和介电损耗的困扰(Borji et al. , 2009; Pozar,1983),表面波形式的杂散辐射和泄漏可能成为微带天线的主要问题,并且难以处理(Levine et al. ,1989)。来自馈电网络中的不连续部分的杂散辐射可能对基于 PCB 的平面天线的辐射方向图产生巨大影响,所有这些都导致天线效率的大幅降低,从而减小辐射增益。减少不必要辐射的一种方法是设计多层印制天线,以便将辐射层与馈线层分开。然而,高性能多层 PCB 为制造商和设计人员带来了额外的挑战,单层 PCB 技术的绝大多数优势在这种情况下将不复存在。

因此,就损耗、制造灵活性和生产成本而言,诸如微带或 CPW 等平面传输线与非平面金属波导之间存在巨大的性能差距,迄今为止,高频微波研究主要的挑战之一就是缩小上述性能差距。研究人员的目标是寻找一种像微带线一样低成本和灵活以及与金属波导一样低损耗的解决方案。高电气性能和高密度集成技术以及低成本制造工艺应能够为未来的高频微波或毫米波商业应用提供广泛的解决方案,因此,微波学界已经做了很多研究来满足这些要求。研究人员已经提出了诸如基片集成波导(SIW)(Deslandes et al. ,2001; Feng et al. ,2005; Ke,2006)、低损耗薄膜微带线(Six et al. ,2005;Nishikawa et al. ,2001)以及 LTCC (Shafique et al. ,2011; Tze-Min et al. ,2007)等技术,这些技术各有其优点和缺点。与上述研究工作一样,在 2009 年科研人员提出了一种称为间隙波导的新型传输线技术。这种新技术几乎没有介质损耗,并且机械加工和模块化装配比金属波导更灵活。本章的主要思想是描述这种新型低损耗传输线技术的工作原理,并说明如何使用该技术设计关键射频无源元件,本章还将介绍一种全新的基于间隙波导技术的高频微波模块封装方法。

74.3　间隙波导工作原理和损耗分析

间隙波导技术的出现是关于硬表面和软表面研究的延伸(Kildal,1990)。软表面和硬表面是由波纹喇叭天线中使用的波纹表面引出的概念。软表面具有阻止沿着表面传播任何极化波的能力,可以认为与电磁带隙(EBG)表面特性相似(Sievenpiper et al.,1999);反之,硬表面则可以增强电磁波沿其表面的传播(沿着波纹)。在 Schurig 等(2006)的研究中,这项技术可以通过若干圆柱形物体减少正向散射(阻碍)。几十年前,在这种技术成为一个流行的研究课题之前,也称为隐身(Schurig et al.,2006)。使用硬表面减阻技术(blockage reduction)的双极化波可以具有 20%带宽,而大多数其他隐身技术在实践中尚未被证明是可用的(Kildal et al.,2007)。虽然软表面技术也主要用于喇叭天线,但是具有大孔径效率的硬喇叭天线很早就被提出并用于多波束反射面天线(Kildal et al.,1988; Lier et al.,1988)。通常硬喇叭天线的研究主要包括先进的模式匹配建模和硬件的实现(Skobelev et al.,2005; Sotoudeh et al.,2006)。但 Lier(2010)描述了另一种研究工作,实现了独一无二的轻量和宽带超材料表面喇叭天线,能在软表面和硬表面之间实现各向异性的边界条件。还有第三种研究工作,该技术将精力更多地集中在小型化喇叭天线上(Kehn et al.,2004、2006)。然而,这些硬波导只能有极窄的带宽。不论如何,这些就是宽带脊间隙波导的重要先驱者所完成的工作(Kildal et al.,2010)。1997 年初,研究人员发现存在沿着硬表面的每个沟槽传播的局部表面波(Sipus et al.,1997)。2009 年,人们已经发现了沿着硬脊表面的偶数波纹会有局部波(Valero-Nogueira et al.,2009)。随后的发现进一步推动了间隙波导技术的发展,通过只保留一个脊并用金属针代替其余脊(Kildal et al.,2009)的方法来实现波的传输。理想的间隙波导使用 PEC-PMC 平行板波导原理来控制两个平行板之间的电磁波传播的截止频率,只要 PEC 和 PMC 板之间的空气间隙距离小于 $\lambda/4$,波就不会在板之间传播。通过假设一个在空气间隙中的平面波,并使之满足 PMC 和 PEC 板的边界条件就可以很容易地得到上述特性。现在,如果PMC表面包含金属带,则电磁波将沿着金属带传播,如图74.1所示。

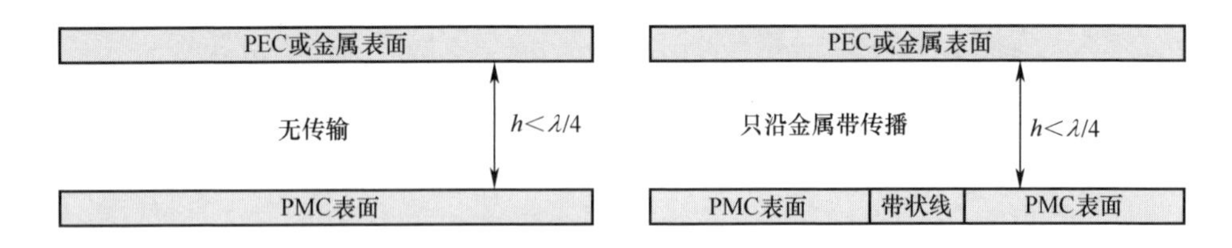

图74.1　理想间隙波导剖面图(Zaman et al.,2014)

PMC在自然界中不存在。因此,在实际应用中,PMC条件由诸如金属针(Silveirinha et al.,2008)或蘑菇结构(Sievenpiper et al.,1999)的周期性人造磁导体(AMC)模拟纹理结构的形式实现。这样,在实际间隙波导结构中,底部周期纹理具有足够高的表面阻抗以产生阻带,从而阻止平行板模式传播。然而,纹理结构的AMC表面还必须结合脊、槽或带形式的引导结构以形成完整的波导。阻带所带来的结果就是AMC表面在引导部分的两侧产生了虚拟的侧壁,从而防止横向场泄漏(参见"平行板阻带的设计和优化"部分内容)。因此,电磁波可以沿着这些引导脊、槽或带传播,而不会在其他方向上泄漏。这些不同的引导结构由此定义了不同的间隙波导或传输线,分别称为脊、凹槽和微带间隙波导(Kildal,2009; Kildal et al.,2011; Zaman et al.,2010b; Rajo-Iglesias et al.,2010; Valero-Nogueira et al.,2011; Pucci et al.,2012; Raza et al.,2014; Gahete Arias et al.,2013)。间隙波导的不同结构如图74.2所示。

间隙波导结构的主要优点是不需要在金属上表面和下表面之间实现金属接触,从而可满足低损耗和低成本制造,尤其是在毫米波频段甚至更高频段。宽松的机械要求为低精度或中等精度加工铺平了道路,降低了制造时间要求,甚至可以使用一些低成本的制造技术,如注塑和塑料热压工艺。间隙波导几何形状的不同可以实现不同的工作模式,脊间隙波导、倒置微带间隙波导和微带脊间隙波导中的传播模式在本质上是类似的,并且所有这些都可以实现准TEM模式的传播。然而,槽间隙波导中的传播模式则与矩形波导的TE_{10}模式非常相似(图74.3)。

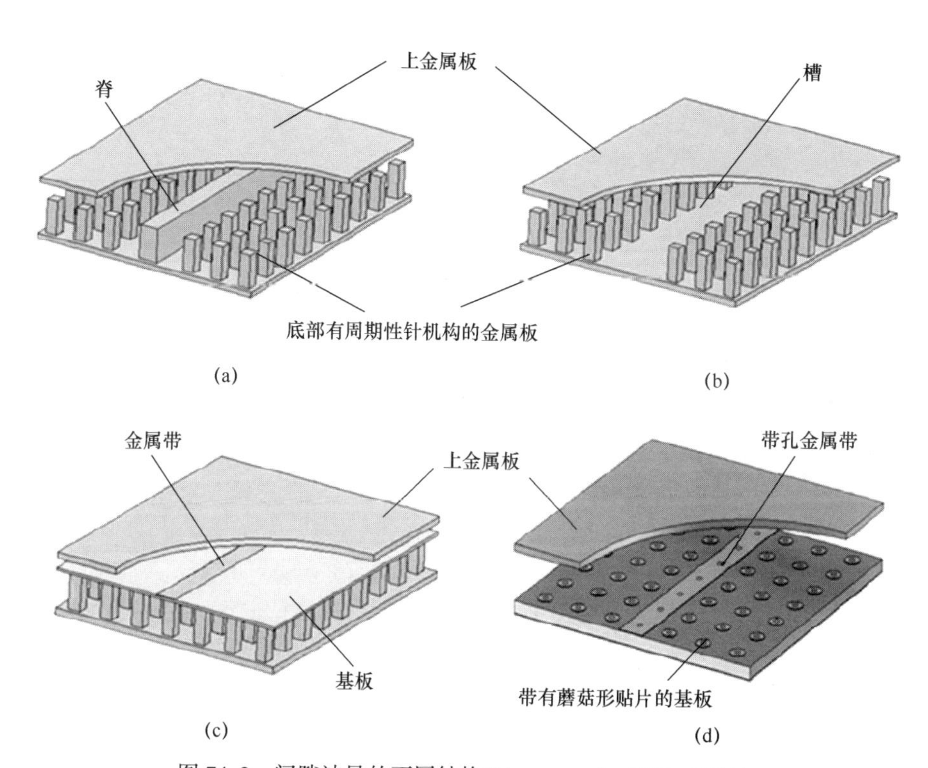

图 74.2　间隙波导的不同结构(Zaman et al. ,2013、2014)

(a)脊间隙波导;(b)槽间隙波导;(c)倒置微带间隙波导;(d)微带脊间隙波导。

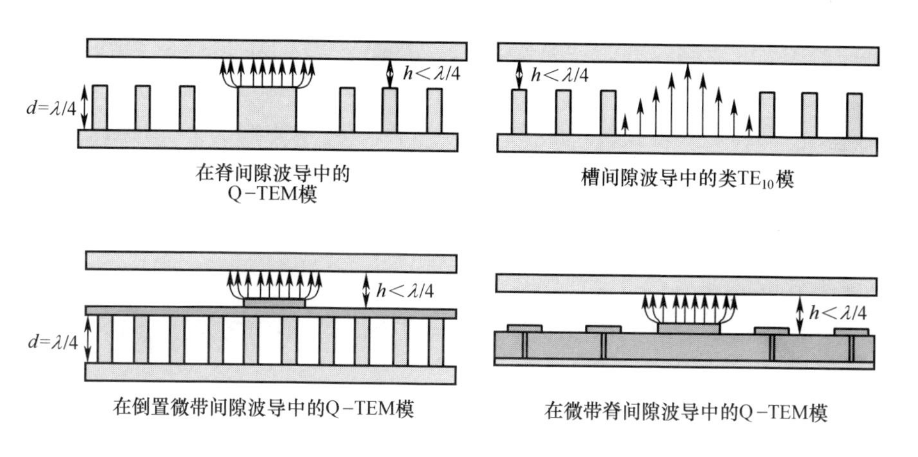

图 74.3　在不同间隙波导结构中希望传输的主模

74.4 平行板阻带的必要性和间隙波导的色散特性

如74.3节所述,间隙波导在不希望的波传播方向上产生平行板阻带,这种能力决定着间隙波导的性能。阻带的形成通常通过围绕引导金属脊、槽或带的周期性纹理结构实现。当周期结构紧密放置在金属板附近时(间隙小于$\lambda/4$),可将其视为高阻抗表面,通常称为AMC表面。阻带设计中最重要的是获得其下限和上限截止频率。通常,截止频率主要通过研究周期性结构的几何参数来获取,这些研究在Rajo-Iglesias等(2011)的论文中有很好的描述,本节详细描述了不同间隙波导的阻带和色散特性。在这里给出了一种由方形针构成的纹理表面可模拟AMC表面,工作在10~25GHz频率范围内,图74.4显示了针表面的细节。该结构对应的色散图如彩图74.5(a)和彩图74.5(b)所示,可以看出,该结构在10~25GHz频带内产生了很大的阻带,电磁波无法传播。

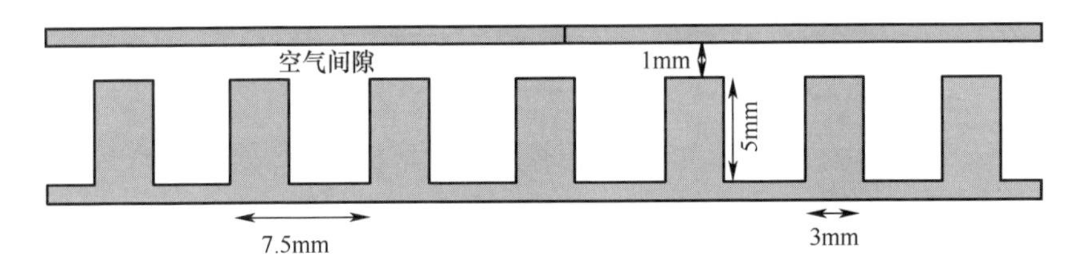

图74.4 周期性金属针结构的详细尺寸

一旦获得了阻带,就可以在周期性结构中引入引导脊或槽结构,即可获得沿直线传播的一种传播模式(类似于光),在脊间隙波导的情况下,可以认为是所需的准TEM模式。在槽间隙波导的情况下,类似于TE_{10}的模式开始在两个阻带所夹的区域内传播,但是该模式本质上是色散的。脊间隙波导和槽间隙波导的这两种形式的波导示意图分别如彩图74.5(c)和彩图74.5(d)所示。倒置微带隙波导和微带间隙波导的色散图与脊间隙波导相似,不同之处在于由于存在介电材料,阻带会收窄点。

74.4.1 金属针区域的场衰减和实测衰减

由于平行板间隙波导结构被设计为用作高阻抗表面或AMC表面,这种尺寸

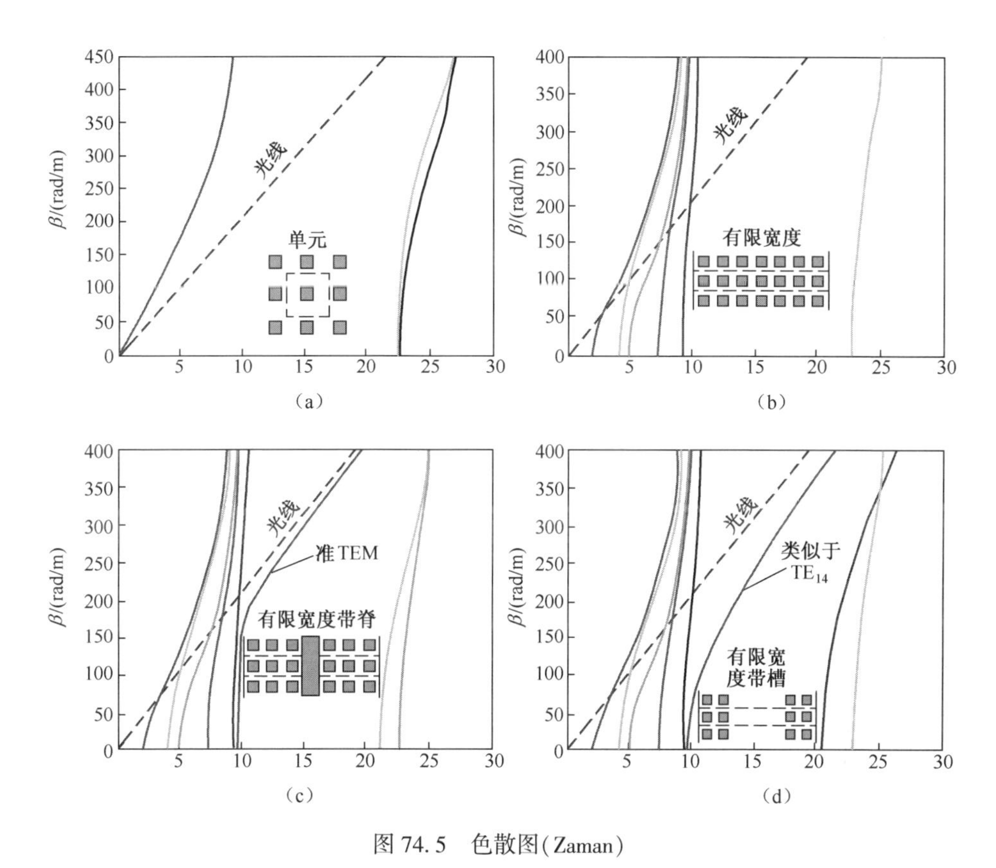

图 74.5　色散图(Zaman)

(a)单针单元;(b)有限行数的周期性针结构;(c)脊间隙波导;(d)槽间隙波导。(彩图见书末)

较大的平行板间隙波导结构有一个非常重要的问题就是周期性结构中的场衰减。在这一点上,需要研究周期性金属针(也称为钉床)结构的场延时或衰减。在脊间隙波导结构中,计算出的横向平面模态场分布如图 74.6 所示。在图 74.6 中,场分布在金属脊上几乎恒定,然后往外差不多以每行金属针 18~20dB 的速度下降,越是接近频带上限下降越快。此项衰减的实测可以通过放置两个脊间隙波导,然后将它们用 3 排金属针分开,并测量两条传输线之间的隔离度来实现,如图 74.7 所示。测量结果与计算的衰减水平一致。测量结果显示,并排放置的两条传输线之间的隔离度在整个 Ku 波段上都大于 60dB。

74.4.2　不同间隙波导结构中的损耗

为了验证低损耗间隙波导的性能,很重要的一点就是要准确地表征其损耗。

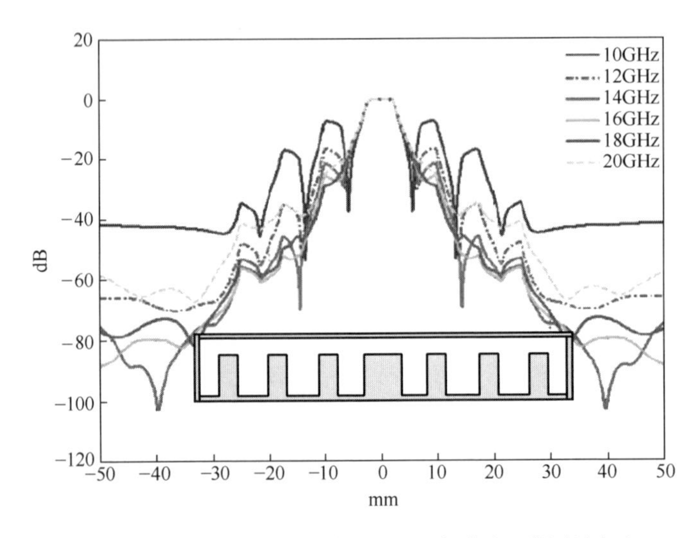

图 74.6 在间隙波导内部横截面上的场分布(彩图见书末)

其中一种方法是测量一条很长的传输线的衰减。然而在低频时,间隙波导损耗很低,要精确地测量需要非常长的传输线,这显然是不现实的。作为替代,可以根据谐振器的 Q 因子来更好地表征损耗。因此,在 Ku 波段制作并测量了几个槽间隙谐振器和脊间隙谐振器,并与标准矩形波导谐振器进行比较(Pucci et al.,2013)。但是在更高频率下,如 V 波段 50~70GHz,我们直接制作了长间隙波导(约 30λ)结构来进行测量。表 74.1 和表 74.2 显示了波导在两个不同频率范围的损耗,值得一提的是,在较低的频率下,我们的研究仅限于脊间隙波导和槽间隙波导。但是在 60GHz 时,倒置微带间隙波导和微带脊间隙波导也包括在损耗研究中。表 74.1 和表 74.2 都表明,槽间隙波导在所有间隙波导结构中具有最低的损耗。槽间隙波导的损耗比无拼接的一体化矩形波导大 10%~30%。但是如果矩形波导由两个分割模块拼接,那么槽间隙波导的损耗将变得与矩形波导的损耗相同(同一数量级)。接下来损耗较低的是脊间隙波导,脊间隙波导比矩形波导的损耗高 30%~55%。间隙波导的微带形式比槽间隙波导和脊间隙波导的损耗都大,但是与微带线路中使用的基板上制作的微带线相比,微带间隙波导的损耗更低,图 74.8 展示了一些间隙波导的实物照片。

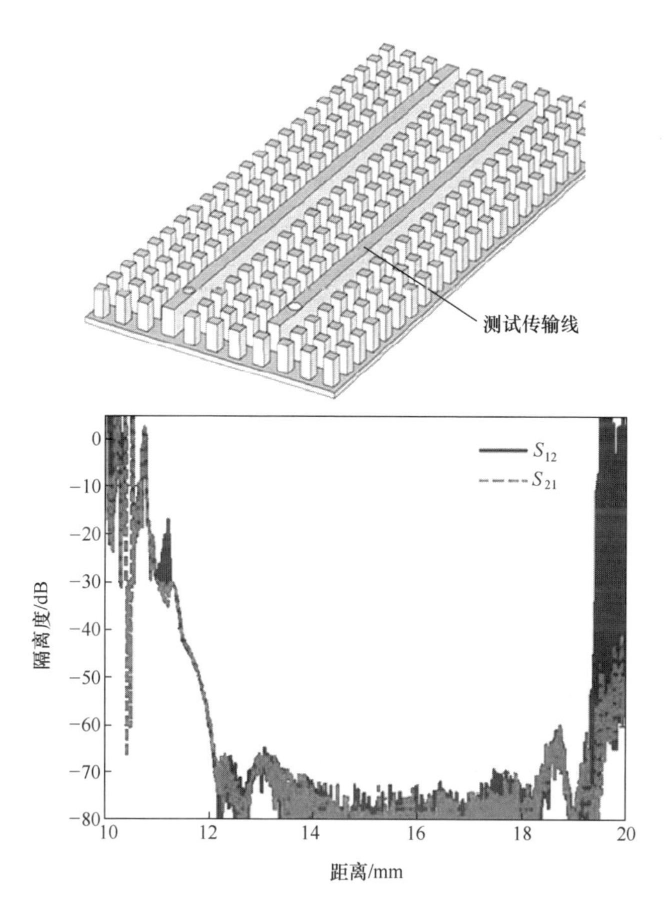

图74.7 间隙波导内部两条传输线的隔离度测试(Zaman et al.,2014)

表74.1 Ku频段间隙波导谐振器测量和仿真结果对比

波导类型	仿真			测量	
	Q值(本征模)	Q值(S_{21})	频率/GHz	Q值	频率/GHz
短路振荡器,脊间隙波导	4510	4741	13.27	2255	13.308
开路振荡器,脊间隙波导	4537	4603	13.2	4130	13.18
短路振荡器,槽间隙波导	6534	6136	13.5	5200	13.47
开路振荡器,槽间隙波导	6265	6108	13.46	5883	13.44
矩形波导振荡器WR-62	8499	8462	13.543	5400	13.544

表74.2　V波段30λ长度间隙波导结构的差损比较

类　型	仿真最大插损/(dB/cm)	测量最小插损/(dB/cm)	测量最大插损/(dB/cm)
矩形波导(冲压)	0.0134	0.022	0.042
矩形波导(*E*平面分块)	0.01355	0.024	0.046
槽间隙波导	0.019	0.026	0.045
脊间隙波导	0.0493	0.053	0.073
微带脊间隙波导	0.0805	0.1753	0.22
倒置微带间隙波导	(0.093)	(0.21)	(0.27)
标准微带线(Rogers 3003,0.125mm厚)	(0.37)	(0.63)	(0.77)

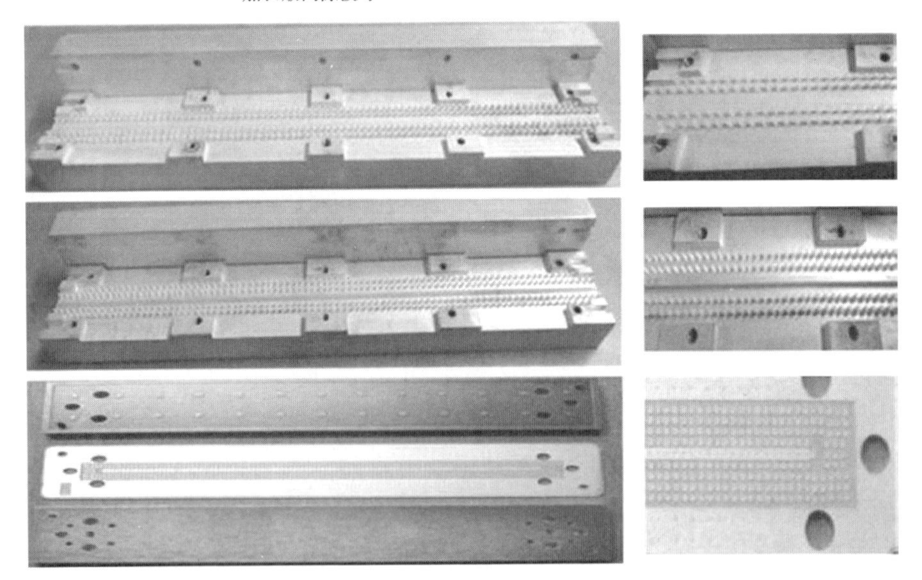

图74.8　长度更长的V波段间隙波导原型

74.5　平行板阻带的设计与优化

正如Kildal等(2009、2011)所描述的那样,间隙波导的主要性能是由其产生平行板阻带的能力决定的,这使得电磁波能够局限在一个区域内,或者向期望的平行板波导方向传播,而不是向四周扩散。通常通过使用周期性结构的金属纹理以及一块放置在顶部的金属板来实现该阻带。周期性结构通常形成被称为人造磁导体(AMC)的高阻抗边界条件,并且仅在特定带宽上实现该高阻抗条件。本节探讨了通过使用不同的周期结构产生平行板截止频率,实现平行板波导中的阻带;并且研究实现 AMC 结构的特定周期性几何形状,同时将这些几何形状与实现的间隙波导的阻带性能联系起来,这借鉴了人们在开放表面进行表面波性能研究的方法。本节提供的所有分析均基于商业电磁仿真软件获得的数值结果。

74.5.1　使用针床实现平行板截止

本节要研究的第一个周期性结构是周期性的金属针结构,也称为“苦行者钉床”,如图 74.9 所示。为了方便起见,本例中的阻带由起始频率(当平行板模式传播停止)和结束频率(平行板模式再次传播)的差值所确定。阻带设计的重要参数是空气间隙高度 h、金属针高度 d、金属针重复周期 p 及金属针半径 r。

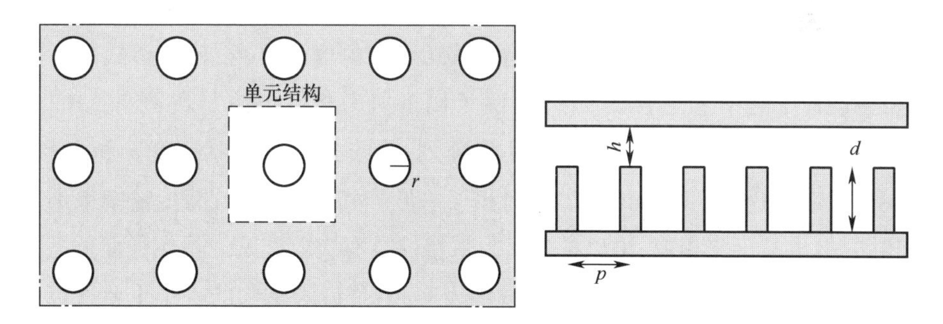

图 74.9　周期性针结构(Zaman et al. ,2014)

首先,研究已经证实金属针的形状(圆形或正方形)对阻带没有任何显著影响(Rajo-Iglesias et al. ,2011)。如果金属针的高度 d 和半径 r 保持不变,对于所有 p 值,当空气间隙高度 h 降低时,阻带的宽度增加(Rajo-Iglesias et al. ,2011),而当金属针的周期增加时,其有效电长度也会增加,这使得阻带的起始频率降低。另外,只要周期足够小,截止频率几乎不受周期的影响。如果周期变大($p>0.25\lambda$),由于次生模式的传播,使得频率上限大大降低。图 74.10(a)中展示了相对截止带宽(f_{end}/f_{start})与周期 p 和空气间隙高度 h 的关系。除了 p 和 h 之间的关系外, r/p 的比值对阻带也有一定的影响。

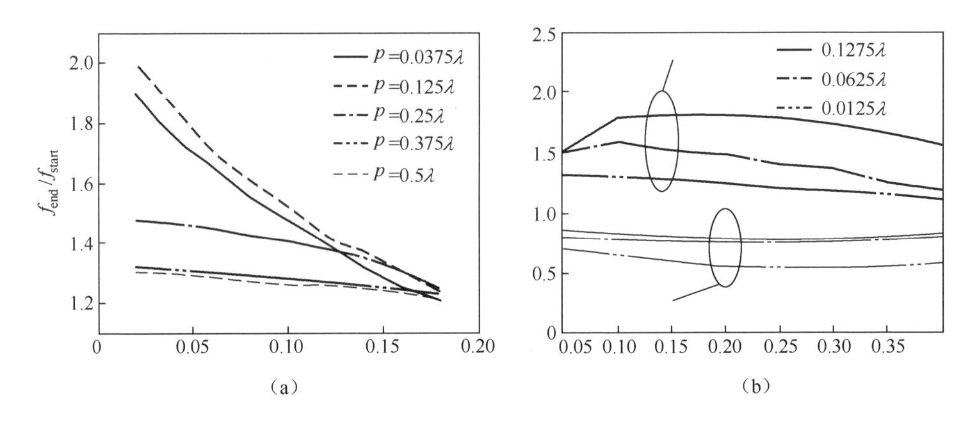

图 74.10 钉床结构的阻带

(a)h 和 p 的关系;(b)r/p 和 h 的关系。(彩图见书末)

当半径与周期比(r/p)增加时,阻带的起始频率和终止频率向相反方向变化。当其比率在 0.05~0.2 之间时,阻带宽度达到最大值,如图 74.10(b)所示。阵列结构是最后一个需要考虑的参数, 从光子学角度来思考,这个参数的影响在阻带设计中是不容忽视的。因此,除了以上所考虑到的方形阵列外, Rajo-Iglesias 和 Kildal(2011)还研究了三角形阵列,并改变空气间隙高度 h 和半径 r 来观察阻带的变化。对于正方形阵列和三角形阵列的情况,虽然传输结果不完全相同,但也是十分相似,可以视为对阻带特性具有次要影响。虽然任何类型的 AMC 都可以用作间隙波导结构中的纹理表面,但是钉床结构的一个重要优点是它由金属制成,不需要介电材料,这使得它在高频下的损耗可以忽略不计。

74.5.2 使用蘑菇形 EBG 结构实现平行板截止

研究已证实,图 74.11 所示的蘑菇形 EBG 具有高阻抗表面的特性(Sievenpiper et al. ,1999), 本节分析了这种蘑菇形 EBG 的参数,主要包括空气间隙高度 h、基板厚度 d、贴片之间的间隔 g 及通孔半径 r。

在这种结构的参数中,首先要分析的参数是间隙 g。值得注意的是,除了空气间隙高度 h 非常小时外,g 对阻带的影响不是很显著, 如彩图 74.12(a)所示。

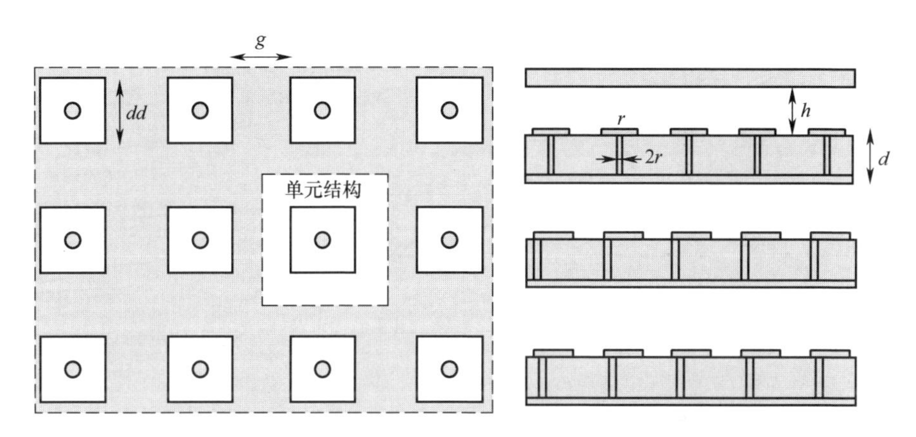

图 74.11　蘑菇形 EBG 结构(Zaman et al., 2014)

接地过孔的半径 r 是另一个要考虑的参数。它对阻带的影响如图 74.12(b)所示。实际上,半径 r 并不直接影响阻带的大小,而是直接影响其在频谱中的位置。半径 r 越大,频谱中的阻带越高。下一个要考虑的参数是基板厚度 d 或者说是从贴片面到接地平面的距离。阻带的起始频率取决于基板厚度。基板越厚,起始频率越低,这与空气间隙高度 h 无关,这种现象如图 74.12(c)所示。最后,研究了图 74.11 所示的接地通孔在贴片中位置的影响。选择了 3 个通孔的位置,即居中位置、贴片边缘以及中间和边缘之间的居中位置,结果如图 74.12(d)所示。可以观察到,当蘑菇形 EBG 表面在平行板结构内时,接地孔从中心到其他位置的位移会导致阻带减小。

74.5.3　使用弹簧床(螺旋)结构实现平行板截止

除了常用的钉床或蘑菇形 EBG 表面外,还研究了一些其他用于低频应用的周期性结构,由于钉床或蘑菇形在低频时尺寸过大,不适合应用在需要小型化的结构中,因此 Rajo-Iglesias 等(2012)提出图 74.13 所示的弹簧床(螺旋结构),作为在低频下钉床的替代方案。周期性螺旋结构的周期可以是亚波长,最重要的是由于螺旋结构的形状,每个周期单元的总高度可以很小。这种类型弹簧床的主要参数分别是弹簧高度 H、空气间隙的高度 G、周期 P、弹簧直径 D 和每个弹簧的匝数 N。Rajo-Iglesias 等(2012)指出,钉床或蘑菇床相比不同的是,由于从弹簧顶部到上平行板之间的电容效应,较小空气间隙高度的影响并不那么关

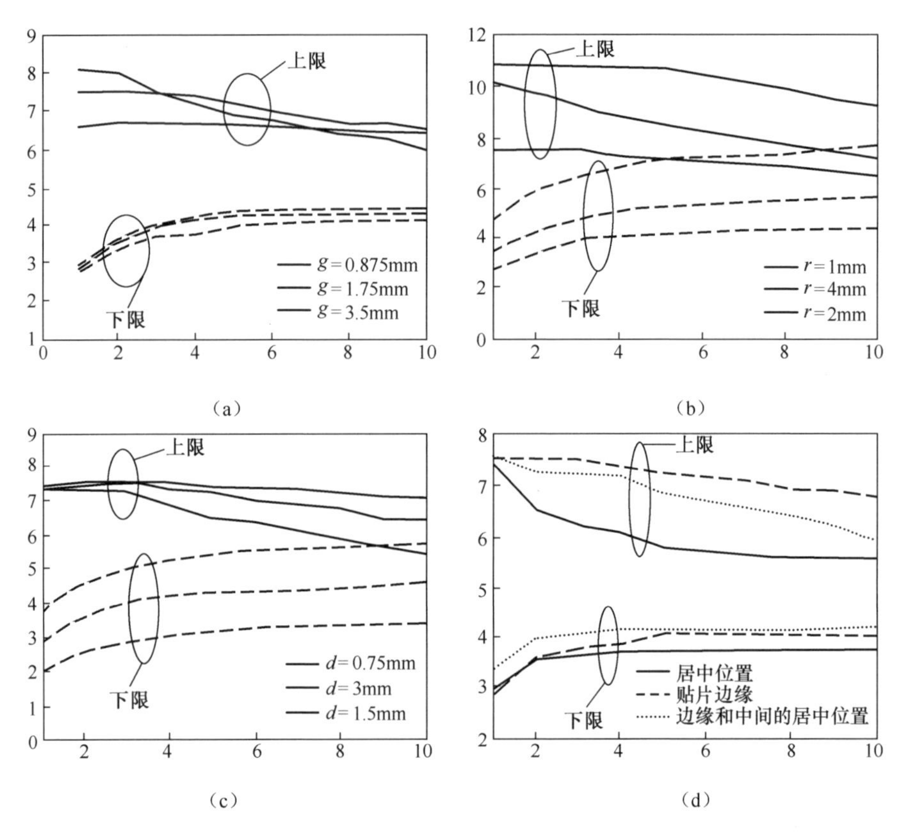

图 74.12　由蘑菇形 EBG 结构获得的平行板阻带(Zaman et al. ,2014)

(a)g 的影响;(b)r 的影响;(c)d 的影响;(d)接地孔的位置影响。(彩图见书末)

键,这使得间隙成为设计的一个次要因素,如图 74.14(a)所示。现在考虑每个弹簧的直径 D(保持相同的周期)的影响,如图 74.14(b)所示,该参数影响明显:当总长度增加时,直径越大,所有模式的频率越低,但阻带的相对带宽没有太大的影响。

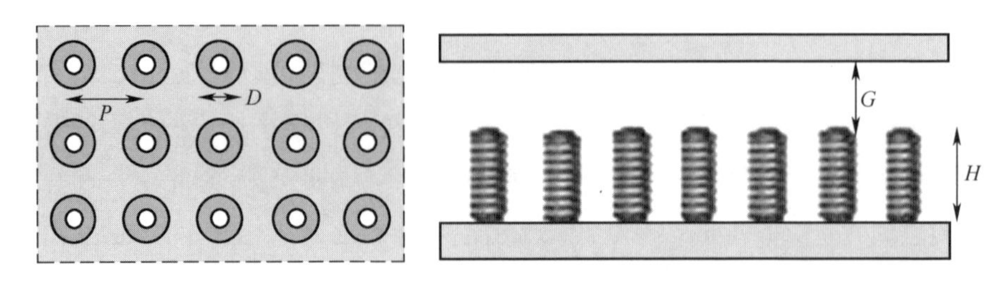

图 74.13　弹簧床结构

周期结构单元的间隔也是一个重要参数,因为它决定了结构单元的数量。仿真结果如图 74.14(c)所示,当此参数在 13~25mm 之间变化时(相对于波长是很小的),阻带不会有很大的改变。当匝数 N 变化时,保持所有其他参数恒定(包括高度 H),结果如图 74.14(d)所示。正如预期的那样,增加匝数,换句话说,增加导线的电长度,所有模式已经被移动到图中所示的较低频率。

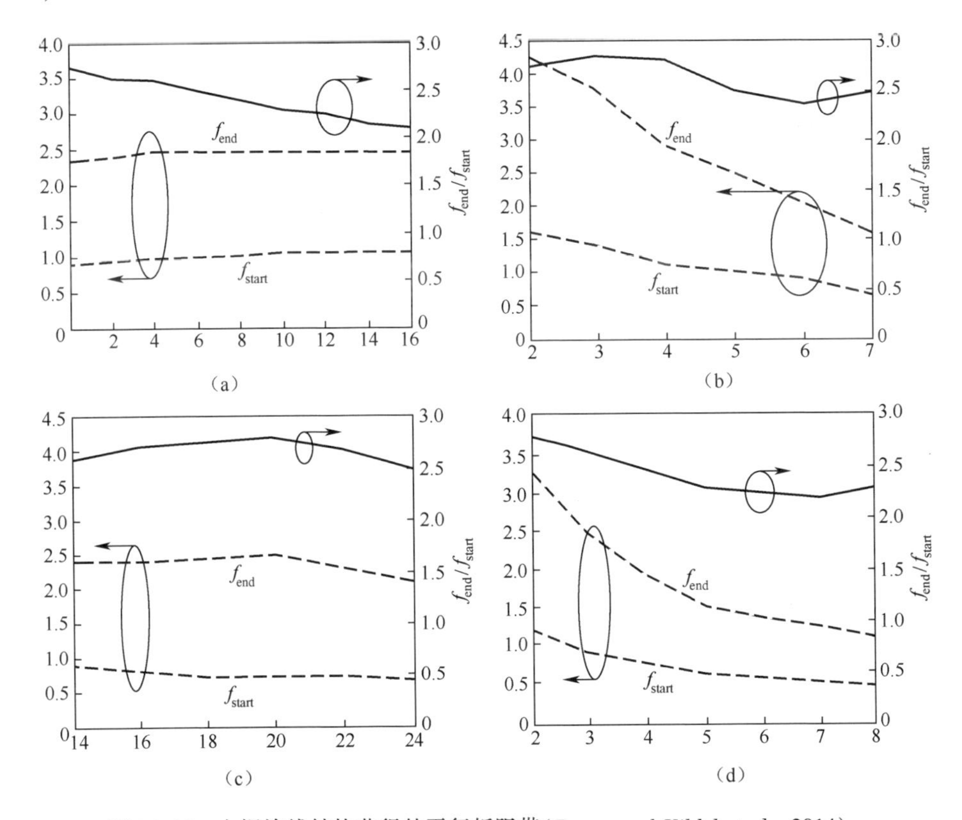

图 74.14　由螺旋线结构获得的平行板阻带(Zaman and Kildal et al. ,2014)

(a)G 的影响;(b)$D/2$ 的影响;(c)P 的影响;(d)N 的影响。

除了上面提到的 3 种周期性结构外,Rajo-Iglesias(2013)和 Zaman 等(2011)还研究了一些其他的周期性结构,如印制折线和锥形销,这些周期结构分别如彩图 74.15(a)和彩图 74.15(b)所示,这两个周期结构都具有一些优点,彩图 74.15(c)和彩图 74.15(d)也分别显示了它们的色散图。如色散图所示,印制折线更适合较低的频率,锥形销更适合高频应用。在阻带大小方面,折线与钉床非常相似。但是,由于折线可以方便地印制在基底上,所以比弹簧结构更容易制造。对于锥形销的情况,阻带带宽实际上比前面所述的圆形金属针大20%。而且在高于100GHz的频率下,通过微机械加工技术,圆锥形状比直线形状便于制造(Rahiminejad et al. 2012)。

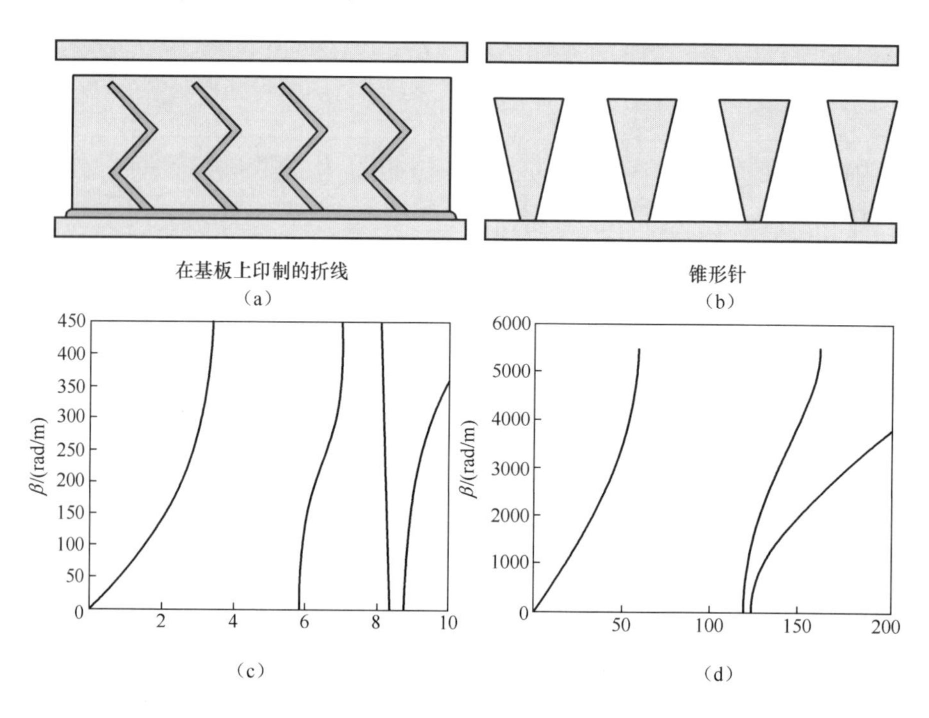

图74.15 其他周期性结构(Zaman et al. ,2014)

(a)曲折线;(b) 圆锥针;(c)曲折线的色散图;(d)圆锥针的色散图。(彩图见书末)

74.6 一些用于分析间隙波导的方法

从分析的角度来看,间隙波导结构有点不同,因为这种结构的关键是一个周期表面,它产生了平行板模式的阻带。确定这种结构的场和电流的经典方法是将Floquet模式扩展并与MoM、FEM或FDTD等一般方法相结合。当然,通常的三维方法可以用于分析有限元的间隙波导结构,然而当激励源产生一个宽带平面波且该结构尺寸很大时,这些计算方法可能非常复杂和耗时。因此,需要开发更快的解析或半解析方法,可以通过将一些简化方法引入严谨的计算方法中,用作一种初步的分析工具。除了解析方法外,当该计算应用于现实中的脊/槽间隙波导微波组件时,还需要研究电磁场求解器中的数值端口的分析准确性。

74.6.1　频域分析方法

本节介绍了平行板波导的频域格林函数的研究,假设其中一个平板是光滑的金属表面,另一个平板是由一维或二维周期结构实现的人造磁表面,Bosiljevac 等(2010)详细讨论了这两种几何形状。研究思路是用一些近似的边界条件代替周期性的纹理,在频域中导出格林函数。格林函数的推导是在频域里假设平面波的情况下得到的,而频域平面波的定义为

$$\widetilde{E}(k_x,k_y,z)=\int_{-\infty}^{\infty}\int_{-\infty}^{\infty}E(x,y,z)\mathrm{e}^{\mathrm{j}k_x x}\mathrm{e}^{\mathrm{j}k_y y}\mathrm{d}x\mathrm{d}y \tag{74.1}$$

式中:“~”表示以 k_x 和 k_y 为频谱变量的二维傅里叶变换。现在,Helmholtz 微分方程中的电磁场的 E_z 和 H_z 分量的频域解将具有以下形式,即

$$\widetilde{E}_z(k_x,k_y,z)=A\cos(k_z z)+B\sin(k_z z) \tag{74.2a}$$

$$\widetilde{H}_z(k_x,k_y,z)=C\cos(k_z z)+D\sin(k_z z) \tag{74.2b}$$

其中 $\mathrm{e}^{-\mathrm{j}k_x x}\mathrm{e}^{-\mathrm{j}k_y y}$ 的变化被抵消。此外,方程中的未知数 $k_z^2=k_o^2-k_x^2-k_y^2$ 和变量 A、B、C 与 D 将通过使用边界条件来确定。现在只要确定电磁场的 z 分量就足够了,因为随后可以通过使用 Das 和 Pozar(1987)的论文中的关系就可以确定所有其他分量。此时,对于所考虑的表面,上述近似边界条件可以由频域平面波中的均匀表面阻抗/导纳来表示。在极限情况下,当表面的周期性接近零时,表面导纳分量的定义仍然有效,即

$$\widetilde{Y}_{yx}=\frac{\widetilde{H}_y}{\widetilde{E}_x};\widetilde{Y}_{xy}=-\frac{\widetilde{H}_x}{\widetilde{E}_y} \tag{74.3}$$

74.6.2　一维和二维周期型结构

在本节中,分析了下平行板上一维和二维周期结构,图 74.16 展示了这些类型的结构图。在分析这些结构时,假设底层上的周期性比波长小得多,这些结构的格林函数 Bosiljevac 等 (2010)已进行了研究,这里为了方便读者也给出了这些函数。

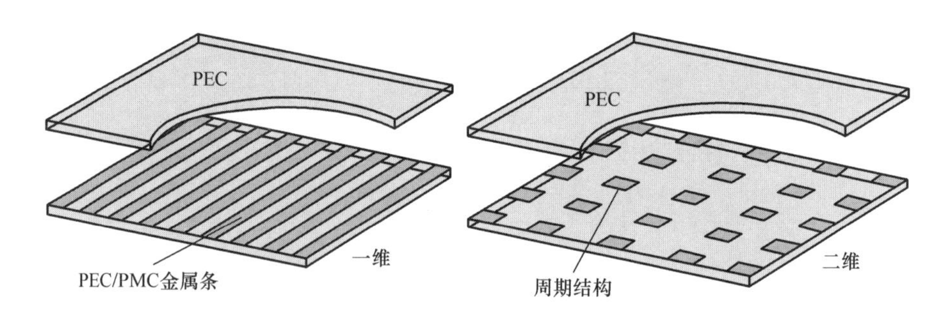

图 74.16　一维和二维周期型结构(Pucci、Zamman 和 Kildal 等)

对于一维的情况,有

$$\tilde{\tilde{g}}_{xz}^{HJ}=\tilde{H}_x=\mathrm{j}\frac{k_y}{k_o^2-k_y^2}\left[-\frac{k_x^2\sin(k_z z)}{k_z\cos(k_z h)}+k_z\frac{\cos(k_z z)}{\sin(k_z h)}\right] \tag{74.3a}$$

$$\tilde{\tilde{G}}_{yz}^{HJ}=\tilde{H}_y=\mathrm{j}\frac{1}{k_o^2-k_y^2}\left[(k_o^2-k_y^2)\frac{k_x\sin(k_z z)}{k_z\cos(k_z h)}\right] \tag{74.3b}$$

对于二维的情况,有

$$\tilde{\tilde{G}}_{xz}^{HJ}=\frac{1}{\beta^2 D_{\mathrm{sw}}}\left[C_1 k_x\left(\frac{\cos(k_z z)}{\sin(k_z h)}+\frac{\sin(k_z z)}{\cos(k_z h)}\right)+C_2 k_y\frac{\cos(k_z z)}{\sin(k_z h)}+C_3\frac{k_y}{k_z}\frac{\sin(k_z z)}{\sin(k_z h)}\right] \tag{74.3c}$$

$$\tilde{\tilde{G}}_{yz}^{HJ}=\frac{1}{\beta^2 D_{\mathrm{sw}}}\left[C_1 k_y\left(\frac{\cos(k_z z)}{\sin(k_z h)}+\frac{\sin(k_z z)}{\cos(k_z h)}\right)-C_2 k_x\frac{\cos(k_z z)}{\sin(k_z h)}-C_3\frac{k_y}{k_z}\frac{\sin(k_z z)}{\sin(k_z h)}\right] \tag{74.3d}$$

其中,

$$\begin{cases}C_1=\mathrm{j}k_x k_y k_z(\tilde{Y}_{yx}-\tilde{Y}_{xy})\\ C_2=-\beta^2\eta_o k_o\tan(k_z h)\tilde{Y}_{xy}\tilde{Y}_{yx}-\mathrm{j}k_z(k_x^2\tilde{Y}_{yx}+k_y^2\tilde{Y}_{xy})\\ C_3=\mathrm{j}k_o^2\tan(k_z h)(k_x^2\tilde{Y}_{xy}+k_y^2\tilde{Y}_{yx})-k_z\beta^2\\ D_{sw}=-\tilde{Y}_{yx}(k_o^2-k_x^2)-\tilde{Y}_{xy}(k_o^2-k_y^2)+\mathrm{j}k_o k_z\left[\eta_o\tan(k_z h)\tilde{Y}_{xy}\tilde{Y}_{yx}-\frac{1}{\eta_o}\cot(k_z h)\right]\end{cases}$$

74.6.3　钉床结构

钉床或周期性针结构是常见的间隙波导结构,因为它可以仅由金属制成,并且该结构很容易加工，其表面结构如图 74.17 所示。这种结构的均质化方法是将针结构建模为单轴介质，其介电常数可以用介电常数张量来表征（Silveirinha et al.，2008），即

$$\underset{\approx}{\varepsilon} = \varepsilon_o \varepsilon_r(\hat{x}\hat{x} + \hat{y}\hat{y} + \varepsilon_{zz}(\lambda, k_z, p, r)\hat{z}\hat{z}) \tag{74.4}$$

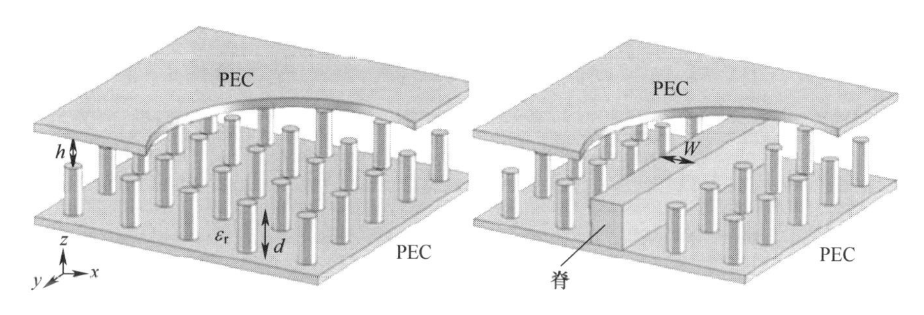

图 74.17　钉床结构和脊间隙波导示意图（Zamman and Kildal）

式中：p 和 r 分别为针的周期和半径，通过分解激励点的 TE-TM 模，并施加正确的边界条件，可以导出两种极化的反射系数（Silveirinha et al.，2008；Bosiljevac et al.，2010），即

$$\Gamma^{\mathrm{TM}} = -\frac{k_{\mathrm{die}} k_p^2 \tan(k_h d) - \beta^2 \gamma_{\mathrm{TM}} \tanh(\gamma_{\mathrm{TM}} d) + \varepsilon \gamma_o (k_p^2 + \beta^2)}{k_{\mathrm{die}} k_p^2 \tan(k_h d) - \beta^2 \gamma_{\mathrm{TM}} \tanh(\gamma_{\mathrm{TM}} d) - \varepsilon \gamma_o (k_p^2 + \beta^2)} \tag{74.5}$$

式中：k_{die} 为金属针介质中的波数；k_{p} 为特定针结构中的等离子体波数；$\beta^2 = k_x^2 + k_y^2$；$\gamma_{TM}^2 = k_p^2 + \beta^2 - k_{\mathrm{die}}^2$ 且 $\gamma_o^2 = \beta^2 - k_o^2$。

对于 TE 模式，有

$$\Gamma^{TE} = -\frac{\sqrt{k_h^2 - \beta^2} - \mathrm{j}\sqrt{k_o^2 - \beta^2}\tan\left(d\sqrt{k_{\mathrm{die}}^2 - \beta^2}\right)}{\sqrt{k_h^2 - \beta^2} + \mathrm{j}\sqrt{k_o^2 - \beta^2}\tan\left(d\sqrt{k_{\mathrm{die}}^2 - \beta^2}\right)} \tag{74.6}$$

在获得反射系数之后，可导出针结构的表面导纳，即

$$\begin{cases} \widetilde{Y}_{\mathrm{surf}}^{TM} = \dfrac{k_o}{\eta_o k_z} \cdot \dfrac{\Gamma^{TM} + 1}{\Gamma^{TM} - 1} \\ \widetilde{Y}_{\mathrm{surf}}^{TE} = \dfrac{k_z}{\eta_o k_o} \cdot \dfrac{\Gamma^{TE} + 1}{\Gamma^{TE} - 1} \end{cases} \tag{74.7}$$

一旦得到表面导纳，频域的格林函数可以通过使用以下边界条件来确定，即

$$\widetilde{E}_t = 0 \text{ 在上部边界 } \widetilde{H}_y = \widetilde{Y}_{\mathrm{surf}} \cdot \widetilde{E}_x \tag{74.8a}$$

$$\widetilde{H}_x = -\widetilde{Y}_{\text{surf}} \cdot \widetilde{E}_y + \widetilde{J}_y \text{ 在下部边界} \tag{74.8b}$$

金属脊也通过传播常数为 k_{eff} 的无限长传输线的电流引入分析中,传输线电流近似为 $J_y(x')\mathrm{e}^{-\mathrm{j}k_{\text{eff}}y'}$。其中 $J_y(x')$ 最简单的定义是假设这个电流是完全纵向的,电流分布在脊的宽度上几乎是恒定的。准 TEM 模式的传播常数可以通过在脊表面处施加特定的边界条件来确定。对计算出的传播常数与 CST 仿真的结果进行比较,如图 74.18(a)所示。在脊面以上 0.5mm 处计算的 H_y 分量也与从 CST 微波工作室获得的结果进行比较,如图 74.18(b)所示,结果一致。

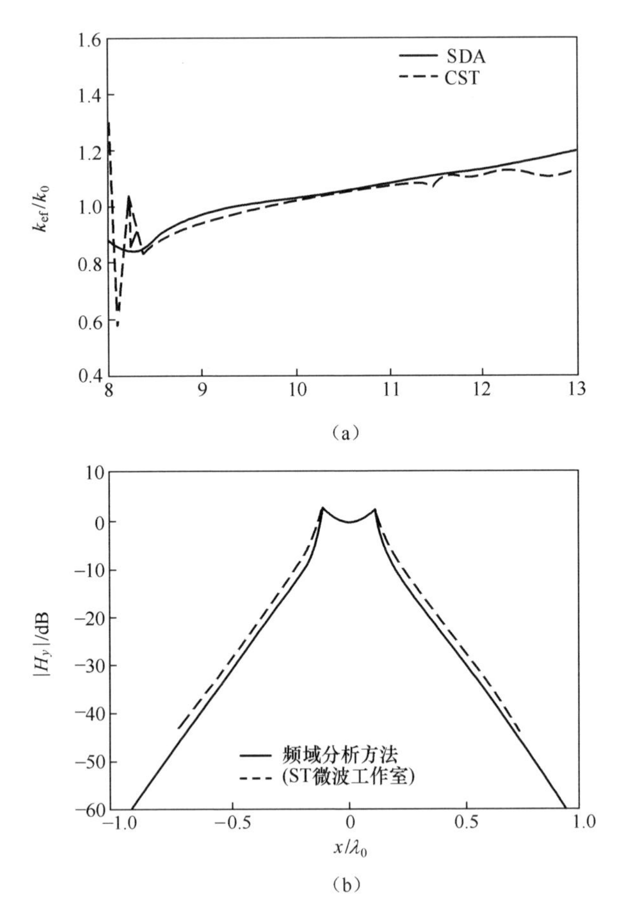

图 74.18 计算结果比较

(a)脊间隙波导主模传播常数与仿真结果的比较;(b)由频域分析方法 SDA 和 CST 微波工作室得到的带有横向场衰减 H_y 场分布。

74.6.4　脊间隙波导的模式场和色散方程

在这种方法中,脊上方的区域中以及围绕在针表面上方的两个侧边区域中的场表达式,可用于建立不同区域场之间的连续性,并匹配区域之间在交界处的传播模式。这种方法的主要目的也在于建立间隙波导中的准 TEM 模式的色散特性模型(图 74.17)。与准 TEM 模式相关的场大都与传播方向垂直,但是也存在小部分的纵向分量。在针结构的上方,该场将沿着脊线横向地向侧边区域呈现指数衰减。

如果钉床起到 AMC 的作用,准 TEM 模式场沿着频带中的脊传播,并实现平行板阻带,该模式将匹配周围截止结构所支持的倏逝模式。在针结构区域,只有第一个 TM 和 TE 模式(相对于 z)是存在的。然而,为了实现脊区域上方的场封闭,倏逝模式必须沿 x 方向从脊部横向地衰减。在上述近似下,在脊上方的中心区域,假定传播模式是沿着 y 轴传播的准 TEM 模式,这个准 TEM 模式的场可以表示为(Polemi et al. ,2011)

$$
\begin{cases}
E_z = E_o\cos(\hat{k}_x x)\,\mathrm{e}^{-\mathrm{j}k_y y} \\
H_x = -E_o\dfrac{k_y}{\xi k}\cos(\hat{k}_x x)\,\mathrm{e}^{-\mathrm{j}k_y y} \\
H_y = -\mathrm{j}E_o\dfrac{\hat{k}_x}{\xi k}\sin(\hat{k}_x x)\,\mathrm{e}^{-\mathrm{j}k_y y}
\end{cases}
\tag{74.9}
$$

式中:E_o 与输入端口的入射功率有关;$\hat{k}_x$ 为沿着 x 方向的传播常数。

金属针上方区域的 TM_z 调谐模场也可写成(Das et al. ,1987)

$$
\begin{cases}
H_x = \mathrm{j}A_{TM}\dfrac{k_y}{\sqrt{k^2-\tilde{k}_z^2}}\tilde{g}(x,y)\times\cos[\tilde{k}_z(z-h)] \\
H_y = -A_{TM}\dfrac{\tilde{\alpha}_x}{\sqrt{k^2-\tilde{k}_z^2}}\tilde{g}(x,y)\times\cos[\tilde{k}_z(z-h)] \\
E_x = -\mathrm{j}A_{TM}\dfrac{\xi}{k}\dfrac{\tilde{\alpha}_x\tilde{k}_z}{\sqrt{k^2-\tilde{k}_z^2}}\tilde{g}(x,y)\times\sin[\tilde{k}_z(z-h)] \\
E_z = -\mathrm{j}A_{TM}\dfrac{\xi}{k}\sqrt{k^2-\tilde{k}_z^2}\,\tilde{g}(x,y)\times\cos[\tilde{k}_z(z-h)] \\
E_y = A_{TM}\dfrac{\xi}{k}\dfrac{k_y\tilde{k}_z}{\sqrt{k^2-\tilde{k}_z^2}}\tilde{g}(x,y)\times\sin[\tilde{k}_z(z-h)]
\end{cases}
\tag{74.10}
$$

其中,

$$\begin{cases}\tilde{g}(x,y)=\mathrm{e}^{-\mathrm{j}k_y y}\mathrm{e}^{-\tilde{\alpha}_x\left(|x|-\frac{w}{2}\right)}\\ k^2=(-\mathrm{j}\tilde{\alpha}_x)^2+\tilde{k}_z^2+k_y\end{cases}\tag{74.11}$$

在式(74.10)中,A_{TM}是未知系数,而式(74.11)是这种模式的色散关系,其中衰减常数$\tilde{\alpha}_x$和传播常数k_y也是未知的。除了TM_z模式外,还假定TE_z模式在针区域被激励,并且这个模式的场方程式如式(74.12)所示。在式(74.12)中,A_{TE}是未知系数,并且该TE模式的色散关系如式(74.13)所示,即

$$\begin{cases}E_x=\mathrm{j}A_{TE}\dfrac{k_y}{\sqrt{k^2-\tilde{\tilde{k}}_z^2}}\tilde{\tilde{g}}(x,y)\times\sin[\tilde{\tilde{k}}_z(z-h)]\\ E_y=-A_{TE}\dfrac{\tilde{\tilde{\alpha}}_x}{\sqrt{k^2-\tilde{\tilde{k}}_z^2}}\tilde{\tilde{g}}(x,y)\times\sin[\tilde{\tilde{k}}_z(z-h)]\\ H_x=-\mathrm{j}A_{TE}\dfrac{1}{\xi k}\dfrac{\tilde{\tilde{\alpha}}_x\tilde{\tilde{k}}_z}{\sqrt{k^2-\tilde{\tilde{k}}_z^2}}\tilde{\tilde{g}}(x,y)\times\cos[\tilde{\tilde{k}}_z(z-h)]\\ H_z=-\mathrm{j}A_{TE}\dfrac{1}{\xi k}\sqrt{k^2-\tilde{\tilde{k}}_z^2}\,\tilde{\tilde{g}}(x,y)\times\sin[\tilde{\tilde{k}}_z(z-h)]\\ H_y=A_{TE}\dfrac{1}{\xi k}\dfrac{k_y\tilde{\tilde{k}}_z}{\sqrt{k^2-\tilde{\tilde{k}}_z^2}}\tilde{\tilde{g}}(x,y)\times\cos[\tilde{\tilde{k}}_z(z-h)]\end{cases}\tag{74.12}$$

其中,

$$\begin{cases}\tilde{\tilde{g}}(x,y)=\mathrm{e}^{-\mathrm{j}k_y y}\mathrm{e}_x^{-\tilde{\tilde{\alpha}}}\left(|x|-\dfrac{w}{2}\right)\\ k^2=(-\mathrm{j}\tilde{\tilde{\alpha}}_x)^2+\tilde{\tilde{k}}_z^2+k_y\end{cases}\tag{74.13}$$

上述方程中的总未知数个数是6个,分别是A_{TM}、A_{TE}、$\tilde{\alpha}_x$、$\tilde{\tilde{\alpha}}_x$、$\hat{k}_x$和k_y,所以需要6个方程来解决这个问题,其中3个是之前所说的3个区域的色散关系,即

$$
\begin{cases}
k_y^2 = k^2 - \tilde{k}_z^2 + \tilde{\alpha}_x^2 k_y^2 = k^2 - \tilde{\tilde{k}}_z^2 + \tilde{\tilde{\alpha}}_x^2 \\
k_y^2 = k^2 - \hat{k}_x^2
\end{cases}
\tag{74.14}
$$

为了找到其余的方程,假设不同区域的 3 个场分量是连续的,那么脊间隙波导的最终色散方程为

$$
\sqrt{k^2 - k_y^2}\tan\left[\sqrt{k^2 - k_y^2}\ \frac{w}{2}\right](k^2 - \tilde{k}_z^2) + \frac{k_y^2\tilde{k}_z^2 - k^2\sqrt{k_y^2 - k^2 + \tilde{k}_z^2}\sqrt{k_y^2 - k^2 + \tilde{\tilde{k}}_z^2}}{\sqrt{k_y^2 - k^2 + \tilde{\tilde{k}}_z^2}} = 0
$$

74.6.5 模态场与谱域格林函数的比较

Bosiljevac 等(2011)对上述两种方法进行了比较研究,并利用这两种方法分析研究了脊间隙波导和槽间隙波导,而且将用其获得的结果与 CST 仿真的结果进行了比较,在大多数案例中取得了很好的一致性。本节给出了一些针对不同脊间隙波导几何形状的对比结果。用于比较的脊间隙波导测试的几何形状具有以下物理尺寸:金属针高度 7.5mm、空气间隙高度 1mm、金属针尺寸 1mm×1mm、周期性 2mm 和脊宽度 5mm。图 74.19(a)和图 74.19(b)显示了通过不同分析方法获得的这种几何结构的测试色散图和特性阻抗。

74.6.6 基于 CST 和 HFSS 的间隙波导结构数值分析

虽然推导了严格的间隙波导几何形状的分析公式,仍然需要使用商用电磁软件仿真来确定间隙波导组件的正确性。由于纹理表面的周期性,空心波导和间隙波导结构之间存在几何差异。本节验证使用 HFSS 或 CST 等商用电磁软件验证这样的周期性结构,通过检查空心波导和间隙波导之间的相似性,可以得出结论:商业电磁解算器能够以一定的准确度处理间隙波导结构(Raza et al., 2013)。

首先,利用 CST 微波工作室中的本征模求解器得到了脊/矩形波导和脊/槽间隙波导的色散图,其中周期性结构在传播方向上被假设为无限长。在本节中,用于仿真的材料是具有零表面粗糙度的完美电导体,几何形状如图 74.20 所示。

图 74.21(a)和图 74.21(b)分别显示了空心脊/脊间隙波导和矩形/槽间隙

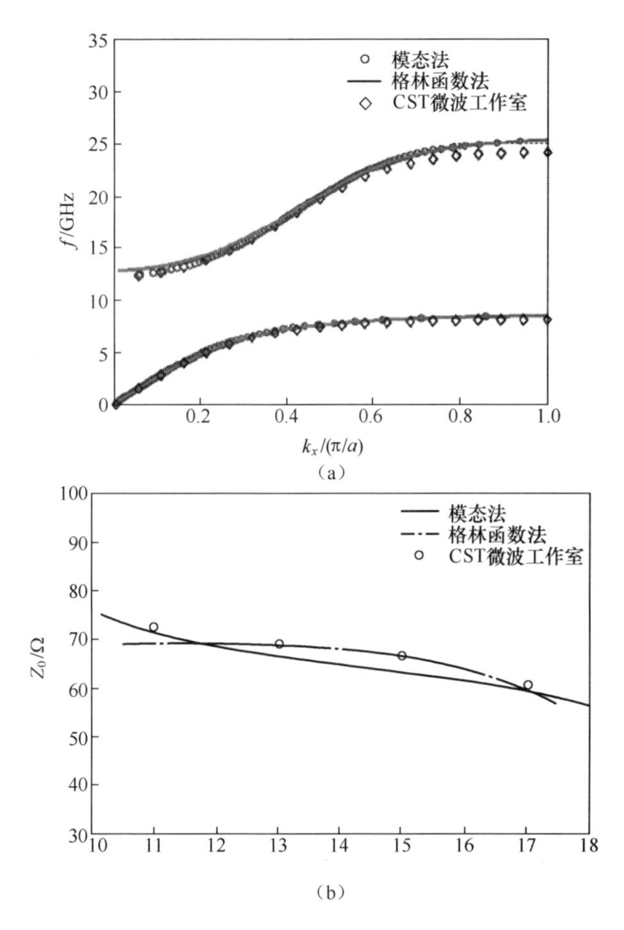

图 74.19　由上述两种方法和 CST 计算得到的脊间隙波导的色散图和特性阻抗
(a)色散图;(b)特性阻抗。

波导的色散图。从脊间隙波导和其等效脊波导的仿真色散图可以看出,脊间隙波导具有非常接近于 TEM 模式的色散曲线(称为脊间隙色散曲线)。更重要的是,在阻带内,脊间隙的色散曲线非常接近等效传统脊波导中基模的色散曲线。同样,当比较槽间隙波导和其等效空心矩形波导之间的色散图时,两个波导中的基本传播模式的色散图在阻带内是相似的。综上所述,脊间隙/槽间隙波导的色散图可以近似为其等效脊/空心波导的色散图。所以,可以通过解析表达式或经验公式容易地获得。

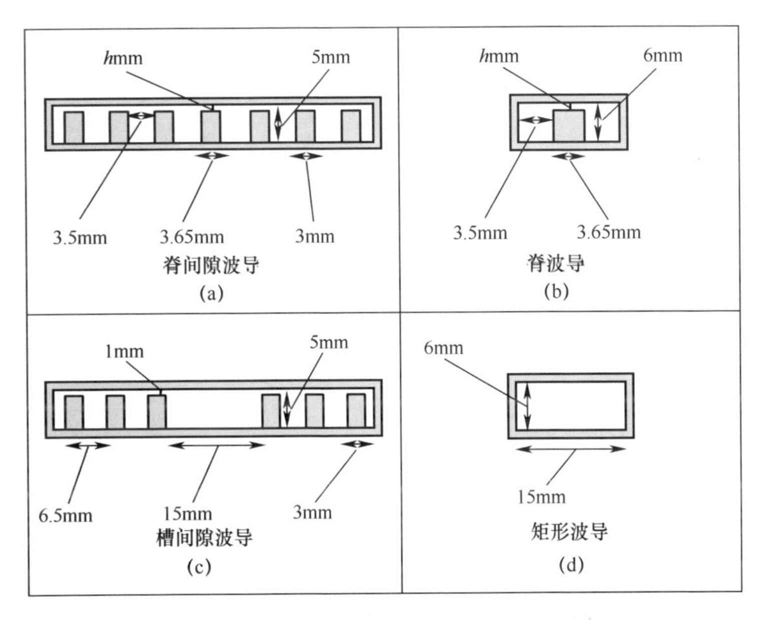

图 74.20　色散分析所使用的波导结构详图

(a)脊间隙波导;(b)脊波导;(c)槽间隙波导;(d)矩形波导。

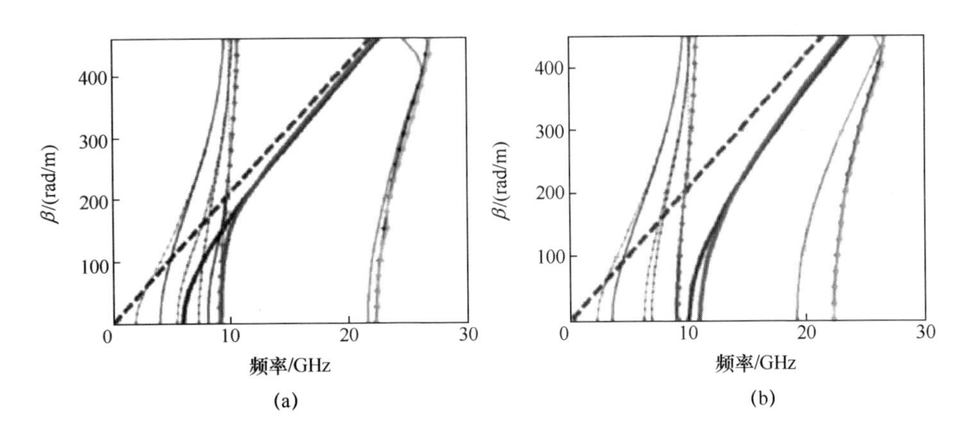

图 74.21　波导色散图

(a)脊间隙波导和脊波导的色散图(虚线);(b)槽间隙波导和矩形波导的色散图(虚线)。

74.6.7　仿真间隙波导元件时的端口配置

在数值端口直接连接到脊/槽间隙波导的情况下,我们研究了一种数字端口配置。Raza 等(2013)已经展示了他们的精心研究和结果。然而,本节仅给出当端口直接放置在间隙波导结构处时商业电磁求解器获得的端口结果,如图74.22所示。理想情况下,在这种直双端口波导上使用正确的数字端口,S_{11}和S_{22}将会非常低(约为-65dB),但是在这种情况下,商用EM求解器中可用的空心波导端口是非理想的数值端口,将给出相对较高的S_{11}和S_{22},并且会引起间隙波导仿真中的误差。然而,脊间隙波导和槽间隙波导中的S_{11}和S_{22}在感兴趣的频带内均低于-35dB,这在图74.23和图74.24中示出。除阻带的下限外,间隙波导和等效波导端口之间的匹配仍然良好。反射系数的周期性来自波导两端的端口的两个干涉反射,这意味着来自每个端口界面的反射系数比组合反射系数S_{11}的峰值低6dB。因此,容易得出结论:大多数值端口处的不连续效应从实际观点来看对阻带的影响是相当小的,与测量精度在同一个数量级上。

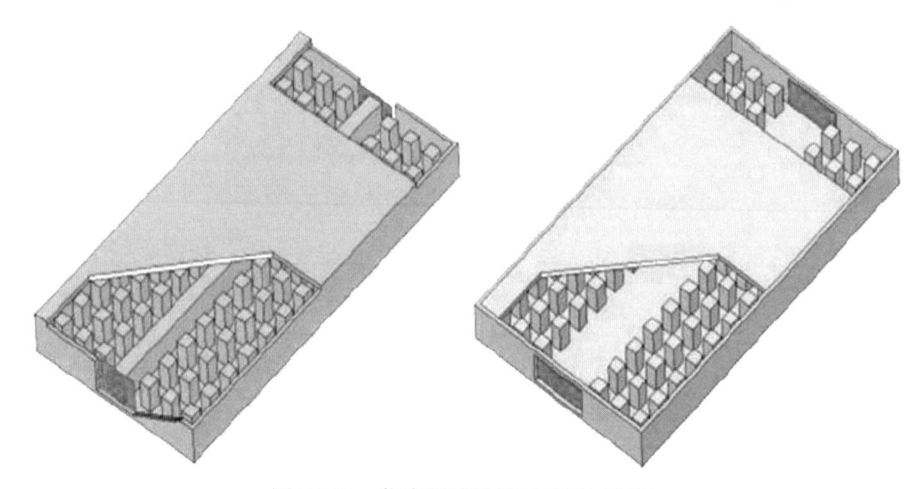

图74.22 仿真间隙波导时的端口配置

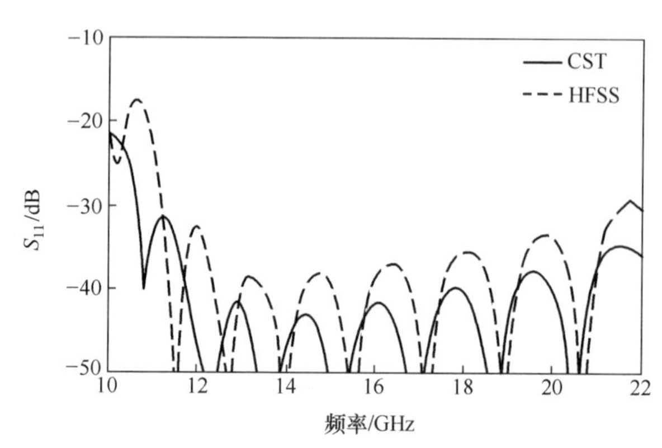

图74.23 在CST和HFSS里槽间隙波导采用等效空心矩形波导端口设置后得到的S参数

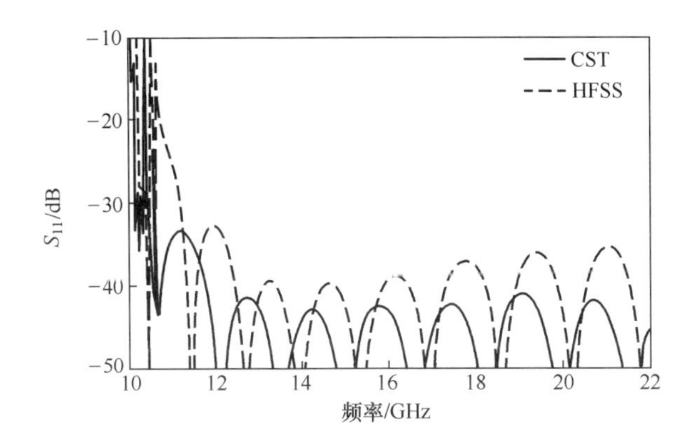

图 74.24　在 CST 和 HFSS 里脊间隙波导采用等效空心矩形波导端口设置后得到的 S 参数

74.7　基于间隙波导技术的低损耗天线

无线通信系统已经从具有千比特每秒(kb/s)数据速率的蜂窝电话发展到以兆比特每秒(Mb/s)通信的无线局域网(WLAN)和无线私人局域网(WPAN)。此外,随着千兆 WiFi 的出现,且具有更高数据速率的商业应用越来越多(Hansen,2011; Smulders,2002),从系统角度看,高增益和大孔径天线正变得越来越重要。

尽管通过使用介质透镜天线或反射面天线可以获得高的天线效率(Chantraine-Bares et al. ,2007; Mall et al. ,2001; Wei et al. ,2011),但是我们很难实现具有这种结构的平面天线,因为这些天线需要在空间中预留焦点的距离。微带阵列天线重量轻、成本低、外形小,但是它们在高频带中有高介电损耗和欧姆损耗(Borji et al. ,2009)。而且,微带天线的电气性能取决于使用的基板。因此,微带天线同时优化带宽和效率等重要的天线参数是非常困难的(Zwick et al. ,2006)。此外,微带天线受诸如表面波泄漏和旁瓣辐射问题的困扰(Fonseca et al. ,1984; Komanduri et al. ,2013; Levine et al. ,1989)。因此,实现高效率的高增益微带天线阵列,尤其在毫米波频率以上,是非常具有挑战性的。

波导缝隙平面阵列天线没有大的馈电网络损耗,可用于设计高效率、高增益或中等增益天线(Hirokawa et al. ,2000; Hirokawa et al. ,1992)。然而,波导天线的生产成本通常非常高,因为它们通常由具有复杂三维结构的金属块组成(Liu et al. ,2009)。而且,需要高精度的制造技术来实现在这种波导馈电缝隙阵列天线中的开槽金属板与底部馈电结构之间的良好电接触。因此,除了少数军事应用和空间应用外,传统的波导缝隙阵列至今尚未商用。

除了传统的微带天线和波导缝隙天线外,还提出了基于基片集成波导(SIW)的平面阵列天线来实现低成本的解决方案(Xiao-Ping et al. ,2010; Xu et al. ,2009)。这项技术可以将有源电路与天线集成在一起。SIW 的损耗要好于微带和共面结构,尽管如此,由于介质材料的存在(Bozzi et al. ,2011; Awida et al. ,2011),损耗仍然是个问题,特别是在高增益(28~30dBi 以上)情况下。

基于以上讨论,现有的天线技术在制造成本、效率、带宽和结构简单性方面都存在着局限性,为间隙波导等新技术的研究提供了机会。正如在“间隙波导原理及损耗分析”一节中提到的那样,不同的间隙波导配置,给出了构建具有特定性能和成本要求的天线的独特机会。本节描述了几种基于间隙波导技术的天线,并且给出了如何使用不同结构的间隙波导来设计天线。

74.7.1 脊间隙波导单层宽带槽阵列天线

这里展示了一个工作在 Ku 波段,使用脊间隙波导技术的宽带 4×1 单元缝隙线阵和一个 2×2 单元平面缝隙阵列天线。这两个天线都是为固定宽边波束和 20%的相对带宽而设计的。利用脊间隙波导的概念,可以非常容易地构建高增益阵列天线所需的低损耗馈电网络。另外,可以方便地将辐射缝隙放置在脊间隙波导的顶部光滑金属板上,设计出槽天线,而无须在开槽金属板和底部馈电结构之间建立严格的电接触。脊间隙缝隙阵天线设计的细节由 Zaman 和 Kildal (2014)报道。

图 74. 25(a)给出了由脊间隙波导激励的单缝隙天线,单一阵元带宽很窄,如在 S_{11} 结果中所观察到的那样。后来,这种设计得到了改进,增加了 T 形脊(Zaman et al. ,2012、2014),而缝隙单元的长度和宽度也相应改变,使得 S_{11} 在关键频带上低于-10dB,图 74. 25(b)示出了改进的阵元设计和获得的阵元反射系数。当来自缝隙本身的第一次谐振与来自馈电 T 形结的第二次谐振彼此接近时,能获得最大的带宽, 这两个谐振在图 74. 25(b)所示的仿真 S_{11} 曲线中清楚可见。

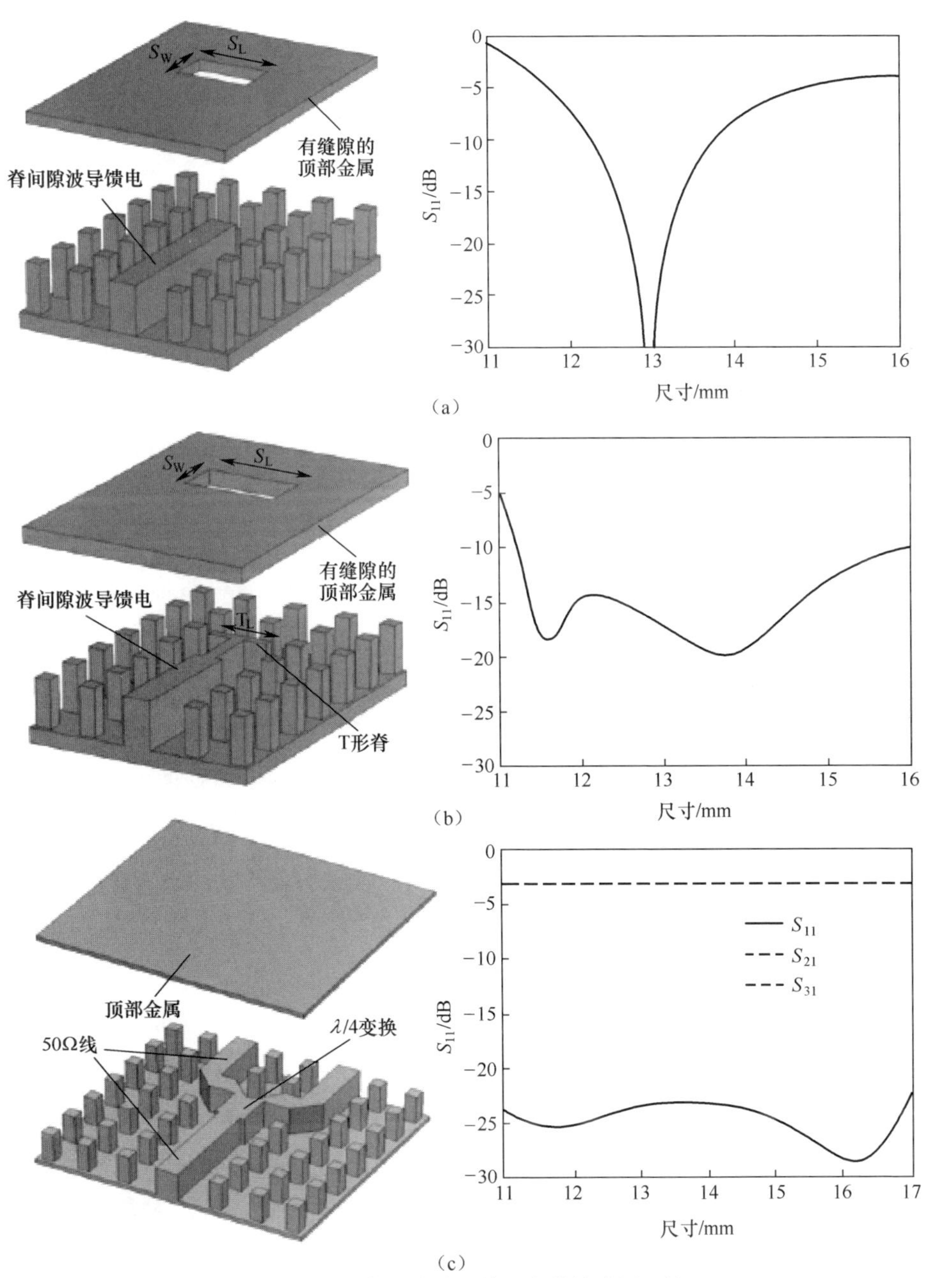

图 74.25　脊间隙波导单层宽带槽阵列天线

(a)窄带缝隙尺寸 $S_L = 11.5\text{mm}$、$S_W = 5.85\text{mm}$ 和仿真的反射系数；(b)添加了 T 形结的宽带缝隙尺寸 $S_L = 11.75\text{mm}$、$S_W = 5.85\text{mm}$ 和 $T_L = 8.25\text{mm}$；(c)具有 T 形结的脊间隙波导 S 参数。

用于天线馈电网络的另一个重要部件是在T形结处的3dB的功率分配器，T形结通常由$\lambda/4$变换器和3个50Ω线组成，图74.25(c)示出了脊间隙波导T形结功率分配器及其仿真的S参数。仿真结果表明，可以基于该T形结构设计一个完整阵列天线的宽带馈电网络。

74.7.2 线形天线阵设计

基于上述缝隙阵元和3dB功率分配器，设计了一个4×1的线形槽阵列。由于线阵列是为固定波束而设计的，因此阵元间距可以保持在0.80λ以避免栅瓣，并且所有的槽阵元以相同的幅度和相位激励。完整的阵列如彩图74.26(a)所示，工作频段为11.5~14.5GHz。如彩图74.26(a)所示，具有脊和针纹理结构的底板为阵列的馈电网络，在顶部放置一个光滑的金属板，在距离底板1mm的距离处有4个辐射缝隙，缝隙单元的尺寸被设定为长宽比$S_W/S_L<0.5$，这个比例对于抑制交叉极化是非常重要的，顶部金属板的厚度为2mm，最后还需要一个从脊间隙波导到标准传输线的过渡，以测量这个天线。这个过渡可以是一个简单的结构，由脊形的梯级组成，允许准TEM模式耦合到具有内部导体的SMA连接器的同轴模式。该线阵的测量结果如彩图74.26(b)和彩图74.26(c)所示，实测S_{11}参数与仿真值良好吻合，相对带宽约为20%。在辐射方向图中，阵列在H平面上具有更多的旁瓣且方向图对称。在H平面中，第一个旁瓣比均匀阵列常见的波束峰值低11.8dB。另外，在E平面中，由于缝隙靠近一侧的边缘，所以波束更宽并且不完全对称。在E平面中，由于缝隙靠近边缘，存在背向辐射的可能性。为了避免这种背向辐射，增加了在最低工作频率处$\lambda/4$深度的少量波纹结构。

74.7.3 二维天线阵设计

在线形阵列设计完成后，又设计了一个简单的2×2阵元平面阵列，并采用脊间隙波导技术使之在12~15GHz频带上工作。2×2阵元阵列通过共同馈电模式以相同的幅度实现激励，在最高频率处阵元间隔约为0.875λ。在这种设计中，缝隙长S_L和缝隙宽S_W被设定为11.45mm和6.25mm。天线用标准的Ku波段矩形波导激励，如彩图74.27(a)所示。在二维阵列中，设计协同馈电网络比较困难，因为阵元间隔必须在两个正交方向上均小于一个波长。出于这个原因，馈电网络必须更加紧凑。因此在这种设计中，紧凑型四路功率分配器将不使用

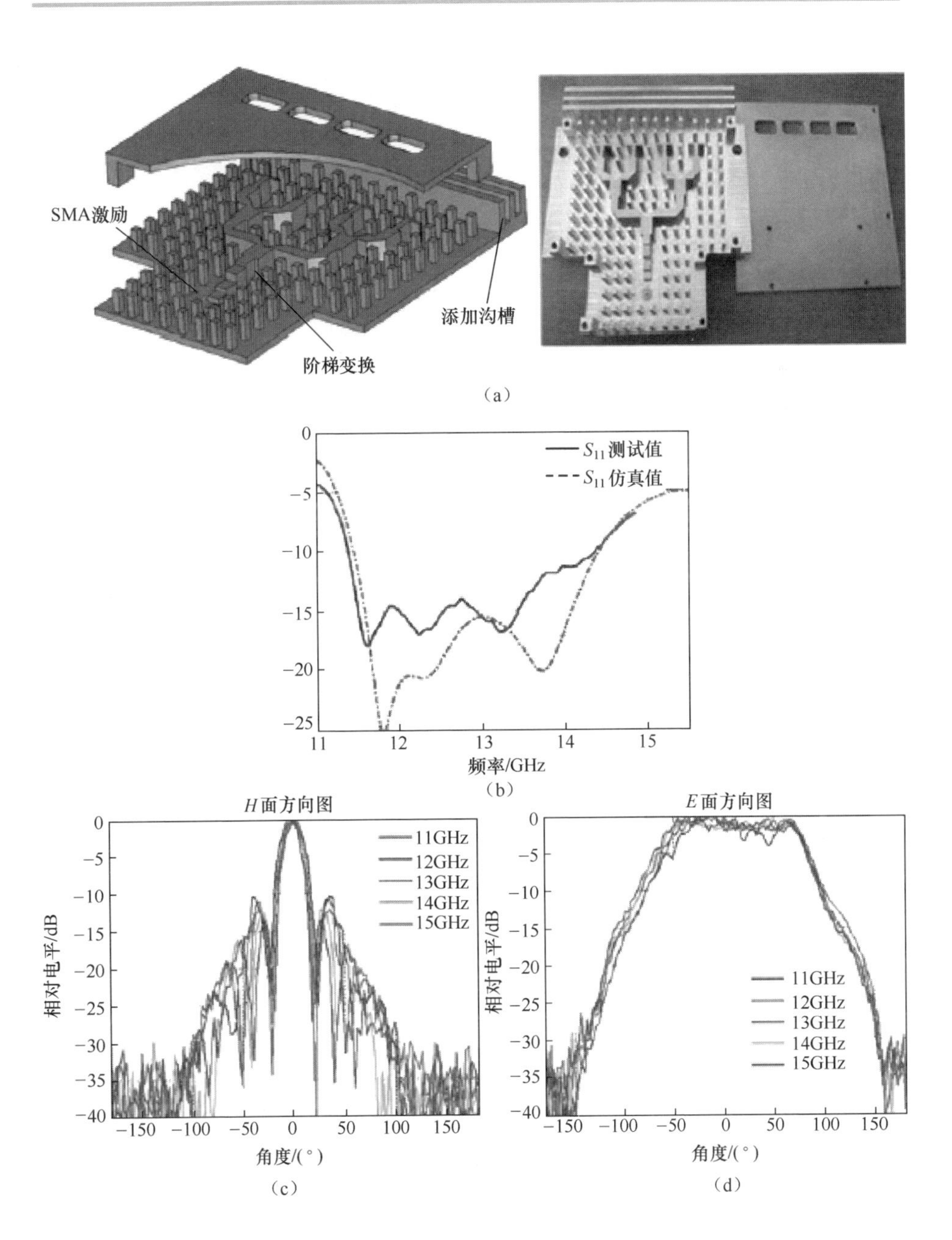

图 74.26　线形天线阵设计(彩图见书末)

(a)CST 中的线阵列模型和制作样本;(b)测试和仿真的线阵列 S_{11};

(c)测量的线阵列的 E 平面和 H 平面。

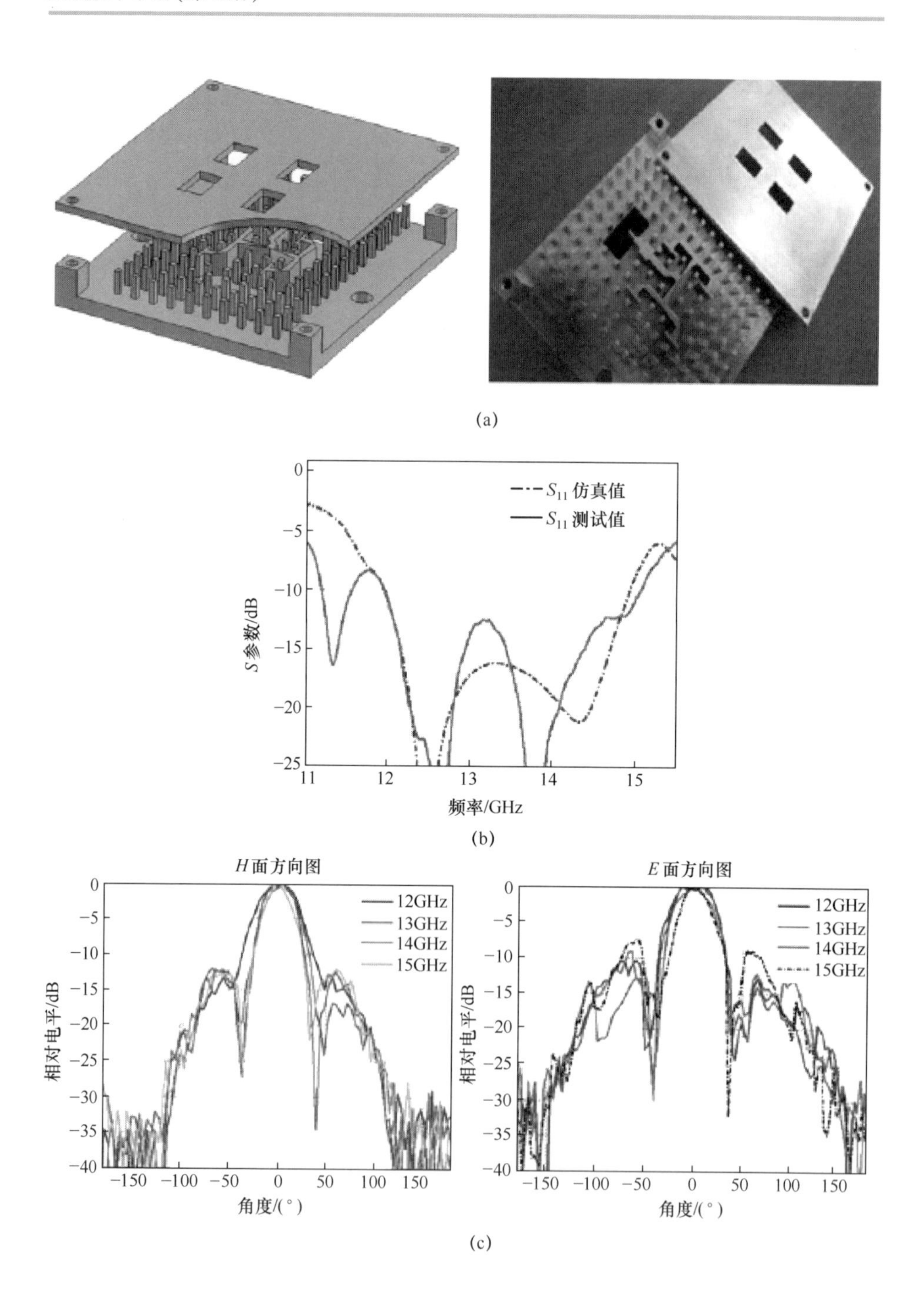

图 74.27　二维天线阵设计(彩图见书末)

(a)CST 中 2×2 阵元模型;(b)平面阵元的仿真 S_{11};(c)测量的平面阵元的 E 面和 H 面辐射图。

λ/4 变换器设计,而是将两个分开的脊部分的宽度进行渐变以实现阻抗匹配(Zaman et al. ,2014)。彩图 74. 27(b)和彩图 74. 27(c)分别展示了测量的反射和主平面辐射方向图,对于 2×2 阵列,所有测量的频率点,旁瓣在 H 平面中均低于-12. 5dB。在 E 平面,旁瓣电平在较低频率时保持在-10dB 以下,但是在频带高端上升到-7. 65dB,这些高旁瓣是由 E 平面中每个单独槽的全向模式和较大阵元间距(在较高频率下接近于 λ)引起的。此外,阵列的范围仅限于每个方向上的两个阵元,所以没有清晰的阵列因子效果。对于更大的阵列来说,第一旁瓣会更接近主瓣,并且会变得更低。

74. 7. 4　槽间隙波导缝隙阵列

正如在“间隙波导原理及损耗分析”部分所述,在所有间隙波导几何结构中,槽间隙波导能提供最低的插入损耗,并且该波导的损耗与常规矩形波导非常相似。因此,设计基于槽间隙波导的缝隙阵列是非常有意义的,最近人们在槽间隙波导缝隙阵列上已经开展了一些研究(Valero-Nogueira et al. ,2013; Martinez Giner et al. ,2013)。本节讨论两个在宽壁和窄壁上具有开槽设计的槽间隙线形阵列,这两种情况下的槽间隙波导内的场分布如图 74. 28 所示。

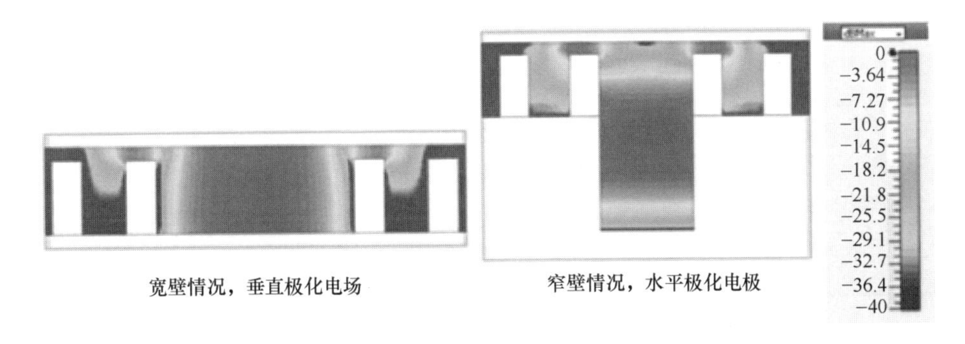

图 74. 28　在宽壁和窄壁上开槽后槽间隙波导的场分布

槽间隙波导槽间隙阵列的设计方法与传统方法相似。首先,需要获得槽间隙波导中槽的等效导纳, 但这不是一个小问题,因为在这种情况下要分析的结构是具有诸如槽的非周期性障碍物的周期性波导。因此,在这里直接使用 Bloch-Floquet 定理是不行的。然而,Valero-Nogueira 等(2013)提出了间接的方法,以获得与槽间隙波导中的与槽相关联的 S_{11} 参数。反射系数的间接推导可以从施加到槽的孔径积分公式上得出,采用 Valero-Nogueira(2013)等提到的方法,在 Ka 波段上设计了一种在槽间隙波导宽壁上具有辐射缝隙的线形阵列,图 74.29 示出了制造的缝隙阵列实物和测量的辐射图。

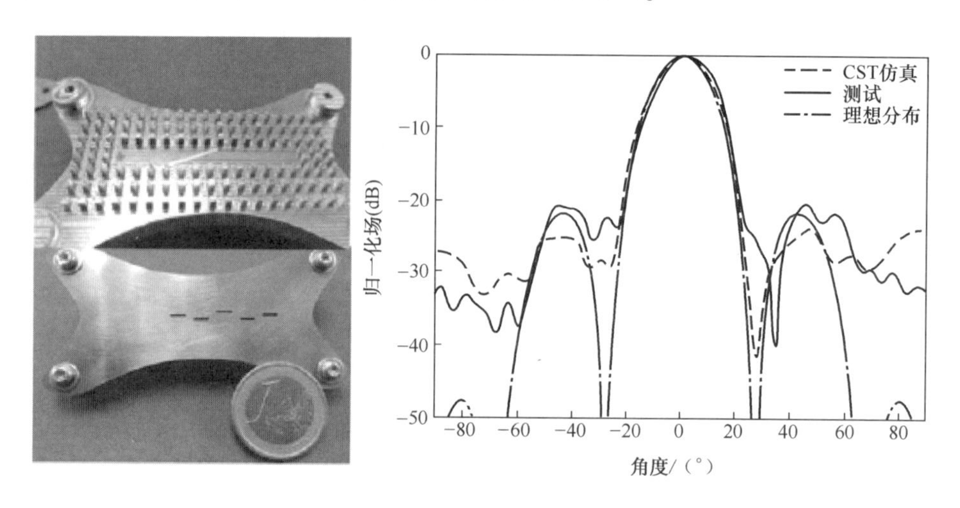

图 74.29 制造的在宽壁上开槽的槽间隙波导和其 H 面辐射图

除了上面提到的缝隙阵外,还设计了一个 8 阵元谐振阵列,其中缝隙位于槽间隙波导的窄壁上(Martinez Giner et al.,2013)。通常,当缝隙位于窄壁上时,缝隙会倾斜放置,这降低了天线的交叉极化性能。为了避免高交叉极化问题,我们将缝隙保持不倾斜,并在基板上刻蚀出倾斜的寄生偶极子缝隙,同时使用基板来激励,这种方法类似于 Hirokawa 和 Kildal(1997)提到的方法。偶极子和缝隙之间的相对角度决定了这两个元件之间的耦合量。单个阵子的示意图在图 74.30 中示出,阵列及其辐射方向图分别如图 74.31(a)和图 74.31(b)所示。正如文献(Martinez Giner et al.,2013)所述,阵列中的辐射阵元位于每个 $\lambda_g/2$ 位置之后,在每个驻波最大值的位置,偶极子方向也不断交替取向以补偿在每 $\lambda_g/2$ 长度之后驻波的相位交替。

74.7.5 由倒置微带间隙波导馈电的喇叭阵列天线

本节介绍了一个由倒置微带间隙波导协同分布网络馈电的 16 阵元准平面双模式喇叭阵列设计。该天线最终将用于 60GHz 的应用,但是这里介绍的是该天线的简化版本,一个 X 波段工作的原型样机,用于验证使用。这项工作的详

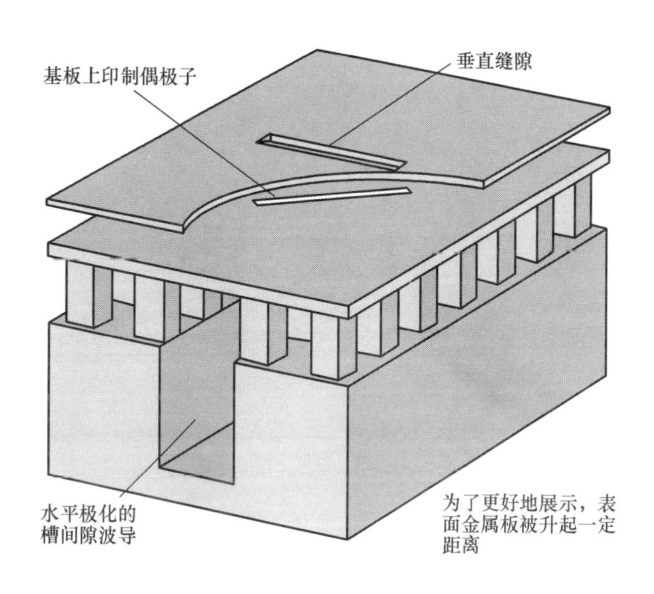

图 74.30　由寄生偶极子激励的具有倾斜辐射缝隙的槽间隙波导

细介绍在 Pucci 等(2014)的工作中可以找到。该项目主要目的是演示倒置微带间隙波导的协同馈电网络,该网络避免了基板模式泄漏,并且将功率适当地分配到喇叭阵列。$2\lambda \times 2\lambda$ 双模喇叭阵元本身的设计并不是这里讨论的重点。单喇叭单元的示意图如图 74.32 所示,单喇叭单元也由 T 形馈线激励,类似于文献(Zaman et al. ,2014)使用的馈线,这种设计可以实现更大的带宽(超过 10%),在完整的阵列中,喇叭单元由在微带间隙波导中实现的协同馈电网络馈送。馈电网络采用传统的 T 形结分配器和 $\lambda/4$ 阻抗变换器设计,输入由 50Ω 传输线提供,将输入功率分成两个主分支,然后继续进行功率分配,直到等功率传输到每个辐射器中。匹配是通过使用阻抗变换器和拐角等几何变换获得的。馈电网络的设计细节也在文献(Pucci et al. ,2014)也详细介绍过,制成天线的所有部件如图 74.33 所示。

所实现的由倒置微带间隙波导馈电网络馈送的 16 阵元平面双模式喇叭阵列,在工作频率处实现的增益大约为 24.5dBi。我们发现这个天线的主要损耗是来自栅瓣的功率损失,这是因为单喇叭单元尺寸大于一个波长,从而引起了高栅瓣,所以这种特定的天线具有固有的低孔径效率。在计算栅瓣效率之后,得出

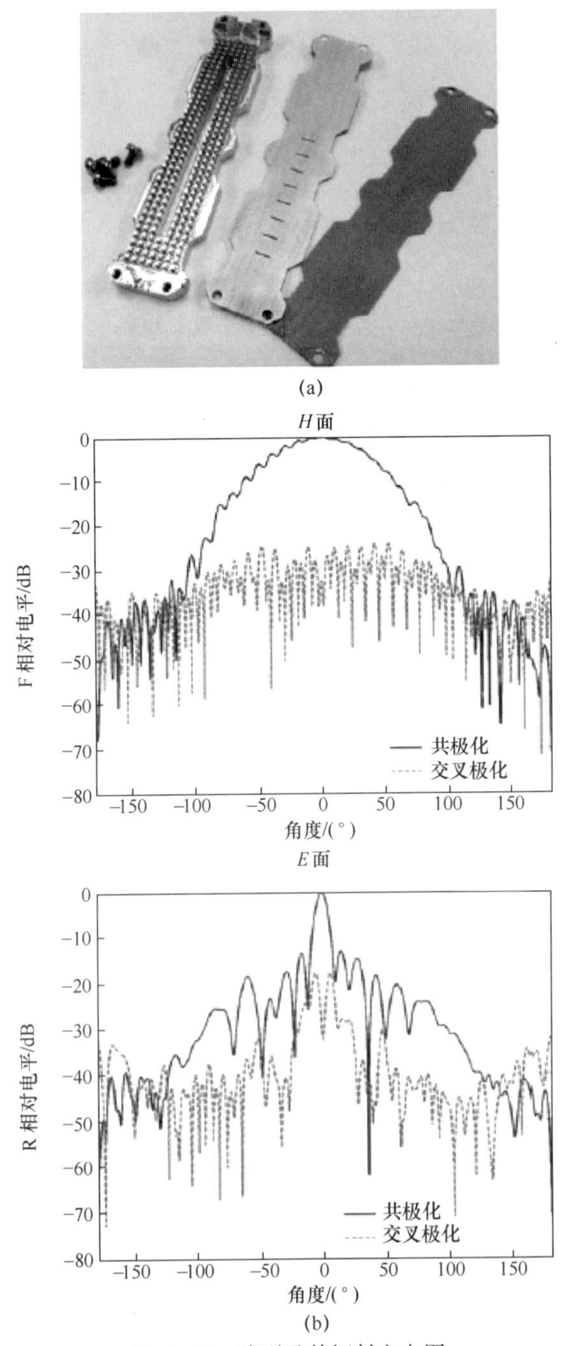

图74.31 阵列及其辐射方向图

(a)制作的在窄壁上开槽的槽间隙波导阵列;(b)测量的E和H面辐射图。

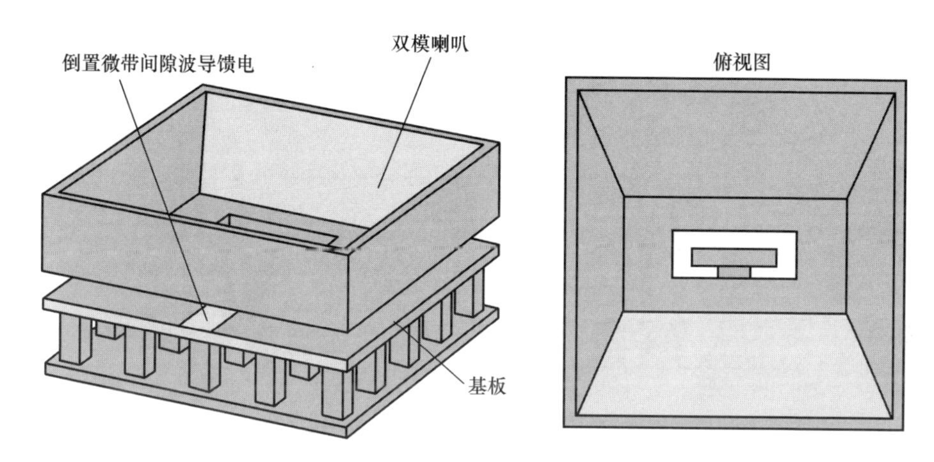

图74.32 由倒置微带间隙波导馈电的双模喇叭天线

图74.33 有倒置微带间隙波导馈电网络的喇叭阵列天线

该栅瓣在工作频段造成了2~3dB的功率损失;否则,不会有如此大的损耗。而倒置微带间隙波导馈电网络损耗相对较小,仅为0.4~0.5dB。图74.34(a)和图74.34(b)示出了辐射方向图和实现的增益曲线。然而,这种天线的主要优点在于基板(其上印制有倒置的微带间隙波导馈电网络)可以容易地放置在周期性恒定的针床结构的顶部,这种均匀的针结构可以用更大的铣刀进行铣削,或者可以将多个切刀放在一起,从块状金属件上同时切割出均匀的结构。

74.7.6 使用两个双面PCB的60GHz缝隙阵列单元

本节介绍一种宽带60GHz平面缝隙阵列天线,阵列的阵元由两个双面PCB

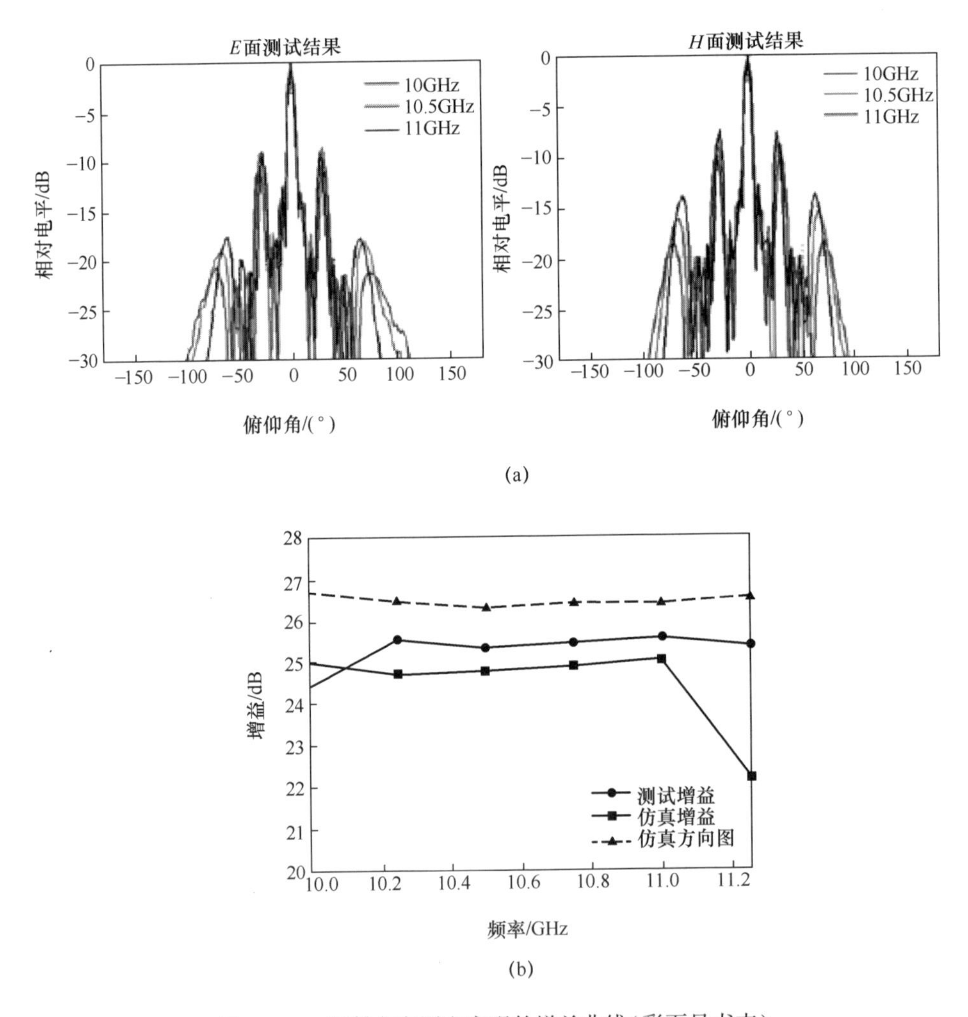

图74.34 辐射方向图和实现的增益曲线(彩页见书末)

(a)测试的喇叭天线阵列 E 面和 H 面辐射图;(b)测试和仿真的喇叭天线增益。

层组成。底部PCB用于天线的协同馈电网络,馈电网络基于微带脊间隙波导,而上部PCB是SIW腔体层。上部PCB的接地板上有一个耦合缝隙,用于将来自微带脊间隙波导馈电网络的能量耦合到SIW腔体层。之后,借助在上部PCB的顶部金属层上蚀刻的辐射缝隙,能量从SIW腔体辐射到空气中。在上部PCB和下部PCB之间存在空气间隙,这是准TEM模式沿着微带脊间隙波导传播所需要的条件,并且在这种情况下该空气间隙高度需要保持在0.25mm。在这项工作中,上部 PCB 板采用厚度为 0.78mm 的 Rogers 5880 基板(e_r = 2.2)。底部 PCB 板采用厚度为 0.504mm 的 Rogers 3003 基板(e_r = 3.0)。2×2 单元阵列的示意图如图 74.35(a)所示,天线的细节 Razavi 等(2014)已经详细说明。实际上,这项工作只是基于 PCB 技术实现高增益(约 35dBi,32×32 单元)天线的大项目中的一部分。

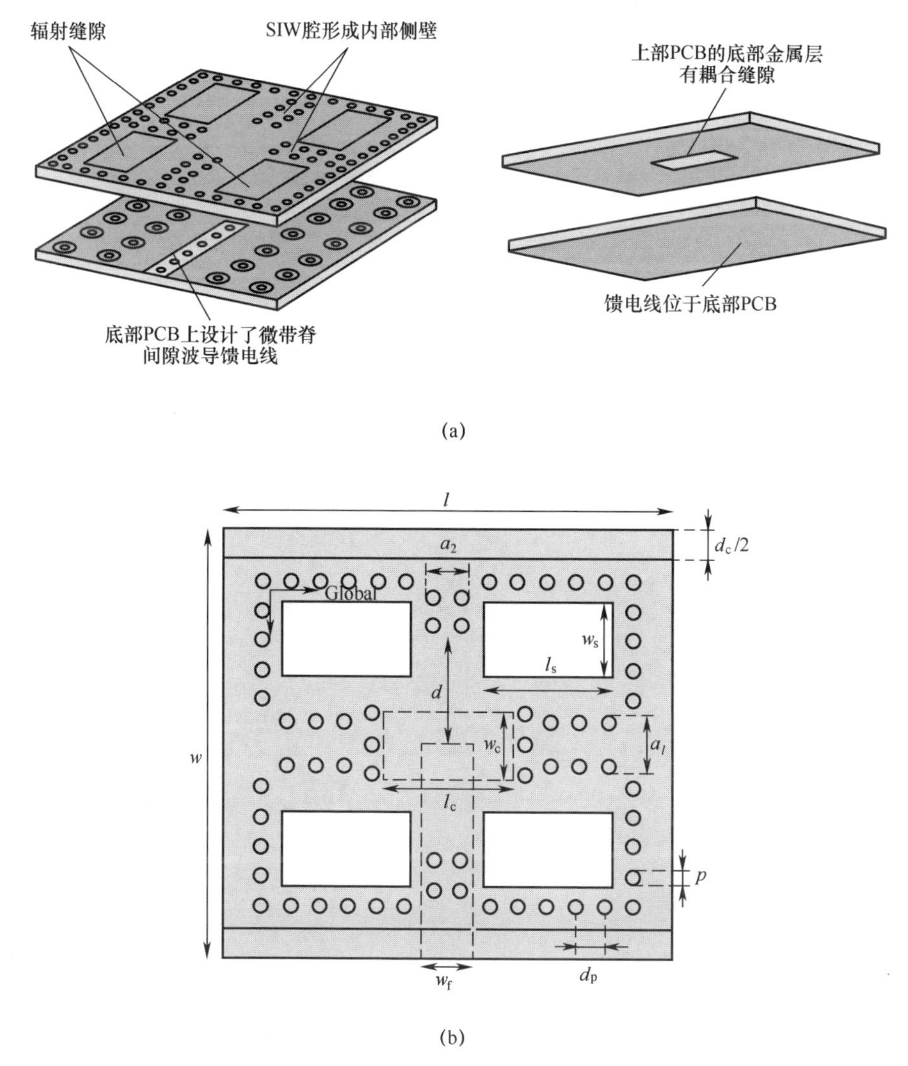

图 74.35　2×2 单元阵列及其尺寸

(a)有 SIW 腔体的 2×2 子阵列和微带脊间隙波导馈电线;(b)子阵在无限空间中需要优化的一些参数。

为了获得最高的孔径效率和最宽的带宽,优化了 2×2 间隙子阵列的尺寸。众所周知,天线孔径中的缝隙(或其他阵元)应当在正交方向上以小于一个波长的间隔均匀地隔开,以避免出现栅瓣。如果阵元方向图的零点在地平面方向,如在缝隙的 H 平面中,则这个要求可以放宽。但是,在 E 平面,这个要求需要严格遵循,因为在 E 平面中间隙具有更均匀的辐射模式。同时,阵元间距应尽可能大,以保持阵列的总孔径尺寸足够大,以具有所需的增益和方向性。为了满足上述条件,优化了 2×2 槽间隙子阵列内的阵元尺寸 l 和 w 以及阵元间的槽间隔。应该注意的是,槽尺寸 w_s 和 l_s 以及耦合槽尺寸 w_c 和 l_c 也同时被调整,以在工作带宽上实现良好的阻抗匹配。在这种设计中,E 平面中的每个 2×2 槽子阵列之间也引入了宽度为 d_c 的 SIW 波纹,其作为软表面工作。通过这种方式,子阵列之间的互耦被抑制,在无限大阵列环境中的 S_{11} 在 57~66GHz 频带上更容易实现阻抗匹配。同时,沿着地平面的子阵列方向图将会出现零点,从而减小了栅瓣问题。图 74.35(b)示出了子阵列的关键尺寸和 SIW 波纹,Razavi 等(2014)介绍了所有的尺寸细节。

在优化了 2×2 子阵列后,我们制造并测量了 4×4 阵元的原型天线以验证该设计。制造的原型天线的照片以及该天线的测量结果如彩图 74.36 所示。

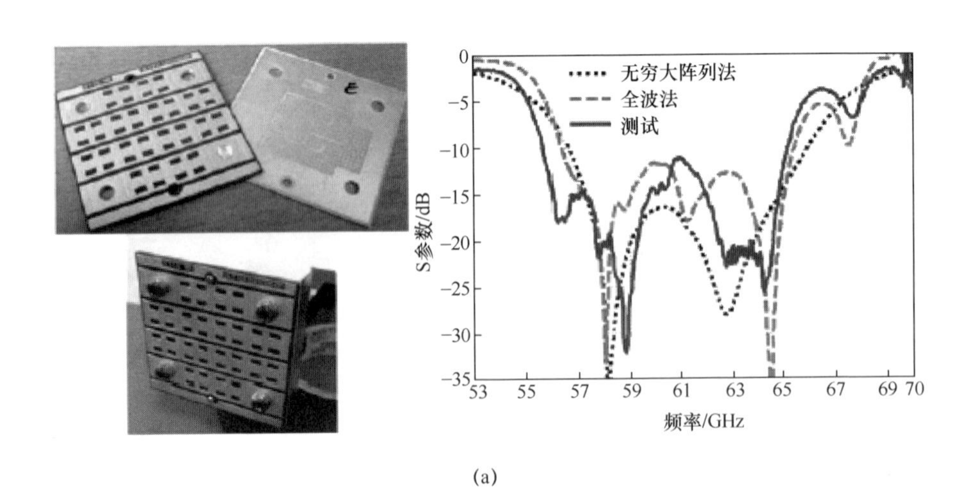

(a)

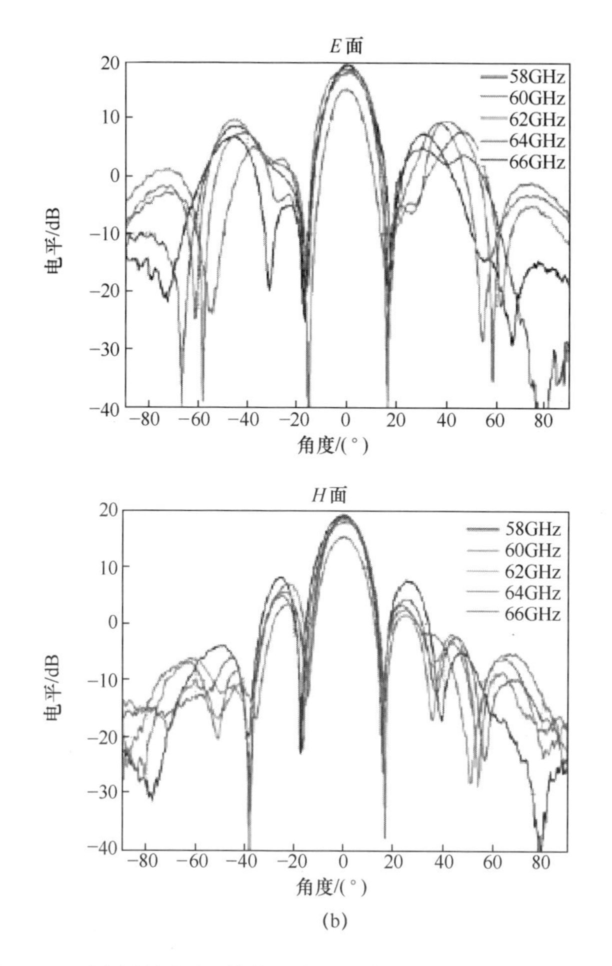

图 74.36　制造的原型天线的照片以及该天线的测量结果(彩页见书末)

(a)制作的原型和测量的 S_{11};(b)在工作频段上测量的 E 和 H 面辐射图。

74.8　间隙波导与标准传输线之间的过渡转换

间隙波导与其他标准传输线之间的过渡转换起着重要作用,为了获得微波子系统的最大功率传输,构成这种子系统的所有组件和模块必须相互匹配,这就是为什么需要过渡转换以将间隙波导无源元件(天线、滤波器等)连接到微波子系统,并与标准微带线或标准矩形波导实现良好匹配的原因。在评估间隙波导组件性能的同时,从测量的角度看,这些转换也是必要的。在大多数情况下,没有上述这些过渡结构的严格等效电路,因此这些转换的最佳设计是通过使用商业全波求解器的全波分析获得的。本节将讨论标准微带到脊间隙波导的转换、标准矩形波导到脊间隙波导的转换、标准矩形波导到微带脊间隙的波导转换等转换结构。

74.8.1 微带到脊间隙波导的转换

天线与基于 MMIC 的有源 RF 电路的集成在设计毫米波高性能微波模块时非常关键。许多高频 TX/RX 微波模块都含有 MMIC 芯片,并且在输入和输出端都采用典型的微带线。因此,微带线和间隙波导之间的良好过渡是 MMIC 芯片良好集成的关键因素。这样的转换需要紧凑,并且应该尽可能在更大的带宽上工作。这只能通过这两条不同的传输线之间精确的阻抗匹配和模式转换来实现。本节首先介绍标准微带线到脊间隙波导的转换。

这个转换的基础是基于微带线中主模的电场可以很容易地转换成标准的脊形波导模式的理论(Hui-Wen et al.,1994; Yunchi et al.,2010)。在脊间隙波导的情况下,由于主模也是准 TEM 模式,所以转换更简单,如图 74.37 所示。

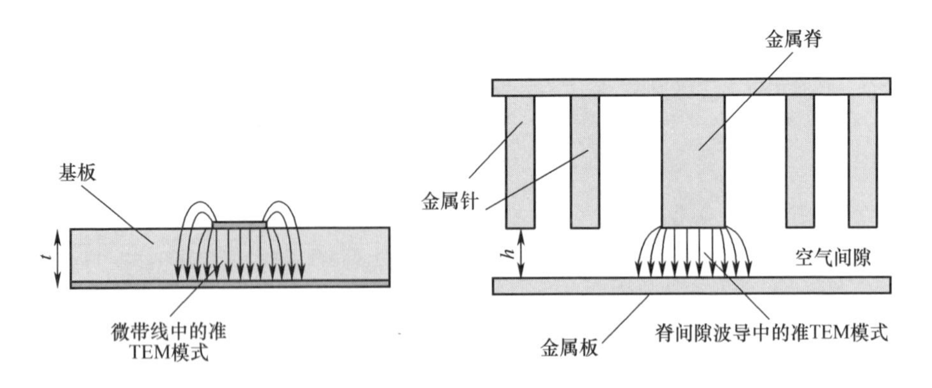

图 74.37 典型和脊间隙波导主模的 E 场分布

由于这种类似的场分布,只需要一个好的转换设计将介质中的电场变换为空气中的电场,而这可以通过逐步减小脊部分的宽度来完成(Zaman et al.,2013)。在本书提出的设计中,较窄的脊部分被看作规则的脊部分的延伸,并被放置在微带线的正上方。该部分的脊宽度与微带线中的金属带的宽度保持相近。在这种方法中,渐变脊需要与微带线和基板形成电接触。这可以通过焊接、黏合或简单地下压脊部分来完成。微带线和脊间隙波导之间的设计转换示意图如图 74.38 所示,也可以采用基于不同宽度的几个 $\lambda_g/4$ 的标准 Chebyshev 变换器来改善匹配。但是这里只使用一个渐变部分,以保持整体过渡结构的紧凑性。所制造的转换结构和测量结果如图 74.39 所示。对于 23~43GHz 频段测得的回波损耗为 14.15dB,这意味着单个转换在整个 Ka 波段上的回波损耗更低。在 23~43GHz 频带上转换的最大插入损耗为 0.32dB,其中包括脊间隙波导部分的损耗,意味着在整个 Ka 频段上的每个转换引入的损耗小于 0.16dB (Zaman et al. ,2013)。

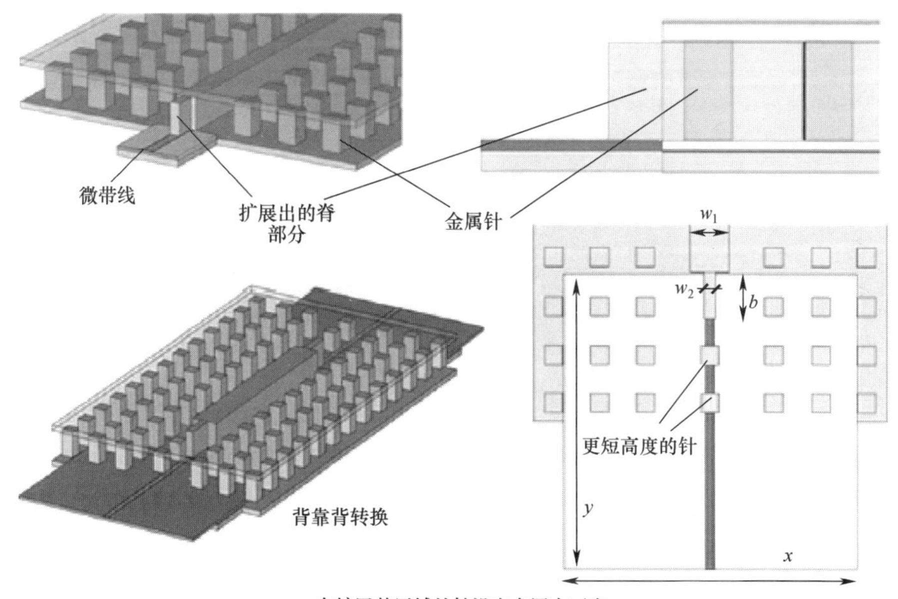

图 74.38　本书提出的过渡结构具体尺寸($w_1=2.65$mm,$w_2=0.72$mm,$xy=20$mm,$b=2.75$mm)

除了上面提到的转换外,Brazalez 等(2012b)提出了另一种标准的微带到脊间隙波导转换,该转换工作在 W 波段。这个过渡是根据电磁耦合原理设计的,意味着在典型的微带线和脊间隙波导之间没有任何电接触。过渡是基于重叠的 $\lambda/4$ 传输线,微带电路部分和脊间隙波导部分一起作为耦合部分。脊间隙波导

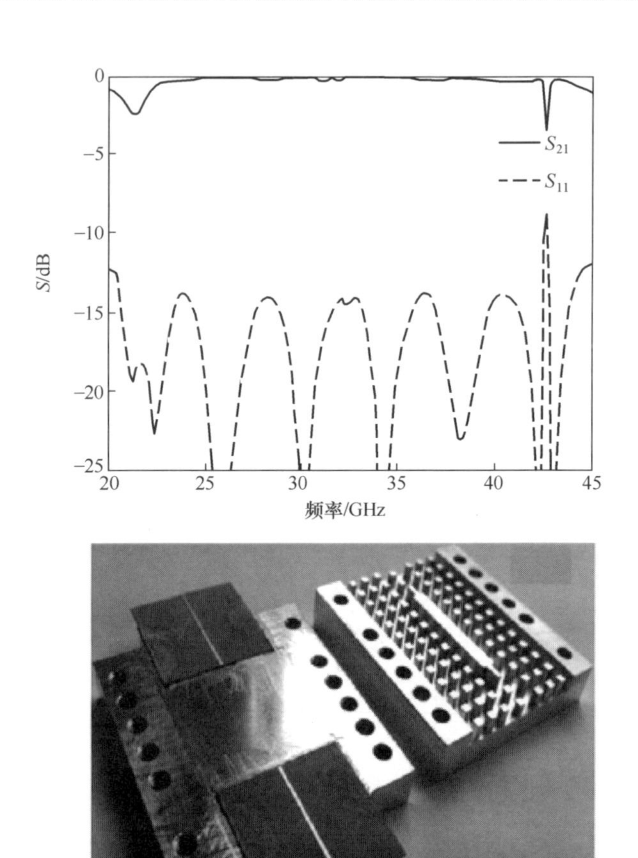

图 74. 39　背靠背过渡结构及其 S 参数测试值

周围的边缘电磁场与脊间隙波导的准 TEM 模式之间实现强耦合,图 74. 40(a)示出了转换的示意图。微带基板被放置到脊间隙波导部分的光滑金属板上,在微带部分和脊间隙波导部分之间存在约 0. 1mm 的间隙。与微带重叠的脊间隙波导部分与常规的脊部分相比具有更窄的宽度,以便改善匹配。这个转换的工作带宽约为 25%,比前面提出的转换结构要小,优点是这种转换的微带部分和波导部分之间没有直接接触。对于 W 频段(约 100GHz)或更高的频率,从机械结构角度来看,这可能是一个主要的优势。该过渡的关键尺寸如下:h_1 = 0. 2mm,h_2 = 0. 1mm,W_1 = 0. 35mm,W_2 = 0. 4mm,W_{rid} = 0. 55mm,L_1 = 0. 43mm,L_2 = 0. 75mm。在图 74. 40(b)中还示出了这种转换配置中的仿真性能。

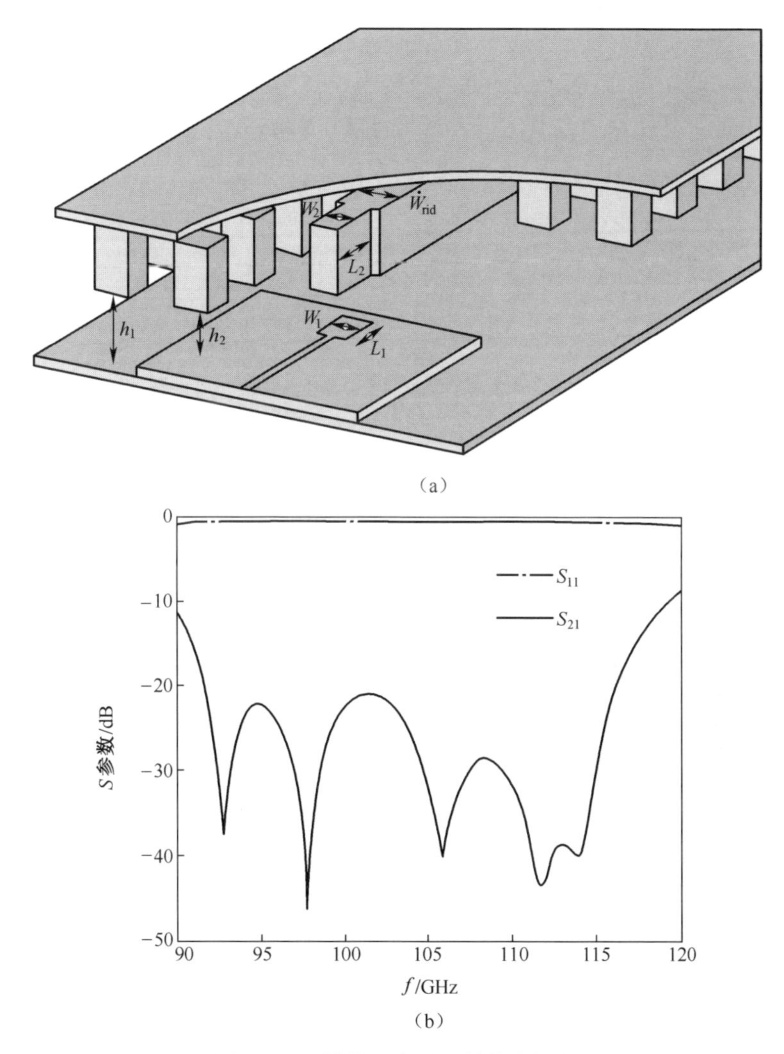

图 74.40　转换示意图及其仿真性能

(a)不需要任何直接电接触的过渡结构示意图;(b)不需要任何直接电接触的过渡结构的仿真 S 参数。

74.8.2　矩形波导到脊间隙波导转换

最近有学者设计了两种从脊间隙波导到矩形波导的宽带过渡。第一种是内嵌过渡,其中引导脊的高度逐步降低以匹配空矩形波导的高度。在第二种过渡结构中,脊间隙波导由底部的矩形波导激励。在 Ka 波段,第一个过渡采用阶梯状设计,如图 74.41 所示,关键尺寸如下:L_1 = 2.46mm,L_2 = 2.27mm,L_3 = 2.17mm,L_4 = 1.78mm,S_1 = 0.22mm,S_2 = 0.52mm,S_3 = 0.76mm,S_4 = 0.53mm,S_5 = 0.42mm。设计这个过渡的灵感来源于 Bornemann 和 Arndt(1987)提出的阶梯式方法,在获得最初的设计尺寸之后,对结构进行数值优化以使得在整个 Ka 波段上有良好的性能,图 74.41 还显示了这种转换的仿真性能。

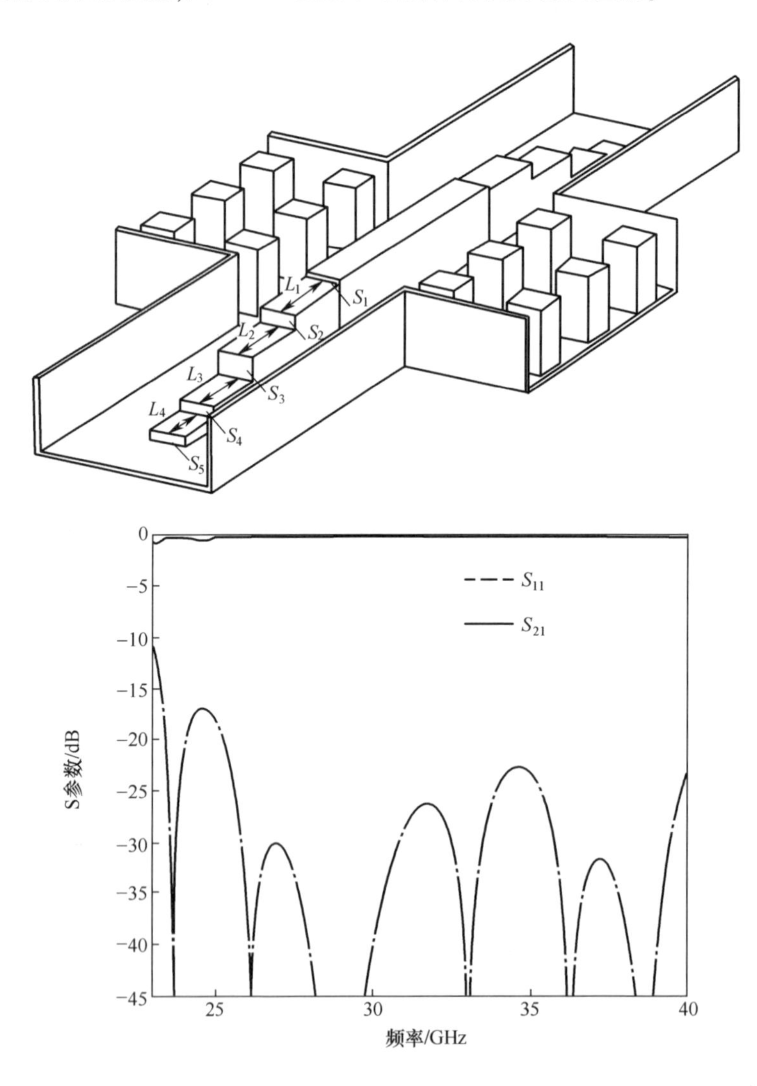

图 74.41　具有阶梯脊的背靠背过渡结构(顶部金属板未在此示出)和 S 参数仿真结果

第二种过渡也是一个简单的过渡,其中矩形波导从底部对脊间隙波导馈电。对于馈电波导必须放置在天线下方的脊间隙波导天线的测量,这种类型的过渡是必需的。过渡设计在 Ku 波段,如图 74.42(a)所示,此过渡区的所有关键尺寸如下:P_L = 3.65mm,P_w = 1.25mm,P_s = 4.25mm,R_w = 4mm,R = 2mm。图 74.42(b)示出了单个转换的仿真性能,这个转换已经被验证过多次,在 Zaman 和 Kildal(2014)提出的脊间隙波导槽阵列工作中也使用了相同的转换。

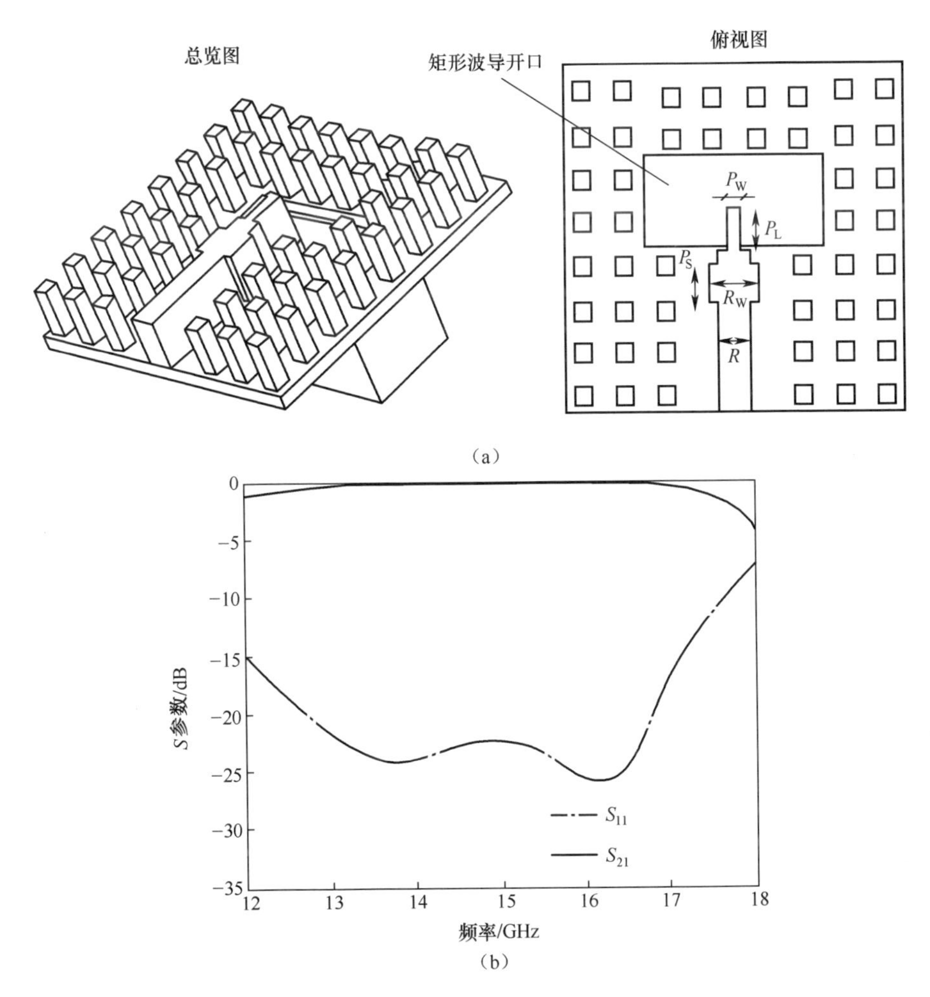

图 74.42　过渡设计及其仿真性能

(a)脊间隙波导到矩形波导的过渡(从底部馈电);(b)脊间隙波导到矩形波导过渡的 S 参数仿真值(从底部馈电)。

74.8.3 同轴到脊间隙波导转换

Zaman 等(2009)第一个提出了同轴到脊间隙波导的转换。传统的平行板波导很容易通过放置在矩形波导宽面中心的向波导内延伸一段同轴探针来激励(Williamson,1985; Heejin et al. ,1998)。为了避免在所有方向上的激励,短路壁位于离探针特定距离处。由于脊间隙波导与传统的矩形波导有所不同,现有的同轴线到波导的转换需要修改或重新设计,以使其适用于脊间隙波导。本节介绍了这种修改的转换结构,转换原理如图 74.43(a)所示。

过渡设计在 Ku 波段上,在金属脊上有一个孔,尺寸为 d_e。这允许同轴连接器的中心导体通过电磁耦合发射 EM 场。此外,过渡转换具有距离为 b 的背面短路(back short)。在这个过渡中,引导脊的两端都是短路的。过渡的关键尺寸可以通过全波分析来优化,这些尺寸为:$b=5$mm, $d_e=3.4$mm,$w_d=3.65$mm, $s=$

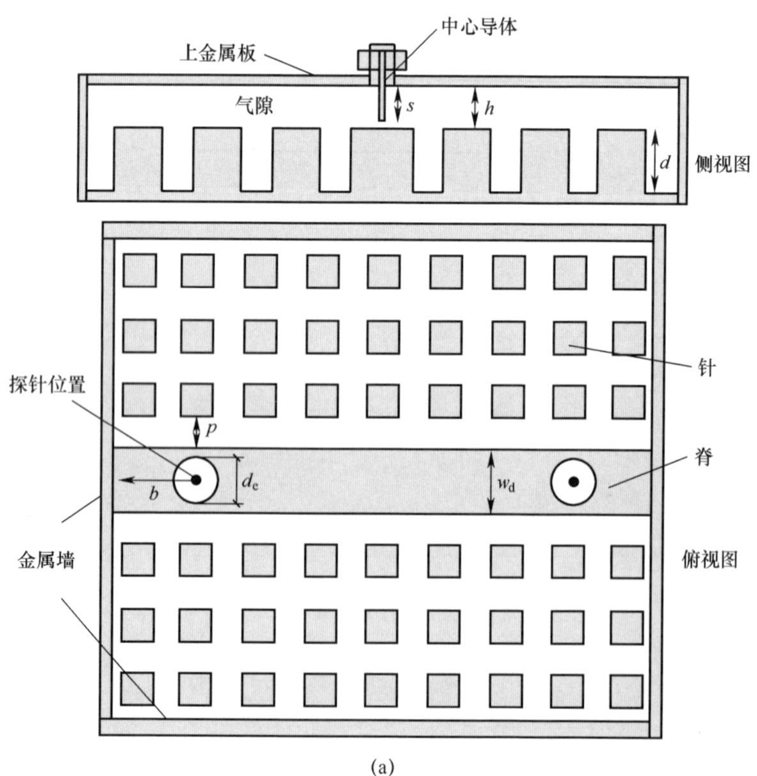

(a)

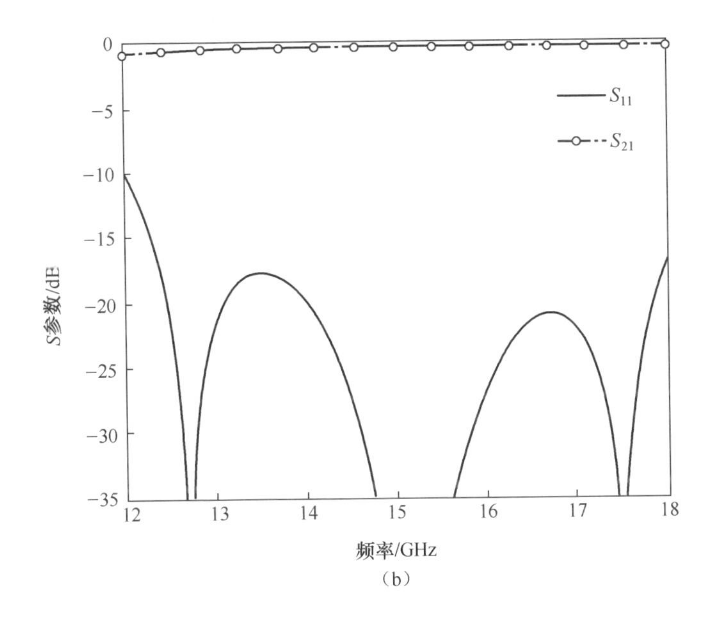

图74.43　转换原理及其仿真

(a)脊间隙波导到同轴线的过渡结构;(b)背靠背及间隙波导到同轴线的仿真结果。

3.5mm,p=3.5mm,h=1mm,d=5mm，在图74.43(b)中示出了该转换的仿真性能。

74.8.4　微带脊间隙波导到矩形波导过渡

本节介绍一种简单的微带脊间隙波导到矩形波导过渡。垂直过渡设计可以被用在Razavi等(2014)提出的具有微带脊间隙波导馈电网络的平面阵列中,在此过渡中,矩形波导从底部连接到微带脊间隙波导。转换的示意图如图74.44(a)所示。在大多数典型的平面传输线到矩形波导转换中需要$\lambda/4$背短电路,但是在这种转换设计的情况下,因为它已被设计用于平面槽阵列,没有足够的空间来容纳所需的背短电路。因此,该转换在57~66GHz上仅有15%相对带宽,但是,这样的带宽对于许多商业应用来说足够了,因为它覆盖了整个60GHz的免许可频段。加工了上述转换结构并对其进行了测试,在60GHz频段,实测的转换损耗为0.2dB,这个过渡的详细测量结果在文献中也可以找到。

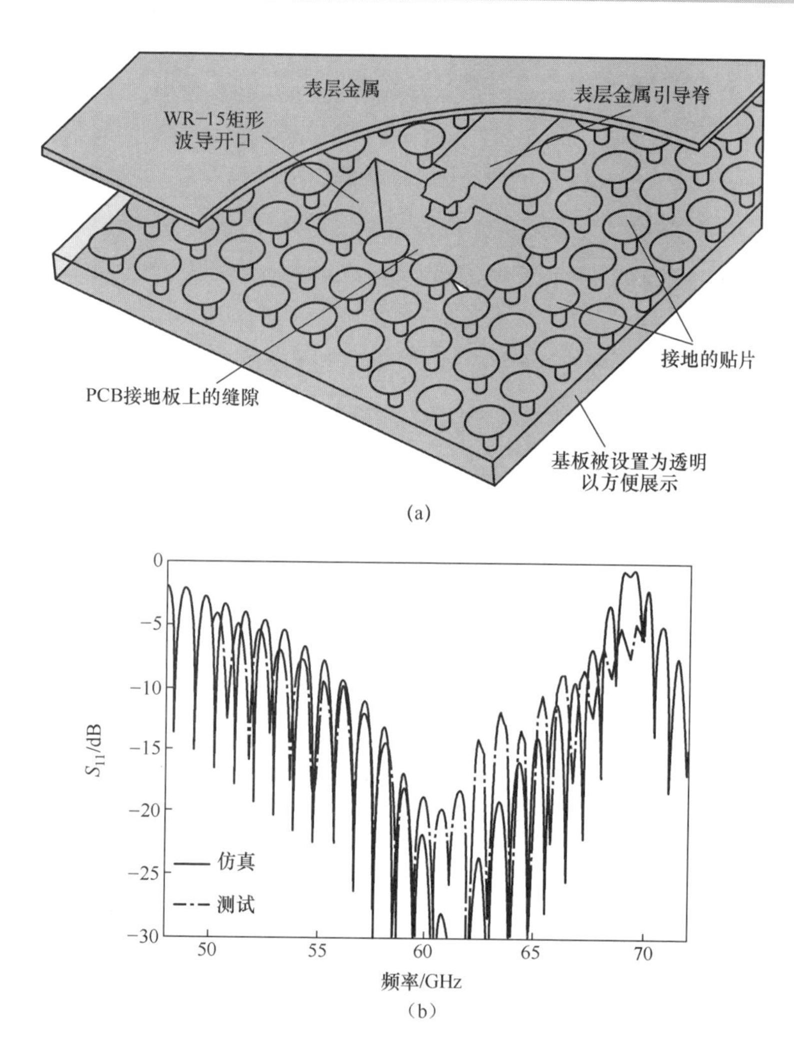

图 74.44　一种简单的微带脊间隙波导到矩形波导过渡及其 S 参数

(a)微带脊间隙波导到矩形波导过渡结构;(b)微带脊间隙波导到矩形波导过渡 S 参数。

74.9　间隙波导窄带高 Q 滤波器

高 Q 滤波器在许多无线和卫星应用中是必要部件,并且是与天线馈电系统连接的最关键的无源微波组件。全双工通信中,在高功率放大器(HPA)之后和低噪声放大器(LNA)之前需要窄带 RF 滤波器。通常,这种全双工通信系统同时发送和接收信号。与接收功率相比,系统中的发射功率太高。因此,发射机滤波器必须在接收频带中具有非常高的衰减,以阻止互调噪声和宽带热噪声馈入接收机。而且,由于功率放大器的线性和效率限制,发射机滤波器的损耗必须较低。对于接收机来说,接收机的噪声系数由接收机滤波器中的损耗决定,因为这个滤波器位于接收机链中的 LNA 之前。所以,接收机滤波器在发射频带中也应该具有低插入损耗和非常高的选择性。因此,目前在无线应用中使用的滤波器在回波损耗、插入损耗和隔离度方面具有非常严格的要求。当前使用的滤波器主要采用诸如同轴、介质谐振器或波导滤波器的三维结构来实现高 Q 值。除了电气性能的要求外,滤波器还需要适合大批量生产和低成本。出于这个原因,目前 H 面的非耦合滤波器和 E 面金属插入滤波器被广泛使用。

这两种滤波器在高频下都有一定的缺点。在 H 平面滤波器的情况下,滤波器组件将在顶部金属板和铣削波导部分之间呈现出过渡电阻。由于这种过渡发生在高电流密度的位置,因此必须通过确保两个部件之间良好的电接触来避免;否则,大量的能量将通过微小间隙泄漏,导致谐振器的 Q 值降低(Zaman et al.,2010b)。此外,铣削过程需要非常小的工具来制造具有较小半径的圆角(Uher et al.,1993; Bornemann,2001)。另外,对于 E 平面滤波器,滤波器的电气性能主要取决于金属件的图形。例如,对于 38GHz 的中等要求滤波器,要求金属插件的厚度要足够薄(30~80μm)。在毫米波频率范围内,金属插件的厚度必须更薄,以符合滤波器的要求(Ofli et al.,2005)。而且,这些金属波导类型的滤波器很难与其他无源元件(如耦合器或天线)和有源 RF 元件集成到单个模块中。

为了解决这些问题,需要开发新型的高 Q 滤波器,这要求在机械装配方面更为成熟,并且可以与其他无源元件模块(如天线)集成在一起。在这种情况下,非常低损耗的基于槽间隙波导的高 Q 滤波器应该会引起大家的兴趣。这些高 Q 滤波器可以构建在由周期性金属针包围的开放平行板结构中,而无须任何侧壁。平行板之间的电接触在滤波器性能中不起主要作用,因为在两排或三排针之后的场漏电流可以忽略不计。此外,这种槽间隙谐振器的测量 Q 值与矩形波导很相似(Pucci et al.,2013;另请参阅间隙波导工作原理及损耗分析)。

74.9.1　高 Q 槽间隙波导谐振器和窄带滤波器

间隙波导谐振器是通过两个金属块或板之间的间隙,实现非常可控的电磁能量泄漏的一种谐振器。这种类型的谐振器基本上允许泄漏达到指定水平,并且捕获结构内的其余电磁能量。前面在“间隙波导工作原理及损耗分析”一节中已经提到,在两排连续的针引脚之后,场泄漏在相当大的带宽上下降到-40~-45dB的水平,这启发了使用两块金属板的高 Q 谐振器滤波器的设计,其制造灵活性更高,因为谐振器两侧不需要金属壁。此外,顶部和底部金属板之间的电接触在捕获电磁能量方面不起重要作用。本节介绍一种基于槽间隙波导的槽式谐振器和几种窄带滤波器设计。图74.45显示了Ku波段的半波长短路槽间波导谐振器。谐振器在下金属板中设计一些金属针纹理,这些针的高度约为 $\lambda/4$。

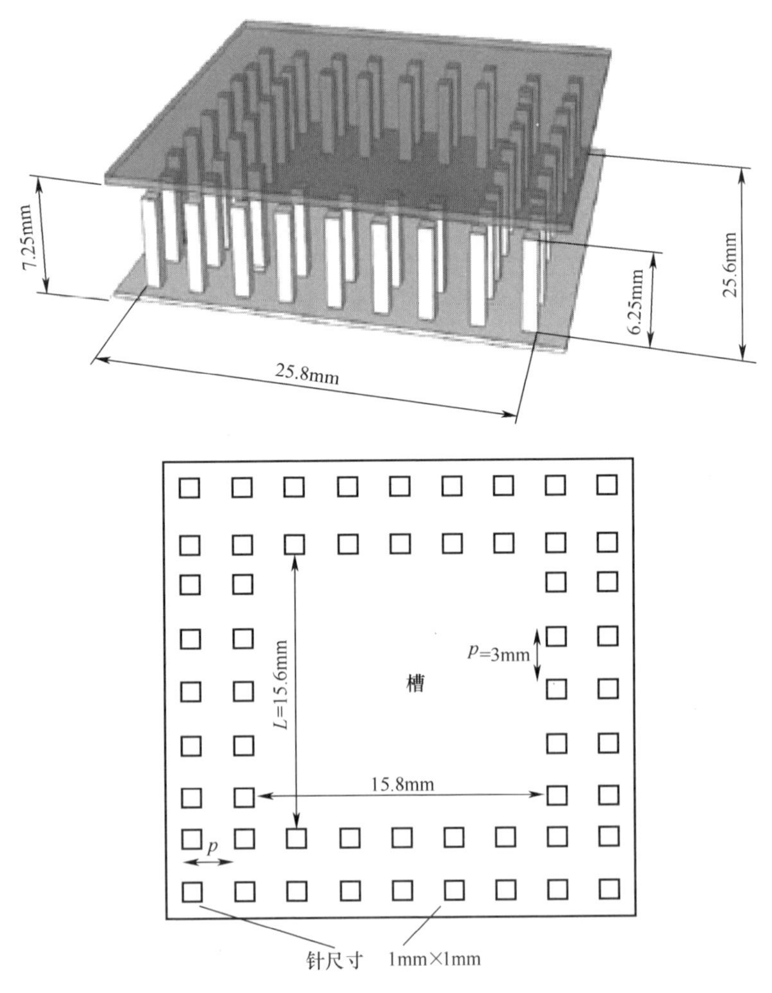

图74.45 Ku波段槽间隙谐振器立体图和俯视图

上面的金属板是一个光滑的平板，放置在离针上表面 1mm 的距离处。在谐振器的每一侧有两排引脚，可以使场衰减到约 45dB 的水平。

这种类型谐振器（采用铝材料）的仿真 Q 值为 4605，比仿真的矩形波导谐振器低 13%。实际实现的槽间隙谐振器和矩形波导谐振器的 Q 值在 Pucci 等（2013）的研究中进行了更详细的比较，槽谐振器内部的场分布如彩图 74.46 所示。

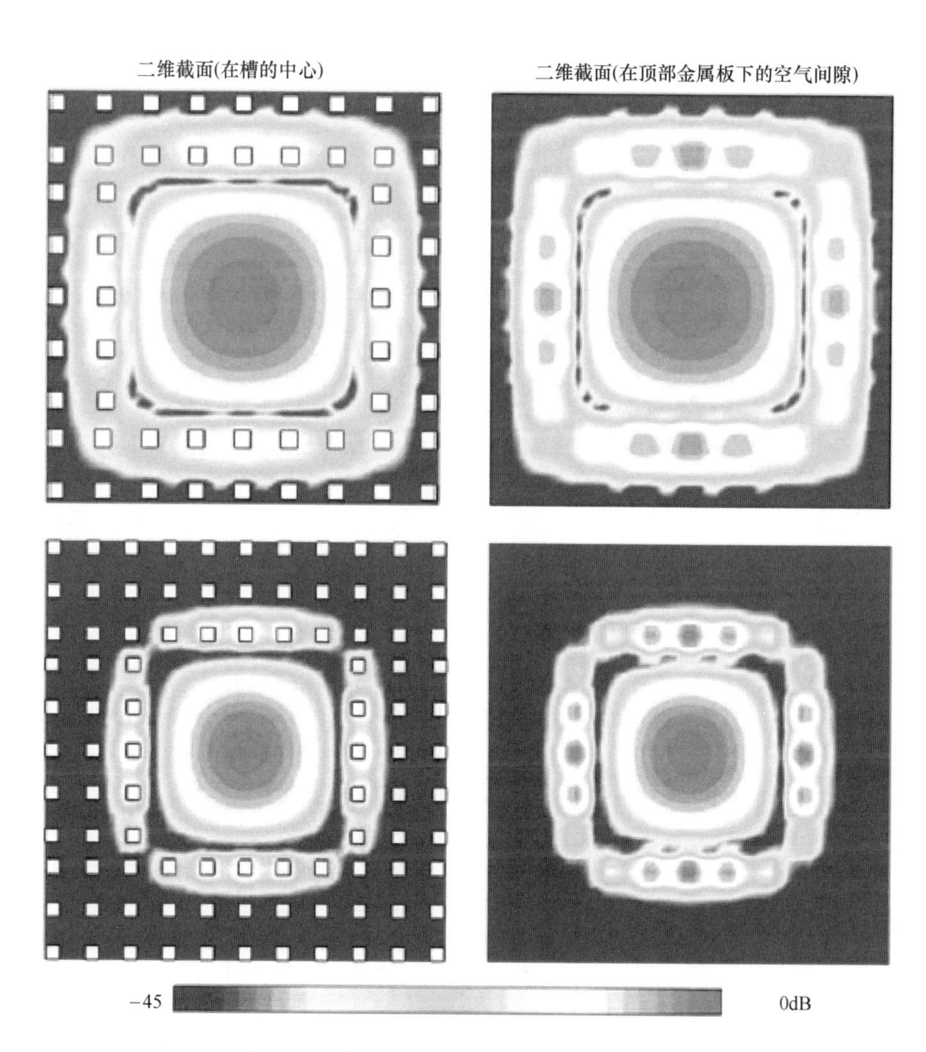

图 74.46　槽间隙波导振荡器的纵向 E 场分布

本书研究了两种耦合机制以实现两个相邻的槽间隙波导谐振器之间所需的耦合,如图74.47所示。在脊耦合的情况下,脊部的宽度、长度和高度可以调节,以实现在大范围内的耦合系数值。对于另一种情况,只有针引脚的周期性和分隔两个谐振器的针引脚之间的距离是可变的。通过这种手段可以获得非常低的耦合系数值,这是窄带滤波器所需要的。

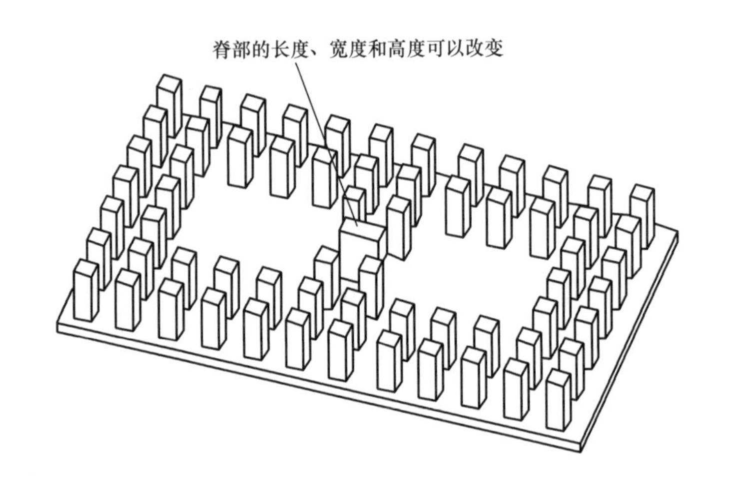

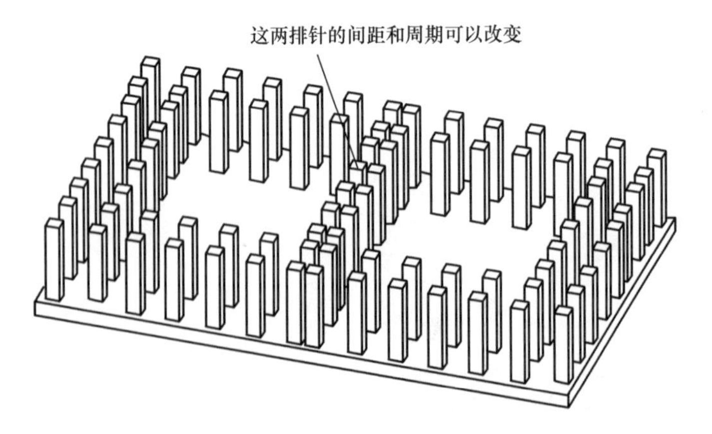

图74.47　脊间隙波导谐振器的两种耦合模式

基于这两种耦合机制,在Ku波段设计了3阶和5阶切比雪夫带通滤波器。通过使用SMA连接器的同轴线路实现滤波器的输入和输出谐振器的激励和输出,并在 Ku 波段使用矢量网络分析仪进行测量。两个 3 阶滤波器的相对带宽为 1%,通带纹波分别为 0.032dB 和 0.1dB,如彩图 74.48(a)所示。除这两个滤波器外,已经制造并测试了具有 0.1dB 带通波形的滤波器,其测量结果如图 74.48(b)所示。Zaman 等(2012b)给出了这种滤波器设计的细节。如彩图 74.48(b)所示,3 阶滤波器的响应与测量结果一致。在这种情况下,测量的中频带插入损耗比仿真大约多 0.31dB,这种额外的损失主要归因于 SMA 连接器的损耗以及由于表面粗糙度导致的铝导电性的降低。

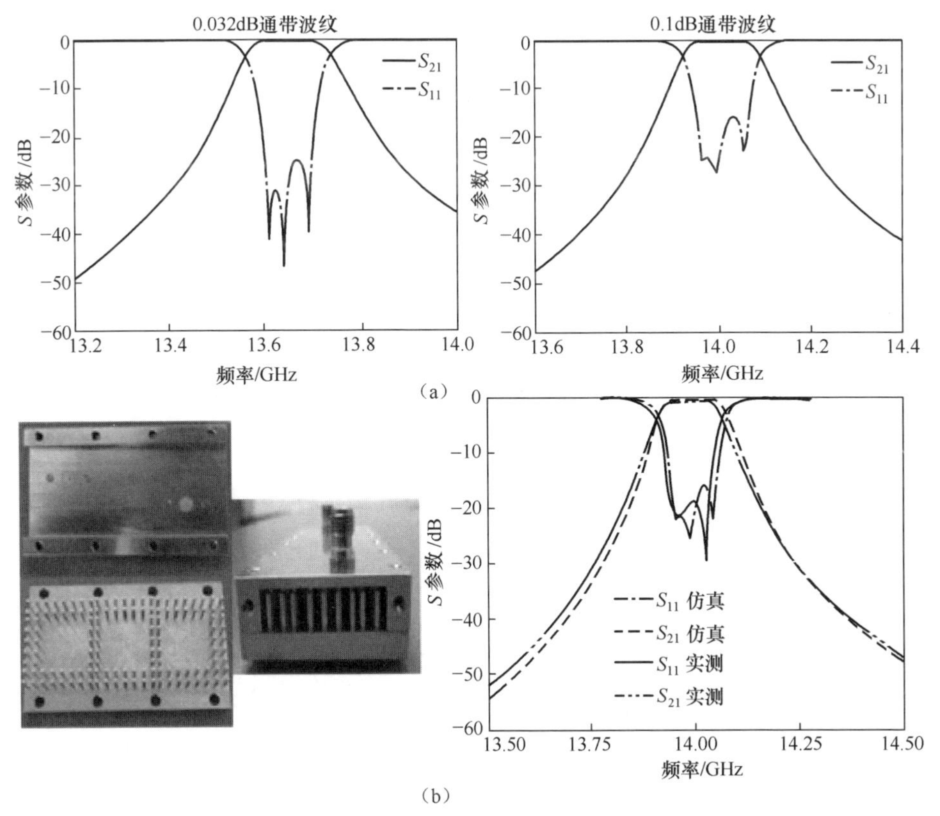

图 74.48　两个 3 阶滤波器仿真及测试结果(彩图见书末)

(a)两个不同的 3 阶槽间隙波导仿真结果;(b)制作的该 3 阶滤波器。

74.9.2　应用于商用双工器的 Ka 波段滤波器设计和 V 波段滤波器设计

通常,双工器在通频带中要求插入损耗非常低,且要求选择性非常高,即在通带附近的频率迅速截止。本节的目的是展示间隙波导技术在设计要求非常严格的商业滤波器方面的潜力。表74.3列出了商用38GHz双工器的关键滤波器规格。

表74.3 38GHz双工器滤波器技术要求

通带	37.058~37.618GHz
阻带	38.318~38.878GHz
通带插入损耗	Max. 1.5dB
阻带衰减	70dB
回波损耗	-16dB

通常的带通滤波器设计流程是利用原型滤波器的低通元件来确定相邻谐振器之间所需的耦合系数以及与外部电路的耦合,即耦合到源和负载。对于$N=7$的滤波器,低通参数通过Swanson(2007)获得。一旦低通参数已知,耦合系数(K)和外部品质因子(Q_{ex})可以通过使用以下公式轻松计算,即

$$\begin{cases} K_{i,i+1} = \dfrac{\text{分数带宽}}{\sqrt{g_i g_{i+1}}} \\ Q_{ex} = \dfrac{g_n g_{n+1}}{\text{分数带宽}} \end{cases}$$

为了设计滤波器,选择之前提出的脊耦合方案,谐振器的针尺寸为0.7mm×0.7mm×2.3mm,针的周期选择为2.1mm。制造的7阶滤波器和滤波器的测量结果如彩图74.49所示,且该滤波器的细节Alos等(2013)作过具体描述。我们制造了两个原型样品,一个是铝上没有镀银,另一个是镀银的,两者的S_{11}都优于-17dB。没有镀银的滤波器如预期的那样插入损耗更高,S_{21}是-1.5dB,而另一个镀银滤波器的插入损耗为1.0dB。两个滤波器都需要调谐螺钉来纠正由于机械加工公差引起的频移。该槽间隙波导式滤波器的性能已经与在38GHz下工作的商业矩形波导滤波器进行了对比。可以发现,槽间隙波导的性能与矩形波导滤波器的性能非常相似。

下一个滤波器是基于槽间隙波导设计的V波段滤波器。设计的滤波器是一个中心频率为61GHz的切比雪夫带通滤波器,带宽为2.5%(1.525GHz),通带内最大波动为0.01dB。该滤波器是一个5阶滤波器,通过窗口耦合空腔谐振器来实现。滤波器由两个1.85mm同轴连接器激励,滤波器图片和测量性能如彩

图 74.50 所示,滤波器的细节 Berenguer 等(2014)作过描述。

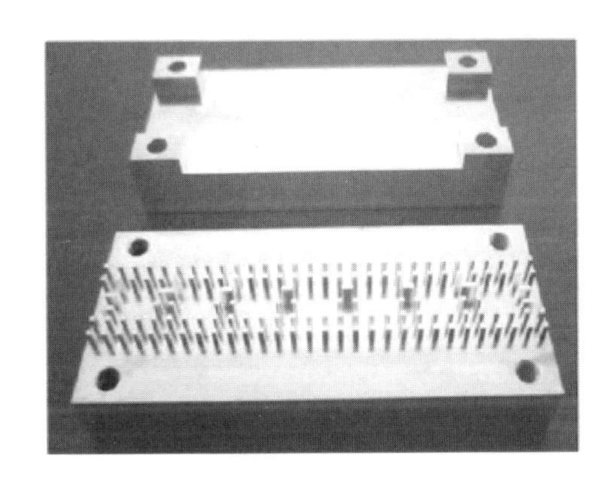

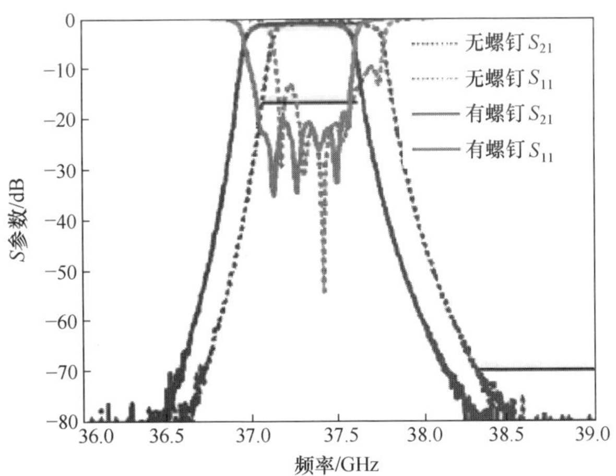

图 74.49　制作的 7 阶滤波器及其测试结果(彩图见书末)

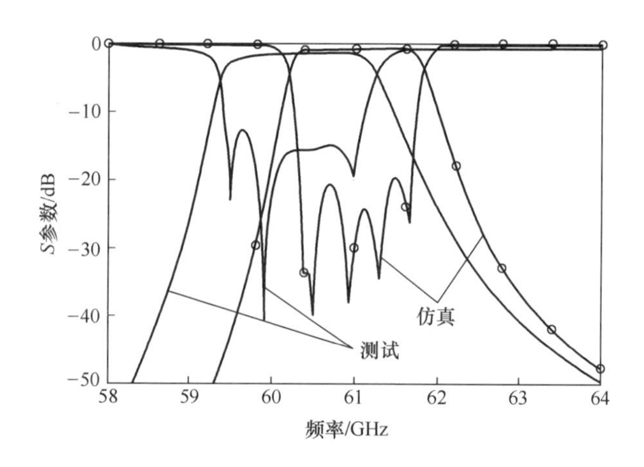

图 74.50　5 阶 V 波段滤波器和测试结果(彩图见书末)

74.10　微波模块的间隙波导封装解决方案

大多数毫米波微波系统必须能在恶劣的天气条件下户外工作,因此必须进行屏蔽,即以适当的方式进行包装,以提供防止机械应力和外界环境防护。另外,为了符合毫米波微波模块的较小尺寸和外形条件的要求,大量的电子元件被放置在狭窄的区域中,对于工作在毫米波频段的高密度射频模块,封装对于隔离和干扰抑制越来越重要。

在一个普通的微波模块中,MMIC 电路元件放置在介质基片上,介质基片上有必要的互联线路、无源元件等。如果整个电路处于金属封装中,由于电磁场(由在电路中传播的信号产生)与封装本身的相互作用导致封装共振等,通常会使 RF 电路性能降级。在 Tsuji 等(1995)和 Mesa 等(2000)已发表的研究成果中表明,在各种印制电路传输线上存在相当大的功率泄漏和功率损耗,这经常与介质基片中的表面波有关,会引起严重的串扰和干扰问题。除了表面波或平行板(Six et al. ,2005)模式泄漏和辐射问题外,在毫米波频率下,不同组件甚至互连信号线之间的互联和过渡也可能产生不需要的辐射或驻波,并很容易耦合(通过空气)到相邻的电路元件中,导致干扰和串音。图 74.51 显示了电磁场耦合和相邻电路元件之间能量泄漏的一些可能的方式(Williams,1989;Izzat et al. ,

1996;Dixon,2005)。实际上,现有的用来减少封装问题和降低串扰的技术效能通常随着频率升高而降低;频率越高,效果就越差。因此,需要高频率的新型封装技术,而基于间隙波导的 PMC 封装可以成为针对此类问题的解决方案之一。

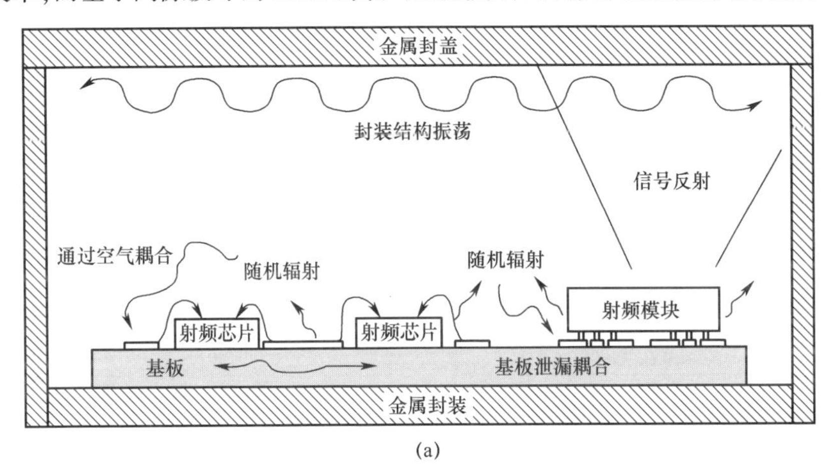

(a)

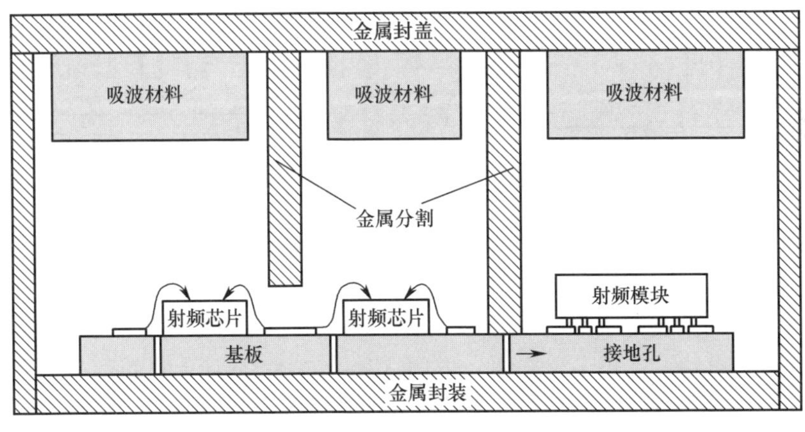

(b)

图 74.51　电磁场耦合和相邻电路元件之间能量泄漏方式

(a)多种不需要的耦合现象;(b)传统耦合抑制技术。

74.10.1　微波模块的间隙波导封装

间隙波导封装解决方案是基本间隙波导几何结构的延伸,如图 74.52 所示。这里,平行板截止是通过 PMC/AMC 表面实现的,当上、下表面是完美的电导体(PEC)时,这两个表面之间的间距便小于 $\lambda/4$。一旦放置了基板和微带线,微带基板的接地面就起到 PEC 表面的作用,具有周期性纹理表面的顶盖起到 AMC 表面的作用。在这种情况下,占主导地位的微带模式可以沿着带传播,并且在 PEC-PMC 平行板截止条件下阻止所有其他方向上的场传播。因此,当满足 PEC-PMC 截止条件时,所有不需要的泄漏或通过不需要的模式产生的辐射在频带内都将被抑制。新近提出的封装技术可以很容易地扩展到高频,并且在从 X 波段到 W 波段的不同微波频段上表现出一致的性能(Zaman et al. ,2012a;Rebollo et al. ,2014)。

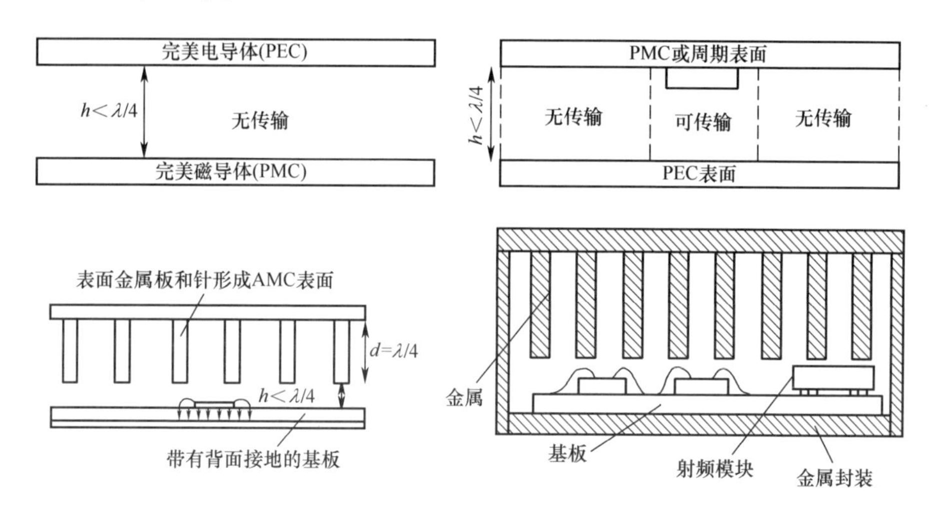

图 74.52　间隙波导封装概念

除了电气性能的改善外,这种新型封装技术同时为使用基于 FDTD 或 FEM 的全波仿真电路设计提供了方便。采用这种新技术,设计人员可以通过使用理想的 PMC 表面来减少计算域,而不是在电路上方特定高度处使用多个匹配层,这节省了计算时间,且由于在全波设计期间已经考虑了封装效应(Kishk et al. ,2012),所以之后不需要大的修改(当电路实际上被实现时)。Rajo-Iglesias 等(2013)首次证明了用于间隙波导封装的无源微带线的应用。后来,它被应用于多端口天线馈电网络,以改善众所周知的耦合线路微带滤波器的性能(Zaman et al. ,2010a;Brazalez et al. ,2012a)。在所有这些情况下,不需要的腔模式和表面波在工作频带内被有效地抑制。在上述参考文献中已经使用周期性针结构来实现 AMC。但是最近,一些其他的周期性结构,如周期性的金属弹簧和印制在基板上的周期性曲线,也已经被证实可以获得这种工作的 AMC 条件(Rajo-Iglesias et al.,2012、2013)。间隙波导封装技术的一些重要特征如下。

(1) 由于主微带模与其他泄漏模式之间的能量耦合被减小或抑制,所以整个微波电路的整体插入损耗性能也得到改善。

(2) 在设计完成之后,不需要在后处理中费时的调试过程,也不需要在封装内放置高损耗吸波材料。

(3) 这种封装技术的隔离性能并不取决于电路板和金属外壳之间的完美金属接触,多隔离室微波模块不需要完美接地和使用导电黏合剂或垫片材料。

74.10.2　Ka波段有源放大器链路间隙波导封装

放大器链路中的不稳定性主要是由放大器两端的多余反馈造成的,而这种反馈通常是由与屏蔽的泄漏、寄生辐射等缺陷有关的现象引起的。本节描述了新提出的间隙波导封装技术应用于具有4个级联单元的Ka波段高增益放大器链的例子。首先,放大器链分别使用间隙波导封装方案和传统的基于覆盖吸波材料的金属壁封装解决方案。然后,对两个反向入射的高增益放大器链进行隔离测试,以模拟真实微波模块中的发射和接收情况。这两个测试案例如图74.53所示。

74.10.3　案例A:单排放大器链隔离

为了测试单排放大器链的隔离性能,采用了两种实验方法,即稳定增益测试和自激振荡测试,如图74.54所示。在第一种方法中,被测放大器链只与Anritsu 36397C网络分析仪连接,Rosenberger的通用测试夹具(UTF)用于发射S参数测量信号。通过改变控制电压来增加放大器链中的增益,直到出现振荡趋势。第二种方法是自激振荡测试,其中第一级放大器的输入端口连接一个50Ω电阻(无信号源),最后一级放大器的输出连接到频谱分析仪。在这里增加放大器链的增益,直到观察到谐振峰。这些实验的细节和获得的测量结果(Zaman et al.,2014)有所描述。本节只展示第二种方法得到的结果,如彩图74.55所示。从单链自激振荡测量结果可以明显看出,即使在放大器链中总增益为在65~70dB之后,间隙波导封装方案(针结构封装)也不会出现谐振峰,而对于具有吸波材料的传统金属壁包装,在正向增益到达35~40dB后就观察到谐振峰。

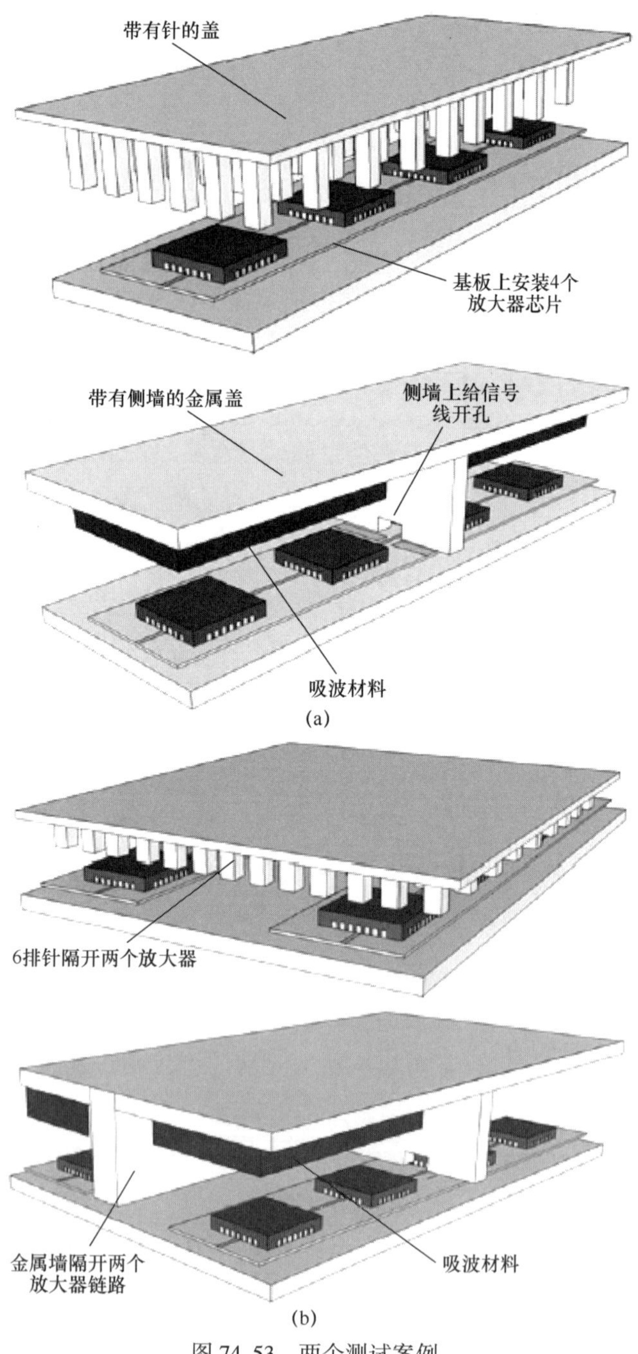

图 74.53　两个测试案例

(a)单排放大器链隔离测试电路(侧边未示出);(b)双排放大器链的测试电路。

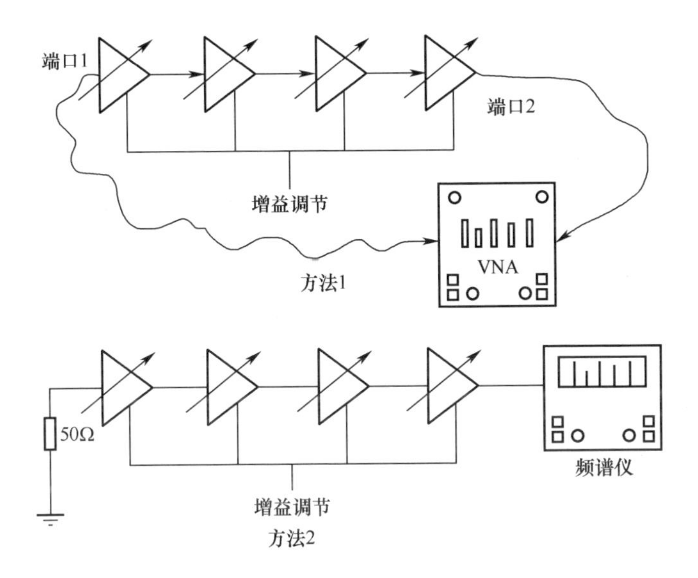

图 74.54　单链隔离度测试步骤

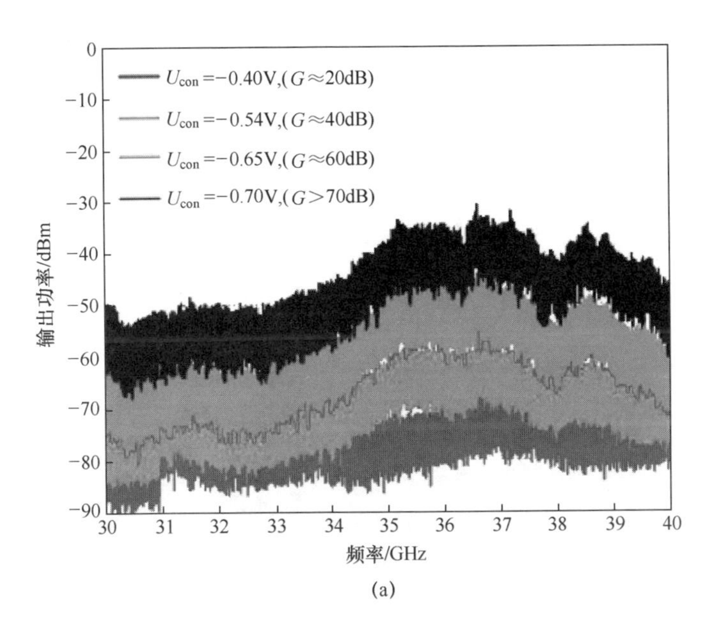

(a)

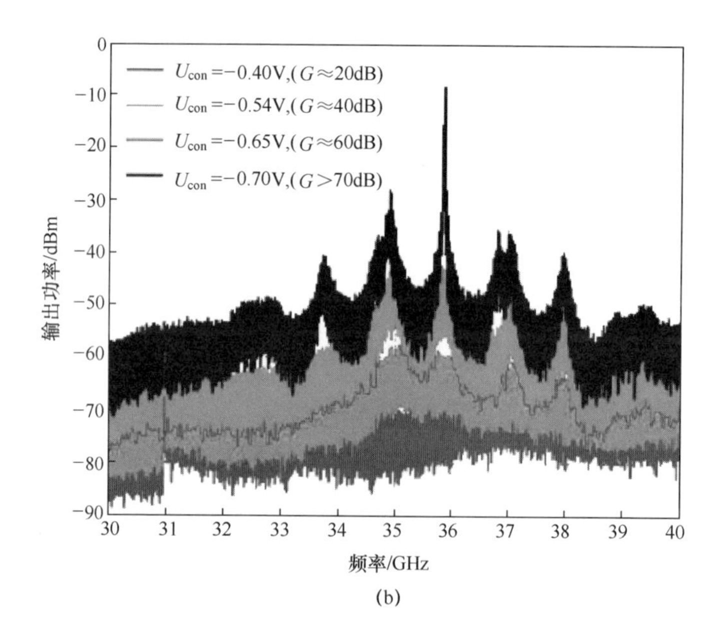

(b)

图 74.55　自激振荡测试(彩图见书末)

(a)有针床盖板的单排放大器链的自激分析;(b)有传统金属盖板的单排放大器链的自激分析。

74.10.4　案例 B:双排放大器链隔离

所有同时工作的发射机和接收机的全双工系统都要求接收和发射路径之间具有良好的隔离度,以防止发射信号在敏感的接收机部分引起饱和及互调失真。特别地,由于发射和接收信号电平的强度差异,末级发射放大器与接收器链的第一级 LNA 之间的耦合非常重要。在这项工作中,这样的两个放大器链并排放置(以模拟发射和接收情况),并且在间隙波导屏蔽和常规金属壁屏蔽的情况下测量了侧向隔离性能,测量结果如图 74.56 所示。

对于并排放置的两个放大器链的测试情况,结果显示 6 行间隙波导针床结构盖板的隔离值范围为 64~91dB,平均隔离度约为 70dB。对于完整的金属壁屏蔽壳也观察到类似的隔离趋势。对于具有 8 排针床的间隙波导针结构盖板的情况,间隙波导则可以观察到更好的隔离,制造的原型如图 74.57 所示。

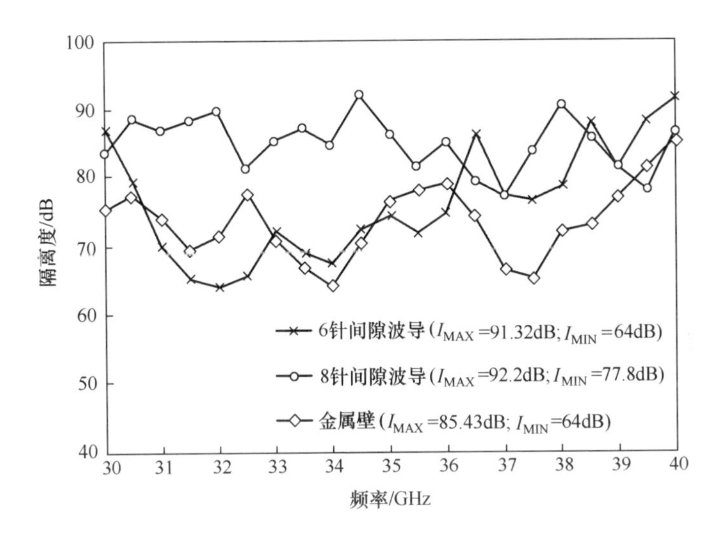

图 74.56　两个并排放置的放大器链路之间的隔离度

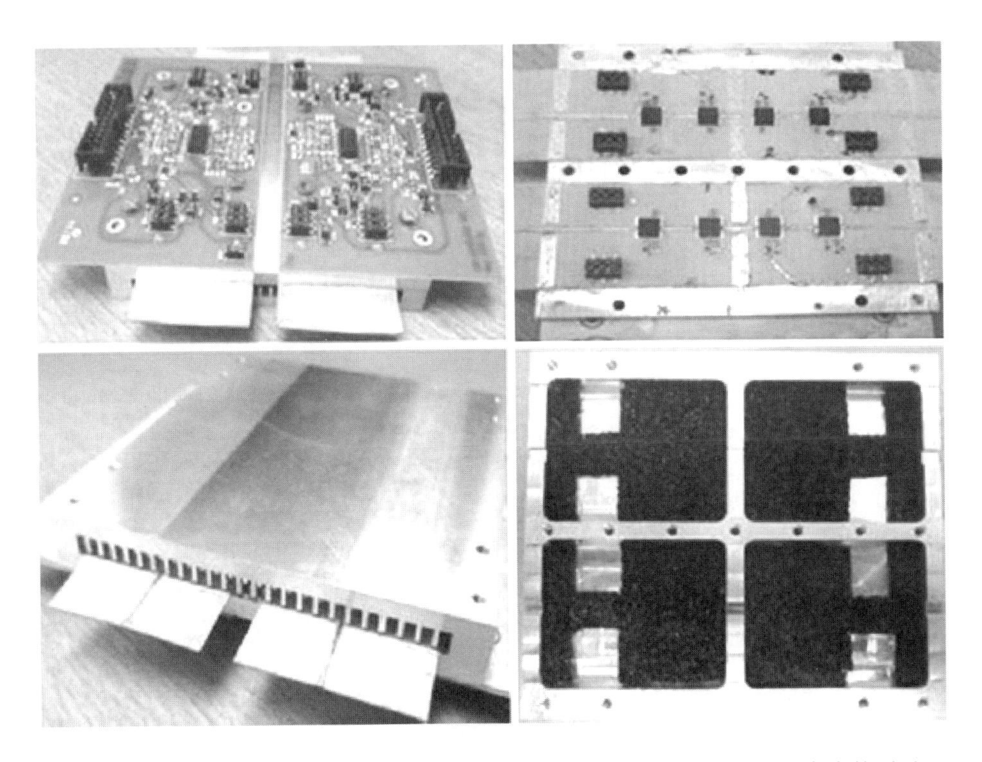

图 74.57　制作的用于测试单放大器链隔离度和紧挨着两个放大器链的隔离度的原型

74.11 总结

无线专家已经设计了各种巧妙的方案,通过多天线、强效的干扰抑制、更小的蜂窝以及设备之间的智能协调来扩展当前LTE蜂窝网络(4G)的容量。但是这些解决方案都不能保证4~6年内达到预期的数据流量。业内专家认为,第五代(5G)蜂窝技术将在10年内到来。电信运营商无疑需要新的频谱,而不得不使用毫米波频段。因此,研究人员正在探索越来越多的新概念,如毫米波大规模MIMO,其中集成有大量天线的基站为服务一组相对简单的同信道用户终端而服务。与MIMO技术相结合的数字波束形成也被认为比传统的模拟毫米波相控阵更有利可图。这些新系统将受益于新的波导和电磁封装技术,以确保低功耗(可持续性)的良好性能。

交叉参考:

▶第30章　波导缝隙阵列天线
▶第40章　毫米波天线与阵列
▶第53章　终端MIMO系统与天线
▶第73章　传输线

参考文献

Alos E A, Zaman AU, Kildal P(2013) Ka-band gap waveguide coupled-resonator filter for radio-link diplexer application. Compon Packag Manuf Technol IEEE Trans 3(5):870-879. doi:10.1109/TCPMT.2012.2231140

Awida MH, Suleiman SH, Fathy AE(2011) Substrate-integrated cavity-backed patch arrays: a low-cost approach for bandwidth enhancement. Antennas Propag IEEE Trans 59(4):1155-1163.

doi:10.1109/TAP.2011.2109681

Berenguer A, Baquero-Escudero M, Sanchez-Escuderos D, Bernardo-Clemente B, Boria-Esbert VE(2014) Low insertion loss 61GHz narrow-band filter implemented with Groove Gap Waveguides. In: 44th European microwave conference, Rome, 2014

Borji A, Busuioc D, Safavi-Naeini S(2009) Efficient, low-cost integrated waveguide-fed planarantenna array for ku-band applications. Antennas Wirel Propag Lett IEEE 8:336-339. doi:10.1109/LAWP.2008.2004973

Bornemann J(2001) Design of waveguide filters without tuning elements for production-efficientfabrication by milling. In: APMC 2001. Asia-Pacific microwave conference, APMC-Taiwan, 3-6 Dec, 2001, vol 752, pp 759-762. doi:10.1109/APMC.2001.985481

Bornemann J, Arndt F(1987) Modal-S-matrix design of optimum stepped ridged and finned-waveguide transformers. Microwave Theory Tech IEEE Trans 35(6):561-567. doi:10.1109/TMTT.1987.1133704

Bosiljevac M, Sipus Z, Kildal PS(2010) Construction of Green's functions of parallel plates withperiodic texture with application to gap waveguides-a plane-wave spectral-domain approach. Microwaves Antennas Propag IET 4(11):1799-1810. doi:10.1049/iet-map.2009.0399, Barcelona

Bosiljevac M, Polemi A, Maci S, Sipus Z(2011) Analytic approach to the analysis of ridge and groove gap waveguides-comparison of two methods. In: Antennas and propagation(EUCAP), proceedings of the 5th European conference on, 11-15 Apr 2011, pp 1886-1889

Bozzi M, Georgiadis A, Wu K(2011) Review of substrate-integrated waveguide circuits and antennas. Microwaves Antennas Propag IET 5(8):909-920. doi:10.1049/iet-map.2010.0463

Brazalez AA, Zaman AU, Kildal PS(2012a) Improved microstrip filters using PMC packaging bylid of nails. Compon Packag Manuf Technol IEEE Trans 2(7):1075-1084. doi:10.1109/TCPMT.2012.2190931

Brazalez AA, Zaman AU, Kildal PS(2012b) Investigation of a Microstrip-to-Ridge Gap Waveguide transition by electromagnetic coupling. In: Antennas and Propagation Society international symposium(APSURSI), 2012 IEEE, 8-14 July 2012, pp 1-2. doi:10.1109/APS.2012.6349302

Chantraine-Bares B, Sauleau R(2007) Electrically-small shaped integrated lens antennas: a study of feasibility in Q-band. Antennas Propag IEEE Trans 55(4):1038-1044. doi:10.1109/TAP.2007.893377

Das NK, Pozar DM(1987) A generalized spectral-domain Green's function for multilayer dielectric substrates with application to multilayer transmission lines. Microwave Theory Tech IEEE Trans 35(3):326-335. doi:10.1109/TMTT.1987.1133646

Deslandes D, Ke W(2001) Integrated microstrip and rectangular waveguide in planar form. Microwave Wirel Compon Lett IEEE 11(2):68-70. doi:10.1109/7260.914305

Dixon P (2005) Cavity - resonance dampening. Microwave Mag IEEE 6 (2): 74 - 84. doi: 10. 1109/MMW. 2005. 1491270

Feng X, Ke W(2005) Guided-wave and leakage characteristics of substrate integrated waveguide. Microwave Theory Tech IEEE Trans 53(1):66-73. doi:10. 1109/TMTT. 2004. 839303

Fonseca SDA, Giarola A(1984) Microstrip disk antennas, part II: the problem of surface wave radiation by dielectric truncation. Antennas Propag IEEE Trans 32 (6): 568 - 573. doi: 10. 1109/TAP. 1984. 1143367

Fujii S, Tsunemitsu Y, Yoshida G, Goto N, Zhang M, Hirokawa J, Ando M(2008) A wideband single-layer slotted waveguide array with an embedded partially corporate feed. In: Proceedings of the international symposium on antennas and propagation TP-C27-5, Sandiego

Gahete Arias C, Baquero Escudero M, Valero Nogueira A, Vila Jimenez A(2013) Test-fixture for suspended-strip gap-waveguide technology on ka-band. Microwave Wirel Compon Lett IEEE 23 (6):321-323. doi:10. 1109/LMWC. 2013. 2258000

Hansen CJ(2011) WiGiG: multi-gigabit wireless communications in the 60GHz band. Wirel Commun IEEE 18(6):6-7. doi:10. 1109/MWC. 2011. 6108325

Heejin K, Piljun P, Jaehoon C, Kyungwan Y, Jin-Dae K(1998) The design and analysis of a Ka-band coaxial to waveguide transition. In: Antennas and propagation society international symposium, Atlanta. IEEE, 21-26 June 1998, vol 521, pp 524-527. doi:10. 1109/APS. 1998. 699193

Hirokawa J, Ando M(2000) Efficiency of 76-GHz post-wall waveguide-fed parallel-plate slot arrays. Antennas Propag IEEE Trans 48(11):1742-1745. doi:10. 1109/8. 900232

Hirokawa J, Kildal PS(1997) Excitation of an untilted narrow-wall slot in a rectangular waveguide by using etched strips on a dielectric plate. Antennas Propag IEEE Trans 45(6):1032-1037. doi:10. 1109/8. 585752

Hirokawa J, Ando M, Goto N(1992) Waveguide-fed parallel plate slot array antenna. Antennas Propag IEEE Trans 40(2):218-223. doi:10. 1109/8. 127406

Hui-Wen Y, Abdelmonem A, Ji-Fuh L, Zaki KA(1994) Analysis and design of microstrip-to-waveguide transitions. Microwave Theory Tech IEEE Trans 42 (12): 2371 - 2380. doi: 10. 1109/22. 339769

Izzat N, Hilton GH, Railton CJ, Meade S(1996) Use of resistive sheets in damping cavity resonance. Electron Lett 32(8):721-722. doi:10. 1049/el:19960535

Ke W(2006) Towards system-on-substrate approach for future millimeter-wave and photonic wireless applications. In: Microwave conference, 2006. APMC 2006. Asia-Pacific, Yokohama,

12-15 Dec 2006, pp 1895-1900. doi:10. 1109/APMC. 2006. 4429778

Kehn MNM, Kildal PS, Skobelev SP(2004) Miniaturized dielectric-loaded rectangular waveguides for use in multi - frequency arrays. In: Antennas and Propagation Society international symposium, California. IEEE, 20 - 25 June 2004, vol 801, pp 803 - 806. doi: 10. 1109/APS. 2004. 1329792

Kehn MNM, Nannetti M, Cucini A, Maci S, Kildal PS(2006) Analysis of dispersion in dipole-FSS loaded hard rectangular waveguide. Antennas Propag IEEE Trans 54(8):2275-2282. doi: 10. 1109/TAP. 2006. 879198

Kildal PS(1990) Artificially soft and hard surfaces in electromagnetics. Antennas Propag IEEE Trans 38(10):1537-1544. doi:10. 1109/8. 59765

Kildal PS(2009) Three metamaterial-based gap waveguides between parallel metal plates formm/submm waves. In: Antennas and propagation, 2009. EuCAP 2009. 3rd European conference on, Berlin, 23-27 Mar 2009, pp 28-32

Kildal PS, KehnMNM(2010) The ridge gap waveguide as a wideband rectangular hard waveguide. In: Antennas and propagation(EuCAP), 2010 proceedings of the fourth European conference on Barcelona, 12-16 Apr 2010, pp 1-4

Kildal PS, Lier E(1988) Hard horns improve cluster feeds of satellite antennas. Electron Lett 24 (8):491-492

Kildal PS, Kishk AA, Tengs A(1996) Reduction of forward scattering from cylindrical objects using hard surfaces. Antennas Propag IEEE Trans 44(11):1509-1520. doi:10. 1109/8. 542076

Kildal PS, Kishk A, Sipus Z(2007) RF invisibility using metamaterials: Harry Potters Cloak or The Emperors New Clothes · In: Antennas and Propagation Society international symposium, 2007 IEEE, 9-15 June 2007, pp 2361-2364. doi:10. 1109/APS. 2007. 4396006

Kildal PS, Alfonso E, Valero-Nogueira A, Rajo-Iglesias E(2009) Local metamaterial-based waveguides in gaps between parallel metal plates. Antennas Wirel Propag Lett IEEE 8:84-87. doi:10. 1109/LAWP. 2008. 2011147

Kildal PS, Zaman AU, Rajo-Iglesias E, Alfonso E, Valero-Nogueira A(2011) Design and experimental verification of ridge gap waveguide in bed of nails for parallel-plate mode suppression. Microwaves Antennas Propag IET 5(3):262-270. doi:10. 1049/iet-map. 2010. 0089

Kimura Y, Hirano T, Hirokawa J, Ando M(2001) Alternating-phase fed single-layer slotted waveguide arrays with chokes dispensing with narrow wall contacts. Microwaves Antennas Propag IEE Proc 148(5):295-301. doi:10. 1049/ip-map:20010645

Kirino H, Ogawa K(2012) A 76GHz multi-layered phased array antenna using a non-metal contact metamaterial waveguide. Antennas Propag IEEE Trans 60(2): 840-853. doi: 10.1109/TAP.2011.2173112

Kishk A, Uz Zaman A, Kildal P-S(2012) Numerical prepackaging with PMC lid-efficient and simple design procedure for microstrip circuits including the packaging. ACES Appl Comput Soc J 27(5):389-398

Komanduri VR, Jackson DR, Williams JT, Mehrotra AR(2013) A general method for designing reduced surface wave microstrip antennas. Antennas Propag IEEE Trans 61(6):2887-2894. doi:10.1109/TAP.2013.2254441

Levine E, Malamud G, Shtrikman S, Treves D(1989) A study of microstrip array antennas with the feed network. Antennas Propag IEEE Trans 37(4):426-434. doi:10.1109/8.24162

Lier E(2010) Review of soft and hard horn antennas, including metamaterial-based hybrid-mode horns. Antennas Propag Mag IEEE 52(2):31-39. doi:10.1109/MAP.2010.5525564

Lier E, Kildal PS(1988) Soft and hard horn antennas. Antennas Propag IEEE Trans 36(8):1152-1157. doi:10.1109/8.7229

Liu D, Gaucher B, Pfeiffer U, Grzyb J(2009) Advanced millimeter-wave technologies: antennas, packaging and circuits. Wiley, Chichester/Hoboken. ISBN 9780470996171

Mall L, Waterhouse RB(2001) Millimeter-wave proximity-coupled microstrip antenna on an extended hemispherical dielectric lens. Antennas Propag IEEE Trans 49(12):1769-1772. doi: 10.1109/8.982458

Martinez Giner S, Valero-Nogueira A, Herranz Herruzo JI, Baquero Escudero M(2013) Excitation of untilted narrow-wall slot in groove gap waveguide by using a parasitic dipole. In: Antennas and propagation(EuCAP), 2013 7th European conference on, Gothenburg, 8-12 Apr 2013, pp 3082-3085

McKinzie WE, Alexopoulos N(1992) Leakage losses for the dominant mode of conductor-backed coplanar waveguide. Microwave Guided Wave Lett IEEE 2(2):65-66. doi:10.1109/75.122412

Mesa F, Oliner AA, Jackson DR, Freire MJ(2000) The influence of a top cover on the leakage from microstrip line. Microwave Theory Tech IEEE Trans 48(12): 2240-2248. doi: 10.1109/22.898970

Miura Y, Hirokawa J, Ando M, Shibuya Y, Yoshida G(2011) Double-layer full-corporate-feed-hollow-waveguide slot array antenna in the 60-GHz band. Antennas Propag IEEE Trans 59(8): 2844-2851. doi:10.1109/TAP.2011.2158784

Nishikawa K, Sugitani S, Inoue K, Ishii T, Kamogawa K, Piernas B, Araki K(2001) Low-loss passive components on BCB-based 3D MMIC technology. In: Microwave symposium digest, 2001 I. E. MTT-S international, Phonix, 20-24 May 2001, vol 1883, pp 1881-1884. doi: 10.1109/MWSYM.2001.967275

Ofli E, Vahldieck R, Amari S(2005) Novel E-plane filters and diplexers with elliptic response for millimeter-wave applications. Microwave Theory Tech IEEE Trans 53(3):843-851. doi: 10.1109/TMTT.2004.842506

Polemi A, Maci S, Kildal PS(2011) Dispersion characteristics of a metamaterial-based parallelplate ridge gap waveguide realized by bed of nails. Antennas Propag IEEE Trans 59(3): 904-913. doi:10.1109/TAP.2010.2103006

Pozar DM(1983) Considerations for millimeter wave printed antennas. Antennas Propag IEEE Trans 31(5):740-747. doi:10.1109/TAP.1983.1143124

Pucci E, Rajo-Iglesias E, Kildal PS(2012) New microstrip gap waveguide on mushroom-type EBG for packaging of microwave components. MicrowaveWirel Compon Lett IEEE 22(3):129-131. doi:10.1109/LMWC.2011.2182638

Pucci E, Zaman AU, Rajo-Iglesias E, Kildal PS, Kishk A(2013) Study of Q-factors of ridge and groove gap waveguide resonators. Microwaves Antennas Propag IET 7(11):900-908. doi: 10.1049/iet-map.2013.0081

Pucci E, Rajo-Iglesias E, Vazquez-Roy JL, Kildal PS(2014) Planar dual-mode horn array with corporate-feed network in inverted microstrip gap waveguide. Antennas Propag IEEE Trans 62(7):3534-3542. doi:10.1109/TAP.2014.2317496

Rahiminejad S, Zaman AU, Pucci E, Raza H, Vassilev V, Haasl S, Lundgren P, Kildal PS, Enoksson P(2012) Micromachined ridge gap waveguide and resonator for millimeter-wave applications. Sens Actuators A Phys 186:264-269. doi:10.1016/j.sna.2012.02.036

Rajo-Iglesias E, Kildal PS(2010) Groove gap waveguide: a rectangular waveguide between contactless metal plates enabled by parallel-plate cut-off. In: Antennas and propagation(EuCAP), 2010 proceedings of the fourth European conference on, Barcelona, 12-16 Apr 2010, pp 1-4

Rajo-Iglesias E, Kildal PS(2011) Numerical studies of bandwidth of parallel-plate cut-offrealized by a bed of nails, corrugations and mushroom-type electromagnetic bandgap for use in gap waveguides. Microwaves Antennas Propag IET 5(3):282-289. doi:10.1049/iet-map.2010.0073

Rajo-Iglesias E, Kildal PS, Zaman AU, Kishk A(2012) Bed of springs for packaging of microstrip circuits in the microwave frequency range. Compon Packag Manuf Technol IEEE Trans 2(10):

1623-1628. doi:10. 1109/TCPMT. 2012. 2207957

Rajo-Iglesias E, Pucci E, Kishk AA, Kildal P(2013) Suppression of parallel plate modes in low frequency microstrip circuit packages using lid of printed zigzag wires. Microwave Wirel Compon Lett IEEE 23(7):359-361. doi:10. 1109/LMWC. 2013. 2265257

Raza H, Jian Y, Kildal PS, Alfonso E(2013) Resemblance between gap waveguides and hollow waveguides. Microwaves Antennas Propag IET 7 (15): 1221 - 1227. doi: 10. 1049/iet-map. 2013. 0178

Raza H, Yang J, Kildal PS, Alfonso Alos E(2014) Microstrip-ridge gap waveguide: study of losses, bends, and transition to WR-15. Microwave Theory Tech IEEE Trans 62(9):1943-1952. doi:10. 1109/TMTT. 2014. 2327199

Razavi A, Kildal P-S, Liangliang X, Alfonso E, Chen H(2014) 2x2-slot element for 60GHz planar array antenna realized on two doubled-sided PCBs using SIW cavity and EBG-type soft surface fed by microstrip - ridge gap waveguide. Antennas Propag IEEE Trans 99: 1 - 1. doi: 10. 1109/TAP. 2014. 2331993

Rebollo A, Gonzalo R, Ederra I(2014) Optimization of a pin surface as a solution to suppress cavity modes in a packaged W-band microstrip receiver. Compon Packag Manuf Technol IEEE Trans 4(6):975-982. doi:10. 1109/TCPMT. 2014. 2312252

Schurig D, Mock JJ, Justice BJ, Cummer SA, Pendry JB, Starr AF, Smith DR(2006) Metamaterial electromagnetic cloak at microwave frequencies. Science 314 (5801): 977 - 980. doi: 10. 1126/science. 1133628

SeHyun P, Tsunemitsu Y, Hirokawa J, Ando M(2006) Center feed single layer slotted waveguide array. Antennas Propag IEEE Trans 54(5):1474-1480. doi:10. 1109/TAP. 2006. 874310

Shafique MF, Robertson ID(2011) Laser prototyping of multilayer LTCC microwave components for system-in-package applications. Microwaves Antennas Propag IET 5(8):864-869.
doi:10. 1049/iet-map. 2010. 0352

Sievenpiper D, Lijun Z, Broas RFJ, Alexopolous NG, Yablonovitch E(1999) High-impedance electromagnetic surfaces with a forbidden frequency band. Microwave Theory Tech IEEE Trans 47 (11):2059-2074. doi:10. 1109/22. 798001

Silveirinha MG, Fernandes CA, Costa JR(2008) Electromagnetic characterization of textured surfaces formed by metallic pins. Antennas Propag IEEE Trans 56 (2): 405 - 415. doi: 10. 1109/TAP. 2007. 915442

Sipus Z, Merkel H, Kildal PS(1997) Green's functions for planar soft and hard surfaces derived

by asymptotic boundary conditions. Microwaves Antennas Propag IEE Proc 144(5):321-328.
doi:10.1049/ip-map:19971335

Six G, Prigent G, Rius E, Dambrine G, Happy H(2005) Fabrication and characterization of low-loss TFMS on silicon substrate up to 220GHz. Microwave Theory Tech IEEE Trans 53(1):301-305. doi:10.1109/TMTT.2004.839915

Skobelev SP, Kildal PS(2005) Mode-matching modeling of a hard conical quasi-TEM horn realized by an EBG structure with strips and vias. Antennas Propag IEEE Trans 53(1):139-143. doi:10.1109/TAP.2004.840417

Smulders P(2002) Exploiting the 60GHz band for local wireless multimedia access: prospects and future directions. Commun Mag IEEE 40(1):140-147. doi:10.1109/35.978061

Sotoudeh O, Kildal PS, Ingvarson P, Skobelev SP(2006) Single- and dual-band multimode hard horn antennas with partly corrugated walls. Antennas Propag IEEE Trans 54(2):330-339.
doi:10.1109/TAP.2005.863389

Swanson DG(2007) Narrow-band microwave filter design. Microwave Mag IEEE 8(5):105-114.
doi:10.1109/MMM.2007.904724

Tsugawa T, Sugio Y, Yamada Y(1997) Circularly polarized dielectric-loaded planar antenna excited by the parallel feeding waveguide network. Broadcast IEEE Trans 43(2):205-212. doi:10.1109/11.598371

Tsuji M, Shigesawa H, Oliner AA(1995) Simultaneous propagation of bound and leaky dominant modes on printed-circuit lines. IEEE Trans Microwave Theory Tech 43(12):3007-3019

Tze-Min S, Chi-Feng C, Huang T-Y, Wu R-B(2007) Design of vertically stacked waveguide filters in LTCC. Microwave Theory Tech IEEE Trans 55(8):1771-1779. doi:10.1109/TMTT.2007.902080

Uher J, Bornemann J, Rosenberg U(1993) Waveguide components for antenna feed systems: theory and CAD. Artec House, Norwood

Valero-Nogueira A, Alfonso E, Herranz JI, Kildal PS(2009) Experimental demonstration of local quasi-TEM gap modes in single-hard-wall waveguides. Microwave Wirel Compon Lett IEEE 19(9):536-538. doi:10.1109/LMWC.2009.2027051

Valero-Nogueira A, Baquero M, Herranz JI, Domenech J, Alfonso E, Vila A(2011) Gap waveguides using a suspended strip on a bed of nails. Antennas Wirel Propag Lett IEEE 10:1006-1009. doi:10.1109/LAWP.2011.2167591

Valero-Nogueira A, Herranz-Herruzo JI, Baquero M, Hernandez-Murcia R, Rodrigo V(2013)

Practical derivation of slot equivalent admittance in periodic waveguides. Antennas Propag IEEE Trans 61(4):2321-2324. doi:10.1109/TAP.2012.2231934

Wei W, Yang J, Ostling T, Schafer T(2011) New hat feed for reflector antennas realised without dielectrics for reducing manufacturing cost and improving reflection coefficient. Microwaves Antennas Propag IET 5(7):837-843. doi:10.1049/iet-map.2010.0181

Williams DF(1989) Damping of the resonant modes of a rectangular metal package [MMICs]. Microwave Theory Techn IEEE Trans 37(1):253-256. doi:10.1109/22.20046

Williamson AG(1985) Coaxially fed hollow probe in a rectangular waveguide. Microwaves Antennas Propag IEE Proc H 132(5):273-285. doi:10.1049/ip-h-2.1985.0051

Xiao-Ping C, KeW, Liang H, Fanfan H(2010) Low-cost high gain planar antenna array for 60-GHz band applications. Antennas Propag IEEE Trans 58(6): 2126-2129. doi:10.1109/TAP.2010.2046861

Xu JF, Hong W, Chen P, Wu K(2009) Design and implementation of low sidelobe substrate integrated waveguide longitudinal slot array antennas. Microwaves Antennas Propag IET 3(5):790-797. doi:10.1049/iet-map.2008.0157

Yunchi Z, Ruiz-Cruz JA, Zaki KA, Piloto AJ(2010) A waveguide to microstrip inline transition with very simple modular assembly. Microwave Wirel Compon Lett IEEE 20(9):480-482. doi:10.1109/LMWC.2010.2056358

Zaman AU, Kildal PS(2012) Slot antenna in ridge gap waveguide technology. In: Antennas and propagation(EUCAP), 2012 6th European conference on, Prague, 26-30 Mar 2012, pp3243-3244. doi:10.1109/EuCAP.2012.6206129

Zaman AU, Kildal PS(2014) Wide-band slot antenna arrays with single-layer corporate-feed network in ridge gap waveguide technology. Antennas Propag IEEE Trans 62(6):2992-3001. doi:10.1109/TAP.2014.2309970

Zaman AU, Rajo-Iglesias E, Alfonso E, Kildal PS(2009) Design of transition from coaxial line to ridge gap waveguide. In: Antennas and Propagation Society international symposium, 2009. APSURSI '09, North Charleston. IEEE, 1-5 June 2009, pp 1-4. doi:10.1109/APS.2009.5172186

Zaman AU, Jian Y, Kildal PS(2010a) Using lid of pins for packaging of microstrip board for descrambling the ports of eleven antenna for radio telescope applications. In: Antennas and Propagation Society international symposium(APSURSI), 2010 IEEE, Toronto, 11-17 July 2010, pp 1-4. doi:10.1109/APS.2010.5561211

Zaman AU, Kildal PS, Ferndahl M, Kishk A(2010b) Validation of ridge gap waveguide performance using in-house TRL calibration kit. In: Antennas and propagation(EuCAP), 2010 proceedings of the fourth European conference on, Barcelona, 12-16 Apr 2010, pp 1-4

Zaman AU, Vassilev V, Kildal PS, Kishk A(2011) Increasing parallel plate stop-band in gap waveguides using inverted pyramid-shaped nails for slot array application above 60GHz. In: Antennas and propagation(EUCAP), proceedings of the 5th European conference on, 11-15 Apr 2011, pp 2254-2257

Zaman AU, Ellis MS, Kildal PS (2012a) Metamaterial based packaging method forimproved isolation of circuit elements in microwave modules. In: Microwave integrated circuits conference (EuMIC), 2012 7th European, Amsterdam, 29-30 Oct 2012, pp 834-837

Zaman AU, Kildal PS, Kishk AA(2012b) Narrow-band microwave filter using high-Q groove gap waveguide resonators with manufacturing flexibility and no sidewalls. Compon Packag Manuf Technol IEEE Trans 2(11):1882-1889. doi:10.1109/TCPMT.2012.2202905

Zaman AU, Vukusic T, Alexanderson M, Kildal PS(2013) Design of a simple transition from microstrip to ridge gap waveguide suited for MMIC and antenna integration. Antennas Wirel Propag Lett IEEE 12:1558-1561. doi:10.1109/LAWP.2013.2293151

Zaman AU, Alexanderson M, Vukusic T, Kildal PS(2014) Gap waveguide PMC packaging for improved isolation of circuit components in high-frequency microwave modules. Compon Packag Manuf Technol IEEE Trans 4(1):16-25. doi:10.1109/TCPMT.2013.2271651

Zwick T, Duixian L, Gaucher BP(2006) Broadband planar superstrate antenna for integrated millimeterwave transceivers. Antennas Propag IEEE Trans 54 (10): 2790 - 2796. doi:10.1109/TAP.2006.882167

第 75 章
阻抗匹配和巴伦

摘要

本章主要阐述阻抗变换和巴伦,这些结构通常用于接收和发射天线的输入端。在各种资料和文献中,史密斯圆图经常用于设计基于集总或者分布式电路的阻抗匹配网络,关于史密斯圆图的原理和使用也已经在这些资料中有详细阐述。本章还将介绍将最小二乘法用于设计并优化微波和高频电路的阻抗匹配变换的内容。

本章讨论的主题为阻抗的概念、传输线、功率增益、各种匹配网络、最小二乘法设计的阻抗变换、$\lambda/4$ 传输线、小反射原理、多枝节变换器、步进阻抗变换器、阶跃线设计、用于阻抗匹配的器件和组件、波导和平面电路结构的巴伦。

关键字

匹配负载;匹配源;最大负载功率传输;功率增益;阻抗变换;阻抗匹配;最小

H.Oraizi(✉)

伊朗科学与技术大学电子工程学院,伊朗

e-mail:h_oraizi@iust.ac.ir

二乘法;$\lambda/4$ 传输线;小反射;多枝节阻抗变换;步进线阻抗变换;阶跃线;巴伦

75.1 引言

阻抗匹配网络通常位于网络的源端和负载端,以满足各种系统的不同功能要求,如要实现最大功率传输、最大功率容量、最小反射或无反射工作、最小噪声干扰、最小功率损耗、线性频率响应,还有最重要的阻抗匹配和转换等功能。在频率低于 1GHz 时可使用分立和集总元件,但在高于 1GHz 的微波频率下应当使用分布式电路和传输线。阻抗变换网络的设计可以使用数值分析方法和图形辅助(如史密斯圆图),且这些匹配网络设计都可以通过计算机程序来实现。数值分析方法的结果是相当精确的,而通过图形辅助寻找匹配则可以更好地洞察电路的物理特性。此外,结合了集总元件和分布式电路的混合匹配网络也可以用于设计阻抗变换。

选择匹配电路需要考虑很多不同的因素,如直流偏置、稳定性、频率响应、品质因数以及是否具有所需设计值的分立元件和是否具备合适介电常数的基板。其中,振荡器和放大器匹配电路的设计分别需要高品质因数和低品质因数的电路。L 型电路不能提供高 Q 值;而高 Q 值需要更高阶的电路,也需要更多的元件,如 T、π 网络等。

天线的辐射阻抗、辐射效率、辐射方向图和增益不受阻抗失配的影响,匹配主要用于把来自传输线的可用功率传输到天线中,以减少传输损耗,并使线路上的驻波电压最小化。

75.2 阻抗、电阻、电抗的概念

作为工程概念的阻抗最初被定义为直流电路的电阻,但是随后被扩展并推广到其他电磁现象和其他工程问题中(Valkenburg,1991)。相应地,电流也从带电粒子的原始运动推广到包括传导 $\boldsymbol{J}=\sigma\boldsymbol{E}$、运流 ($\boldsymbol{J}=\rho\boldsymbol{u}, \boldsymbol{J}=k\boldsymbol{u}, I=\lambda\boldsymbol{u}$)、电位移 $\left(\boldsymbol{J}_D=\frac{\partial D}{\partial t}\right)$、磁位移 $\left(\boldsymbol{M}_D=\frac{\partial B}{\partial t}\right)$、电流源 ($J^i, J_s^i, I^i$)、磁压源 ($M^i, M_s^i, K^i$) 等方面。欧姆定律,作为导电介质的本构关系,可以表示为

$$\boldsymbol{J}=\sigma\boldsymbol{E} \tag{75.1}$$

式中:$\boldsymbol{J}$ 为电流密度(A/m^2);σ 为介质的电导率(S/m);$\boldsymbol{E}$ 为电场强度(V/m)。对于线性、均匀和各向同性的物质(简单物质),σ 不随 $\boldsymbol{E}$ 和坐标轴变化,并且在所有方向上具有相同的性质。

现在考虑由具有均匀横截面(S)和长度(l)的线性、均匀和各向同性的导电物质(具有电导率 σ)制成的圆柱形物体,其上的电压降为

$$u=\int_c \boldsymbol{E}\cdot \mathrm{d}\ell=E\ell=\frac{J\ell}{\sigma} \tag{75.2}$$

通过它的轴向电流为

$$i=\int_S \boldsymbol{J}\cdot \boldsymbol{n}\mathrm{d}s=JS \tag{75.3}$$

那么,u 和 i 之间的关系根据欧姆定律可以表示为

$$u=\left(\frac{\ell}{\sigma S}\right)i=Ri \tag{75.4}$$

其中,导电圆柱的电阻为

$$R=\frac{\ell}{\sigma S} \tag{75.5}$$

式(75.4)是电阻的本构关系,电阻(R)被定义为由于电阻器两端的电压差,电阻器阻碍带电粒子(在此为金属中的自由电子)运动的能力。电压差实际上可以定义为每单位电荷的势能差,即

$$\Delta u=\frac{\Delta W}{q}=\frac{\boldsymbol{F}\cdot\Delta\ell}{q}=\boldsymbol{E}\cdot\Delta\ell$$

同样,考虑一个电容器(存储电荷和电能的器件),其电介质的本构关系为

$$\boldsymbol{D}=\varepsilon\boldsymbol{E} \tag{75.6}$$

式中:$\boldsymbol{D}$ 为电通量密度(C/m^2);ε 为介电常数(F/m);$\boldsymbol{E}$ 为电场强度(V/m 或 N/C)。

现在考虑由两个平行且完美的导电板制成的电容器,其具有面积(S)并且被厚度为(d)的线性、均匀和各向同性的电介质物质(ε)所填充。根据高斯定律和等式(75.2)(假设电场忽略边缘效应),有

$$q=\oint_S \boldsymbol{D}\cdot\boldsymbol{n}\mathrm{d}s=\oint_S \varepsilon\boldsymbol{E}\cdot\boldsymbol{n}\mathrm{d}s=\varepsilon SE \tag{75.7}$$

$$u = \int \boldsymbol{E} \cdot \mathrm{d}\ell = Ed \tag{75.8}$$

因此,电容的定义为

$$C = \frac{q}{u} = \frac{\varepsilon S}{d} \quad \text{F 或 C/V} \tag{75.9}$$

请注意,q 是一块平板上感应的总电荷。

考虑到电流的定义:在时间间隔(Δt)内通过一个点的电荷增量(Δq),有

$$i = \frac{\mathrm{d}q}{\mathrm{d}t} \tag{75.10}$$

$$i = \frac{\mathrm{d}}{\mathrm{d}t}(Cu) = C\frac{\mathrm{d}u}{\mathrm{d}t} \tag{75.11}$$

式中,电容 C 在这里被假定为不变的,同时

$$u = \frac{1}{C}\int_{-\infty}^{t} i(t)\,\mathrm{d}t \tag{75.12}$$

式(75.11)和式(75.12)就是电容器的本构关系。

现在考虑缠绕在具有均匀截面面积(S)和长度(l)的圆柱芯上的 N 匝线圈,其由线性、均匀和各向同性的磁介质填充,其本构关系为

$$\boldsymbol{B} = \mu \boldsymbol{H} \tag{75.13}$$

线圈的匝数密度为

$$n = \frac{N}{l} \text{ 圈/m}$$

通过它的磁通密度 $\boldsymbol{B}$(T、$\mathrm{Wb/m^2}$)为

$$\boldsymbol{B} = \mu n i \tag{75.14}$$

通过它的磁通量(Weber)为

$$\Phi = \int_S \boldsymbol{B} \cdot \boldsymbol{n}\,\mathrm{d}s = \boldsymbol{B}S = \mu n S i \tag{75.15}$$

根据法拉第定律,螺线管中的感应电压等于磁通量对时间的导数,即

$$u = \frac{\partial \Phi}{\partial t} = \mu n S \frac{\mathrm{d}i}{\mathrm{d}t} \tag{75.16}$$

同时,楞次定律决定了感应电压的方向。

另外,电感 L(H)被定义为

$$L = \frac{\Phi}{i} \tag{75.17}$$

因此,电感上的感应电压为

$$u = \frac{\mathrm{d}\Phi}{\mathrm{d}t} = L\frac{\mathrm{d}i}{\mathrm{d}t} \tag{75.18}$$

线圈的自感为

$$L = \mu nS \tag{75.19}$$

现在,对于电路元件(电阻器(R)、电容器(C)和电感器(L)),可以得到以下对应关系,即

$$\begin{cases} u = Ri, i = Gu \\ q = Cu, i = \dfrac{\mathrm{d}q}{\mathrm{d}t} = C\dfrac{\mathrm{d}u}{\mathrm{d}t}, u = \dfrac{1}{C}\displaystyle\int_{-\infty}^{t} i\mathrm{d}t, q = \int_{-\infty}^{t} i\mathrm{d}t \\ \Phi = Li, u = L\dfrac{\mathrm{d}i}{\mathrm{d}t}, i = \dfrac{1}{L}\displaystyle\int_{-\infty}^{t} u\mathrm{d}t \end{cases} \tag{75.20}$$

电阻、电容和电感的能量和功率分别为

$$\begin{cases} P_R = \dfrac{\mathrm{d}W}{\mathrm{d}t} = ui = Ri^2, W_R = \displaystyle\int_{-\infty}^{t} ui\mathrm{d}t = \int_{-\infty}^{t} Ri^2\mathrm{d}t \\ P_C = Cu\dfrac{\mathrm{d}u}{\mathrm{d}t}, W_C = \displaystyle\int_{-\infty}^{t} Cu\frac{\mathrm{d}u}{\mathrm{d}t}\mathrm{d}t = \frac{1}{2}Cu^2 \\ P_L = Li\dfrac{\mathrm{d}i}{\mathrm{d}t}, W_L = \displaystyle\int_{-\infty}^{t} Li\frac{\mathrm{d}i}{\mathrm{d}t}\mathrm{d}t = \frac{1}{2}Li^2 \end{cases} \tag{75.21}$$

对于谐波源$\left(\dfrac{\partial}{\partial t} = \mathrm{j}\omega\right)$,电阻器、电感器和电容器的控制方程可写为

$$\begin{cases} U = RI, P_R = \dfrac{1}{2}R|I|^2 \\ I = (\mathrm{j}\omega C)U = \mathrm{j}B_C U, P_C = \dfrac{1}{2}B_C|U|^2, W_C = \dfrac{1}{4}CU^2 \\ U = (\mathrm{j}\omega L)I = \mathrm{j}X_L I, P_L = \dfrac{1}{2}X_L|I|^2, W_L = \dfrac{1}{4}LI^2 \end{cases} \tag{75.22}$$

通常,单端口网络的输入阻抗可以表示为

$$Z(\omega)=R(\omega)+\mathrm{j}X(\omega) \tag{75.23}$$

它由分别表示为实部的电阻和虚部的电抗部分组成。然而,阻抗的概念已经从基本的直流电路发展到其他电磁现象。

介质的特征阻抗为

$$\eta=\sqrt{\frac{\hat{z}}{\hat{y}}} \tag{75.24}$$

其中阻抗(impedivity)定义为

$$\hat{z}=\mathrm{j}\omega\hat{\mu}=\mathrm{j}\omega(\mu'-\mathrm{j}\mu'')=\omega\mu''+\mathrm{j}\omega\mu' \quad \Omega/\mathrm{m} \tag{75.25}$$

导纳被定义为

$$\hat{y}=\sigma+\mathrm{j}\omega\hat{\varepsilon}=\sigma+\mathrm{j}\omega(\varepsilon'-\mathrm{j}\varepsilon'')=\sigma+\omega\varepsilon''+\mathrm{j}\omega\varepsilon' \quad \mathrm{S/m} \tag{75.26}$$

均匀介质中的平面波表示为

$$\boldsymbol{H}=\frac{1}{\eta}\boldsymbol{n}\times\boldsymbol{E} \tag{75.27}$$

式中:$\boldsymbol{E}$ 和 $\boldsymbol{H}$ 分别为电场强度和磁场强度,各自垂直于电磁波在空间传播的方向。

均匀波导截面中的横波分量与波阻抗(Z_{w})有关,有

$$\boldsymbol{H}_t=\frac{1}{Z_w}\boldsymbol{u}_z\times\boldsymbol{E}_t \tag{75.28}$$

式中,Z_w分别对应 TEM、TE 或 TM 模式中的 Z_{TEM}、Z_{TE}或 Z_{TM}。

传输线上的正向和反向行波电压和电流与传输线的特征阻抗(Z_0)有关,即

$$\frac{U^+}{I^+}=\frac{U^-}{I^-}=Z_0 \tag{75.29}$$

一条传输线上一个方向上的输入阻抗实际上是由阻抗变换公式定义的,即

$$Z_{\mathrm{in}}=\frac{U}{I}=\frac{U^++U^-}{I^++I^-} \tag{75.30}$$

其中总电压和电流分别是正向和反向电压和电流的总和。

从电磁场的角度来看,阻抗匹配是在边界面(没有表面电流)的切向电场与切向磁场的匹配;而从电路理论的角度来看,是根据某些特定要求进行阻抗匹配的。

75.3 通过传输线连接源和负载

现在考虑源通过传输线连接到负载的情况,并研究它们之间的功率传输行为(Rizzi,1988; Pozar,2011; Collin,2000; Gonzalez,1997)。假设传输线的长度、特性阻抗和传播常数分别为 l、Z_0 和 $\gamma=\alpha+j\beta$(衰减常数 α 和相位常数 β),源和负载阻抗分别是 Z_S 和 Z_L。

传输线上的电压和电流可以分别写成正向和反向行波电压和电流的总和(图 75.1)。

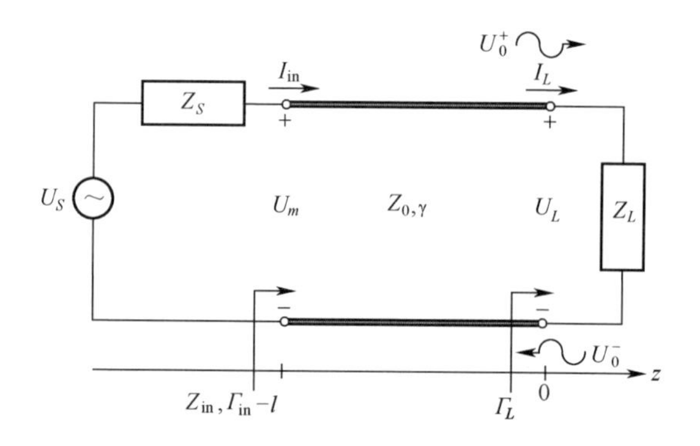

图 75.1 传输线连接源和负载

$$U(z)=U_0^+(e^{-\gamma z}+\Gamma_L e^{\gamma z}) \tag{75.31}$$

$$I(z)=\frac{U_0^+}{Z_0}(e^{-\gamma z}-\Gamma_L e^{\gamma z}) \tag{75.32}$$

其中负载的反射系数为

$$\Gamma_L=\frac{U_0^-}{U_0^+}=\frac{Z_L-Z_0}{Z_L+Z_0} \tag{75.33}$$

利用式(75.31)、式(75.32)和式(75.33),可以得到传输线上的阻抗变换公式为

$$Z_{in}=\frac{U(z)}{I(z)}=Z_0\frac{Z_L+Z_0\tanh(\gamma l)}{Z_0+Z_L\tanh(\gamma l)} \tag{75.34}$$

对于无损传输线($\alpha=0$),有

$$Z_{in} = \frac{U(z)}{I(z)} = Z_0 \frac{Z_L + jZ_0\tan(\beta l)}{Z_0 + jZ_L\tan(\beta l)} \tag{75.35}$$

在传输线的负载端和源端的两个边界条件分别为

$$U_L = I_L Z_L \text{ 和 } V_S = I_{in}(Z_S + Z_{in}) \tag{75.36}$$

传输线源端的电压为

$$U(z=-l) = U_{in} = I_{in}Z_{in} = U_S \frac{Z_{in}}{Z_{in} + Z_S} = U_0^+ (e^{\gamma l} + \Gamma_L e^{-\gamma l}) \tag{75.37}$$

然后,正向电压幅度为

$$U_0^+ = U_S \frac{Z_{in}}{Z_{in} + Z_S} \frac{1}{e^{\gamma l} + \Gamma_L e^{-\gamma l}} \tag{75.38}$$

式(75.38)可以写成

$$U_0^+ = U_S \frac{Z_0}{Z_0 + Z_S} \frac{e^{-\gamma l}}{(1 - \Gamma_L \Gamma_S e^{-2\gamma l})} \tag{75.39}$$

通过式 (75.34)和源的反射系数可得

$$\Gamma_S = \frac{Z_S - Z_0}{Z_S + Z_0} \tag{75.40}$$

电压幅度 $U_0{}^+$用于式 (75.31)和式(75.32)中可分别获得传输线上电压和电流,无损传输线上的驻波比为

$$\text{SWR} = \frac{U_{max}}{U_{min}} = \frac{1 + |\Gamma_L|}{1 - |\Gamma_L|} \tag{75.41}$$

在无损传输线上源传输给负载的功率为

$$\begin{aligned} P_L &= \text{Re}\left(\frac{1}{2}U_{in}I_{in}^*\right) = \text{Re}\left(\frac{1}{2}U_L I_L^*\right) = \frac{1}{2}|U_{in}|^2 \text{Re}\left(\frac{1}{Z_{in}^*}\right) \\ &= \frac{1}{2}|U_S|^2 \left|\frac{Z_{in}}{Z_{in} + Z_S}\right|^2 \text{Re}\left(\frac{1}{Z_{in}}\right) \end{aligned} \tag{75.42}$$

也可以写成

$$P_L = \left|\frac{1}{2}|U_S|^2 \frac{R_{in}}{(R_{in} + R_S)^2 + (X_{in} +^{in} X_S)^2}\right. \tag{75.43}$$

其中 $Z_{in}=R_{in}+jX_{in}$,而 $Z_S=R_S+jX_S$。

当固定源阻抗(Z_S)时,可以考虑 3 种负载阻抗情况。

75.3.1 匹配负载

对于与传输线匹配的负载,设相关参数为 $Z_L=Z_0$, $\Gamma_L=0$, SWR=1, $Z_{in}=Z_0$, $R_{in}=Z_0$, $X_{in}=0$,因此,负载功率可通过式(75.42)获得

$$P_L=\frac{1}{2}|U_S|^2\frac{Z_0}{(Z_0+{}^0R_S)^2+X_S^2} \tag{75.44}$$

75.3.2 匹配源

通过选择合适的 Z_L、βl 和 Z_0 值,使得源与负载(Z_L)匹配,此时有 $Z_{in}=Z_S$, $R_{in}=R_S$, $\Gamma_{in}=0$,并且 $\Gamma_L\neq0$,因此负载功率可通过式(75.42)获得,即

$$P_L=\frac{1}{8}|U_S|^2\frac{R_S}{(R_S^2+X_S^2)} \tag{75.45}$$

可以观察到,在匹配源情况下的负载功率可能小于匹配负载的情况。

75.3.3 最大功率负载

现在确定从电源到负载的最大功率传输的条件,如果固定源阻抗,但允许可变输入阻抗 $Z_{in}=R_{in}+jX_{in}$时,最大功率传输所需条件为

$$\frac{\partial P_L}{\partial P_{in}}=0,\quad \frac{\partial P_L}{\partial X_{in}}=0 \tag{75.46}$$

导出两个关系式 $R_{in}=R_S$ 和 $X_{in}=-X_S$,有

$$Z_{in}=Z_S^* \tag{75.47}$$

因此,共轭匹配给出了向负载提供最大功率传输的条件且最大功率,由式(75.42)得到

$$P_L=\frac{1}{8}|U_S|^2\frac{1}{R_S} \tag{75.48}$$

这种情况下的反射系数即 Γ_L、Γ_S 和 Γ_{in}不一定为零。因此,为了获得最大的功率传输,传输线上可能会出现反射,在不匹配的传输线上,这些反射叠加起来会增加到负载的功率传输。

可以观察到两种无反射匹配($Z_{in}=Z_S$)和共轭匹配 $Z_{in}=Z_S^*$ 的情况,都不能提供最佳传输效率。源阻抗的功耗为

$$P_{ds} = \frac{1}{2}R_S \mid I_S \mid^2 = \frac{1}{2}R_S \mid U_S \mid^2 \frac{1}{(R_{in} + R_S)^2 + (X_{in} + {}^{in}X_S)^2} \quad (75.49)$$

现在,假设一条与源和负载都匹配(没有反射)的传输线,也即 $Z_L = {}^L Z_S = Z_0$(并且 $X_S = X_L = X_{in} = 0, R_{in} = R_S = R_L = Z_0$),其源阻抗功耗为

$$P_{ds} = \frac{1}{2}R_S \mid U_S \mid^2 \frac{1}{4R_S^2} = \frac{\mid U_S \mid^2}{8R_S} \quad (75.50)$$

因此,源阻抗中有一半的功率被损失了(因为在这种情况下,源功率为 $P_S = \mid U_S \mid^2 / 4R_S$),效率仅为 50%。

75.4　双端口网络的功率增益

考虑连接源和负载的双端口网络,如图 75.2 所示(Rizzi,1988; Pozar,2011; Collin,2000; Gonzalez,1997)。

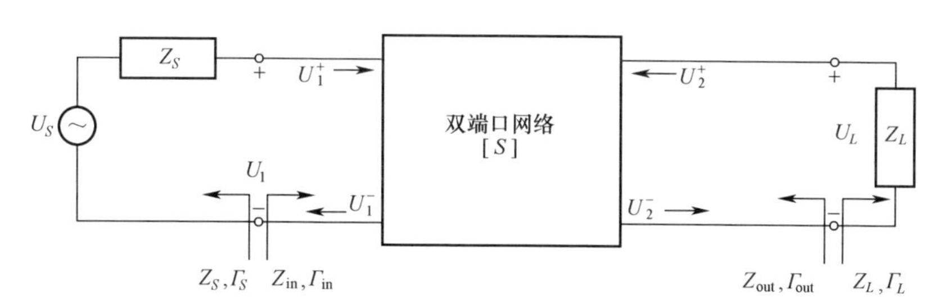

图 75.2　连接源和负载的双端口网络

以下 3 种类型的增益是有区别的:

(1) 功率增益。

$$G = \frac{P_L}{P_{in}} = \frac{\text{负载功率}}{\text{进入网络的输入功率}} \quad (75.51)$$

G 与 Z_S 无关。

(2) 可用功率增益。

$$G_A = \frac{P_{avn}}{P_{avs}} = \frac{\text{来自网络的可用功率}}{\text{来自源的可用功率}} \quad (75.52)$$

在 G_A 的计算中,假定源和负载为共轭匹配。G_A 取决于 Z_S 而不是 Z_L。

(3)传输功率增益。

$$G_T = \frac{P_L}{P_{\text{avs}}} = \frac{\text{负载功率}}{\text{来自源的可用功率}} \tag{75.53}$$

功率增益的定义取决于源和负载匹配的方法。例如,如果它们都是共轭匹配的,则可以获得最大增益,并且有 $G=G_A=G_T$。

假设传输线特征阻抗为(Z_0),则反射系数 Γ_L 和 Γ_S 可由式(75.33)和式(75.39)获得。由于网络的输入端口通常是不匹配的,因此导出其输入反射系数(Γ_{in})(图75.2)。

使用散射参数(S 参数)和 $\Gamma_L=U_2^+/U_2^-$,有

$$U_1^- = S_{11}U_1^+ + S_{12}U_2^+ = S_{11}U_1^+ + S_{12}\Gamma_L U_2^- \tag{75.54a}$$

$$U_2^- = S_{21}U_1^+ + S_{22}U_2^+ = S_{21}U_1^+ + S_{22}\Gamma_L U_2^- \tag{75.54b}$$

$$\Gamma_{\text{in}} = \frac{Z_{\text{in}} - Z_0}{Z_{\text{in}} + Z_0} = \frac{U_1^-}{U_1^+} = S_{11} + \frac{S_{12}S_{21}\Gamma_L}{1 - S_{22}\Gamma_L} \tag{75.55}$$

类似地,对于输出反射参数,使用 $\Gamma_S=\dfrac{U_1^+}{U_1^-}$,有

$$\Gamma_{\text{out}} = \frac{U_2^-}{U_2^+} = S_{22} + \frac{S_{12}S_{21}\Gamma_S}{1 - S_{11}\Gamma_S} \tag{75.56}$$

在网络的输入端,有

$$U_1 = U_S\frac{Z_{\text{in}}}{Z_{\text{in}} + Z_S} = U_1^+ + U_1^- = U_1^+(1 + \Gamma_{\text{in}}) \tag{75.57}$$

因此,有

$$U_1^+ = \frac{U_S}{2}\frac{1 - \Gamma_S}{1 - \Gamma_S\Gamma_{\text{in}}} \tag{75.58}$$

其中,$Z_{\text{in}}=Z_0(1+\Gamma_{\text{in}})/(1-\Gamma_{\text{in}})$ 可由式(75.55)得出。

输入网络内的平均功率为

$$P_{\text{in}} = \frac{1}{2Z_0}|U_1^+|^2(1 - |\Gamma_{\text{in}}|^2) = \frac{|U_S|^2}{8Z_0}\frac{|1 - \Gamma_S|^2}{|1 - \Gamma_S\Gamma_{\text{in}}|^2}(1 - |\Gamma_{\text{in}}|^2) \tag{75.59}$$

负载功率为

$$P_L = \frac{1}{2Z_0}|U_2^-|^2(1 - |\Gamma_L|^2) \tag{75.60}$$

将式(75.54b)中的 U_2^- 和式(75.58)中的 U_1^+ 代入式(75.60),可以得到负载功率为

$$P_L = \frac{|U_S|^2}{8Z_0}|S_{21}|^2 \frac{|1 - \Gamma_S|^2}{|1 - \Gamma_S\Gamma_{in}|^2} \frac{1 - |\Gamma_L|^2}{|1 - S_{22}\Gamma_L|^2} \tag{75.61}$$

那么功率增益为

$$G = \frac{P_L}{P_{in}} = |S_{21}|^2 \frac{1 - |\Gamma_L|^2}{|1 - S_{22}\Gamma_L|^2} \frac{1}{1 - |\Gamma_{in}|^2} \tag{75.62}$$

当网络的源和输入之间实现共轭匹配时,即 $Z_{in} = Z_S^*$ 或 $\Gamma_{in} = \Gamma_S^*$,网络的最大可传输功率(P_{in})等于来自源的可用功率(P_{avs})。然后,通过式(75.59)可得

$$P_{avs} = P_{in}|_{\Gamma_{in}=\Gamma_S^*} = \frac{|U_S|^2}{8Z_0} \frac{|1 - \Gamma_S|^2}{(1 - |\Gamma_S|^2)} \tag{75.63}$$

负载(P_L)的最大可传输功率等于来自网络的可用功率(P_{avn}),可以通过网络输出端与负载之间的共轭匹配实现,即 $\Gamma_L = \Gamma_{out}^*$ 和 $Z_L = Z_{out}^*$。因此,从式(75.61)可得

$$P_{avn} = P_L|_{\Gamma_L=\Gamma_{out}^*} = \frac{|U_S|^2}{8Z_0}|S_{21}|^2 \frac{|1 - \Gamma_S|^2}{|1 - \Gamma_S\Gamma_{in}|^2} \frac{1 - |\Gamma_{out}|^2}{|1 - S_{22}\Gamma_{out}^*|^2} \tag{75.64}$$

在 P_{avn} 的这个等式中,输入反射系数 Γ_{in} 必须在 $\Gamma_L = \Gamma_{out}^*$ 和 $Z_L = Z_{out}^*$ 的条件下才成立。则可以导出以下方程式,即

$$|1 - \Gamma_S\Gamma_{in}|^2|_{\Gamma_L=\Gamma_{out}} = \frac{|1 - S_{11}\Gamma_S|^2(1 - |\Gamma_{out}|^2)^2}{|1 - S_{22}\Gamma_{out}^*|^2} \tag{75.65}$$

同时,下式这两个变量可以从式(75.55)和式(75.56)中得出,即

$$\Gamma_{in} = S_{11} + \frac{S_{12}S_{21}\Gamma_L}{1 - S_{22}\Gamma_L} = \frac{S_{11} - \Gamma_L\Delta}{1 - S_{22}\Gamma_L} \tag{75.66}$$

$$\Gamma_{out} = S_{22} + \frac{S_{12}S_{21}\Gamma_S}{1 - S_{11}\Gamma_L} = \frac{S_{22} - \Gamma_L\Delta}{1 - S_{11}\Gamma_S} = \Gamma_L^* \tag{75.67}$$

式中:$\Delta = S_{11}S_{22} - S_{12}S_{21}$。把式(75.66)中的 Γ_{in} 和式(75.67)中的 Γ_S 代入式(75.65)的左边可以验证该等式,因此,式(75.64)可以被简化为

$$P_{\text{avn}} = \frac{|U_S|^2}{8Z_0}|S_{21}|^2 \frac{|1 - \Gamma_S|^2}{|1 - S_{11}\Gamma_S|^2(1 - |\Gamma_{\text{out}}|^2)} \tag{75.68}$$

P_{avs}和P_{avn}的功率均由电源电压(U_S)表示,与输入和负载阻抗无关。

使用这些关系式,得到可用功率(G_A)和传输功率(G_T)增益分别为

$$G_A = \frac{P_{\text{avn}}}{P_{\text{avs}}} = |S_{21}|^2 \frac{(1 - |\Gamma_S|^2)}{|1 - S_{11}\Gamma_S|^2(1 - |\Gamma_{\text{out}}|^2)} \tag{75.69}$$

$$G_T = \frac{P_{\text{L}}}{P_{\text{avs}}} = |S_{21}|^2 \frac{(1 - |\Gamma_S|^2)(1 - |\Gamma_L|^2)}{|1 - \Gamma_S\Gamma_{\text{in}}|^2|1 - S_{22}\Gamma_L|^2} \tag{75.70}$$

当输入端口和输出端口都匹配为零反射,即$\Gamma_S = \Gamma_L = 0$时,传输功率增益简化为

$$G_T = |S_{21}|^2 \tag{75.71}$$

对于一个单向传输器件(或一个非互易放大器),有$S_{12} = 0$,通过式(75.55),可得$\Gamma_{\text{in}} = S_{11}$,因此,传输器件的功率增益可以通过设定式(75.70)中的$\Gamma_{\text{in}} = S_{11}$来获得。

然而,在双端口网络的源端和负载端,通常需要匹配网络将其输入端口转换为源阻抗,同时将输出端口转换为负载阻抗,如图75.3所示。

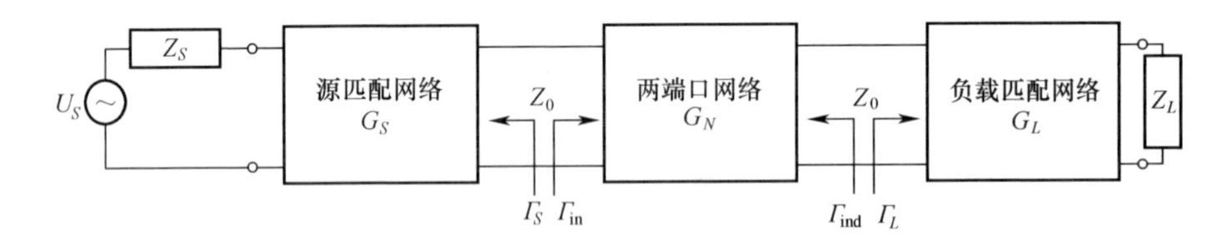

图75.3　带有源端和负载端匹配的双端口网络

传输功率增益(G_T)适用于由源匹配电路、双端口网络和负载匹配电路串联组成的系统,其中我们为每个部分定义了对应的有效功率增益系数。因此,式(75.70)中的G_T可以表示为

$$G_T = G_S G_N G_L \tag{75.72a}$$

其中,

$$G_S = \frac{(1 - |\Gamma_S|^2)}{|1 - \Gamma_S\Gamma_{\text{in}}|^2} \tag{75.72b}$$

$$G_N = |S_{21}|^2 \tag{75.72c}$$

$$G_L = \frac{(1 - |\Gamma_L|^2)}{|1 - S_{22}\Gamma_L|^2} \tag{75.72d}$$

75.5　多种匹配网络

匹配网络一般可以由图 75.4 所示，同时可以增加更多的枝节来扩展其带宽（Rizzi，1988；Pozar，2011；Collin，2000；Gonzalez，1997；Misra，2001；Ludwig et al.，2000）。

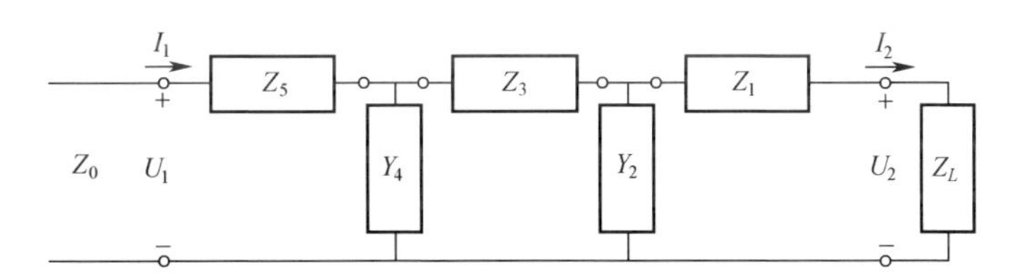

图 75.4　通用匹配网络

串联模块（Z_1、Z_3、Z_5）和并联模块（Y_2、Y_4）可以是 L 和 C 分立元件的串联或并联。它们也可以是长度为（l_i）、特性阻抗为 Z_{0i} 和传播常数为 γ_i 的传输线。传输线可以是开路或短路，表 75.1 汇总了不同类型的可选模块。

表 75.1　匹配网络的多种组成

形式	电路	Z	Y	[T]	[T]
串联 LC	L_i, C_i	$\frac{1-(\omega/\omega_{o,i})^2}{j\omega C_i}$	$\frac{j\omega c_i}{1-(\omega \mid \omega\varepsilon_i)^2}$	$\begin{bmatrix}1 & Z\\0 & 1\end{bmatrix}$	$\begin{bmatrix}1 & 0\\Y & 1\end{bmatrix}$
并联 LC	C_i, L_i	$\frac{j\omega L_d}{1-(\omega/\omega_{wo,i})^2}$	$\frac{1-(\omega/\omega_{o,i})^2}{j\omega L_i}$	$\begin{bmatrix}1 & Z\\0 & 1\end{bmatrix}$	$\begin{bmatrix}1 & 0\\Y & 1\end{bmatrix}$
传输线	l_i, $Z_{0,i},\gamma_i$	—	—	$\begin{bmatrix}\cos(\beta_i l_i) & Z_{0,i}\sin(\beta_i,l_i)\\Y_{0,i}\sin(\beta_i l_i) & \cos(\beta_i,l_i)\end{bmatrix}$	—

(续)

形式	电路	Z	Y	$[T]$	$[T]$
短路并联枝节	$Z_{0,i},\gamma_i$ l_i	—	$-\mathrm{j}Y_{0,i}\cos(\beta_i,l_i)$	—	$\begin{bmatrix}1 & 0\\ Y & 1\end{bmatrix}$
开路并联枝节	$Z_{0,i},\gamma_i$ l_i	—	$-\mathrm{j}Y_{0,j}\tan(\beta_i,l_i)$	—	$\begin{bmatrix}1 & 0\\ Y & 1\end{bmatrix}$
短路串联枝节	$Z_{0,i},\gamma_i$ l_i	$\mathrm{j}Z_{0,i}\tan(\beta_i l_i)$	—	$\begin{bmatrix}1 & Z\\ 0 & 1\end{bmatrix}$	—
开路串联枝节	$Z_{0,i},\gamma_i$ l_i	$-\mathrm{j}Z_{0,i}\cot(\beta_i l_i)$	—	$\begin{bmatrix}1 & Z\\ 0 & 1\end{bmatrix}$	—

串联模块(Z_1、Z_3 和 Z_5)可以是容性或感性元件的短路或开路线,也可以是其他电路元件的任何组合。并联模块(Y_2 和 Y_4)可以是传输线以及其他电路元件的任何组合。因此,可以由图 75.4 所示的电路设计多种阻抗匹配网络,该电路可由表 75.1 中给出结构任何组合构成。

我们为阻抗匹配网络设计了许多类型的电路,这可视为图 75.4 中一般匹配网络的特殊情况。对于单频工作,串联 LC 电路和并联 LC 电路可以减少为单个 L 或 C 元件组成的电路。而对于有带宽要求的阻抗匹配网络的设计,串联和并联部分都需要 LC 电路。

现在考虑通常被表示为 L 网络的匹配网络,如图 75.5(a)、图 75.5(b)所示。

对于图 75.5(a),去除图 75.4 中的模块 Z_3、Y_4 和 Z_5,保留模块 Z_1 和 Y_2。对于图 75.5(b),去除模块 Z_1、Y_4 和 Z_5,而保留模块 Y_2 和 Z_3。对于单频工作的电路,分别给出了 4 个不同的方案,如图 75.6(a)、图 75.6(b)所示。

图 75.6(a)中的电路可用于匹配位于史密斯圆图中单位电阻圆以外的负载阻抗,图 75.6(b)中的电路用于匹配位于该圆内的负载阻抗。电路元件的值可

以通过数值方法或史密斯圆图上的图形方法来获得。

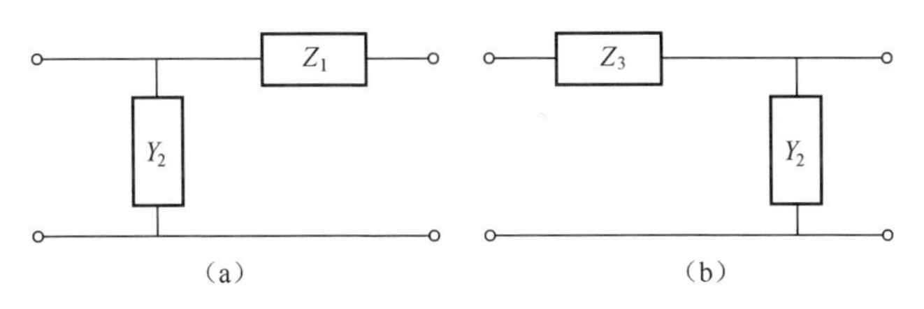

图 75.5　L 网络匹配

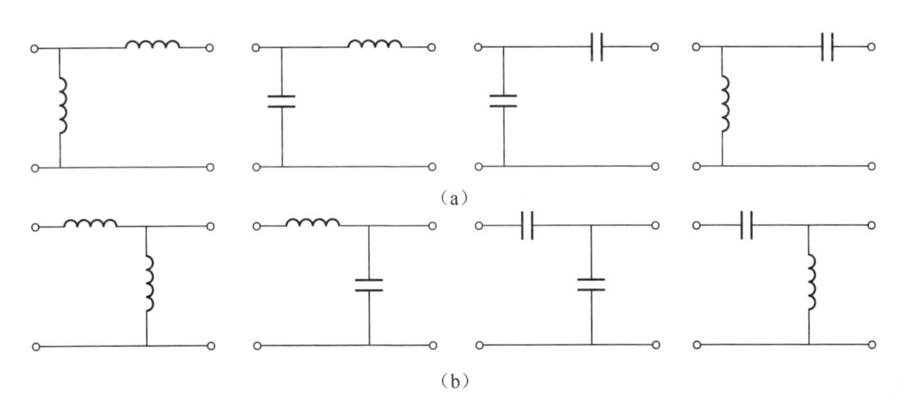

图 75.6　一些典型的 L 匹配网络

这些方法的细节可以在微波工程的教科书中找到，读者可以参考 Rizzi (1988) 和 Ludwig、Bretchko (2000) 的文献。本章使用最小二乘法来实现这些设计。

接下来考虑通常被表示为 T 网络的匹配电路，如图 75.7 所示。该电路是通过保留模块 Z_1、Y_2 和 Z_3 而除去模块 Y_4 和 Z_5 而获得的。模块 Z_1、Y_2 和 Z_3 可以为串联和并联 LC 电路的任何组合。典型的 T 网络如图 75.7 所示，该电路可以是对称的或不对称的。

接下来考虑通常称为 π 网络的匹配电路，如图 75.8 所示。该电路在图 75.4中通过保留模块 Y_2、Z_3 和 Y_4 而移除块 Z_1 和 Z_5 来获得。模块 Y_2、Z_3 和 Y_4 可以由串联和并联 LC 电路的任何组合构成，图 75.8 中给出了几种 π 网络。

许多其他由串联和并联电路组成的匹配网络可以按照图 75.4 中的网络形式来设计，它们的总体设计思路可以基于最小二乘法来完成。

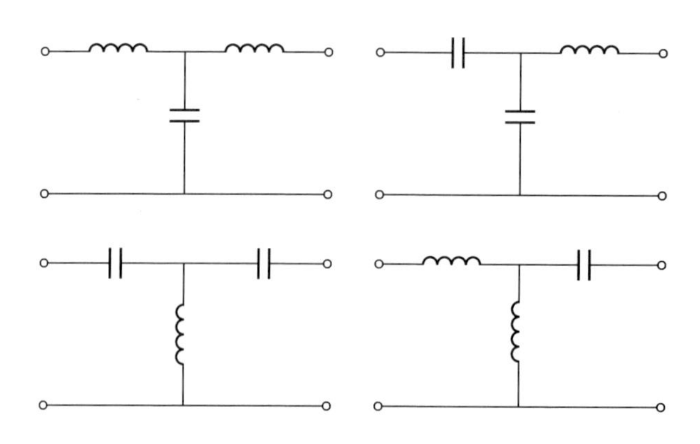

图75.7　几种典型的T网络匹配电路

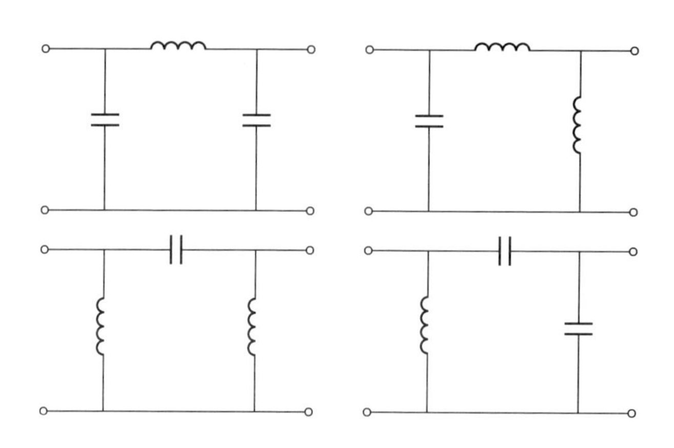

图75.8　几种典型的匹配 $R_{in}=R_S$ 的 π 网络匹配电路

传输线也可以实现多种匹配的网络,可以通过保留模块 Z_1 和 Y_2 以及去除模块 Z_3、Y_4 和 Z_5 来获得单枝节调节器,如图75.9(a)所示,模块 Z_1 是传输线段,模块 Y_2 是短路或开路枝节。同时,通过保持模块 Y_2 和 Z_3 但是去除模块 Z_1、Y_4 和 Z_5 则可获得另一种配置,如图75.9(b)所示,模块 Y_2 是短路或开路线,Z_3 是传输线段。

保留图75.4中网络的所有模块,就可以获得双枝节阻抗匹配电路,模块 Z_1、Z_3 和 Z_5 是传输线段,而模块 Y_2 和 Y_4 是短路或开路段,如图75.10所示。

还可以设计三枝节调谐电路,是由3个开路或短路线组成。

单枝节和双枝节调谐器的设计可以通过使用阻抗变换方程的分析方法或使

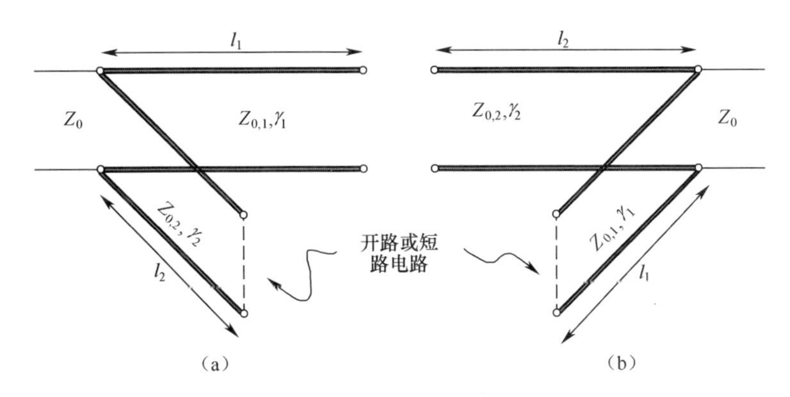

图 75.9　单枝节匹配的两种形式

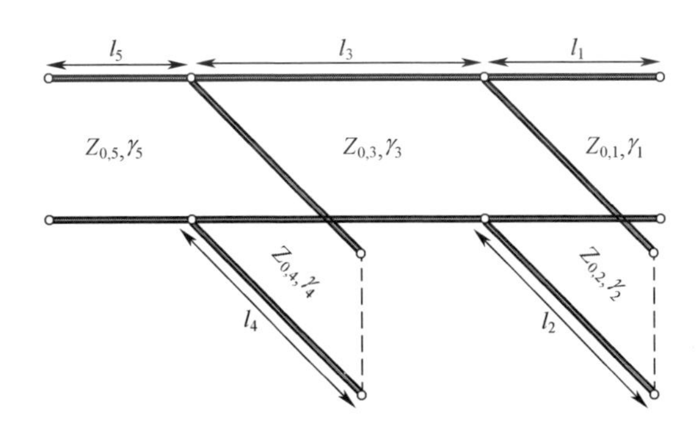

图 75.10　双枝节匹配

用史密斯圆图的几何方法来生成,这里会使用最小二乘法进行设计。

也可以考虑图 75.4 所示的匹配网络的其他特殊情况。例如,如图 75.11 所示,将模块 Z_1 设为传输线和电抗元件(无功耗)串联的情况。相当于在图 75.4 中,保留模块 Z_1 和 Z_3,而将模块 Y_2、Y_4 和 Z_5 移除。

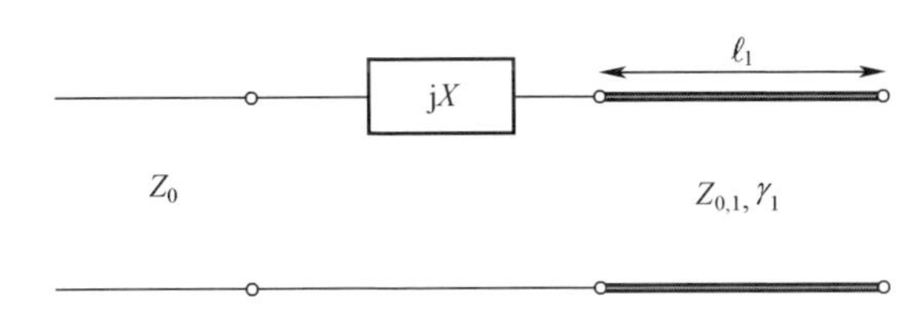

图 75.11　串联容性匹配网络

如图 75.12 所示,图 75.11 中的串联电抗元件可以被短路或开路线取代。

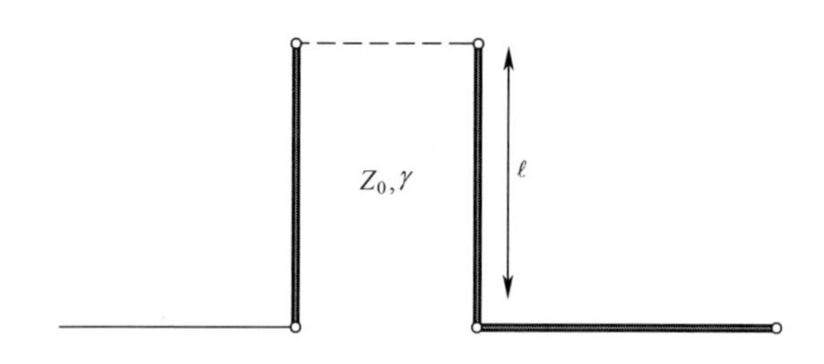

图75.12 使用串联短路或者开路容性枝节的匹配网络

接下来,考虑保留模块 Z_1 和 Y_2 但模块 Z_3、Y_4 和 Z_5 被去除的情况,如图75.13所示,模块 Z_1 被认为是传输线,其中模块 Y_2 被视为分立元件,模块 Z_n 可以被认为是前面提到的传输线的并联线。

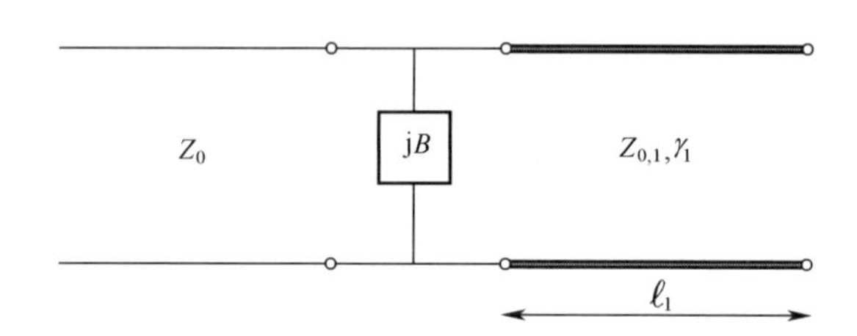

图75.13 使用并联短路或者开路容性枝节的匹配网络

75.6 用最小二乘法设计阻抗变换器

现在用最小二乘法来设计图75.4所示的通用网络匹配电路(Oraizi,2001、2006)。

整个网络的总传输矩阵为

$$[\boldsymbol{T}]=[\boldsymbol{T}_5][\boldsymbol{T}_4][\boldsymbol{T}_3][\boldsymbol{T}_2][\boldsymbol{T}_1] \tag{75.73}$$

对于任何匹配电路,都可以从表75.1中给出其传输矩阵 $[\boldsymbol{T}_i]$。此外,输入电压和电流与网络传输矩阵的输出电压和电流有关,即

$$\begin{bmatrix} U_1 \\ I_1 \end{bmatrix}=[T]\begin{bmatrix} U_2 \\ I_2 \end{bmatrix}=\begin{bmatrix} A & B \\ C & D \end{bmatrix}\begin{bmatrix} U_2 \\ I_2 \end{bmatrix} \tag{75.74}$$

或者

$$U_1 = AU_2 + BI_2 \tag{75.75}$$

$$I_1 = CV_2 + DI_2 \tag{75.76}$$

电路的输入阻抗$\left(Z_{\text{in}} = \dfrac{U_1}{I_1}\right)$也可以由负载阻抗$Z_{\text{L}} = \dfrac{U_2}{I_2}$表示，因此，将式(75.74)和式(75.75)分解，并代入Z_L，可以获得以下关系式，即

$$Z_{\text{in}} = \frac{U_1}{I_1} = \frac{AZ_L + B}{CZ_L + D} \tag{75.77}$$

匹配电路可以被设计成输入端无反射状态($Z_0 = Z_{\text{in}}$)或者用于最大功率传输的共轭匹配状态($Z_0 = Z_{\text{in}}^*$)，那么可以构造误差函数为

$$\text{error} = \sum_k |Z_{\text{in},k} - Z_0^*|^2 = \sum_k \left| \frac{A_k Z_{\text{L},k} + B_k}{C_k Z_{\text{L},k} + D_k} - Z_0^* \right|^2 \tag{75.78}$$

其中上下限频率(f_1 到f_2)之间的频率被分成$f_k = f_1 + k\Delta f = f_1 + k\dfrac{f_2 - f_1}{K}$($k = 0, 1, 2, \cdots, K$)的 K 个间隔。如果传输线的特性阻抗(Z_0)是实数，则无反射和共轭匹配的条件是相同的。对于单频匹配电路的设计，式(75.78)中没有 $K+1$ 个频率的和。对于图 75.4 中的各个模块，误差函数取决于从表 75.1 中选择的电路元件的几何尺寸和电气特性。值得注意的是，匹配网络也可以针对 Z_0去设计，且 Z_0是频率的函数。

误差函数的最小化决定了匹配电路不同环节的参数。如果误差函数是变量的二次函数，则它具有唯一的最小值。如果不是二次函数，那么它有多个最小值。需要使用最小化算法来确定这个值，如最速下降、共轭梯度、进化算法(如遗传算法、粒子群优化算法、蚁群算法或侵入式杂草算法)或这些算法的任意组合。

例 75.1　根据表 75.2 中的规定数据设计一个集总元件阻抗变换器。由于 $R_L > Z_0$，应采用图 75.14 中的电路。表 75.3 列出了输出参数，由计算机程序获得。电路输入端的反射系数的两个解如图 75.15 所示。

表 75.2　例 75.1 的集总元件变换器的输入数据

例 75.1	从源端开始第一个元素类型	元素数量	频率/GHz	误差余量	Z_S/Ω	Z_L/Ω
1	并联	2	0.5	0.001	100	200-100j

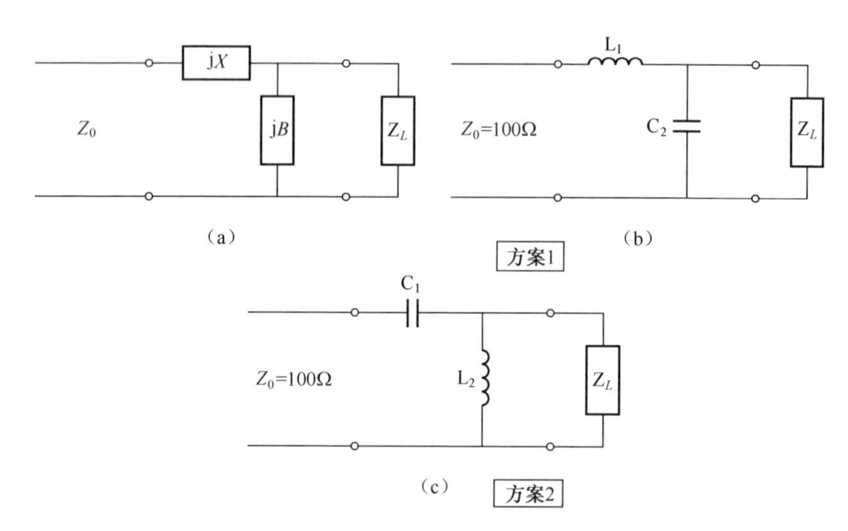

图 75.14 例 75.1 用图(a)框图;(b)方案 1;(c)方案 2。

表 75.3 例 75.1 的集总元件变换器的输出数据

实例		X_1	B_2	Z_S/Ω		Z_L/Ω	
				R_S	L_S/nH	R_L	C_L/pF
1	方案 1	1.2247 $\to L_1=38.9846$ (nH)	0.28996 $\to C_2=0.9229$ (pF)	100	0	200	3.1831
	方案 2	1.2247 $\to C_1=2.5991$ (pF)	−0.6899 $\to L_2=46.1388$ (nH)				

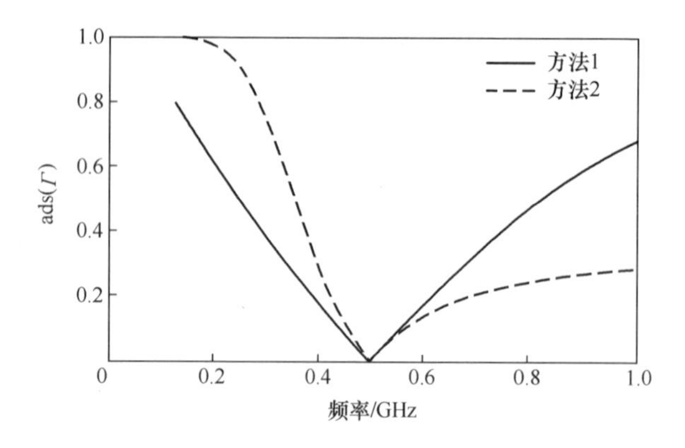

图 75.15 例 75.1 中反射系数幅度 VS 频率

接下来,根据表 75.4 中指定的输入数据设计多个分布式传输线阻抗变换器,输出参数在表 75.5 中列出,由计算机程序获得。

表 75.4　例子 2-5 的传输线变换器的输入数据

示例	2	3	4	5		
				c	b	a
元件数量	2	2	3	3	2	2
频率/GHz	2	2	2	f_0	f_0	f_0
误差余量	0.001	0.001	0.001	0.001	0.001	0.001
Z_S/Ω	50	50	50	100	100	100
Z_L/Ω	10+15j	100+80j	60-80j	200	200	200
来自源的奇元素	P&O	S&O	[P & S,P & S]	[P & S,S & S]	S & S	P & S
奇元素的 Z_0	50	50	[50,50]	[100,10]	100	100
枝节长度的 LB	0.01λ	0.01λ	[0.01,0.01]λ	[0.01,0.01]λ	0.01λ	0.01λ
枝节长度的 UB	0.5λ	0.5λ	[0.5,0.5]λ	[0.5,0.5]λ	0.5λ	0.5λ
偶元素的 Z_0	50	50	50	100	100	100
传输线长度的 LB	0.01λ	0.01λ	0.125λ	0.125λ	0.01λ	0.01λ
传输线长度的 UB	0.5λ	0.5λ	0.125λ	0.125λ	0.5λ	0.5λ

表 75.5　例子 2-5 的传输线变换器的输出数据

例子		源宽度/mm	L	Z_S/Ω		Z_L/Ω		误差值
				R_S	L_S/nH	R_L	L_L	
2	方案 1	4.916	[0.3526, 0.3874] λ_g = [52.9042. 58.1025]	50	0	15	0.79577	9.9473e-8
	方案 2		[0.1473, 0.0440] λ_g = [22.0996. 6.6053]					9.7034e-9
3	方案 1	4.916	[0.1023, 0.4633] λ_g = [15.353,69.509]	50	0	100	6.362	2.9047e-8
	方案 2		[0.3976, 0.1197] λ_g = [59.6489,17.9604]					4.5631e-8
4	方案 1	4.916	[0.4542,0.125,0.2319] λ_g = [68.1423,18.75,34.7867]	50	0	60	0.99472	2.9533e-6
	方案 2		[0.0099,0.125,0.2319] λ_g = [14.9663,18.75,34.7867]					4.4364e-12

(续)

例子			源宽度/mm	L	Z_S/Ω		Z_L/Ω		误差值
					R_S	L_S/nH	R_L	L_L	
5	a	方案1	1.6271	$[0.3479, 0.3479]\lambda_g$	100	0	200	0	1.0882e-9
		方案2		$[0.15120, 0.01520]\lambda_g$					6.1842e-9
	b	方案1	1.6271	$[0.4020, 0.4020]\lambda_g$	100	0	200	0	4.1523e-8
		方案2		$[0.0979, 0.0979]\lambda_g$					2.4558e-8
	c	方案1	1.6271	$[0.4441, 0.125, 0.4217]\lambda_g$	100	0	200	0	2.3358e-6
		方案2		$[0.1494, 0.125, 0.27119]\lambda_g$					1.3407e-8

例75.2 设计图75.16所示的具有并联开路线的单枝节调谐电路,其频率响应如图75.17所示。

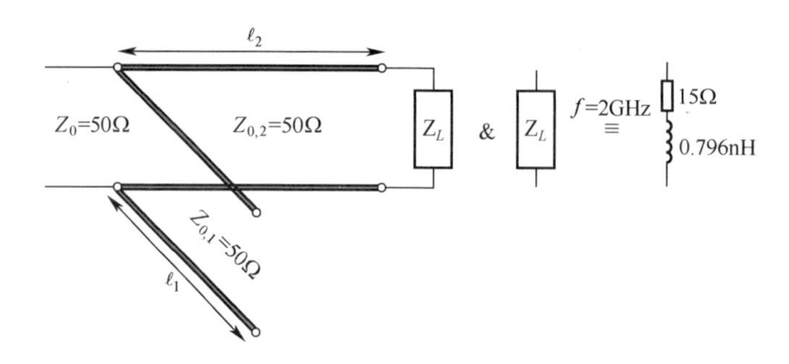

图75.16 例75.2有并联开路枝节的单枝节调谐电路

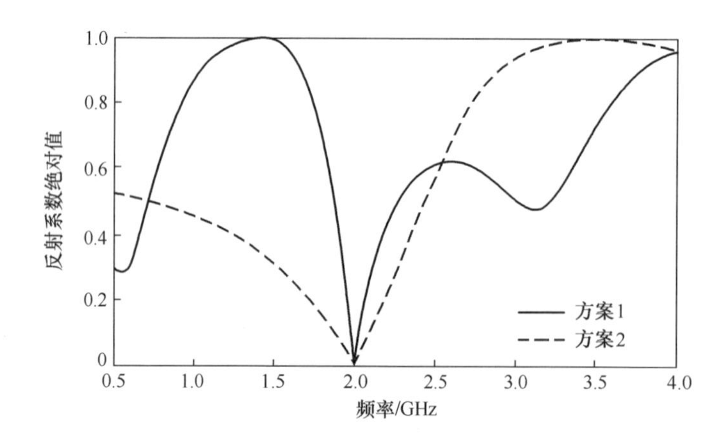

图75.17 例75.2中反射系数幅度与频率的关系

例 75.3　设计图 75.18 所示为具有串联开路线的单枝节调谐电路，其频率响应如图 75.19 所示。

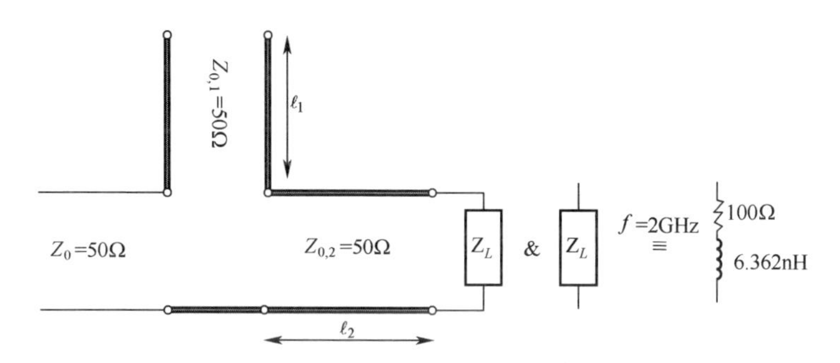

图 75.18　例 75.3 有串联开路枝节的单枝节调谐电路

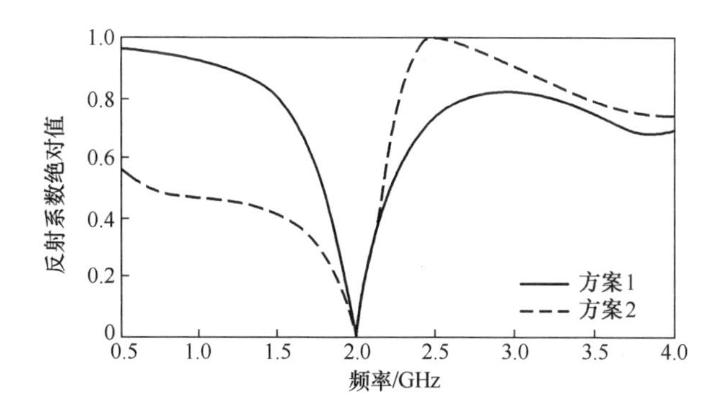

图 75.19　例 75.3 中反射系数幅度与频率的关系

例 75.4　设计图 75.20 所示为具有并联短路线的双枝节线调谐电路，其频率响应如图 75.21 所示。

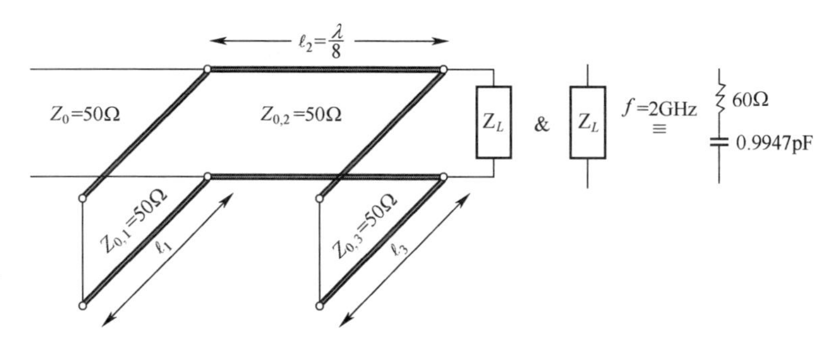

图 75.20　例 75.4 有并联短路枝节的双枝节调谐电路

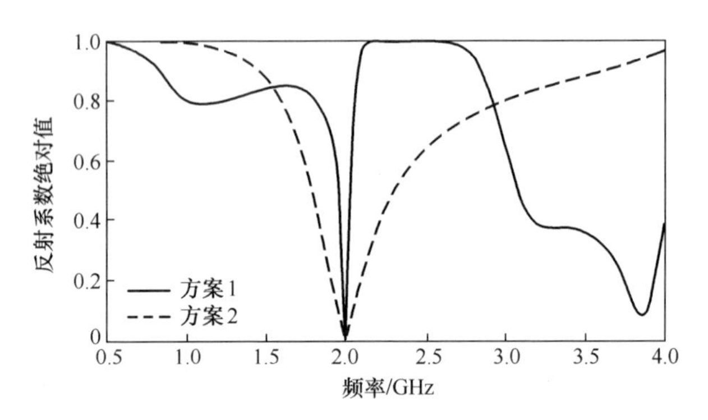

图 75.21　例 75.4 中反射系数幅度与频率的关系

例 75.5　设计图 75.22 所示为多种调谐电路(具有并联短路线的单枝节调节器、具有串联短路线的单枝节调节器和具有并联短路线的双枝节调节器),其频率响应绘制在图 75.23 中。

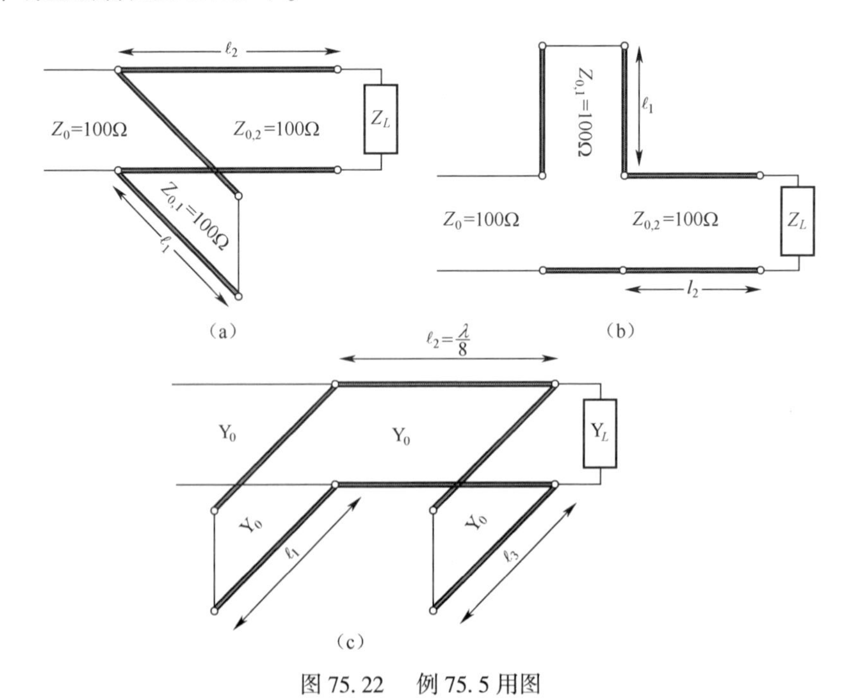

图 75.22　例 75.5 用图

(a)具有并联短路枝节的单枝节调谐电路;(b)具有串联短路枝节的单枝节调谐电路;(c)具有并联短路枝节的双枝节调谐电路。

图 75.23 中给出了各种调谐电路的反射系数。观察到短路串联调谐电路在指定的工作频率下具有最大的带宽，原因是它的长度在所有调谐器中是最短的。

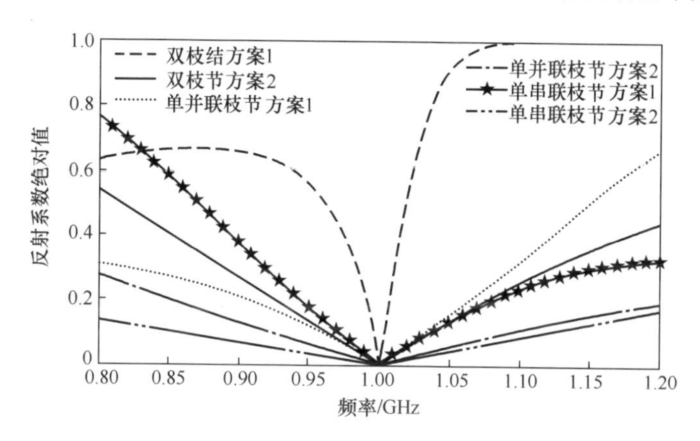

图 75.23　例 75.5 中反射系数幅度与频率的关系（$f_0 = 1$ GHz）

75.7　阻抗变换器基本单元：$\lambda/4$ 传输线

多阻抗变换器用于匹配两个不同阻抗的系统，如两条不同阻抗的传输线、两段波阻抗不同的波导以及一个散射系统（如透镜）与自由空间的匹配（Rizzi，1988；Pozar，2011；Collin，2000）。变换器部分的长度可以是任意长度或者是$\lambda/4$，如果是后者，它被称为 $\lambda/4$ 变换器。

如图 75.24 所示，考虑一条传输线，其长度为 l、特性阻抗为 Z_1，其将负载电阻器 R_L 连接到阻抗为 Z_0、相位常数为 β_1 的另一条传输线。

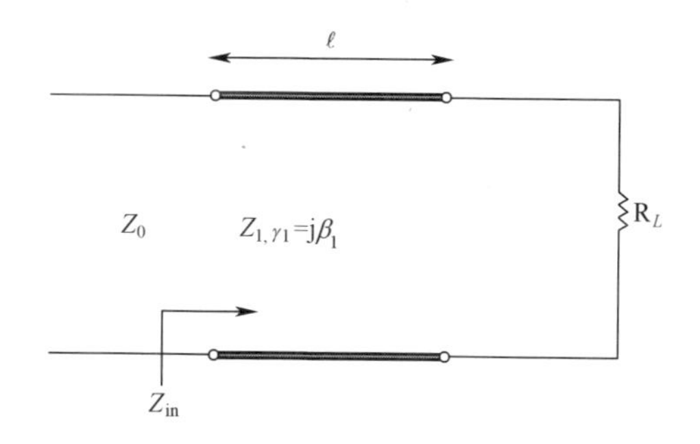

图 75.24　一条传输线（Z_1）连接负载（R_L）和特征阻抗为 Z_0 的传输线

传输线的输入阻抗为

$$Z_{\text{in}} = Z_1 \frac{R_L + \mathrm{j}Z_1 t}{Z_1 + \mathrm{j}R_L t} \tag{75.79}$$

其中 $t=\tan(\beta l)$。传输线输入端的反射系数可以通过把方程 (75.79)代入下面方程:

$$\Gamma_{\text{in}} = \frac{Z_{\text{in}} - Z_0}{Z_0 + Z_{\text{in}}} = \frac{Z_1(R_L - Z_0) + \mathrm{j}t(Z_1^2 - Z_0 R_L)}{Z_1(R_L + Z_0) + \mathrm{j}t(Z_1^2 + Z_0 R_L)} \tag{75.80}$$

如果传输线的长度等于中心频率(f_0)的 $\lambda/4$,负载 R_L 通过传输线与 Z_0 匹配,则 $Z_1=\sqrt{(Z_0 R_L)}$,且

$$\Gamma_{\text{in}} = \frac{R_L - Z_0}{R_L + Z_0 + \mathrm{j}2t\sqrt{Z_0 R_L}} \tag{75.81}$$

Γ_{in}的幅度为

$$|\Gamma_{\text{in}}| = \frac{1}{\left[1 + \frac{4Z_0 R_L \sec^2\theta^1}{(R_L - Z_0)^2}\right]^{1/2}} \tag{75.82}$$

对于接近设计频率(f_0)的频率,以下关系对于 TEM 传输线是成立的,即

$$\theta = \beta l = \frac{2\pi}{\lambda}\frac{\lambda_0}{4} = \frac{\pi f}{2f_0} \approx \frac{\pi}{2}, \sec^2\theta \gg 1 \tag{75.83a}$$

$$|\Gamma_{\text{in}}| \approx \frac{|R_L - Z_0|}{2\sqrt{Z_0 R_L}}|\cos\theta|, \theta \approx \frac{\pi}{2} \tag{75.83b}$$

输入反射系数$|\Gamma_{\text{in}}|$ 相对于 θ 的关系如图 75.25 所示。

对于指定反射系数 Γ_m的特定值,式(75.83b)可以确定角度 θ_m,即

$$\cos\theta_m = \frac{\Gamma_m}{\sqrt{1 - \Gamma_m^2}} \frac{2\sqrt{Z_0 R_L}}{|R_L - R_0|} \tag{75.84}$$

现在,参照图 75.25,将阻抗变换器的带宽定义为

$$\Delta\theta = 2\left(\frac{\pi}{2} - \theta_m\right) \tag{75.85}$$

带宽的下限为

$$f_m = \frac{2}{\pi} f_0 \theta_m \tag{75.86}$$

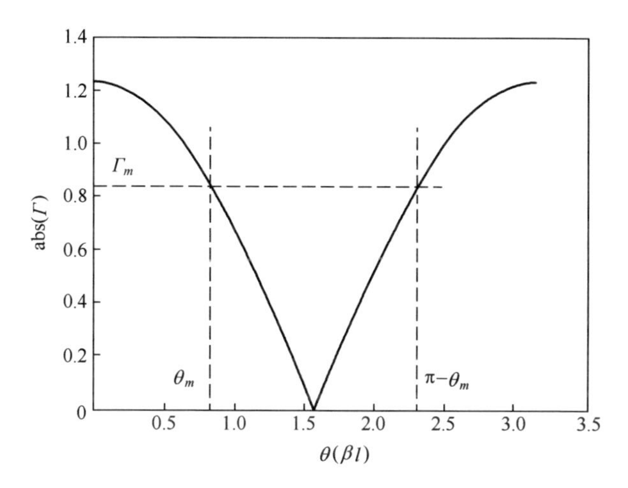

图 75.25　单节 λ/4 转换器的频率响应

因此,相对带宽为

$$\frac{\Delta f}{f_0}=\frac{2(f_0-f_m)}{f_0}=2-\frac{4}{\pi}\theta_m \tag{75.87}$$

$$=2-\frac{4}{\pi}\arccos\left[\frac{\Gamma_m}{\sqrt{1-\Gamma_m^2}}\frac{2\sqrt{Z_0R_L}}{|R_L-Z_0|}\right] \tag{75.88}$$

注意当 R_L 接近 Z_0时,即轻微不匹配情况,阻抗变换器带宽有所增加。

上述分析假设 β 对频率有线性依赖关系,如 TEM 模式。对于非线性传输线,传播常数是频率的非线性函数,波阻抗也是频率的函数, 分析将变得复杂。但是,这种频率依赖性不影响对窄带性能的分析。此外,上述解忽略了传输线路连接处的不连续性,这种影响可以通过调整传输线的长度来消除,在后续处理中将考虑不连续性的影响。

75.8　小反射理论

如图 75.26(a)(Pozar,2011;Collin,2000)所示,考虑一个长度为 l、特性阻抗为 Z_2 的单枝节变换器将负载阻抗 Z_L 连接到阻抗 Z_1。根据输入端(Γ_1)和输出端(Γ_3)的部分反射,可以得到输入端全反射(Γ)的简单公式。

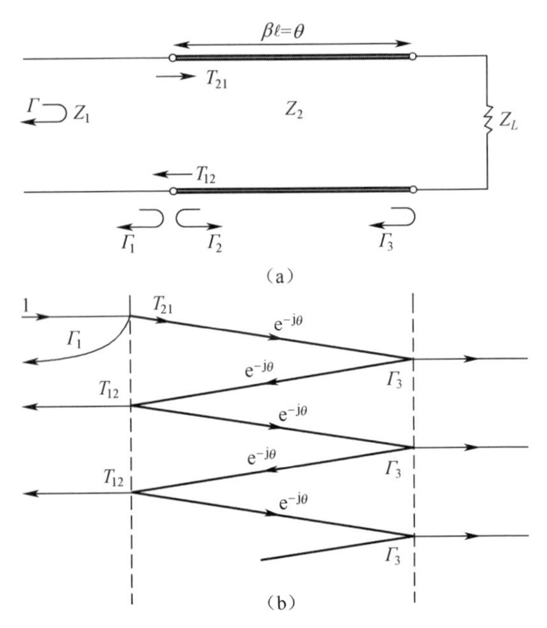

图 75. 26　端接负载的传输线枝节的部分反射和传输

(a)传输线;(b)部分多次反射。

其输入和输出端口的部分反射和传输系数。

$$\Gamma_1 = -\Gamma_2 = \frac{Z_2 - Z_1}{Z_2 + Z_1} \tag{75.89a}$$

$$\Gamma_3 = \frac{Z_L - Z_2}{Z_L + Z_2} \tag{75.89b}$$

$$T_{21} = 1 + \Gamma_1 = \frac{2Z_2}{Z_2 + Z_1} \tag{75.89c}$$

$$T_{12} = 1 + \Gamma_2 = \frac{2Z_1}{Z_2 + Z_1} \tag{75.89d}$$

总输入反射系数(Γ)可以通过使用对 Z_{in} 的阻抗变换方程获得。然而这里,如图 75. 26(b)所示,考虑多重反射理论,即传输线输入处的全反射是输入端和输出端所有多次反射的总和,从输入端开始,有

$$\begin{aligned}\Gamma &= \Gamma_1 + T_{21}T_{12}\Gamma_3 e^{-j2\theta} + T_{21}T_{12}\Gamma_3^2\Gamma_2 e^{-j4\theta} + \cdots \\ &= \Gamma_1 + T_{21}T_{12}\Gamma_3 e^{-j2\theta}\sum_{i=0}^{\infty}\left[\Gamma_2\Gamma_3 e^{-j2\theta}\right]^i\end{aligned} \tag{75.90}$$

由于 $|\Gamma_2\Gamma_3|\leqslant 1$,使用公式对几何级数求和,有

$$\Gamma=\Gamma_1+\frac{T_{21}T_{12}\Gamma_3\mathrm{e}^{-\mathrm{j}2\theta}}{1-\Gamma_2\Gamma_3\mathrm{e}^{-\mathrm{j}2\theta}}\tag{75.91}$$

使用式(75.90),可以获得下面的方程,即

$$\Gamma=\frac{\Gamma_1+\Gamma_3\mathrm{e}^{-\mathrm{j}2\theta}}{1+\Gamma_1\Gamma_3\mathrm{e}^{-\mathrm{j}2\theta}}\tag{75.92}$$

忽略传输线的不连续性,然后假设 $|\Gamma_1\Gamma_3|\ll 1$,可以得到传输线上小反射的关键公式为

$$\Gamma\approx\Gamma_1+\Gamma_3\mathrm{e}^{-\mathrm{j}2\theta}\tag{75.93}$$

式(75.93)指出,在输入端的合成反射等于输入不连续处的反射加上负载的反射,再加上由于信号在传输线上行和下行而引起的相移,这种关系是多枝节阻抗变换器设计的基础。

如果线的长度等于设计频率的 $\lambda/4$,则有 $\theta=\beta l=\frac{2\pi}{\lambda}\frac{\lambda}{4}=\frac{\pi}{2}$及 $\mathrm{e}^{-\mathrm{j}2\theta}=-1$。它可以代入式(75.89d)和式(75.90)来获得反射系数。如果 $Z_2=\sqrt{Z_1Z_L}$,则如预期的那样得到 $\Gamma=0$。

75.9　多枝节阻抗变换器

考虑图 75.27 所示的长度ℓ_i、电长度 $\theta_i=\beta_i\ell_i$、特性阻抗 $Z_{0,i}$、传播常数 $\gamma_i=\alpha_i+\mathrm{j}\beta_i$ 的 N 个传输线的级联连接(Rizzi,1988;Pozar,2011;Collin,2000;Gonzalez,1997;Misra,2001;Ludwig et al. 2000)。相同长度(标称)($l_i=l$)传输线、无损传输线($\alpha_i=0$)和无色散传输线$\left(\beta=\frac{\omega}{v}\right)$都是这种一般变换器的特殊情况,且可计算得到相应的传输线输入端的合成反射系数。

考虑传输线交汇处的局部反射系数,即

$$\Gamma_0=\frac{Z_1-Z_0}{Z_1+Z_0}\tag{75.94a}$$

$$\Gamma_n=\frac{Z_{n+1}-Z_n}{Z_{n+1}+Z_n}\tag{75.94b}$$

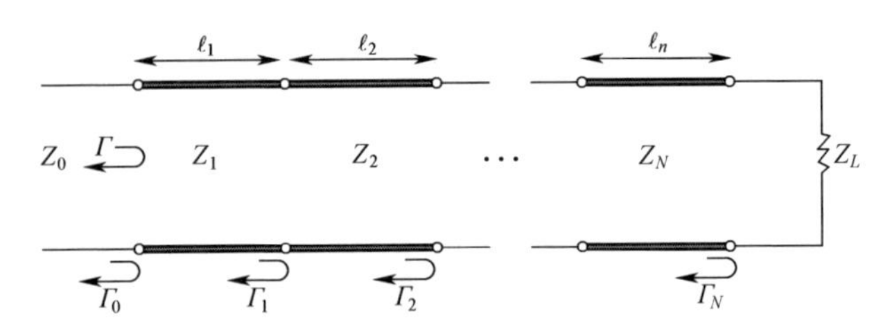

图 75.27 通用多节阻抗匹配变换器

$$\Gamma_N = \frac{Z_L - Z_N}{Z_L + Z_N} \tag{75.94c}$$

其中,特性阻抗取决于传输线的传播模式。

调用小反射公式来计算总体输入反射系数,即

$$\begin{aligned}\Gamma(\theta) &= \Gamma_0 + \Gamma_1 e^{-j2\theta_1} + \Gamma_2 e^{-j2(\theta_1+\theta_2)} + \cdots + \Gamma_N e^{-j2(\theta_1+\theta_2+\cdots+\theta_N)} \\ &= \sum_{n=0}^{N} \Gamma_n e^{-j2\sum_{m=0}^{n}\theta_m} = \sum_{n=0}^{N} \frac{Z_{n+1} - Z_n}{Z_{n+1} + Z_n} \exp\left(-j2\sum_{m=0}^{n}\beta_m l_m\right)\end{aligned} \tag{75.95}$$

其中 TEM 模式中 $\theta_0 = 0$ 和 $\theta_m = \beta_m l_m = \omega\sqrt{\mu_m \varepsilon_m}\, l_m$。然而,对于非 TEM 模式,特征阻抗($Z_n$)和相位常数($\beta_n$)是频率的非线性函数。因此,将指定带宽(从 f_1 到 f_2)分成 K 个离散频率,并根据反射系数构造误差函数

$$\text{error} = \sum_{k=1}^{K} |\Gamma_k|^2 \tag{75.96}$$

文献中有各种公式可以计算各种几何尺寸和本构关系(如带状线、微带线和波导)传输线的特征阻抗 Z_n 和相位常数 β_n。通过使用这些公式,误差函数可以通过求解最小值来确定变换器的几何尺寸。

现在简化变换器的设计,并假设它是相称的,并且传输线的长度等于 $\lambda/4$ 且 $\beta l = \frac{\pi}{2}$。在没有明确考虑频率带宽的情况下,误差函数简化到以下关系,即

$$\text{error} = \left| \sum_{n=0}^{N} \frac{Z_{n+1} - Z_n}{Z_{n+1} + Z_n} \exp\left(-j\pi \sum_{m=0}^{n} m\right) \right|^2 \tag{75.97}$$

然后将其最小化以获得 Z_n 并最终确定变换器的几何尺寸。

这里实现了二项式和切比雪夫多段匹配变换器。设计中假设 Z_L 是实数,呈现阻性,并且 Z_n 单调地增加或减少。因此,所有的 Γ_n 都是实数并且具有相同

的符号(对于 $Z_L>Z_0$,$\Gamma_n>0$ 或者对于 $Z_L<Z_0$,$\Gamma_n<0$),则输入反射系数由式(75.95)确定,即

$$\Gamma(\theta)=\Gamma_0+\Gamma_1 e^{-j2\theta}+\Gamma_2 e^{-j4\theta}+\cdots+\Gamma_N e^{-j2N\theta} \tag{75.98}$$

现在假设 Γ_n是对称的(但 Z_n不是),即 $\Gamma_i=\Gamma_{N-i}$(对于 $i=0,1,\cdots,N$),随后,可以导出一个有限的傅里叶级数,即

$$\Gamma(\theta)=2e^{-jN\theta}\left[\Gamma_0\cos N\theta+\Gamma_1\cos(N-2)\theta+\cdots+\Gamma_n\cos(N-2n)\theta+\cdots+\frac{1}{2}\Gamma_{\frac{N}{2}}\right] \quad \text{当 } N \text{ 为偶数} \tag{75.99a}$$

$$\Gamma(\theta)=2e^{-jN\theta}\left[\Gamma_0\cos N\theta+\Gamma_1\cos(N-2)\theta+\cdots+\Gamma_n\cos(N-2n)\theta+\cdots+\frac{1}{2}\Gamma_{\frac{(N-1)}{2}}\cos\theta\right] \quad \text{当 } N \text{ 为奇数} \tag{75.99b}$$

观察到对于 $\Gamma(\theta)$来说任何所需要的响应都可能实现,这是因为 $\Gamma(\theta)$可以以傅里叶级数的形式表达,而对于傅里叶级数来说,如果包括足够多的项,则它可以表达任意函数。

由此可以获得二项式阻抗变换器,只要其 $N-1$ 的导数被设定为零,则其通带中可以具有最平坦的响应。因此,设

$$\Gamma(\theta)=A(1+e^{-j2\theta})^N \tag{75.100a}$$

$$|\Gamma(\theta)|=2^N|A||\cos\theta|^N \tag{75.100b}$$

观察到当 $\theta=\frac{\pi}{2}$(当 $n=0,1,\cdots,N-1$)时,有 $|\Gamma(\theta)|=0$ 及 $\frac{d^n|\Gamma(\theta)|}{d\theta^n}=0$,这与中心频率 f_0相一致,其中有 $\ell=\frac{\lambda}{4}$ 及 $\theta=\beta l=\frac{\pi}{2}$,现在对于 $f\to0$、$\theta\to0$,有

$$A=2^{-N}\left|\frac{Z_L-Z_0}{Z_L+Z_0}\right| \tag{75.101}$$

展开式(75.100b),使之等于式(75.98),则得到

$$\Gamma(\theta)=A(1+e^{-j2\theta})^N=A\sum_{n=0}^{N}C_n^N e^{-j2n\theta}=\sum_{n=0}^{N}\Gamma_n e^{-j2n\theta} \tag{75.102}$$

因此,代入式(75.102),得到

$$\Gamma_n = AC_n^N = 2^{-N}\left|\frac{Z_L - Z_0}{Z_L + Z_0}\right|\frac{N!}{n!\ (N-n)!} \tag{75.103a}$$

$$\frac{Z_{n+1} - Z_n}{Z_{n+1} + Z_n} = 2^{-N}\left|\frac{Z_L - Z_0}{Z_L + Z_0}\right|\frac{N!}{n!\ (N-n)!} \quad n = 0,1,\cdots,N-1 \tag{75.103b}$$

最后,阻抗 Z_1和 Z_n的值就可以得到了。而在 $Z_L>Z_0$或者 $Z_L<Z_0$时,Z_n的求解可以有更精确的方法。

为了求解变换器的带宽,最大反射系数被设置为式(75.100a)中的 Γ_m,以保证 $\theta_m< \pi/2$,这样就可以得到带宽的下限,即

$$\theta_m = \arccos\left[\frac{1}{2}\left(\frac{\Gamma_m}{A}\right)^{\frac{1}{N}}\right] \tag{75.104}$$

相对带宽可以由式(75.87)计算得出,即

$$\frac{\Delta f}{f_0} = 2 - \frac{4}{\pi}\arccos\left[\frac{1}{2}\left(\frac{\Gamma_m}{A}\right)^{\frac{1}{N}}\right] \tag{75.105}$$

接下来设计一款切比雪夫变换器,在其通带中具有等纹波响应。式(75.99)中的反射系数 $\Gamma(\theta)$ 与切比雪夫多项式 $T_{\mathrm{N}}(\sec\theta_{\mathrm{m}}\cos\theta)$ 成正比,其中 N 是数量,有

$$\begin{aligned}\Gamma(\theta) &= 2\mathrm{e}^{-\mathrm{j}N\theta}[\Gamma_0\cos N\theta + \Gamma_1\cos(N-2)\theta + \cdots + \Gamma_n\cos(N-2n)\theta + \cdots] \\ &= A\mathrm{e}^{-\mathrm{j}N\theta}T_N(\sec\theta_m\cos\theta)\end{aligned} \tag{75.106}$$

式(75.105)中的最后一项,当 N 是奇数和偶数时,分别等于 $\frac{1}{2}\Gamma_{N/2}$ 和 $\Gamma_{(N-1)/2}\cos\theta$ 。当式(75.105)中的 $\theta=0$ 时,可以得到常数 A 的表达式,即

$$A = \frac{Z_L - Z_0}{Z_L + Z_0}\frac{1}{T_N(\sec\theta_m)} \tag{75.107}$$

假定在带宽 Γ_m中的最大反射系数,则有

$$\Gamma_m = A \tag{75.108}$$

由于带宽中的最大 T_n等于单位1。因此,θ_m可以由式(75.106)获得,即

$$\sec\theta_m = \cosh\left[\frac{1}{N}\cosh^{-1}\left(\frac{1}{\Gamma_m}\left|\frac{Z_L - Z_0}{Z_L + Z_0}\right|\right)\right] \tag{75.109}$$

由于 $T_n(x)=\cosh(n\cosh^{-1}x)$ 当 $|x|>1$

相对带宽可以由式(75.87)计算得出，即

$$\frac{\Delta f}{f_0}=2-\frac{4\theta_m}{\pi}$$

现在，切比雪夫多项式可以展开并等于式(75.106)中的 $\Gamma(\theta)$ 来计算 Γ_n，并最终通过式(75.94)确定 Z_n。可以精确地计算切比雪夫变换器的 Z_n，并给出其列表(Matthaei et al.，1964)。

75.10　用最小二乘法设计步进线变换器

研究证明一条不均匀的传输线可以通过一系列传输线来近似(Giguere，1972；Oraizi，2001；Oraizi et al.，2011)。因此，如果对于特定的匹配情况下，存在不均匀的传输线，则可以通过其线性近似来实现匹配。

现在，考虑由 N 个不等长(不对称)或等长(对称)的级联线连接组成的阶梯变换器，用于匹配两个复阻抗(如源(Z_g)和负载(Z_L)阻抗)，频率从 f_1 到 f_2，如图 75.28 所示。对于不连续性，还考虑了诸如带状线和微带的宽度变化和同轴线的中心导体的直径(Y_{di})变化。此外，还考虑了变换器源端(Y_{d0})和负载端(Y_{dN})的不连续性。

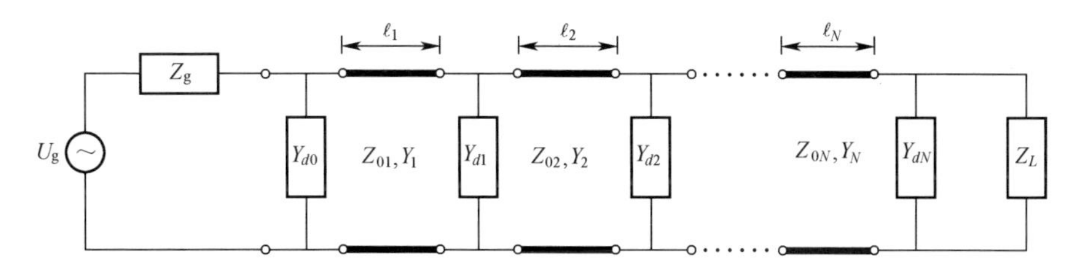

图 75.28　一个 N 阶阶跃线阻抗变换器

假设第 i 条线段的长度为 l_i，传播常数为 γ_i，特征阻抗为 Z_{0i}。Y_{di}表示步进线不连续处的导纳。从 f_1 到 f_2 的指定带宽被分成 K 个离散频率。第 k 个频率是 $f_k=f_1+k\Delta,\Delta=(f_2-f_1)/K(k=0,1,\cdots,K)$。

因此，第 i 行的传输矩阵和第 k 个频率的不连续性分别为

$$[P_{i,k}]=\begin{bmatrix}\cosh\gamma_{i,k}l_i & Z_{0,i}\sinh\gamma_{i,k}l_i\\ Y_{0,i}\sinh\gamma_{i,k}l_i & \cosh\gamma_{i,k}l_i\end{bmatrix}\quad i=1,2,\cdots,N \tag{75.110a}$$

$$[Q_{i,k}]=\begin{bmatrix}1 & 0\\ Y_{d,i} & 1\end{bmatrix}\quad i=0,1,2,\cdots,N \tag{75.110b}$$

在第 k 个频率上的第 i 个部分的组合传输矩阵为

$$[T_{i,k}]=[P_{i,k}][Q_{i,k}]\quad i=1,2,\cdots,N \tag{75.111}$$

那么在 f_k 处的阶跃线的总传输矩阵为

$$[T_k]=\begin{bmatrix}A_k & B_k\\ C_k & D_k\end{bmatrix}=[Q_{0,k}]\prod_{i=1}^{N}[T_{i,k}]=[Q_{0,k}]\prod_{i=1}^{N}[P_{i,k}][Q_{i,k}] \tag{75.112}$$

输入电压和电流(U_g、I_g),可以用负载电压和电流(U_L、I_L)表示,即

$$\begin{bmatrix}U_g\\ I_g\end{bmatrix}=\begin{bmatrix}A_k & B_k\\ C_k & D_k\end{bmatrix}\begin{bmatrix}U_L\\ I_L\end{bmatrix} \tag{75.113}$$

那么在 f_k 处,对于 $U_L=Z_{L,k}I_L$ 的阶跃线的输入阻抗为

$$Z_{\text{in},k}=\frac{U_g}{I_g}=\frac{A_kZ_{L,k}+B_k}{C_kZ_{L,k}+D_k} \tag{75.114}$$

可以考虑两种阻抗匹配情况,即无反射($\Gamma_{\text{in}}=0$ 或 $Z_{\text{in},k}=Z_{g,k}$)和最大功率传输($Z_{\text{in},k}=Z_{g,k}^*$)情况。如果是前者,在指定的带宽上构造一个误差函数,即

$$\varepsilon=\sum_{k=1}^{K}(Z_{\text{in},k}-Z_{g,k})(Z_{\text{in},k}^*-Z_{g,k}^*) \tag{75.115}$$

这个误差函数取决于传输线长度(l_i)、特征阻抗($Z_{i,k}$)和传播常数($\gamma_{i,k}$)。TEM 模式的传播常数 $\gamma_{i,k}$ 是传输线中基板和材料的有效介电常数的简单函数。最后,$Z_{i,k}$ 和 $\gamma_{i,k}$ 是传输线的几何尺寸和材料参数的函数。这里,首先确定传输线的长度(l_i)及其特征阻抗($Z_{0,i}$),然后可以使用它们来计算几何尺寸。

误差函数的最小化可以通过几种方法来进行,如最速下降法和共轭梯度法等,这都需要计算误差函数的导数。Oraizi(2001)描述了这方面的细节。但是,为了简单起见,这里使用 MATLAB 软件来计算。

此外,Oraizi(2001)提供了考虑有内导体阶跃变化的同轴变换器的设计细节,且已经表明,只要传输线阶跃足够小,同轴中心导体、步进线和微带线段的阶

跃不连续导纳对变换器设计没有明显的影响。因此,这里在变换器的设计中忽略了阶跃不连续性。

接下来根据表 75.6 中规定的输入数据给出几个步进变换器的例子。假定步进变换器的初始长度等于所指定带宽的下限频率对应的 $\lambda/4\lambda_g$。表 75.7 中列出了通过计算机程序得到的输出参数。根据(Edwards et al. ,(2000)的近似公式,可以通过传输线的特征阻抗和基板参数得到微带线的宽度。

表 75.6 步进线变换器输入数据

例	N	K	f_l/GHz	f_u/GHz	h/mm	ε_r	Z_g/Ω	Z_L/Ω		误差值余量
								R_L	X_L	
6	5	20	1	3	0.508	2.2	50	100	0	0.01
7	3	25	2	3	0.508	3.55	75	30	10	0.01
8	3	10	2	3	0.508	4.4	50	100	-10	0.001

表 75.7 步进线变换器输出数据

例	宽度		每一部分的宽度/mm 和阻抗		每一部分的长度/mm	Z_x/Ω		Z_L/Ω		误差值
	源	负载				R_s	$L_s(nH)$	R_L	L_LC_L	
6	1.57	0.46	Z_o	[51.88,57.83,68.96,83.16,94.85]	27.08	50	0	100	0	0.001
			W	[1.48,1.25,0.94,0.67,0.51]						
7	0.56	—	Z_o	[57.78,56,84,32.55]	9.75	75	0	30	0.64 (nH)	0.008
			W	[0.89,0.92,2.14]						
8	0.97	—	Z_o	[57.2,67.85,86.56]	13.5	50	0	100	6.37 (pF)	0
			W	[0.77,0.56,0.33]						

例 75.6 设计一个 5 段阶跃变换器,其反射系数和输入阻抗的大小分别如图 75.29(a)和图 75.29(b)所示。

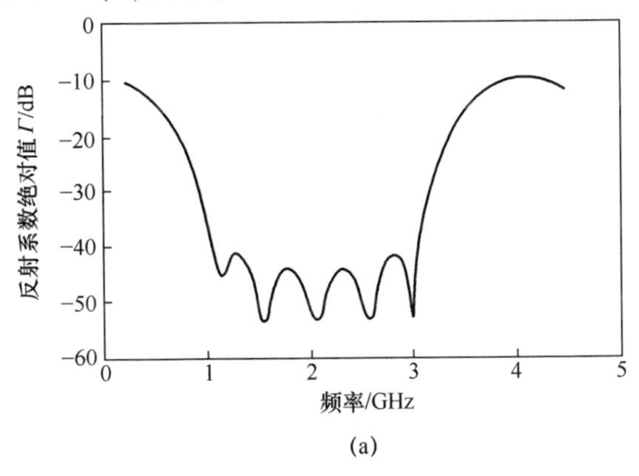

(a)

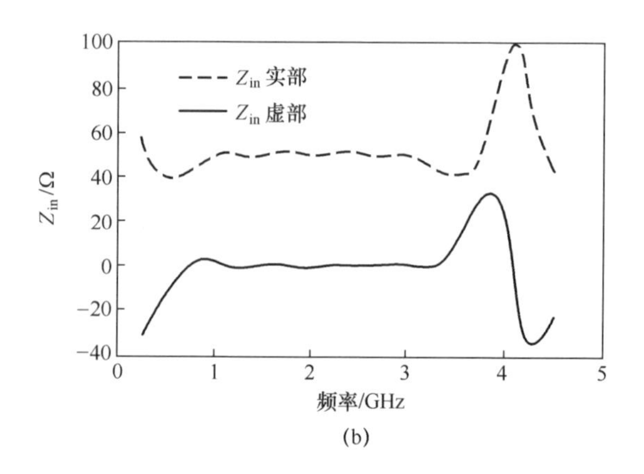

(b)

图 75.29　例 75.6 用图

(a)反射系数幅度 VS 频率;(b)输入阻抗 VS 频率。

例 75.7　设计一个3段阶跃变换器,其反射系数和输入阻抗的大小分别如图 75.30(a)和图 75.30(b)所示。

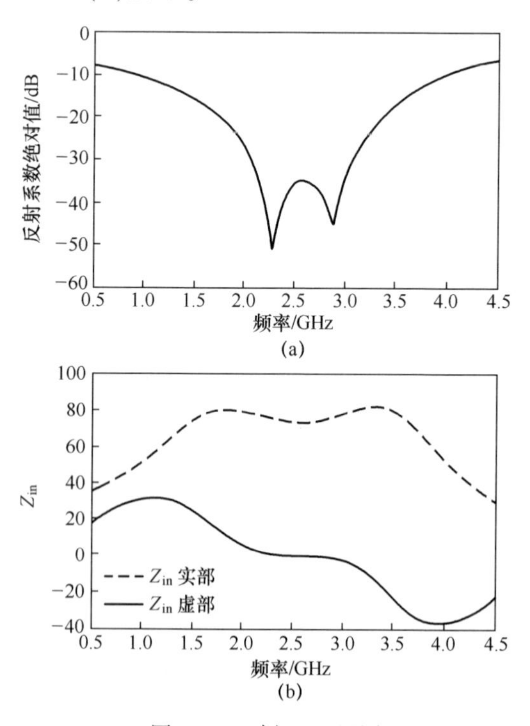

(b)

图 75.30　例 75.7 用图

(a)反射系数幅度 VS 频率;(b)输入阻抗 VS 频率。

例 75.8　设计一个 3 段阶跃变换器,其反射系数和输入阻抗的大小分别如图 75.31(a)和图 75.31(b)所示。

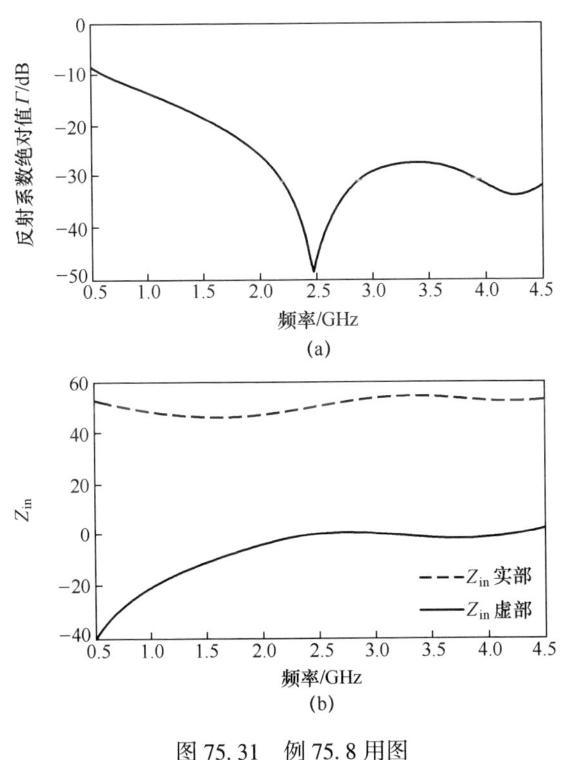

图 75.31　例 75.8 用图

(a)反射系数幅度 VS 频率;(b)输入阻抗 VS 频率。

75.11　渐变线

随着阶跃变换器阶跃数量的增加和各部分长度的减小,变换器的形状将变成一个固定长度的连续渐变(Pozar,2011;Collin,2000)。如图 75.32(a)所示,考虑一条有连续特性阻抗函数 $Z(z)$ 的渐变线,将源阻抗 Z_0 连接到负载阻抗 Z_L,其传播常数为 γ,长度为 L。

渐变传输线变换器可以提供高通滤波器响应,而阶跃变换器提供带通滤波器特性。

由于渐变线的几何构形不断变化,则两个连续微分长度的特征阻抗变化无

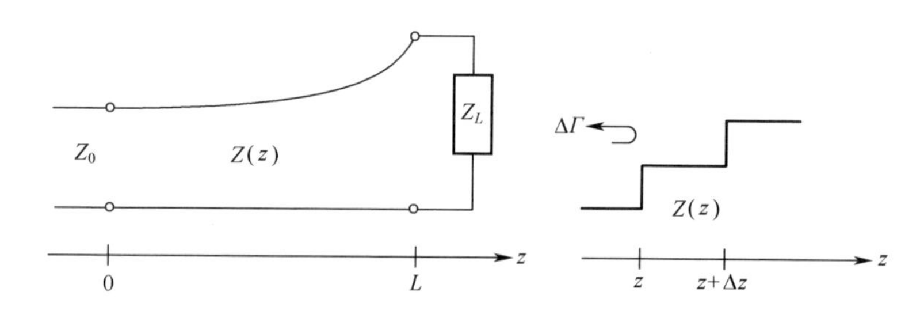

图 75.32 渐变线

(a)渐变线物理配置;(b)渐变线无限小阶跃。

穷小,所以小反射理论可以用来确定渐变线输入端的反射系数。

因此,考虑在两个连续步进之间有 ΔZ 阻抗增量的长度为 Δz 的无穷小线段,那么线上 z 点的增量反射系数为

$$\Delta\Gamma = \frac{Z + \Delta Z - Z}{Z + \Delta Z + Z} \approx \frac{\Delta Z}{2Z}$$

限制条件为

$$\mathrm{d}\Gamma = \frac{\mathrm{d}Z}{2Z} = \frac{1}{2}\frac{\mathrm{d}}{\mathrm{d}z}\left(\ln\frac{Z}{Z_0}\right)\mathrm{d}z$$

特征阻抗 $Z(z)$ 可以相对于 Z_0(输入传输线的阻抗)归一化。

根据渐变线上的小反射理论,其输入端的全反射系数等于沿着其长度 L 上的所有小反射的和, 因此有

$$\Gamma(\omega) = \frac{1}{2}\int_{z=0}^{L} \mathrm{e}^{-2\gamma z}\frac{\mathrm{d}}{\mathrm{d}z}\left(\ln\frac{Z(z)}{Z_0}\right)\mathrm{d}z \tag{75.116}$$

因此,对于已知函数特征阻抗 $Z(z)$,输入反射系数为频率的函数; 相反,对于特定的反射系数 $\Gamma(\omega)$,特性阻抗可以由该积分方程确定。但是,其分析解的求解是相当复杂的。所以,这里阻抗变换器的设计将通过用最小二乘法数值求解积分方程来实现。

目前,渐变线的设计是通过假设其特性阻抗的各种函数和研究它们的阻抗匹配响应来完成的。

75.11.1 指数渐变线

假定有图 75.33(a)所示的指数渐变线的传输线特性阻抗,即

$$\frac{Z_E(z)}{Z_0} = \exp(az) \quad 0 < z < L \tag{75.117}$$

当 $Z_E(z=0)=Z_0$ 和 $Z_E(z=L)=Z_L$ 时,常数 a 可以被认为是

$$a = \frac{1}{L}\ln\left(\frac{Z_L}{Z_0}\right) \tag{75.118}$$

其中 $\frac{\overline{Z}'_E(z)}{Z_0}$ 的特征阻抗在图 75.33(a)中画出

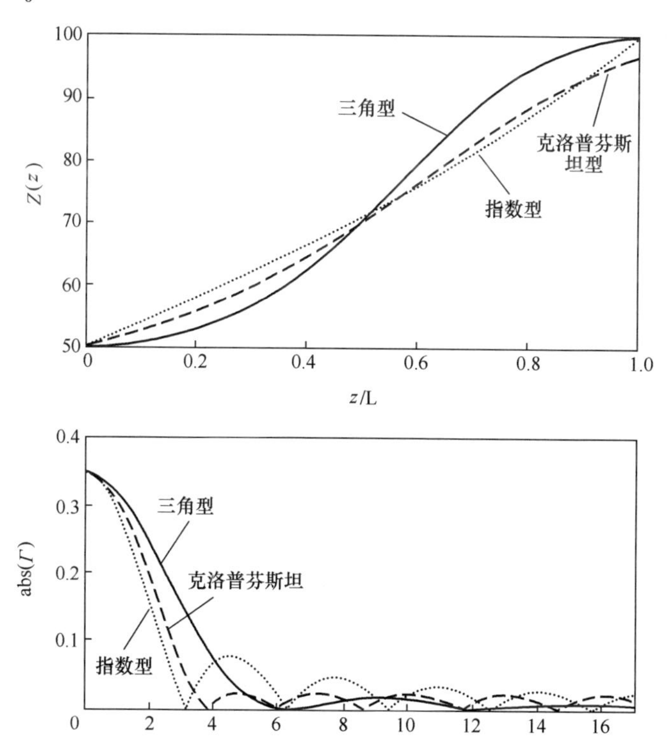

图 75.33 指数、三角和克洛普芬斯坦渐变线($Z_s=50\Omega, Z_L=100\Omega$)

(a)特征阻抗;(b)输入反射系数幅度。

如果相位常数与频率无关(对于 TEM 线),则反射系数可以通过代入式(75.116)、式(75.115)并使用式(75.117)获得,即

$$\Gamma_E(\beta L) = \frac{1}{2}\ln\left(\frac{Z_L}{Z_0}\right)\exp(-\mathrm{j}\beta L)\,\frac{\sin(\beta L)}{\beta L} \tag{75.119}$$

反射系数的大小 $|\Gamma_E|$ 如图 75.33(b)所示。它的零点出现在 $\beta L=n\pi$ 处,当 $n=1,2,\cdots$时,它的大小随着渐变长度 L 的增加而减小,为获得可接受的反射系数幅度,渐变长度应该大于 $\lambda/2(\beta L>\pi)$。

75.11.2 三角渐变线

考虑一个三角渐变线,有 $\frac{\mathrm{d}}{\mathrm{d}z}\ln\left(\frac{Z}{Z_0}\right)$,即

$$\frac{\mathrm{d}}{\mathrm{d}z}\ln\left(\frac{Z_T}{Z_0}\right)=\begin{cases}\frac{4z}{L^2}\ln\left(\frac{Z_L}{Z_0}\right),0\leqslant z\leqslant\frac{L}{2}\\\left(\frac{4}{L}-\frac{4z}{L^2}\right)\ln\left(\frac{Z_L}{Z_0}\right),\frac{L}{2}\leqslant z\leqslant L\end{cases}\tag{75.120}$$

$$\frac{Z_T(z)}{Z_0}=\begin{cases}\exp\left[2\left(\frac{z}{\mathrm{L}}\right)^2\right]\ln\left(\frac{Z_L}{Z_0}\right),0\leqslant z\leqslant\frac{L}{2}\\\exp\left[\frac{4z}{L}-\frac{2z^2}{L^2}-1\right]\ln\left(\frac{Z_L}{Z_0}\right),\frac{L}{2}\leqslant z\leqslant L\end{cases}\tag{75.121}$$

$\frac{Z_L}{Z_0}$ 的特征阻抗如图 75.33(a)所示。

反射系数可以通过把式 (75.119) 代入式(75.116)并计算积分获得,即

$$\Gamma_T(\beta L)=\frac{1}{2}\exp(-\mathrm{j}\beta L)\ln\left(\frac{Z_L}{Z_0}\right)\left[\frac{\sin\left(\frac{\beta L}{2}\right)}{\left(\frac{\beta L}{2}\right)}\right]^2\tag{75.122}$$

反射系数的大小 $|\Gamma_T|$ 如图 75.33(b)所示。当 $n=1,2,\cdots$时,其零点出现在 $2n\pi$ 处。

可以看出,当 $\beta L>2\pi$ 时,三角渐变线的反射系数的幅度小于指数渐变线的反射系数。

75.11.3 克洛普芬斯坦(Klopfenstein)渐变

研究已经表明,克洛普芬斯坦阻抗渐变线在渐变线长度一定时可以实现最小反射;相反,对于给定的反射系数值,则给出最短的渐变线长度。其推导和设

计的细节 Klopfenstein(1956)已经给出。其特性阻抗 Z_K/Z_0 及其反射系数 $|\Gamma_K|$ 的大小分别绘制在图 75.33(a)和图 75.33(b)中,并与指数和三角渐变线进行比较。

75.12　渐变线阻抗变换器的最小二乘法设计

考虑一个具有特征阻抗 $Z(z)$ 的渐变线,该特征阻抗是 z 的函数,z 是将电压源与内部阻抗 Z_g 连接到负载阻抗 Z_L 的距离,如图 75.34 所示(Oraizi,1996)。假定渐变线(Z_0)的输入部分的特征阻抗等于电阻(Z_g)的内部阻抗,且假设所有的阻抗均由 Z_0 归一化,有

$$\bar{Z}_0 = 1, \bar{Z}(z) = \frac{Z(z)}{Z_0}, \bar{Z}_L = \frac{Z_L}{Z_0}$$

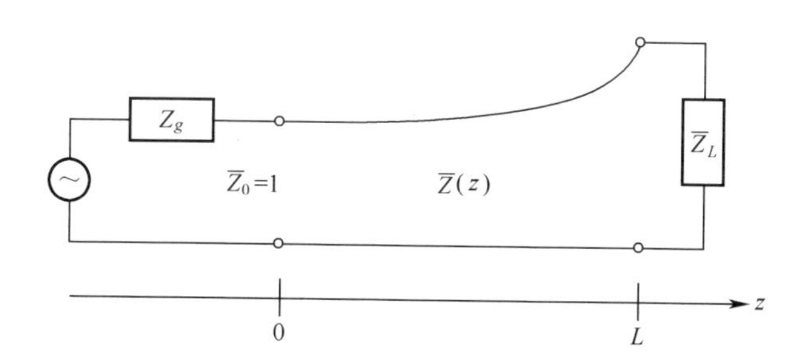

图 75.34　渐变线阻抗匹配变换器

输入端的渐变线反射系数已经在“渐变线”一节中求出,即

$$\Gamma = \frac{1}{2}\int_0^L e^{-j2\beta z} \frac{d}{dz}(\ln\bar{Z}(z))\,dz \tag{75.123}$$

$$= \frac{1}{2}\exp(-j2\beta L)\ln\bar{Z}(L) + j\beta\int_0^L \exp(-j2\beta z)\ln\bar{Z}(z)\,dz \tag{75.124}$$

最后一个方程是通过分步积分获得的。渐变线源端和负载端的边界条件为

$$\begin{cases}\bar{Z}(z=0) = \bar{Z}_0 = 1 \\ \bar{Z}(z=L) = \bar{Z}_L\end{cases} \tag{75.125}$$

最小二乘法是用来确定一个阶跃线和渐变线变换器形状的设计算法。因

此,函数 $\bar{Z}(z)$、$\ln\bar{Z}(z)$ 或$\frac{d}{dz}(\ln\bar{Z}(z))$ 可通过多项式、脉冲或阶梯函数、三角或分段线性函数和近似算子近似。然后为 Γ 构造误差函数并最小化以确定多项式的系数或展开式的幅度大小。

75.12.1 $\frac{d}{dz}\ln\bar{Z}$ 的多项式展开

N 阶$\frac{d}{dz}\ln\bar{Z}$ 的多项式近似值为

$$\frac{d}{dz}\ln\bar{Z}(z)=\sum_{n=0}^{N}a_n z^n \tag{75.126}$$

$$\bar{Z}(z)=\exp\left[\sum_{n=0}^{N+1}\frac{1}{n+1}a_n z^{n+1}+C\right] \tag{75.127}$$

式中:C 为常数。可以使用式(75.125)中的边界条件来确定 a_0和 C 的值,即

$$\begin{cases}a_0=\dfrac{1}{L}\ln\bar{Z}_L-\displaystyle\sum_{n=1}^{N}\frac{a_n}{n+1}L^n\\ C=0\end{cases} \tag{75.128}$$

把式(75.127)中的 $u=\left(\frac{\ell}{\sigma S}\right)i=Ri$ 代入式(75.126)和式(75.127),得到

$$\ln\bar{Z}(z)=\left(\frac{1}{L}\ln\bar{Z}_L-\sum_{n=1}^{N}\frac{a_n}{n+1}L^n\right)z+\sum_{n=1}^{N}\frac{a_n}{n+1}z^{n+1} \tag{75.129}$$

然后把式(75.128)代入式(75.123)来获得反射系数,即

$$\Gamma=\frac{1}{2L}\ln\bar{Z}_L\int_0^L e^{-j2\beta z}dz+\frac{1}{2}\sum_{n=1}^{N}a_n\left[\int_0^L z^n e^{-j2\beta z}dz-\frac{L^n}{n+1}\int_0^L e^{-j2\beta z}dz\right] \tag{75.130}$$

式(75.130)中的第二个积分使用分部积分或使用积分表获得,即

$$\Gamma_k=t_k+\sum_{n=1}^{N}l_{nk}a_n \tag{75.131}$$

其中,

$$t_k=\frac{1}{2}\ln\bar{Z}_L\frac{\sin\beta_k L}{\beta_k L}e^{-j\beta_k L} \tag{75.132a}$$

$$l_{nk}=\frac{1}{2}L^{n+1}\left[\frac{n!\,\mathrm{e}^{-\mathrm{j}2\beta_k L}}{\mathrm{j}2\beta_k L}\sum_{i=0}^{n}\frac{1}{(n-i)!\,(\mathrm{j}2\beta_k L)^{i}}-\frac{n!}{(\mathrm{j}2\beta_k L)^{n+1}}+\frac{1}{n+1}\frac{\sin\beta_k L}{\beta_k L}\mathrm{e}^{-\mathrm{j}\beta_k L}\right] \tag{75.132b}$$

这里,指定带宽(从 f_1 到 f_2)被分成 K 个离散频率,每个频率为 f_k。然后,构造一个误差函数,即

$$\text{error}=\sum_{k=1}^{K}|\Gamma_k|^2 \tag{75.133}$$

这是多项式系数 a_n 的二次函数,因此,计算对 a_n* 的导数并且使之等于零以获得用于计算 N 个未知数 a_n 的一组线性方程,即

$$[a_n]=\left[\mathrm{Re}\sum_{k=1}^{K}l_{nk}l_{mk}^{*}\right]^{-1}\left[-\mathrm{Re}\sum_{k=1}^{K}l_{mk}^{*}t_k\right] \tag{75.134}$$

该误差函数不是渐变线长度(L)的二次函数。

其相对于 L 的最小化可以通过任何优化程序或 MATLAB 软件中可用的任何算法来执行。误差的最小化可以对 $\{a_n\}$ 和/或 L 同时或单独进行。

75.12.2　通过脉冲方程近似 $\ln\overline{Z}(z)$

假定线长度 L 被分成 $N+1$ 个部分,每个部分的长度等于 $\Delta=L/N+1$,如图 75.35所示。每个部分的中点位于 $z_n=n\Delta(n=1,2,\cdots,N)$。第 n 段脉冲部分为

$$P_n(z-z_n)=\begin{cases}1 & |z-z_n|<\dfrac{\Delta}{2}\\[2ex] 0 & |z-z_n|>\dfrac{\Delta}{2}\end{cases} \tag{75.135}$$

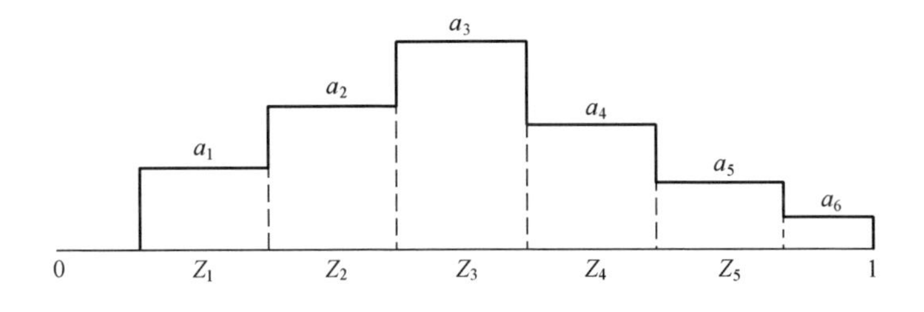

图 75.35　通过脉冲函数代表 $\ln\overline{Z}(z)$

现在函数 $\ln\overline{Z}(z)$ 可以通过线上的脉冲函数展开,即

$$\ln\overline{Z}(z)=\sum_{n=0}^{N+1}a_nP_n(z-z_n)\quad 0\leqslant z\leqslant \mathrm{L} \tag{75.136}$$

式中:a 为脉冲幅度,第一个脉冲 P_0 和最后一个脉冲 P_{N+1} 分别在区间 $0\leqslant z\leqslant\frac{\Delta}{2}$ 和 $L-\frac{\Delta}{2}\leqslant z\leqslant L$ 中定义。利用式(75.125)中的边界条件,可得 $a_0=0$ 和 $a_{N+1}=\ln Z_L$。$\frac{\mathrm{d}}{\mathrm{d}z}\ln[Z(z)]$ 的计算要求脉冲函数的导数使得脉冲发生在 $n\Delta\pm\frac{\Delta}{2^*}$ 处,把这个函数代入式(75.123)进行积分,并利用脉冲函数的采样性质获得

$$\Gamma=\mathrm{j}\sin(\beta\Delta)\sum_{n=1}^{N}a_n\exp(-\mathrm{j}2\pi\beta\Delta)+\frac{1}{2}\ln\overline{Z}_L\exp[-\mathrm{j}(2N+1)\beta\Delta] \tag{75.137}$$

这个等式也可以用式(75.134)推导出来,然后把式(75.137)代入式(75.131),其中 t_k 和 l_k 已被定义。

对于通过式(75.132b)和式(75.133)来最小化 Γ,需要以下关系,即

$$\mathrm{Re}\left(\sum_{k=1}^{K}l_{mk}^{*}l_{nk}\right)=\sum_{k=1}^{K}\sin^2(\beta_k\Delta)\cos[2(m-n)\beta_k\Delta] \tag{75.138}$$

$$\mathrm{Re}\left(\sum_{k=1}^{K}l_{mk}^{*}t_k\right)=\frac{1}{2}\sum_{k=1}^{K}\ln\overline{Z}_L\sin(\beta_k\Delta)\sin[(2m-2N-1)\beta_k\Delta] \tag{75.139}$$

对于线长度为 L 的误差函数的最小化可以通过任何方法来实现,可能需要求导或者不求导。那么多段传输线的特征阻抗为

$$\overline{Z}(z)=\sum_{n=1}^{N}\mathrm{e}^{an}p_n(z-n\Delta)+\overline{Z}_LP_{N+1}(z-L) \tag{75.140}$$

75.12.3 $\frac{\mathrm{d}}{\mathrm{d}z}\ln\overline{Z}$ 的近似运算符

将线长 L 划分为 $N+1$ 个部分,每个部分的宽度等于 $\Delta=\frac{L}{(N+1)}$。现在考虑离输入端 $z_n=n\Delta$ 距离的每个部分的点,如图75.36所示。将传输线的特性阻抗 $Z(z)$ 表示为一系列脉冲函数,即

$$\overline{Z}(z)=\sum_{n=0}^{N}a_n\delta(z-n\Delta)\quad 0\leqslant z\leqslant L \tag{75.141}$$

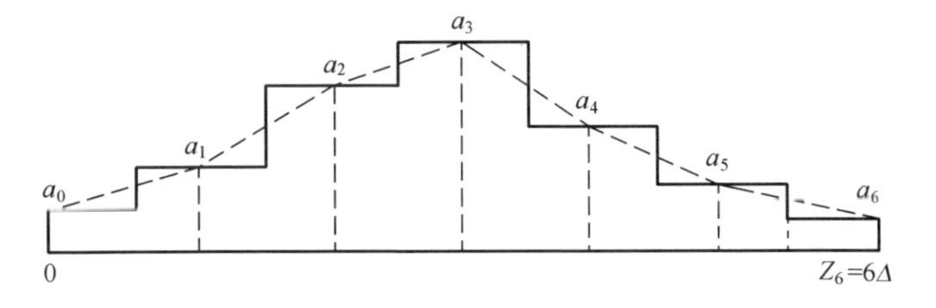

图 75.36　通过近似算子表达 $\ln\overline{Z}(z)$

边界条件给出,当 $0\leqslant z<\frac{\Delta}{2}$时,$a_0=1$;当 $L-\frac{\Delta}{2}<z\leqslant L_{时}$,$a_{N+1}=\overline{Z}_L$。

在每个部分的中点使用$\frac{d}{dz}\ln\overline{Z}(z)$的近似运算符,有

$$\begin{aligned}\frac{d}{dz}\ln\overline{Z}(z)\bigg|_{z=\frac{n-1}{2}\Delta} &\approx \frac{1}{\Delta}[\ln\overline{Z}(n\Delta)-\ln\overline{Z}(n\Delta-\Delta)]\\ &\approx \frac{1}{\Delta}\ln\left(\frac{a_n}{a_{n-1}}\right)\quad (n-1)\Delta<z<n\Delta\end{aligned} \tag{75.142}$$

把式(75.142)代入式(75.122),并计算积分,可以得到

$$\Gamma=\frac{\sin\beta\Delta}{\beta\Delta}\left[j\sin\beta\Delta\sum_{n=1}^{N}\ln(a_n)e^{-j2n\beta\Delta}+\frac{1}{2}\ln(\overline{Z}_L)e^{-j(2N+1)\beta\Delta}\right] \tag{75.143}$$

使用式(75.134)来计算 $\ln a_n$,并使用以下表达式,即

$$\mathrm{Re}\left(\sum_{k=1}^{K}l_{mk}^{*}l_{nk}\right)=\sum_{k=1}^{K}\frac{\sin^4(\beta_k\Delta)}{(\beta_k\Delta)^2}\cos[2(m-n)\beta_k\Delta] \tag{75.144}$$

$$\mathrm{Re}\left(\sum_{k=1}^{K}l_{mk}^{*}t_k\right)=\frac{1}{2}\sum_{k=1}^{K}\ln\overline{Z}_L\frac{\sin^3(\beta_k\Delta)}{(\beta_k\Delta)^2}\sin[(2m-2N-1)\beta_k\Delta] \tag{75.145}$$

75.12.4　$\ln\overline{Z}(z)$的分段线性近似

将长度为 L 的渐变线划分为等宽度 $\Delta=L/N$ 的 N 个部分,如图 75.37 所示。

每个部分的点位于 $z_n=n\Delta$ 处,当 $n=0,1,2,\cdots,N$ 时。假设 $a_n=\ln\overline{Z}(z=z_n)$,并假设 $\ln\overline{Z}(z)$ 的每个部分的变化是线性的,可得

$$\ln\overline{Z}(z)=\frac{a_n-a_{n-1}}{\Delta}z+a_{n-1}-(n-1)(a_n-a_{n-1})\quad (n-1)\Delta\leqslant z\leqslant n\Delta;n=1,2,\cdots,N \tag{75.146}$$

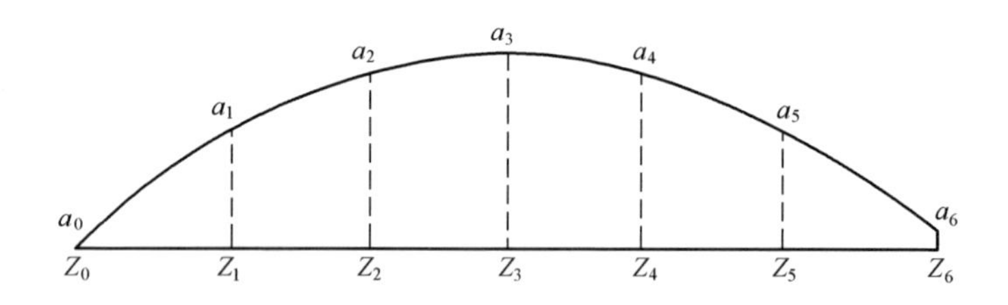

图 75.37 通过分段线性函数表示的 $\ln\overline{Z}(z)$

通过在 $z=0$ 处(当 $n=1$ 和 $\overline{Z}(0)=1$)和 $z=L$ 处($n=N$ 和 $\overline{Z}(L)=\overline{Z}_L$)的边界条件可以得到 $a_0=1$ 和 $a_N=\ln\overline{Z}_L$。

把式(75.146)代入式(75.123)或式(75.124)可以得出式(75.142),因为这里的行被划分成 N 个部分,所以用 N 代替 $N-1$。现在未知的变量是 a_n。因此,$\frac{\mathrm{d}}{\mathrm{d}z}\ln\overline{Z}(z)$ 的近似运算符和 $\ln\overline{Z}(z|)$ 的分段线性近似是相同的。式(75.142)和式(75.143)也同样适用于这里,同样用 $N-1$ 代替 N,然后得到每个部分的特征阻抗为

$$\overline{Z}(z)=\exp\left(\frac{a_n-a_{n-1}}{\Delta}z+na_{n-1}-(n-1)a_n\right)\quad (n-1)\Delta\leqslant z\leqslant n\Delta \tag{75.147}$$

此外,方程 $\ln\overline{Z}(z|)$ 可以由幅度 a_n 的三角函数近似,如图 75.38 所示,该方法可给出与上述相同的结果。

接下来,根据表 75.8 中指定的输入数据设计几个渐变线变换器,输出参数列于表 75.9 中。

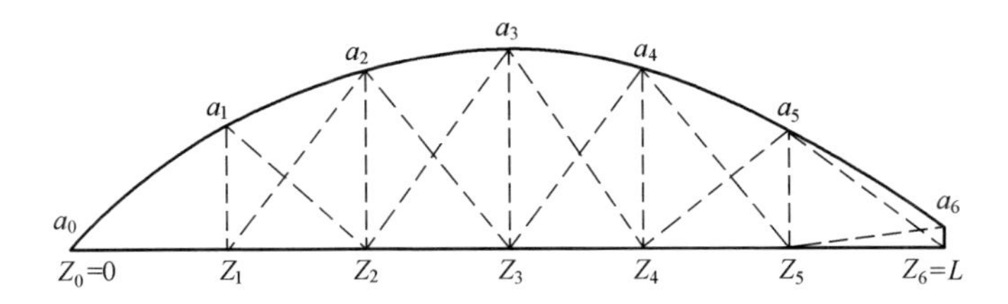

图 75.38　通过三角函数表示的 $\ln\overline{Z}(z)$

表 75.8　渐变线变换器的输入数据

示例	L_m/cm	N	K	f_l/GHz	f_u/GHz	h/mm	ε_r	Z_g/Ω	Z_L/Ω
9-12	20	10	20	1	4	0.508	2.2	50	100
13-16	20	10	20	1	4	0.787	3.55	120	30

表 75.9　渐变线变换器的输出参数

示例		宽度/mm		渐变长度/cm	归一化的特征阻抗	误差值
		源	负载			
9-12	近似算子 $\Gamma_{in}=\dfrac{Z_{in}-Z_o}{Z_{in}+Z_o}=\dfrac{V_1^-}{V_1^-}=S_{11}+\dfrac{S_{12}S_{21}\Gamma_1}{1-S_{22}\Gamma_L}$	1.56	0.46	30	[1, 1.0245, 1.0649, 1.1338, 1.2262, 1.3478, 1.4839, 1.6311, 1.7639, 1.878]	0.038
	脉冲函数近似 $\Gamma_S=\dfrac{V_1^+}{V_1^-}$			30	[1, 1.0228, 1.0638, 1.1321, 1.2254, 1.3471, 1.4847, 1.6322, 1.7666, 1.8801]	0.053
	多项式展开 $\Gamma_{out}=\dfrac{V_2^-}{V_2^+}=S_{22}+\dfrac{S_{12}S_{21}\Gamma_s}{1-S_{11}\Gamma_s}$			19.986	[1, 1.0303, 1.0831, 1.1626, 1.2755, 1.4141, 1.5679, 1.7202, 1.8468, 1.9419]	0.021
	三角函数近似 $V_1=V_S\dfrac{Z_{in}}{Z_{in}+Z_s}=V_1^+ + V_1^- = V_1^+(1+\Gamma_{in})$			30	[1, 1.0264, 1.0763, 1.1577, 1.2717, 1.4142, 1.5727, 1.7275, 1.8583, 1.9486, 2]	0.038

(续)

示例		宽度/mm		渐变长度/cm	归一化的特征阻抗	误差值
		源	负载			
13-16	近似算子 $V_1^+ = \frac{V_S}{2} \frac{1-\Gamma_g}{1-\Gamma_s\Gamma_{in}}$	0.27	3.7	30	[1, 0.9528, 0.8818, 0.7779, 0.6651, 0.5505, 0.4541, 0.3759, 0.3214, 0.2836]	0.151
	脉冲函数近似 $Z_{in}=Z_0(1+\Gamma_{in})/(1-\Gamma_{in})$ function			30	[1, 0.9559, 0.8837, 0.7802, 0.666, 0.5511, 0.4537, 0.3754, 0.3204, 0.2829]	0.211
	多项式展开 $\frac{d}{dz}\ln\overline{Z}$			19.997	[1, 0.9422, 0.8525, 0.7398, 0.6147, 0.5000, 0.4068, 0.3379, 0.2932, 0.2653]	0.084
	三角函数近似$\ln\overline{Z}$			30	[1, 0.9492, 0.8633, 0.7461, 0.6183, 0.5, 0.4043, 0.3351, 0.2896, 0.2634, 0.25]	0.152

每个例子通过4种方法求解,即使用$\frac{d}{dz}\ln\overline{Z}$的近似算子、脉冲函数近似$\ln\overline{Z}(z|)$、多项式展开$\frac{d}{dz}\ln\overline{Z}$和三角函数近似$\ln\overline{Z}(z|)$,这里使用计算机程序来分别计算。

例75.9 根据表75.8第一行的数据,用$\frac{d}{dz}\ln\overline{Z}$的近似算子设计一条渐变线,其特性阻抗、反射系数和输入阻抗分别如图75.39(a)~(c)所示。

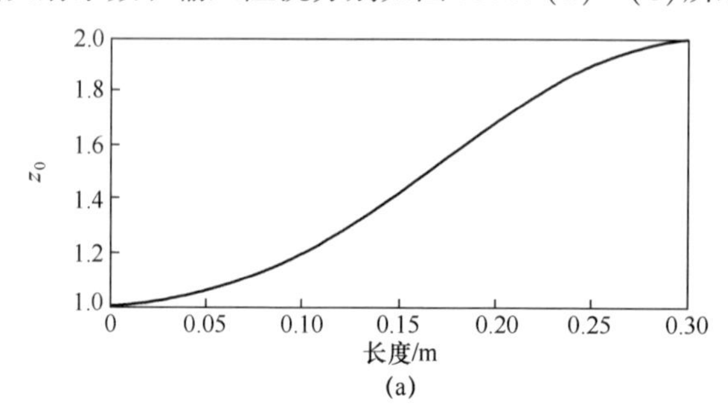

(a)

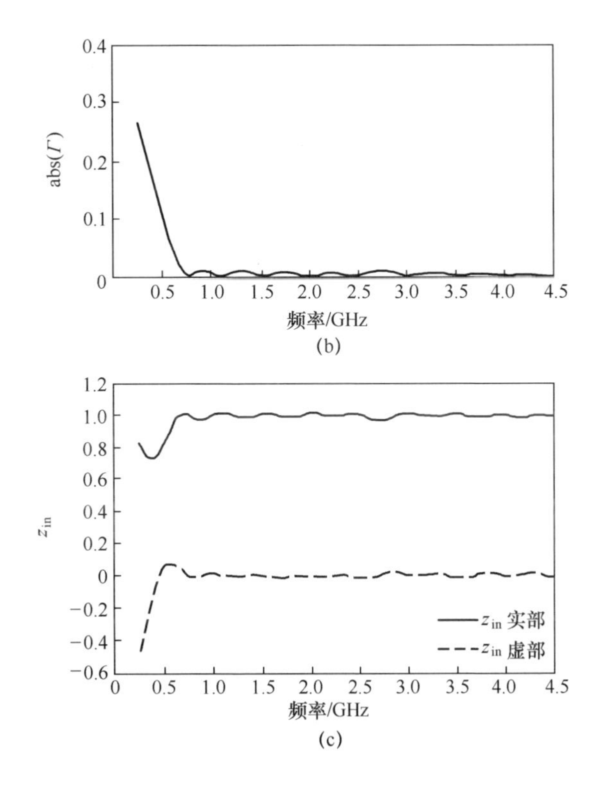

图 75.39　例 75.9 用图

(a)渐变线的特征阻抗;(b)反射系数幅度 VS 频率;(c)输入阻抗 VS 频率。

例 75.10　根据表 75.8 第一行的数据,用 $\ln\overline{Z}(z|)$ 的脉冲函数近似算子设计一条渐变线,其特性阻抗、反射系数和输入阻抗分别如图 75.40(a)~(c)所示。

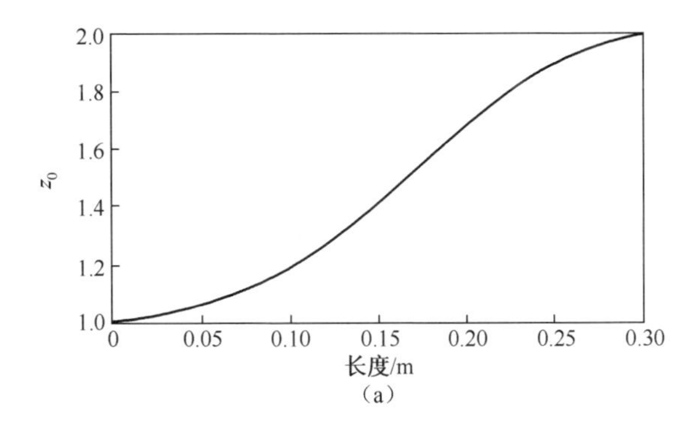

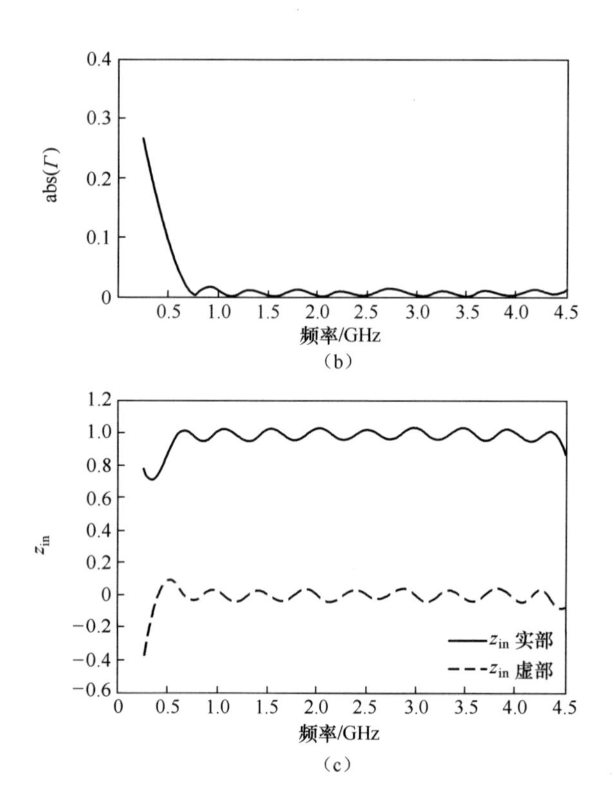

图 75.40 例 75.10 用图

(a)渐变线的特征阻抗;(b)反射系数幅度 VS 频率;(c)输入阻抗 VS 频率。

例 75.11 根据表 75.8 第一行的数据,用$\frac{\mathrm{d}}{\mathrm{d}z}\ln\overline{Z}$的多项式近似算子设计一条渐变线,其特性阻抗、反射系数和输入阻抗分别如图 75.41(a)~(c)所示。

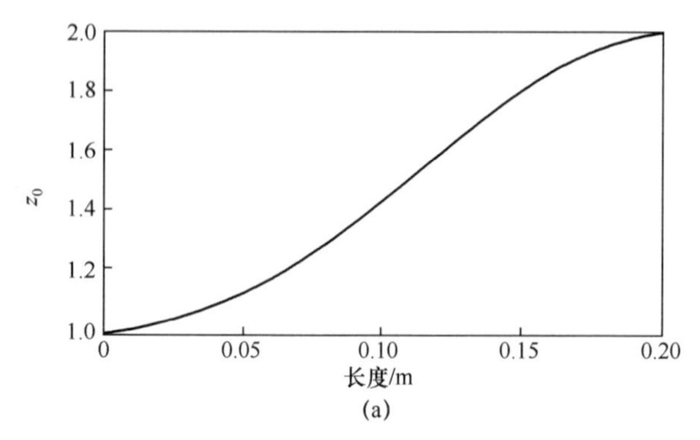

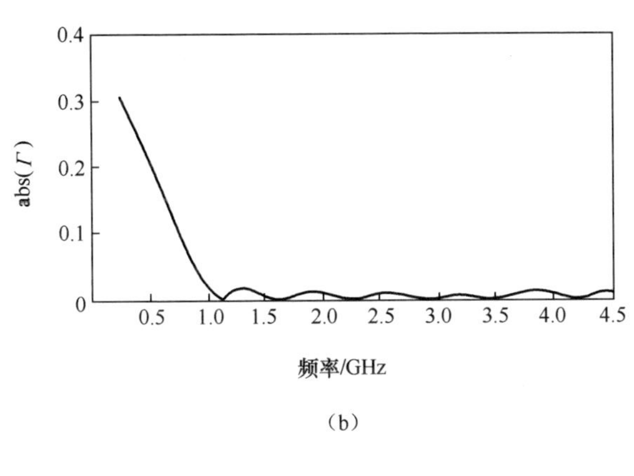

(b)

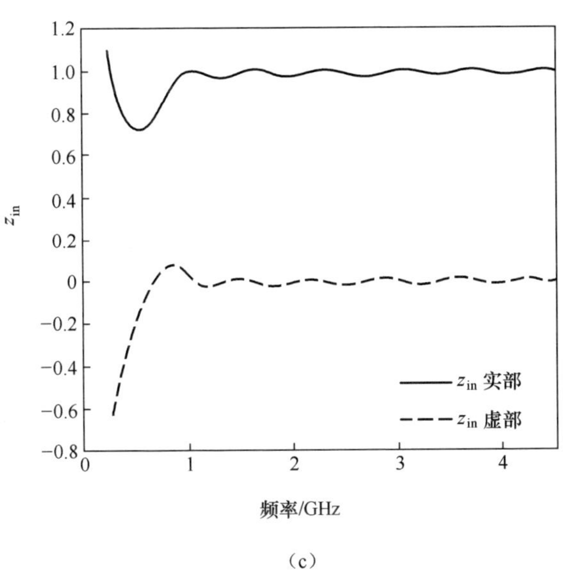

(c)

图 75.41　例 75.11 用图

(a)渐变线的特征阻抗;(b)反射系数幅度 VS 频率;

(c)输入阻抗 VS 频率。

例 75.12　根据表 75.8 第一行的数据,用 $\ln\overline{Z}(z|)$ 的三角近似算子设计一条渐变线,其特性阻抗、反射系数和输入阻抗分别如图 75.42(a)~(c)所示。

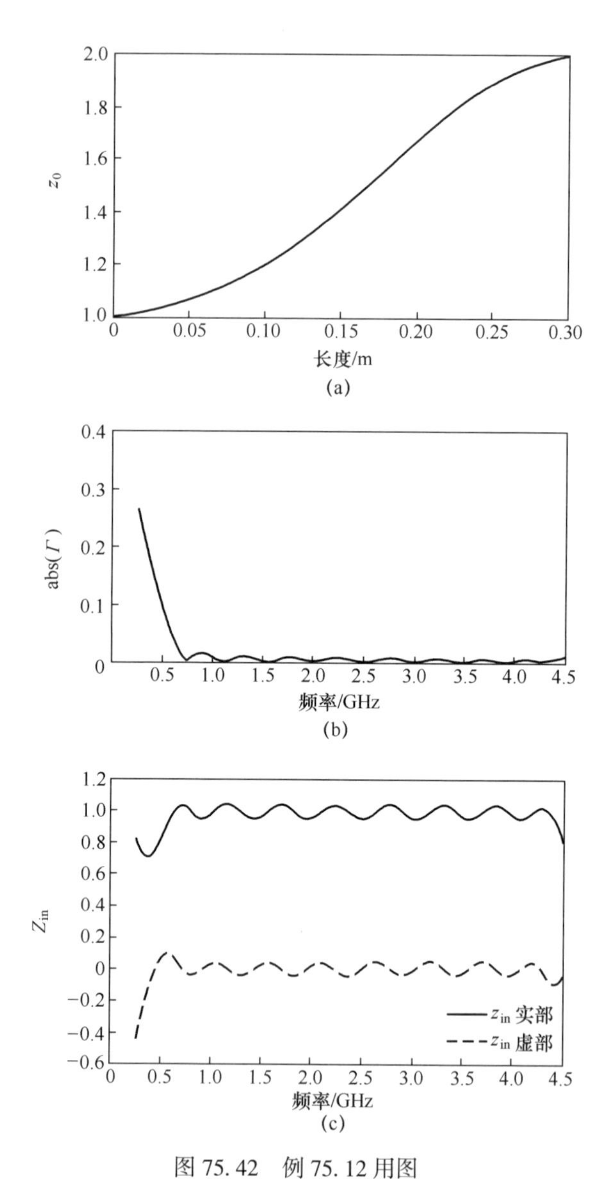

图 75.42 例 75.12 用图

(a)渐变线的特征阻抗;(b)反射系数幅度 VS 频率;(c)输入阻抗 VS 频率。

例 75.13 根据表 75.8 第二行的数据,用$\frac{d}{dz}\ln\overline{Z}$的近似算子设计一条渐变线,其特性阻抗、反射系数和输入阻抗分别如图 75.43(a)~(c)所示。

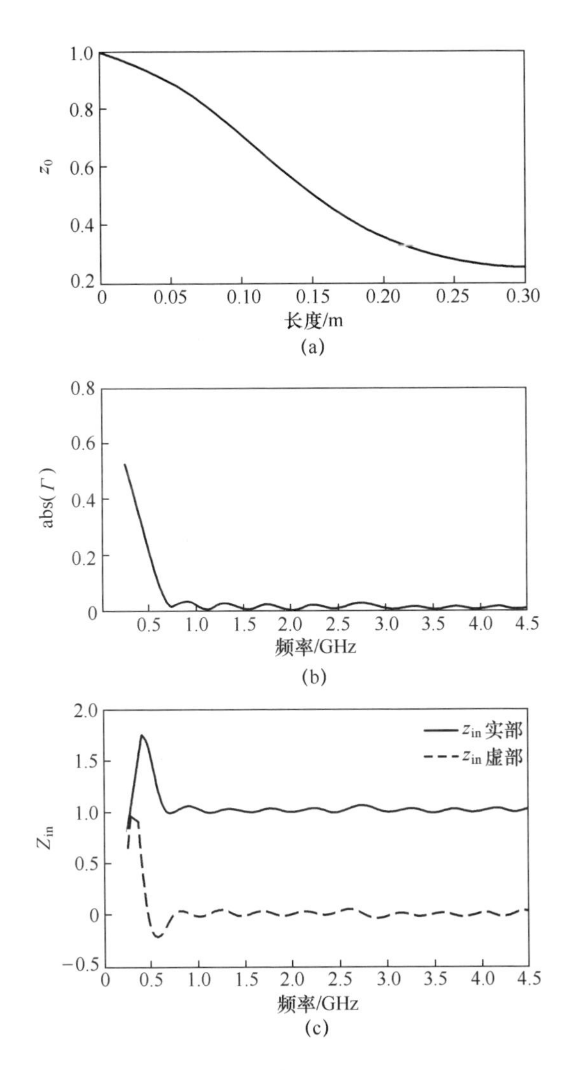

图 75.43　例 75.13 用图

(a)渐变线的特征阻抗;(b)反射系数幅度 VS 频率;

(c)输入阻抗 VS 频率。

例 75.14　根据表 75.8 第二行的数据,用 $\ln\overline{Z}(z|)$ 的脉冲方程近似算子设计一条渐变线,其特性阻抗、反射系数和输入阻抗分别如图 75.44(a)~(c)所示。

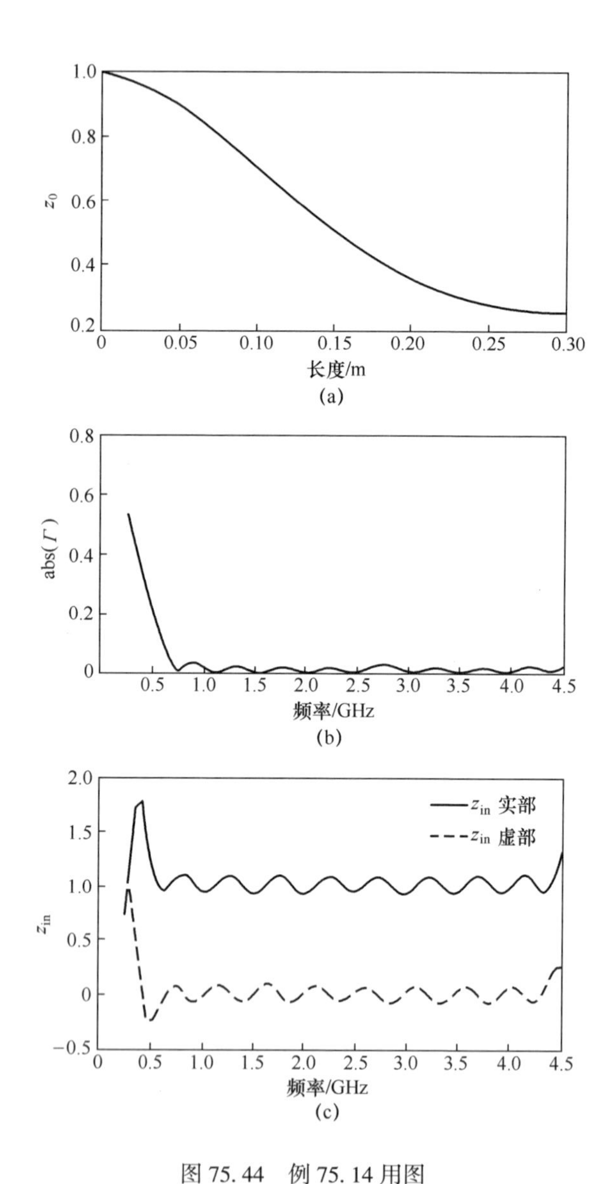

图 75.44 例 75.14 用图

(a)渐变线的特征阻抗;(b)反射系数幅度 VS 频率;(c)输入阻抗 VS 频率。

例 75.15 根据表 75.8 第二行的数据,用$\frac{\mathrm{d}}{\mathrm{d}z}\ln\overline{Z}$ 的多项式算子设计一条渐变线,其特性阻抗、反射系数和输入阻抗分别如图 75.45(a)~(c)所示。

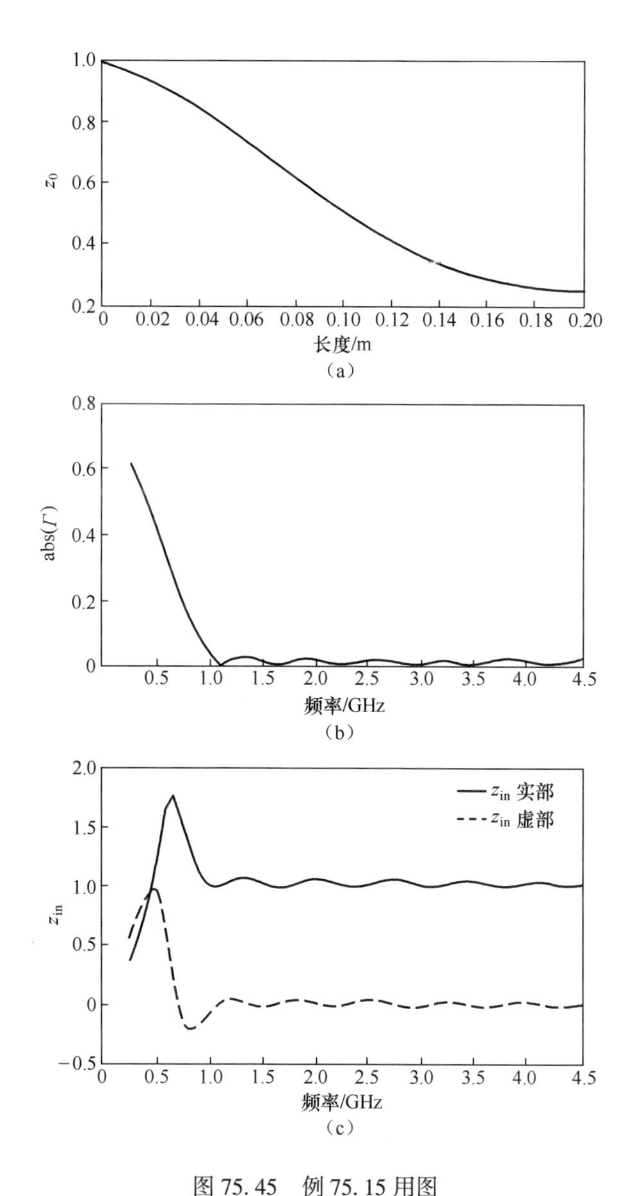

图 75.45　例 75.15 用图

(a)渐变线的特征阻抗;(b)反射系数幅度 VS 频率;(c)输入阻抗 VS 频率。

例 75.16　根据表 75.8 第二行的数据,用 $\ln\overline{Z}(z|)$ 的三角近似算子设计一条渐变线,其特性阻抗、反射系数和输入阻抗分别如图 75.46(a)~(c)所示。

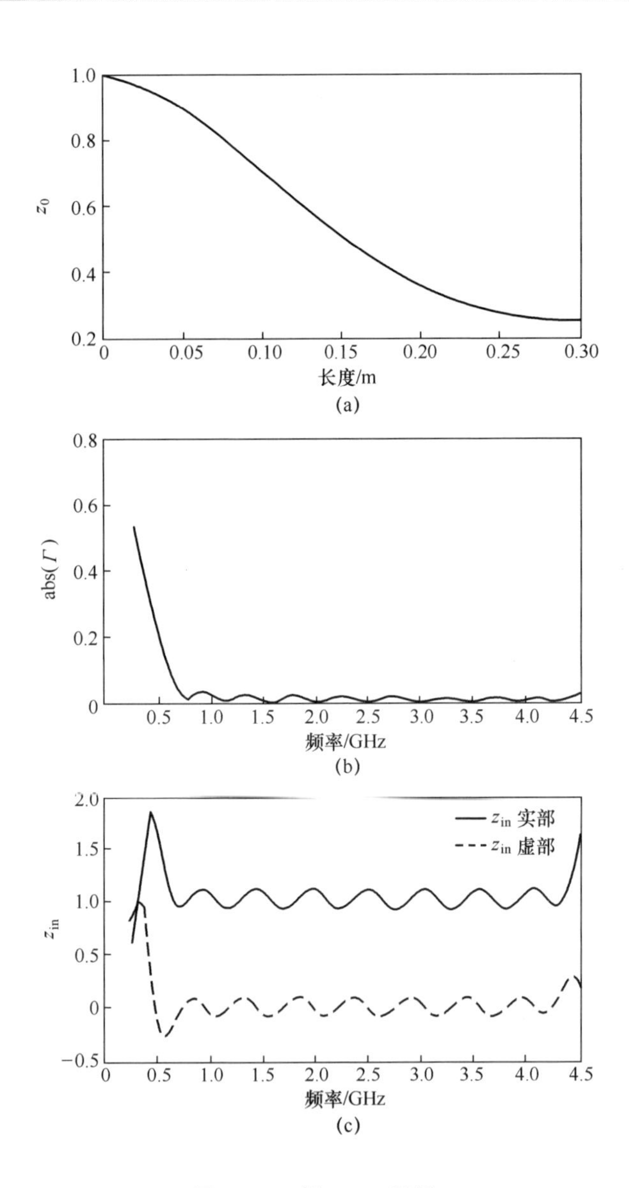

图 75.46　例 75.16 用图

(a)渐变线的特征阻抗;(b)反射系数幅度 VS 频率;(c)输入阻抗 VS 频率。

75.13　阻抗匹配器件和组件

为了在不同的波导系统中实现阻抗匹配电路,如同轴波导、空心圆柱形波导

(矩形、圆柱形和椭圆形)、带状线、微带以及其他各种变化及衍生结构(Collin,2000;Matthaei et al. ,1964;Pozar,2011;Reich et al. ,1953;Rizzi,1988),设计了很多阻抗或者容抗功能的组件。

图 75.47 显示了同轴阶跃变换器、单枝节匹配、双枝节匹配和可移动金属块调节匹配的例子。

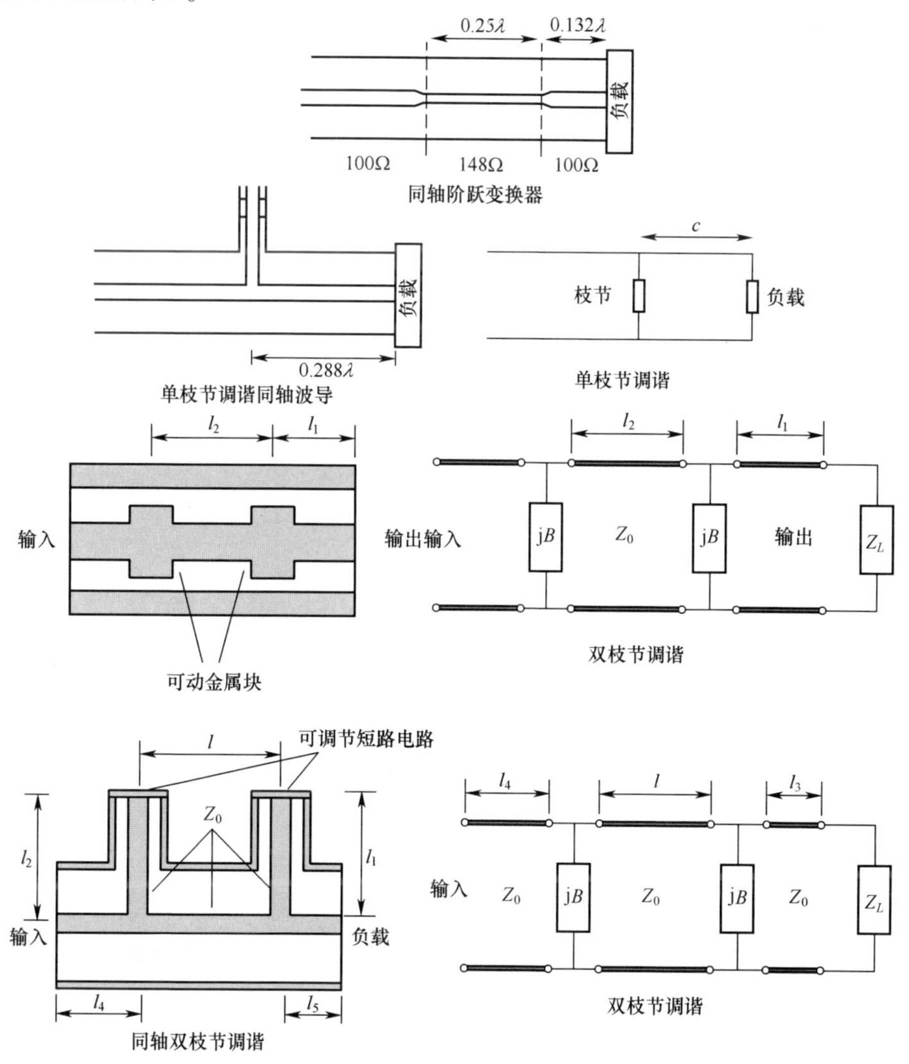

图 75.47　阻性和容性组件

图 75.48 给出了矩形波导组件的例子,其中有等效并联电感和电容电抗的

对称和不对称剖面结构。

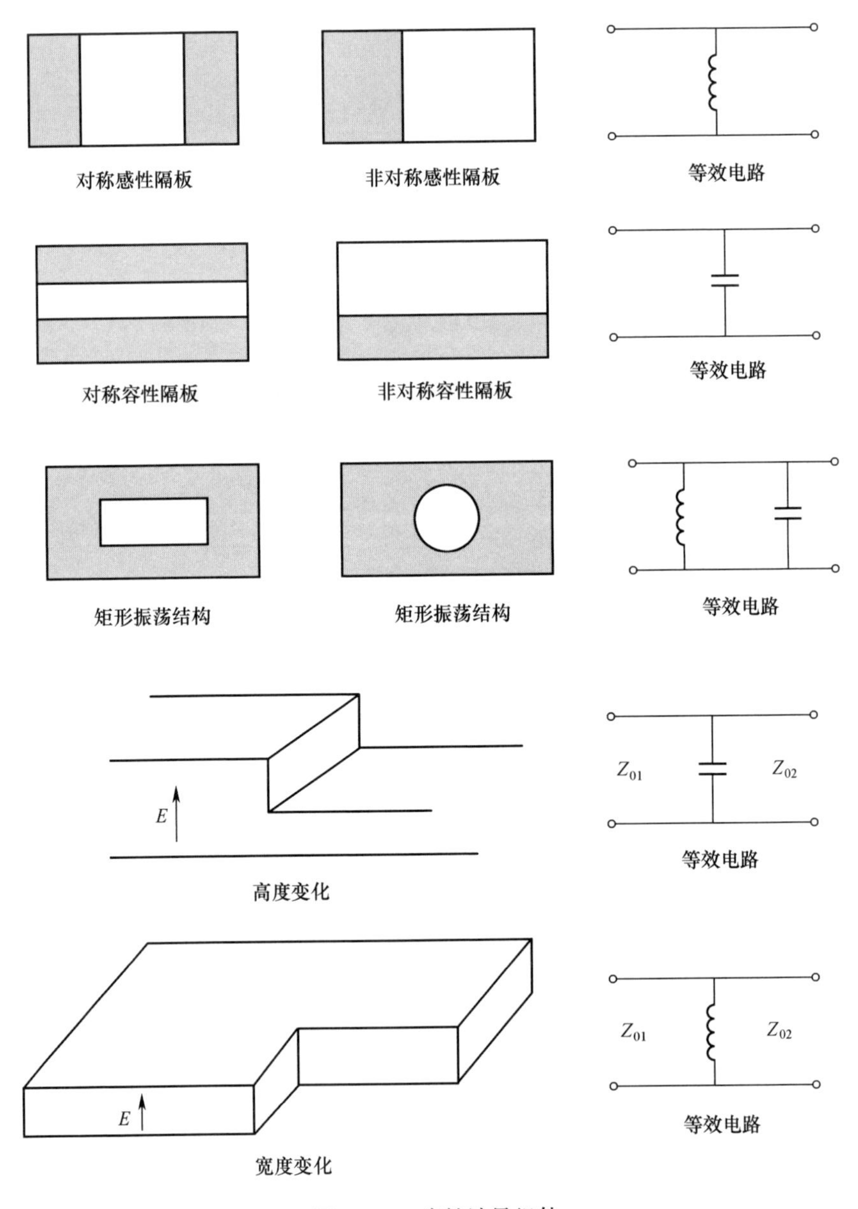

图 75.48 容性波导组件

图 75.49 显示了波导调谐部分的例子。

微带电阻、电容和电感的例子如图 75.50 所示。

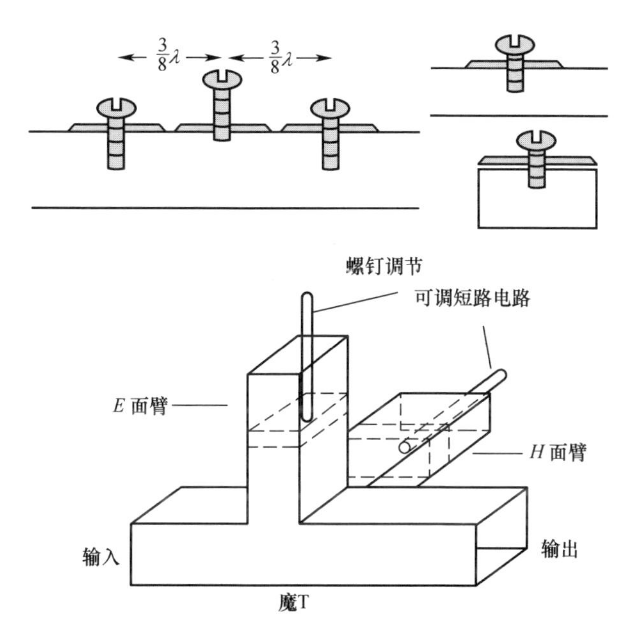

图 75.49　波导调谐部分

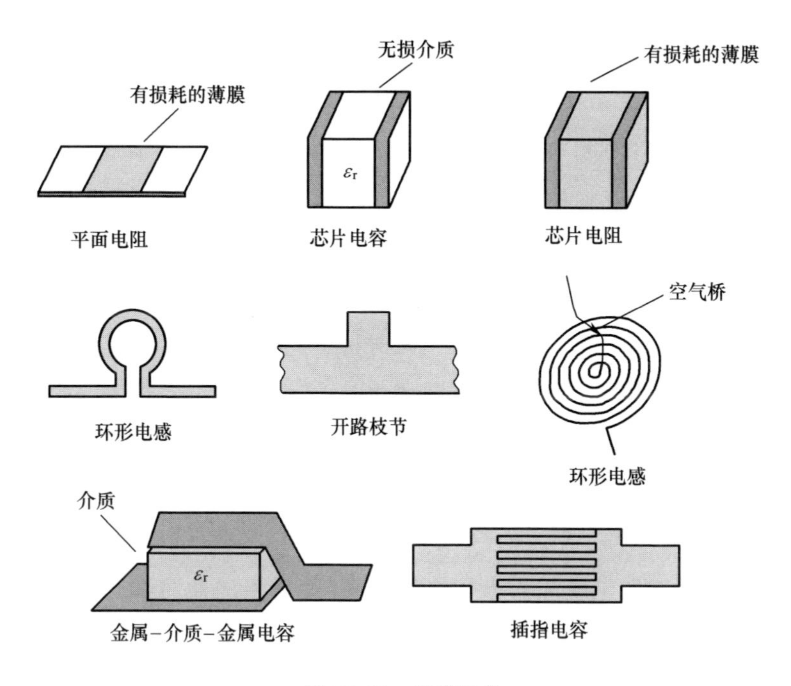

图 75.50　微带组件

75.14 巴伦

巴伦(平衡到不平衡)是一种将平衡信号(在没有接地路径的情况下电流在两根导线上流动)转换为不平衡信号(电流在接地路径和导线上流动)的装置(Reich et al.,1953;Terman,1955 ;Mongia et al.,1999)。巴伦也可以执行阻抗匹配和转换,称为巴伦阻抗变换器。同样,UNUN(不平衡到不平衡)是一种在不平衡传输线之间传输信号的设备。

巴伦是在平衡或差分传输线路(两条传输线上有相反电流)和不平衡或单端传输线路(电流路径通过地线)之间转换的设备。具有相等和相反的两根导线构成平衡线,如屏蔽双线线路(在接地屏蔽层中没有电流流动)。两根不同尺寸的导体构成不平衡线,如同轴线、带状线和微带线。

巴伦是一个具有不平衡匹配输入(端口 1)和差分输出端口(端口 2 和 3)的三端口设备,具有以下散射参数,即

$$\begin{cases} S_{11} = 0 \\ S_{12} = S_{21} = - S_{13} = - S_{31} \\ S_{22} \neq 0, S_{33} \neq 0 \end{cases}$$

可以看出,巴伦的两个输出端口的平衡输出的幅度相等,但在频域中有180°相位差,即时域上有相反的符号,且这是一个互易组件。其输出可以不匹配,其输出阻抗可以不等于输入阻抗,且差分和共模信号的回波损耗可以不同。

巴伦在射频电路中有着广泛的应用,如平衡混频器、平衡式乘法器、平衡调制器、推挽式放大器、移相器、偶极馈电和其他各种天线,它们实现系统之间的兼容性。此外,有源巴伦也被设计用于集成电路。

在平衡线中,两根导线相对于地面对称,即没有接地,相对于地线(如开放的双线线路)具有相同的阻抗。在不平衡的情况下,其中一条线路直接连接到地面(如同轴线)。有时需要通过双线线路把信号馈入接地的天线(与地面不对称),或反过来通过同轴线馈入未接地的天线(相对于地面对称)。在这种情况下,平衡-不平衡系统需要在平衡系统和不平衡系统之间进行转换。在较低的频率下,可以使用一个变压器,如图 75.51 所示。它将输入阻抗转换为输出阻

抗,比例为 $1:n^2$。

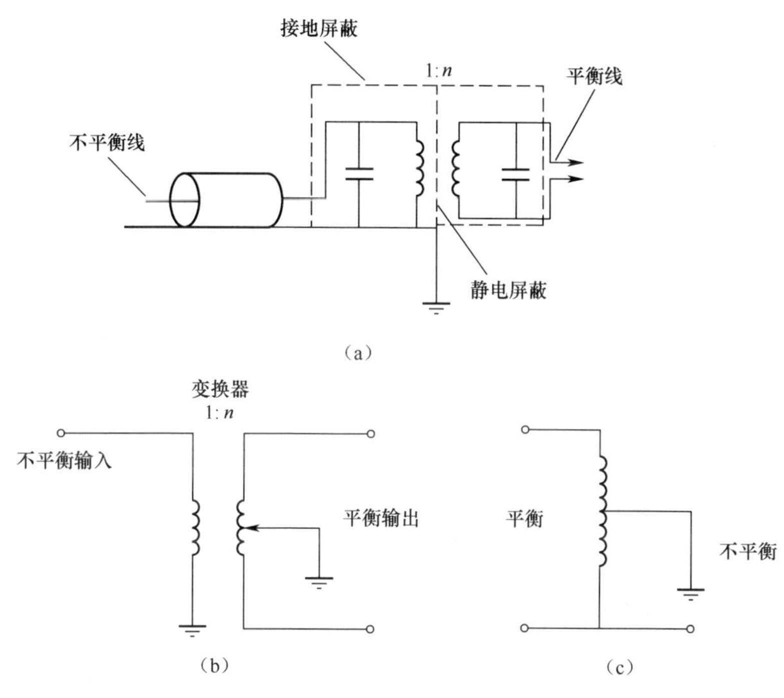

图 75.51　变压器巴伦(Terman,1955)

(a)可调变压器巴伦;(b)$1:n$ 变换器巴伦;(c)自动变压器巴伦。

巴伦的阻抗比(或变换器匝数比)是不平衡阻抗与平衡阻抗之比,由 $1:n^2$ 确定。在平衡信号线之间测量的差分阻抗是信号和地之间的差值阻抗的两倍。对于高阻抗巴伦,在低频下使用变压器来实现要比在高频下通过传输线实现更容易。

在两个输出端口之间没有隔离的巴伦(如电抗功分器),对于平衡端口处的共模和差模信号将具有不同的回波损耗。共模将完全反射,而差模将通过。

平衡端口隔离是从一个平衡端口到另一个端口的插入损耗,其中偶次模被反射而不会在巴伦内被电阻器吸收。

直流隔离是不平衡端口和平衡端口之间存在多少直流连接的表征,而接地隔离则表示不平衡接地和平衡信号接地连接程度的大小。

巴伦用于将不平衡信号连接到平衡传输线以进行长距离通信,因为平衡传输线上的差分信号不受噪声和干扰的影响。此外,在差分天线馈线中使用巴伦来改善共模抑制比(CMRR)。

不平衡线的例子之一是同轴线和微带线连接。平衡线的例子是屏蔽宽边耦合带状线和双线传输线(图75.52)。集总元件巴伦的例子有调谐变换器、中间抽头变压器、自耦变压器(图75.51)和RF扼流圈,这些通常用于低频。由变压器制成的平衡变压器在磁耦合的基础上工作,如图75.51(a)中的平衡-不平衡变压器。可以设计各种形式的变压器绕组来产生磁耦合和电耦合,如图75.53(a)所示的1:1 Guanella巴伦、图75.53(b)所示的1:4 Guanella巴伦(Guanella, 1944)、图75.54的Ruthroff巴伦(Ruthroff, 1959)和配置为共模扼流圈的1:1 Guanella巴伦(图75.55)。

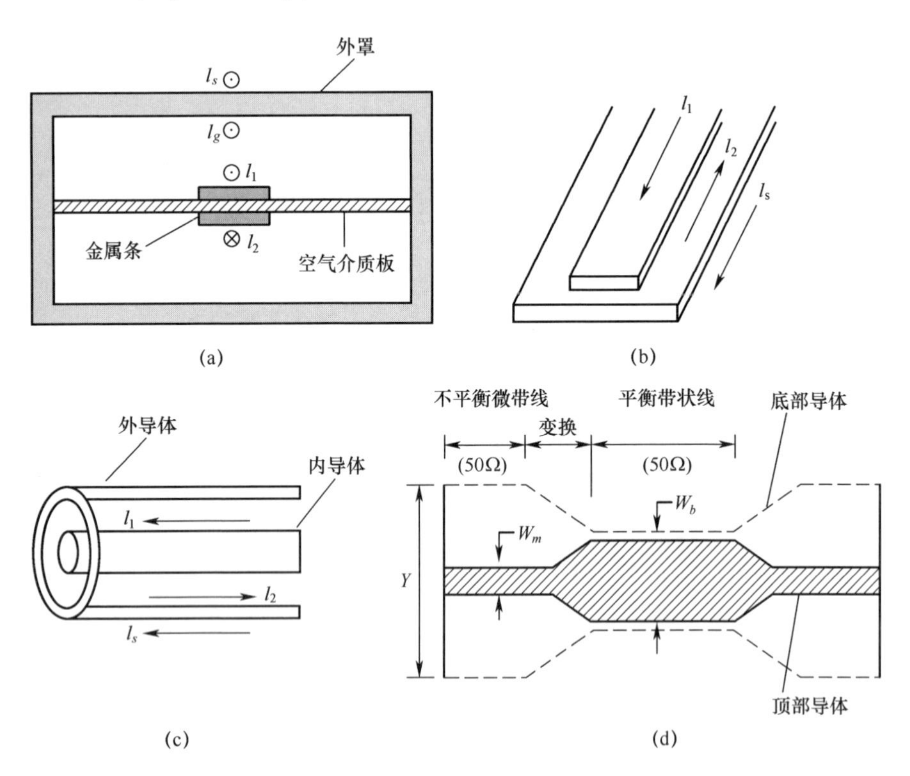

图75.52 平衡-不平衡传输线例子(Mongia et al., 1999)
(a)屏蔽双线(平衡);(b)微带线(不平衡);(c)同轴线(不平衡);
(d)包括非平衡微带线和平衡带线的背对背连接巴伦。

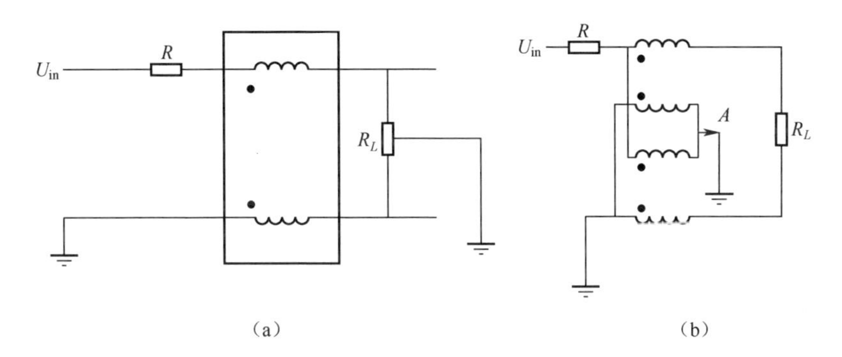

图 75.53　Guanella 巴伦

(a)1 : 1 Guanella 巴伦;(b)1 : 4 Guanella 巴伦。

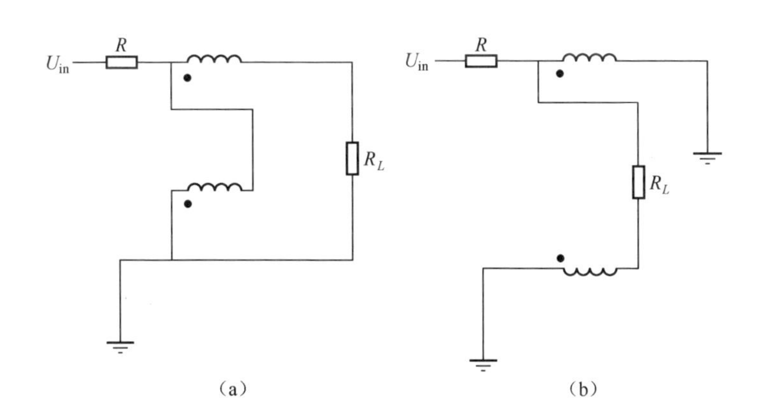

图 75.54　Ruthroff 变压器

(a)Ruthroff 1 : 1 巴伦;(b)Ruthroff 1 : 4 巴伦。

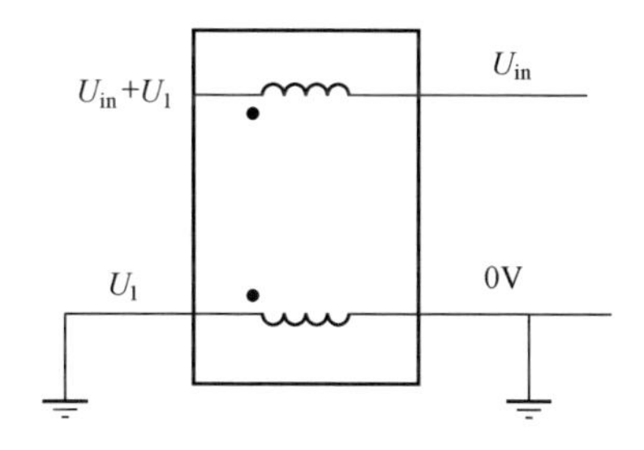

图 75.55　有扼流的 Guanella 1 : 1 巴伦

双线线路上的差模(DM)电流(使其中一条作为屏蔽线)在每端的每条线路上以相反的方向流动,因此它是平衡的电流分量,它既不辐射也不接收任何信号。然而,并联或共模(CM)电流具有在对地呈现阻抗的两条线(或天线的馈电线)上以相同方向流动的分量,因此这是不平衡的电流分量,它会引起线路(或天线)的辐射。

扼流巴伦会在馈线上串联一个大的共模阻抗,这会降低共模电流而不会干扰差模电流。正确的接地和扼流巴伦的组合将减少不需要的共模电流(图75.55)。

如图75.56(a)所示,将谐振偶极子天线(具有约73Ω的输入阻抗)直接馈送到双线传输线(具有约300Ω的特征阻抗)是不合适的,可以为偶极子天线的馈电设计两种方案,一种方案是在偶极子馈电时使用渐变线(Gamma匹配)作为阻抗变换器,另一种方案是分别使用图75.56(b)和图75.56(c)所示的折叠偶极子。

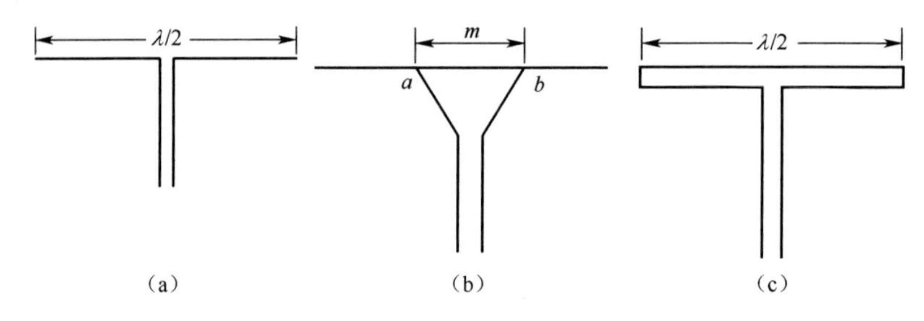

图75.56　3种方法给天线馈电

(a)双线馈线;(b)渐变线馈线(Gamma馈线);(c)折叠偶极子。

许多天线如偶极子是平衡负载,也就是说,当相等电流通过它们时,它们的部件对于地面具有相同的阻抗。理想情况下,它们应该由一条平衡的线路(如双线线路)供电。然而,在高频时,通常使用诸如同轴线这样的不平衡线作为馈线以消除寄生辐射。一般来说,对称传输线或天线系统的平衡部分携带相等和相反的电流。另外,电流不平衡是双线传输线路进入地面或辐射的主要损耗源,也是天线系统的方向图失真的来源,因为导体电位相对于地的不平衡导致电流不平衡。

在同轴电缆外导体和附近的物体之间存在的电容或者直接接地的电容实际上用于将其导体表面置于接地电位。双线线路应相对于地线平衡,以便使双线线路承载幅度相等且相位相反的电流。将同轴不平衡线路直接连接到平衡双线线路会在同轴电缆的外部导电表面上产生电流,从而产生辐射和损耗。而平衡-不平衡转换器的发展,可以减少屏蔽外表面电流的辐射。

图 75.57 显示了同轴馈线(不平衡)到偶极子天线(平衡)的直接连接及其等效电路,图中显示了在其各个部分中流动的电流。注意到两臂上的电流不相同,这使得同轴馈电为不平衡方式。偶极子是一个平衡负载,其两个臂与地面具有相同的阻抗,在其臂中流动相同的电流。如果偶极子天线的一臂接地,则无法正常工作,因此它的输入需要一个巴伦。Z_g是接地的有效阻抗(图 75.57),通过增加一个长度为 $\lambda_g/4$ 的臂可以使其阻抗变得非常高,如图 75.58(a)所示。短路端转移到偶极子 A 处的开路。巴伦通过 $\lambda/4$ 线提供相对于短路点 C 的点 A 和 B 之间的高阻抗。图 75.58(b)和图 75.58(c)中画出了这种巴伦的横截面,通过 $\lambda/4$ 线为偶极子馈电的同轴线如图 75.58(d)和图 7.58(e)所示。

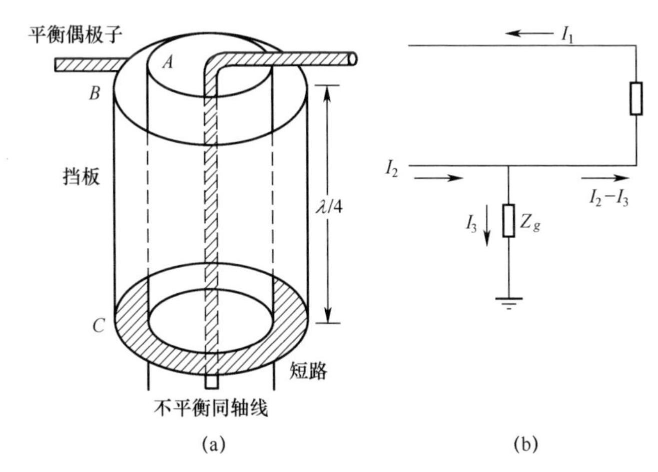

图 75.57　使用同轴线直接给偶极子天线馈电(Jordan et al.,1968)
(a)馈线配置;(b)等效电路。

图 75.59(a)和图 75.59(b)中示出了宽带巴伦及其等效电路,其折叠形式如图 75.59(c)所示。文献中描述了这些巴伦的性能。

火箭炮式巴伦可以具有不同的形式,如共线巴伦和折叠巴伦。图 75.60 示出了不平衡同轴馈线到单极子天线的连接,可以观察到一些电流在同轴线的外表面上流动。为了抑制这种寄生电流,可以在这种结构中使用去谐单枝节,如图 75.60(b)和图 75.60(c)所示。

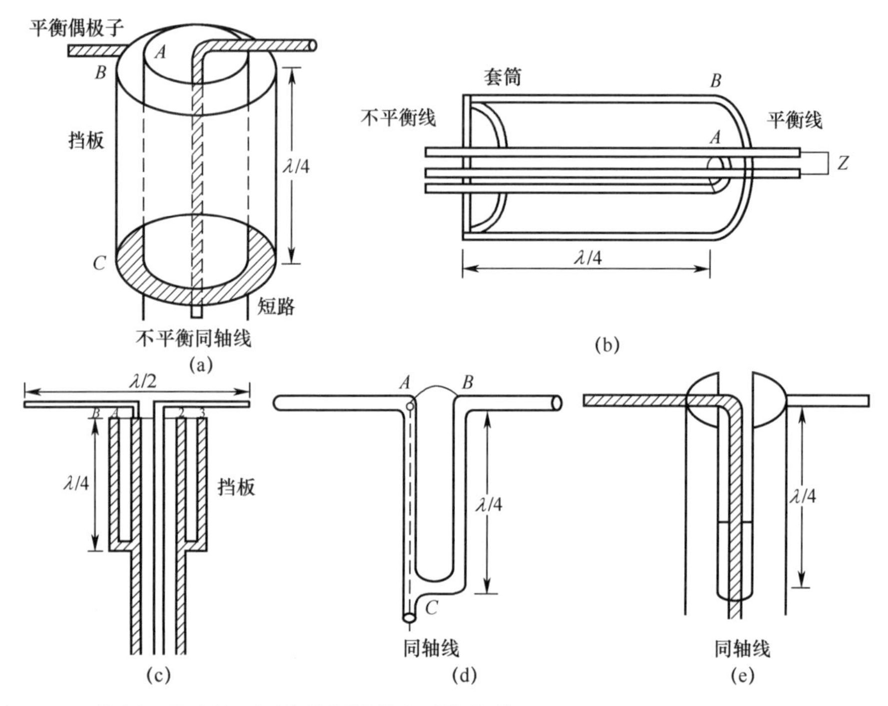

图 75.58 使用巴伦连接不平衡的同轴线和平衡负载(Jordan et al,1968; Reich et al. ,1953)

(a)偶极子天线三维图;(b)负载 Z_L 的三维图;(c)截面图;(d)、(e)使用同轴线通过 λ/4 线给天线馈电

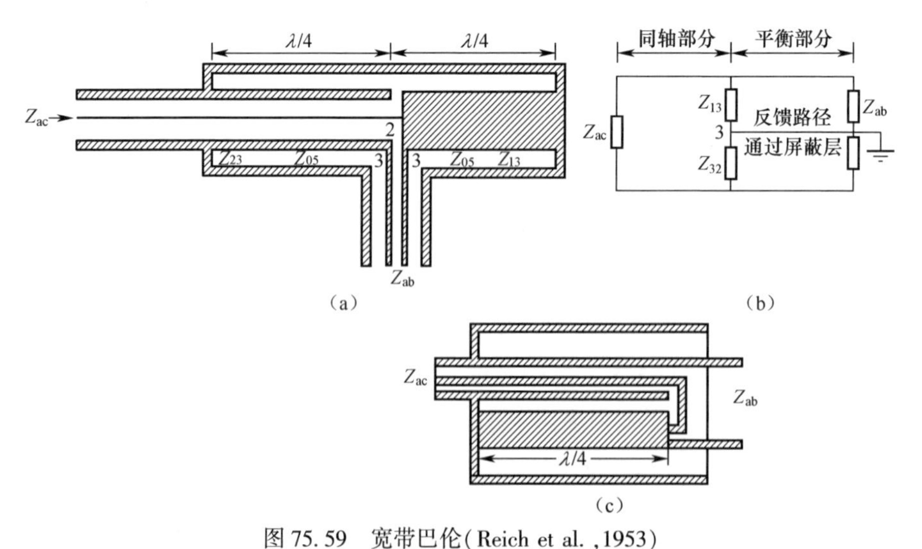

图 75.59 宽带巴伦(Reich et al. ,1953)

(a)同轴结构截面;(b)巴伦等效电路;(c)巴伦折叠形式。

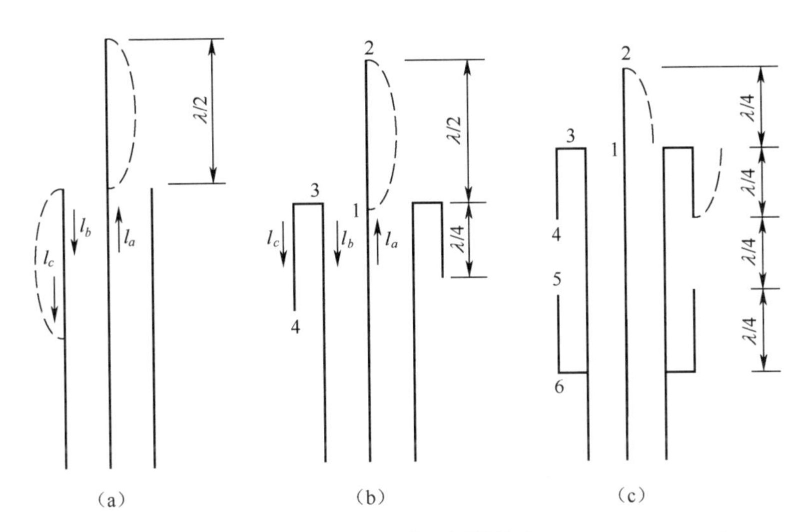

图 75.60　λ/4 波长单极子天线的同轴馈电(Reich et al.,1953)

(a)在同轴线外侧出现驻波;(b)通过放置去谐电路来减小同轴线外侧电流;

(c)使用枝节(5~6)平衡偶极子天线(1~2 和 3~4)。

另一个巴伦及其等效电路如图 75.61 所示。长度为 s 的同轴线的特性阻抗等于 Z_0。因此,它们平衡端每一侧的短路阻抗 Z_g 为 $Z_g = jZ_0\tan(\beta s)$。

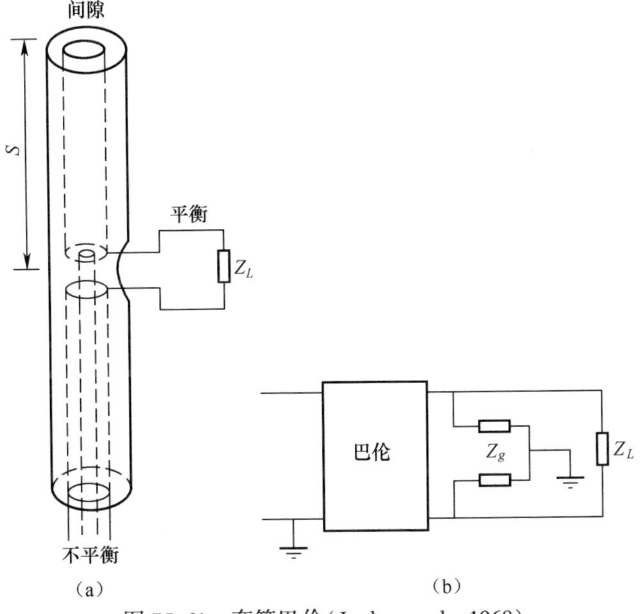

图 75.61　套筒巴伦(Jordan et al. ,1968)

如图 75.62(a)~(c)所示,半波偶极子天线可以由同轴线路通过被称为桅杆天线和套筒天线的装置馈电。这种结构既提供阻抗匹配,又提供平衡作用。用“o”表示桅杆天线中的开路,将天线与下部分隔离,短路部分则用“s”表示。

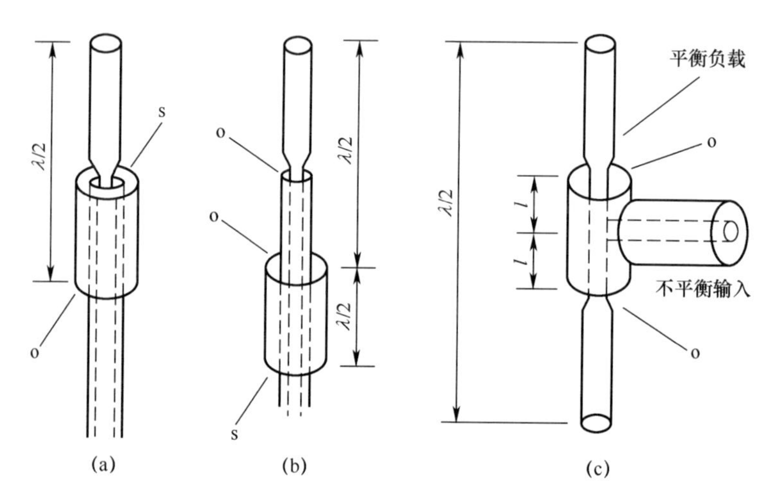

图 75.62　几种同轴线馈电天线的巴伦结构(Terman,1955)

(a)桅杆单极子天线;(b)套筒单极子天线;(c)套筒偶极子天线。

在宽频带中提供高阻抗的巴伦是图 75.63 所示的绕线同轴电缆,可以通过缠绕在铁氧体磁芯上的线圈以增加频带。

在较高频率下,更适合谐振式传输线工作,我们把这种结构称为巴伦(平衡单元、平衡到不平衡巴伦或火箭炮式)结构。考虑图 75.64(a)和图 75.64(b),其中左端的不平衡同轴系统连接到右端的平衡系统。在导体 1 和 2 之间在平衡线上施加一个电压,由于是直接连接,它将被转移到同轴线 4 的左端而没有任何改变。现在观察导体 2 和 3 之间有一个开路,因为套筒与左侧(非平衡端)同轴线的外导体短路,而套筒恰好是 λ/4 长,因此,右端不会产生不平衡的影响。换句话说,套筒 3 实际上是 4 的延伸并保持接地。因此,导体 2 可以获取右端平衡线所需的任何电压。在同轴端,导体 4 连接到接地套筒,但是右端的导体 1 和 2 相对于导体 3 是平衡的,所以电流从平衡线到不平衡线是连续的。

另一个同轴巴伦如图 75.65(a)所示。长度 λ/ 2 的传输线对于电流和电压都产生 180°的相位滞后,并且还导致阻抗在点 A 和点 B 处重复。因此,电流在

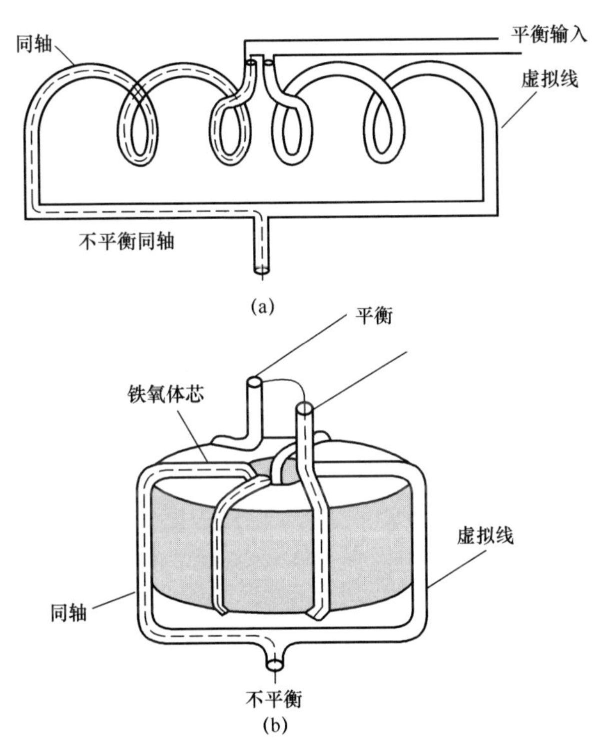

图 75.63　绕线同轴宽带巴伦(Week,1968)

(a)线圈对地为高阻抗;(b)同轴绕在铁氧体上。

点 A 处一分为二,从而左边的不平衡线 在左边转换到另一个终端的平衡线。由于平衡线上的电压为 2V,电流为 $I/2$,所以阻抗为 $4U/I$,是不平衡线的 4 倍。因此,巴伦也是一个阻抗变换器。

在图 75.65(b)中示出了窄带 1 : 4 传输线巴伦。其输入端和输出端之间连接一个数值为 R 的电阻。让它分成两半,分成两个电阻 $R/2$,且中点在地电位。平衡端口位于电阻 R 两端的电位 $-V$ 和 $+V$ 之间。不平衡端口位于电位 $+V$ 点和地之间,电阻 $R/2$ 与另一电阻 $R/2$ 通过半波传输线并联,那么不平衡线的有效阻抗就是 $R/4$。因此,巴伦实现了 1 : 4 的阻抗变换。同时该传输线可以采取各种几何形状来适应电路形式和微带技术中可能的小型化需求。

在图 75.66(a)和图 75.66(b)中示出了两个平面巴伦,即单个半波传输线功分器和多段半波巴伦。

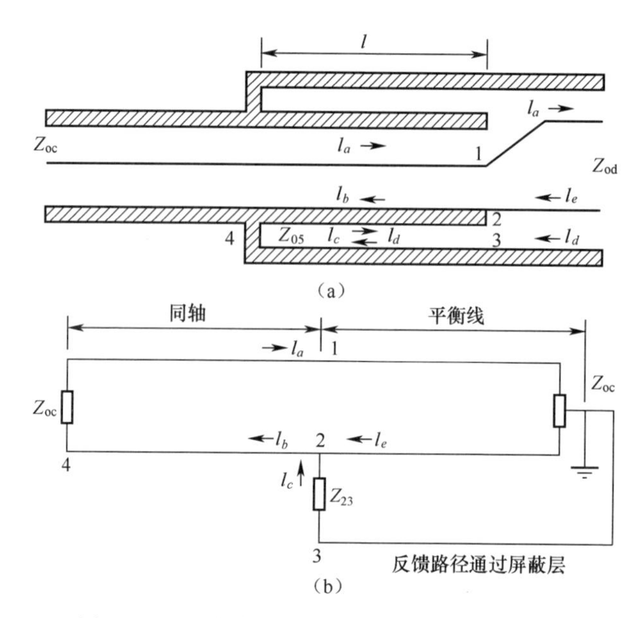

图 75.64　一个窄带同轴巴伦(Reich et al.,1953)

(a)截面图;(b)等效电路。

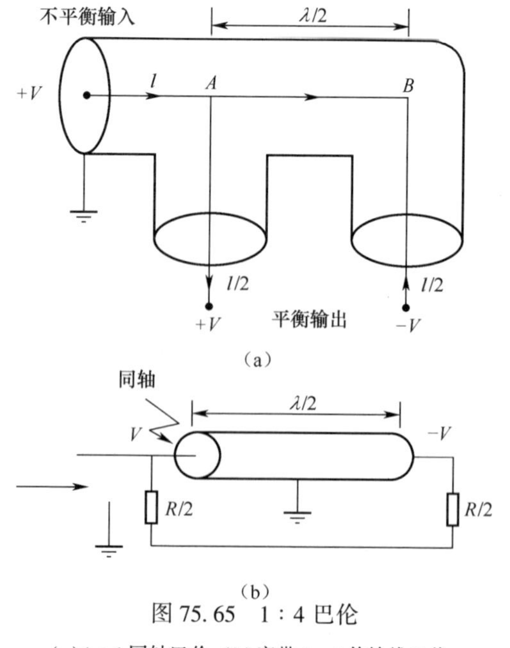

图 75.65　1∶4 巴伦

(a)1∶4 同轴巴伦;(b)窄带 1∶4 传输线巴伦。

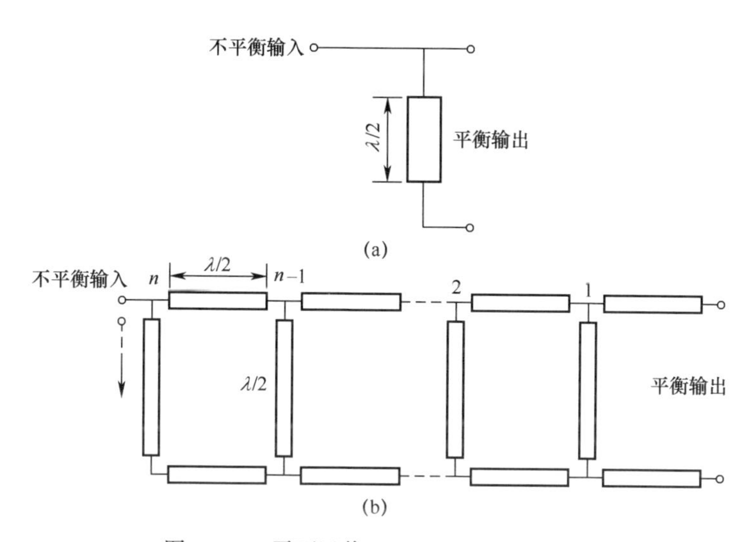

图 75.66　平面巴伦(Mongia et al.,1999)

(a)半波传输线功分器;(b)多段宽带半波巴伦。

图 75.67(a)和图 75.67(b)示出了补偿同轴 Marchand 巴伦的原型及其等效电路。

耦合的微带线也可以实现巴伦。在图 75.68 中画出了基本的 Marchand 同轴巴伦的带状线形式。它包括一个在其两端具有反相信号的开放式半波传输线。信号被耦合到两个 $\lambda/4$ 的串联线上。不平衡的输入施加在半波传输线的左端和 $\lambda/4$ 线的左接地端之间(作为端口 1),同时使另一个 $\lambda/4$ 线的远端也接地。平衡差分信号输出则从两个 $\lambda/4$ 线的相邻端获得(作为端口 2)。

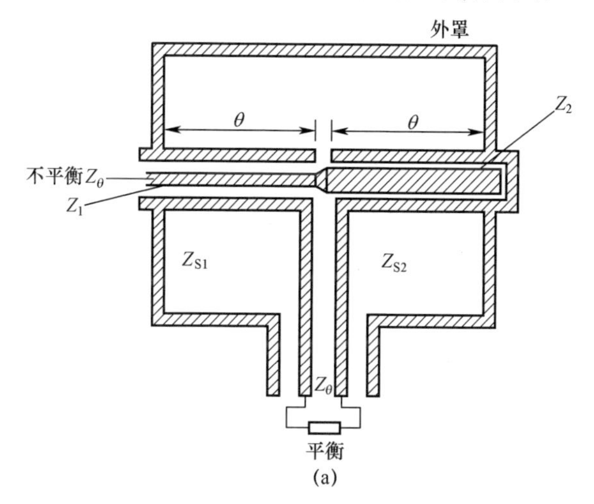

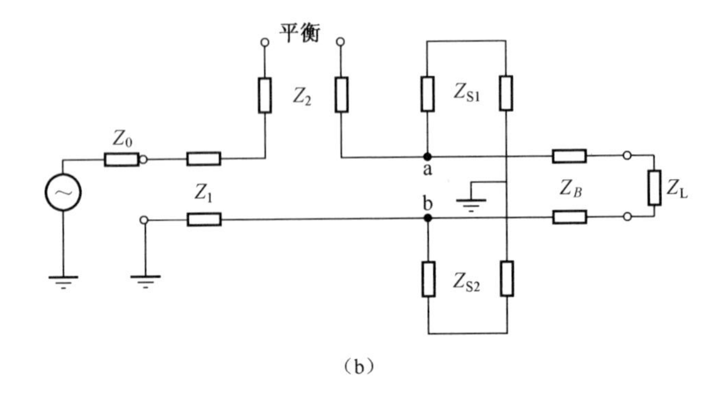

(b)

图 75.67　一个带补偿的 Marchand 巴伦(Mongia et al. ,1999)

(a)同轴版;(b)等效电路。

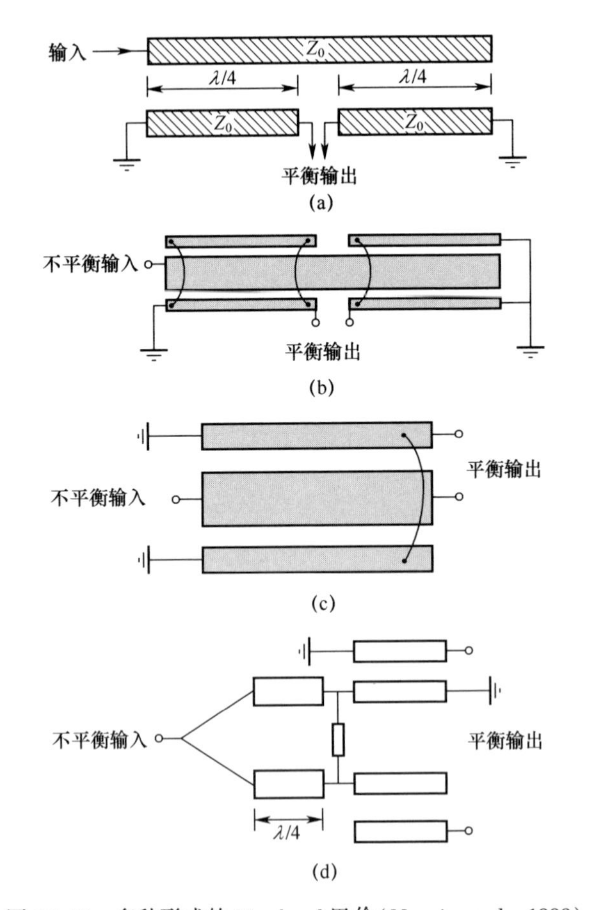

图 75.68　多种形式的 Marchand 巴伦(Mongia et al. ,1999)

(a)基本形式;(b)耦合线形式 1 (每条线是 λ/4);(c)耦合线形式 2;(d)Marchand 巴伦。

Marchand 介绍了巴伦的分析方法，Reich 等（1953）也对此进行了解释，Weeks（1968）描述了巴伦的理论分析，感兴趣的读者可以参考关于平面巴伦的大量文献。

75.15　总结

本章涵盖的各个主题可应用于射频和微波电路中，包括天线匹配。然而还有其他几种用于实现天线匹配电路的技术，如非福斯特（non-Foster）方法的有源电路。对于天线小型化的重要任务，我们一直在尝试在天线的物理结构中引入阻抗匹配，使得其辐射器和匹配部件全部集成在一个整体中共同工作。阻抗匹配在理论上有一定的局限性（Fano，1950），在物理实现方面需要加以考虑。Yarman（2008、2010）对天线匹配电路进行了广泛的讨论。Oraizi（2006）给出了最小二乘法在电磁问题中的一些应用，这些以及其他话题都可在参考文献中得到进一步阐述。

致谢

作者感谢 Mohammad Amin Chaychi-zadeh 先生在计算机编程和数值计算方面的帮助。

交叉参考：

▶第 18 章　微带贴片天线

▶第 5 章　天线仿真设计中的物理边界

▶第 73 章　传输线

参考文献

Bex H（1975）New broadband BALUN. Electron Lett 11(2):47-48

Collin RE（2000）Foundations for microwave engineering, 2ndedn. McGraw-Hill, New York（Chap 5）

Edwards TC, Steer MB (2000) Foundations of interconnect and microstrip design, 3rd edn. Wiley, New York

Fano RM (1950) Theoretical limitation on the broad-band matching of arbitrary impedances. J Franklin Inst 249(1):57–83, and pp 139–154

Fatholbab WM, Steer MB (2005) New class of miniaturized planar Marchand BALUN. IEEE Trans Microwave Theory Tech 53(4):1211–1220

Giguere JC (1972) Approximation of a nonuniform transmission line by a cascade of uniform lines. Electron Lett 7(18):511

Gonzalez G (1997) Microwave transistor amplifiers, analysis and design, 2nd edn. Prentice Hall, New Jersy (Chaps 2 and 3)

Guanella G (1944) Novel matching systems for high frequencies. Brown-Boveri Rev 31:327–329

Jordan EC, Balmain KG (1968) Electromagnetic waves and radiating systems. Prentice Hall, New Jersy

Klopfenstein RW (1956) A transmission line taper of improved design. Proc IRE 44(1):31–35

Lin C-H, Wu C-H, Zhou GT, Ma T-G (2013) General compensation method for a Marchand BALUN. IEEE Trans Microwave Theory Tech 61(8):2821–2830

Lu J-C, Lin CC, Chang C-Y (2011) Exact synthesis and implementation of new high-order wideband Marchand Balun. IEEE Trans Microwave Theory Tech TMTT 59(1):80–86

Ludwig R, Bretchko P (2000) RF circuit design, theory and applications. Prentice Hall, New Jersy (Chap 8)

Marchand N (1994) Transmission line conversion transformer. Electronics 17:142–145

Matthaei G, Young L, Jones EMT (1964) Microwave filters, impedance matching and coupling structures. McGraw-Hill, New York

Misra DK (2001) Radio-frequency and microwave communication circuits. Wiley, New York (Chap 5)

Mongia R, Bahl I, Bhartia P (1999) RF and microwave coupled-line circuits. Artech House (Chap 11)

Oltman G (1966) The compensated BALUN. IEEE Trans Microwave Theory Tech TMTT-14 14(3):112–119

Oraizi H (1996) Design of impedance transformers by the method of least squares. IEEE Trans Microwave Theory Tech 44(3):389–399

Oraizi H (2001) Optimum design of stepline transformers of arbitrary length including step discontinuities. Iran J Sci Technol Trans B:Technol 25(1):14

Oraizi H (2006) Application of the method of least squares to electromagnetic engineering problems. Antennas Propagat Mag IEEE 48(1):50-74

Oraizi H,Esfahlan MS (2010) Optimum design of lumped filters incorporating impedance matching by the method of least squares. Progress Electromagn Res 100:83-103

Oraizi H,Seyyed-Esfahlan M (2011) Impedance matching and spurious-response suppression in stepped-impedance low pass filters. Microwave Optical Technol Lett 53(9):2081-2086

Pozar DM (2011) Microwave engineering,4th edn. Wiley,New York (Chaps 2,5,and 11)

Reich HJ,Ordung PF,Krauss HL,Skalnik JG (1953) Microwave theory and technique. D. Van Nostrand,New York (Chap 4)

Rizzi PA (1988) Microwave engineering,passive devices. Prentice Hall,New Jersy (Chap 4)

Ruthroff CL (1959) Some broadband transformers. Proc IRE 47:1337-1342

Sevick J (1990) Transmission line transformers,2nd edn. American Radio Relay League,Newington

Sevick J (2004) A simplified analysis of the broadband transmission line transformer. High Freq Electron 3(2):48-53

Terman FE (1955) Electronic and radio engineering,4th edn. McGraw-Hill,New York

Trifunovic V,Jakonovic B (1994) Review of printed Marchand and double Y Baluns:characteristics and application. IEEE Trans Microwave Theory Tech 42(8):1454-1462

Valkenburg ME (1991) Network analysis,3rdedn. Prentice Hall,New Jersy (Chaps 1,14)

Walker S (1968) Broadbandstripline BALUN using quadrature couplers. IEEE Trans Microwave Theory Tech TMTT-16:132-133

Weeks WL (1968) Antenna engineering. McGraw-Hill,New York

Xu Z,MacEachern L (2009) Optimum design of wideband compensated and uncompensated Marchand Baluns with step transformers. IEEE Trans Microwave Theory Tech 57 (8):2069-2071

Yarman BS (2008) Design of ultra wideband antenna matching networks, via simplified real frequency techniques. Springer,Berlin

Yarman BS (2010) Design of ultra wideband power transfer networks. Wiley,New York

第76章
天线先进制造技术

Bijan K. Tehrani, Jo Bito, Jimmy G. Hester, Wenjing Su, Ryan A. Bahr, Benjamin S. Cook, and Manos M. Tentzeris

摘要

未来的无线通信技术着力于发展无所不在、低成本、高专业化的无线设备，这其中天线的设计和制作都扮演着重要角色。本章展示了适用于先进天线结构的4种现代制作工艺，包括现已存在的技术和正在涌现的技术，如MEMS、LTCC、LCP以及喷墨打印/三维打印。对于每种制作工艺，都将介绍其发展过程和基本原理，讨论其已取得的成果、工艺开发和基于这些工艺的示例产品。本章着重介绍这些增材或减材工艺方法的优势和挑战，尤其在成本、加工时间、可扩展性和精度分辨率等方面。本章在讨论这些制造技术时，都将重点放在适用于多种应用(包括共形传感器网络、雷达系统、低成本RFID和片上/封装上集成)

B. K. Tehrani(✉) · J. Bito · J. G. Hester · W. Su · R. A. Bahr · M. M. Tentzeris
乔治亚理工大学电子与计算机工程学院，美国
e-mail: btehrani3@gatech.edu; jbito3@gatech.edu; jimmy.hester@gatech.edu; wsu36@gatech.edu; rbahr@gatech.edu; etentze@ece.gatech.edu
B. S. Cook
乔治亚理工大学ATHENA实验室，德州仪器(TI)Kilby实验室，美国
e-mail: benjamin.cook@ti.com

的高效率和高可靠天线结构的实现上。

关键字

陶瓷基板;柔性基板;可穿戴电子设备;毫米波;RFID;增材制造;多层天线;片上天线;生瓷带流延;光刻;喷墨印刷;三维打印

76.1　引言

纵观过去的一个世纪,无线技术已经发展成为一项成熟的现代技术。在19世纪80年代,随着海因里希·赫兹(Heinrich Hertz)(1904)发现电磁波可以实现“无线电报”,无线通信系统的研究就催生出了一个无处不在的电子设备市场,并最终以高效和可移动的方式实现了信号广播和复杂数据的交换。

无线系统可以被分解为两个基本部分,即收发机和天线。收发机主要负责形成需要无线传输的信号和数据,通常需要用到本振、调制器和放大器。另一个重要部分就是天线,天线的作用是接收收发机的电磁信号,然后辐射到空间中。天线辐射的效率取决于多个因素,如阻抗、增益、波瓣宽度和带宽等。为了保证产品的性能,这些因素在天线设计的过程中都要被考虑进去。

尽管天线设计在无线通信系统中不可或缺,但是天线的制作工艺也扮演着同等重要的角色。在绝大多数天线的开发中,设计和工艺需要联合协作,因为设计方案面临工艺限制,反过来,工艺方法需不断改进以适应设计。

现在用于天线制作的方法可以被归结为两大类,即减材工艺和增材工艺。通常,减材工艺是在母体上减去多余材料而将需要的图形部分保留下来;然而增材工艺是将图形一点一点地沉积在受体上,这两类方法的主要工艺流程如下。

1. 减材工艺

(1) 基板及材料准备。

(2) 体材料沉积。

(3) 掩膜图形制作。

(4) 牺牲材料刻蚀。

2. 增材工艺

(1) 基板及材料准备。

(2) 选择性材料沉积。

下面将首先回顾常用的电子产品制作工艺,尤其是那些用于制作高效率、高可靠性天线结构的工艺,这些方法被用于众多无线通信应用,如毫米波电路、片上集成或封装、宽带柔性 RFID 系统和低成本雷达系统等。最后讨论工艺流程、面临的挑战和目前的发展水平。

76.2 MEMS

微机电系统(MEMS)是一个统称,通常指集成了很多小型组件如电、热、磁、光、流体,且可以包括或不包括可移动部分的高集成系统。MEMS 设备最早出现于 20 世纪 60 年代,得益于当时基于光刻技术的薄膜工艺的发展,如 CMOS 技术。该技术最早用于计算机的集成电路里(Nathanson et al. ,1967;Howe,Muller,1982;Senturia,2001)。这种工艺相比于其他竞争者具有在多种基板材料上保持超高精度和超细线条分辨率的优势,但通常需要净化间,尤其是对于超细、超小结构,更需要级别高的净化环境,从而提高了这种工艺的制作成本。因此,这种工艺技术通常用于高集成电路芯片,如 CPU、闪存和传感器的制作。

然而,最近几年随着移动电子设备对小型化系统的需求日益强劲,为了在有限的空间里集成更多的功能,片上系统(SoC)、系统级封装(SiP)和基于封装的系统(SoP)等技术变得越来越重要(Tummala,2008)。同时,呈指数增长的无线通信数据量和毫米波应用的兴起,导致天线尺寸不断减小,使得 MEMS 技术成为一种可选的用于天线制作的工艺方法。射频 MEMS 集成可以构想成为智能通信网络(INC)的一部分,如图 76.1 所示。

根据不同的材料和微结构的厚度,微结构的形成需要一系列增材工艺,如化学蒸汽沉积(CVD)、旋涂和电镀,同时结合一系列的减材工艺,如湿法和干法刻蚀(Madou,2002;Bustillo et al. ,1998;Kovacs et al. ,1998),采用适当的工艺,可以制作天线的三维结构。通常,微加工可以根据结构的厚度归结为表面微加工和体微加工。

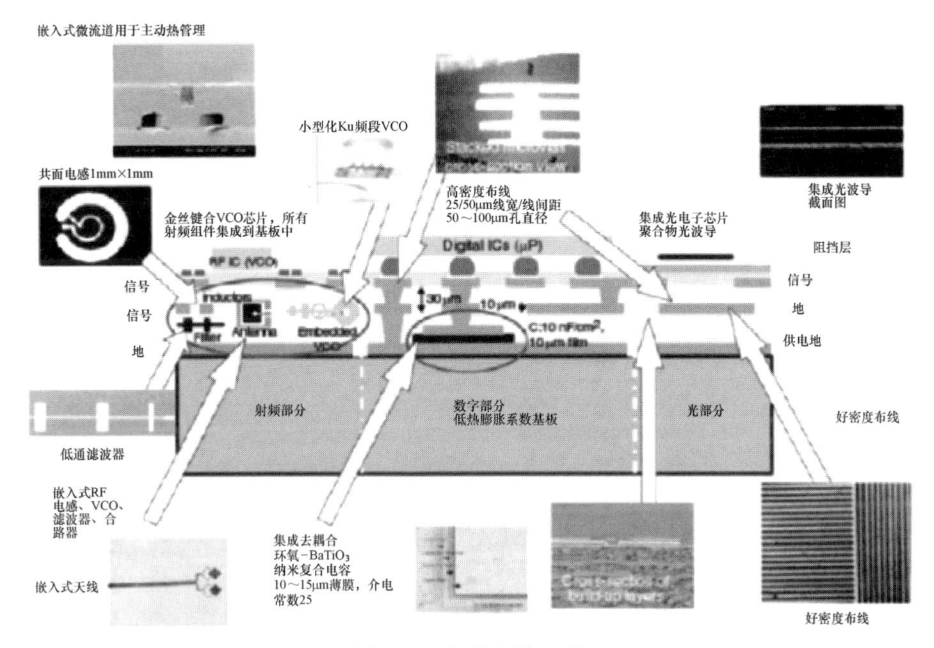

图 76.1　智能网络一览

76.2.1　表面微加工

表面微加工用于在基板表面制作薄膜层，且制作的微结构通常由干法/湿法各向同性刻蚀形成。这些薄膜层可以是天线的金属图形、作为基板的介质或者绝缘层，也可以是用于制作金属层的高分子材料牺牲层。由于天线通常不需要可移动的部位，所以大部分的工艺流程仅仅涉及表面微加工。本书中有若干用于毫米波频段的基于 CMOS 工艺的天线实例，图 76.2 展示了一个基于表面微加工工艺的 100GHz 准八木天线俯视图、侧视图和 S 参数。

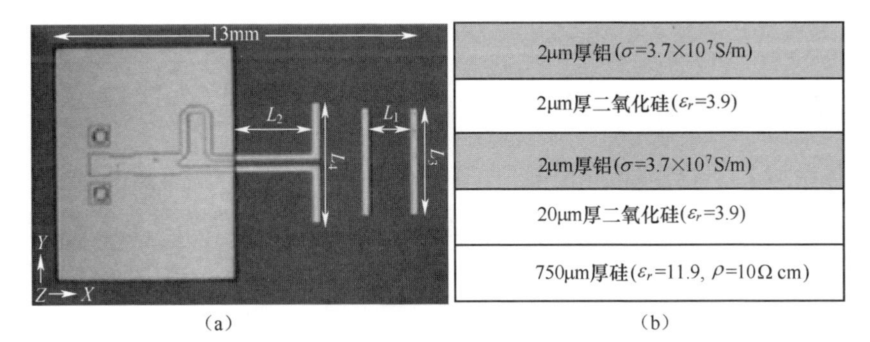

(a)　　　　　　　　　　(b)

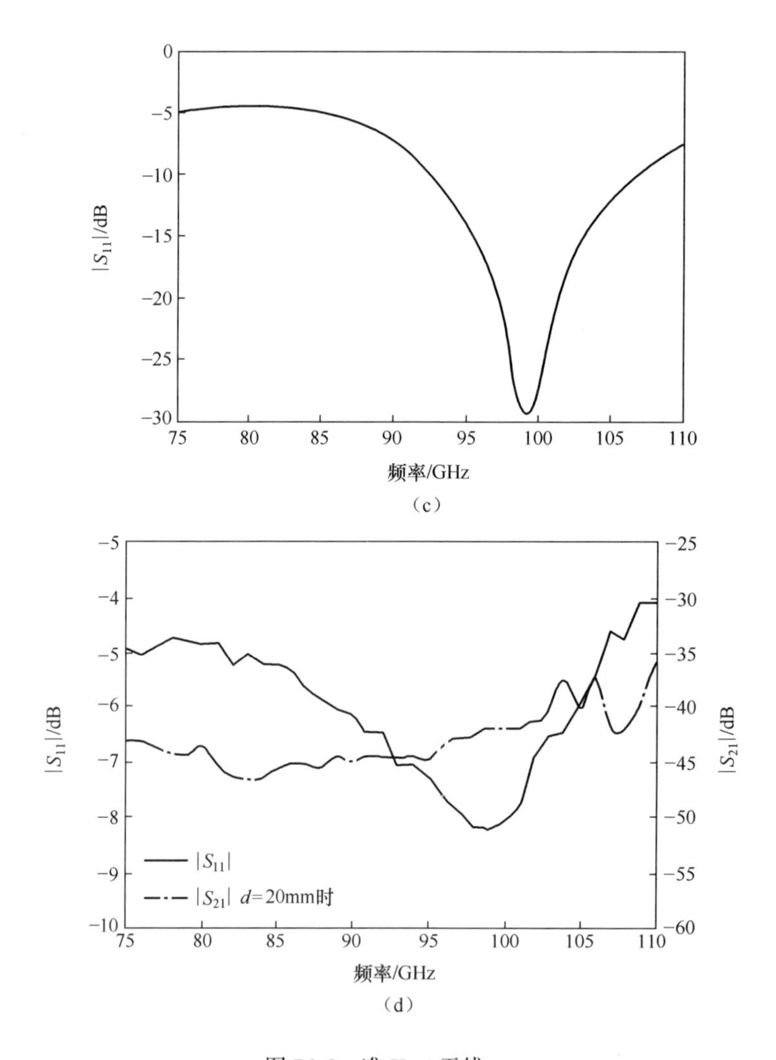

图 76.2 准 Yagi 天线

(a)俯视图;(b)带注释的截面图;(c)S_{11}幅度仿真值 VS 频率;(d)测量的 S_{11} 和 S_{21} 幅度 VS 频率。

76.2.2 体微加工

体微加工通常作用于相对较厚的基板,在 MEMS 器件中,基板材料多为硅且可以使用干法或者湿法,采用各向同性或各向异性的刻蚀方法。这些工艺流程可以用于制作天线结构中的通孔,如图 76.2(a)所示。除了制作静态结构外,这些工艺还可通过悬空一些表面微加工的层来制作可动结构。近年来,MEMS

技术被应用到天线结构中，众多基于MEMS开关的可重构和可调天线相继出现(Weedon et al.，2001；Parket al.，2001)。由于天线和射频MEMS结构均遵循相同的CMOS工艺，因此可以实现高集成的无缝连接的天线结构。图76.3展示了这种天线，其设计、俯视图、工艺流程、隔离度和插损均在图中展示。

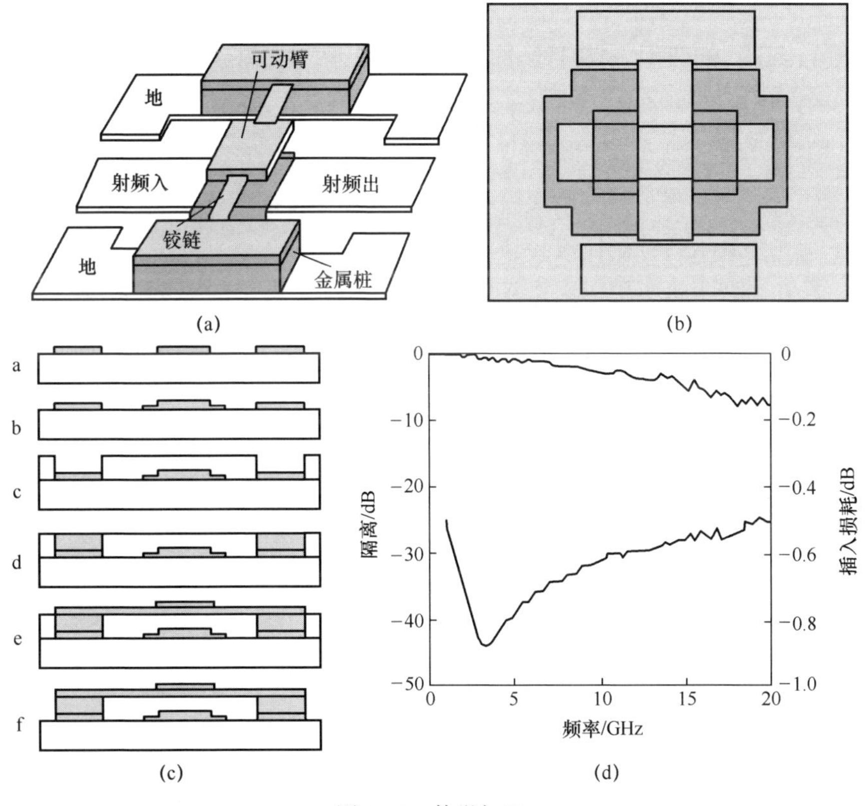

图76.3　体微加工

(a)射频MEMS容性开关示意图；(b)制作的带铰链结构的射频MEMS容性开关；(c)射频MEMS容性开关制作过程；(d)射频MEMS容性开关的差损(上部曲线)和隔离(下部曲线)

76.3　LTCC

76.3.1　LTCC技术

多层陶瓷技术在20世纪50年代由RCA公司(Stetson，1965)提出。那时陶瓷电路需要很高的加工温度(1600℃),这也就是现在称之为 HTCC(high-temperature co-fired ceramics)技术的原因。这种温度使得低成本和高电导率的金属(银、铜等)在陶瓷成形之前就熔化了。此外,一旦 LSI 器件通过倒装的形式组装到陶瓷基板上,硅的低热膨胀系数(3.5×10^{6}℃$^{-1}$) 与陶瓷之间的不匹配也会带来问题。这些原因最终造就了 20 世纪 90 年代 LTCC(low-temperature co-fired ceramics)的诞生,这种技术的烧结温度低于 1100℃,在多种情况下甚至低于银的熔化温度(960℃)(Shinohara et al. ,1987)。

LTCC 技术的工艺流程有以下 5 步。

① 混合陶瓷粉末和有机物的浆料经过流延工序制作成相应的生瓷片。

② 在生瓷上打孔制作过孔、腔体、对位孔等。

③ 在生瓷上进行图形制作并填孔,丝网印刷是常用的手法,其线条和线间距的最大分辨率为 30μm。其他特殊工艺,如薄膜工艺,可以达到 10μm 的线宽和线间距(Muller et al. ,2006) 。

④ 不同的层在对位孔的帮助下经过对位和叠层,再经过一定的温度和压力形成生瓷坯。

⑤ 最后生瓷坯经过烧结形成多层电路。

这种工艺具有很多优势,由于高性能的陶瓷可以提供一系列不同介电常数和低损耗的选择($\varepsilon_r=3.9\sim487$ 及 $\tan\delta=0.0007\sim0.006$ @ 1 MHz) (Sebastian et al. ,2008),不同的金属化工艺也可实现高电导率(3. 889. 66/m · Ω)的金属图形,从而可以实现高质量的射频器件(Muller et al. ,2006)。

然而 LTCC 也面临一些问题,如之前提到的受限的图形分辨率、层间精确对位以及厚度控制和表面平整度问题,后面几个问题来源于生瓷烧结过程中的收缩(9.5%~25%)。但在批量产品中这些问题可以通过控制工艺过程和补偿来得到改善。

76.3.2 应用

LTCC 技术在设计时就是一种多层基板工艺,这使得低成本、小型化的有源和无源组件集成以及同时实现封装级别的天线成为可能,如图 76.4 所示。LTCC 技术的多层能力和高性能的材料特性有助于完成高效多层天线设计,图 76.5 所示为多层 GPS 天线。从图 76.5(b)中可以看出,实现的天线有 4 个非常强的谐振点,与仿真结果一致,只有由制造误差导致的轻微频偏(从 1241MHz、1245MHz、1522MHz 和 1584 MHz 到 1221MHz、1233MHz、1499MHz 和 1577MHz)(Chen et al. ,2010)。

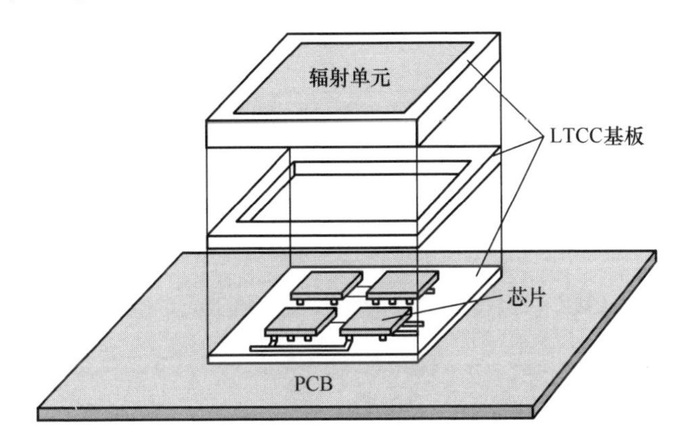

图 76.4　封装级别天线集成(Wi et al. ,2006)

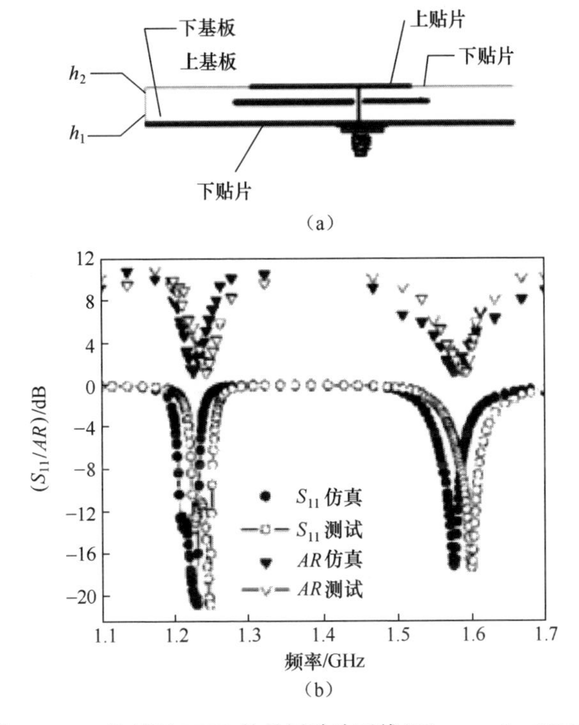

图 76.5　一种基于 LTCC 的叠层贴片天线(Chen et al. ,2010)

(a)侧视图;(b)仿真和测量的回波损耗和轴向比。

基于 LTCC 技术,天线同样易于集成在高性能和复杂系统中,甚至在高频范围也是如此。Lee 等(2006)提出了集成在 60GHz 射频前端中的紧凑型三维集成的滤波器/双工器及十字形贴片天线,该天线具有非常好的性能:在中心频率 57.45GHz 处 10dB 带宽为 2.4GHz(4.18%),在 59.85GHz 处带宽为 2.3GHz(3.84%),如图 76.6 所示。

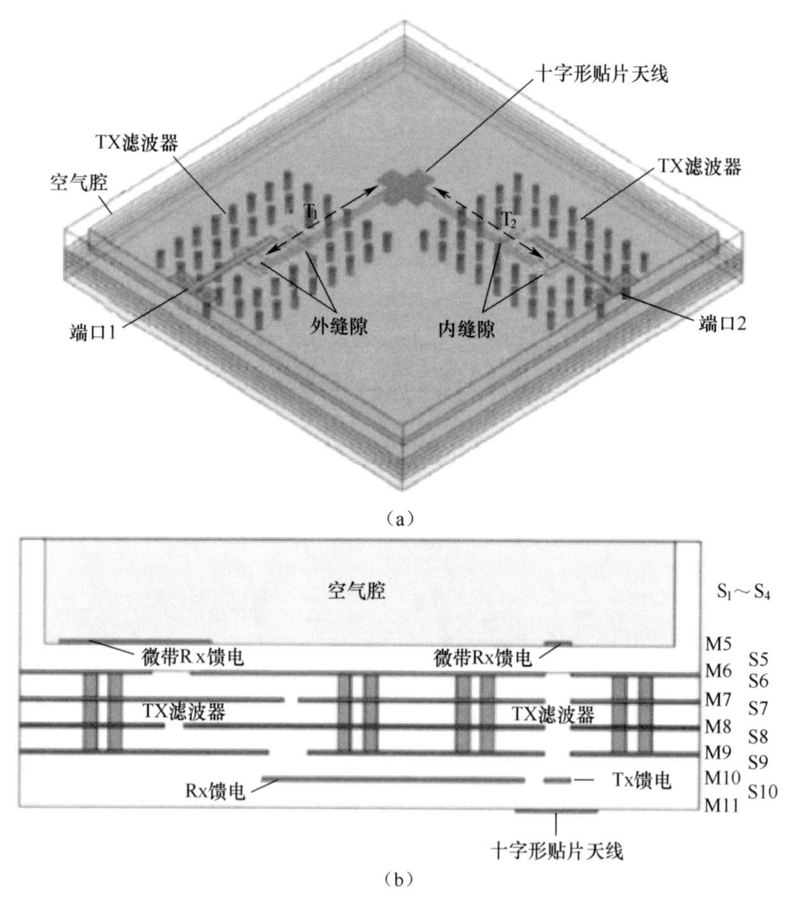

图 76.6　基于 LTCC 技术的三维集成 V 波段射频前端(包含内埋滤波器和天线)

在高频段,由于波长接近陶瓷的厚度,且陶瓷的介电常数较高,因此会在陶瓷和空气界面上激发出表面波,导致天线的增益下降。Lamminen 等(2008)提出,可以通过在一个工作在 60GHz 的天线下方增加空气腔来降低基板的介电常数,从而改善之前这个问题。同时,这种方法可以把带宽从 5.8%提高到 9.5%,增益提高 2.5dB。把 16 个这种天线拼在一起形成一个高性能的天线阵列(图 76.7(a)、图 76.7(b)),实现了 18.2dBi 的增益(图 76.7(c)),与没有增加空气腔的天线阵相比较,增益提高了 2.5dB。

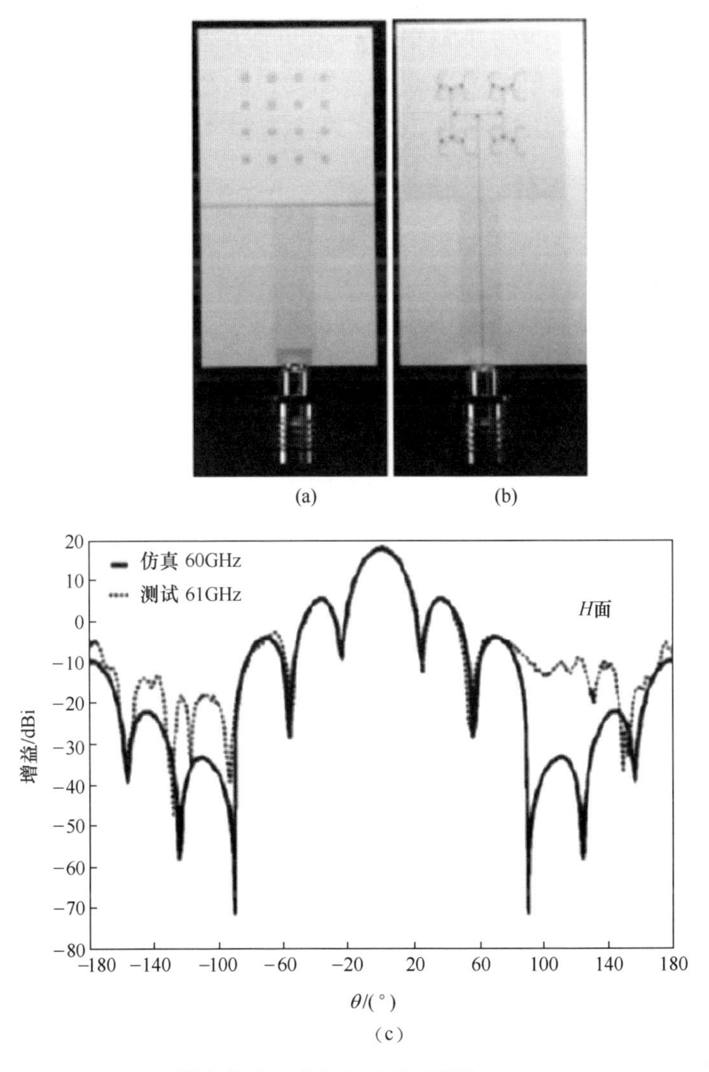

图 76.7　基于 LTCC 技术的背面为空气腔的天线阵(Lamminen et al.,2008)

(a)天线原型图;(b)馈电网络图;(c)仿真和测量的天线阵增益。

76.4 LCP

顾名思义,LCP(liquid crystal polymer)的分子可以互相平行排列且有组织地聚合在一起。同时, LCP 熔融态时是液体,此时,LCP 分子段的边缘相互对齐并沿着剪切力的方向,形成局部且宏观意义上的偏置方向,如图 76.8 所示(Farrell et al.,2002)。一旦成型,这些 LCP 内部结构和偏置方向不会消失,这使得 LCP 有很高的机械强度,即使是在高温条件下,也有很好的化学稳定性、阻燃性和稳定的高低温性质(De Jean et al.,2005)。

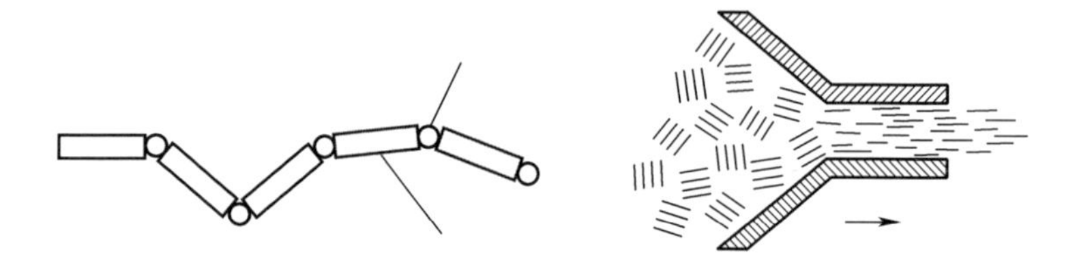

图 76.8 柔性刚性共聚物及其偏置方向

尽管 LCP 具有一系列成为电路基板的优势,但是传统的 LCP 膜带是非各向同性的,但是在 1998 年左右 Foster-Miller 开发了一种新的工艺解决了这个问题,现在很多柔性和共形电路包括天线,都使用了 LCP 作为基板。

76.4.1 LCP 作为射频材料

LCP 是一种理想的制作天线的材料,它在微波频段有以下特性:低介电常数(2.9)、低损耗角正切(0.002(@20GHz)、低吸潮性(小于 0.04%),防水防氧化及防很多其他气体和液体腐蚀,且具有非常好的尺寸稳定性(小于 0.1%)。

76.4.2 LCP 的微波电特性

很多研究都表明 LCP 具有非常好的电特性。表 76.1 列出了不同厂家的 LCP 介电常数和损耗角正切参数,图 76.9 和图 76.10 展示了两者随着频率变化的关系。

表 76.1　公开报道的 LCP 电特性

源	频率/GHz	ε_r	$\tan\delta/10^{-3}$
Rogers Corp.	10	2.9	2
W. L. Gore	10	3	3
K. Jayaraj	6.97~24.66	3.07~3.18	—
G. Zou	3.85~34.55	3.00~3.04	3.4~2.7
D. C. Thompson(2004)	31.53~104.60	3.16±0.05	4~4.5
F. Aryanfar(2010)	20~110	2.4~2.7	—

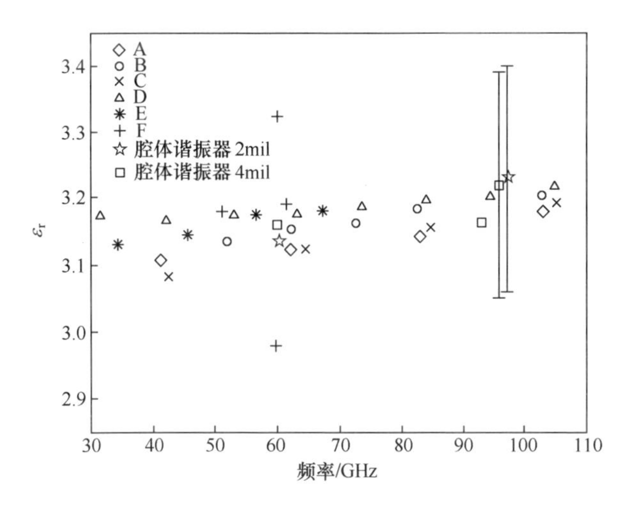

图 76.9　通过谐振环和通过 2mil 和 4mil 厚的 LCP 谐振腔得到的介电常数

图 76.10 中也展示了基于 3mil 厚 LCP 基板谐振环方法和 TL 方法得到的结果,该结果展示了包含和不包含基板辐射损耗的情况。

76.4.3　LCP 工艺流程

使用 LCP 技术制作天线,通常需配合使用双面 PCB 板。

(1) 成像及刻蚀。由于 LCP 抗腐蚀抗潮,所以很适用于传统的光刻工艺,而不会在 LCP 和铜层界面处形成侧蚀。在此工艺中,首先在覆铜板上附着一层光刻胶,然后进行光刻,并腐蚀出天线图形。

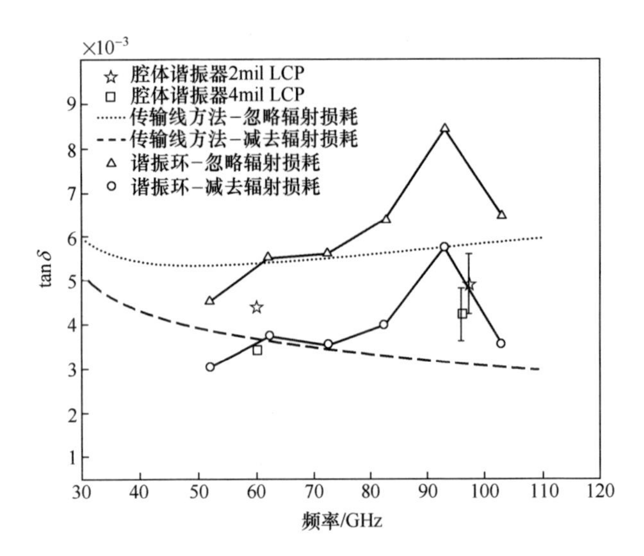

图 76.10　通过 2mil 和 4mil 厚 LCP 谐振腔得到的损耗角正切 VS 频率(Thompson et al. ,2004)

(2) 机械打孔。对直径大于 0.2mm 的孔,工业上通常使用机械打孔的方法。为获得较高的打孔质量,通常使用较低的横向速率(2~8mil/in)结合较高的回撤速率(300~700IPM)(Farrell et al. ,2002)。

(3) 激光打孔。对于直径小于 0.2mm 的孔,通常使用脉冲短且频率高的激光,经过多次不断地加工可以实现高质量通孔。

(4) 表面去污。打孔结束后,通常需要进行清洁,但是由于 LCP 耐腐蚀性非常好,常用的高锰酸钾清洗方法不适用于 LCP,因此通常使用等离子清洗的方法用于清洁表面和通孔。

76.4.4　应用

鉴于之前列举出来的优势,LCP 被广泛用作共形电路基板。其较低的介电常数有利于在共形的情况下使用,同时其热膨胀系数也可以调节。此外,由于 LCP 是高分子聚合物,在成本和封装上也有优势,所有这些特点都使得 LCP 可作为柔性天线尤其是高频天线的理想基板,如图 76.11 所示。

76.4.5　RFID

自动身份识别功能在产品追踪、物流和零售产业上有广泛应用,且都对低成

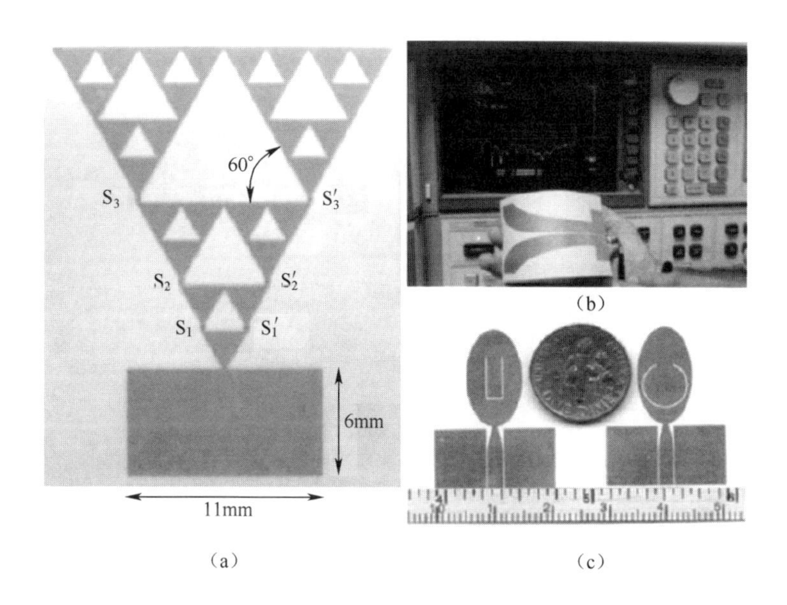

(a)　　(b)　　(c)

图 76.11　几种基于 LCP 的天线

(a)一种可重构的 Sierpinski 天线(Kingsley et al.,2007);

(b)一种基于 LCP 的宽带共形指数渐变天线(DETSA)(图中为弯曲状态下的矢网测试图);

(c)两个 CPW 馈电的宽带单极子天线(Nikolaou et al.,2006)。

本、柔性 RFID 产品有持续的需求。可作为天线基板的 LCP 技术被认为是可用于 RFID 应用的理想技术之一,尤其是在毫米波段(Vyas et al.,2007)。RFID 标签的主要要求是共形或柔性,以便能够方便地贴在不同形状的产品上,如盒子、圆柱形的罐头、汽车等。其次,由于 RFID 标签不再具有外部封装,所以它会直接暴露在外界环境中,因此 RFID 标签必须能够适应恶劣的环境,尤其是水蒸气和潮湿的环境。再次,是必须有较低的介电常数和低损耗,从而能够完成较高效率的能量传输,尤其是当其被内埋在物体中时。对于被动(无源)RFID 系统更是如此,因为能量只存在于阅读器附近的区域。图 76.12 展示了一个典型的 RFID 模块,图 76.13 所示为一个新型的三维方形天线。

74.4.6　可移动设备

可移动设备也是高效率天线的用户,其要求天线具有高效率、轻便、共形等特点。最近几年,由于具有柔性和低损耗的特点,LCP 得到了越来越多的应用。

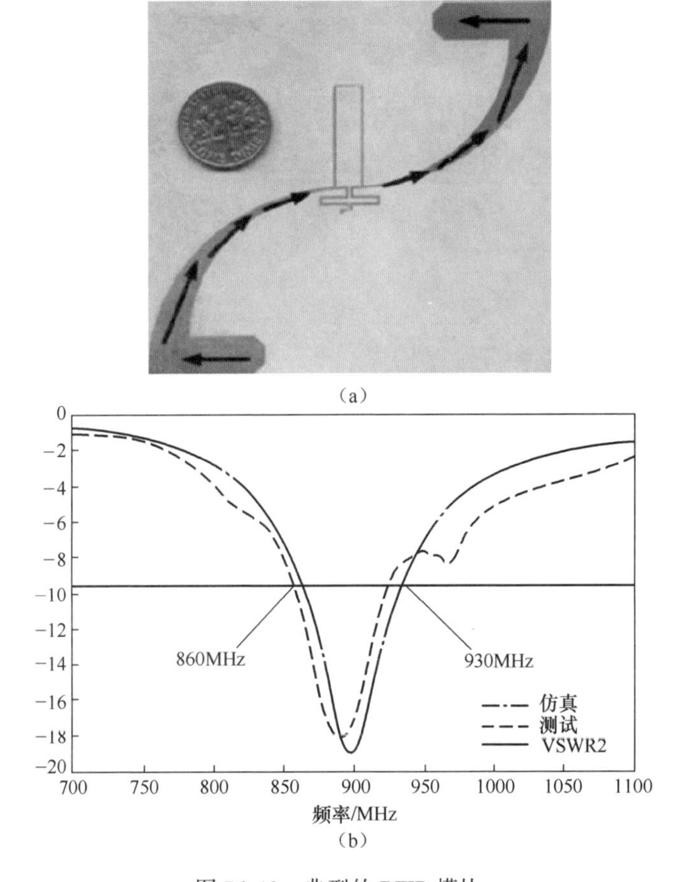

图 76.12　典型的 RFID 模块

(a)基于 LCP 的 RFID 标签;(b)RFID 的回波损耗(Serkan Basat et al. ,2006)。

LCP 的低损耗特性尤为突出,使得可移动设备的宝贵功率得到最大限度的使用而不是被浪费掉(Aryanfar et al. ,2010)。图 76.14 展示了一个 4×1 天线阵列,该天线用于 60GHz 高速超宽带手持设备的无线通信。

74.4.7　多层天线

LCP 可以实现三维多层集成,且具有良好的电性能、力学性能和密封性,所以 LCP 是制作低成本天线阵列的良好选择,尤其是用于工作在 Ka 或者毫米波频段的非接触传感器。

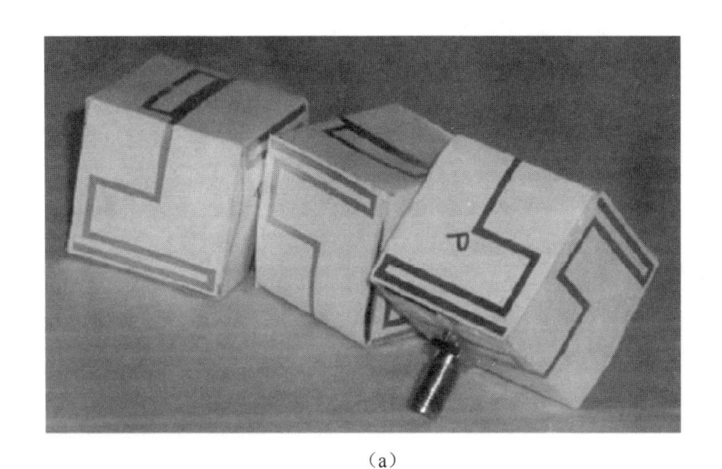

（a）

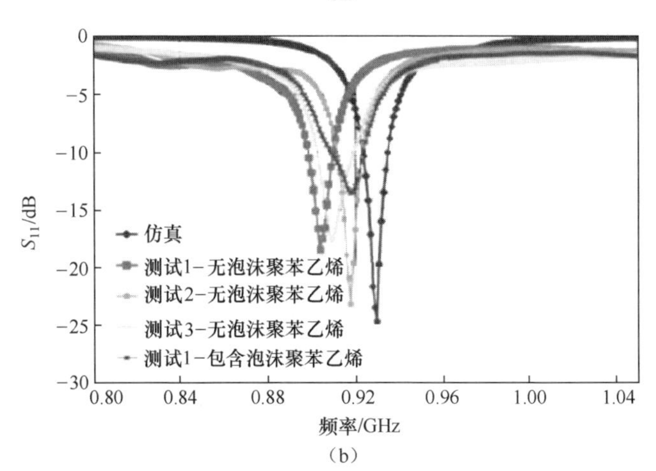

（b）

图 76.13　一种针对 RFID 和 WSN 应用的新型三维方形天线

(a)照片;(b)S 参数仿真和测量对比。

传统的三维集成在结合不同材料时都面临关于散热和机械方面的问题(由于不同热膨胀系数之间的失配),而 LCP 可提供统一的材料,且该材料有低介电常数和低损耗的特性。此外,LCP 的热膨胀系数较低(8 或者 17),且可以根据需求进行调整,尤其适用于 SoP 模块的三维集成,这些特点都使得 LCP 是多层电路的优秀备选方案(图 76.15)。

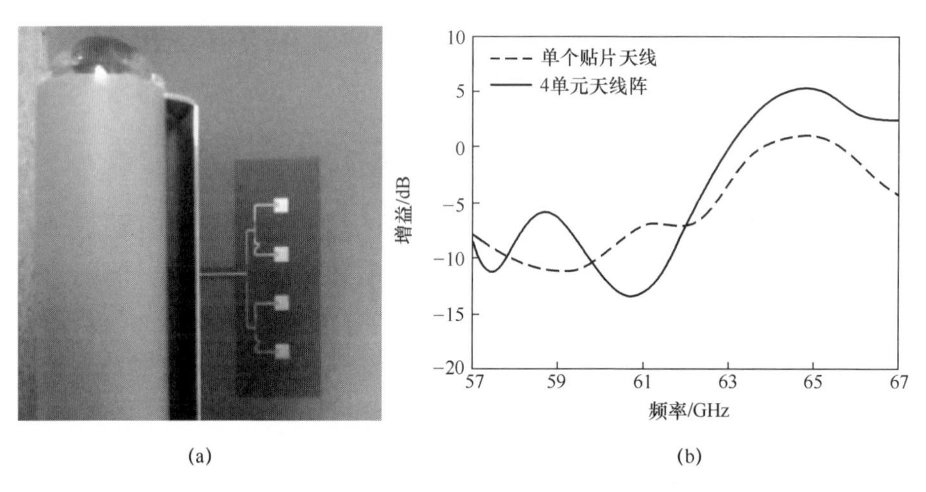

(a)　　　　　　(b)

图 76.14　基于 LCP 的用于毫米波段的 4×1 天线阵
(Aryanfar and Werner,2010)用于 RFID 和 WSN 应用
(a)照片;(b)4×1 天线阵中单个天线的增益测量。

图 76.15　多层可弯曲双频、双极化天线(图中展示了平面和弯曲状态)

76.5　打印

当下无线通信系统的发展使得电子制作技术方面不断改进,尤其是在低成

本、低废料、多功能性上。正如之前提到的天线制作技术,减材工艺是当下商用天线的主流技术。该技术需要在基板上使用掩膜、电镀、材料生长、化学腐蚀和其他一系列沉积和去除的流程。

相比之下,增材工艺提供了另一种制作的方式,大量的沉积和去除工序被选择性直写所替代,只有电路图形的地方才会直接使用需要的材料一次性构建。

通过使用导电和绝缘的墨/丝材料,像喷墨和三维打印这样的增材工艺可以制作柔性甚至多层天线结构(Yang et al. ,2007)。多层天线结构,包括导体层和介质层,可以直接通过喷墨打印的方式实现,而无须多次压合、削减和黏结等工序,使得天线与无线系统的集成可以在后道工序中完成,从而提高成品率。三维打印系统则更进一步,将打印技术的应用推向了近乎无限,其使用的柔性塑料和导体可以用于制作可穿戴、可重构的无线系统,且加工成本更低,功能性也不太受影响。

76.5.1 喷墨打印

喷墨打印是一种增材工艺,主要涉及3个方面,即墨盒、墨水材料和基板。墨盒通常是用于储存墨水,然后可以将墨水喷出,在基板上形成墨点,墨盒通常使用基于MEMS技术的压电设备。墨水的材料比较丰富,包括导电纳米颗粒和介质材料。基板主要用于接受从墨盒喷出来的材料,为了形成良好的图形,需要控制不同材料的特性,如表面张力和流动性。

76.5.2 喷墨打印工艺流程

喷墨打印技术首先要提到喷墨方式,目前有两种主流的喷墨方式,一种是按需喷墨(drop-on-demand,DOD),另一种是连续喷墨。前者使用促动器去供墨、形成墨点和喷射墨点,且只在需要的时候才会喷出。后者则不同,后者是持续性地喷墨,只不过有一个"捕集器",在要形成图形的地方让墨漏下,其余地方则阻挡。使用连续喷墨方式可以改善喷嘴堵塞的情况,但是按需喷墨系统则在小批量时更经济灵活,且兼容各种不同的墨水,非常适合制作天线和试验品(Wiederrecht,2009;Magdassi,2010),图76.16展示了一种典型的按需喷墨系统(Cook et al. ,2014)。

喷墨打印中使用的促动器有多种形式可以将墨汁喷射到基板上,现代喷墨

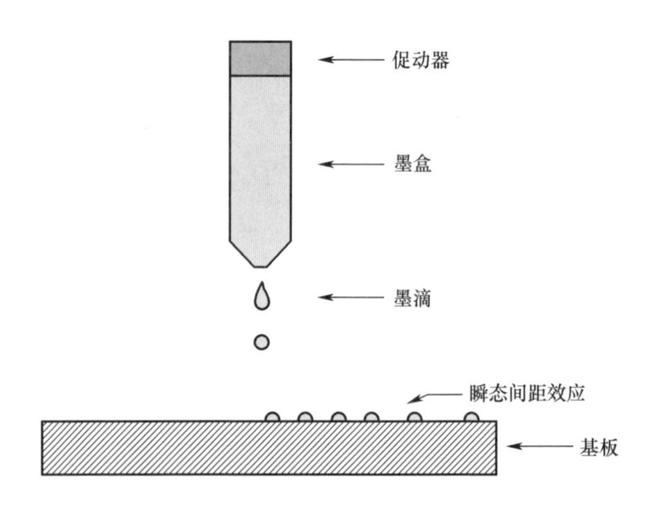

图 76.16　一种典型 DOD 喷墨打印系统

打印系统主要使用4种促动器。

(1) 加热型。墨水在一个腔体里进行加热,直到体积和压力增加到可以将墨汁喷出,这种方式成本低且有较大的出墨量(80~100pL)(Wiederrecht,2009)。

(2) 压电型。墨水从腔体里通过一个压电控制的隔膜里穿过形成墨滴,这种方式能够精确控制墨滴量且兼容多种墨水。

(3) 电动力型。在喷嘴和基板之间有一个强电场,通过强电场的作用使墨汁强制从喷嘴处喷出,这种方式可以形成超小墨滴(<1 fL),但是要求墨汁必须包含自由离子(Choi et al.,2011)。

(4) 超声波型。超声波聚焦在墨水液面的弯月面时可以克服表面张力使得墨滴被喷出,这种方式可以减少喷嘴阻塞,也可以控制喷墨量(Hamazaki et al.,2009)。

76.5.3　墨水材料

喷墨打印需要多种墨水来制作高强度且多层的电路,尤其是用于制作天线结构的墨水,需要特别注意两种墨水材料,即导体和介质。

最有效的导体墨水在本质上是金属,只不过由不同的材料组成以及有不同的制作工艺。目前主导市场的导体墨水是纳米银颗粒混合贵金属,如银和金,这类墨水是一种悬浮液，包含酒精类的溶剂，在其中混合纳米金属颗粒。打印时，这些溶剂通过低温热处理蒸发，剩下的颗粒通过烘烤（小于 250℃）或者激光进行烧结，提供了一种无须和基板进行反应的金属化方式，尤其是当基板是高分子材料或者纺织类材料时（Cook et al.，2012）。非贵金属材料，如铜，由于在烧结过程中容易氧化，所以很难作为纳米颗粒源。另一种方法是使用金属催化物墨水形成电路图形潜像（影），然后再使用电镀的办法将金属层加厚显现（Cook et al.，2013c）。这些方法可以实现的金属层电导率约为 1.2×10^7S/m，是银导体的 1/5（Cook et al.，2012）。

介质墨水主要用于制作阻隔层，主要考虑介质图形的面积和厚度。最早的介质墨水用于制作电容中的介质层，或者三极管中的栅极介质，厚度通常从几百纳米到几个微米不等（Cook et al.，2013a；Sanchez-Romaguera et al.，2008；Ko et al.，2007）。然而，为了实现天线结构，需要打印比较厚的介质层，随着墨水技术的发展，最近已经可以打印厚度超过 100μm 的介质层了（Cook et al.，2013b；Bito et al.，2014；Tehrani et al.，2014）。这些厚膜通过使用长链聚合物形成，如 SU-8 光刻胶，因为这种材料具有比较高的 w/w%（质量百分比），同时又能保持比较低的流速。每层的喷墨厚度为 4~6μm，而且还可以精确控制介质层厚度，如图 76.17 所示（Tehrani et al.，2015）。

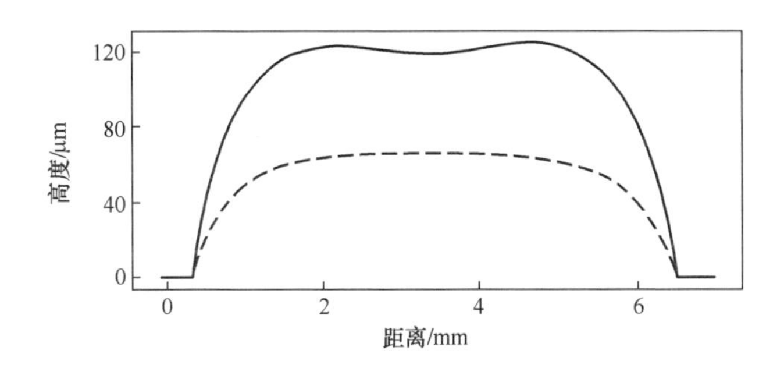

图 76.17　7 层膜层厚度（--）和 14 层膜层厚度（-）喷墨介质基板对比

76.5.4　喷墨打印天线结构

通过使用纳米颗粒基的导电墨水和介质墨水，很多用于毫米波的无线系统（Cook et al.，2013b；Bito et al.，2014；Tehrani et al.，2015）或者微流体传感器天线(Su et al. ,2014、2015)可以通过喷墨打印的形式实现。这里将展示两款最新的喷墨打印天线。

喷墨打印天线的优势是其完美的增材工艺,适用于各种基板。金属图形和介质图形可以直接喷印在基板上,也就是说,可以使用后道工艺制作多层天线,而无须在一开始将天线与其他电路一并实现。B. Tehrani 等(2015)展示了一款采用后道工艺制作的天线,该天线被直接喷印在一个 30GHz 的无线 IC 封装体上,如图 76.18 所示,在 IC 的封装上分别使用喷墨打印技术实现了金属地、介质层和天线图形。图 76.19 展示了该天线的 S 参数,其仿真和测量结果一致,验证了该工艺制作多层天线电路的可行性。

(a)

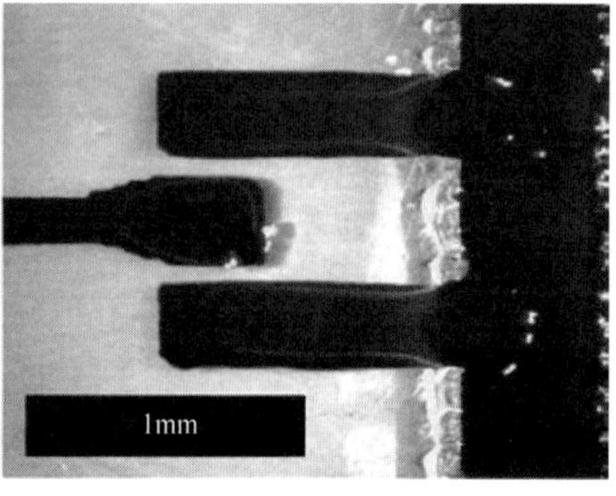

(b)

(c)

图 76.18 在封装上喷墨打印 30GHz 天线

(a)俯视图;(b)CPW 馈电和孔细节;(c)全局图。

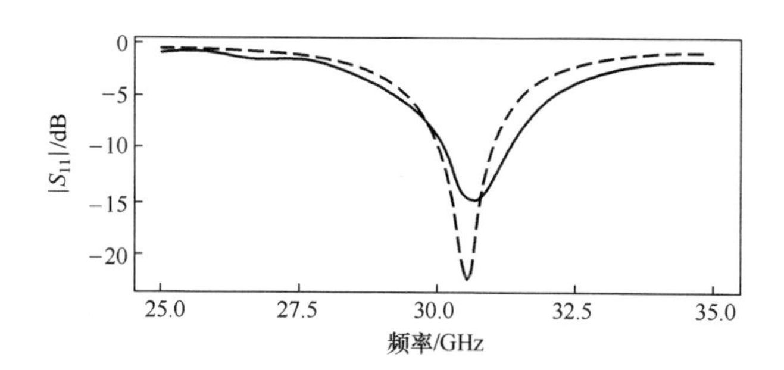

图 76.19　封装上制作的天线反射系数仿真值(--)和测试值(-)

喷墨打印的另一个优势是成本低,这对传感器和医疗检测平台来说很有吸引力。使用低成本的 PMMA(聚甲基丙烯酸甲酯)材料作为基板, W. Su 等(2015)实现了一款喷印的环形天线,用于微流体传感器调节和匹配。喷墨打印的天线基于 PMMA,在 PMMA 上使用激光实现微流道和流体接触面,如图 76.20 所示。天线结构和微流道之间的结合使用了喷印的 Su-8 聚合物,通过加热固化,可以理解为是一种可打印的环氧树脂。当不同的流体通过微流道时,基板的有效介电常数发生改变,可以用于匹配天线、巴伦等结构。彩图 76.21 展示了有流体和没有流体时的 S 参数。

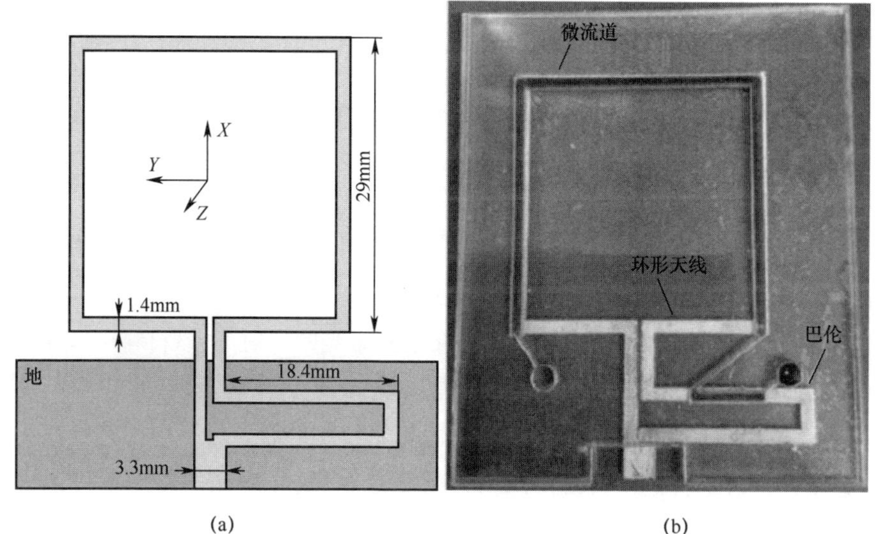

图 76.20　基于喷墨打印的具有微流道的环形天线

(a)模型;(b)制作样本。

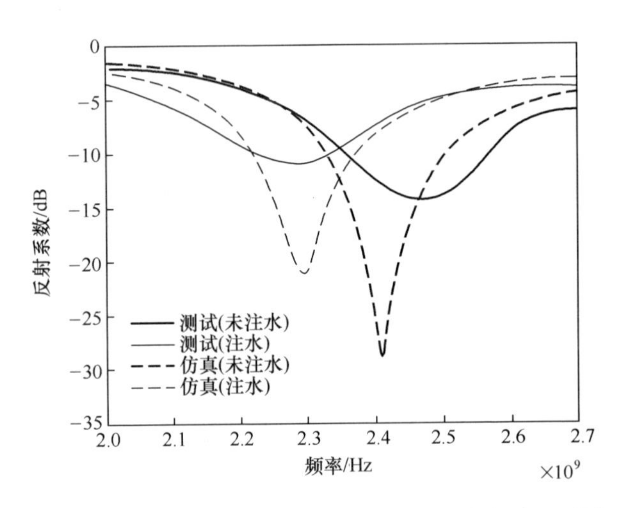

图 76.21　基于喷墨打印技术天线的有流体和无流体反射系数仿真和测量(彩图见书末)

76.5.5　三维打印

1. 三维打印工艺流程

几乎所有人都能想到的用于制作三维结构的增材工艺就是三维打印。实际上,快速成型技术,包括三维打印,最早出现于20世纪80年代(Frauenfelder,2013),其快速发展得益于Stratasys公司在美国专利5121329中描述的熔融沉积成型技术。现阶段有多种三维打印工艺,使用了不同的材料,具有不同的分辨率、强度和加工时间。最常用的三维打印技术就是熔融沉积成型技术和立体光刻技术。熔融沉积成型技术是通过喷嘴挤出通常为热塑性塑料的材料。与几乎所有的三维打印技术一样,熔融沉积成型技术层层实现三维成型。每一层的高度通常界定了不同的熔融沉积成型打印机,如图76.22所示。很多商用打印机的打印层高可达100μm,有些可以薄至20μm。

立体光刻技术包含有光敏聚合物,在紫外激光的照射下,该材料可以在指定的位置固化。立体光刻技术打印机通常有更高的分辨率,每层的常规厚度为30μm,且与比较复杂的激光和数字光学投影系统相结合。另一项工艺是激光固化/熔化,通常在材料里包含特种材料,甚至是金属,在激光的作用下可以固化成型。

由于三维打印技术是相对较新的技术,得到了大家的广泛关注,很多新技术

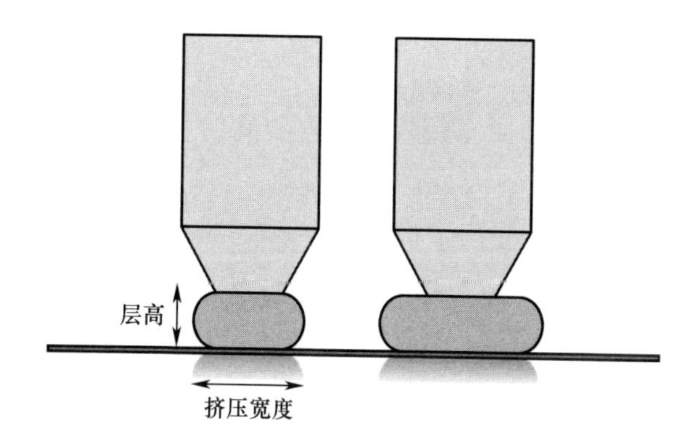

图 76.22　熔融沉积层高度、熔融沉积宽度取决于喷嘴的直径(Hodgson,2011)

也已经被开发出来。有些打印机结合了喷墨技术或者喷胶技术,使得在制作基板的同时将导体材料成型,如 Voxel 8 公司的电子打印系统(2015 年 4 月 13 日),这种技术仍在快速地发展。

2. 三维打印材料

大部分的三维打印机都使用高分子聚合物基的材料,熔融沉积成型打印机就使用了 ABS(丙烯腈丁二烯苯乙烯)或者 PLA(聚乳酸)材料,同时兼容多种其他类型的材料。市面上有多种三维打印材料,通常是 ABS 或者 PLA 材料混合其他材料,如陶瓷、木材、铜、热塑材料、金属、PET 膜、离子基、不锈钢、碳纤维等。立体光刻技术打印机则比较统一,通常使用一种材料,但是也有一些打印系统兼容不同的材料(Wicker et al. ,2004),如 Stratasys 公司的 PolyJet 打印系统,可以打印高分子聚合物实现 16μm 的精度。已有许多文献报道了不同打印系统使用的不同材料的特性(Deffenbaugh et al. ,2013b;Deffenbaugh,2014)。

3. 三维打印天线结构

对于天线来说,首先需要考虑的就是使用材料的介电常数,不同打印机使用材料的介电常数不同,取决于材料的牌号、颜色、种类,甚至打印机的设置。其中一项重要的设置就是填充密度,且 Deffenbaugh 在 2014 就已经验证了不同填充密度对不同材料的介电常数的影响(Deffenbaugh,2014)。另一个因素就是金属化的方式,直接导致了不同的表面平整度。立体光刻技术打印机的层厚通常是 30μm,所以它的粗糙度会优于 30μm,但是对于熔融沉积成型打印机,由于其可以在表面上形成空隙,所以容易导致短路,但是通过良好的设置和工艺控制,这些问题都可以克服。使用熔融沉积成型技术和立体成型技术制作的天线已经面世(Deffenbaugh,2014)。

图 76.23 和图 76.24 展示了两款三维打印的射频结构,微带线结构使用了立体成型技术,对于复杂的结构,尽管其材料具有比 FR4 层压板更高的损耗角正切,但结果却证实其具有比 FR4 平面结构更低的损耗。另一款基于熔融沉积成型技术的 2.4GHz 天线由 nScrypt 公司 3Dn 系统打印而成(Deffenbaugh et al.,2013a),为天线制作提供了另一种可能的工艺。

图 76.23 基于熔融沉积打印机的 2.4GHz 天线

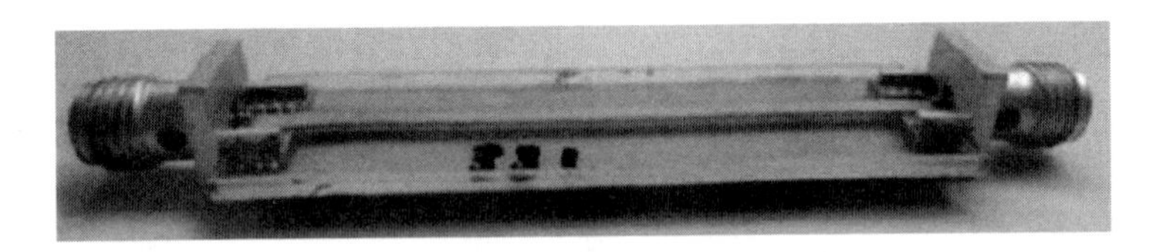

图 76.24 基于三维打印的低损耗微带线

76.6 未来方向和问题

通过对上述 4 种不同天线制作方法的介绍,可以发现,天线制作需要在成本、尺寸、加工时间和可扩展性方面寻求平衡。薄膜光刻方法由于其低成本、小型化的特点,目前是大部分电子器件加工的主流方法,但是该方法所需的设备贵、加工时间长，缺乏可扩展性。增材工艺提供了一种快速成型的方法，如喷墨和三维打印，具有低成本和与大规模生产无缝连接的特点，但是其最小尺寸很难做小，目前最小尺寸也比薄膜技术大 10~100 倍。

随着低成本、无处不在的射频系统的发展，天线领域的加工工艺也会不断进步，新技术可减小材料浪费，提高生产率，有最大限度的可重构性，且能生产小型化和多样性的产品。目前的增材工艺已经朝着这些方面进步，随着工业界和学术界在增材工艺上的不断深入，喷墨和三维打印技术将成为未来天线的低成本和垂直集成制造的一缕曙光。

致谢

作者感谢国家科学基金（NSF）和国防威胁降低局（DTRA）的大力支持。

交叉参考：

▶第 60 章　体域传感器网络设备天线

▶第 41 章　共形阵列天线

▶第 33 章　低剖面天线

▶第 7 章　超材料与天线

▶第 40 章　毫米波天线与阵列

▶第 34 章　片上天线

▶第 5 章　天线仿真设计中的物理边界

参考文献

Aryanfar F, Werner CW (2010) Exploring liquid crystal polymer (lcp) substrates for mm-wave antennas in portable devices. In: Antennas and propagation society international symposium (APSURSI), 2010 IEEE, IEEE, Toronto, ON, pp 1-4

Bito J, Tehrani B, Cook B, Tentzeris M (2014) Fully inkjet-printed multilayer microstrip patch antenna for Ku-band applications. In: Antennas and propagation society international symposium (APS/URSI), 2014 IEEE, Memphis, TN, pp 854_855

Bustillo JM, Howe RT, Muller RS (1998) Surface micromachining for microelectromechanical systems. Proc IEEE 86(8):1552-1574

Chen S,Liu G,Chen X,Lin T (2010) Compact dual-band GPS microstrip antenna using multilayer LTCC substrate. IEEE Antennas Wirel Propag Lett 9:421-423

Choi K-H,Rahman K,Muhammad NM,Khan A,Kwon K-R,Doh Y-H,Kim H-C(2011)Recent advances in nanofabrication techniques and applications. InTech,Rijeka

Cook B,Shamim A (2012) Inkjet printing of novel wideband and high gain antennas on low-cost paper substrate. IEEE Trans Antennas Propag 60(9):4148-4156

Cook B,Cooper J,Tentzeris M (2013a) Multilayer RF capacitors on flexible substrates utilizing inkjet printed dielectric polymers. IEEE Microwave Wireless Compon Lett 23(7):353-355

Cook B,Tehrani B,Cooper J,Tentzeris M (2013b) Multilayer inkjet printing of millimeter-wave proximity-fed patch arrays on flexible substrates. IEEE Antennas Wirel Propag Lett 12:1351-1354

Cook BS,Fang Y,Kim S,Le T,Goodwin B,Sandhage KH,Tentzeris MM (2013c) Inkjet catalyst printing and electroless copper deposition for low-cost patterned microwave passive devices on paper. Electron Mater Lett 9:669-676

Cook B,Tehrani B,Cooper J,Kim S,Tentzeris M (2014) Integrated printing for 2d/3d flexible organic electronic devices. In:Handbook of flexible organic electronics:materials,manufacturing and applications,Woodhead Publishing,Sawston,Cambridge,pp 199

Deffenbaugh PI (2014) 3D printed electromagnetic transmission and electronic structures fabricated on a single platform using advanced process integration techniques. PhD thesis,The University of Texas at El Paso

Deffenbaugh PI,Goldfarb J,Chen X,Church K (2013a) Fully 3d printed 2.4 ghz bluetooth/wi-fi antenna. In:IMAPS,46th international symposium on microelectronics,Orlando

Deffenbaugh PI,Rumpf RC,Church KH (2013b) Broadband microwave frequency characterization of 3-d printed materials. IEEE Trans Compon Packag Manuf Technol 3(12):2147-2155

DeJean G,Bairavasubramanian R,Thompson D,Ponchak G,Tentzeris M,Papapolymerou J (2005) Liquid crystal polymer (lcp):a new organic material for the development of multilayer dualfrequency/ dual-polarization flexible antenna arrays. IEEE Antennas Wirel Propag Lett 4:22-26

Farrell B,St Lawrence M (2002) The processing of liquid crystalline polymer printed circuits. In:Electronic components and technology conference,2002. Proceedings. 52nd,IEEE,San Diego,CA, pp 667_671

Frauenfelder M (2013) Make: ultimate guide to 3D printing 2014. Maker Media, Sebastopol

Hamazaki T, Morita N (2009) Ejection charamteristics and drop modulation of acoustic inkjet printing using fresnel lens. J Fluid Sci Tech 2:25-36

Hodgson G (2011) Slic3r manual. Aleph Objects Howe RT, Muller RS (1982) Polycrystalline silicon micromechanical beams. In: Electrochemical society extended abstracts, vol 82, Montreal

Kingsley N, Anagnostou DE, Tentzeris M, Papapolymerou J (2007) Rf mems sequentially reconfigurable sierpinski antenna on a flexible organic substrate with novel dc-biasing technique. J Microelectromech Syst 16(5):1185-1192

Ko SH, Pan H, Grigoropoulos CP, Luscombe CK, Frchet JMJ, Poulikakos D (2007) All-inkjet printed flexible electronics fabrication on a polymer substrate by low-temperature high-resolution selective laser sintering of metal nanoparticles. Nanotechnology 18(34):345202

Kovacs GT, Maluf NI, Petersen KE (1998) Bulk micromachining of silicon. Proc IEEE 86 (8): 1536-1551

Kruesi CM, Vyas RJ, Tentzeris MM (2009) Design and development of a novel 3-d cubic antenna for wireless sensor networks (wsns) and rfid applications. IEEE Trans Antennas Propag 57 (10):3293-3299

Lamminen A, Saily J (2008) 60-GHz patch antennas and arrays on LTCC with embedded-cavity substrates. IEEE Trans Antennas Propag 56(9):2865-2874

Lee J, Kidera N, Gerald D, Pinel S, Laskar J, Tentzeris MM (2006) A v-band front-end with 3-D-integrated cavity filters/duplexers and antenna in LTCC technologies. IEEE Trans Microwave Theory Tech 54(7):2925-2936

Madou MJ (2002) Fundamentals of microfabrication: the science of miniaturization. CRC Press, Boca Raton

Magdassi S (2010) The chemistry of inkjet inks. World Scientific Publishing, Singapore

Muller J, Perrone R, Thust H, Drue K (2006) Technology benchmarking of high resolution structures on LTCC for microwave circuits. In: Electronics system integration technology conference, 2006. 1st, Dresden, pp 111-117

Nathanson HC, Newell WE, Wickstrom RA, Davis JR Jr (1967) The resonant gate transistor. IEEE Trans Electron Devices 14(3):117-133

Nikolaou S, Kim B, Kim YS, Papapolymerou J, Tentzeris MM (2006) Cpw-fed ultra wideband (uwb) monopoles with band rejection characteristic on ultra thin organic substrate. In: Microwave conference, 2006. APMC 2006. Asia-Pacific, IEEE, pp 2010_2013

Park JY, Kim GH, Chung KW, Bu JU (2001) Monolithically integrated micromachined rf mems capacitive switches. Sensors Actuators A Phys 89(1):88-94

Sanchez-Romaguera V, Madec M-B, Yeates SG (2008) Inkjet printing of 3d metal-insulator-metal crossovers. React Funct Polym 68(6):1052-1058

Sebastian M, Jantunen H (2008) Low loss dielectric materials for LTCC applications: a review. Int Mater Rev 53(2):57-90

Senturia SD (2001) Microsystem design, vol 3. Kluwer, Boston

Serkan Basat S, Bhattacharya S, Li Y, Rida A, Tentzeris MM, Laskar J (2006) Design of a novel high-efficiency uhf rfid antenna on flexible lcp substrate with high read-range capability. In: Antennas and propagation society international symposium (APS/URSI), 2006 IEEE, pp 1031_1034

Shinohara H, Ushifusa N, Nagayama K, Ogihara S (1987) Multilayer ceramic circuit board. US Patent 4,672,152

Stetson H (1965) Method of making multilayer circuits. US Patent 3,189,978

Story AT (1904) A story of wireless telegraphy. D. Appleton, New York

Su W, Cook B, Tentzeris M, Mariotti C, Roselli L (2014) A novel inkjet-printed microfluidic tunable coplanar patch antenna. In: Antennas and propagation society international symposium (APSURSI), 2014 IEEE, pp 858_859

Su W, Cook B, Tentzeris M (2015) Low-cost microfluidics-enabled tunable loop antenna using inkjet-printing technologies. In: 9th European conference on antennas and propagation (EuCAP), 2015 IEEE, Lisbon, Portugal

Sun M, Zhang YP (2007) 100-ghz quasi-yagi antenna in silicon technology. IEEE Electron Device Lett 28(5):455-457

Tehrani B, Bito J, Cook B, Tentzeris M (2014). Fully inkjet-printed multilayer microstrip and T-resonator structures for the RF characterization of printable materials and interconnects. In: Microwave symposium (IMS), 2014 I. E. MTT-S international, pp 1_4

Tehrani B, Cook B, Tentzeris M (2015) Postprocess fabrication of multilayer mm-wave on-package antennas with inkjet printing. In: Antennas and propagation society international symposium (APS/URSI), 2015 IEEE

Thompson D, Tantot O, Jallageas H, Ponchak GE, Tentzeris MM, Papapolymerou J (2004) Characterization of liquid crystal polymer (lcp) material and transmission lines on lcp substrates from 30 to 110 ghz. IEEE Trans Microwave Theory Tech 52(4):1343-1352

Tummala R (2008) System on package. McGraw-Hill Professional Voxel8 (13 April 2015). http://www.voxel8.co/

Vyas R, Rida A, Bhattacharya S, Tentzeris MM (2007) Liquid crystal polymer (lcp): the ultimate solution for low-cost rf flexible electronics and antennas. In: Antennas and propagation society international symposium, 2007 IEEE, IEEE, Honolulu, HI, pp 1729_1732

Weedon WH, Payne WJ, Rebeiz GM (2001) Mems-switched reconfigurable antennas. In: Antennas and propagation society international symposium, 2001. IEEE, vol 3, IEEE, Boston, MA, pp 654_657

Wi S, Sun Y, Song I, Choa S (2006) Package-level integrated antennas based on LTCC technology. IEEE Trans Antennas Propag 54(8): 2190-2197

Wicker RB, Medina F, Elkins C (2004) Multiple material micro-fabrication: extending stereolithography to tissue engineering and other novel applications. In: Proceedings of 15th annual solid freeform fabrication symposium, Austin, pp 754_64

Wiederrecht G (2009) Handbook of nanofabrication. Elsevier, Amsterdam

Yang L, Rida A, Vyas R, Tentzeris M (2007) RFID tag and RF structures on a paper substrate using inkjet-printing technology. IEEE Trans Microwave Theory Tech 55(12): 2894-2901

附录:缩略语

A

AAS adaptive active antennas 自适应有源天线

ABF analogue beam forming 模拟波束成形

ABS absorbing strip 吸收条带

ABS acrylonitrile butadiene styrene 丙烯腈-丁二烯-苯乙烯

AC alternating current 交流

ACL auxiliary convergent lens 辅助聚焦透镜

A/D analog to digital 模数变换

ADC analog-digital converter 模数转换器

ADG actual diversity gain 实际分集增益

A-EFIE augmented electric field integral equation 增广电场积分方程

AF array factor 阵列因子

A4WP Alliance for Wireless Power 无线电力联盟

AiP antenna-in-package 封装天线

AIS air-insulated substations 空气绝缘变电站

ALTSA antipodallinearly tapered slot antenna 对拓线性渐变缝隙天线

AM additive manufacturing 增材制造

AM amplitude modulation 调幅

AMC artificial magnetic conductor 人工磁导体

AMPS advanced mobile phone system 先进移动电话系统

AMSR advanced microwave scanning radiometer 先进微波扫描辐射计

AoA angle of arrivals 到达角

APAA active phased array antenna 有源相控阵天线

APEX atacama pathfinder experiment 阿塔卡马探路者实验

APM alternating projection method 交替投影法

APS angular power spectrum 角功率谱

AR autoregressive 自回归

AR axial ratio 轴比

ARBW axial ratio bandwidth 轴比带宽

ARQ automatic repeat request 自动重传请求

ASIC application-specific integrated circuit 专用集成电路

ASKAP australian square kilometer array pathfinder 澳大利亚探路者平方公里阵列

ATCA australia telescope compact array

澳大利亚紧凑阵列望远镜

AUT antenna under test 待测天线

AWAS analysis of wire Antennas and scatterers 线天线和散射体分析程序

AWG arbitrary waveform generator 任意波形发生器

AWGN additive white gaussian noise 加性高斯白噪声

AZIM anisotropic zero-index material 各向异性零折射率材料

B

BAN body area network 人体局域网

BAVA balanced antipodal Vivaldi antenna 平衡对拓维瓦尔第天线

BCE beam capture efficiency 波束截获效率

BCNT bundled carbon nanotube 成束碳纳米管

BCP buckled cantilever plate 扣式悬臂板

BCWC body-centric wireless communication 人体中心无线通信

BDF beam deviation factor 波束偏差因子

BER bit error rate 误码率

BFN beam-forming network 波束形成网络

BGA ball grid array 球栅阵列

BHA backfire helical antenna 背射螺旋天线

BMI brain-machine interface 脑机接口

BOR body-of-revolution 旋转体

BRP beam refinement protocol 波束优化协议

BSS broadcasting satellite services 广播卫星业务

BST base station 基站

BTL bell technical laboratories 贝尔技术实验室

BW bandwidth 带宽

C

CA carrier aggregation 载波聚合

CAD computer aided design 计算机辅助设计

CA-RLSA concentric array radial line slot antenna 同心阵列径向线缝隙天线

CARMA combined array for millimeter astronomy 毫米波天文组合阵列

CATR compact antenna test range 紧缩天线测试场地

CBCPW conductor-backed cPW 金属背板共面波导

CBI cosmic background imager 宇宙背景成像仪

CBM condition-based maintenance 视情维护

CCE capacitive coupling element 容性耦合元件

CCVS charge-controlled voltage source 电荷控制电压源

CDMA code division multiple access 码分多址

CEM computational electromagnetics 计算电磁学

CFR crest factor reduction
波峰因数降低

CFRP carbon fiber-reinforced plastic
碳纤维增强塑料

CFZ cone-like Fresnel zone
锥形菲涅尔区

CHIME canadian hydrogen intensity mapping experiment 加拿大氢强度映射实验

CIARS centre for intelligent antenna and radio systems 智能天线与射频系统中心

CLL capacitively loaded loop 电容加载环

CLONALG clonal selection algorithm
克隆选择算法

CM condition monitoring 状态监测

EFIECMP-EFIE calderón multiplicative preconditioned, Calderón
乘法预处理 EFIE

CNT carbon nanotubes 碳纳米管

COP center of projection 投影中心

CP circular polarization, circularly polarized 圆极化

CPU/MPU central/micro processing unit
中央/微处理单元

CS cardinal series 主级数

CSO caltech sub-millimeter observatory
加州理工大学亚毫米波天文台

CTIA cellular telecommunications and internet Association 移动通信与互联网协会

CM common mode 共模

CM constant modulus 恒模

CMA characteristic mode analysis
特征模分析

CM-AES covariance matrix adaptation evolutionary strategy 自适应协方差矩阵进化策略

CMIM conventional mutual impedance method
传统互阻抗法

CMOS complementary metal oxide semiconductor 互补金属氧化物半导体

CMRR common mode rejection ratio
共模抑制比

CNC computer numerical control
计算机数控

CPS coplanar stripline 共面带线

CPW coplanar waveguide 共面波导

CR crossover rate 交叉率

CRLH composite right/left handed
复合左右手

CRLH TL composite right- and left-handed transmission line
复合左右手传输线

CSI channel state information
信道状态信息

CSS chirp spread spectrum Chirp
频谱扩展

CTE coefficient of thermal expansion
热膨胀系数

CSRR complementary split-ring resonator
互补开口环谐振器

CT computed tomography
计算机层析成像

CT/LN constant tangential/linear normal
常切向/线性法向

CVD chemical vapor deposition 化学气相沉积

CVX convex 凸优化

CW continuous-wave 连续波

CWE cylindrical wave expansion 柱面波扩展

CWTSA constant width tapered slot antenna 辐射槽宽恒定的渐变缝隙天线

XPD cross-polarization discrimination 交叉极化鉴别

XPI crosspolar isolation 交叉极化隔离

XLPE crosslinked polyethylene 交联聚乙烯

D

DAC digital to analogue converter 数模转换器

DBF digital beam forming 数字波束成形

DBS direct broadcast satellite 直播卫星

DC direct current 直流(电)

DDC digital down converter 数字下变频

DDM domain decomposition method 区域分解算法

DE differential evolution 差分进化

DEC design rule checking 设计规则检查

DETSA dual exponentially tapered slot antenna 双指数型渐变缝隙天线

DFT discrete Fourier transform 离散傅里叶变换

DG diversity gain 分集增益

DGA dissolved gas analysis 溶解气体分析

DGF dyadic green's function 并矢格林函数

DGS defected ground structure 缺陷地结构

DGTD discontinuous Galerkin time domain 时域间断伽辽金算法

DLA discrete lens array 离散透镜阵列

DLP digital light project 数字光学投影

DM differential mode 差模

DMN decoupling and matching network 解耦匹配网络

DMS defected microstrip structure 缺陷微带结构

DNG double-negative 双负

DOA direction-of-arrival 波达方向

DOD drop-on-demand 按需喷墨

DPS double positive 双正

DR dielectric resonator 介质谐振器

DRA dielectric resonator antenna 介质谐振天线

DS direct sequence 直接序列

DSP digital signal processor 数字信号处理器

D/U desired-to-undesired 期望信号与不期望信号之比

E

EAD egyptian axe dipole 埃及斧偶极子

EBG electromagnetic band gap 电磁带隙

EBM electron beam melting 电子束融化

ECC envelope correction coefficient 包络校正系数

ECR electron cyclotron resonance 电子回旋共振

EDA electronic design automation 电子设计自动化

EDG effective diversity gain 有效分集增益

EDGE enhanced data rate for GSM Evolution 增强型数据速率 GSM 演进技术

EFIE electric field integral equations 电场积分方程

EHF extremely high frequency 极高频

EHT event horizon telescope 事件视界望远镜

EIL edge illumination 边沿照射

EIRP effective isotropic radiated power 等效全向辐射功率

EIS effective isotropic sensitivity 等效全向灵敏度

ELDRs end-loaded dipole resonators 端载偶极子谐振器

EM electromagnetic 电磁

EMC electromagnetic compatibility 电磁兼容性

EMI electromagnetic interference 电磁干扰

EMXT electromagnetic crystal 电磁晶体

EMU electromagnetic unit 电磁单位

ENG epsilon-negative 负介电常数

EOC edge of coverage 覆盖区边缘

EPA equivalence principle algorithm 等效原理算法

EPDM ethylene propylene diene monomer 三元乙丙橡胶

EPR electron paramagnetic resonance 电子顺磁共振

EPR ethylene propylene rubber 乙丙橡胶

ERC European Radio Communications Committee 欧洲无线电通信委员会

ERP effective radiated power 有效辐射功率

ESA electrically small antenna 电小天线

ESA european space agency 欧洲航天局

ESI enhanced serial interface 增强型串行接口

ESPAR electronically steerable passive array radiator 电控无源阵列辐射器

ESPRIT estimation of signal parameters via rotational invariance techniques 基于旋转不变性原理的信号参数估计技术

ESU electrostatic units 静电单位

ET edge taper 边沿锥削

EUT equipment under test 待测设备

WLB embedded wafer-level ball grid arraye 嵌入式晶圆级球栅阵列

EZR epsilon-zero 零介电常数

F

FAC full anechoic chamber 全电波暗室

F/B front-to-backratio 前后比

FCC federal communication commission 联邦通信委员会

F/D focal length-to-aperture diameter ratio 焦径比

FDD frequency division duplexing, Frequency division duplex 频分双工

FDM fused deposition modeling 熔融沉积成型

FDMA frequency division multiple access 频分多址

FDTD finite-difference time-domain 时域有限差分

FE finite element 有限元

FEC forward error correction 前向纠错

FEM finite element method 有限元法

FES functional electrical stimulator 功能性电刺激器

FETD finite element time method method 时域有限元法

FIT finite integration technique 有限积分方法

FF far-field 远场

FF fidelity factor 保真度

FFT fast Fourier transform 快速傅里叶变换

FM frequency modulation 调频

FMCW frequency-modulated constant wave 调频连续波

FoV field of view 视场

FP fabry-Pérot 法布里-珀罗

FPA focal plane array 焦平面阵列

FPGA field programmable gate arrays 现场可编程门阵列

FRA frequency response analysis 频率响应分析

FSA functional small antenna 功能小天线

FSS fixedsatellite services 固定卫星业务

FSS frequency selective surface 频率选择表面

FTBR front-to-back ratio 前后比

FVTD finite volume time domain method 时域有限体积法

FSVs frequency selective volumes 频率选择体结构

FZP fresnel zone plate 菲涅尔区盘

G

GA genetic algorithm 遗传算法

GAA grid antenna array 栅格天线阵列

GaAs gallium arsenide 砷化镓

GAS geostationary atmospheric sounder 地球同步轨道大气探测仪

GBT green bank telescope 绿岸射电望远镜

GCOM global change observation mission 全球环境变化观测任务

GCPW grounded coplanar waveguide 接地共面波导

GD gaussian dipole 高斯偶极子

GeoSTAR geostationary synthetic thinned aperture radiometer 地球同步轨道稀疏合成孔径辐射计

GHz gigahertzes 吉赫兹

GMSK gaussian minimum shift keying 高斯最小频移键控

GNSS global navigation satellite system 全球导航卫星系统

GO geometric optics, geometrical optics 几何光学

GPHA gaussian profile horn antennae

高斯剖面喇叭天线

GPIB general purpose interface bus 通用接口总线

GPOR general paraboloid of revolution 广义旋转抛物面

GPRS general packet radio service 通用分组无线业务

GPS global Positioning System 全球定位系统

GRIN gradient index 渐变折射率

GSG ground-signal-ground 地-信号-地

GSGSG ground-signal-ground-signal-ground 地-信号-地-信号-地

GSM global system for mobile communications 全球移动通信系统

GSNA geosynchronous satellite navigation antennae 静止轨道卫星导航天线

GTD geometrical theory of diffraction 几何绕射理论

H

HBA high-band array 高频段阵列

HBC human-body communications 人体通信

HD high-definition 高清

HDPE high-density polyethylene 高密度聚合物

HDRR hemispherical dielectric ring resonator 半球介质环谐振器

HEB half energy beam 半能量波束

HEBW half energy beamwidth 半能量波束宽度

HetNets heterogeneous networks 异构网

HF high frequency 高频

HFA high frequency asymptotic 高频渐进

HFCT high frequency current transformers 高频电流互感器

HHIS hybrid high-impedance surface 混合高阻抗表面

HIS high impedance surface 高阻抗表面

HLR home location register 归属位置寄存器

HM half-mode 半模

HMFE half Maxwell fish-eye 半麦克斯韦鱼眼

HMSIW half-mode substrate-integrated waveguide 半模基片集成波导

HPA high-power amplifier 高功率放大器

HPBW half-power beamwidth 半功率波束宽度

HSPA high-speed packet access 高速分组接入

HTCC high-temperature co-fired ceramics 高温共烧陶瓷

HWG hansen-woodyard gain 汉森伍德增益

I

IC integrated chip 集成芯片

ICE inductive coupling elements 感性耦合元件

ICP intracranial pressure 颅内压

ICNIRP international commission on non-Ionizing radiation protection 国际非电离

辐射防护委员会

IDFT inverse digital fourier transform 数字傅里叶逆变换

IEC international electrotechnical commission 国际电工委员会

IEM integral equation method 积分方程法

IF intermediate frequency 中频

IFA inverted F-antenna 倒 F 天线

IID independent and identically distributed 独立同分布

ILA integrated lens antennas 集成透镜天线

ILDC incremental length diffraction coefficients 增量长度绕射系数

IMD implantable device 可植入设备

INC intelligent network communicator 智能通信网络

IR infrared 红外

ISI inter symbol interference 码间干扰

ISM industrial scientific and medical 工业,科学与医疗

ITE information technology equipment 信息技术设备

ITU International Telecommunications Unit 国际电信联盟

IFFT inverse fast Fourier transform 快速傅里叶逆变换

J

JCMT james clerk Maxwell telescope 詹姆斯·克拉克·麦克斯韦尔望远镜

JPL jet propulsion laboratory 喷气推进实验室

K

KCL kirchhoff's current law 基尔霍夫电流定律

KDI kirchhoff's diffraction integral 基尔霍夫衍射积分式

KIDs kinetic Inductance detectors 动力学电感检测器

KVL kirchhoff's voltage law 基尔霍夫电压定律

L

LAN local area network 局域网

LAS largest angular scale 最大角度标度

LCP liquid crystal polymer 液晶聚合物

LDOS local density of states 光子局域态密度

LDS laser direct structuring 激光直接成形

LED light-emitting diode 发光二极管

LEO low earth orbit 近地轨道

LEOS low-earth-orbit satellite 低轨卫星

LF low frequency 低频

LGA land grid array 触点栅格阵列

LH left-handed 左手

LHCP left-hand circular polarization 左旋圆极化

LHM left-handed media 左手介质

LIM low-index material 低折射率材料

LLM layer laminate manufacturing 层压板制造

LM laser melting 激光熔化

LMS least mean square 最小二乘

LMT large milli-meter telescope 大型毫米波望远镜

LNA low noise amplifier 低噪声放大器

LN2 liquid nitrogen 液氮

LO local oscillator 本地振荡器

LOFAR low frequency array 低频阵列

LOM laminate object manufacturing 层压板制品制造

LOS line-of-sight 视距

LP linearly polarized 线极化

LPDA log-periodic dipole array 对数周期偶极子阵列

LPF low pass filter 低通滤波器

LPLA log-periodic loop array 对数周期环形阵列

LPVA log-periodic V array 对数周期 V 形偶极子阵列

RL line-reflect-lineL 线-反射-线

LS laser sintering 激光烧结

LT low temperature 低温

TCC low temperature co-fired ceramicL 低温共烧陶瓷

TE long term evolutionL 长期演化

LT/QN linear tangential/quadratic normal 线性切向/二次法向

TSA linearly tapered slot antennaL 线性锥削槽天线

LUF lowest usable frequency 最低可用频率

UT lens under testL 待测透镜

WA leaky-wave antennaL 漏波天线

LWA1 Long Wavelength Array Station 1 1 号长波阵列站

M

MBA multibeam antenna 多波束天线

ME magneto-electric 磁电

ME multiplexing efficiency 复用效率

MEG mean effective gain 平均有效增益

MEMS micro-electro-mechanical system 微机电系统

e-MERLIN multi-Element Radio Linked Interferometer Network 多元无线电链路干涉仪网络

MFIE magnetic field integral equation 磁场积分方程

MG maximum gain 最大增益

MHz megahertz 兆赫兹

MIC microwave integrated circuit 微波集成电路

MICS medical implant communications service 医疗植入通信服务

MID molded interconnect device 模塑互连器件

MIG metal inert gas 金属惰性气体

MIM metal-insulator-metal 金属-绝缘体-金属

MIMO multiple input and multiple output 多输入多输出

MIR microwaveimpulse radar 微波脉冲雷达

MIRAS microwave imaging radiometer with

aperture synthesis 合成孔径微波成像辐射计

ML maximum likelihood 最大似然

MLFMA multilevel fast multipole algorithm 多层快速多极子算法

MLGFIM multilevel Green's function interpolation method 多级格林函数迭代法

MM/MTM metamateiral 超材料

MMIC monolithic microwave integrated circuit 单片微波集成电路

MMSE minimum mean square error 最小均方误差

mmWave millimeter wave 毫米波

MNA modified nodal analysis 改进的节点分析

MNG mu-negative 负磁导率

MNZ mu-near-zero 近零磁导率

MoM method of moment 矩量法

MPA microstrip patch antenna 微带贴片天线

MPT microwave power transmission 微波能量传输

MR magnetic resonance 磁共振

MRC maximal ratio combining 最大比合并

MRI magnetic resonance imaging 磁共振成像

MRS MR-spectroscopy 磁共振谱

MRTD multi-resolution time domain 时域多分辨法

MS mean square 均方值

MSA microstrip antenna 微带天线

MSC mode-stirred chamber 模式混合暗室

MSCDA modified self-complementary dipole array 改进型自互补偶极子阵列

MSE mean square error 均方误差

MT mobile terminal 移动终端

MIMOMU-MIMO multiuser MIMO 多用户 MIMO

MUSIC multiple signal classification 多重信号分类

MW microwave 微波

MZR mu-zero 零磁导率

N

NASA national aeronautic and space administration(美国)航空航天局

NB narrowband 窄带

NC no compensation 无补偿

NEC numerical electromagnetic code 数值电磁代码

NF near-field 近场

NF noise figure 噪声系数

NFC near-field communication 近场通信

NFE number of function evaluations 评估次数

NF-FF near-field-far-field 近场-远场

NFRP near-field resonant parasitic 近场谐振寄生

NGD negative-group-delay 负群时延

NIC negative impedance converter 负阻抗变换器

NII negative impedance inverter 负阻抗逆变器

NME natural mode expansion 固定模式扩展

NMOS n Metal oxide semiconductor N 型金属氧化物半导体

NMR nuclear magnetic resonance 核磁共振

NNs neural networks 神经网络

NRI-TL negative refractive-index transmission-line 负折射率传输线

NSA normalized site attenuation 归一化场地衰减

NSDP numerical steepest descent path method 数值最速下降路径方法

NU nonuniform 非均匀

O

OATS open-area test site 开阔测试场

OCS open-circuit stable 开路稳定

OFDM orthogonal frequency-division multiplexing 正交频分复用

OLTC on-load tap changers 有载分接开关

Omega/sq ohms per square 欧姆每平方

OMT orthomode transducer 正交模耦合器

OTA over-the-air 空中下载

P

PA power amplifier 功率放大器

PAA phased array antenna 相控阵天线

PAE power-added efficiency 功率附加效率

PAF phased array feeds 相控阵馈源

PBG photonic band gap materials 光子带隙材料

PC photonic crystal 光子晶体

PC polycarbonate 聚碳酸酯

PCA photoconductive antenna 光电导天线

PCB printed circuit board 印制电路板

PCIe peripheral component interconnect express 高速外部组件互连

PCS personal communications service 个人通信服务

PCSA physically constrainedsmall antenna 有限尺寸小天线

PD partial discharge 局部放电

PDC personal digital cellular 个人数字蜂窝

PDMS polydimethylsiloxane 聚二甲基硅氧烷

PDN power distributed networks 供电网络

PE polyethylene 聚乙烯

PEC perfectly electric conductor 理想电导体

PEEC partial element equivalent circuit 部分元等效电路

PEEK polyetheretherketone 聚醚酮醚

PER packet error ratio 误包率

PET piezoelectric transducer 压电转换器

PEX parallel excitation 并联激励

PEXMUX parallel excitation multiplexing component 并联激励复用组件

PH plane hyperbolic 双曲面

PHAT phase transform 相位变换

HEMT pseudomorphic high-electron-

mobility transistorp 赝晶高电子迁移率晶体管
PIAA power inversion adaptive Array 功率倒置自适应阵列
PIB propagation-invariant beam 传播不变波束
PIFA planar inverted-F antenna 平面倒 F 天线
PIFA printed inverted F antenna 印刷倒 F 天线
PIM passive inter-modulation 无源互调
PLA polylactic acid 聚乳酸
PMA power matters alliance 电力事务联盟
PMC perfectly magnetic conductor 理想磁导体
PML perfectly matched layer 完美匹配层
PMMA polymethylmethacrylate 聚甲基丙烯酸甲脂
PMMW passive millimeter-wave 毫米波无源
PO physical optics 物理光学
PoC proof-of-concept 概念验证
POM polyoxymethylene 聚甲醛
PPSF polyphenylsulfone 聚苯砜
PR positive real 正实
PRI positive-refractive-index 正折射率
PRPD phase-resolved partial discharge 局部放电相位分布
PRS partially reflective surface 部分反射面
PSA physicallysmall antenna 小形体天线
PSD power spectrum density 功率谱密度
PSO particle swarm optimization 粒子群优化
PSS phase-shifting surface 相移表面
PTD physical theory of diffraction 物理衍射理论
PTE power transfer efficiency 功率传输效率
PTFE polytetrafluoroethylene 聚四氟乙烯
PTSA parabolic tapered slot antenna 抛物线渐变缝隙天线

Q

QMC quadrature mixer correction 正交混频器校正
Q quality factor 品质因数
QoS quality of service 服务质量
QC-laser quantum cascade laser 量子级联激光
QSC quasi-self-complementary 准自互补
QUIET Q/U imaging experiment Q / U 成像实验

R

RA reconfigurable antenna 可重构天线
RAM radio-absorbing material 射频吸波材料
RC reverberation chamber 混响室
RCM reliability-centered maintenance 以可靠性为中心的维护
RCS radar cross-section 雷达散射截面
RDL redistribution layer 再分配层
RDMS reconfigurabledefected microstrip structure 可重构缺陷微带结构

RE radiation efficiency 辐射效率
RET remote electrical tilt 远程电子倾斜
REV rotating element electric field vector 旋转单元电场矢量
RF radio frequency 射频
RFID radio frequency identification 射频识别
RF-MEMS radio frequency micro electromechanical system 射频微机电系统
RH right-handed 右手
RHCP right-hand circular polarization 右旋圆极化
RIS reactive impedance surface 纯电抗表面
RLBW return loss bandwidth 回波损耗带宽
RLS recursive least squares 递归最小二乘
RLSA radial line slot antenna 径向线缝隙天线
RLW reduced lateral wave 横向波抑制
RMIM receiving mutual impedance method 接收互阻抗方法
rms root mean square 均方根
RP rapid prototyping 快速原型
RPD ray path difference 射线路径差
RRH remote radio head 射频拉远头
RSSI received signal strength indication 接收信号强度指示
RSW reduced surface wave 表面波抑制
RT room-temperature 室温
RTLS real time location system 实时定位系统
RW rectangular waveguide 矩形波导
Rx receiving 接收

S

SA small antenna 小天线
SAC semi-anechoic chamber 半微波暗室
SAEP shorted annular elliptical patch 短路环形椭圆贴片
SAR shorted annular ring 短路环
SAR specific absorption rate 比吸收率
SBR shoot and bounce ray 弹跳射线法
SCOT smoothed coherence transform 平滑相干变换
SCS short-circuit stable 短路稳定
SCS self-complementary structure 自互补结构
SD spatial diversity 空间分集
SD standard deviation 标准差
SDARS satellite digital audio radio services 卫星数字音频广播业务
SDM spatial division multiplexing 空分复用
SDM spectral domain method 谱域法
SDMA space division multiple access 空分多址
SDS spatial difference smoothing 空间差分平滑
SE shielding effectiveness 屏蔽效能
SEFD system equivalent flux density 系统等效磁通密度

SEM scanning electron micrograph 扫描电子显微镜

SERS surface-enhanced Raman scattering 表面增强拉曼散射

SETD spectral element time domain 时域普元法

SG signal-ground 信号接地

SGU signal generation unit 信号产生单元

S/I signal/interference 信干比

SIC substrate integrated circuit 基片集成电路

SIIG substrate integratedimage guide 基片集成镜像波导

SIM subscriber identity module 用户识别模组

SINR signal-to-interference-plus-noise ratio 信干噪比

SINRD substrate integratednonradiative dielectric 基片集成非辐射介质

SiP system-in-package 封装系统

SISO single-input single-out 单输入单输出

SIW substrate integrated waveguide 基片集成波导

SKA square kilometer array 平方公里阵

SL stereolithography 立体光刻

SLA square loop antenna 方环天线

SLC side lobe canceller 副瓣对消器

SLM selective laser melting 选择性激光熔化

SLS sector level sweep 扇区电平扫描

SLS selective laser sintering 选择性激光烧结

SMAP soil moisture active passive 土壤湿度主被动(探测任务)

SMI sample matrix inversion 采样矩阵求逆

SMOS soil moisture and ocean Salinity 土壤湿度和海洋盐度(探测任务)

SMP shape memory polymer 形状记忆聚合物

SMRS sinusoidally modulated reactance surface 正弦调制容抗表面

SMS short message service 短消息服务

SMT surface-mount technologies 表面贴装技术

SNG single negative 单负

SNIR signal-to-noise-and-interference ratio 信干噪比

SNOM scanning near-field optical microscope 近场扫描光学显微镜

SNR signal-to-noise ratio 信噪比

SoB system-on-board 板上系统

SoC system-on-chip 片上系统

SOL short-open-load 短路-开路-负载

SOLT short-open-load-thru 短路-开路-负载-直通

SOP system on packaging 封装系统

SOTM satellite-on-the-move 移动卫星

SPDT single-pole double-throw 单刀双掷

SPICE Simulation Program with Integrated-Circuit Emphasis 电路模拟程序

SPMT single-pole multi-throw 单刀多掷开关

SPP surface plasmon polariton 表面等离子体激元

SPS solar power satellite 太阳能发电卫星(空间太阳能电站)

SPST single pole single throw 单刀单掷开关

SPT south Pole Telescope 南极望远镜

SRR split-ring resonator 开口环谐振器

SRT sardinia Radio Telescope 撒丁岛射电望远镜

SSC stator slot couplers 定子槽耦合器

SSP shorted slotted patch 短路开槽贴片

STFFT short-time fast Fourier transformation 短时快速傅里叶变换

STFT short-time Fourier transform 短时傅里叶变换

SU-MIMO/MU-MIMO single-user and multiuser multiple-input multiple-output 单用户及多用户多输入多输出

SVM support vector machine 支持矢量机

SVSWR site voltage standing wave ratio 场地电压驻波比

SWR standing wave ratio 驻波比

T

TCDk thermal coefficient of dielectric constant 介电常数热系数

TCM theory of characteristic modes 特征模理论

3D three-dimensional 三维

TDD time division duplexing 时分双工

TD-EFIE time-domain electric field integral equations 时域电场积分方程

TDMA time division multiple access 时分多址

TDOA time differences of arrival 到达时间差

TDR time-domain reflectivity 时域反射

TE total efficiency 总效率

TE transverse electric 横电

TEM transverse electromagnetic 横电磁

TF time-frequency 时频

THz terahertz 太赫兹

TIS total isotropic sensitivity 总全向灵敏度

TL transmission line 传输线

TM transverse magnetic 横磁

TMA tower mounted amplifier 塔式放大器

TO transformation optics 变换光学

TPs transmission poles 传输极点

TSA tapered slot antenna 锥削槽天线

TT&C telemetry, tracking and control 遥测,跟踪与控制

T/R transmit/receive 收/发

TRL trough reflect line 直通-反射-传输线

TRP total radiated power 总辐射功率

TTD true-time delays 实时延迟

Tx transmission 发射

TZs transmission zeros 传输零点

U

UAT uniform asymptotic diffraction

均匀渐近衍射

UAV unmanned aerial vehicle 无人飞行器

UHD ultrahigh definition 超高清

UHF ultra high frequency 超高频

ULA uniform linear array 均匀线阵

ULSI ultralarge-scale integration 超大规模集成

USB universal mobile telecommunication systemsx 通用移动通信系统

USB universal serial bus 通用串行总线

UTD uniform Theory of Diffraction 一致性绕射理论

UWB ultra-wideband 超宽带

V

VCO voltage-controlled oscillator 压控振荡器

VHF very high frequency 甚高频

VLBA very long baseline array 甚长基线阵列

VLBI very-long-baseline interferometry 甚长基线干涉计

VLF very low frequency 甚低频

VNA vector network analyzer 矢量网络分析仪

VOI volume of interest 感兴趣区域

VSWR voltage standing wave ratio 电压驻波比

W

WAAS wide area augmentation system 广域增强系统

WDO wind-driven optimization 风驱动优化

WiMAX worldwide interoperability for microwave access 全球微波互联接入

WiPoT Wireless Power Transfer Consortium for Practical Application 无线电力传输应用协会

WISP wireless identification and sensing platform 无线识别和感知平台

WLAN wirelesslocal area network 无线局域网

WPC wireless power consortium 无线电力联盟

WPT wireless power transfer 无线能量传输

WRC world radio conference 世界无线电大会

WSN wirelesssensor network 无线传感器网络

Y

YM - BPM yee - mesh - based beam - propagation method 基于 Yee 网格的光束传播方法

Z

ZIM zero-index material 零折射率材料

ZOR zeroth-order resonator 零阶谐振器

ZTT zirconium Tin Titanate 钛酸锆锡

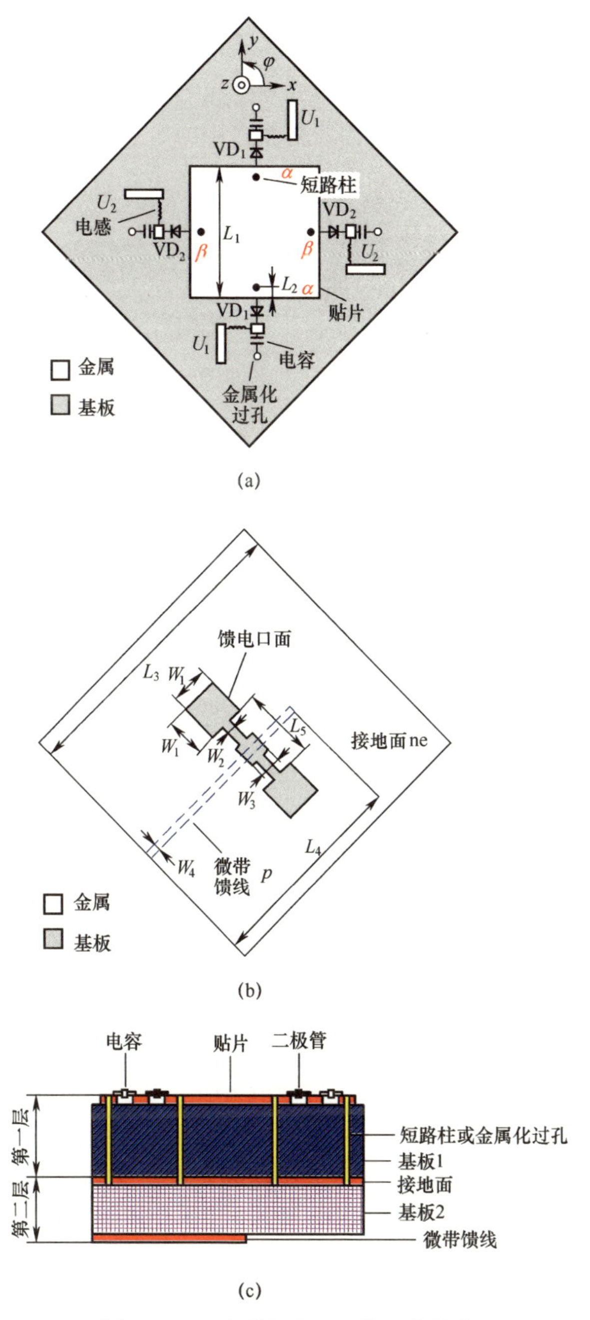

图 69.9　双频带极化可重构天线结构

(a)第一层;(b)第二层;(c)侧视图。

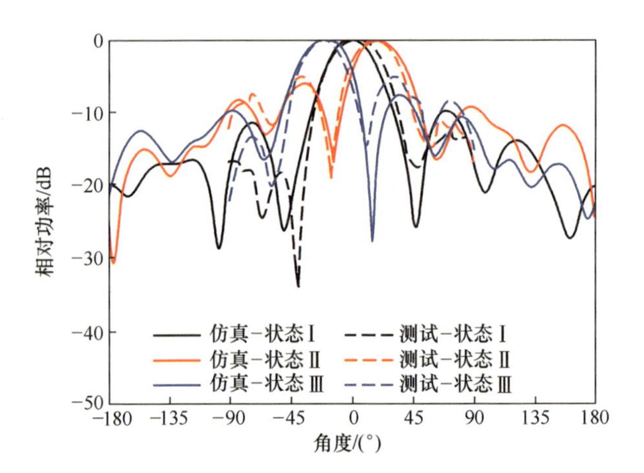

图 69.18　5.2GHz 时天线的仿真与测试 E 面归一化辐射方向图

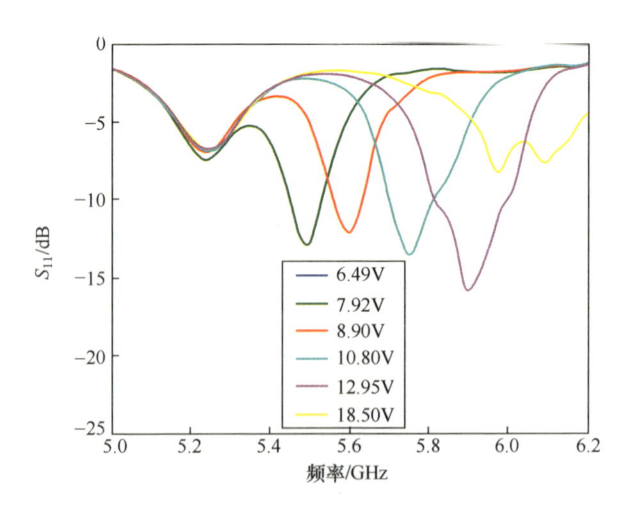

图 69.32　频率可重构法布里-珀罗漏波天线不同偏置电压的反射系数测试结果

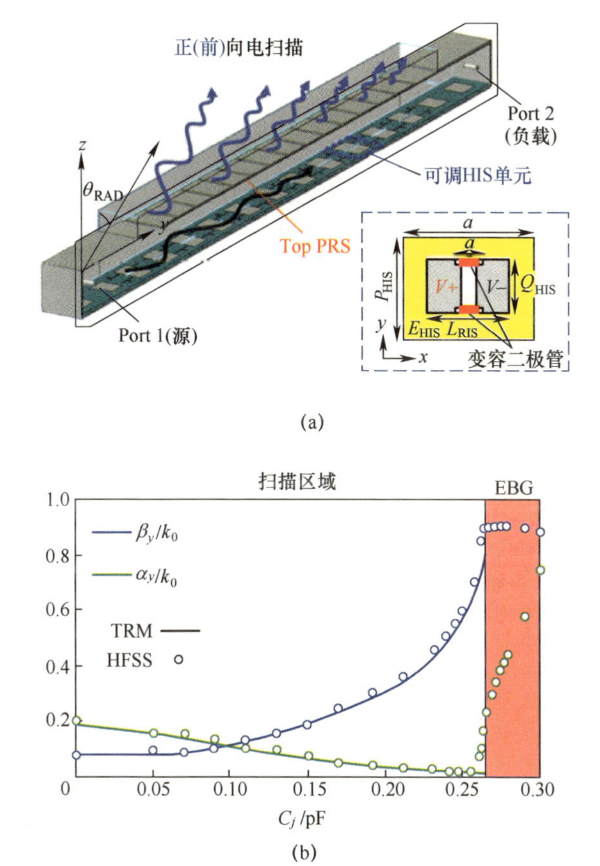

(a)

(b)

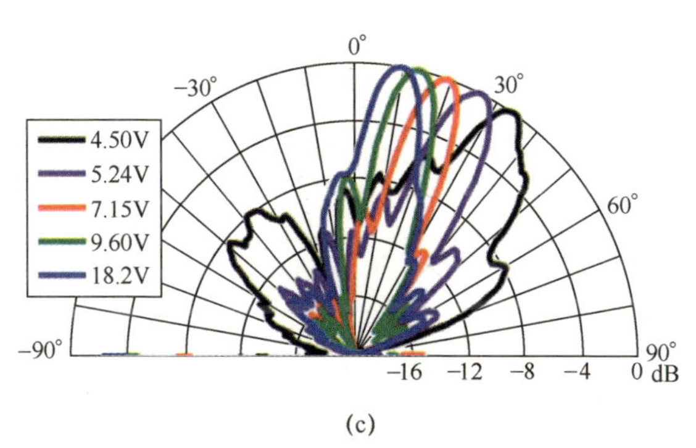

(c)

图 69.33　半空间扫描一维法布里-珀罗漏波天线

(a)半空间扫描一维法布里-珀罗漏波天线示意图;(b)C_j与色散曲线的关系;

(c)不同 U_R情况下 5.5GHz 方向图(H 面)测试结果。

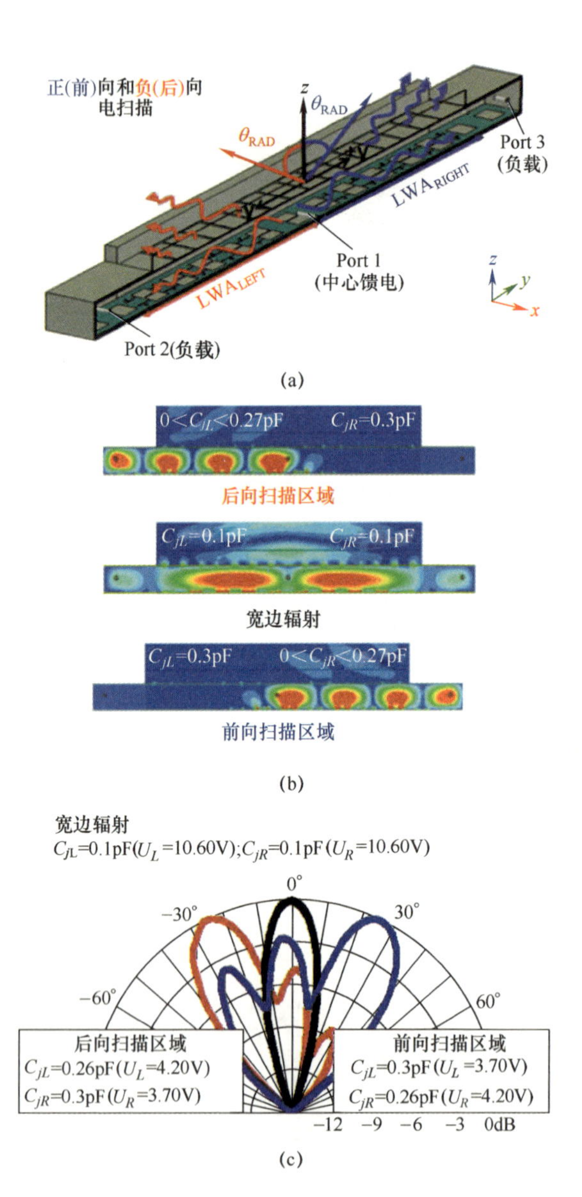

图 69.34　全空间扫描一维法布里-珀罗漏波天线

(a)全空间扫描一维法布里-珀罗漏波天线结构;(b)沿一维法布里-珀罗漏波天线结构的电场分布;(c)不同工作体制下归一化辐射方向图(H面)测试结果(5.5GHz)。

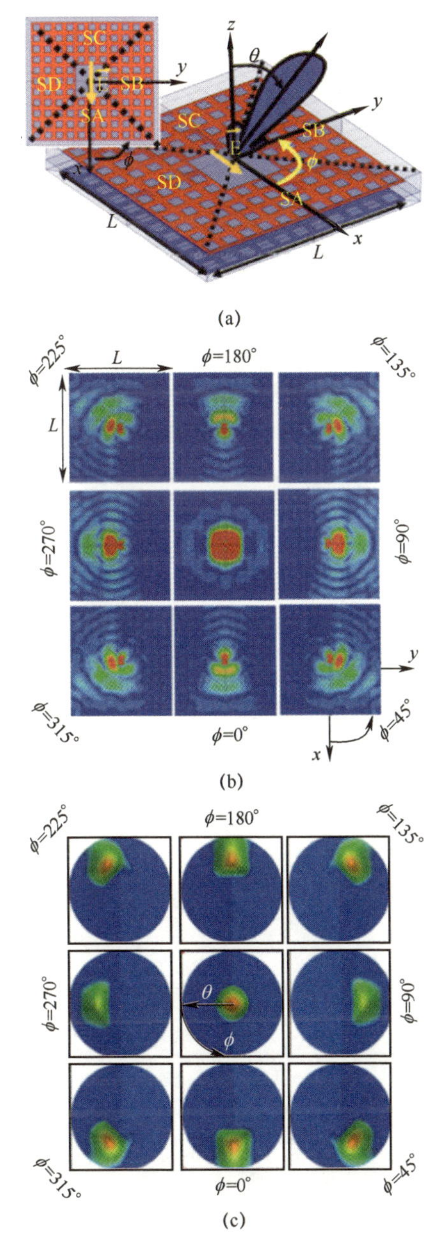

图 69.35　全空间电扫描二维法布里-珀罗漏波天线中 EBG 路径选择原理的扩展

(a)可调二维法布里-珀罗天线的 HFSS 三维模型($A=5.4\lambda_0\times5.4\lambda_0$)；

(b)几种不同扇区构造的二维法布里-珀罗腔内部近场；

(c)不同扇区构造 U-V 坐标系下的辐射方向图(θ 角范围为[0°,45°])。

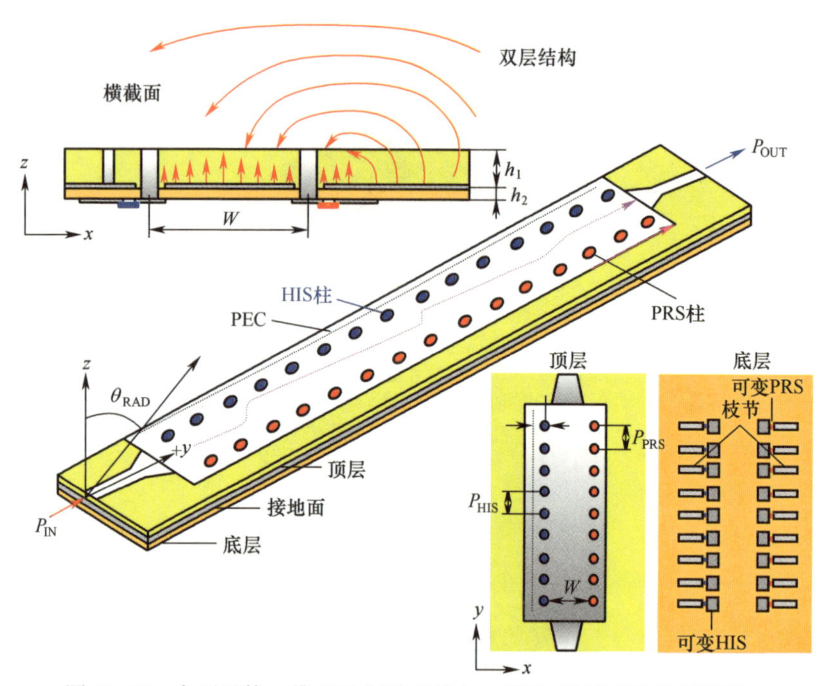

图 69.36　全可重构一维 SIW 漏波天线(3D 模型、横截面及前后视图)

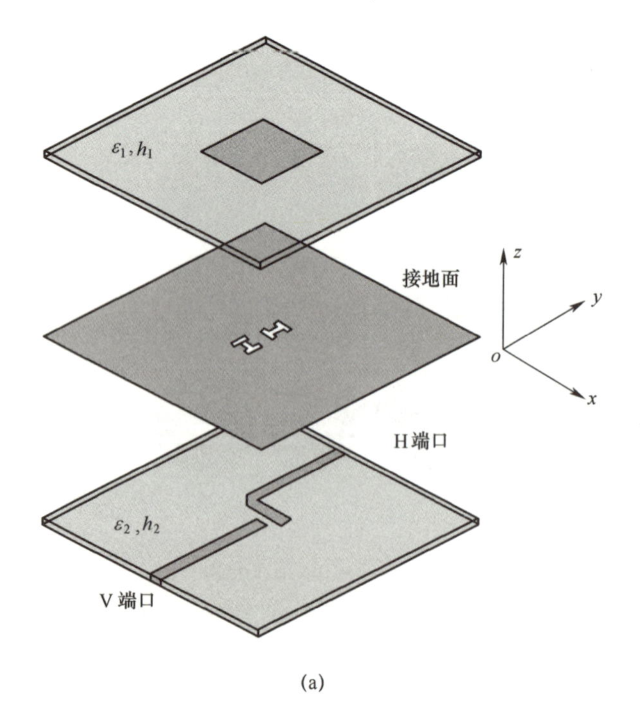

(a)

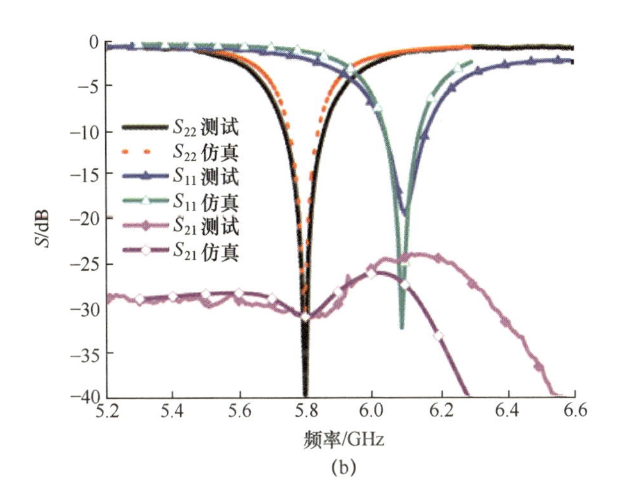

(b)

图 70.14　接收天线的结构及其 S 参数与频率的关系

(a)接收天线透视图;(b) $|S_{11}|$、$|S_{22}|$和 $|S_{21}|$与频率的关系。

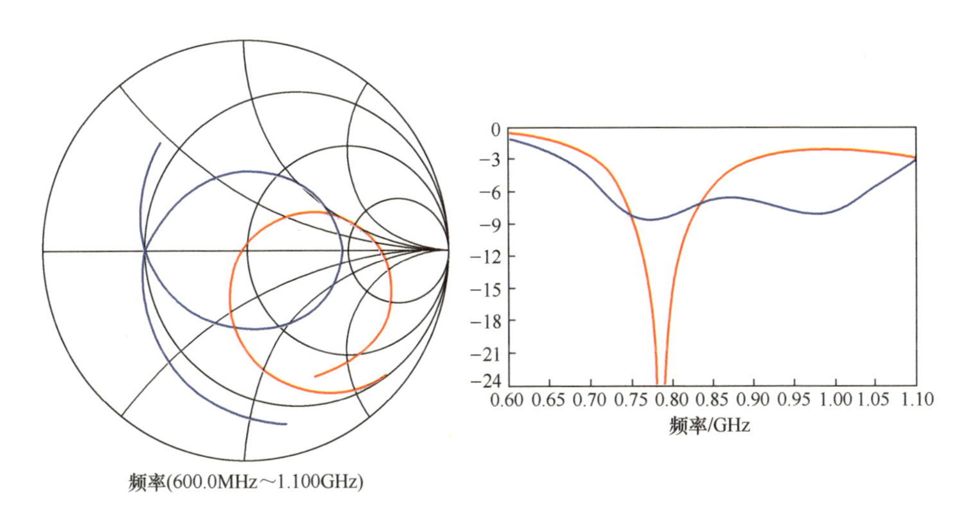

图 71.6　临界耦合和最佳过耦合匹配

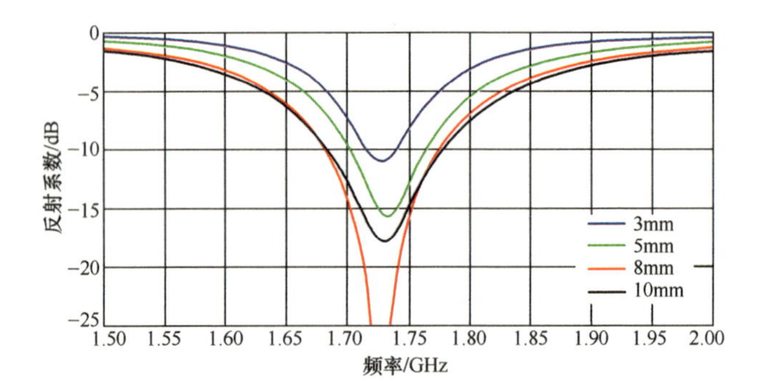

图 71.10 PIFA 天线的高度对于天线带宽的影响

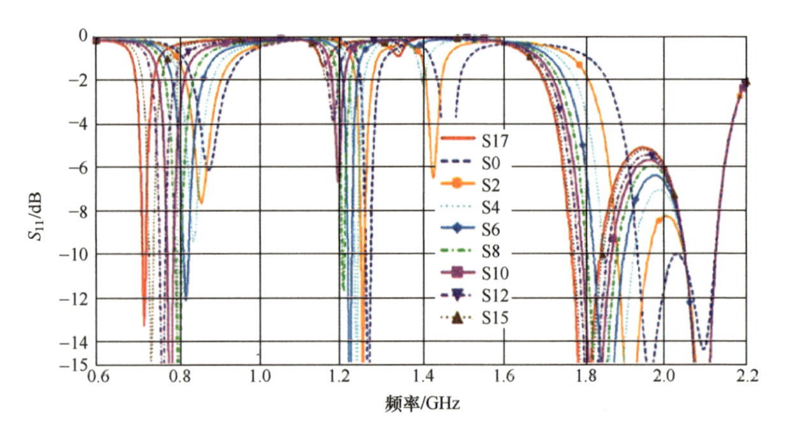

图 71.50 不同电容值时的反射系数([2013] IEEE. 经许可后重印(Ramachandran et al.,2013))(彩图见书末)

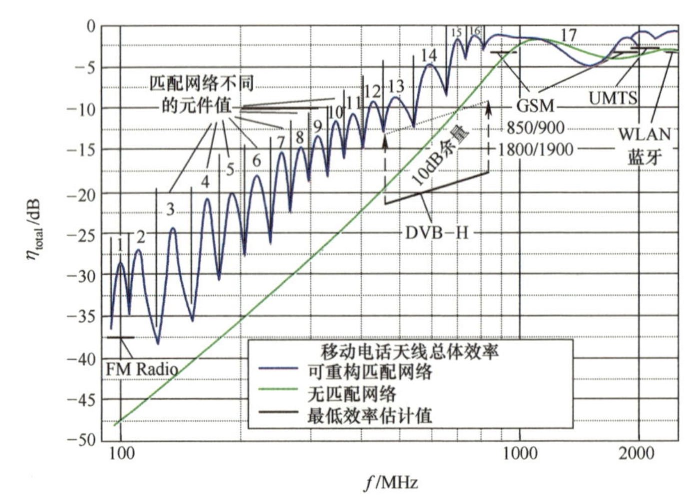

图 71.51 不同 MN 状态下的总体效率(Manteuffel and Arnold,2008)

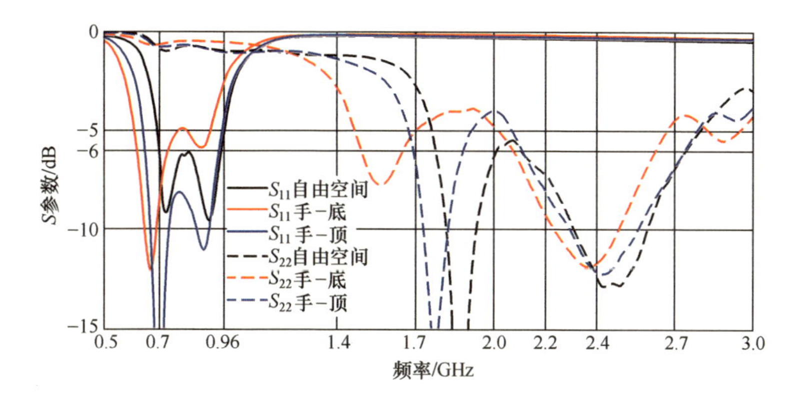

图 71.52 用户对双馈天线 S 参数影响的测试结果(Cihangir,2014)

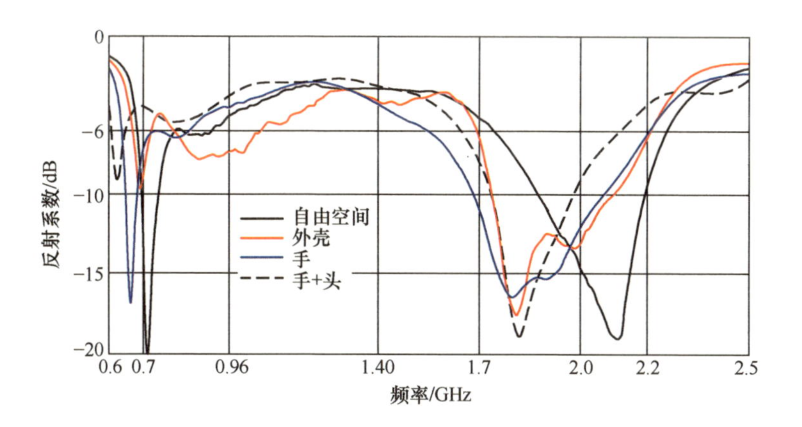

图 71.53 用户对单馈天线 S 参数影响的测试结果(Cihangir,2014)

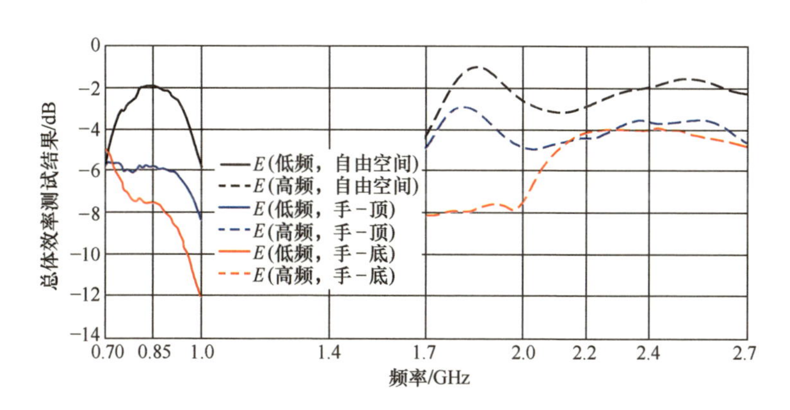

图 71.54 用户对双馈天线总体效率影响的测试结果(Cihangir,2014)

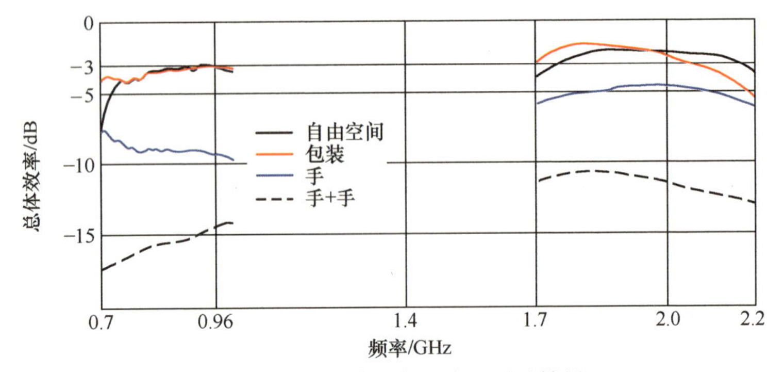

图 71.55　用户对单馈天线总体效率影响的测试结果(Cihangir,2014)

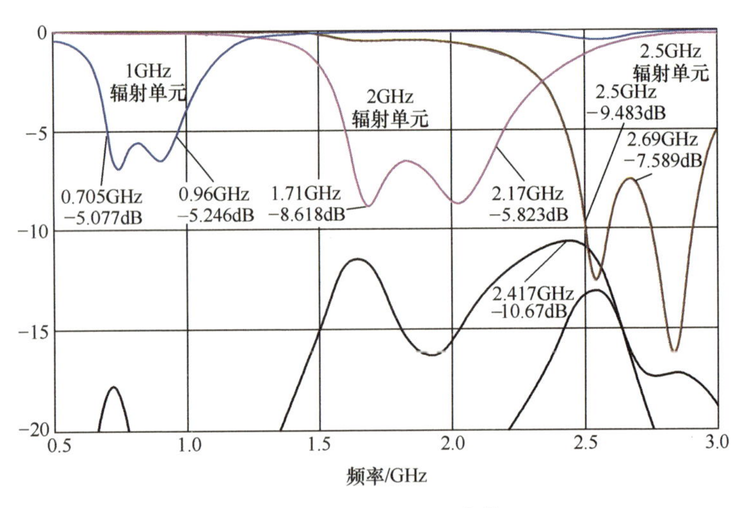

图 71.57　三单元天线系统(图 71.56)的 S 参数(Ikonen et al.,2012)

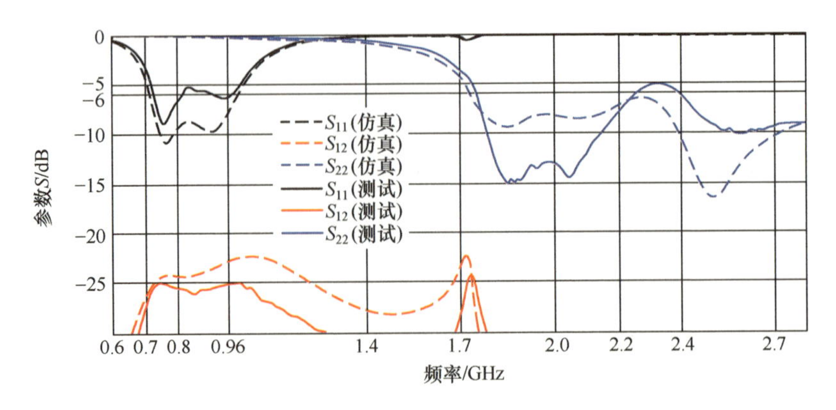

图 71.59　Cihangir(2014)提出的两单元多馈天线系统的 S 参数

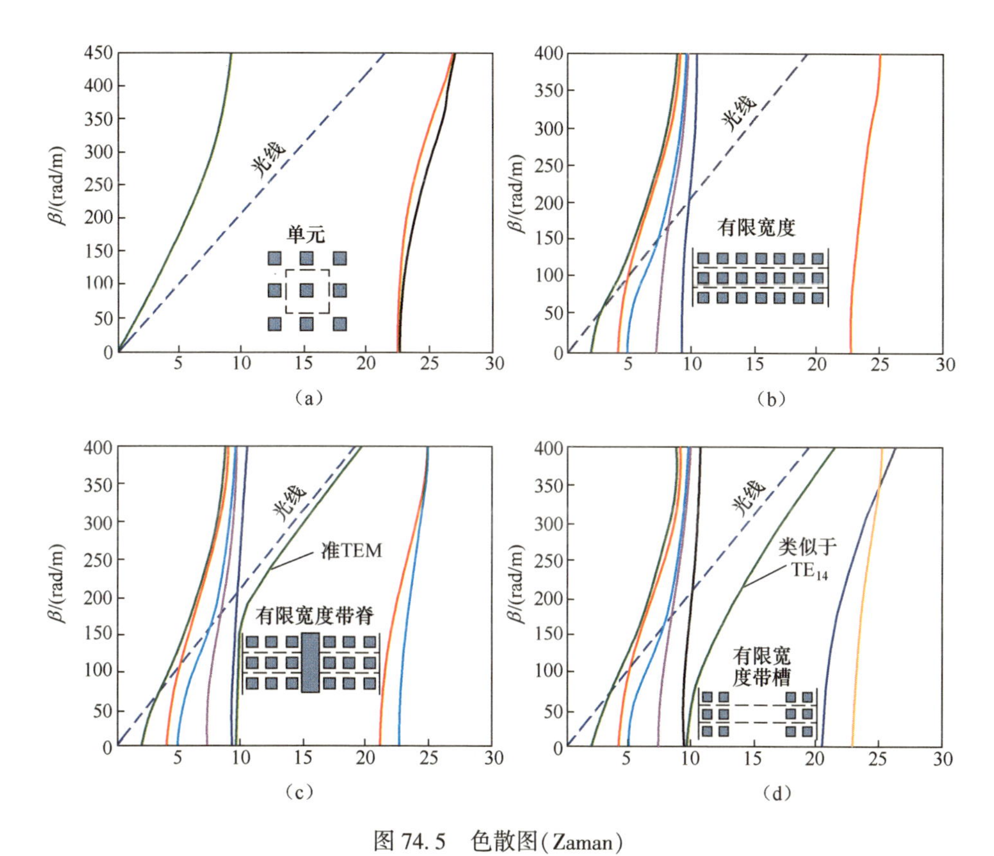

图 74.5　色散图(Zaman)

(a)单针单元;(b)有限行数的周期性针结构;(c)脊间隙波导;(d)槽间隙波导。

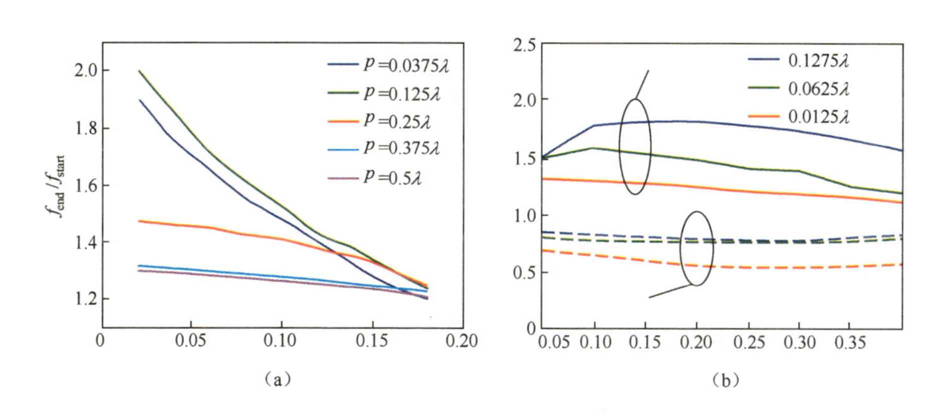

图 74.10　钉床结构的阻带

(a)h 和 p 的关系;(b)r/p 和 h 的关系。

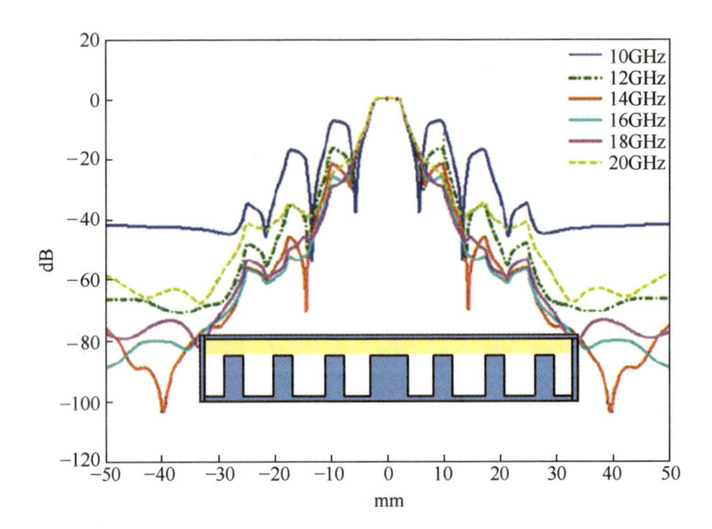

图 74.6 在间隙波导内部横截面上的场分布

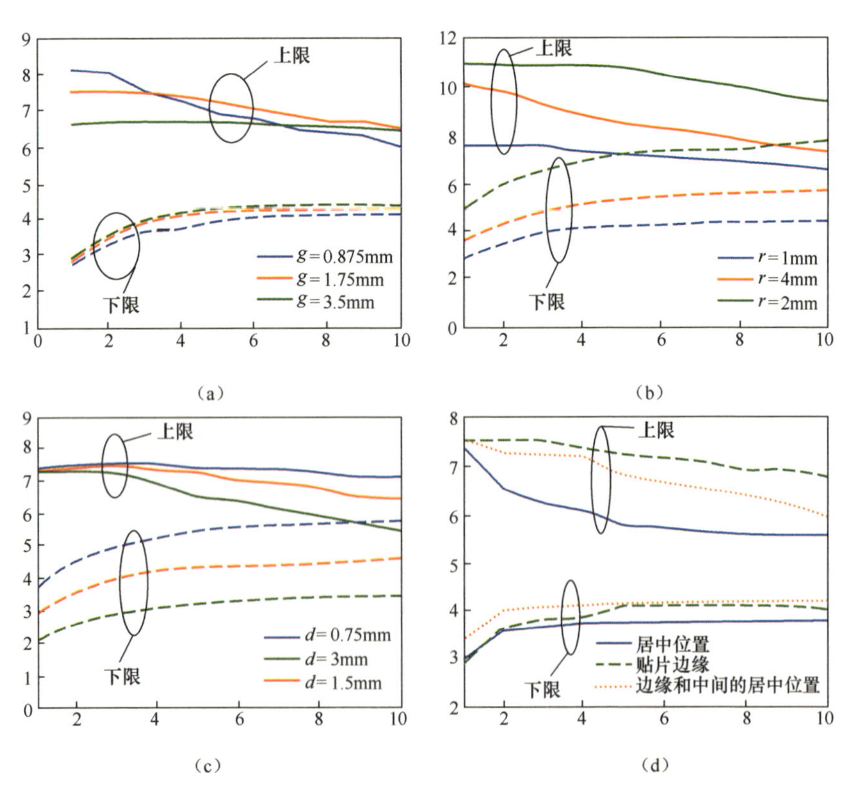

图 74.12 由蘑菇形 EBG 结构获得的平行板阻带(Zaman et al. 2014)

(a)g 的影响;(b)r 的影响;(c)d 的影响;(d)接地孔的位置影响。

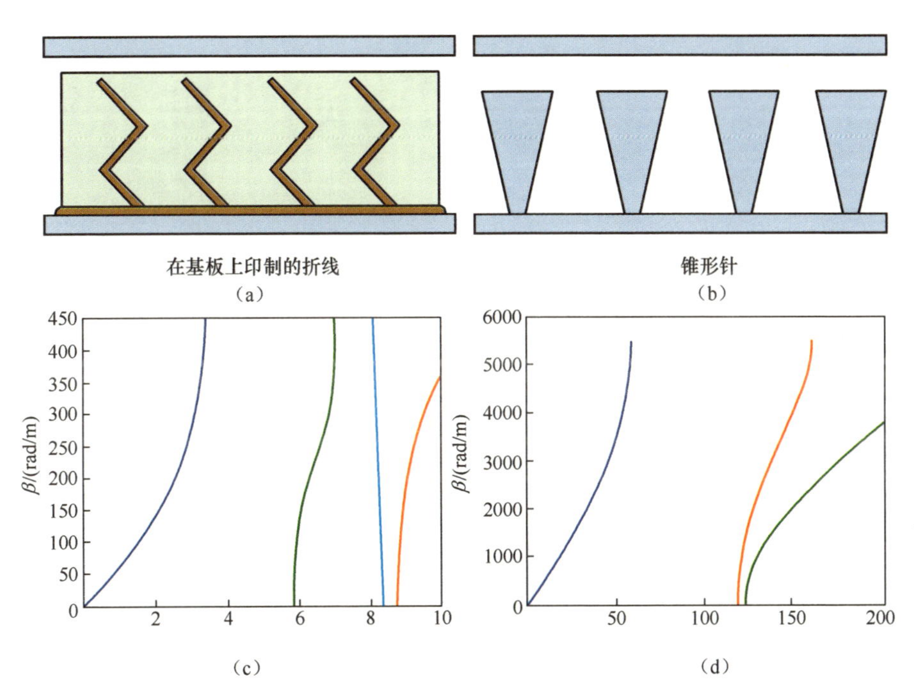

图 74.15　其他周期性结构(Zaman et al. ,2014)

(a)曲折线;(b) 圆锥针;(c)曲折线的色散图;(d)圆锥针的色散图。

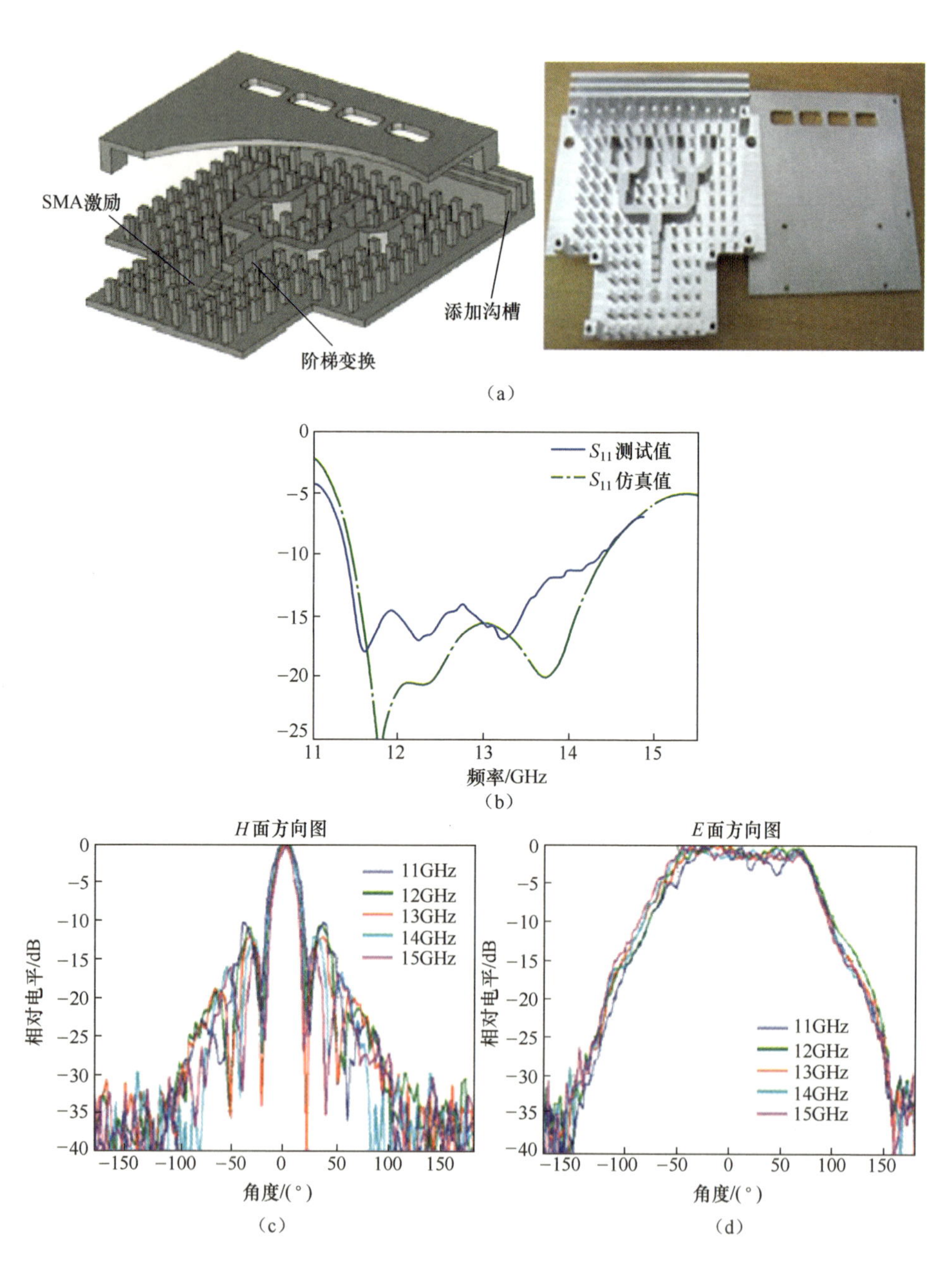

图 74.26　线形天线阵设计

(a)CST 中的线阵列模型和制作样本;(b)测试和仿真的线阵列 S_{11};

(c)测量的线阵列的 E 平面和 H 平面。

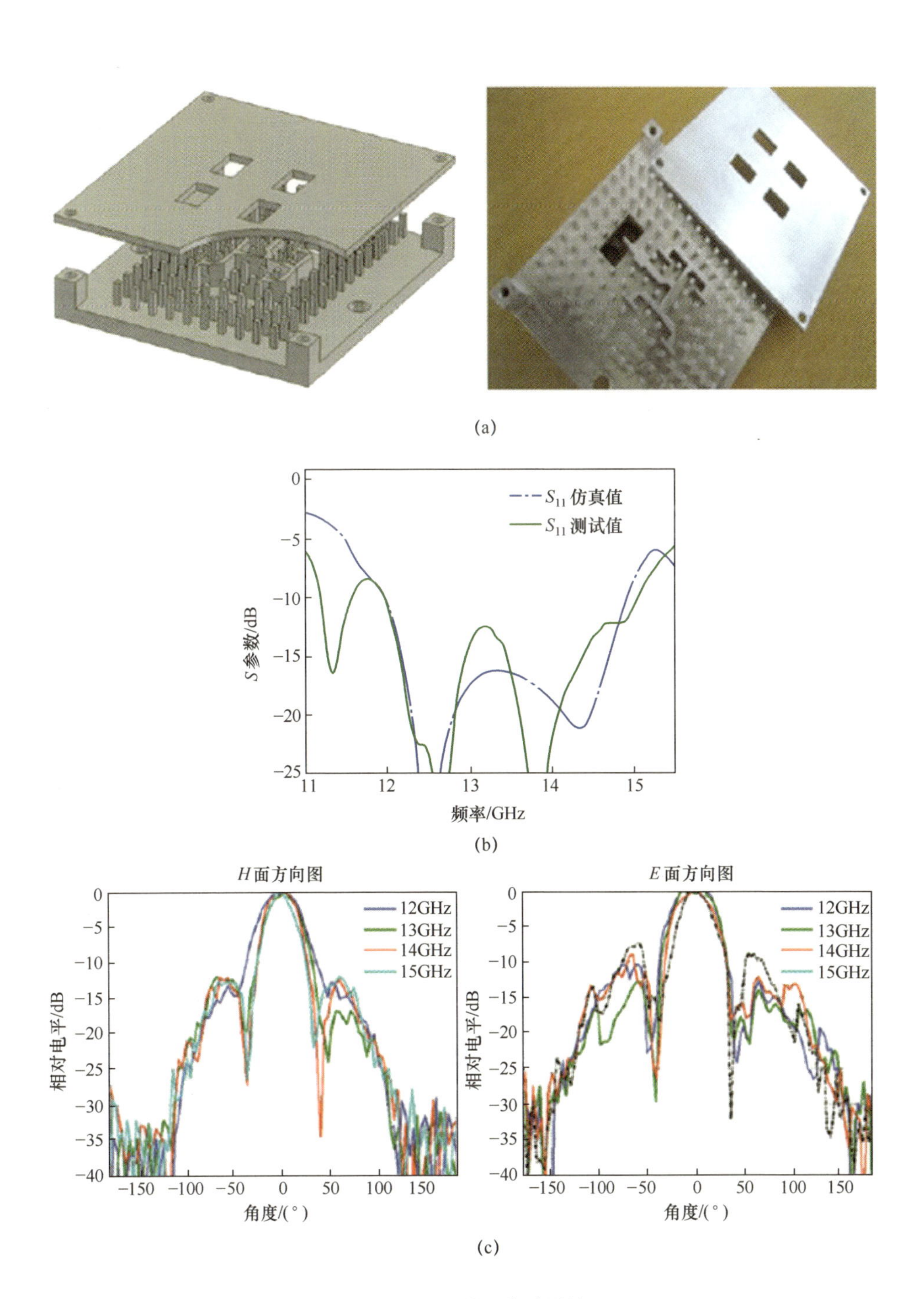

图 74.27 二维天线阵设计

(a) CST 中 2×2 阵元模型；(b) 平面阵元的仿真 S_{11}；(c) 测量的平面阵元的 E 面和 H 面辐射图。

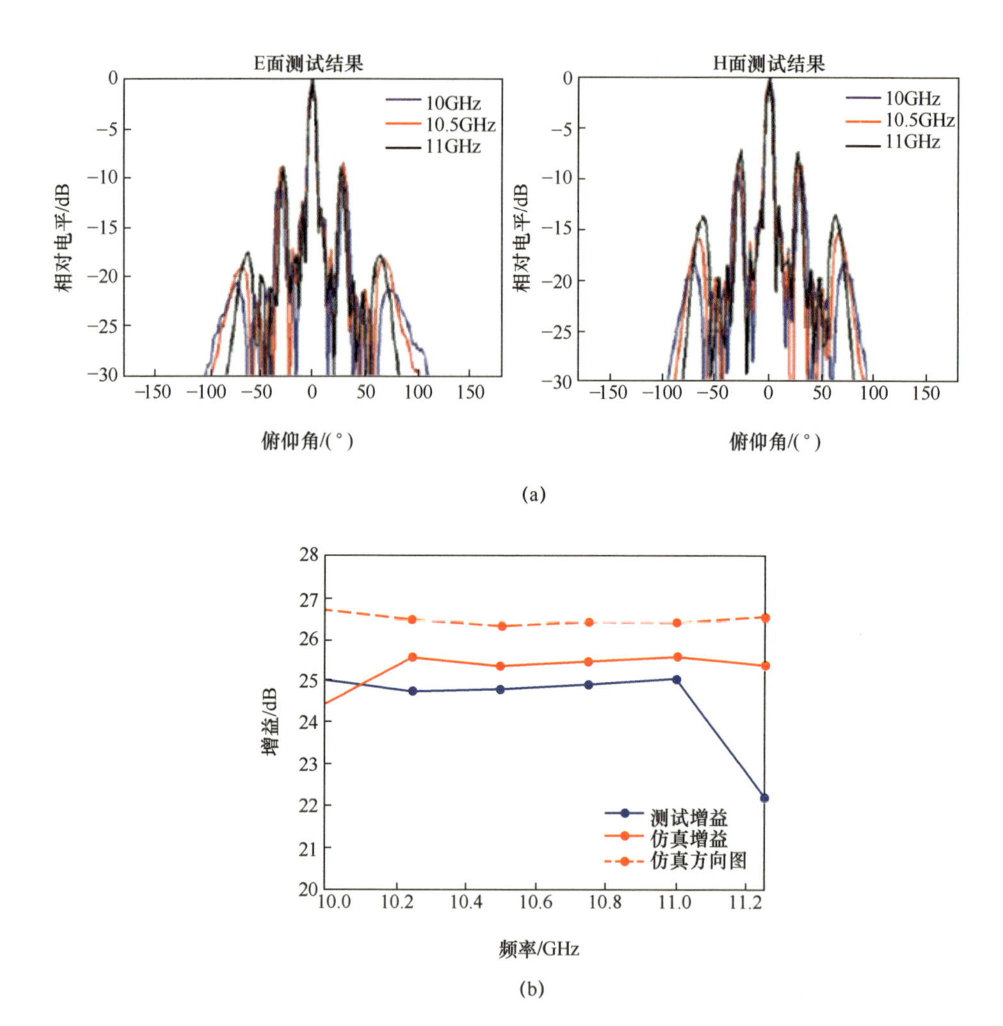

图 74.34 辐射方向图和实现的增益曲线

(a)测试的喇叭天线阵列 E 面和 H 面辐射图;(b)测试和仿真的喇叭天线增益。

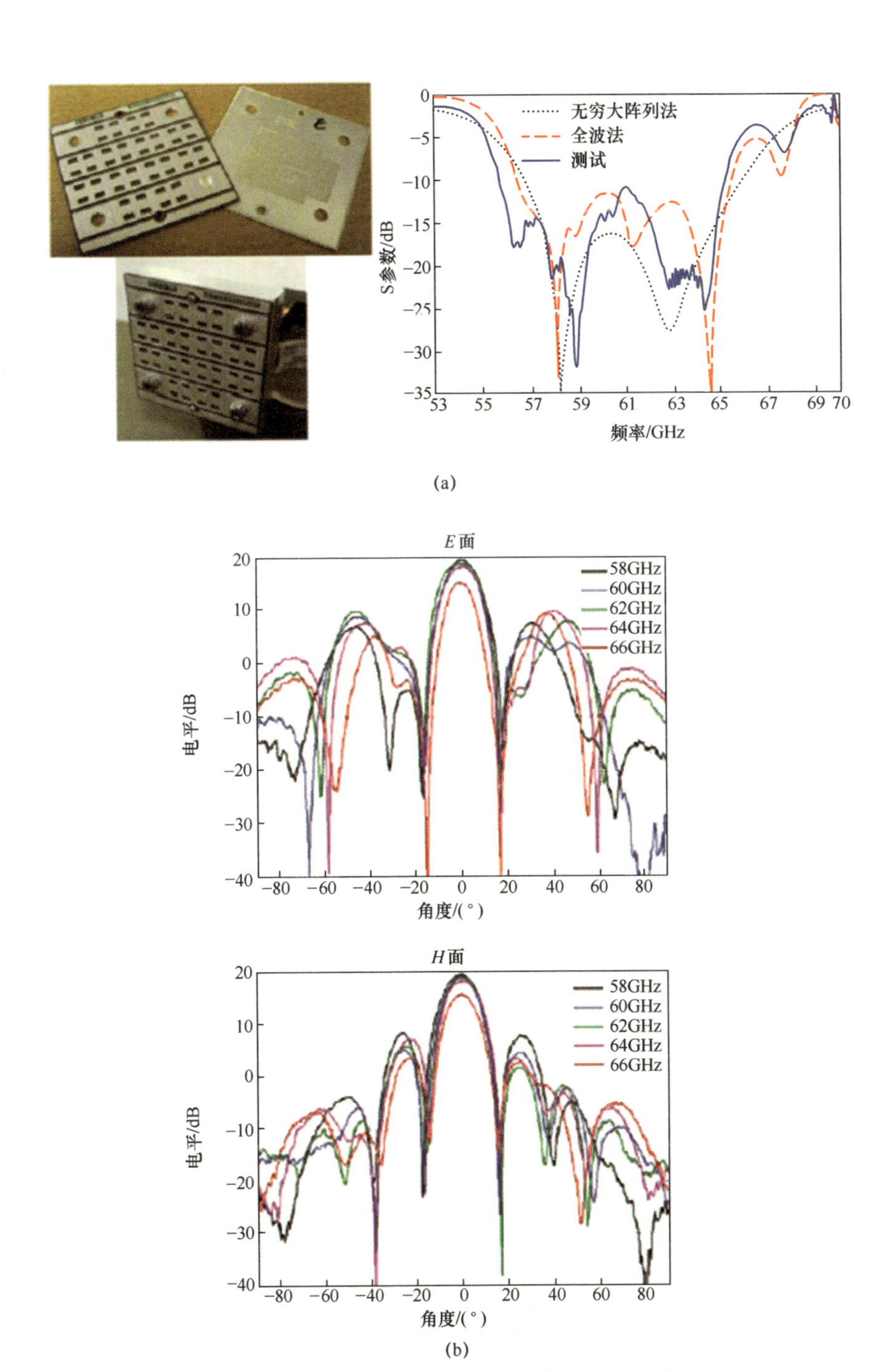

图 74.36　制造的原型天线的照片以及该天线的测量结果

(a)制作的原型和测量的 S_{11}；(b)在工作频段上测量的 E 和 H 面辐射图。

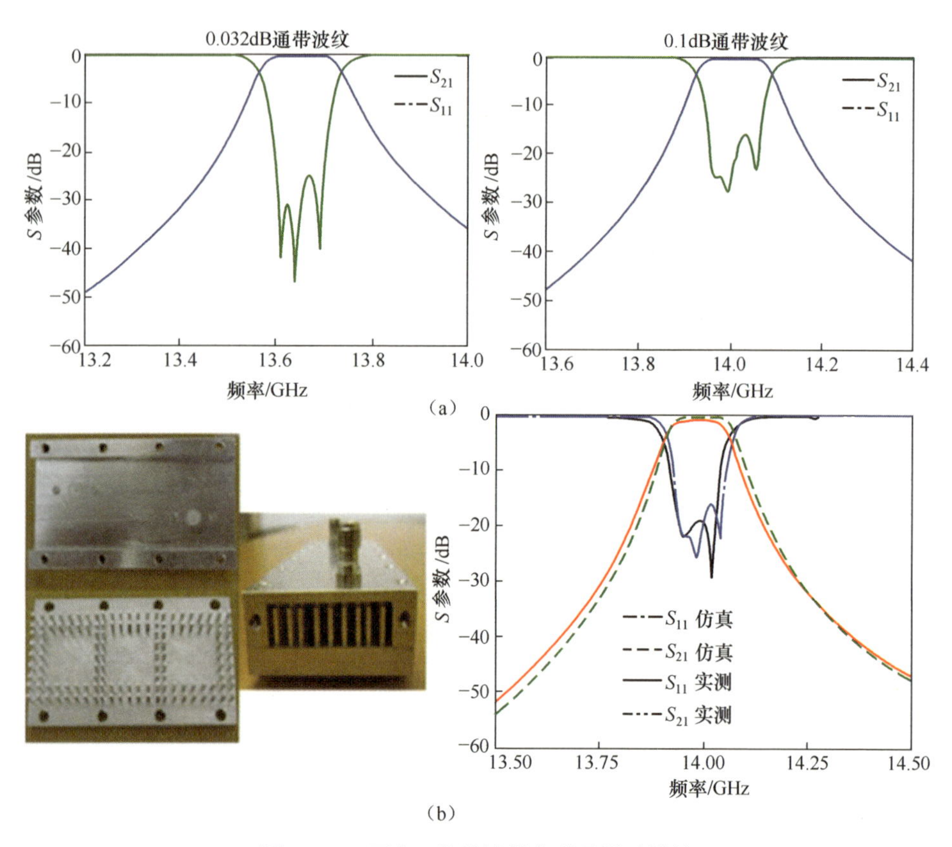

图 74.48　两个 3 阶滤波器仿真及测试结果

(a)两个不同的 3 阶槽间隙波导仿真结果;(b)制作的该 3 阶滤波器。

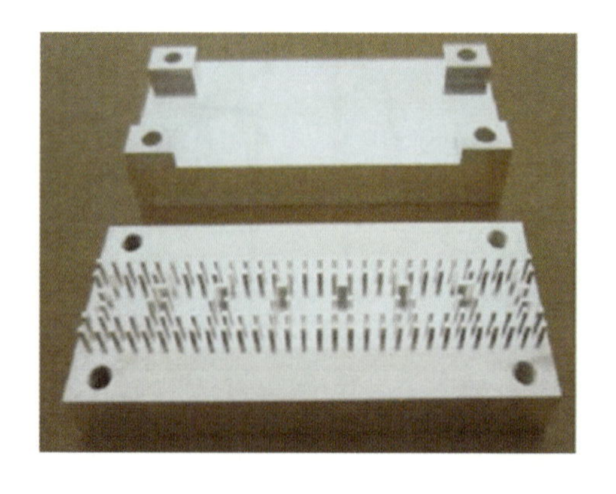

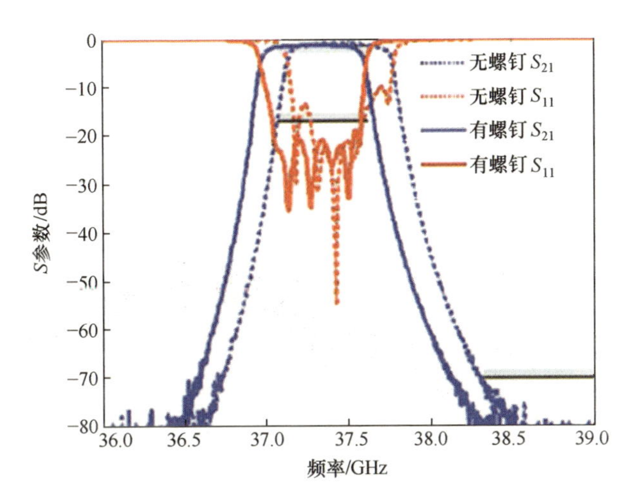

图 74.49　制作的 7 阶滤波器及其测量结果

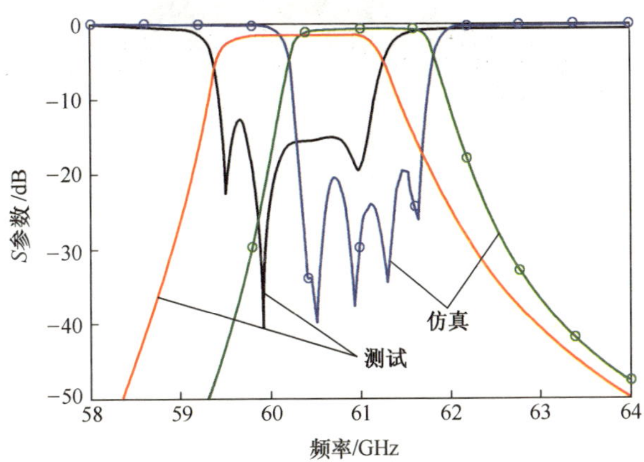

图 74.50　5 阶 V 波段滤波器和测试结果

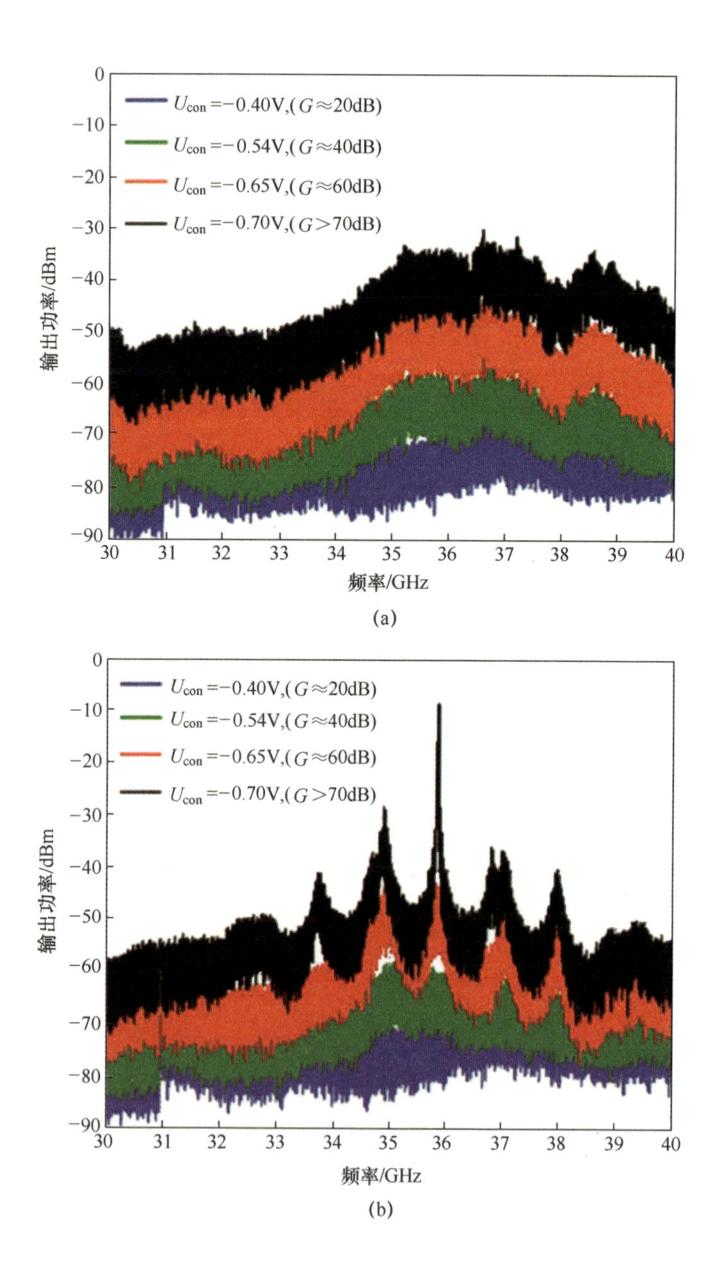

图 74.55 自激振荡测试

(a)有针床盖板的单排放大器链的自激分析;(b)有传统金属盖板的单排放大器链的自激分析。

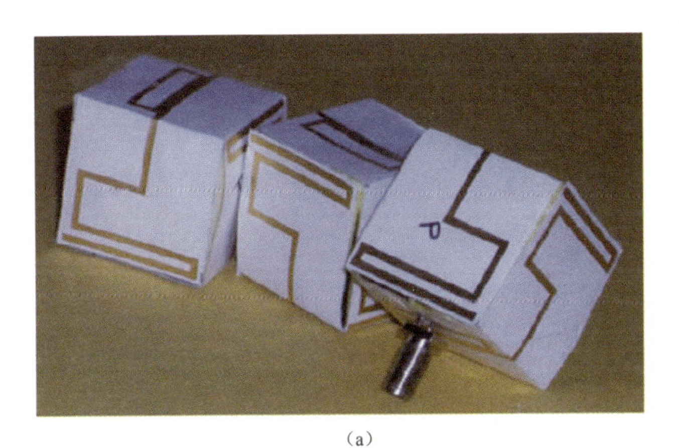

(a)

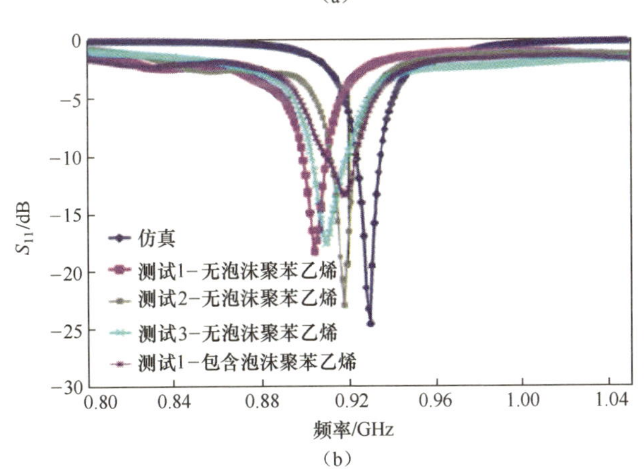

(b)

图 76.13 一种针对 RFID 和 WSN 应用的新型三维方形天线

(a)照片;(b)S 参数仿真和测量对比。

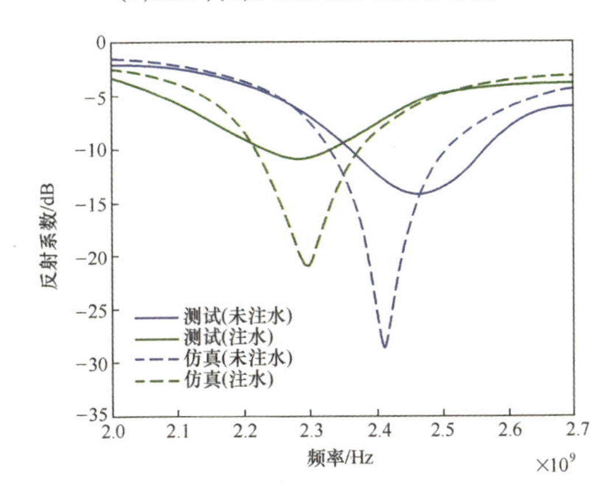

图 76.21 基于喷墨打印技术天线的有流体和无流体反射系数仿真和测量